Asymptotische Stochastik: Eine Einführung mit Blick auf die Statistik

Norbert Henze

Asymptotische Stochastik: Eine Einführung mit Blick auf die Statistik

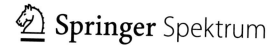

Norbert Henze
Institut für Stochastik
Karlsruher Institut für Technologie (KIT)
Karlsruhe, Deutschland

ISBN 978-3-662-65610-5   ISBN 978-3-662-65611-2   (eBook)
https://doi.org/10.1007/978-3-662-65611-2

Die Deutsche Nationalbibliothek verzeichnet diese Publikation in der Deutschen Nationalbibliografie;
detaillierte bibliografische Daten sind im Internet über http://dnb.d-nb.de abrufbar.

Planung/Lektorat: Andreas Rüdinger
Springer Spektrum ist ein Imprint der eingetragenen Gesellschaft Springer-Verlag GmbH, DE und ist ein Teil
von Springer Nature.
Die Anschrift der Gesellschaft ist: Heidelberger Platz 3, 14197 Berlin, Germany

Vorwort

Dieses Buch gründet auf Aufzeichnungen zur Vorlesung *Asymptotische Stochastik* (zwei Doppelstunden Vorlesung und eine Doppelstunde Übung), die ich mehrfach am Karlsruher Institut für Technologie (KIT) gehalten habe. Hauptzielgruppe sind Studierende der Mathematik, Wirtschaftsmathematik oder Technomathematik, die ein Bachelorstudium in einem dieser Fächer abgeschlossen haben und am Anfang ihres Masterstudiums stehen. Diese Studierenden verfügen oft nur über die aus einführenden Lehrveranstaltungen erworbenen Grundkenntnisse der mathematischen Stochastik. In der Regel haben sie dabei zumindest punktuell erfahren, dass asymptotische Methoden und Verfahren von erheblicher Bedeutung sind. Ein Lehrbuch, das diesen Studierenden einen raschen Einblick in die asymptotische Stochastik geben soll, muss dieses eingeschränkte Vorwissen berücksichtigen.

Vorhandene Bücher zur asymptotischen Stochastik sind vielfach nur für Forschende auf diesem Gebiet geschrieben worden und somit für die Zielgruppe nicht geeignet, und oft führt ein Anspruch auf Vollständigkeit zu einem unübersichtlichen Werk, das einen roten Faden kaum erkennen lässt. Andere Bücher verzichten wiederum gelegentlich auf Beweise, oder sie konzentrieren sich auf einen speziellen Aspekt der asymptotischen Stochastik. Mit diesem Werk möchte ich diesbezüglich eine Lücke in der Literatur zur asymptotischen Stochastik schließen und insbesondere Stoff im Bereich der Nahtstelle zwischen Wahrscheinlichkeitstheorie und mathematischer Statistik unter bewusstem Verzicht auf manches interessante Detail zielstrebig vermitteln. Die genannten Studierenden, die sich in das Thema einarbeiten wollen oder auch Dozentinnen und Dozenten, die eine Vorlesung darüber planen, finden in diesem Werk eine Orientierung und erhalten einen Überblick über wichtige Methoden und Verfahren der asymptotischen Stochastik.

Vorausgesetzt werden Grundkenntnisse der Stochastik sowie der Maß- und Integrationstheorie, wie sie üblicherweise in einem Bachelorstudium vermittelt werden. Das Buch ist ganz bewusst zum Selbststudium konzipiert. Diesem Zweck dienen nicht nur die 181 Übungsaufgaben, deren Lösungen am Ende des Buches zu finden sind, sondern auch die insgesamt 133 in den laufenden Text eingestreuten Selbstfragen. Antworten zu diesen Selbstfragen finden sich jeweils am Ende des betreffenden Kapitels.

Was auffällt, ist eine merkliche, dem Lernprozess förderliche Redundanz. So wird etwa das Portmanteau-Theorem über äquivalente Kriterien für Verteilungskonvergenz zunächst für den $\mathbb{R}^d$ bewiesen. Im Rahmen der Verallgemeinerung der Theorie auf Verteilungskonvergenz in allgemeinen metrischen Räumen erkennt man, welche Beweisteile unverändert übernommen werden können und welche nicht.

Die einzelnen Kapitel dieses Werkes unterscheiden sich zum Teil deutlich voneinander, und zwar sowohl hinsichtlich der Länge als auch in Bezug auf den Schwierigkeitsgrad. Kap. 1 hat einführenden Charakter. Hier werden unter anderem Definitionen und Resultate aus der Wahrscheinlichkeitstheorie aufgeführt, auf die in den späteren Kapiteln zurückgegriffen wird. Die Kap. 2–4 behandeln voneinander unabhängige Themen, die auch schon für Bachelor-Seminare geeignet sind. In Kap. 2 geht es um eine notwendige und hinreichende Bedingung für die Verteilungskonvergenz von unabhängigen nichtnegativen ganzzahligen Zufallsvariablen gegen eine Poisson-Verteilung. Außerdem wird die Bedeutung von Poisson-Konvergenz für die Extremwertstochastik hervorgehoben. Kap. 3 ist der Momentenmethode gewidmet, und Kap. 4 stellt einen zentralen Grenzwertsatz für m-abhängige stationäre Folgen von Zufallsvariablen bereit. In Kap. 5 geht es um die multivariate Normalverteilung. Im Hinblick auf die in Kap. 17 erfolgende Verallgemeinerung auf separable Hilberträume wird diese Verteilung über die (unter Umständen entartete) univariate Normalverteilung aller eindimensionalen Projektionen eingeführt.

Kap. 6 behandelt Verteilungskonvergenz im $\mathbb{R}^d$. Hauptergebnisse sind das Portmanteau-Theorem sowie der multivariate zentrale Grenzwertsatz und die Delta-Methode. Statistische Anwendungen betreffen den Chi-Quadrat-Test und varianzstabilisierende Transformationen. In Kap. 7 geht es mit empirischen Verteilungsfunktionen und dem Satz von Gliwenko–Cantelli um eine Schnittstelle zwischen Wahrscheinlichkeitstheorie und mathematischer Statistik. Gleiches gilt für Kap. 8, das U-Statistiken zum Thema hat. Zentrale Resultate sind die Verteilungskonvergenz nichtausgearteter sowie einfach-entarteter Einstichproben-U-Statistiken sowie ein zentraler Grenzwertsatz für Zwei-Stichproben-U-Statistiken. Statistische Anwendungen betreffen den Mann-Whitney-U-Test und den Cramér-von Mises-Anpassungstest.

Kap. 9 stellt einen Rahmen für Fragestellungen der asymptotischen Statistik bereit und thematisiert Schätzer sowie Konfidenzbereiche. Kap. 10 ist der Maximum-Likelihood-Methode und damit einem grundlegenden Schätzprinzip gewidmet. Hauptergebnis ist die asymptotische Normalverteilung des Schätzfehlers, wobei die Fisher-Informationsmatrix auftritt. In Kap. 11 geht es um die Momentenmethode als weiteres wichtiges Konstruktionsprinzip für Schätzer sowie um einen Qualitätsvergleich von Schätzern bei großem Stichprobenumfang. Themen sind u. a. BAN-Schätzer sowie die asymptotische relative Pitman-Effizienz. Kap. 12 hat das Testen von Hypothesen innerhalb parametrischer Modelle zum Gegenstand. Hauptergebnis ist die Grenzverteilung der Prüfgröße des verallgemeinerten Likelihoodquotententests bei Gültigkeit der Hypothese. Anwendungen betreffen u. a. Tests auf Unabhängigkeit in Kontingenztafeln.

Das Kapitel schließt mit einem Beweis der asymptotischen Validität eines parametrischen Bootstrap-Verfahrens.

Mit Kap. 13 wird der endlichdimensionale Rahmen verlassen, denn es geht um Wahrscheinlichkeitsmaße auf der Borel'schen σ-Algebra in allgemeinen metrischen Räumen. Dabei liegt ein Hauptaugenmerk auf dem Raum C[0,1] aller auf dem Einheitsintervall definierten stetigen reellen Funktionen. Gegenstand von Kap. 14 sind die schwache Konvergenz von Wahrscheinlichkeitsmaßen und die Verteilungskonvergenz von Zufallsvariablen mit Werten in metrischen Räumen. Stichworte sind das Portmanteau-Theorem, der Abbildungssatz, der Satz von Prochorow über Straffheit und relative Kompaktheit und ein Kriterium für Verteilungskonvergenz in C[0,1] mithilfe von Straffheit und der Konvergenz endlichdimensionaler Verteilungen. Themen von Kap. 15 sind der Wiener-Prozess, der Satz von Donsker, der funktionale zentrale Grenzwertsatz und die Brown'sche Brücke.

In Kap. 16 geht es um Verteilungskonvergenz im Raum D[0,1] aller rechtsseitig stetigen reellen Funktionen auf [0,1] mit existierenden linksseitigen Grenzwerten. Statistische Anwendungen betreffen die Anpassungstests von Kolmogorow-Smirnow und Cramér-von Mises sowie den nichtparametrischen Kolmogorow-Smirnow-Zwei-Stichprobentest. Das abschließende Kap. 17 behandelt die Verteilungskonvergenz von Zufallselementen mit Werten in separablen Hilberträumen. Grundlegende Begriffsbildungen sind die Normalverteilung im Hilbertraum sowie der Erwartungswert, der Kovarianzoperator sowie das charakteristische Funktional eines hilbertraumwertigen Zufallselementes. Hauptergebnis ist ein zentraler Grenzwertsatz. Statistische Anwendungen betreffen gewichtete L^2-Statistiken. Dieses Kapitel ist sicherlich das anspruchsvollste, weil es an Themen aktueller Forschung heranführt. So entstanden etwa die Publikationen [DE1, DE2, HEK, HMA] auf der Grundlage von Masterarbeiten von Studierenden, die direkt im Anschluss an die Vorlesung *asymptotische Stochastik* angefertigt wurden.

Danksagung

An dieser Stelle möchte ich allen danken, die mir während der Entstehungsphase dieses Buches eine unschätzbare Hilfe waren. Herr Prof. Dr. Yakov Yu. Nikitin (1947–2019) und Herr Andreas Rüdinger vom Springer Verlag haben mich ermuntert, dieses Werk anzugehen. Herrn Rüdinger verdanke ich zudem zahlreiche Hinweise. Herr Dr. Bruno Ebner, Herr Priv.-Doz. Dr. Bernhard Klar, Frau Dr. Celeste Mayer und Frau Bianca Alton vom Springer Verlag konnten durch akribisches Korrekturlesen diverse Unzulänglichkeiten im Manuskript aufdecken. Wertvolle Hinweise verdanke ich auch Herrn Prof. Dr. Ludwig Baringhaus. Ganz besonders danke ich Herrn Prof. Dr. Lutz Mattner, dessen zahlreiche Anmerkungen zu einer substanziellen Verbesserung dieses Buches beigetragen haben.

Lesehinweise

Kap. 1 soll als Einstimmung dienen. Die Kap. 2, 3 und 4 können unabhängig voneinander gelesen werden. Bis auf Übungsaufgabe 7.4, die eine Verbindung zum multivariaten zentralen Grenzwertsatz herstellt, gilt Gleiches auch für Kap. 7.

Die Kap. 5 und 6 sind grundlegend für alle weiteren Kapitel mit Ausnahme von Kap. 7 und 9. Die Statistik-Kap. 9–12 bauen aufeinander auf; sie werden aber für ein Verständnis der weiteren Kapitel nicht benötigt.

Die Kap. 13 und 14 sind Voraussetzung für jedes der folgenden Kapitel. Kap. 15 und 16 bauen aufeinander auf, aber das letzte Kapitel kann direkt nach Kap. 14 gelesen werden.

Pfinztal, im Mai 2022

Inhaltsverzeichnis

Symbolverzeichnis

Symbol	Bedeutung	Seite
$\xrightarrow{\text{f.s.}}$	fast sichere Konvergenz	1
$\xrightarrow{\mathbb{P}}$	stochastische Konvergenz	1
$\|\cdot\|$	Norm (kapitelspezifisch)	2
$\xrightarrow{\mathcal{L}^p}$	Konvergenz im p-ten Mittel	2
$\mathbf{1}\{A\}, \mathbf{1}_A$	Indikatorfunktion eines Ereignisses A	2
C_G	Menge der Stetigkeitsstellen einer Funktion G	4
$\xrightarrow{\mathcal{D}}$	Verteilungskonvergenz	4
φ_X	charakteristische Funktion von X	6
$\stackrel{\mathcal{D}}{=}$	Gleichheit in Verteilung	7
$\top$	Transponierungszeichen (für Vektoren und Matrizen)	7
$N(\mu, \sigma^2)$	Normalverteilung mit Erwartungswert μ und Varianz σ^2	10
$\mathbb{E}[X\|\mathcal{G}]$	bedingte Erwartung von X unter der Sub-σ-Algebra $\mathcal{G}$	13
$\mathcal{B}$	σ-Algebra der Borelmengen über $\mathbb{R}$	14
$\overline{\mathbb{R}}$	$\mathbb{R} \cup \{\infty, -\infty\}$	14
$\overline{\mathcal{B}}$	σ-Algebra der in $\overline{\mathbb{R}}$ Borelschen Mengen	14
$\nu \ll \mu$	das Maß ν ist absolut stetig bzgl. μ	16
$\mu_1 \otimes \mu_2$	Produkt der Maße μ_1 und μ_2	16
$\mathcal{A}_1 \otimes \mathcal{A}_2$	Produkt der σ-Algebren $\mathcal{A}_1$ und $\mathcal{A}_2$	16
$\text{Po}(\lambda)$	Poisson-Verteilung mit Parameter λ	19
$x \wedge y$	Minimum von x und y	20
$X \sim ?$	X besitzt die Verteilung ?	20
0_d	Nullvektor im $\mathbb{R}^d$	45
$\delta_{i,j}$	Kroneckersymbol	46
$N_d(\mu, \Sigma)$	d-dimens. Normalvert. mit Erw.wert μ und Kov.matrix Σ	46

Symbol	Bedeutung	Seite
$I_d \cdot$	d-reihige Einheitsmatrix	47
$0_{r \times s}$	Nullmatrix mit r Zeilen und s Spalten	48
$\mathcal{X}_k^2$	Chiquadrat-Verteilung mit k Freiheitsgraden	51
$\mathcal{B}^d$	Borelsche σ-Algebra in $\mathbb{R}^d$	55
$\mathcal{O}^d$	System der offenen Mengen in $\mathbb{R}^d$	55
$\mathcal{A}^d$	System der abgeschlossenen Mengen in $\mathbb{R}^d$	55
B°	Inneres (innerer Kern) einer Menge B	55
$\overline{B}$	Abschluss (abgeschlossene Hülle) einer Menge B	55
$\partial B := \overline{B} \backslash B^\circ$	Rand einer Menge B	55
$\mathcal{C}_b(\mathbb{R}^d)$	Menge aller stetigen beschränkten Funktionen $f : \mathbb{R}^d \to \mathbb{R}$	55
$A \uplus B$	$A \cup B$, falls A und B disjunkt sind	58
$X_n = O_\mathbb{P}(a_n)$	die Folge (X_n/a_n) ist straff	62
$X_n = o_\mathbb{P}(a_n)$	die Folge (X_n/a_n) konvergiert stochastisch gegen null	62
δ_x	Dirac-Maß (Einpunktverteilung) im Punkt x	72
$\mathrm{Exp}(\lambda)$	Exponentialverteilung mit Dichte $\lambda \exp(-\lambda x)$, $x \geq 0$	111
$(\mathcal{X}, \mathcal{B}, \mathbb{P}_\vartheta)_{\vartheta \in \Theta}$	statistischer Raum	112
t_k-Verteilung	Studentsche t-Verteilung mit k Freiheitsgraden	118
$L_{n,x}(\vartheta)$	Likelihoodfunktion	125
$I_{KL}(\vartheta : \vartheta')$	Kullback–Leibler-Information von $f(\cdot, \vartheta)$ bzgl. $f(\cdot, \vartheta')$	128
$I_1(\vartheta)$	Fisher-Informationsmatrix	131
(S, ρ)	metrischer Raum	174
$B(x, \varepsilon)$	$\{y \in S : \rho(x, y) < \varepsilon\}$ (offene Kugel um x mit Radius ε)	175
$\mathcal{O}$	System der offenen Mengen in einem metrischen Raum	175
$\mathfrak{A}$	System der abgeschloss. Mengen in einem metrischen Raum	175
$\rho(x, M)$	Abstand von x zur Menge M	175
M^ε	$\{y \in S : \rho(y, M) < \varepsilon\}$ (Parallelmenge zu M im Abstand ε)	175
$\mathcal{B}(S)$	σ-Algebra der Borelmengen in einem metr. Raum (S, ρ)	177
$\mathcal{C}_b(S)$	Menge der stetigen, beschränkten Funktionen $f : S \to \mathbb{R}$	178
$\mathcal{C}_b^0(S)$	Menge der gleichm. stetigen, beschr. Funktionen $f : S \to \mathbb{R}$	178
$C = C[0,1]$	Menge der stetigen Funktionen $x : [0, 1] \to \mathbb{R}$	179
$w_x(\delta) := w(x, \delta)$	Stetigkeitsmodul	181
$\pi_{t_1, \dots t_k}$	$\pi_{t_1, \dots t_k}(x) := (x(t_1), \dots x(t_k))$ Koordinatenprojektion	183
$\mathcal{C}_f$	System der endlichdimensionalen Mengen	183
$\mathbb{R}^\infty$	Menge aller reellen Zahlenfolgen $x = (x_j)_{j \geq 1}$	184
$\mathcal{R}_f^\infty$	System aller endlichdimensionalen Mengen in $\mathbb{R}^\infty$	184

Symbol	Bedeutung	Seite
$\mathcal{C}(P)$	$\{B \in \mathcal{B}(S) : P(\partial B) = 0\}$ (System aller P-Stetigkeitsmengen)	189
$X_n \xrightarrow{\mathcal{D}_{fidi}} X$	Konv. der endlichdimensionalen Verteilungen (fidi-Konvergenz)	197
$D = D[0,1]$	Càdlàg-Raum	238
$w'_x(\delta)$	Càdlàg-Modul	239
$\mathcal{G}$	Menge der stet., streng mon. wachs. Funkt. $g : [0,1] \rightarrow [0,1]$	240
d_S	Skorochod-Metrik	240
$\mathcal{L}_{tr}^+(\mathbb{H})$	Menge aller positiven Spurklasse-Operatoren auf $\mathbb{H}$	284
$\mathcal{N}_d$	Menge aller nichtausgearteten d-dimens. Normalverteilungen	293

Grundlagen aus der Wahrscheinlichkeitstheorie

In diesem einführenden Kapitel sind insbesondere Begriffe und Resultate aus der Wahrscheinlichkeitstheorie zusammengestellt, die als bekannt vorausgesetzt werden. Bei Bedarf können hier z. B. [HE1] oder [KLE] als Nachschlagewerke dienen.

Sind $X, X_1, X_2, \ldots$ reelle Zufallsvariablen auf einem Wahrscheinlichkeitsraum $(\Omega, \mathcal{A}, \mathbb{P})$, so ist die mit $X_n \xrightarrow{\text{f.s.}} X$ abgekürzte $\mathbb{P}$-*fast sichere Konvergenz* von (X_n) gegen X durch

$$X_n \xrightarrow{\text{f.s.}} X \; :\Longleftrightarrow \; \mathbb{P}\big(\{\omega \in \Omega : \lim_{n \to \infty} X_n(\omega) = X(\omega)\}\big) = 1$$

definiert. Sofern nichts anderes vereinbart wurde, ist dabei hier wie auch im Folgenden jeder Grenzübergang in der Form $n \to \infty$ zu verstehen. Anstelle von $\mathbb{P}$-fast sicherer Konvergenz spricht man meist nur von *fast sicherer Konvergenz*. Die punktweise Konvergenz $X_n(\omega) \to X(\omega)$ *für jedes* $\omega \in \Omega$ wie in der Analysis zu fordern macht für die Stochastik wenig Sinn, da Mengen, welche die Wahrscheinlichkeit null besitzen, uninteressant sind. Salopp gesprochen ist somit fast sichere Konvergenz die punktweise Konvergenz auf einer im Folgenden *Einsmenge* genannten (messbaren) Menge, die die Wahrscheinlichkeit eins besitzt.

Für die fast sichere Konvergenz gilt die Charakterisierung

$$X_n \xrightarrow{\text{f.s.}} X \iff \lim_{n \to \infty} \mathbb{P}\Big(\big\{\sup_{k \geq n} |X_k - X| > \varepsilon\big\}\Big) = 0 \text{ für jedes } \varepsilon > 0.$$

Diese zeigt, dass aus fast sicherer Konvergenz die durch

$$X_n \xrightarrow{\mathbb{P}} X \; :\Longleftrightarrow \; \lim_{n \to \infty} \mathbb{P}(|X_n - X| > \varepsilon) = 0 \quad \text{für jedes } \varepsilon > 0$$

definierte *stochastische Konvergenz von* (X_n) *gegen* X folgt. Im Allgemeinen gilt die Umkehrung nicht (Übungsaufgabe 1.2 a)).

N. Henze, *Asymptotische Stochastik: Eine Einführung mit Blick auf die Statistik*, https://doi.org/10.1007/978-3-662-65611-2_1

Selbstfrage 1 Warum gilt $X_n \xrightarrow{\mathbb{P}} X \Longrightarrow X_n \xrightarrow{\text{f.s.}} X$, wenn Ω abzählbar ist?

1.1 Satz (Teilfolgenkriterium für stochastische Konvergenz)
Die folgenden Aussagen sind äquivalent:

a) $X_n \xrightarrow{\mathbb{P}} X$.
b) Jede Teilfolge (X_{n_k}) von (X_n) enthält eine weitere Teilfolge $(X_{n'_k})$ mit der Eigenschaft

$X_{n'_k} \xrightarrow{\text{f.s.}} X$ für $n'_k \to \infty$.

Die obigen Definitionen lassen sich unmittelbar auf Zufallsvektoren verallgemeinern. Sind $X = (X^{(1)}, \ldots, X^{(d)})$ und $X_n = (X_n^{(1)}, \ldots, X_n^{(d)})$, $n \geq 1$, d-dimensionale Zufallsvektoren, so kann die Definition $X_n \xrightarrow{\text{f.s.}} X$ der fast sicheren Konvergenz ohne Änderung übernommen werden. Da der Durchschnitt endlich vieler Einsmengen ebenfalls eine Einsmenge ist, gilt $X_n \xrightarrow{\text{f.s.}} X$ genau dann, wenn jede der Komponentenfolgen fast sicher konvergiert, wenn also $X_n^{(j)} \xrightarrow{\text{f.s.}} X^{(j)}$ für jedes $j \in \{1, \ldots, d\}$ gilt. Mithilfe einer beliebigen Norm $\| \cdot \|$ im $\mathbb{R}^d$ definiert man die *stochastische Konvergenz* von X_n gegen X durch

$$X_n \xrightarrow{\mathbb{P}} X :\Longleftrightarrow \lim_{n \to \infty} \mathbb{P}\big(\|X_n - X\| > \varepsilon\big) = 0 \quad \text{für jedes } \varepsilon > 0.$$

Selbstfrage 2 Warum kann die Norm $\| \cdot \|$ beliebig sein?

Analog zur fast sicheren Konvergenz gilt auch hier

$$X_n \xrightarrow{\mathbb{P}} X \Longleftrightarrow X_n^{(j)} \xrightarrow{\mathbb{P}} X^{(j)} \text{ für jedes } j \in \{1, \ldots, d\}$$

(Übungsaufgabe 1.1).

Für p mit $0 < p < \infty$ sei $\mathcal{L}^p$ die Menge aller reellen Zufallsvariablen X auf Ω, die zur p-ten Potenz bezüglich $\mathbb{P}$ integrierbar sind, für die also $\mathbb{E}|X|^p < \infty$ gilt. Falls $X, X_1, X_2, \ldots \in \mathcal{L}^p$, so definiert man

$$X_n \xrightarrow{\mathcal{L}^p} X :\Longleftrightarrow \lim_{n \to \infty} \mathbb{E}|X_n - X|^p = 0$$

und sagt, dass die Folge (X_n) im *p-ten Mittel* gegen X konvergiert. Im Fall $p = 1$ spricht man auch von *Konvergenz im Mittel*, im Fall $p = 2$ von *Konvergenz im quadratischen Mittel*.

Wegen $\mathbf{1}\{|X_n - X| > \varepsilon\} \leq \varepsilon^{-p}|X_n - X|^p$ zieht Konvergenz im p-ten Mittel die stochastische Konvergenz nach sich. Im Allgemeinen folgt jedoch aus der Konvergenz im p-ten Mittel nicht die fast sichere Konvergenz (Übungsaufgabe 1.2 b)).

1.2 Satz (Starkes Gesetz großer Zahlen)
Es seien $X_1, X_2, \ldots$ stochastisch unabhängige und identisch verteilte Zufallsvariablen. Dann sind die folgenden Aussagen äquivalent:

a) Es gibt eine Zufallsvariable X mit $\frac{1}{n}\sum_{j=1}^{n} X_j \overset{\text{f.s.}}{\longrightarrow} X$.
b) Es gilt $\mathbb{E}|X_1| < \infty$.

Gilt a) oder b), so folgt $\frac{1}{n}\sum_{j=1}^{n} X_j \overset{\text{f.s.}}{\longrightarrow} \mathbb{E}(X_1)$.

Dieses grundlegende Resultat von A. N. Kolmogorow[1] überträgt sich nicht nur unmittelbar auf Zufallsvektoren (Übungsaufgabe 1.3), sondern gilt auch für Zufallsvariablen mit Werten in separablen Hilberträumen (siehe Satz 17.5).

Die beiden nächsten Resultate sind wichtige Hilfsmittel, um fast sichere Konvergenz nachzuweisen. Dabei bezeichnet

$$\limsup_{n \to \infty} A_n := \bigcap_{n=1}^{\infty} \bigcup_{k=n}^{\infty} A_k$$

den *Limes superior* einer Folge (A_n) von Ereignissen.

1.3 Satz (Lemma von Borel[2]–Cantelli[3])
Es sei $(A_n)_{n \geq 1}$ eine beliebige Folge von Ereignissen in einem Wahrscheinlichkeitsraum $(\Omega, \mathcal{A}, \mathbb{P})$. Dann gilt:

a) Aus $\sum_{n=1}^{\infty} \mathbb{P}(A_n) < \infty$ folgt $\mathbb{P}\big(\limsup_{n \to \infty} A_n\big) = 0$.
b) Sind $A_1, A_2, \ldots$ stochastisch unabhängig, so gilt: Aus $\sum_{n=1}^{\infty} \mathbb{P}(A_n) = \infty$ folgt $\mathbb{P}\big(\limsup_{n \to \infty} A_n\big) = 1$.

1.4 Satz (Kolmogorow-Ungleichung)
Es seien $X_1, \ldots, X_n$ unabhängige Zufallsvariablen mit $\mathbb{E}(X_j^2) < \infty$, $j \in \{1, \ldots, n\}$. Setzen wir $S_k := \sum_{j=1}^{k}(X_j - \mathbb{E}[X_j])$, $k \in \{1, \ldots, n\}$, so gilt für jedes $\varepsilon > 0$:

$$\mathbb{P}\Big(\max_{1 \leq k \leq n} |S_k| \geq \varepsilon\Big) \leq \frac{\mathbb{V}(S_n)}{\varepsilon^2}.$$

---

[1] Andrej Nikolajewitsch Kolmogorow (1903–1987), Professor in Moskau (ab 1930), einer der bedeutendsten Mathematiker der Gegenwart, leistete unter anderem fundamentale Beiträge zur Wahrscheinlichkeitstheorie, Mathematischen Statistik, Mathematischen Logik, Topologie, Maß- und Integrationstheorie, Funktionalanalysis, Informations- und Algorithmentheorie.

Abb. 1.1 Zur
Markow-Ungleichung

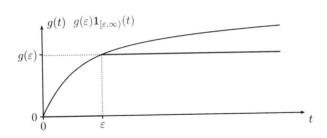

Im Spezialfall $n = 1$ ergibt sich hieraus die *Tschebyschow*[4]*-Ungleichung*. Als letzte Ungleichung führen wir noch ein oft verwendetes Resultat an, das auf den russischen Mathematiker A. A. Markow zurückgeht.

1.5 Satz (Markow[5]-Ungleichung)

Es sei $g : [0, \infty) \to [0, \infty)$ eine monoton wachsende Funktion. Dann gilt für jede Zufallsvariable X mit $\mathbb{E}g(|X|) < \infty$ und jedes $\varepsilon > 0$ mit $g(\varepsilon) > 0$:

$$\mathbb{P}(|X| \geq \varepsilon) \leq \frac{\mathbb{E}g(|X|)}{g(\varepsilon)}.$$

Die Markow-Ungleichung folgt unmittelbar aus der Abschätzung $g(\varepsilon)\mathbf{1}_{[\varepsilon,\infty)}(|X|) \leq g(|X|)$ (elementweise auf Ω) (vgl. Abb. 1.1) und Erwartungswertbildung.

Der wichtigste Spezialfall der Markow-Ungleichung betrifft die Funktion $g(t) := t^p$ für ein $p > 0$. Setzt man $p = 2$ und betrachtet anstelle von X die zentrierte Zufallsvariable $X - \mathbb{E}(X)$, so geht die Markow-Ungleichung in die Tschebyschow-Ungleichung über.

Im Folgenden bezeichne C_G die Menge der Stetigkeitsstellen einer Funktion $G : \mathbb{R}^n \to \mathbb{R}^k$, also die Menge aller $x \in \mathbb{R}^n$, in denen G stetig ist.

---

[2] Émile Borel (1871–1956), ab 1909 Professor an der Sorbonne in Paris. Hauptarbeitsgebiete: Funktionentheorie, Mengenlehre, Maßtheorie, Wahrscheinlichkeitstheorie, Spieltheorie.

[3] Francesco Paolo Cantelli (1875–1966), italienischer Mathematiker, Professor für Versicherungsmathematik in Catania, Neapel und Rom. Er gründete die italienische Aktuarsvereinigung *Istituto Italiano degli Attuari*. In der Stochastik ist er vor allem durch das Borel–Cantelli-Lemma, die Cantelli-Ungleichung und den Satz von Gliwenko–Cantelli bekannt.

[4] Pafnuti Lwowitsch Tschebyschow (1821–1894), ab 1850 Professor in St. Petersburg. Hauptarbeitsgebiete: Zahlentheorie, konstruktive Funktionentheorie, Integrationstheorie, Wahrscheinlichkeitstheorie.

[5] Andrej Andrejewitsch Markow (1856–1922), Professor an der Universität St. Petersburg (ab 1893). Markow war politisch progressiv (legte u. a. unter Protest alle Orden und Ehrenzeichen ab, als auf zaristischen Befehl die Wahl Maxim Gorkis zum Mitglied der Akademie abgelehnt wurde); Hauptarbeitsgebiet: Wahrscheinlichkeitstheorie (*Markow–Ketten*).

Abb. 1.2 Konvergenzbegriffe
für Zufallsvariablen in ihrer
Hierarchie

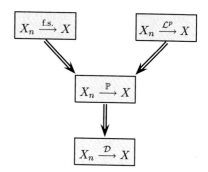

Sind $X, X_1, X_2, \ldots$ Zufallsvariablen mit Verteilungsfunktionen $F, F_1, F_2, \ldots$, so definiert man die *Verteilungskonvergenz von* (X_n) *gegen* X durch

$$X_n \xrightarrow{\mathcal{D}} X \; :\Longleftrightarrow \; \lim_{n \to \infty} F_n(x) = F(x) \text{ für jedes } x \in C_F. \tag{1.1}$$

Äquivalente Schreibweisen hierfür sind $F_n \xrightarrow{\mathcal{D}} F$, $\mathbb{P}^{X_n} \xrightarrow{\mathcal{D}} \mathbb{P}^X$ oder $X_n \xrightarrow{\mathcal{D}} \mathbb{P}^X$.

Man nennt $\mathbb{P}^X$ *Grenzverteilung* oder *asymptotische Verteilung* der Folge (X_n) bzw. der Folge $(\mathbb{P}^{X_n})$. Aus stochastischer Konvergenz folgt Verteilungskonvergenz. Die Umkehrung dieses Sachverhaltes gilt, falls $\mathbb{P}^X$ ausgeartet ist, falls also X eine Einpunktverteilung besitzt. Ist F stetig, so ist die Konvergenz in (1.1) sogar gleichmäßig. Abb. 1.2 zeigt die Implikationen zwischen den verschiedenen Konvergenzarten.

Definieren wir

$$\mathcal{C}_b := \{f : \mathbb{R} \to \mathbb{R} : f \text{ beschränkt und stetig}\},$$
$$\mathcal{C}_b^{(0)} := \{f \in \mathcal{C}_b : f \text{ gleichmäßig stetig}\},$$
$$\mathcal{C}_b^{(r)} := \left\{f \in \mathcal{C}_b^{(0)} : f\,r\text{-mal differenzierbar}, \; f^{(j)} \in \mathcal{C}_b^{(0)} \text{ für } j \in \{1, \ldots, r\}\right\}, \; r \in \mathbb{N},$$

so gilt:

1.6 Satz (Charakterisierung der Verteilungskonvergenz)
Für jede natürliche Zahl r sind die folgenden Aussagen äquivalent:

a) $X_n \xrightarrow{\mathcal{D}} X$,
b) $\lim_{n \to \infty} \mathbb{E} f(X_n) = \mathbb{E} f(X)$ für jedes $f \in \mathcal{C}_b$,
c) $\lim_{n \to \infty} \mathbb{E} f(X_n) = \mathbb{E} f(X)$ für jedes $f \in \mathcal{C}_b^{(r)}$.

Dieses Resultat erfährt mit Satz 14.7 eine erhebliche (partielle) Verallgemeinerung. Es ist nicht verwunderlich, denn (1.1) ist ja gleichbedeutend mit

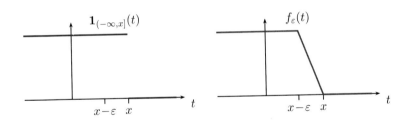

Abb. 1.3 Die Funktion f_ε approximiert die Indikatorfunktion $\mathbf{1}_{(-\infty,x]}$

$$\lim_{n\to\infty} \mathbb{E}\,\mathbf{1}_{(-\infty,x]}(X_n) = \mathbb{E}\,\mathbf{1}_{(-\infty,x]}(X) \quad \text{für jedes } x \in C_F,$$

und die Indikatorfunktion $\mathbf{1}_{(-\infty,x]}$ kann beliebig genau durch glatte Funktionen approximiert werden (siehe Abb. 1.3 für eine Approximation durch eine gleichmäßig stetige Funktion).

Die folgenden Begriffsbildungen sind im Zusammenhang mit Verteilungskonvergenz wichtig. Sie werden in den Kap. 6 und 14 in weitaus größerer Allgemeinheit wieder aufgegriffen.

1.7 Definition (Straffheit und relative Kompaktheit)
Eine nichtleere Menge $\mathcal{Q}$ von Wahrscheinlichkeitsmaßen auf $\mathcal{B}^1$ heißt

a) *straff*, falls es zu jedem $\varepsilon > 0$ eine kompakte Menge $K \subset \mathbb{R}$ mit der Eigenschaft $Q(K) \geq 1 - \varepsilon$ für jedes $Q \in \mathcal{Q}$ gibt,
b) *relativ kompakt*, falls zu jeder Folge (Q_n) aus $\mathcal{Q}$ eine Teilfolge (Q_{n_k}) und ein Wahrscheinlichkeitsmaß Q auf $\mathcal{B}^1$ existieren, sodass $Q_{n_k} \xrightarrow{\mathcal{D}} Q$ bei $k \to \infty$ gilt.

Auch das folgende Resultat gilt in weitaus größerer Allgemeinheit (s. Satz 14.22).

1.8 Satz   In der Situation von Definition 1.7 gilt die Äquivalenz

$$\mathcal{Q} \text{ straff } \iff \mathcal{Q} \text{ relativ kompakt.}$$

1.9 Korollar

a) Aus der Verteilungskonvergenz $X_n \xrightarrow{\mathcal{D}} X$ folgt die Straffheit der Menge $\{\mathbb{P}^{X_n} : n \geq 1\}$.
b) Die Menge $\{\mathbb{P}^{X_n} : n \geq 1\}$ sei straff. Gibt es ein Wahrscheinlichkeitsmaß Q mit der Eigenschaft $X_{n_k} \xrightarrow{\mathcal{D}} Q$ bei $k \to \infty$ für jede Teilfolge (X_{n_k}) von (X_n), die (überhaupt) in Verteilung konvergiert, so folgt $X_n \xrightarrow{\mathcal{D}} Q$.

Die nachfolgende Begriffsbildung liefert eines der Haupthilfsmittel der analytischen Wahrscheinlichkeitstheorie, insbesondere bei der Charakterisierung von Verteilungen und bei der

Herleitung von Grenzwertsätzen. Eine Verallgemeinerung erfolgt zunächst für Zufallsvektoren (Definition 1.12) und in Kap. 17 unter der Bezeichnung *charakteristisches Funktional* für Zufallsvariablen mit Werten in unendlichdimensionalen Hilberträumen (Definition 17.22).

1.10 Definition (Charakteristische Funktion)

Für eine Zufallsvariable X heißt die durch

$$\varphi_X(t) := \mathbb{E}\left[e^{itX}\right] = \mathbb{E}[\cos(tX)] + i\,\mathbb{E}[\sin(tX)], \quad t \in \mathbb{R},$$

definierte Funktion $\varphi_X : \mathbb{R} \to \mathbb{C}$ *charakteristische Funktion (der Verteilung) von X.*

Aus der Definition folgt unmittelbar das Verhalten der charakteristischen Funktion

$$\varphi_{aX+b}(t) = e^{itb}\,\varphi_X(at), \quad t \in \mathbb{R}, \tag{1.2}$$

gegenüber affinen Transformationen $X \mapsto aX + b$ $(a, b \in \mathbb{R})$ von X. Im Hinblick auf die Herleitung von Grenzwertsätzen für Summen unabhängiger Zufallsvariablen ist die *Multiplikationsregel*

$$X, Y \text{ unabhängig} \implies \varphi_{X+Y} = \varphi_X\,\varphi_Y$$

wichtig. Sind a und b Stetigkeitsstellen der Verteilungsfunktion F von X mit $a < b$, so gilt

$$F(b) - F(a) = \lim_{T \to \infty} \frac{1}{2\pi} \int_{-T}^{T} \frac{e^{-ita} - e^{-itb}}{it}\,\varphi_X(t)\,dt. \tag{1.3}$$

Hieraus folgt der *Eindeutigkeitssatz*

$$\mathbb{P}^X = \mathbb{P}^Y \;(\Longleftrightarrow:\; X \overset{\mathcal{D}}{=} Y) \;\Longleftrightarrow\; \varphi_X = \varphi_Y.$$

Selbstfrage 3 Warum folgt die Implikation „$\Longleftarrow$" aus (1.3) ?

Besitzt X die Normalverteilung $N(\mu, \sigma^2)$, so ist die charakteristische Funktion von X durch

$$\varphi_X(t) = e^{i\mu t}\,\exp\left(-\frac{\sigma^2 t^2}{2}\right), \quad t \in \mathbb{R}, \tag{1.4}$$

gegeben (Übungsaufgabe 1.4).

Mithilfe des nachstehenden Resultates lassen sich unter anderem die zentralen Grenzwertsätze 1.16–1.18 beweisen.

1.11 Satz (Stetigkeitssatz von Lévy[6]–Cramér[7])
Es seien $X, X_1, X_2, \dots$ Zufallsvariablen mit charakteristischen Funktionen $\varphi, \varphi_1, \varphi_2, \dots$. Dann gilt:

$$X_n \xrightarrow{\ \mathcal{D}\ } X \iff \lim_{n \to \infty} \varphi_n(t) = \varphi(t) \quad \text{für jedes } t \in \mathbb{R}.$$

In Verallgemeinerung zur charakteristischen Funktion einer Zufallsvariablen ist die charakteristische Funktion eines Zufallsvektors wie folgt definiert:

1.12 Definition (Charakteristische Funktion eines Zufallsvektors)
Für einen (als Spaltenvektor notierten) d-dimensionalen Zufallsvektor $X = (X_1, \dots, X_d)^\top$ heißt die durch

$$\varphi_X(t) := \mathbb{E}\big[e^{it^\top X}\big] = \mathbb{E}\big[\cos(t^\top X)\big] + i\,\mathbb{E}\big[\sin(t^\top X)\big], \quad t \in \mathbb{R}^d,$$

definierte Funktion $\varphi_X : \mathbb{R}^d \to \mathbb{C}$ die *charakteristische Funktion (der Verteilung) von* X.

Man beachte, dass $t^\top X$ das Skalarprodukt von t und X ist. Diese Sichtweise motiviert eine Verallgemeinerung des Konzeptes einer charakteristischen Funktion für Zufallsvariablen mit Werten in Hilberträumen (vgl. Definition 17.22).

Der folgende Satz verallgemeinert Gl. (1.3). Er rechtfertigt die Namensgebung *charakteristische Funktion* auch für Zufallsvektoren.

1.13 Satz Es sei $X = (X_1, \dots, X_d)$ ein d-dimensionaler Zufallsvektor. Weiter sei $B := [a_1, b_1] \times \dots \times [a_d, b_d] \subset \mathbb{R}^d$ ein d-dimensionaler Quader, wobei $-\infty < a_j < b_j < \infty$ für $j \in \{1, \dots, d\}$. Falls

$$\mathbb{P}\big(X_j \in \{a_j, b_j\}\big) = 0 \quad \text{für jedes } j \in \{1, \dots, d\}, \tag{1.5}$$

so gilt

$$\mathbb{P}^X(B) = \lim_{T \to \infty} \frac{1}{(2\pi)^d} \int_{-T}^{T} \cdots \int_{-T}^{T} \prod_{j=1}^{d} \frac{e^{-it_j a_j} - e^{-it_j b_j}}{it_j}\, \varphi_X(t)\, \mathrm{d}t. \tag{1.6}$$

---

[6] Paul Lévy (1886–1959), 1919–1959 Professor an der École Polytechnique in Paris. Neben A.N. Kolmogorow und A.J. Chintschin kann Lévy als Hauptbegründer der modernen maßtheoretisch fundierten Wahrscheinlichkeitstheorie angesehen werden.
[7] Harald Cramér (1893–1985), Professor in Stockholm (1929–1958). Hauptarbeitsgebiete: Stochastik, Versicherungsmathematik. Sein einflussreiches Buch [CRA] wird als das erste mathematisch akkurate und zugleich gu lesbare Lehrbuch der Statistik angesehen.

Beweis Wir orientieren uns an dem Beweis im Fall $d = 1$ (siehe z. B. [HE1], S. 163) und erinnern an das *Dirichlet[8]-Integral*

$$\lim_{t \to \infty} \int_0^t \frac{\sin(x)}{x} \, dx = \frac{\pi}{2} \tag{1.7}$$

(siehe z. B. [HE1], S. 352). Schreiben wir kurz $\int_{C_T}$ für das in (1.6) auftretende d-fache Integral und setzen

$$I(T) := \frac{1}{(2\pi)^d} \int_{C_T} \prod_{j=1}^d \frac{e^{-it_j a_j} - e^{-it_j b_j}}{it_j} \varphi_X(t) \, dt_1 \cdots dt_d, \quad T > 0,$$

so liefern der wegen

$$\left| \frac{e^{-it_j a_j} - e^{-it_j b_j}}{it_j} \right| = \left| \int_{a_j}^{b_j} e^{-it_j \xi} \, d\xi \right| \le b_j - a_j, \quad j \in \{1, \dots, d\},$$

anwendbare Satz von Fubini (Satz 1.32) und eine abschließende Symmetrieüberlegung

$$I(T) = \frac{1}{(2\pi)^d} \int_{C_T} \prod_{j=1}^d \frac{e^{-it_j a_j} - e^{-it_j b_j}}{it_j} \int_{\mathbb{R}^d} e^{it^\top x} \, \mathbb{P}^X(dx) \, dt_1 \cdots dt_d$$

$$= \int_{\mathbb{R}^d} \frac{1}{(2\pi)^d} \int_{C_T} \prod_{j=1}^d \frac{e^{-it_j a_j} - e^{-it_j b_j}}{it_j} \prod_{j=1}^d e^{it_j x_j} \, dt_1 \cdots dt_d \, \mathbb{P}^X(dx)$$

$$= \int_{\mathbb{R}^d} \frac{1}{(2\pi)^d} \int_{C_T} \prod_{j=1}^d \frac{e^{it_j(x_j - a_j)} - e^{it_j(x_j - b_j)}}{it_j} \, dt_1 \cdots dt_d \, \mathbb{P}^X(dx)$$

$$= \int_{\mathbb{R}^d} \prod_{j=1}^d \frac{1}{2\pi} \int_{-T}^T \frac{e^{it_j(x_j - a_j)} - e^{it_j(x_j - b_j)}}{it_j} \, dt_j \, \mathbb{P}^X(dx)$$

$$= \int_{\mathbb{R}^d} \prod_{j=1}^d \frac{1}{\pi} \int_0^T \frac{\sin(t_j(x_j - a_j)) - \sin(t_j(x_j - b_j))}{t_j} \, dt_j \, \mathbb{P}^X(dx).$$

Mit

$$S(T) := \int_0^T \frac{\sin x}{x} \, dx$$

und der Beziehung

---

[8] Peter Gustav Lejeune Dirichlet (1805–1859), 1831–1855 Professor an der Berliner Universität, 1855 Berufung auf den Lehrstuhl von C.F. Gauß in Göttingen. Hauptarbeitsgebiete: Zahlentheorie, Analysis, Mathematische Physik.

$$\int_0^T \frac{\sin t\vartheta}{t}\, \mathrm{d}t = \mathrm{sgn}(\vartheta)\, S(T\,|\vartheta|), \quad T \geq 0,\ \vartheta \in \mathbb{R},$$

folgt dann

$$I(T) = \int_{\mathbb{R}^d} \prod_{j=1}^d g_j(x_j, T)\, \mathbb{P}^X(\mathrm{d}x).$$

Dabei wurde für $j \in \{1, \ldots, d\}$

$$g_j(z, T) := \frac{1}{\pi}\big(\mathrm{sgn}(z - a_j)S(T\,|z - a_j|) - \mathrm{sgn}(z - b_j)S(T\,|z - b_j|)\big), \ z \in \mathbb{R},$$

gesetzt. Die Funktionen g_j sind beschränkt, und wegen (1.7) gilt

$$\lim_{T \to \infty} g_j(z, T) = \begin{cases} 0, & \text{falls } z < a_j \text{ oder } z > b_j, \\ \frac{1}{2}, & \text{falls } z = a_j \text{ oder } z = b_j, \\ 1, & \text{falls} \quad a_j < z < b_j. \end{cases}$$

Da nach Voraussetzung für jedes $j \in \{1, \ldots, d\}$ die Punkte a_j und b_j Stetigkeitsstellen der marginalen Verteilungsfunktion von X_j sind, gilt $\mathbb{P}^X(\partial B) = 0$, wobei ∂B den Rand von B bezeichnet. Mit dem Satz von der dominierten Konvergenz (Satz 1.29) folgt

$$\lim_{T \to \infty} I(T) = \int_{\mathbb{R}^d} \prod_{j=1}^d \lim_{T \to \infty} g_j(x_j, T)\, \mathbb{P}^X(\mathrm{d}x)$$

$$= \int_{\mathbb{R}^d} \prod_{j=1}^d \mathbf{1}\{x_j \in (a_j, b_j)\}\, \mathbb{P}^X(\mathrm{d}x)$$

$$= \mathbb{P}^X(B \setminus \partial B) = \mathbb{P}^X(B).$$

Da die Stetigkeitsstellen einer Verteilungsfunktion in $\mathbb{R}$ dicht liegen, erfüllt das System aller Quader B mit (1.5) die Voraussetzungen des Eindeutigkeitssatzes für Maße (Satz 1.26). Somit erhalten wir die nachstehende Folgerung. ∎

1.14 Korollar Es seien X und Y d-dimensionale Zufallsvektoren mit charakteristischen Funktionen φ_X bzw. φ_Y. Dann gilt der *Eindeutigkeitssatz*

$$X \overset{\mathcal{D}}{=} Y \iff \varphi_X = \varphi_Y.$$

Der folgende grundlegende Satz knüpft nahtlos an das gerade erhaltene Resultat an.

1.15 Satz (Herglotz[9]–Radon[10]–Cramér–Wold[11])
Es seien X und Y d-dimensionale Zufallsvektoren. Dann gilt:

$$X \overset{\mathcal{D}}{=} Y \iff t^\top X \overset{\mathcal{D}}{=} t^\top Y \quad \text{für jedes } t \in \mathbb{R}^d.$$

Beweis Es ist nur die Implikation „$\Longleftarrow$" nachzuweisen. Bezeichnet allgemein φ_Z die charakteristische Funktion einer Zufallsvariablen oder eines Zufallsvektors Z, so gilt für jedes $t \in \mathbb{R}^d$

$$\begin{aligned}
\varphi_X(t) = \mathbb{E}\big[e^{it^\top X}\big] &= \mathbb{E}\big[e^{i \cdot 1 \cdot t^\top X}\big] = \varphi_{t^\top X}(1) \\
&= \varphi_{t^\top Y}(1) = \mathbb{E}\big[e^{i \cdot 1 \cdot t^\top Y}\big] = \mathbb{E}\big[e^{it^\top Y}\big] \\
&= \varphi_Y(t).
\end{aligned}$$

Dabei wurde beim vierten Gleichheitszeichen die Voraussetzung ausgenutzt. Die Behauptung folgt jetzt aus Korollar 1.14. ∎

Die nachstehenden Grenzwertsätze für Summen unabhängiger Zufallsvariablen bilden das Herzstück der klassischen Wahrscheinlichkeitstheorie.

1.16 Satz (Zentraler Grenzwertsatz von Lindeberg[12]–Lévy)
Es seien $X_1, X_2, \ldots$ unabhängige und identisch verteilte Zufallsvariablen mit $\mathbb{E}(X_1^2) < \infty$ und $\mathbb{V}(X_1) > 0$. Dann gilt für die Folge (S_n) der Partialsummen $S_n := X_1 + \ldots + X_n$, $n \geq 1$:

$$\frac{S_n - \mathbb{E}(S_n)}{\sqrt{\mathbb{V}(S_n)}} \overset{\mathcal{D}}{\longrightarrow} \mathrm{N}(0, 1) \quad \text{für } n \to \infty.$$

---

[9] Gustav Herglotz (1881–1953), Professor in Göttingen (1907), Wien (1908), Leipzig (1909–1925) und Göttingen (1925–1947). Hauptarbeitsgebiete: Funktionentheorie, Potentialtheorie, Differentialgeometrie, Zahlentheorie, Differentialgleichungen, Strömungsprobleme.

[10] Johann Karl August Radon (1887–1956), Professor in Hamburg (ab 1919), Greifswald (ab 1922), Erlangen (ab 1925) und Breslau (ab 1928). Ab 1947 Professor in Wien. Hauptarbeitsgebiete: Variationsrechnung, Differentialgeometrie, absolut additive Mengenfunktionen.

[11] Herman Ole Andreas Wold (1908–1992), Promotion 1938 unter H. Cramér, Professor für Mathematische Statistik in Uppsala (1942–1970) und Gothenburg (1970–1975). Hauptarbeitsgebiete: Mathematische Statistik, Ökonometrie.

[12] Jarl Waldemar Lindeberg (1876–1932), finnischer Landwirt und Mathematiker.

1.17 Satz (Zentraler Grenzwertsatz von Lindeberg–Feller[13])

Für jedes $n \geq 1$ seien $X_{n,1}, X_{n,2}, \ldots, X_{n,r_n}$ stochastisch unabhängige Zufallsvariablen mit $0 < \mathbb{V}(X_{n,j}) < \infty$, $j \in \{1, \ldots, r_n\}$. Weiter seien $S_n := X_{n,1} + \ldots + X_{n,r_n}$ sowie $\sigma_n^2 := \mathbb{V}(S_n)$ und

$$L_n(\varepsilon) := \frac{1}{\sigma_n^2} \sum_{k=1}^{r_n} \mathbb{E}\left[(X_{n,k} - \mathbb{E}X_{n,k})^2 \mathbf{1}\{|X_{n,k} - \mathbb{E}X_{n,k}| > \varepsilon\sigma_n\}\right], \quad \varepsilon > 0,$$

gesetzt. Falls die sogenannte *Lindeberg-Bedingung*

$$\lim_{n\to\infty} L_n(\varepsilon) = 0 \quad \text{für jedes } \varepsilon > 0 \tag{1.8}$$

erfüllt ist, so gilt

$$\frac{S_n - \mathbb{E}(S_n)}{\sqrt{\mathbb{V}(S_n)}} \xrightarrow{\mathcal{D}} \text{N}(0,1) \quad \text{für } n \to \infty. \tag{1.9}$$

1.18 Satz (Zentraler Grenzwertsatz von Ljapunow[14])

Gibt es in der Situation des zentralen Grenzwertsatzes von Lindeberg–Feller ein $\delta > 0$ mit

$$\lim_{n\to\infty} \frac{1}{\sigma_n^{2+\delta}} \sum_{k=1}^{r_n} \mathbb{E}|X_{n,k} - \mathbb{E}X_{n,k}|^{2+\delta} = 0, \tag{1.10}$$

so folgt ebenfalls (1.9).

Selbstfrage 4 Warum folgt aus (1.10) die Lindeberg-Bedingung (1.8)?

1.19 Zur Approximationsgüte beim Zentralen Grenzwertsatz

Es gibt zahlreiche Untersuchungen zur Geschwindigkeit der Verteilungskonvergenz von $S_n^* := (S_n - \mathbb{E}(S_n))/\sqrt{\mathbb{V}(S_n)}$ gegen eine Standardnormalverteilung. Bezeichnen G_n die Verteilungsfunktion von S_n^* und Φ diejenige der Standardnormalverteilung, so besagt

---

[13] William Feller (1906–1970), studierte u.a. 1925–1928 in Göttingen bei D. Hilbert und R. Courant, 1928 Privatdozent an der Universität Kiel, 1933 Emigration nach Kopenhagen und 1934–1939 nach Stockholm, Professor an der Brown University Providence (1939–1945), Cornell University (1945–1059), Princeton University (1950–1970). Hauptarbeitsgebiete: Analysis, Geometrie, Funktionalanalysis, Maßtheorie, Wahrscheinlichkeitstheorie.

[14] Alexander Michailowitsch Ljapunow (1857–1918), 1885 Dozent und 1892 Professor an der Universität Charkow, ab 1901 Professor an der St. Petersburger Universität. Hauptarbeitsgebiete: Stabilitätstheorie mechanischer Systeme, Wahrscheinlichkeitstheorie, Potentialtheorie.

der von den beiden Namensgebern unabhängig voneinander entdeckte Satz von Berry[15]–Esseen[16] (siehe [BER] und [ESS]), dass in der Situation des Zentralen Grenzwertsatzes von Lindeberg–Lévy unter der Zusatzannahme $\mathbb{E}|X_1|^3 < \infty$ eine universelle, nicht von der Verteilung von X_1 abhängende positive Konstante C existiert, sodass gilt:

$$\sup_{x \in \mathbb{R}} \left| G_n(x) - \Phi(x) \right| \leq \frac{C}{\sqrt{n}} \cdot \mathbb{E} \left| \frac{X_1 - \mathbb{E}(X_1)}{\sqrt{\mathbb{V}(X_1)}} \right|^3. \tag{1.11}$$

Für C gelten die Ungleichungen

$$0{,}4097\cdots = \frac{\sqrt{10}+3}{6\sqrt{2\pi}} \leq C \leq 0{,}4690.$$

Dabei ist die obere Schranke für C im Laufe von mittlerweile 80 Jahren von ursprünglich 7.59 in [ESS] immer wieder verbessert worden (siehe u. a. [ZO1], [ZO2] und [VBE]). Der Wert 0.4690 stammt von I. Shevtsova (siehe [SHE]).

Obere Schranken für den Supremumsabstand zwischen G_n und Φ existieren auch in der allgemeineren Situation des Satzes von Lindeberg–Feller. Setzen wir etwa in Satz 1.17 o. B. d. A. $\sigma_n^2 = 1$ und $\mathbb{E}(X_{n,j}) = 0$, $j \in \{1, \ldots, n\}$, voraus und nehmen die Existenz dritter Momente an, so gilt

$$\sup_{x \in \mathbb{R}} \left| G_n(x) - \Phi(x) \right| \leq 6 \sum_{j=1}^{n} \mathbb{E}|X_j|^3 \tag{1.12}$$

(mit überschaubaren Beweisen z. B. bei [GST], S. 165, oder [FEL2], Abschn. XVI.5, S. 544). Die Gestalt der rechten Seiten in (1.11) und (1.12) wird aufgrund einer sog. *Edgeworth-Entwicklung* verständlich (siehe z. B. [FEL2], Abschn, XIV.4.6). Für weitergehende Ergebnisse siehe z. B. [PET].

Das Buch [CGS], welches die auf C. Stein[17] zurückgehende Methode (siehe [STE]) zur Fehlerabschätzung bei Approximationen von Verteilungen durch die Normalverteilung propagiert, enthält mit Theorem 3.6 und der dort aufgeführten Konstanten 9.4 ein schwächeres Resultat, ohne jedoch die bessere Abschätzung (1.12) zu erwähnen. Die Stärke der Stein'schen Methode liegt vor allem darin, dass sie oft auf analoge Situationen mit *abhängigen* Summanden besser angepasst werden kann.

---

[15] Andrew Campbell Berry (1906–1998), US-amerikanischer Mathematiker, ab 1941 Professor am Lawrence College, Appleton, Wisconsin. Hauptarbeitsgebiete: Fouriertransformation, Wahrscheinlichkeitstheorie

[16] Carl-Gustav Esseen (1918–2001), schwedischer Mathematiker, Professor an der Königlich-Technischen Hochschule in Stockholm und an der Universität Uppsala. Hauptarbeitsgebiet: Wahrscheinlichkeitstheorie.

[17] Charles M. Stein (1920–2016), US-amerikanischer Statistiker, ab 1953 Professor an der University of Stanford, Kalifornien. Nach ihm sind u. a. die *Stein'sche Methode*, das *Stein'sche Lemma* und das *Stein'sche Paradoxon* benannt. Stein war erklärter Pazifist. Wegen Protesten gegen die Apartheid-Politik geriet er als erstes Mitglied seiner Universität in Arrest.

Wie das folgende Resultat zeigt, vererbt sich Verteilungskonvergenz unter stetigen Abbildungen.

1.20 Satz (Abbildungssatz)

Es gelte $X_n \xrightarrow{\mathcal{D}} X$. Ist $h : \mathbb{R} \to \mathbb{R}$ eine stetige Funktion, so folgt $h(X_n) \xrightarrow{\mathcal{D}} h(X)$.

Wir werden sehen, dass die Aussage des Abbildungssatzes unter Abschwächung der Voraussetzungen in wesentlich allgemeinerem Rahmen gültig bleibt (Satz 6.6 und Satz 14.4). Gleiches gilt für das nachstehende wichtige Lemma, das in Kap. 6 und in Kap. 14 wieder aufgegriffen wird.

1.21 Satz (Lemma von Slutsky[18])

Es gelten $X_n \xrightarrow{\mathcal{D}} X$ und $Y_n \xrightarrow{\mathbb{P}} a$, wobei $a \in \mathbb{R}$. Dann folgt:

a) $X_n + Y_n \xrightarrow{\mathcal{D}} X + a$,

b) $X_n \cdot Y_n \xrightarrow{\mathcal{D}} a X$.

Teil a) des Lemmas von Slutsky vermittelt insbesondere folgende Botschaft: Will man die Verteilungskonvergenz einer Folge (Z_n) komplizierter Zufallsvariablen Z_n nachweisen, und kann man Z_n als Summe $X_n + Y_n$ schreiben, wobei Y_n stochastisch gegen null konvergiert, so muss man sich nur noch um die Folge (X_n) kümmern.

Obwohl Verteilungkonvergenz auf den ersten Blick mit fast sicherer Konvergenz wenig gemeinsam hat, besteht ein direkter Zusammenhang zwischen beiden Konvergenzarten, wie das folgende, auf den ukrainischen Mathematiker A. V. Skorochod[19] zurückgehende Resultat zeigt. Wir werden dieses Ergebnis in Kap. 3 verwenden.

1.22 Satz (von Skorochod)

Es seien $X, X_1, X_2, \ldots$ Zufallsvariablen auf einem Wahrscheinlichkeitsraum $(\Omega, \mathcal{A}, \mathbb{P})$ mit $X_n \xrightarrow{\mathcal{D}} X$. Dann gibt es einen Wahrscheinlichkeitsraum $(\widetilde{\Omega}, \widetilde{\mathcal{A}}, \widetilde{\mathbb{P}})$ und Zufallsvariablen $Y, Y_1, Y_2, \ldots$ auf $\widetilde{\Omega}$ mit den Eigenschaften

$$\widetilde{\mathbb{P}}^Y = \mathbb{P}^X, \quad \widetilde{\mathbb{P}}^{Y_n} = \mathbb{P}^{X_n} \quad \text{für jedes jedes } n$$

(und damit insbesondere $Y_n \xrightarrow{\mathcal{D}} Y$) sowie $\lim_{n \to \infty} Y_n = Y$ $\widetilde{\mathbb{P}}$-fast sicher.

---

[18] Jewgeni Jewgenjewitsch Slutsky (1880–1948), arbeitete ab 1926 am Zentrum für Statistik und ab 1931 am Zentralinstitut für Meteorologie in Moskau. Ab 1934 war er am Mathematischen Institut der Akademie der Wissenschaften tätig. Hauptarbeitsgebiete: Statistik, insbesondere Zeitreihenanalyse.
[19] Anatoli Volodymyrowytsch Skorochod (1930–2011), ukrainischer Mathematiker, Professor an der Universität Kiew (ab 1964) und an der Michigan State University (ab 1993), ab 1985 Mitglied der Nationalen Akademie der Wissenschaften der Ukraine. Hauptarbeitsgebiete: Stochastische Differentialgleichungen, Grenzwertsätze für stochastische Prozesse.

Die folgende Begriffsbildung sowie die sich daran anschließenden Sätze 1.24 und 1.25 werden in Kap. 8 benötigt.

1.23 Definition(Bedingte Erwartung)

Es seien $(\Omega, \mathcal{A}, \mathbb{P})$ ein W-Raum, $X \in \mathcal{L}^1(\Omega, \mathcal{A}, \mathbb{P})$ und $\mathcal{G}$ eine sub-σ-Algebra von $\mathcal{A}$.

Eine Zufallsvariable Y heißt *bedingte Erwartung von X unter der Bedingung $\mathcal{G}$*, kurz: $\mathbb{E}[X|\mathcal{G}] := Y$, falls gilt:

a) $\mathbb{E}|Y| < \infty$,
b) Y ist $\mathcal{G}$-messbar,
c) $\mathbb{E}(Y\mathbf{1}_A) = \mathbb{E}(X\mathbf{1}_A)$ für jedes $A \in \mathcal{G}$.

Eine bedingte Erwartung $\mathbb{E}[X|\mathcal{G}]$ im obigen Sinn existiert, und sie ist $\mathbb{P}$-fast sicher eindeutig bestimmt. Aufgrund letzterer Eigenschaft ist $\mathbb{E}[X|\mathcal{G}]$ streng genommen die *Menge* aller Zufallsvariablen Y mit den Eigenschaften a)–c). Insofern sind die folgenden Gleichungen mit bedingten Erwartungen stets $\mathbb{P}$-fast sicher zu verstehen.

1.24 Satz (Eigenschaften der bedingten Erwartung)

Es seien $(\Omega, \mathcal{A}, \mathbb{P})$ ein Wahrscheinlichkeitsraum, $\mathcal{G}$ eine sub-σ-Algebra von $\mathcal{A}$ und X sowie Y Zufallsvariablen auf Ω mit $\mathbb{E}|X| < \infty$ und $\mathbb{E}|Y| < \infty$. Dann gelten:

a) $\mathbb{E}(\mathbb{E}[X|\mathcal{G}]) = \mathbb{E}X$,
b) Falls X $\mathcal{G}$-messbar ist, so gilt $\mathbb{E}[X|\mathcal{G}] = X$,
c) $\mathbb{E}[aX + bY|\mathcal{G}] = a\,\mathbb{E}[X|\mathcal{G}] + b\,\mathbb{E}[Y|\mathcal{G}], \quad a, b \in \mathbb{R}$,
d) Falls $\mathbb{E}|XY| < \infty$, und falls Y $\mathcal{G}$-messbar ist, so folgt $\mathbb{E}[XY|\mathcal{G}] = Y\,\mathbb{E}[X|\mathcal{G}]$.
e) Ist $\mathcal{F} \subset \mathcal{G}$ eine sub-σ-Algebra von $\mathcal{G}$, so gilt $\mathbb{E}[X|\mathcal{F}] = \mathbb{E}[\mathbb{E}[X|\mathcal{G}]|\mathcal{F}]$.
f) Sind X und $\mathcal{G}$ unabhängig, so gilt $\mathbb{E}[X|\mathcal{G}] = \mathbb{E}(X)$.

1.25 Satz (Faktorisierungssatz)

Sei $(\Omega', \mathcal{A}')$ ein Messraum. Falls $\mathcal{G} = \sigma(Z) = Z^{-1}(\mathcal{A}')$ für eine $(\mathcal{A}, \mathcal{A}')$-messbare Abbildung $Z : \Omega \to \Omega'$, so gilt

$$\mathbb{E}[X|\mathcal{G}] = \mathbb{E}[X|\sigma(Z)] =: \mathbb{E}[X|Z] = h(Z)$$

für eine messbare Funktion $h : \Omega' \to \overline{\mathbb{R}}$.

Abschließend seien noch einige wichtige Resultate aus der Maß- und Integrationstheorie aufgeführt (eine Standardreferenz hierfür ist [ELS]). Dafür sei ein Maßraum $(\Omega, \mathcal{A}, \mu)$ zugrundegelegt. Das folgende Resultat wird an mehreren Stellen benötigt.

1.26 Satz (Eindeutigkeitssatz für Maße)

Es seien Ω eine nichtleere Menge, $\mathcal{A}$ eine σ-Algebra über Ω und $\mathcal{M} \subset \mathcal{A}$ ein $\cap$-stabiler Erzeuger von $\mathcal{A}$ (d. h., es gilt $\sigma(\mathcal{M}) = \mathcal{A}$, und $\mathcal{M}$ enthält mit je endlich vielen Mengen auch deren Durchschnitt). Weiter seien μ_1 und μ_2 Maße auf $\mathcal{A}$ mit $\mu_1(M) = \mu_2(M)$ für jedes $M \in \mathcal{M}$. Gibt es eine aufsteigende Folge (M_n) von Mengen aus $\mathcal{M}$ mit $\Omega = \cup_{n=1}^{\infty} M_n$ und $\mu_1(M_n) < \infty, n \geq 1$, so folgt $\mu_1 = \mu_2$.

Als Nächstes seien drei wichtige Konvergenzsätze aufgeführt. Eine $\mathcal{A}$-messbare numerische Funktion auf Ω ist eine Funktion $f : \Omega \to \overline{\mathbb{R}} := \mathbb{R} \cup \{\infty, -\infty\}$, die bezüglich der σ-Algebra $\overline{\mathcal{B}} := \{B \cup E : B \in \mathcal{B}, E \subset \{\infty, -\infty\}\}$ der in $\overline{\mathbb{R}}$ Borelschen Mengen messbar ist.

1.27 Satz (Lemma von Fatou[20])

Es sei $(f_n)_{n \geq 1}$ eine Folge *nichtnegativer* $\mathcal{A}$-messbarer numerischer Funktionen auf Ω. Dann gilt

$$\int \liminf_{n \to \infty} f_n \, d\mu \leq \liminf_{n \to \infty} \int f_n \, d\mu. \tag{1.13}$$

Selbstfrage 5 Gilt (1.13) auch, falls $f_n \geq c, n \geq 1$, für ein $c < 0$?

1.28 Satz (von der monotonen Konvergenz (B. Levi[21]))

Es sei $(f_n)_{n \geq 1}$ eine *isotone* Folge *nichtnegativer* $\mathcal{A}$-messbarer numerischer Funktionen auf Ω (d. h., es gilt $f_n \leq f_{n+1}, n \geq 1$). Dann folgt

$$\int \lim_{n \to \infty} f_n \, d\mu = \lim_{n \to \infty} \int f_n \, d\mu.$$

---

[20] Pierre Joseph Louis Fatou (1878–1929), ab 1901 am astronomischen Observatorium in Paris. Hauptarbeitsgebiete (neben astronomischen Forschungen): Funktionentheorie, Funktionalgleichungen.
[21] Beppo Levi (1875–1961), Professor in Piacenza (ab 1901), Cagliari (ab 1906), Parma (ab 1910) und Bologna (ab 1928), ab 1939 Honorarprofessor an der Universität in Rosario. Hauptarbeitsgebiete: Algebraische Geometrie, Analysis, Zahlentheorie, partielle Differentialgleichungen.

Selbstfrage 6 Kann man die Bedingung $f_n \le f_{n+1}, n \ge 1$, abschwächen?

1.29 Satz (von der dominierten (majorisierten) Konvergenz (H. Lebesgue[22]))
Es seien $f, f_1, f_2, \ldots$ $\mathcal{A}$-messbare numerische Funktionen auf Ω mit

$$f = \lim_{n \to \infty} f_n \quad \mu\text{-fast überall.}$$

Gibt es eine μ-integrierbare numerische Funktion g auf Ω mit der Majorantenbedingung $|f_n| \le g$ μ-fast überall für jedes $n \ge 1$, so ist f μ-integrierbar, und es gilt

$$\int f \, d\mu = \lim_{n \to \infty} \int f_n \, d\mu.$$

Im Spezialfall eines Wahrscheinlichkeitsraumes $(\Omega, \mathcal{A}, \mathbb{P})$ ist man mit der geänderten Notation konfrontiert, dass die Funktionen f_n *Zufallsvariablen* heißen und mit X_n bezeichnet werden. Außerdem wird die Integration mithilfe des Erwartungswert-Operators $\mathbb{E}(\cdot)$ geschrieben. Das Lemma von Fatou nimmt dann (für den Fall $X_n \ge 0$) die Gestalt

$$\mathbb{E}\Big(\liminf_{n \to \infty} X_n \Big) \le \liminf_{n \to \infty} \mathbb{E}(X_n)$$

an, und der Satz von der monotonen Konvergenz besagt, dass im Fall $0 \le X_n \le X_{n+1}$ $\mathbb{P}$-fast sicher die Gleichung

$$\mathbb{E}\Big(\lim_{n \to \infty} X_n \Big) = \lim_{n \to \infty} \mathbb{E}(X_n)$$

erfüllt ist. Konvergiert die Folge (X_n) $\mathbb{P}$-fast sicher gegen eine Zufallsvariable X, und gibt es eine Zufallsvariable Y mit $|X_n| \le Y$ $\mathbb{P}$-fast sicher für jedes n, so besagt der Satz von der dominierten Konvergenz, dass $\mathbb{E}|X| < \infty$ und

$$\mathbb{E}(X) = \lim_{n \to \infty} \mathbb{E}(X_n)$$

gelten.

Ein Maß μ auf $\mathcal{A}$ heißt σ-*endlich*, falls es eine aufsteigende Folge (A_n) von Mengen aus $\mathcal{A}$ mit $\bigcup_{n=1}^{\infty} A_n = \Omega$ und $\mu(A_n) < \infty$ für jedes $n \ge 1$ gibt. Ist ν ein weiteres Maß auf $\mathcal{A}$, so heißt ν *absolut stetig* bezüglich μ (in Zeichen: $\nu \ll \mu$), falls für jedes $A \in \mathcal{A}$ aus $\mu(A) = 0$ auch $\nu(A) = 0$ folgt. Gleichwertig hiermit ist die Sprechweise, *das Maß μ dominiere das Maß ν*. Für diese Situation ist der folgende Satz (der insbesondere die Existenz der bedingten Erwartung garantiert) grundlegend.

---

[22] Henri Léon Lebesgue (1875–1941), 1919 Professor an der Sorbonne, ab 1921 Professor am Collège de France. Hauptarbeitsgebiete: Reelle Analysis, Maß- und Integrationstheorie, Topologie.

1.30 Satz (von Radon–Nikodým[23])

Ist das Maß μ σ-endlich, so sind folgende Aussagen äquivalent:

a) $\nu \ll \mu$,

b) Es gibt eine nichtnegative messbare Funktion f auf Ω mit

$$\nu(A) = \int_A f \, d\mu, \qquad A \in \mathcal{A}.$$

Die Funktion f heißt *Dichte von ν bezüglich μ*. Sie ist unter anderem dann μ-fast überall eindeutig bestimmt, wenn $\nu(\Omega) < \infty$ gilt.

Sind $(\Omega_1, \mathcal{A}_1, \mu_1)$ und $(\Omega_2, \mathcal{A}_2, \mu_2)$ Maßräume, wobei μ_1 und μ_2 σ-endlich sind, so gibt es genau ein Maß $\mu =: \mu_1 \otimes \mu_2$ auf der Produkt-σ-Algebra $\mathcal{A}_1 \otimes \mathcal{A}_2 =: \mathcal{A}$ über $\Omega := \Omega_1 \times \Omega_2$ mit $\mu(A_1 \times A_2) = \mu_1(A_1)\mu_2(A_2)$ für jede Wahl von $A_j \in \mathcal{A}_j$ ($j \in \{1, 2\}$). Die folgenden Sätze beziehen sich auf die Integration bezüglich dieses sogenannten *Produktmaßes*.

1.31 Satz (von Tonelli[24])

Ist $f : \Omega \to \overline{\mathbb{R}}$ eine *nichtnegative* $\mathcal{A}_1 \otimes \mathcal{A}_2$-messbare Funktion, so gilt

$$\int_\Omega f \, d(\mu_1 \otimes \mu_2) = \int_{\Omega_2} \left(\int_{\Omega_1} f(\omega_1, \omega_2)\mu_1(d\omega_1) \right) \mu_2(d\omega_2) \qquad (1.14)$$

$$= \int_{\Omega_1} \left(\int_{\Omega_2} f(\omega_1, \omega_2)\mu_2(d\omega_2) \right) \mu_1(d\omega_1). \qquad (1.15)$$

Dabei sind die inneren Integrale $\mathcal{A}_2$- bzw. $\mathcal{A}_1$-messbare Funktionen.

1.32 Satz (von Fubini[25])

Ist $f : \Omega \to \overline{\mathbb{R}}$ eine *beliebige* $\mu_1 \otimes \mu_2$-*integrierbare* $\mathcal{A}_1 \otimes \mathcal{A}_2$-messbare Funktion, so ist die Funktion $\Omega_2 \ni \omega_2 \mapsto f(\omega_1, \omega_2)$ μ_2-integrierbar für μ_1-fast alle $\omega_1 \in \Omega_1$, und die Funktion $\Omega_1 \ni \omega_1 \mapsto f(\omega_1, \omega_2)$ ist μ_1-integrierbar für μ_2-fast alle $\omega_2 \in \Omega_2$. Die μ_1-f.ü. bzw. μ_2-f.ü. definierten Funktionen $\omega_1 \mapsto \int f(\omega_1, \cdot)d\mu_2$ bzw. $\omega_2 \mapsto \int f(\cdot, \omega_2)d\mu_1$ sind μ_1- bzw. μ_2-integrierbar, und es gelten (1.14) und (1.15).

---

[23] Otton Martin Nikodým (1887–1974), 1927–1939 Dozent an den Universitäten Warschau und Krakau, 1947–1965 Professor am Kenyon College in Gambier (USA). Hauptarbeitsgebiete: Funktionalanalysis, Maßtheorie, mengentheoretische Topologie.

[24] Leonida Tonelli (1885–1946), Professor in Cagliari (ab 1913), Parma (ab 1915), Pisa (ab 1930 mit einer Unterbrechung in Rom (1939–1942)). Hauptarbeitsgebiet: Variationsrechnung.

[25] Guido Fubini (1879–1943), Professor in Turin (ab 1910) und Princeton (ab 1943). Hauptarbeitsgebiete: Projektive Differentialgeometrie, automorphe Funktionen, diskontinuierliche Gruppen.

Antworten zu den Selbstfragen

Antwort 1 Es seien $\omega_0 \in \Omega$ mit $\mathbb{P}(\{\omega_0\}) > 0$ sowie $\varepsilon > 0$ beliebig. Nach Voraussetzung gilt $\mathbb{P}(A_n(\varepsilon)) \to 0$, wobei $A_n(\varepsilon) := \{\omega \in \Omega : |X_n(\omega) - X(\omega)| > \varepsilon\}$. Für genügend großes n gilt also $\omega_0 \notin A_n(\varepsilon)$, d. h. $|X_n(\omega_0) - X(\omega_0)| \le \varepsilon$. Somit folgt $X_n \xrightarrow{\text{f.s.}} X$.

Antwort 2 Weil je zwei Normen $\|\cdot\|_1$ und $\|\cdot\|_2$ äquivalent sind, d. h., es gibt positive Konstanten K und L mit $\|x\|_1 \le K\|x\|_2 \le L\|x\|_1$ für jedes $x \in \mathbb{R}^d$ (s. z. B. [HEU], S. 19).

Antwort 3 Da die Menge $C(F)$ der Stetigkeitsstellen von F in $\mathbb{R}$ dicht liegt, kann man in (1.3) zunächst a eine Folge (a_n) aus $C(F)$ mit $a_n \to -\infty$ durchlaufen lassen. Damit ist $F(b)$ für jedes $b \in C(F)$ und folglich wegen der rechtsseitigen Stetigkeit für jedes $b \in \mathbb{R}$ bekannt.

Antwort 4 Der Grund ist die für x, $a \in \mathbb{R}$ und ε, $\sigma > 0$ geltende Ungleichung

$$(x-a)^2 \mathbf{1}\{|x-a| > \varepsilon\sigma\} \le \frac{|x-a|^{2+\delta}}{(\varepsilon\sigma)^\delta}.$$

Antwort 5 Im Allgemeinen nicht, aber dann, wenn μ ein endliches Maß ist, da man in diesem Fall das Lemma von Fatou auf die Funktionen $f_n - c$ anwenden kann.

Antwort 6 Die Ungleichung $f_n \le f_{n+1}$ muss für jedes n nur μ-fast überall gelten, da sich das μ-Integral nicht ändert, wenn der Integrand auf einer μ-Nullmenge geändert wird.

Übungsaufgaben

Aufgabe 1.1 Es seien $X_n = (X_n^{(1)}, \ldots, X_n^{(d)})$, $n \ge 1$, und $X = (X^{(1)}, \ldots, X^{(d)})$ d-dimensionale Zufallsvektoren. Zeigen Sie:

$$X_n \xrightarrow{\mathbb{P}} X \iff X_n^{(j)} \xrightarrow{\mathbb{P}} X^{(j)} \text{ für jedes } j \in \{1, \ldots, d\}.$$

Aufgabe 1.2 Geben Sie Gegenbeispiele dafür an, dass

a) aus der stochastischen Konvergenz

b) aus der $\mathcal{L}^p$- Konvergenz für ein $p > 0$

im Allgemeinen nicht die fast sichere Konvergenz folgt.

Hinweis: Verwenden Sie den Wahrscheinlichkeitsraum $(\Omega, \mathcal{A}, \mathbb{P})$ mit $\Omega := [0, 1]$, $\mathcal{A} := \Omega \cap \mathcal{B}$ und $\mathbb{P} := \lambda^1_{|[0,1]}$ sowie geeignete Indikatorfunktionen.

Aufgabe 1.3 Formulieren und beweisen Sie ein starkes Gesetz großer Zahlen für Zufallsvektoren.

Aufgabe 1.4 Zeigen Sie, dass die charakteristische Funktion einer Zufallsvariablen mit der Normalverteilung $N(\mu, \sigma^2)$ die Gestalt (1.4) besitzt.

Hinweis: Verwenden Sie (1.2) und die Tatsache, dass die Dichte f der Standardnormalverteilung der Differentialgleichung $f'(x) = -xf(x)$, $x \in \mathbb{R}$, genügt.

Aufgabe 1.5 Es gelte $X_n \xrightarrow{\mathcal{D}} X$, und t sei eine Stetigkeitsstelle der Verteilungsfunktion F von X. Weiter sei (t_n) eine Folge mit $\lim_{n \to \infty} t_n = t$. Zeigen Sie:

$$\lim_{n \to \infty} \mathbb{P}(X_n \leq t_n) = F(t).$$

Aufgabe 1.6 Es sei $(Z_n)_{n \geq 1}$ eine Folge von Zufallsvariablen mit $Z_n \sim \text{Bin}(n, p_n)$, wobei $0 < p_n < 1$ für jedes $n \geq 1$ sowie $\lim_{n \to \infty} p_n =: p \in (0, 1)$ gelte. Zeigen Sie:

$$\frac{Z_n - np_n}{\sqrt{np_n(1 - p_n)}} \xrightarrow{\mathcal{D}} N(0, 1) \quad \text{für } n \to \infty.$$

Aufgabe 1.7 Es sei $(X_n)_{n \geq 1}$ eine Folge normalverteilter Zufallsvariablen, wobei $X_n \sim N(\mu_n, \sigma_n^2)$, $n \geq 1$. Weiter sei X eine Zufallsvariable mit nicht-ausgearteter Verteilung, und es gelte $X_n \xrightarrow{\mathcal{D}} X$. Zeigen Sie:

a) Die Folgen (μ_n) und (σ_n^2) sind beschränkt.
b) Es existieren $\mu := \lim_{n \to \infty} \mu_n$ und $\sigma^2 := \lim_{n \to \infty} \sigma_n^2$, und es gilt $X \sim N(\mu, \sigma^2)$.

Ein poissonscher Grenzwertsatz für Dreiecksschemata

2

In einer Einführungsvorlesung in die Stochastik lernt man, dass eine Folge $(X_n)_{n \geq 1}$ von Zufallsvariablen mit den Binomialverteilungen $X_n \sim \text{Bin}(n, p_n)$ unter der Bedingung

$$\lim_{n \to \infty} np_n = \lambda$$

für ein $\lambda \in (0, \infty)$ beim Grenzübergang $n \to \infty$ in Verteilung gegen eine Zufallsvariable mit der Poisson[1]-Verteilung $\text{Po}(\lambda)$ konvergiert, d. h., es gilt

$$\lim_{n \to \infty} \mathbb{P}(X_n = k) = e^{-\lambda} \frac{\lambda^k}{k!}, \quad k \in \mathbb{N}_0, \tag{2.1}$$

s. z. B. [HE1], S. 97. Wegen der Verteilungsgleichheit $X_n \overset{\mathcal{D}}{=} \mathbf{1}\{A_{n,1}\} + \ldots + \mathbf{1}\{A_{n,n}\}$ mit stochastisch unabhängigen Ereignissen, die sämtlich die Wahrscheinlichkeit p_n besitzen, liegt die Frage nahe, ob man die oft als *Gesetz seltener Ereignisse* bezeichnete Grenzwertaussage (2.1) unter schwächeren Voraussetzungen an $A_{n,1}, \ldots, A_{n,n}$ erhalten kann. Wir werden die Annahme der stochastischen Unabhängigkeit beibehalten, aber die Voraussetzung $\mathbb{P}(A_{n,1}) = \ldots = \mathbb{P}(A_{n,n})$ abschwächen. Außerdem lassen wir zu, dass in Verallgemeinerung zu $\{0, 1\}$-wertigen Indikatorvariablen die Zufallsvariable X_n die Gestalt

$$X_n = X_{n,1} + \ldots + X_{n,n}$$

mit stochastisch unabhängigen und je $\mathbb{N}_0$-wertigen Zufallsvariablen besitzen kann. Es liegt also wie beim zentralen Grenzwertsatz von Lindeberg–Feller (Satz 1.17) ein *Dreiecksschema* $(X_{n,j} : 1 \leq j \leq n)_{n \geq 1}$ von zeilenweise stochastisch unabhängigen Zufallsvariablen vor. Wohingegen bei jenem Grenzwertsatz die Lindeberg-Bedingung (1.8) garantiert, dass keiner

---

[1] Siméon Denise Poisson (1781–1840), ab 1806 Professor an der École Polytechnique. Poisson leistete wichtige Beiträge insbesondere zur mathematischen Physik und zur Analysis. 1827 erfolgte seine Ernennung zum Geometer des Längenbureaus anstelle des verstorbenen P. S. Laplace.

© Der/die Autor(en), exklusiv lizenziert an Springer-Verlag GmbH, DE, ein Teil von Springer Nature 2022
N. Henze, *Asymptotische Stochastik: Eine Einführung mit Blick auf die Statistik*, https://doi.org/10.1007/978-3-662-65611-2_2

der Summanden einen überragenden Einfluss auf die Summe $X_{n,1} + \ldots + X_{n,n}$ besitzt, wird zu diesem Zweck in der vorliegenden Situation die nachstehende Eigenschaft gefordert.

2.1 Definition (asymptotische Vernachlässigbarkeit)
Sei $\Delta := \big(X_{n,j} : 1 \le j \le n\big)_{n \ge 1}$ ein Dreiecksschema reellwertiger Zufallsvariablen. Δ heißt *asymptotisch vernachlässigbar* oder ein *Null-Schema*, falls gilt:

$$\lim_{n \to \infty} \max_{1 \le j \le n} \mathbb{P}\big(|X_{n,j}| > \varepsilon\big) = 0 \quad \text{für jedes } \varepsilon > 0. \tag{2.2}$$

Bedingung (2.2) ist gleichbedeutend damit, dass beim Grenzübergang $n \to \infty$

$$X_{n,k_n} \xrightarrow{\mathbb{P}} 0 \text{ für jede Teilfolge } (k_n) \text{ mit } k_n \in \{1, \ldots, n\} \text{ für jedes } n \ge 1 \tag{2.3}$$

gilt (Aufgabe 2.1).

Wir werden im Laufe dieses Kapitels äquivalente Bedingungen zu (2.2) kennenlernen. Für die erste verwenden wir die oft anzutreffende Schreibweise $x \wedge y := \min(x, y)$ für das Minimum zweier reeller Zahlen x und y.

2.2 Proposition   Die folgenden Aussagen sind äquivalent:

a) $\lim_{n \to \infty} \max_{1 \le j \le n} \mathbb{P}\big(|X_{n,j}| > \varepsilon\big) = 0$ für jedes $\varepsilon > 0$,
b) $\lim_{n \to \infty} \max_{1 \le j \le n} \mathbb{E}\big[|X_{n,j}| \wedge 1\big] = 0$.

Beweis: „b) $\Longrightarrow$ a)": Da die Wahrscheinlichkeit $\mathbb{P}(|X_{n,j}| > \varepsilon)$ bei Verkleinern von ε wächst, reicht es, den Fall $0 < \varepsilon \le 1$ zu betrachten. Für solche ε ist die Ungleichung

$$\mathbf{1}\big\{|X_{n,j}| > \varepsilon\big\} \le \frac{1}{\varepsilon}\big(|X_{n,j}| \wedge 1\big)$$

erfüllt, und somit folgt die Behauptung, indem man zunächst Erwartungswerte und dann das Maximum über j bildet.

„a) $\Longrightarrow$ b)": Sei $\varepsilon > 0$ beliebig. Wegen $|X_{n,j}| \wedge 1 \le 1$ gilt

$$\mathbb{E}\big[|X_{n,j}| \wedge 1\big] = \mathbb{E}\big[(|X_{n,j}| \wedge 1)\mathbf{1}\{|X_{n,j}| > \varepsilon\}\big] + \mathbb{E}\big[(|X_{n,j}| \wedge 1)\mathbf{1}\{|X_{n,j}| \le \varepsilon\}\big]$$

$$\le \mathbb{P}\big(|X_{n,j}| > \varepsilon\big) + (\varepsilon \wedge 1),$$

sodass sich die Behauptung durch Maximumbildung über j ergibt.   ∎

Das Hauptresultat dieses Kapitels ist der nachfolgende poissonsche Grenzwertsatz für Dreiecksschemata. Dieser Satz ist insofern bemerkenswert, als unter der Voraussetzung der asymptotischen Vernachlässigbarkeit eine *notwendige und hinreichende Bedingung* für Verteilungskonvergenz gegen eine Poisson-Verteilung angegeben wird. Mithilfe dieses Satzes ergibt sich unter anderem eine Verallgemeinerung des Gesetzes seltener Ereignisse (2.1)

(Aufgabe 2.2 a) und Aufgabe 2.3). Anwendungen auf die Extremwertstochastik enthalten die Aufgaben 2.6 und 2.7.

2.3 Satz (Poissonscher Grenzwertsatz, vgl. [KAL], Theorem 6.7)
Es seien $\left(X_{n,j} : n \geq 1, \ 1 \leq j \leq n\right)_{n \geq 1}$ ein Null-Schema von zeilenweise stochastisch unabhängigen $\mathbb{N}_0$-wertigen Zufallsvariablen und $X \sim \mathrm{Po}(\lambda)$. Dann gilt:

$$X_{n,1} + \ldots + X_{n,n} \xrightarrow{\mathcal{D}} X \iff \text{(i)} \ \lim_{n \to \infty} \sum_{j=1}^{n} \mathbb{P}(X_{n,j} > 1) = 0,$$

$$\text{(ii)} \ \lim_{n \to \infty} \sum_{j=1}^{n} \mathbb{P}(X_{n,j} = 1) = \lambda.$$

Wir werden diesen Satz mithilfe erzeugender Funktionen beweisen. Für eine $\mathbb{N}_0$-wertige Zufallsvariable X ist die *erzeugende Funktion* von X durch die Potenzreihe g_X mit

$$g_X(s) := \sum_{k=0}^{\infty} \mathbb{P}(X = k) s^k, \quad |s| \leq 1, \tag{2.4}$$

definiert. Die Verteilung von X ist eindeutig durch g_X festgelegt, und besitzt X die Poisson-Verteilung $\mathrm{Po}(\lambda)$, so gilt

$$g_X(s) = e^{\lambda(s-1)}, \quad s \in \mathbb{R}.$$

Zudem gilt die *Multiplikationsregel für erzeugende Funktionen:* Sind X und Y stochastisch unabhängige $\mathbb{N}_0$-wertige Zufallsvariablen, so gilt $g_{X+Y}(s) = g_X(s) g_Y(s)$, $|s| \leq 1$ (siehe z.B. [HE1], S. 112–113).

Selbstfrage 1 Können Sie diese Multiplikationsregel beweisen?

Der Beweis des poissonschen Grenzwertsatzes verwendet den folgenden *Stetigkeitssatz für erzeugende Funktionen.*

2.4 Satz (Stetigkeitssatz für erzeugende Funktionen)
Es seien $X_0, X_1, \ldots$ $\mathbb{N}_0$-wertige Zufallsvariablen mit erzeugenden Funktionen $g_0, g_1, \ldots$. Dann sind folgende Aussagen äquivalent:

a) $X_n \xrightarrow{\mathcal{D}} X_0$,

b) $\lim\limits_{n \to \infty} \mathbb{P}(X_n = k) = \mathbb{P}(X_0 = k)$ für jedes $k \in \mathbb{N}_0$,

c) $\lim\limits_{n \to \infty} g_n(s) = g_0(s)$ für jedes $s \in [0, 1]$.

Beweis: Versuchen Sie sich selbst an einem Beweis (Aufgabe 2.4)!

Zur Vorbereitung des Beweises von Satz 2.3 benötigen wir noch eine mithilfe erzeugender Funktionen formulierte Bedingung, die gleichwertig zu (2.2) ist.

2.5 Lemma Für jedes $n \geq 1$ seien $X_{n,1}, \ldots, X_{n,n}$ $\mathbb{N}_0$-wertige Zufallsvariablen mit erzeugenden Funktionen $g_{n,1}, \ldots, g_{n,n}$. Dann sind folgende Aussagen äquivalent:

a) $\left(X_{n,j} : n \geq 1, \ 1 \leq j \leq n \right)_{n \geq 1}$ ist ein Null-Schema,

b) $\lim\limits_{n \to \infty} \max\limits_{1 \leq j \leq n} \left(1 - g_{n,j}(s) \right) = 0$ für jedes $s \in [0, 1]$.

Beweis: Die Behauptung folgt aus der Äquivalenzkette

$$a) \iff \lim_{n \to \infty} \max_{1 \leq j \leq n} \mathbb{P}\left(|X_{n,j}| > \varepsilon \right) = 0 \quad \text{für jedes } \varepsilon > 0$$

$$\iff X_{n,k_n} \xrightarrow{\mathbb{P}} 0 \quad \text{für jede Teilfolge } (k_n) \text{ mit } k_n \in \{1, \ldots, n\}$$

$$\iff X_{n,k_n} \xrightarrow{\mathcal{D}} \delta_0 \quad \text{für jede Teilfolge } (k_n) \text{ mit } k_n \in \{1, \ldots, n\}$$

$$\iff g_{n,k_n}(s) \to 1, \ 0 \leq s \leq 1, \quad \text{für jede Teilfolge } (k_n) \text{ mit } k_n \in \{1, \ldots, n\}$$

$$\iff 1 - g_{n,k_n}(s) \to 0, \ 0 \leq s \leq 1, \quad \text{für jede Teilfolge } (k_n) \text{ mit } k_n \in \{1, \ldots, n\}$$

$$\iff b).$$

Dabei wurde beim zweiten Doppelpfeil Aufgabe 2.1 verwendet. Der dritte Doppelpfeil gilt, weil Verteilungskonvergenz und stochastische Konvergenz identisch sind, wenn die Grenzverteilung eine Einpunktverteilung ist. ∎

Beweis: von Satz 2.3: Wir beweisen zunächt die Implikation „$\Longleftarrow$": Sei hierzu $g_{n,j}$ die erzeugende Funktion von $X_{n,j}$ ($n \geq 1$, $j \in \{1, \ldots, n\}$). Aufgrund des Stetigkeitssatzes 2.4 und der Multiplikationsregel für erzeugende Funktionen ist die Konvergenz

$$\lim_{n \to \infty} \prod_{j=1}^{n} g_{n,j}(s) = e^{\lambda(s-1)} \quad \text{für jedes } s \in [0, 1] \tag{2.5}$$

nachzuweisen. Nach Übergang zum Logarithmus ist diese gleichbedeutend mit

$$\lim_{n \to \infty} \sum_{j=1}^{n} \log\left(1 - (1 - g_{n,j}(s)) \right) = \lambda(s - 1) \quad \text{für jedes } s \in [0, 1]. \tag{2.6}$$

Wegen Lemma 2.5 und den für jedes $t > 0$ geltenden Ungleichungen

$$1 - \frac{1}{t} \leq \log t \leq t - 1 \tag{2.7}$$

ist (2.6) äquivalent zu

$$\lim_{n \to \infty} \sum_{j=1}^{n} \left(1 - g_{n,j}(s)\right) = \lambda(1 - s) \quad \text{für jedes } s \in [0, 1]. \tag{2.8}$$

Selbstfrage 2 Warum gelten die Ungleichungen (2.7)?

Mit den Abkürzungen

$$T_{n,1}(s) := (1 - s) \sum_{j=1}^{n} \mathbb{P}(X_{n,j} > 0), \quad T_{n,2}(s) := \sum_{k=2}^{\infty} (s - s^k) \sum_{j=1}^{n} \mathbb{P}(X_{n,j} = k) \tag{2.9}$$

folgt

$$\sum_{j=1}^{n} (1 - g_{n,j}(s)) = \sum_{j=1}^{n} \left[1 - \sum_{k=0}^{1} s^k \mathbb{P}(X_{n,j} = k) \right] - \sum_{j=1}^{n} \sum_{k=2}^{\infty} s^k \mathbb{P}(X_{n,j} = k)$$

$$= \sum_{j=1}^{n} \left[1 - \mathbb{P}(X_{n,j} = 0) - s\mathbb{P}(X_{n,j} = 1) \right]$$

$$+ \sum_{j=1}^{n} \sum_{k=2}^{\infty} (s - s^k) \mathbb{P}(X_{n,j} = k) - \sum_{j=1}^{n} s\mathbb{P}(X_{n,j} \geq 2)$$

$$= T_{n,1}(s) + T_{n,2}(s).$$

Für jedes $k \geq 2$ gilt $s(1 - s) \leq s(1 - s^{k-1}) = s - s^k \leq s$ und somit

$$s(1 - s) \sum_{j=1}^{n} \mathbb{P}(X_{n,j} > 1) \ \leq \ T_{n,2}(s) \ \leq \ s \sum_{j=1}^{n} \mathbb{P}(X_{n,j} > 1).$$

Mit Bedingung (i) ergibt sich also $\lim_{n \to \infty} T_{n,2}(s) = 0$. Weiter gilt

$$T_{n,1}(s) = (1 - s) \sum_{j=1}^{n} \mathbb{P}(X_{n,j} = 1) + (1 - s) \sum_{j=1}^{n} \mathbb{P}(X_{n,j} > 1),$$

sodass (i) und (ii) die Konvergenz $\lim_{n \to \infty} T_{n,1}(s) = (1 - s)\lambda$ und damit (2.8) liefern.

Die Implikation „$\Longrightarrow$" ist relativ schnell nachgewiesen: Aus $X_{n,1} + \ldots + X_{n,n} \xrightarrow{\mathcal{D}} \text{Po}(\lambda)$ folgt (2.5) und damit unter Verwendung der Ungleichungen (2.7) die Konvergenz (2.8). Setzt man dort speziell $s = 0$, so ergibt sich

$$\lim_{n\to\infty} \sum_{j=1}^{n} \mathbb{P}(X_{n,j} > 0) = \lambda. \tag{2.10}$$

Nach dem Beweisteil „$\Longleftarrow$" gilt

$$\sum_{j=1}^{n} \left(1 - g_{n,j}(s)\right) = (1-s) \sum_{j-1}^{n} \mathbb{P}(X_{n,j} > 0) + T_{n,2}(s) = T_{n,1}(s) + T_{n,2}(s)$$

mit $T_{n,2}(s)$ wie in (2.9). Wegen (2.8) und (2.10) folgt $\lim_{n\to\infty} T_{n,2}(s) = 0$, $s \in [0,1]$, und die Ungleichungen

$$s(1-s) \sum_{j=1}^{n} \mathbb{P}(X_{n,j} > 1) \le T_{n,2}(s) \le s \sum_{j=1}^{n} \mathbb{P}(X_{n,j} > 1)$$

liefern dann Bedingung (i). Bedingung (ii) erhält man aus der Darstellung

$$\sum_{j=1}^{n} \mathbb{P}(X_{n,j} = 1) = \sum_{j=1}^{n} \mathbb{P}(X_{n,j} > 0) - \sum_{j=1}^{n} \mathbb{P}(X_{n,j} > 1). \quad \blacksquare$$

Der poissonsche Grenzwertsatz deutet an, dass sich die Poisson-Verteilung immer dann als Verteilungsmodell anbietet, wenn gezählt wird, wie viele von vielen möglichen, aber einzeln relativ unwahrscheinlichen Ereignissen eintreten. Neben den Zerfällen von Atomen wie etwa beim Rutherford–Geiger-Experiment (siehe z. B. [HE1], S. 99) sind auch die Anzahl registrierter Photonen oder Elektronen bei sehr geringem Fluss angenähert poissonverteilt. Gleiches gilt für die Anzahl fehlerhafter Exemplare in Produktionsserien, die Anzahl von Gewittern innerhalb eines festgelegten Zeitraums in einer bestimmten Region oder die Anzahl von Unfällen oder Selbstmorden, bezogen auf eine gewisse große Population und eine definierte Zeitdauer. Die Poisson-Verteilung ist zudem Ausgangspunkt einer grundlegenden Klasse von *Punktprozessen*, den sogenannten *poissonschen Punktprozessen* (siehe z. B. [LAP]).

2.6 Poisson-Konvergenz und Extremwertstochastik

In der Extremwertstochastik modelliert man unter anderem Wahrscheinlichkeiten für das Auftreten seltener Ereignisse. Solche Ereignisse hängen im einfachsten Fall mit Maxima oder Minima von Zufallsvariablen zusammen. Um eine wesentliche Idee zu verdeutlichen seien $X_1, X_2, \ldots$ stochastisch unabhängige und identisch verteilte Zufallsvariablen mit Verteilungsfunktion F. Falls $1 - F(t) = \mathbb{P}(X_1 > t)$ für jedes $t \in \mathbb{R}$ positiv ist, so konvergiert die durch $M_n := \max(X_1, \ldots, X_n)$ definierte Folge (M_n) von Zufallsvariablen beim Grenzübergang $n \to \infty$ $\mathbb{P}$-fast sicher gegen unendlich. Dabei bedeutet allgemein $Y_n \xrightarrow{\text{f.s.}} \infty$ für eine Folge (Y_n), dass es im zugrundeliegenden Wahrscheinlichkeitsraum $(\Omega, \mathcal{A}, \mathbb{P})$ eine Einsmenge Ω_0 gibt, sodass für jedes $\omega \in \Omega_0$ die Zahlenfolge $(Y_n(\omega))$ für $n \to \infty$ gegen unendlich konvergiert, dass also für jedes $C > 0$ alle bis auf höchstens endlich viele Folgenglieder $Y_n(\omega)$ größer als C sind.

Selbstfrage 3 Warum gilt $M_n \to \infty$ $\mathbb{P}$-fast sicher?

Hier stellt sich unmittelbar die Frage, ob man geeignete, von einem reellen Parameter x abhängende *Schwellenwerte* $s_n(x)$ finden kann, sodass die zufällige Anzahl

$$U_n(x) := \sum_{j=1}^{n} \mathbf{1}\{X_j > s_n(x)\}$$

der Überschreitungen des Schwellenwertes $s_n(x)$ unter $X_1, \ldots, X_n$ für $n \to \infty$ in Verteilung gegen eine Poisson-Verteilung $\mathrm{Po}(\lambda(x))$ mit $0 < \lambda(x) < \infty$ konvergiert. Wegen $U_n(x) = 0 \iff M_n \le s_n(x)$ würde dann insbesondere

$$\lim_{n \to \infty} \mathbb{P}(U_n(x) = 0) = \mathrm{e}^{-\lambda(x)} = \lim_{n \to \infty} \mathbb{P}(M_n \le s_n(x)) \qquad (2.11)$$

folgen. In analoger Weise zählt

$$V_n(x) := \sum_{j=1}^{n} \mathbf{1}\{X_j \le b_n(x)\}$$

diejenigen unter $X_1, \ldots, X_n$, die einen Schwellenwert $b_n(x)$ nicht überschreiten. Wegen $V_n(x) = 0 \iff \min(X_1, \ldots, X_n) > b_n(x)$ hätte ein poissonscher Grenzwertsatz für $V_n(x)$ eine Limesaussage über das asymptotische Verhalten des Minimums von $X_1, \ldots, X_n$ für $n \to \infty$ zur Folge.

Setzen wir $A_{n,j} := \{X_j > s_n(x)\}$, $j \in \{1, \ldots, n\}$, so sind $A_{n,1}, \ldots, A_{n,n}$ stochastisch unabhängige Ereignisse mit gleicher Eintrittswahrscheinlichkeit $p_n(x) := 1 - F(s_n(x))$. Wenn wir eine Folge $(s_n(x))$ mit der Eigenschaft

$$\lim_{n \to \infty} n p_n(x) = \lim_{n \to \infty} n(1 - F(s_n(x))) = \lambda(x) \qquad (2.12)$$

für ein $\lambda(x) \in (0, \infty)$ finden könnten, so würde nach Satz 2.3 die Verteilungskonvergenz $U_n(x) \xrightarrow{\mathcal{D}} \mathrm{Po}(\lambda(x))$ und somit auch (2.11) gelten. Die Suche nach einer Folge $(s_n(x))$ mit (2.12) führt in den rechten Endbereich („upper tail") der Verteilungsfunktion F, denn nach (2.12) gilt ja

$$F(s_n(x)) \approx 1 - \frac{\lambda(x)}{n}.$$

Wenn man sich auf spezielle Schwellenwerte der Gestalt $s_n(x) = a_n + b_n x$ mit $b_n > 0$ beschränkt, so geht (2.11) in

$$\lim_{n \to \infty} \mathbb{P}\left(\frac{M_n - a_n}{b_n} \leq x\right) = H(x) \qquad (2.13)$$

über, wobei $H(x) := e^{-\lambda(x)}$ gesetzt wurde. In diesem Zusammenhang besagt das berühmte Fisher[2]–Tippett[3]-Theorem (siehe z. B. [EKM], S. 121): *Wenn es überhaupt Folgen* (a_n) *und* (b_n) *mit* $b_n > 0$ *für jedes* n *gibt, sodass die rechte Seite von (2.13) als Funktion von* x *eine nicht-ausgeartete Verteilungsfunktion darstellt, so gibt es bis auf affine Transformationen des Argumentes von* H *nur drei mögliche Verteilungstypen*, die mit den Namen Fréchet[4], Weibull[5] und Gumbel[6] verknüpft sind.

Die wichtigste dieser drei sogenannten *Extremwertverteilungen für Maxima* ist durch die Verteilungsfunktion

$$G(x) := \exp\left(-e^{-x}\right), \quad x \in \mathbb{R},$$

gegeben und nach Gumbel benannt. Sie tritt unter anderem für den Fall auf, dass die Verteilung von X_1 eine Exponentialverteilung ist. Gilt $F(t) = 1 - \exp(-t)$, $t > 0$, so erhält man für beliebiges reelles x im Fall $x + \log n \geq 0$

$$\mathbb{P}\big(M_n - \log n \leq x\big) = \big(\mathbb{P}(X_1 \leq x + \log n)\big)^n = \left(1 - e^{-(x+\log n)}\right)^n$$

$$= \left(1 - \frac{e^{-x}}{n}\right)^n$$

und somit $\lim_{n \to \infty} \mathbb{P}\big(M_n - \log n \leq x\big) = G(x)$, $x \in \mathbb{R}$. Abb. 2.1 zeigt die Dichte der Gumbel'schen Extremwertverteilung. Ins Auge springt eine bei Grenzverteilungen für Maxima typische *Rechtsschiefe*: Die Werte der Dichte steigen schnell an und fallen danach langsamer wieder ab.

Wir haben bislang mit relativ elementaren Mitteln Verteilungskonvergenz von Summen *stochastisch unabhängiger* nichtnegativer ganzzahliger Zufallsvariablen gegen eine Poisson-Verteilung betrachtet. Nach Übungsaufgabe 2.5 besitzt eine Zufallsvariable X genau dann

---

[2] Sir Ronald Aylmer Fisher (1890–1962), britischer Statistiker und einer der Pioniere der mathematischen Statistik (u. a. Versuchsplanung, Varianzanalyse, Maximum-Likelihood-Methode, Fisher-Information, Suffizienz).

[3] Leonard Henry Caleb Tippett (1902–1983), britischer Statistiker, einer der Begründer der stochastischen Extremwerttheorie.

[4] Maurice René Fréchet (1878–1973), französischer Mathematiker. Hauptarbeitsgebiet: Funktional-analysis. Sein Name ist u. a. mit den Begriffen Fréchet-Ableitung, Fréchet-Filter, Fréchet-Metrik, Fréchet-Verteilung sowie mit der Informationsungleichung von Fréchet–Cramér–Rao verknüpft.

[5] Ernst Hjalmar Waloddi Weibull (1887–1979), schwedischer Ingenieur und Mathematiker.

[6] Emil Julius Gumbel (1891–1966), 1930 Prof. an der Universität Heidelberg, 1932 Emigration nach Frankreich und später in die USA. Hauptarbeitsgebiete: Wahrscheinlichkeitsrechnung und mathematische Statistik.

Abb. 2.1 Dichte der
Gumbel'schen
Extremwertverteilung

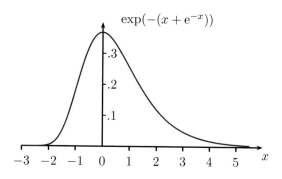

die Poisson-Verteilung Po(λ), wenn für jede beschränkte Funktion $f : \mathbb{N}_0 \longrightarrow [0, \infty)$ die Gleichung

$$\mathbb{E}[Xf(X)] = \lambda \mathbb{E}[f(X+1)]$$

erfüllt ist. Diese Charakterisierung der Poisson-Verteilung ist Grundlage einer Arbeit von L.H.Y. Chen[7] (siehe [CLH]), um Fehlerabschätzungen der Verteilungen von Summen von Indikatorvariablen durch eine Poisson-Verteilung zu gewinnen, wobei auch stochastische Abhängigkeiten der Summanden zugelassen sind. Wer weiterlesen möchte, sei hier auf die Monographie [BHJ] verwiesen. Die einen übergeordneten gemeinsamen Ansatz aufweisenden Techniken von C.M. Stein und L.H.Y. Chen, Fehlerabschätzungen für die Approximation von Verteilungen durch andere Verteilungen (insbesondere die Normalverteilung und die Poisson-Verteilung) zu erhalten, werden in der Literatur als *Stein–Chen-Methode* bezeichnet. Eine neuere Übersicht über auch mit anderen Methoden erhaltene Ergebnisse zu Poisson-Approximationen liefert [NOV]. Im nächsten Kapitel werden wir sehen, dass man Verteilungskonvergenz gegen eine Poisson-Verteilung auch mithilfe der Momentenmethode nachweisen kann.

Antworten zu den Selbstfragen

Antwort 1   Nach (2.4) gilt $g_X(s) = \mathbb{E}(s^X)$ und folglich – da mit X und Y auch s^X und s^Y unabhängig sind – $g_{X+Y}(s) = \mathbb{E}(s^{X+Y}) = \mathbb{E}(s^X s^Y) = \mathbb{E}(s^X)\mathbb{E}(s^Y) = g_X(s)g_Y(s), |s| \leq 1$.

Antwort 2   Sei $f(t) := \log t, t > 0$. Die Tangente an f an der Stelle $t = 1$ lautet $y = t - 1$. Wegen $f''(t) = -\frac{1}{t^2} < 0$ ist f konkav, was $f(t) \leq t - 1$ liefert. Die andere Ungleichung folgt hieraus, wenn man t durch $\frac{1}{t}$ ersetzt.

---

[7] Louis Hsiao Yun Chen (*1940), Schüler von C. Stein, ab 1981 Professor an der damaligen Universität von Singapur. Hauptarbeitsgebiet: Wahrscheinlichkeitstheorie, insbesondere Poisson-Approximation.

Antwort 3 Für beliebiges $K \in (0, \infty)$ gilt $\mathbb{P}(M_n > K) = 1 - (\mathbb{P}(X_1 \leq K))^n = 1 - F(K)^n \to 0$ für $n \to \infty$. Somit gilt $M_n \xrightarrow{\mathbb{P}} \infty$, also $\mathbb{P}(M_n \geq C) \to 1$ für jedes $C > 0$. Die $\mathbb{P}$-fast sichere Konvergenz folgt wegen $M_n \leq M_{n+1}, n \geq 1$.

Übungsaufgaben

Aufgabe 2.1 Zeigen Sie, dass die Bedingungen (2.2) und (2.3) äquivalent sind.
Hinweis für „ (2.3) $\Longrightarrow$ (2.2)": Was bedeutet es, dass für ein $\varepsilon > 0$ die durch

$$a_n := \max_{1 \leq j \leq n} \mathbb{P}(|X_{n,j}| > \varepsilon)$$

definierte Folge (a_n) nicht gegen null konvergiert?

Aufgabe 2.2 Für jedes $n \geq 1$ seien $A_{n,1}, \ldots, A_{n,n}$ stochastisch unabhängige Ereignisse. Zeigen Sie: Für die Indikatorsumme $S_n := \sum_{j=1}^{n} \mathbf{1}\{A_{n,j}\}$ gilt:

a) Falls $\lim_{n \to \infty} \mathbb{E}(S_n) = \lim_{n \to \infty} \mathbb{V}(S_n) = \lambda$ für ein $\lambda \in (0, \infty)$, so folgt $S_n \xrightarrow{\mathcal{D}} \mathrm{Po}(\lambda)$.
b) Falls $\lim_{n \to \infty} \mathbb{V}(S_n) = \infty$, so folgt

$$\frac{S_n - \mathbb{E}(S_n)}{\sqrt{\mathbb{V}(S_n)}} \xrightarrow{\mathcal{D}} \mathrm{N}(0, 1).$$

Hinweis für b): Verwenden Sie Satz 1.18.

Aufgabe 2.3 Für jedes $n \geq 1$ seien $A_{n,1}, \ldots, A_{n,n}$ stochastisch unabhängige Ereignisse. Zeigen Sie mithilfe von Satz 2.3: Falls

$$\lim_{n \to \infty} \max_{1 \leq j \leq n} \mathbb{P}(A_{n,j}) = 0$$

und

$$\lim_{n \to \infty} \sum_{j=1}^{n} \mathbb{P}(A_{n,j}) = \lambda$$

für ein $\lambda \in (0, \infty)$ gelten, so folgt $\mathbf{1}\{A_{n,1}\} + \ldots + \mathbf{1}\{A_{n,n}\} \xrightarrow{\mathcal{D}} \mathrm{Po}(\lambda)$.

Aufgabe 2.4 Beweisen Sie den Stetigkeitssatz 2.4 für erzeugende Funktionen.

Aufgabe 2.5 **(Charakterisierung der Poisson-Verteilung)** Es seien X eine $\mathbb{N}_0$-wertige Zufallsvariable und $\lambda \in (0, \infty)$. Beweisen Sie die Äquivalenz der folgenden Aussagen:

a) X besitzt eine Poisson-Verteilung mit Parameter λ.
b) Für jede beschränkte Funktion $f : \mathbb{N}_0 \longrightarrow [0, \infty)$ gilt $\mathbb{E}[Xf(X)] = \lambda \mathbb{E}[f(X+1)]$.

Aufgabe 2.6 Die Zufallsvariablen $X_1, X_2, \ldots$ seien unabhängig und identisch verteilt mit Verteilungsfunktion $F(t) := t^{\vartheta}, 0 \leq t \leq 1$, sowie $F(t) := 1$ für $t > 1$ und $F(t) := 0$ für $t < 0$. Dabei ist $\vartheta > 0$. Leiten Sie einen poissonschen Grenzwertsatz für $U_n(x) := \sum_{j=1}^{n} \mathbf{1}\{X_j > 1 - \frac{x}{n}\}, x > 0$, und daraus die Grenzverteilung von $n\big(1 - \max(X_1, \ldots, X_n)\big)$ für $n \to \infty$ her.

Aufgabe 2.7 Die Zufallsvariablen $X_1, X_2, \ldots$ seien unabhängig und identisch verteilt mit Verteilungsfunktion F, wobei $F(t) := 0$ für $t \leq 0$ und $F(t) = \lambda t^\alpha (1 + o(1))$ beim Grenzübergang $t \downarrow 0$, also $\lim_{t \downarrow 0} F(t)/(\lambda t^\alpha) = 1$, gelte. Leiten Sie einen poissonschen Grenzwertsatz für $V_n(x) := \sum_{j=1}^{n} \mathbf{1}\{X_j \leq x/n^{1/\alpha}\}$, $x > 0$, her und zeigen Sie:

$$\lim_{n \to \infty} \mathbb{P}\left(n^{1/\alpha} \min(X_1, \ldots, X_n) \leq x \right) = 1 - \exp\left(-\lambda x^\alpha \right), \quad x > 0. \tag{2.14}$$

Die Limesverteilung von $n^{1/\alpha} \min(X_1, \ldots, X_n)$ ist also eine Weibull-Verteilung mit Parametern α und λ.

Die Momentenmethode

3

In diesem Kapitel wird eine grundlegende Methode vorgestellt, um Verteilungskonvergenz nachzuweisen, die sogenannte *Momentenmethode*. Ist $(X_n)_{n \geq 1}$ eine Folge von Zufallsvariablen mit der Eigenschaft, dass für jedes $n \geq 1$ und für jedes $k \in \mathbb{N}$ das k-te Moment $\mathbb{E}(X_n^k)$ existiert, also $\mathbb{E}|X_n|^k < \infty$ gilt, und ist X eine Zufallsvariable mit $\mathbb{E}|X|^k < \infty$ für jedes $k \in \mathbb{N}$, so besagt die Momentenmethode, dass aus der Bedingung

$$\lim_{n \to \infty} \mathbb{E}(X_n^k) = \mathbb{E}(X^k) \quad \text{für jedes } k \in \mathbb{N} \tag{3.1}$$

die Verteilungskonvergenz $X_n \xrightarrow{\mathcal{D}} X$ folgt, *sofern die Verteilung $\mathbb{P}^X$ von X durch die Folge* $\left(\mathbb{E}(X^k)\right)_{k \geq 1}$ *der Momente eindeutig bestimmt ist.* Dieses als Satz 3.6 formulierte Resultat ist das Hauptergebnis dieses Kapitels.

Zunächst soll jedoch im Hinblick auf Verteilungskonvergenz eine Warnung ausgesprochen werden. Obwohl die Verteilungskonvergenz $X_n \xrightarrow{\mathcal{D}} X$ nach Satz 1.6 zur Konvergenz $\mathbb{E}h(X_n) \to \mathbb{E}h(X)$ für jede stetige *beschränkte* Funktion $h : \mathbb{R} \to \mathbb{R}$ äquivalent ist, folgt aus $X_n \xrightarrow{\mathcal{D}} X$ unter der Voraussetzung der Existenz aller auftretenden Erwartungswerte im Allgemeinen *nicht* die Konvergenz $\mathbb{E}(X_n) \to \mathbb{E}(X)$. Ein Beispiel dafür, dass aus $X_n \xrightarrow{\mathcal{D}} X$ nicht unbedingt $\mathbb{E}(X_n) \to \mathbb{E}(X)$ folgt, ist schnell konstruiert: Nach dem Lemma von Slutsky (Lemma 1.21) gilt ja $X + Y_n \xrightarrow{\mathcal{D}} X$, falls die Folge (Y_n) stochastisch gegen null konvergiert. Dabei besitze X eine beliebige Verteilung mit existierendem Erwartungswert. Die Festsetzung $\mathbb{P}(Y_n = n^2) := \frac{1}{n}$ und $\mathbb{P}(Y_n = 0) = 1 - \frac{1}{n}$ liefert $Y_n \xrightarrow{\mathbb{P}} 0$ und damit $X + Y_n \xrightarrow{\mathcal{D}} X$, aber $\mathbb{E}(X + Y_n) \to \infty$.

Der folgende Satz gibt in der Situation $X_n \xrightarrow{\mathcal{D}} X$ eine allgemeine Ungleichung für Erwartungswerte an.

N. Henze, *Asymptotische Stochastik: Eine Einführung mit Blick auf die Statistik*, https://doi.org/10.1007/978-3-662-65611-2_3

3.1 Satz (Lemma von Fatou für Verteilungskonvergenz)

Es seien $X, X_1, X_2, \ldots$ Zufallsvariablen mit $X_n \xrightarrow{\mathcal{D}} X$. Dann gilt:

$$\mathbb{E}|X| \leq \liminf_{n \to \infty} \mathbb{E}|X_n|.$$

Beweis: Es seien $(\widetilde{\Omega}, \widetilde{\mathcal{A}}, \widetilde{\mathbb{P}})$ und $Y, Y_1, Y_2, \ldots$ wie im Satz 1.22 von Skorochod. Dann gelten $X \overset{\mathcal{D}}{=} Y$ und $0 \leq |Y_n| \to |Y|$ $\widetilde{\mathbb{P}}$-fast sicher. Mit dem Lemma von Fatou (Satz 1.27) folgt

$$\mathbb{E}|X| = \mathbb{E}|Y| = \int |Y| \, \mathrm{d}\widetilde{\mathbb{P}}$$

$$\leq \liminf_{n \to \infty} \int |Y_n| \, \mathrm{d}\widetilde{\mathbb{P}} = \liminf_{n \to \infty} \mathbb{E}|Y_n| = \liminf_{n \to \infty} \mathbb{E}|X_n|,$$

was zu zeigen war.   ∎

Das folgende Konzept erlaubt, von $X_n \xrightarrow{\mathcal{D}} X$ auf $\mathbb{E}(X_n) \to \mathbb{E}(X)$ zu schließen.

3.2 Definition (Gleichgradige Integrierbarkeit)

Es seien $X_1, X_2, \ldots$ Zufallsvariablen auf einem Wahrscheinlichkeitsraum $(\Omega, \mathcal{A}, \mathbb{P})$. Die Folge (X_n) heißt *gleichgradig integrierbar* (kurz: GI), falls gilt:

$$\lim_{a \to \infty} \sup_{n \geq 1} \mathbb{E}\big[|X_n| \mathbf{1}\{|X_n| \geq a\}\big] = 0. \tag{3.2}$$

Das Wort *gleichgradig* bezieht sich dabei auf das Supremum über n. Für jedes feste n gilt nach dem Satz von der dominierten Konvergenz $\mathbb{E}\big[|X_n| \mathbf{1}\{|X_n| \geq a\}\big] \to 0$ für $a \to \infty$, wenn der Erwartungswert von X_n existiert.

Aufgabe 3.2 zeigt, dass unter der Voraussetzung $X_n \xrightarrow{\mathbb{P}} X$ die gleichgradige Integrierbarkeit der Folge (X_n) äquivalent zur $\mathcal{L}^1$-Konvergenz $\lim_{n \to \infty} \mathbb{E}|X_n - X| = 0$ ist. Die nachstehenden Eigenschaften sind im Umgang mit gleichgradiger Integrierbarkeit nützlich.

3.3 Satz (Bedingungen für gleichgradige Integrierbarkeit)

a) Ist $(X_n)_{n \geq 1}$ GI, so folgt $\sup_{n \geq 1} \mathbb{E}|X_n| < \infty$.
b) Falls $\sup_{n \geq 1} \mathbb{E}|X_n|^{1+\delta} < \infty$ für ein $\delta > 0$, so ist (X_n) GI.
c) Falls $\sup_{n \geq 1} |X_n| \leq C < \infty$ für ein C, so ist (X_n) GI.

Beweis: a) Für jedes $a > 0$ gilt

$$\mathbb{E}|X_n| = \mathbb{E}\big[|X_n|\mathbf{1}\{|X_n| < a\}\big] + \mathbb{E}\big[|X_n|\mathbf{1}\{|X_n| \geq a\}\big]$$
$$\leq a + \mathbb{E}\big[|X_n|\mathbf{1}\{|X_n| \geq a\}\big]$$
$$\leq a + \sup_{k \geq 1} \mathbb{E}\big[|X_k|\mathbf{1}\{|X_k| \geq a\}\big],$$

woraus die Behauptung folgt.

b) Sei $a > 0$ beliebig. Es gilt

$$\mathbb{E}\big[|X_n|\mathbf{1}\{|X_n| \geq a\}\big] \leq \mathbb{E}\left[|X_n|\left(\frac{|X_n|}{a}\right)^\delta\right] = \frac{1}{a^\delta}\mathbb{E}|X_n|^{1+\delta},$$

und somit ergibt sich (3.2), falls $\sup_{n \geq 1} \mathbb{E}|X_n|^{1+\delta} < \infty$.

c) folgt aus b). ∎

3.4 Satz (Gleichgradige Integrierbarkeit und Verteilungskonvergenz)
Es gelte $X_n \xrightarrow{\mathcal{D}} X$, und die Folge (X_n) sei gleichgradig integrierbar. Dann folgt:

a) $\mathbb{E}|X| < \infty$,

b) $\lim_{n \to \infty} \mathbb{E}(X_n) = \mathbb{E}(X)$.

Beweis: Teil a) folgt aus Satz 3.1 und Satz 3.3 a). Um b) zu zeigen, können wir nach Satz 1.22 (Skorochod) ohne Beschränkung der Allgemeinheit $\mathbb{P}$-fast sichere Konvergenz $X_n \xrightarrow{\text{f.s.}} X$ annehmen. Definieren wir für beliebiges $a > 0$

$$\Delta_{n,1}(a) := \mathbb{E}\big[|X_n - X|\mathbf{1}\{|X_n - X| < a\}\big],$$
$$\Delta_{n,2}(a) := \mathbb{E}\big[|X_n - X|\mathbf{1}\{|X_n - X| \geq a\}\big],$$

so folgt

$$|\mathbb{E}X_n - \mathbb{E}X| \leq \mathbb{E}|X_n - X| = \Delta_{n,1}(a) + \Delta_{n,2}(a). \tag{3.3}$$

Nach dem Satz von der dominierten Konvergenz (Satz 1.29) gilt $\lim_{n \to \infty} \Delta_{n,1}(a) = 0$. Was $\Delta_{n,2}(a)$ betrifft, so hat $|X_n - X| \geq a$ die Abschätzung $\max(|X_n|, |X|) \geq a/2$ zur Folge. ∎

Selbstfrage 1 Warum folgt $\max(|X_n|, |X|) \geq \frac{a}{2}$ aus $|X_n - X| \geq a$?

Aus diesem Grund gilt

$$\Delta_{n,2}(a) \leq 2\mathbb{E}\left[\max\left(|X_n|, |X|\right) \mathbf{1}\left\{\max\left(|X_n|, |X|\right) \geq \frac{a}{2}\right\}\right] \qquad (3.4)$$

$$\leq 2\mathbb{E}\left[|X_n|\mathbf{1}\left\{|X_n| \geq \frac{a}{2}\right\}\right] + 2\mathbb{E}\left[|X|\mathbf{1}\left\{|X| \geq \frac{a}{2}\right\}\right]$$

$$\leq 2\sup_{k\geq 1}\mathbb{E}\left[|X_k|\mathbf{1}\left\{|X_k| \geq \frac{a}{2}\right\}\right] + 2\mathbb{E}\left[|X|\mathbf{1}\left\{|X| \geq \frac{a}{2}\right\}\right].$$

Selbstfrage 2 Warum gilt die Ungleichung (3.4)?

In dieser oberen Schranke für $\Delta_{n,2}(a)$ konvergiert der erste Summand aufgrund der gleichgradigen Integrierbarkeit der Folge (X_n) für $a \to \infty$ gegen null. Der zweite Summand konvergiert nach dem Satz von der dominierten Konvergenz für $a \to \infty$ ebenfalls gegen null, da der Erwartungswert von X existiert. ∎

3.5 Korollar Seien $r \in \mathbb{N}$ und $\varepsilon > 0$. Falls $X_n \overset{\mathcal{D}}{\longrightarrow} X$ und $\sup_{n\geq 1} \mathbb{E}|X_n|^{r+\varepsilon} < \infty$, so folgt:

a) $\mathbb{E}|X|^r < \infty$,

b) $\lim_{n\to\infty} \mathbb{E}(X_n^r) \; - \; \mathbb{E}(X^r)$.

Beweis: Es gilt $|X_n|^{r+\varepsilon} = |X_n^r|^{1+\varepsilon/r}$, und somit ist die Folge $(X_n^r)_{n\geq 1}$ nach Satz 3.3 b) gleichgradig integrierbar. Mit dem Abbildungssatz 1.20 erhalten wir $X_n^r \overset{\mathcal{D}}{\longrightarrow} X^r$, sodass die Behauptung aus Satz 3.4 folgt. ∎

Wir kommen jetzt zum Hauptergebnis dieses Kapitels.

3.6 Satz (Momentenmethode)

Es seien $X, X_1, X_2, \dots$ Zufallsvariablen mit $\mathbb{E}|X|^k < \infty$ und $\mathbb{E}|X_n|^k < \infty$ für alle natürlichen Zahlen n und k. Die Verteilung von X sei durch die Folge $(\mathbb{E}X^k)_{k\geq 1}$ der Momente eindeutig bestimmt. Dann folgt aus der Momentenkonvergenz $\lim_{n\to\infty} \mathbb{E}(X_n^k) = \mathbb{E}(X^k)$ für jedes $k \geq 1$ die Verteilungskonvergenz $X_n \overset{\mathcal{D}}{\longrightarrow} X$.

Beweis: Sei $a > 0$. Wegen $\mathbf{1}\{|X_n| > a\} \leq a^{-2}X_n^2$ ergibt sich

$$\mathbb{P}(|X_n| > a) \leq \frac{\mathbb{E}(X_n^2)}{a^2}.$$

Nach Voraussetzung gilt $\lim_{n\to\infty} \mathbb{E}(X_n^2) = \mathbb{E}(X^2)$, und somit existiert zu jedem $\varepsilon > 0$ ein a mit $\mathbb{P}(|X_n| \leq a) \geq 1 - \varepsilon$ für jedes $n \geq 1$. Nach Definition 1.7 ist somit die Menge $\{\mathbb{P}^{X_n} :$

$n \geq 1\}$ straff. Aufgrund von Satz 1.8 gibt es eine Teilfolge (X_{n_k}) und eine Zufallsvariable Y mit $X_{n_k} \xrightarrow{\mathcal{D}} Y$ für $k \to \infty$. Nach Korollar 3.5 gilt $\lim_{k \to \infty} \mathbb{E}(X_{n_k}^r) = \mathbb{E}(Y^r), r \in \mathbb{N}$.

Selbstfrage 3 Warum kann man $\lim_{k \to \infty} \mathbb{E}(X_{n_k}^r) = \mathbb{E}(Y^r), r \geq 1$, folgern?

Wegen (3.1) folgt $\mathbb{E}(X^k) = \mathbb{E}(Y^k)$ für jedes $k \geq 1$ und somit $X \stackrel{\mathcal{D}}{=} Y$, da $\mathbb{P}^X$ durch die Momentenfolge $\left(\mathbb{E}(X^k)\right)_{k \geq 1}$ eindeutig bestimmt ist. Die Behauptung ergibt sich jetzt mit Korollar 1.9 b). ∎

Um die Momentenmethode anwenden zu können, muss natürlich klar sein, welche Verteilungen durch die Folge ihrer Momente eindeutig bestimmt sind. Das nachstehende Kriterium gibt dafür eine hinreichende Bedingung an. Diese Bedingung ist insbesondere dann erfüllt, wenn die durch

$$m_X(t) := \mathbb{E}\left[e^{tX}\right], \quad t \in \mathbb{R}, \tag{3.5}$$

definierte *momentenerzeugende Funktion* von X in einer Umgebung von 0 endliche Werte annimmt (Aufgabe 3.3). Man beachte, dass der in (3.5) stehende Erwartungswert unter Umständen nur für $t = 0$ endlich ist. Ein Beispiel hierür ist eine Zufallsvariable X mit der *Cauchy-Verteilung* C(0, 1), also mit der Dichte $f(x) = 1/(\pi(1 + x^2)), x \in \mathbb{R}$.

3.7 Satz (Hinreichende Bedingung für „$(\mathbb{E}X^k)_{k \geq 1}$ bestimmt $\mathbb{P}^X$")
Es sei X eine Zufallsvariable mit $\mathbb{E}|X|^k < \infty$ für jedes $k \geq 1$. Falls die Potenzreihe

$$\sum_{k=1}^{\infty} \frac{\mathbb{E}(X^k)}{k!} t^k \tag{3.6}$$

einen nicht verschwindenden Konvergenzradius besitzt, so ist $\mathbb{P}^X$ durch die Momentenfolge $(\mathbb{E}X^k)_{k \geq 1}$ eindeutig bestimmt.

Beweis: Seien $m_k := \mathbb{E}(X^k)$ sowie $b_k := \mathbb{E}(|X|^k), k \in \mathbb{N}$. Nach Voraussetzung gibt es ein $t_0 > 0$ mit $\sum_{k=0}^{\infty} |m_k| t_0^k / k! < \infty$. Wegen $b_{2k} = m_{2k} = |m_{2k}|$ folgt hieraus

$$\lim_{k \to \infty} \frac{b_{2k} h^{2k}}{(2k)!} = 0 \quad \text{für jedes } h \text{ mit } |h| < t_0.$$

Diese Aussage bleibt gültig, wenn durchweg $2k$ durch $2k - 1$ ersetzt wird, denn die Ungleichung $|x|^{2k-1} \leq 1 + |x|^{2k}, x \in \mathbb{R}$, liefert $b_{2k-1} \leq 1 + m_{2k}$, und somit folgt

$$\frac{b_{2k-1}|h|^{2k-1}}{(2k-1)!} \leq \frac{|h|^{2k-1}}{(2k-1)!} + \frac{m_{2k} t_0^{2k}}{(2k)!} \cdot \frac{2k|h|^{2k-1}}{t_0^{2k}}.$$

Es gilt also

$$\lim_{n \to \infty} \frac{b_n h^n}{n!} = 0 \quad \text{für jedes } h \text{ mit } |h| < t_0.$$ (3.7)

Durch Induktion über n ergibt sich

$$\left| e^{itx} \left(e^{ihx} - \sum_{k=0}^{n} \frac{(ihx)^k}{k!} \right) \right| \leq \frac{|h|^{n+1}|x|^{n+1}}{(n+1)!}, \quad t, h, x \in \mathbb{R}, \ n \in \mathbb{N}_0.$$

Für die mit φ bezeichnete charakteristische Funktion von X bedeutet dies

$$\left| \varphi(t+h) - \sum_{k=0}^{n} \frac{h^k}{k!} \varphi^{(k)}(t) \right| \leq \frac{|h|^{n+1}}{(n+1)!} b_{n+1},$$

denn wegen $\mathbb{E}|X|^k < \infty$ für jedes k ist φ beliebig of stetig differenzierbar, und es gilt $\varphi^{(k)}(t) = \frac{d^k}{dt^k} \varphi(t) = \mathbb{E}\left[e^{itX}(iX)^k \right], k \in \mathbb{N}$. Mit (3.7) folgt

$$\varphi(t+h) = \sum_{k=0}^{\infty} \frac{\varphi^{(k)}(t)}{k!} h^k, \quad t \in \mathbb{R}, \ |h| < t_0.$$ (3.8)

Ist Y eine weitere Zufallsvariable mit $\mathbb{E}(Y^k) = m_k$ für jedes $k \geq 1$ und charakteristischer Funktion $\psi(t) = \mathbb{E}[e^{itY}], t \in \mathbb{R}$, so ergibt sich wie oben

$$\psi(t+h) = \sum_{k=0}^{\infty} \frac{\psi^{(k)}(t)}{k!} h^k, \quad t \in \mathbb{R}, \ |h| < t_0.$$ (3.9)

Setzt man in (3.8) und (3.9) jeweils $t = 0$, so folgt wegen $\psi^{(k)}(0) = \varphi^{(k)}(0) = i^k m_k, k \geq 1$, die Identität $\psi(t) = \varphi(t)$ für jedes t mit $|t| < t_0$. Wählt man jetzt der Reihe nach $t = \pm t_0/2$, $t = \pm t_0, \ldots$ in (3.8) und (3.9), so ergibt sich $\psi(t) = \varphi(t)$ für jedes $t \in \mathbb{R}$ und damit $X \overset{\mathcal{D}}{=} Y$. ∎

3.8 Beispiel (Normalverteilung)
Hat X die Standardnormalverteilung $N(0, 1)$, so gilt aus Symmetriegründen $\mathbb{E}(X^{2k-1}) = 0$ für jedes $k \in \mathbb{N}$. Weiter gilt

$$\mathbb{E}(X^{2k}) = 1 \cdot 3 \cdot \ldots \cdot (2k-1) = \frac{(2k)!}{2^k k!}, \quad k \in \mathbb{N}$$

(siehe z. B. [HE1], S. 149). Somit besitzt die in (3.6) stehende Potenzreihe die Gestalt

$$\sum_{k=1}^{\infty} \frac{1}{2^k k!} t^{2k}$$

und damit den Konvergenzradius ∞.

3.9 Beispiel (Poisson-Verteilung)

Besitzt X die Poisson-Verteilung $Po(\lambda)$, so gilt nach Aufgabe 3.6 b)

$$\mathbb{E}(X^{k+1}) \leq (k + \lambda)\mathbb{E}(X^k), \quad k \in \mathbb{N}.$$

Es folgt

$$\frac{\mathbb{E}(X^{k+1})}{(k+1)!} \cdot \frac{k!}{\mathbb{E}(X^k)} \leq \frac{k+\lambda}{k+1},$$

und deshalb hat die Potenzreihe in (3.6) einen positiven Konvergenzradius. Auch die Poisson-Verteilung ist somit durch die Folge ihrer Momente eindeutig bestimmt.

Bei Verwendung der Momentenmethode im Zusammenhang mit der Poisson-Verteilung ist es meist bequemer, nicht die Momente $\mathbb{E}(X^k)$, $k \geq 1$, sondern die sogenannten *faktoriellen Momente* $\mathbb{E}[X(X-1)\ldots(X-k+1)]$, $k \geq 1$, zu betrachten. Besitzt X die Poisson-Verteilung $Po(\lambda)$, so liefert nämlich eine direkte Rechnung

$$\mathbb{E}[X(X-1)\ldots(X-k+1)] = \lambda^k, \quad k \in \mathbb{N}. \tag{3.10}$$

Selbstfrage 4 Warum gilt die Gleichung (3.10)?

Der Zusammenhang zwischen Momenten und faktoriellen Momenten ist allgemein durch

$$\mathbb{E}(X^\ell) = \sum_{k=1}^{\ell} \begin{Bmatrix} \ell \\ k \end{Bmatrix} \mathbb{E}[X(X-1)\ldots(X-k+1)] \tag{3.11}$$

gegeben. Dabei bezeichnet

$$\begin{Bmatrix} \ell \\ k \end{Bmatrix} = \frac{1}{k!} \sum_{j=0}^{k} (-1)^j \binom{k}{j} (k-j)^\ell \tag{3.12}$$

die sogenannte *Stirling-Zahl zweiter Art*. Die Stirling-Zahl $\begin{Bmatrix} \ell \\ k \end{Bmatrix}$ ist definiert als Anzahl der Partitionen einer ℓ-elementigen Menge M in k disjunkte Teilmengen (siehe z. B. [GKP], S. 258). Da $\begin{Bmatrix} \ell \\ k \end{Bmatrix}$ die Anzahl der surjektiven Abbildungen von M auf eine k-elementige Menge ist und letztere Anzahl durch die in (3.12) stehende Summe gegeben ist (siehe z. B. [HE2], S. 75), folgt (3.12).

Wegen der Darstellung (3.11) kann man also die Verteilungskonvergenz $X_n \xrightarrow{\mathcal{D}} Po(\lambda)$ zeigen, indem man

$$\lim_{n\to\infty} \mathbb{E}[X_n(X_n-1)\ldots(X_n-k+1)] = \lambda^k \quad \text{für jedes } k \in \mathbb{N} \tag{3.13}$$

nachweist. Aufgabe 3.9 verdeutlicht, wie man hiermit in bestimmten Fällen die Poisson-Konvergenz von Indikatorsummen nachweisen kann. Eine Anwendung dieser Beweismethode auf das Sammelbilderproblem (Coupon-Collector's-Problem) findet sich in [SHE].

Aufgabe 3.5 zeigt, dass jede auf einem kompakten Intervall konzentrierte Verteilung durch die Folge ihrer Momente eindeutig bestimmt ist, nicht aber die logarithmische Normalverteilung.

Abschließend sei gesagt, dass es auch im Zusammenhang mit der Momentenmethode Fehlerabschätzungen analog zu (1.11) und (1.12) gibt, die mithilfe sog. *Kumulanten* formuliert sind, siehe z. B. [DJS].

Antworten zu den Selbstfragen

Antwort 1 Nach der Dreiecksungleichung gilt die Abschätzung $|X_n - X| \leq |X_n| + |X|$. Wäre $\max(|X_n|, |X|) < \frac{a}{2}$, so gälte $|X_n - X| < a$.

Antwort 2 Es werden die beiden Fälle $\max(|X_n|, |X|) = |X_n|$ und $\max(|X_n|, |X|) = |X|$ unterschieden. Da das Ereignis $\{|X_n| = |X|\}$ eine positive Wahrscheinlichkeit besitzen kann, steht zu Beginn von (3.4) das Kleiner-Gleich-Zeichen.

Antwort 3 Man kann diese Folgerung ziehen, weil es zu jedem $r \geq 1$ ein $\varepsilon > 0$ mit der Eigenschaft $\sup_{k \geq 1} \mathbb{E}|X_{n_k}|^{r+\varepsilon} < \infty$ gibt. Ist nämlich $r = 2\ell$ mit $\ell \in \mathbb{N}$ eine gerade Zahl, so kann $\varepsilon = 2$ gewählt werden, denn es gilt $\lim_{k \to \infty} \mathbb{E}(X_{n_k}^{2\ell+2}) = \lim_{k \to \infty} \mathbb{E}(|X|^{2\ell+2}) = \mathbb{E}(|X|^{2\ell+2})$. Ist $r = 2\ell - 1$ mit $\ell \in \mathbb{N}$ ungerade, so gilt für $\varepsilon = 1$ die Beziehung $\sup_{k \geq 1} \mathbb{E}|X_{n_k}|^{r+\varepsilon} < \infty$.

Antwort 4 Der in (3.10) stehende Erwartungswert ist gleich

$$\sum_{j=k}^{\infty} j(j-1)\dots(j-k+1)\mathrm{e}^{-\lambda}\frac{\lambda^j}{j!} = \lambda^k\mathrm{e}^{-\lambda}\sum_{j=k}^{\infty}\frac{\lambda^{j-k}}{(j-k)!} = \lambda^k\mathrm{e}^{-\lambda}\mathrm{e}^{\lambda} = \lambda^k.$$

Übungsaufgaben

Aufgabe 3.1 Zeigen Sie: Sind die Folgen $(X_n)_{n \geq 1}$ und $(Y_n)_{n \geq 1}$ gleichgradig integrierbar, so ist auch die Folge $(X_n + Y_n)_{n \geq 1}$ gleichgradig integrierbar.

Aufgabe 3.2 Seien $X, X_1, X_2, \dots$ Zufallsvariablen auf einem Wahrscheinlichkeitsraum $(\Omega, \mathcal{A}, \mathbb{P})$ mit $X_n \xrightarrow{\mathbb{P}} X$ für $n \to \infty$. Zeigen Sie, dass die folgenden Aussagen äquivalent sind:

a) $X_n \xrightarrow{\mathcal{L}_1} X$,
b) Die Folge $(X_n)_{n \geq 1}$ ist gleichgradig integrierbar.

Hinweis: Verwenden Sie für „a) $\Rightarrow$ b)" die für $C \geq 1$ durch $\Psi_C(x) := x$, falls $0 \leq x \leq C - 1$ sowie $\Psi_C(x) := (1 - C)(x - C)$, falls $C - 1 \leq x \leq C$ und $\Psi_C(x) := 0$, falls $x \geq C$ definierte Funktion $\Psi_C : [0, \infty) \to [0, \infty)$ (Skizze!).

Aufgabe 3.3 Es sei X eine Zufallsvariable mit der Eigenschaft $\mathbb{E}\left[e^{tX}\right] < \infty$ für jedes t mit $|t| < \delta$, wobei $\delta > 0$. Zeigen Sie, dass die Reihe

$$\sum_{k=0}^{\infty} \frac{\mathbb{E}(X^k)}{k!} t^k, \quad |t| < \delta,$$

konvergiert.

Hinweis: Für x, $t \in \mathbb{R}$ gilt $e^{|tx|} \leq e^{tx} + e^{-tx}$.

Aufgabe 3.4 Es sei $(X_n)_{n \geq 1}$ eine Folge stochastisch unabhängiger identisch verteilter Zufallsvariablen mit $\mathbb{E}(X_1) = 0$ und $\mathbb{V}(X_1) = 1$. Es existiere ein $M \in (0, \infty)$, sodass $\mathbb{P}(|X_1| \leq M) = 1$ gelte. Zeigen Sie mithilfe der Momentenmethode, dass für die Folge $(S_n)_{n \geq 1}$ der Partialsummen $S_n := \sum_{j=1}^{n} X_j$ die Verteilungskonvergenz

$$\frac{S_n}{\sqrt{n}} \xrightarrow{\mathcal{D}} \mathrm{N}(0, 1)$$

zutrifft.

Aufgabe 3.5 Es sei X eine Zufallsvariable. Zeigen Sie:

a) Ist X beschränkt, d.h., gilt $\mathbb{P}(|X| \leq M) = 1$ für ein $M \in (0, \infty)$, so ist die Verteilung von X eindeutig durch die Folge $\mathbb{E}(X^k)$, $k \geq 1$, der Momente festgelegt.

b) Besitzt X eine Lognormalverteilung mit Parametern $\mu = 0$ und $\sigma = 1$, d.h. die Dichte

$$f(t) = \frac{1}{t\sqrt{2\pi}} \cdot \exp\left(-\frac{1}{2}(\log t)^2\right), \quad t > 0,$$

und $f(t) := 0$, sonst, so gibt es eine Zufallsvariable Y mit $\mathbb{P}^X \neq \mathbb{P}^Y$ und $\mathbb{E}(X^k) = \mathbb{E}(Y^k)$ für $k \geq 1$.

Hinweis für b): Es gilt für jedes $k \in \mathbb{N}_0$:

$$\int_0^{\infty} t^k f(t) \sin(2\pi \log t)\, \mathrm{d}t = 0. \tag{3.14}$$

Aufgabe 3.6 Es sei X eine Zufallsvariable mit der Poisson-Verteilung $\mathrm{Po}(\lambda)$, $\lambda > 0$. Zeigen Sie:

a) $\mathbb{E}(X^{k+1}) = \lambda \sum_{\ell=0}^{k} \binom{k}{\ell} \mathbb{E}(X^\ell)$, $k \in \mathbb{N}$,

b) $\mathbb{E}(X^{k+1}) \leq (k + \lambda)\mathbb{E}(X^k)$, $k \in \mathbb{N}$.

Aufgabe 3.7 Es seien $A_1, \ldots, A_n$ Ereignisse in einem Wahrscheinlichkeitsraum $(\Omega, \mathcal{A}, \mathbb{P})$ sowie $S_n := \sum_{j=1}^{n} \mathbf{1}\{A_j\}$. Zeigen Sie:

$$\mathbb{E}\binom{S_n}{k} = \sum_{1 \leq i_1 < \ldots < i_k \leq n} \mathbb{P}(A_{i_1} \cap \ldots \cap A_{i_k}), \quad k \in \{1, \ldots, n\}.$$

Aufgabe 3.8 Es sei F_n die Anzahl der Fixpunkte in einer rein zufälligen Permutation der Zahlen $1, \ldots, n$. Zeigen Sie unter Verwendung von (3.13) und Aufgabe 3.7. $F_n \xrightarrow{\mathcal{D}} \mathrm{Po}(1)$ für $n \to \infty$.

Aufgabe 3.9 Es sei $\{A_{n,1}, \ldots, A_{n,n} : n \geq 1\}$ ein Dreiecksschema von *austauschbaren* Ereignissen in einem Wahrscheinlichkeitsraum $(\Omega, \mathcal{A}, \mathbb{P})$, d. h., für jedes $n \geq 2$ und jedes $k \in \{1, \ldots, n\}$ sowie jede Wahl von $i_1, \ldots, i_k$ mit $1 \leq i_1 < \ldots < i_k \leq n$ gelte $\mathbb{P}(A_{n,i_1} \cap \ldots \cap A_{n,i_k}) = \mathbb{P}(A_{n,1} \cap \ldots \cap A_{n,k})$. Zeigen Sie: Gilt

$$\lim_{n \to \infty} n^k \mathbb{P}(A_{n,1} \cap \ldots \cap A_{n,k}) = \lambda^k, \quad k \geq 1,$$

für ein $\lambda \in (0, \infty)$, so folgt $\sum_{i=1}^n \mathbf{1}\{A_{n,i}\} \xrightarrow{\mathcal{D}} \mathrm{Po}(\lambda)$.

Hinweis: Beachten Sie Aufgabe 3.7.

Ein zentraler Grenzwertsatz für stationäre m-abhängige Folgen

In diesem Kapitel geht es um Folgen von Zufallsvariablen, die in einem zu präzisierenden Sinn stochastisch abhängig sein dürfen, sowie um einen zentralen Grenzwertsatz für solche Folgen. Genauer seien $Y_1, Y_2, \ldots$ auf einem gemeinsamen Wahrscheinlichkeitsraum $(\Omega, \mathcal{A}, \mathbb{P})$ definierte reellwertige Zufallsvariablen. Für eine nichtleere Teilmenge $T \subset \mathbb{N}$ bezeichne

$$\sigma\left(Y_t : t \in T\right) := \sigma\left(\bigcup_{t \in T} Y_t^{-1}(\mathcal{B})\right)$$

die von $\{Y_t : t \in T\}$ erzeugte Sub-σ-Algebra von $\mathcal{A}$.

Die folgende Definition präzisiert die diesem Kapitel zugrundeliegenden Annahmen über erlaubte stochastische Abhängigkeiten zwischen den Zufallsvariablen $Y_1, Y_2, \ldots$.

4.1 Definition (m-Abhängigkeit)

Es sei $m \in \mathbb{N}_0$. Die Folge $(Y_n)_{n \geq 1}$ heißt m-abhängig, falls für jedes $s \geq 1$ die σ-Algebren $\sigma(Y_1, \ldots, Y_s)$ und $\sigma(Y_{s+m+j} : j \geq 1)$ stochastisch unabhängig sind.

Sind $Y_1, Y_2, \ldots$ stochastisch unabhängig, so sind definitionsgemäß $\sigma(Y_1), \sigma(Y_2), \ldots$ stochastisch unabhängige σ-Algebren. Folglich sind dann auch für jedes $s \geq 1$ die σ-Algebren $\sigma(Y_1, \ldots, Y_s)$ und $\sigma(Y_{s+j} : j \geq 1)$ stochastisch unabhängig (siehe z.B. [HE1], S. 59). Eine Folge unabhängiger Zufallsvariablen ist also im Sinne obiger Definition 0-abhängig. Die Umkehrung dieser Aussage gilt ebenfalls (Aufgabe 4.1). Ein einfaches Beispiel für eine 2-abhängige Folge ist $Y_n := \mathbf{1}\{A_n \cap A_{n+1} \cap A_{n+2}\}$, $n \geq 1$, wobei $A_1, A_2, \ldots$ unabhängige Ereignisse sind. Hier gelten $\sigma(Y_1, \ldots, Y_s) = \sigma\left(\{A_1, \ldots, A_{s+2}\}\right)$ und $\sigma\left(Y_{s+2+j} : j \geq 1\right) = \sigma\left(\{A_{s+3}, A_{s+4}, \ldots\}\right)$.

Die nachfolgende Definition verallgemeinert den Begriff der identischen Verteilung.

N. Henze, *Asymptotische Stochastik: Eine Einführung mit Blick auf die Statistik*, https://doi.org/10.1007/978-3-662-65611-2_4

4.2 Definition (Stationarität)

Eine Folge $(Y_n)_{n\geq1}$ von Zufallsvariablen heißt *stationär*, falls für jedes $j \in \mathbb{N}$ und jede Wahl von $k \in \mathbb{N}_0$ die Verteilung des Zufallsvektors $(Y_j, \ldots, Y_{j+k})$ nicht von j abhängt.

Setzen wir $k = 0$, so sind also in einer stationären Folge (Y_n) alle Zufallsvariablen insbesondere identisch verteilt. Deuten wir den Index n als „Zeit", so besagt die Stationarität (genauer: *strikte* Stationarität) anschaulich, dass jede *endlichdimensionale Verteilung*, also jede Verteilung eines Zufallsvektors der Gestalt $(Y_j, \ldots, Y_{j+k})$, gegenüber Zeitverschiebungen invariant ist. Durch Marginalverteilungsbildung folgt dann, dass z.B. auch die Paare (Y_1, Y_4), (Y_2, Y_5), (Y_3, Y_6), ... dieselbe Verteilung besitzen. Man beachte, dass jede Folge stochastisch unabhängiger und identisch verteilter Zufallsvariablen stationär ist.

4.3 Funktionen von Blöcken einer u.i.v.-Folge

Es sei $(X_n)_{n\geq1}$ eine Folge stochastisch unabhängiger und identisch verteilter Zufallsvariablen (kurz: *u.i.v.-Folge*). Weiter seien ℓ eine beliebige natürliche Zahl und $f : \mathbb{R}^\ell \to \mathbb{R}$ eine beliebige messbare Funktion. Setzen wir

$$Y_j := f(X_j, X_{j+1}, \ldots, X_{j+\ell-1}), \quad j \geq 1,$$

so ist $(Y_j)_{j\geq1}$ eine stationäre Folge. Für jedes $s \in \mathbb{N}$ gilt

$$\sigma(Y_1, \ldots, Y_s) \subset \sigma(X_1, \ldots, X_{s+\ell-1}),$$
$$\sigma(Y_{s+\ell-1+j} : j \geq 1) \subset \sigma(X_{s+\ell}, X_{s+\ell+1}, \ldots),$$

und somit bildet $(Y_n)_{n\geq1}$ eine $(\ell - 1)$-abhängige Folge.

Funktionen von Blöcken einer u.i.v.-Folge stehen also für eine ganze Beispielklasse stationärer m-abhängiger Folgen. Wir wollen zwei Spezialfälle gesondert hervorheben, weil wir uns später auf sie beziehen werden. In beiden Fällen beginnt die Nummerierung der Folgenglieder X_n mit $n = 0$, was unerheblich ist.

4.4 Beispiele

a) Für eine u.i.v.-Folge $X_0, X_1, X_2, \ldots$ sei

$$Y_j := \mathbf{1}\{X_{j-1} > X_j < X_{j+1}\}, \quad j \geq 1.$$

Deutet man $X_0, X_1, X_2, \ldots$ als eine zu den diskreten Zeitpunkten $1, 2, \ldots$ beobachtbare *Zeitreihe*, so gibt Y_j an, ob zum Zeitpunkt j ein lokales Minimum in der Folge (X_n) vorliegt oder nicht. Offenbar ist die Folge $(Y_j)_{j\geq1}$ 2-abhängig.

b) In diesem Beispiel seien $X_0, X_1, \ldots$ stochastisch unabhängig und identisch verteilt mit $\mathbb{P}(X_0 = 1) = p = 1 - \mathbb{P}(X_0 = 0)$, wobei $0 < p < 1$. Es liegt also eine u.i.v.-Folge von je Bin$(1, p)$-verteilten Zufallsvariablen vor, die oft auch als *Bernoulli-Folge* bezeichnet wird. Deutet man das Ereignis $\{X_j = 1\}$ bzw. $\{X_j = 0\}$ als *Treffer* bzw. als *Niete* im j-ten Versuch, so gibt die durch

$$Y_j := (1 - X_{j-1})\, X_j\, X_{j+1} \cdot \ldots \cdot X_{j+r-1}\, (1 - X_{j+r}), \quad j \geq 1,$$

definierte Zufallsvariable Y_j an, ob im j-ten Versuch eine „Glückssträhne" der exakten Länge r startet. Nach Konstruktion ist die Folge $(Y_j)_{j \geq 1}$ $(r + 1)$-abhängig.

Für alle nachfolgenden Überlegungen treffen wir neben der m-Abhängigkeit und der Stationarität die zusätzliche Annahme $\mathbb{E}(Y_1^2) < \infty$ und setzen

$$\mu := \mathbb{E}(Y_1),$$

$$\sigma_{0,0} := \mathbb{V}(Y_1),$$

$$\sigma_{0,j} := \mathrm{Cov}(Y_1, Y_{1+j}).$$

Wegen der Stationarität gelten $\mu = \mathbb{E}(Y_j)$ und $\sigma_{0,0} = \mathbb{V}(Y_j)$ für jedes $j \geq 1$ sowie $\sigma_{0,j} = \mathrm{Cov}(Y_i, Y_{i+j})$, $i, j \geq 1$. Wegen der m-Abhängigkeit gilt zudem $\sigma_{0,j} = 0$, falls $j > m$.

Wir werden jetzt der Frage nachgehen, ob für die Partialsummen

$$S_n := Y_1 + \ldots + Y_n, \quad n \geq 1,$$

von $Y_1, Y_2, \ldots$ ein zentraler Grenzwertsatz gilt, ob also die Verteilungskonvergenz

$$\frac{S_n - \mathbb{E}(S_n)}{\sqrt{\mathbb{V}(S_n)}} \xrightarrow{\mathcal{D}} \mathrm{N}(0, 1) \quad \text{für } n \to \infty \tag{4.1}$$

vorliegt. Ein solcher Grenzwertsatz würde den für eine u.i.v.-Folge geltenden zentralen Grenzwertsatz von Lindeberg–Lévy auf die vorliegende Situation verallgemeinern.

Zunächst gelten $\mathbb{E}(S_n) = n\mu$ und unter Verwendung der Bilinearität der Kovarianzbildung sowie der m-Abhängigkeit

$$\mathbb{V}(S_n) = \sum_{i=1}^{n} \sum_{j=1}^{n} \mathrm{Cov}(Y_i, Y_j)$$

$$= n\sigma_{0,0} + 2(n-1)\sigma_{0,1} + \ldots + 2(n-m)\sigma_{0,m}.$$

Selbstfrage 1 Können Sie diese Gleichung für $\mathbb{V}(S_n)$ herleiten?

Setzen wir

$$\sigma^2 := \sigma_{0,0} + 2 \sum_{j=1}^{m} \sigma_{0,j}, \tag{4.2}$$

so gilt $\lim_{n \to \infty} \frac{1}{n} \mathbb{V}(S_n) = \sigma^2$. Übungsaufgabe 4.2 zeigt, dass der Fall $\sigma^2 = 0$ und $\sigma_{0,0} > 0$ eintreten kann.

Wir werden sehen, dass (4.1) im Fall $\sigma^2 > 0$ zutrifft. Der Beweis dieses zentralen Resultates beruht entscheidend auf dem nachfolgenden Sachverhalt.

4.5 Proposition   Seien $Z_{n,k}$, $X_{n,k}$ ($n, k \in \mathbb{N}$) Zufallsvariablen und

$$T_n := Z_{n,k} + X_{n,k}, \quad n, k \geq 1.$$

Wir machen folgende Annahmen:

a) $\displaystyle \lim_{k \to \infty} \sup_{n \in \mathbb{N}} \mathbb{P}\left(|X_{n,k}| \geq \delta\right) = 0$ für jedes $\delta > 0$,

b) für jedes $k \geq 1$ gibt es eine Zufallsvariable Z_k mit $Z_{n,k} \xrightarrow{\mathcal{D}} Z_k$ bei $n \to \infty$,

c) es existiert eine Zufallsvariable Z mit $Z_k \xrightarrow{\mathcal{D}} Z$ bei $k \to \infty$.

Dann folgt $T_n \xrightarrow{\mathcal{D}} Z$ für $n \to \infty$.

Beweis: Seien F, F_1, F_2, ... die Verteilungsfunktionen von Z, Z_1, Z_2, ..., und sei allgemein C_G die Menge der Stetigkeitsstellen einer Funktion $G : \mathbb{R} \to \mathbb{R}$. Weiter seien $\varepsilon > 0$ beliebig und $z \in C_F$ beliebig. Da eine Verteilungsfunktion höchstens abzählbar viele Unstetigkeitsstellen besitzt, gibt es ein $\delta > 0$ mit

$$\mathbb{P}(|Z - z| \leq \delta) < \varepsilon, \quad \text{wobei } \{z + \delta, z - \delta\} \subset C_F \cap \bigcap_{k=1}^{\infty} C_{F_k}. \tag{4.3}$$

Nach a) existiert ein k_0, sodass gilt:

$$\mathbb{P}(|X_{n,k}| \geq \delta) < \varepsilon \quad \text{für jedes } n \geq 1 \text{ und jedes } k \geq k_0. \tag{4.4}$$

Nach c) finden wir ein $k_1 \geq k_0$ mit der Eigenschaft

$$|\mathbb{P}(Z_k \leq z \pm \delta) - \mathbb{P}(Z \leq z \pm \delta)| < \varepsilon \quad \text{für jedes } k \geq k_1. \tag{4.5}$$

Wegen (4.4) gilt für jedes $k \geq k_1$

$$
\begin{aligned}
\mathbb{P}(T_n \leq z) &= \mathbb{P}(Z_{n,k} + X_{n,k} \leq z) \\
&= \mathbb{P}(Z_{n,k} + X_{n,k} \leq z, |X_{n,k}| < \delta) + \mathbb{P}(Z_{n,k} + X_{n,k} \leq z, |X_{n,k}| \geq \delta) \\
&\leq \mathbb{P}(Z_{n,k} \leq z + \delta) + \mathbb{P}(|X_{n,k}| \geq \delta) \\
&\leq \mathbb{P}(Z_{n,k} \leq z + \delta) + \varepsilon.
\end{aligned}
$$

Aus Annahme b) und (4.3) sowie (4.5) folgt jetzt

$$\limsup_{n \to \infty} \mathbb{P}(T_n \leq z) \leq \mathbb{P}(Z_k \leq z + \delta) + \varepsilon \leq \mathbb{P}(Z \leq z + \delta) + 2\varepsilon \leq \mathbb{P}(Z \leq z) + 3\varepsilon.$$

Dabei wurde bei der letzten Abschätzung wiederum (4.3) verwendet. In gleicher Weise (mit (4.5) und $z - \delta$) ergibt sich

$$\liminf_{n \to \infty} \mathbb{P}(T_n \leq z) \geq \mathbb{P}(Z \leq z) - 3\varepsilon,$$

und die Behauptung folgt, da ε beliebig war. ∎

4.6 Satz (Zentraler Grenzwertsatz für stationäre m-abhängige Folgen, s. [FER], S. 70)
Sei $(Y_j)_{j \geq 1}$ eine stationäre m-abhängige Folge mit $\mathbb{E}(Y_1^2) < \infty$ und $\sigma^2 > 0$, wobei σ^2 in (4.2) definiert ist. Für die durch $S_n := Y_1 + \ldots + Y_n$ definierte Folge $(S_n)_{n \geq 1}$ der Partialsummen gilt dann

$$\frac{S_n - \mathbb{E}(S_n)}{\sqrt{\mathbb{V}(S_n)}} \xrightarrow{\mathcal{D}} N(0, 1) \quad \text{bei } n \to \infty.$$

Beweis: Ohne Beschränkung der Allgemeinheit sei $\mu = \mathbb{E}(Y_1) = 0$ angenommen. Die Beweisidee besteht darin, die Summe S_n geeignet aufzuteilen und den zentralen Grenzwertsatz von Lindeberg–Lévy sowie das Lemma von Slutsky anzuwenden. Wir wählen hierzu eine natürliche Zahl $k > m$, die zunächst festgehalten wird. Dann definieren wir s und r durch die Gleichung $n = s(k + m) + r$ sowie durch $0 \leq r < k + m$. Weiter seien

$$V_{k,j} := \sum_{i=1}^{k} Y_{j(k+m)+i}, \qquad W_{k,j} := \sum_{i=k+1}^{k+m} Y_{j(k+m)+i}, \qquad j = 0, \ldots, s - 1,$$

$$R_n := \sum_{i=1}^{r} Y_{s(m+k)+i}.$$

Diese Zufallsvariablen summieren die Y_j über paarweise disjunkte Blöcke, und zwar abwechselnd über große Blöcke der Länge k und kleine Blöcke der Länge m, wobei ein (eventuell nicht vorhandener) Rest der Länge r der Y_j verbleibt (siehe nachstehende Abbildung für den Fall $s = 6$, $m = 2$ und $r = 4$).

Setzen wir

$$S_{n,1} := \sum_{j=0}^{s-1} V_{k,j}, \qquad S_{n,2} := \sum_{j=0}^{s-1} W_{k,j},$$

so gilt

$$S_n = S_{n,1} + S_{n,2} + R_n. \tag{4.6}$$

Aufgrund der m-Abhängigkeit und der Stationarität sind $V_{k,0}, \ldots, V_{k,s-1}$ stochastisch unabhängige und identisch verteilte Zufallsvariablen, auf die wir den zentralen Grenzwertsatz von Lindeberg–Lévy anwenden können. Die Bestandteile $S_{n,2}$ und R_n in (4.6) werden sich als asymptotisch vernachlässigbar erweisen. Wir wenden jetzt Proposition 4.5 an, und zwar mit

$$Z_{n,k} := \frac{S_{n,1} + R_n}{\sqrt{n}}, \qquad X_{n,k} := \frac{S_{n,2}}{\sqrt{n}}. \tag{4.7}$$

Dabei wurde die bislang in der Notation unterdrückte Abhängigkeit der Zufallsvariablen $S_{n,1}$, $S_{n,2}$ und R_n von k hervorgehoben. Damit gilt

$$T_n = \frac{S_n}{\sqrt{n}} = Z_{n,k} + X_{n,k},$$

und wir behaupten, dass in der vorliegenden Situation die Annahmen a), b) und c) von Proposition 4.5 erfüllt sind. Um Annahme a) zu zeigen, beachten wir $\mathbb{E}(X_{n,k}) = 0$ sowie

$$\mathbb{V}(X_{n,k}) = \frac{1}{n}\mathbb{V}(S_{n,2}) = \frac{s}{n}\,\mathbb{V}(S_m).$$

Dabei gilt das letzte Gleichheitszeichen wegen der Stationarität der Folge (Y_j). Wegen $n = s(k+m) + r$ mit $0 \le r < k+m$ gilt $\frac{s}{n} \le \frac{1}{k+m}$, und die Tschebyschow-Ungleichung liefert

$$\sup_{n \in \mathbb{N}} \mathbb{P}(|X_{n,k}| \ge \delta) \le \frac{\mathbb{V}(S_m)}{(k+m)\delta^2},$$

womit a) erfüllt ist. Um Annahme b) nachzuweisen, heben wir die Abhängigkeit von s in der Gleichung $n = s(k+m) + r$ von n beim Grenzübergang $n \to \infty$ durch Indizierung mit n hervor. Damit gilt

$$\frac{S_{n,1}}{\sqrt{n}} = \sqrt{\frac{s_n}{n}} \cdot \frac{1}{\sqrt{s_n}} \sum_{j=0}^{s_n-1} V_{k,j},$$

wobei $V_{k,0}, \ldots, V_{k,s_n-1}$ stochastisch unabhängige und identisch verteilte Zufallsvariablen sind. Nach dem zentralen Grenzwertsatz von Lindeberg–Lévy und der Stationarität gilt

$$\frac{1}{\sqrt{s_n}} \sum_{j=0}^{s_n-1} V_{k,j} \xrightarrow{\mathcal{D}} \mathrm{N}(0, \mathbb{V}(S_k))$$

für $n \to \infty$, und wegen $\lim_{n\to\infty} \sqrt{s_n/n} = 1/\sqrt{k+m}$ folgt

$$\frac{S_{n,1}}{\sqrt{n}} \xrightarrow{\mathcal{D}} Z_k, \quad \text{wobei } Z_k \sim \mathrm{N}\left(0, \frac{\mathbb{V}(S_k)}{k+m}\right).$$

Für die Zufallsvariable R_n in (4.7) erhalten wir wegen der Stationarität und der Cauchy–Schwarz-Ungleichung

$$\mathbb{E}\left[\frac{R_n}{\sqrt{n}}\right] = 0, \quad \mathbb{V}\left(\frac{R_n}{\sqrt{n}}\right) = \frac{\mathbb{V}(S_r)}{n} \leq \frac{(k+m)^2 \sigma_{0,0}}{n}.$$

Selbstfrage 2 Können Sie die Ungleichung $\mathbb{V}(S_r) \leq (k+m)^2 \sigma_{0,0}$ herleiten?

Somit gilt $R_n/\sqrt{n} \xrightarrow{\mathbb{P}} 0$, und das Lemma von Slutsky liefert $Z_{n,k} \xrightarrow{\mathcal{D}} Z_k$. Damit ist auch Annahme b) von Proposition 4.5 erfüllt. Wegen

$$\lim_{k\to\infty} \frac{\mathbb{V}(S_k)}{k+m} = \lim_{k\to\infty} \frac{\mathbb{V}(S_k)}{k} = \sigma^2 > 0$$

ergibt sich

$$Z_k \xrightarrow{\mathcal{D}} Z \sim \mathrm{N}(0, \sigma^2) \text{ bei } k \to \infty.$$

Somit trifft auch Annahme c) von Proposition 4.5 zu, und wir erhalten $T_n \xrightarrow{\mathcal{D}} Z$, also $S_n/\sqrt{n} \xrightarrow{\mathcal{D}} \mathrm{N}(0, \sigma^2)$. Hieraus folgt die Behauptung mit dem Lemma von Slutsky. ∎

Selbstfrage 3 Wie geht hier das Lemma von Slutsky ein?

4.7 Beispiele

a) In Beispiel 4.4 a), d.h., $Y_j = \mathbf{1}\{X_{j-1} > X_j < X_{j+1}\}$, sei die Verteilungsfunktion F von X_1 stetig. Dann gilt (Aufgabe 4.3):

$$\sqrt{n}\left(\frac{S_n}{n} - \frac{1}{3}\right) \xrightarrow{\mathcal{D}} \mathrm{N}\left(0, \frac{2}{45}\right).$$

b) In Beispiel 4.4 b), d.h., $Y_j = (1 - X_{j-1})X_j \ldots X_{j+r-1}(1 - X_{j+r})$, gilt mit $q := 1 - p$ für $S_n := Y_1 + \ldots + Y_n$ (Aufgabe 4.5):

$$\sqrt{n}\left(\frac{S_n}{n} - q^2 p^r\right) \xrightarrow{\mathcal{D}} \mathrm{N}(0, \sigma^2),$$

wobei $\sigma^2 = q^2 p^r + 2q^3 p^{2r} - (2r+3)q^4 p^{2r}$.

Dieses Kapitel gab einen kleinen Einblick in die Problematik, zentrale Grenzwertsätze für Folgen stochastisch abhängiger Zufallsvariablen aufstellen zu wollen. Ist $(Y_j)_{j\geq 1}$ eine Folge von Zufallsvariablen auf einem Wahrscheinlichkeitsraum $(\Omega, \mathcal{A}, \mathbb{P})$, so kann man versuchen, die Eigenschaft der m-Abhängigkeit zum Beispiel dahingegend abzuschwächen, dass – salopp formuliert – Ereignisse, die sich auf $Y_1, Y_2, \ldots$ beziehen und zeitlich immer weiter auseinanderliegen, immer weniger stochastisch abhängig sein sollten. Diese Forderung lässt sich dahingehend präzisieren, dass man für $s, \ell \geq 1$ die σ-Algebren $\mathcal{F}_s := \sigma(Y_1, \ldots, Y_s)$ und $\mathcal{F}_\ell^\infty := \sigma(Y_\ell, Y_{\ell+1}, \ldots)$ einführt. Definiert man für beliebige Sub-σ-Algebren $\mathcal{B}$ und $\mathcal{C}$ von $\mathcal{A}$

$$\alpha(\mathcal{B}, \mathcal{C}) := \sup_{B \in \mathcal{B}, C \in \mathcal{C}} |\mathbb{P}(B \cap C) - \mathbb{P}(B)\mathbb{P}(C)|,$$

so besagt die in [ROS] eingeführte sog. *starke Mischungseigenschaft*, dass die durch

$$\beta(n) := \sup_{s \geq 1} \alpha(\mathcal{F}_s, \mathcal{F}_{s+n}^\infty)$$

definierte Folge $\beta(n)$ für $n \to \infty$ gegen null konvergiert.

Ist die Folge (Y_j) m-abhängig, so sind nach Definition 4.1 für jedes $s \geq 1$ die σ-Algebren $\mathcal{F}_s$ und $\mathcal{F}_{s+m+1}^\infty$ stochastisch unabhängig, was $\beta(n) = 0$ für jedes $n \geq m + 1$ zur Folge hat. Die starke Mischungseigenschaft ist demnach schwächer als die Eigenschaft der m-Abhängigkeit, und zwar für jedes $m \geq 1$. In [ROS] wird ein zentraler Grenzwertsatz für nicht notwendig stationäre Folgen unter einer starken Mischungseigenschaft bewiesen. Zahlreiche weitere zentrale Grenzwertsätze für Folgen stochastisch abhängiger Zufallsvariablen enthält [HHE].

In Kap. 8 werden wir mit Satz 8.8 und Satz 8.23 zwei zentrale Grenzwertsätze für Folgen von Zufallsvariablen beweisen, die einer bestimmten Abhängigkeitsstruktur genügen.

Antworten zu den Selbstfragen

Antwort 1 Es gelten $\sum_{i,j=1}^n \mathrm{Cov}(Y_i, Y_j) = \sum_{i=1}^n \mathbb{V}(Y_i) + 2\sum_{i=1}^{n-1} \sum_{j=i+1}^n \mathrm{Cov}(Y_i, Y_j)$ und $\mathbb{V}(Y_i) = \sigma_{0,0}$ sowie $\mathrm{Cov}(Y_i, Y_j) = \sigma_{0,j-i}$. In der letzten Doppelsumme tritt für jedes $k \in \{1, \ldots, m\}$ der Term $\sigma_{0,k}$ genau $(n-k)$-mal auf. Wegen $\sigma_{0,k} = 0$, falls $k > m$, folgt die Behauptung.

Antwort 2 Es ist $\mathbb{V}(S_r) = \sum_{i=1}^r \sum_{j=1}^r \mathrm{Cov}(Y_i, Y_j)$. Nach der Cauchy–Schwarz'schen Ungleichung gilt $|\mathrm{Cov}(Y_i, Y_j)| \leq \sqrt{\mathbb{V}(Y_i)\mathbb{V}(Y_j)} = \sigma_{0,0}$. Wegen $r < m + k$ folgt die Behauptung.

Antwort 3 Es gilt

$$\frac{S_n}{\sqrt{\mathbb{V}(S_n)}} = \frac{S_n}{\sigma\sqrt{n}} \cdot \frac{\sigma}{\sqrt{\mathbb{V}(S_n)/n}}.$$

Der erste Faktor auf der rechten Seite konvergiert nach dem Abbildungssatz in Verteilung gegen $N(0, 1)$, und der zweite Faktor konvergiert gegen eins. Die Behauptung folgt dann aus Teil b) von Lemma 1.21.

Übungsaufgaben

Aufgabe 4.1 Zeigen Sie: Ist eine Folge $(Y_j)_{j\geq 1}$ von Zufallsvariablen 0-abhängig, so sind $Y_1, Y_2, \ldots$ stochastisch unabhängig.

Aufgabe 4.2 Zeigen Sie anhand eines Beispiels, dass der Fall $\sigma_{0,0} > 0$ und $\sigma^2 = 0$ eintreten kann.

Hinweis: Verwenden Sie eine Funktion von Blöcken der Länge 2 einer u.i.v.-Folge $X_1, X_2, \ldots$ mit $X_1 \sim \mathrm{Bin}(1, \frac{1}{2})$.

Aufgabe 4.3 Es seien $X_0, X_1, \ldots$ unabhängige und identisch verteilte Zufallsvariablen mit stetiger Verteilungsfunktion F. Die Zufallsvariable

$$Y_j := \mathbf{1}\{X_{j-1} > X_j < X_{j+1}\}, \quad j = 1, 2, \ldots,$$

zeigt an, ob in der Zeitreihe (X_n) zum Zeitpunkt j ein lokales Minimum vorliegt. Sei $S_n := Y_1 + \ldots + Y_n$ die Anzahl lokaler Minima der Folge $X_0, X_1, \ldots$ bis zum Zeitpunkt n. Zeigen Sie:

$$\sqrt{n}\left(\frac{S_n}{n} - \frac{1}{3}\right) \xrightarrow{\mathcal{D}} \mathrm{N}\left(0, \frac{2}{45}\right) \quad \text{für } n \to \infty.$$

Aufgabe 4.4 Es seien $X_0, X_1, \ldots$ unabhängige und identisch verteilte Zufallsvariablen mit $X_0 \sim \mathrm{Bin}(1, p)$, wobei $0 < p < 1$. Zeigen Sie:

$$\frac{1}{\sqrt{n}} \sum_{j=1}^{n} (X_{j-1} X_j - p^2) \xrightarrow{\mathcal{D}} \mathrm{N}\bigl(0, p^2(1 + 2p - 3p^2)\bigr) \quad \text{für } n \to \infty.$$

Aufgabe 4.5 Weisen Sie in Beispiel 4.4 b) die Verteilungskonvergenz

$$\sqrt{n}\left(\frac{S_n}{n} - q^2 p^r\right) \xrightarrow{\mathcal{D}} \mathrm{N}(0, \sigma^2)$$

nach, wobei $\sigma^2 = q^2 p^r + 2q^3 p^{2r} - (2r + 3)q^4 p^{2r}$.

Aufgabe 4.6 Es seien $q \in \mathbb{N}$ und $(\varepsilon_j)_{j \geq 1-q}$ ein Folge unabhängiger und identisch verteilter Zufallsvariablen mit $\mathbb{E}(\varepsilon_0^2) < \infty$, $\mathbb{E}(\varepsilon_0) = 0$ und $\tau^2 := \mathbb{V}(\varepsilon_0) > 0$. Weiter seien $\vartheta_0, \ldots, \vartheta_q$ reelle Zahlen mit $\vartheta_0 = 1$, $\vartheta_q \neq 0$ und $\vartheta_0 + \ldots + \vartheta_q \neq 0$. Dann heißt die durch

$$X_j := \sum_{\ell=0}^{q} \vartheta_\ell \varepsilon_{j-\ell}, \quad j = 1, 2, \ldots$$

definierte Folge $(X_j)_{j \geq 1}$ *Moving-Average-Prozess der Ordnung q.*

Zeigen Sie, dass

$$\frac{1}{\sqrt{n}} \sum_{j=1}^{n} X_j \xrightarrow{\mathcal{D}} \mathrm{N}(0, \sigma^2) \text{ bei } n \to \infty$$

für ein $\sigma^2 \in (0, \infty)$ gilt. Bestimmen Sie σ^2.

Die multivariate Normalverteilung

5

In diesem Kapitel lernen wir die allgemeine d-dimensionale Normalverteilung kennen. Dabei ist d eine beliebige natürliche Zahl. Elemente des $\mathbb{R}^d$ und d-dimensionale Zufallsvektoren notieren wir je nach Zweckmäßigkeit als Zeilen- oder als Spaltenvektoren. Ist $x \in \mathbb{R}^d$ ein Spaltenvektor, so bezeichnet der mit einem hochgestellten Transponierungszeichen versehene Vektor $x^\top$ den aus x entstehenden Zeilenvektor. Allgemeiner steht $A^\top$ für die zu einer Matrix A transponierte Matrix. In diesem Kapitel sind Vektoren durchweg Spaltenvektoren. Vorab benötigen wir zwei Begriffe, die vielleicht schon aus einer einführenden Stochastikvorlesung bekannt sind.

5.1 Definition (Erwartungswert(vektor), Kovarianzmatrix)
Es sei $X = (X_1, \ldots, X_d)^\top$ ein d-dimensionaler Zufallsvektor.

a) Falls $\mathbb{E}|X_j| < \infty$ für jedes $j \in \{1, \ldots, d\}$, so heißt

$$\mathbb{E}(X) := \left(\mathbb{E}X_1, \ldots, \mathbb{E}X_d\right)^\top$$

der *Erwartungswert(vektor)* von X.

b) Falls $\mathbb{E}(X_j^2) < \infty$ für jedes $j \in \{1, \ldots, d\}$, so heißt die $(d \times d)$-Matrix

$$\mathbb{C}\mathrm{ov}(X) := \left(\mathrm{Cov}(X_j, X_k)\right)_{1 \le j,k \le d}$$

Kovarianzmatrix von X.

Ist allgemeiner $Y := \left(Y_{j,\ell}\right)_{1 \le j \le k, 1 \le \ell \le m}$ ein als zufällige $(k \times m)$-Matrix notierter $\mathbb{R}^{k \cdot m}$-wertiger Zufallsvektor mit $\mathbb{E}|Y_{j,\ell}| < \infty$ für jedes Paar (j, ℓ), so setzt man

$$\mathbb{E}(Y) := \left(\mathbb{E}(Y_{j,\ell})\right)_{k \times m}.$$

N. Henze, *Asymptotische Stochastik: Eine Einführung mit Blick auf die Statistik*, https://doi.org/10.1007/978-3-662-65611-2_5

Mit dieser Schreibweise gilt dann in Verallgemeinerung der für eine reelle Zufallsvariable X bestehenden Beziehung $\mathbb{V}(X) = \mathbb{E}(X^2) - (\mathbb{E}X)^2$ für einen d-dimensionalen Zufallsvektor

$$\Sigma(X) = \mathbb{E}\big[(X - \mathbb{E}X) \cdot (X - \mathbb{E}X)^\top\big]$$
$$= \mathbb{E}\big[XX^\top\big] - \mathbb{E}X \cdot (\mathbb{E}X)^\top.$$

Die nachstehenden Eigenschaften über das Verhalten von Erwartungswertvektoren und Kovarianzmatrizen unter affinen Transformationen werden uns mehrfach begegnen. Sie folgen aus der Linearität der Erwartungswertbildung bzw. aus der Bilinearität der Kovarianzbildung und der Definition von $\mathbb{E}(X)$ bzw. von $\mathbb{C}\mathrm{ov}(X)$.

5.2 Bemerkung (Affine Transformationen)
Sind A eine $(s \times d)$-Matrix und $b \in \mathbb{R}^s$, so gelten:

a) $\mathbb{E}(AX + b) = A\mathbb{E}(X) + b$,
b) $\mathbb{C}\mathrm{ov}(AX + b) = A\,\mathbb{C}\mathrm{ov}(X)\,A^\top$.

Selbstfrage 1 Wie könnte ein Beweis von 5.2 b) aussehen?

5.3 Satz (Eigenschaften von Kovarianzmatrizen)
Für die Kovarianzmatrix $\mathbb{C}\mathrm{ov}(X)$ eines Zufallsvektors X gelten:

a) $\mathbb{C}\mathrm{ov}(X)$ ist symmetrisch und positiv-semidefinit,
b) $\mathbb{C}\mathrm{ov}(X)$ ist genau dann singulär, wenn es einen vom Nullvektor 0_d des $\mathbb{R}^d$ verschiedenen Vektor c und eine reelle Zahl γ gibt, sodass $\mathbb{P}(c^\top X = \gamma) = 1$ gilt.

Beweis
a) Da die Kovarianzbildung in Bezug auf die beteiligten Zufallsvariablen symmetrisch ist, ist auch $\mathbb{C}\mathrm{ov}(X)$ symmetrisch. Die positive Semidefinitheit folgt aus der Bilinearität der Kovarianzbildung, denn für beliebiges $c := (c_1, \ldots, c_d)^\top \in \mathbb{R}^d$ gilt

$$0 \le \mathbb{V}(c^\top X) = \mathbb{C}\mathrm{ov}\left(\sum_{j=1}^{d} c_j X_j, \sum_{k=1}^{d} c_k X_k\right) = \sum_{j=1}^{d}\sum_{k=1}^{d} c_j c_k\, \mathbb{C}\mathrm{ov}(X_j, X_k)$$
$$= c^\top \mathbb{C}\mathrm{ov}(X)c.$$

b) Die Kovarianzmatrix $\mathbb{C}\mathrm{ov}(X)$ ist genau dann singulär, also nicht invertierbar, wenn ein vom Nullvektor 0_d verschiedenes $c = (c_1, \ldots, c_d)^\top \in \mathbb{R}^d$ existiert, sodass $\mathbb{V}(c^\top X) =$

$c^\top \mathrm{Cov}(X)c = 0$ gilt. Letztere Eigenschaft ist gleichbedeutend damit, dass es eine reelle Zahl γ mit $\mathbb{P}(c^\top X = \gamma) = 1$ gibt. ∎

Die Singularität einer Kovarianzmatrix $\mathrm{Cov}(X)$ ist also dadurch charakterisiert, dass der Zufallsvektor X mit Wahrscheinlichkeit eins Werte in einer geeigneten Hyperebene $\mathcal{H} := \{x \in \mathbb{R}^d : c^\top x = \gamma\}$ des $\mathbb{R}^d$ annimmt.

5.4 Beispiel (Multinomialverteilung)

Ein stochastischer Vorgang mit den möglichen Ausgängen *Treffer j-ter Art*, wobei $s \geq 2$ und $j \in \{1, \ldots, s\}$ gelte, werde n-mal in unabhängiger Folge wiederholt. Besitzt ein Treffer j-ter Art die Wahrscheinlichkeit p_j, und modelliert die Zufallsgröße X_j die Anzahl der erzielten Treffer j-ter Art in den n Versuchen ($j = 1, \ldots, s$), so hat der Zufallsvektor $X := (X_1, \ldots, X_s)^\top$ die Multinomialverteilung $\mathrm{Mult}(n; p_1, \ldots, p_s)$, siehe [HE1, S. 98]. Wegen $\mathbb{P}(X_1 + \ldots + X_s = n)$ ist die Kovarianzmatrix von X singulär. Für diese Erkenntnis benötigt man also nicht die genaue Gestalt

$$\mathrm{Cov}(X_i, X_j) = n\big(\delta_{i,j}p_i - p_i p_j\big), \quad i, j \in \{1, \ldots, s\},$$

von $\mathrm{Cov}(X)$. Dabei bezeichnet $\delta_{i,j} := 1$, falls $i = j$, und $\delta_{i,j} := 0$, sonst, das *Kronecker[1]-Symbol*.

Üblicherweise wird die Normalverteilung $\mathrm{N}(\mu, \sigma^2)$ mit Erwartungswert μ und Varianz σ^2 nur für den Fall $\sigma^2 > 0$ eingeführt. Um die allgemeine d-dimensionale Normalverteilung definieren zu können, erweitern wir die Klasse der eindimensionalen Normalverteilungen um alle *Einpunktverteilungen* (Dirac[2]-Maße) $\delta_\mu =: \mathrm{N}(\mu, 0)$.

Die nachfolgende Definition deutet an, wie man die Normalverteilung auch in unendlichdimensionalen Hilberträumen einführen könnte (siehe Definition 17.24).

5.5 Definition (d-dimensionale Normalverteilung)

Der Zufallsvektor $X = (X_1, \ldots, X_d)^\top$ hat eine *d-dimensionale Normalverteilung*, falls für jedes $c = (c_1, \ldots, c_d)^\top \in \mathbb{R}^d$ die Linearkombination (das Skalarprodukt)

$$c^\top X = \sum_{j=1}^{d} c_j X_j \tag{5.1}$$

---

[1] Leopold Kronecker (1823–1891), sein durch langjährige Leitung eines der Familie gehörenden Gutes erworbenes Vermögen gestattete ihm, ab 1855 nur noch nach seinen mathematischen Neigungen zu leben. 1883 wurde er o. Prof. an der Berliner Universität. Hauptarbeitsgebiete: Algebra, Zahlentheorie, Funktionentheorie.

[2] Paul Adrien Maurice Dirac (1902–1984), Physiker und Mathematiker, Professor für Mathematik in Cambridge (ab 1940) und Oxford (ab 1953), Nobelpreis 1933 für Arbeiten zur Quantenmechanik, entwarf die nach ihm benannte Hypothese von einem Weltall unendlicher Masse.

eine (eindimensionale) Normalverteilung besitzt.

Da in (5.1) beliebig viele der Komponenten von c gleich null sein können, ergibt sich unmittelbar:

5.6 Korollar Besitzt $X = (X_1, \ldots, X_d)^\top$ eine d-dimensionale Normalverteilung, so gelten:

a) Seien $s \in \{1, \ldots, d\}$ und $1 \le i_1 < \ldots < i_s \le d$. Dann hat $(X_{i_1}, \ldots, X_{i_s})^\top$ eine s-dimensionale Normalverteilung. Insbesondere ist jede der Komponenten $X_1, \ldots, X_d$ von X normalverteilt.

b) Es gilt $\mathbb{E}(X_j^2) < \infty$ für jedes $j \in \{1, \ldots, d\}$, und somit existieren $\mathbb{E}(X)$ und $\mathbb{C}\mathrm{ov}(X)$.

In der Situation von Definition 5.5 gelten

$$\mathbb{E}(c^\top X) = c^\top \mathbb{E}(X), \quad \mathbb{V}(c^\top X) = c^\top \mathbb{C}\mathrm{ov}(X)c.$$

Nach Satz 1.15 ist die Verteilung $\mathbb{P}^X$ von X durch $\mu := \mathbb{E}(X)$ und $\Sigma := \mathbb{C}\mathrm{ov}(X)$ eindeutig bestimmt. Aus diesem Grund sagt man, *X habe eine d-dimensionale Normalverteilung mit Erwartungswert μ und Kovarianzmatrix Σ*, und man schreibt hierfür kurz

$$X \sim N_d(\mu, \Sigma) \quad \text{oder} \quad \mathbb{P}^X = N_d(\mu, \Sigma).$$

Das nachfolgende wichtige Resultat besagt, dass normalverteilte Zufallsvektoren unter affinen Transformationen in normalverteilte Zufallsvektoren überführt werden.

5.7 Korollar (Reproduktionssatz für die d-dimensionale Normalverteilung)
Es seien $X \sim N_d(\mu, \Sigma)$, A eine $(s \times d)$-Matrix und $b \in \mathbb{R}^s$. Dann gilt:

$$AX + b \sim N_s\left(A\mu + b, A\Sigma A^\top\right).$$

Beweis Für beliebiges $h \in \mathbb{R}^s$ hat $h^\top(AX+b) = \left(A^\top h\right)^\top X + h^\top b$ eine (eindimensionale) Normalverteilung. ∎

Um die Existenz multivariater Normalverteilungen zu sichern, ist folgendes Resultat aus der Linearen Algebra hilfreich.

5.8 Lemma Zu jeder symmetrischen, positiv-semidefiniten $(d \times d)$-Matrix Σ gibt es eine Matrix A mit $\Sigma = AA^\top$.

Beweis Die Matrix Σ besitzt ein vollständiges System aus orthonormalen Eigenvektoren $v_1, \ldots, v_d$ mit zugehörigen nichtnegativen Eigenwerten $\lambda_1, \ldots, \lambda_d$, d. h., es gelten

$$\Sigma v_j = \lambda_j v_j, \quad v_j^\top v_k = \delta_{j,k}, \quad j,k \in \{1,\dots,d\}.$$

Bildet man eine $(d \times d)$-Matrix $V := (v_1 \cdots v_d)$ aus den nebeneinander notierten Spaltenvektoren $v_1,\dots,v_d$, so folgt $V^\top = V^{-1}$, und definiert man Λ als Diagonalmatrix $\Lambda := \operatorname{diag}(\lambda_1,\dots,\lambda_d)$, so ergeben sich $\Sigma V = V\Lambda$ sowie $\Sigma = V\Lambda V^\top$. Die Festsetzung $A := V\Lambda^{1/2}$ mit $\Lambda^{1/2} := \operatorname{diag}(\sqrt{\lambda_1},\dots,\sqrt{\lambda_d})$ liefert dann

$$\Sigma = V\Lambda^{1/2}\Lambda^{1/2}V^\top = AA^\top.$$

∎

5.9 Satz (Existenz der Verteilung $N_d(\mu, \Sigma)$)
Zu jedem $\mu \in \mathbb{R}^d$ und zu jeder symmetrischen positiv-semidefiniten $(d \times d)$-Matrix Σ gibt es einen Zufallsvektor X mit $X \sim N_d(\mu, \Sigma)$.

Beweis Seien $Y_1,\dots,Y_d$ stochastisch unabhängige und je $N(0,1)$-verteilte Zufallsvariablen. Nach dem Additionstheorem für die Normalverteilung (siehe z. B. [HE1, S. 142]) besitzt $Y := (Y_1,\dots,Y_d)^\top$ die Normalverteilung $N_d(0_d, I_d)$, wobei I_d die d-reihige Einheitsmatrix bezeichnet. Sei A eine $(d \times d)$-Matrix mit $\Sigma = AA^\top$. Der Reproduktionssatz 5.7 liefert

$$X := AY + \mu \sim N_d(\mu, \Sigma). \tag{5.2}$$

Jede d-dimensionale Normalverteilung entsteht also als affine Transformation aus der Normalverteilung $N_d(0_d, I_d)$. ∎

Bekanntlich sind unabhängige Zufallsvariablen X und Y mit $\mathbb{E}(X^2) < \infty$ und $\mathbb{E}(Y^2) < \infty$ unkorreliert, d. h., es gilt $\operatorname{Cov}(X, Y) = 0$. Die Umkehrung gilt jedoch im Allgemeinen nicht (siehe z. B. [HE1, S. 102]). Das folgende Resultat zeigt, dass Unkorreliertheit stochastische Unabhängigkeit zur Folge hat, wenn für die beteiligten Zufallsvariablen eine gemeinsame Normalverteilung vorausgesetzt wird (siehe hierzu auch Aufgabe 5.1).

5.10 Satz ($N_d(\mu, \Sigma)$ und Unabhängigkeit)
Seien $X := (X_1,\dots,X_k)^\top$ und $Y := (Y_1,\dots,Y_\ell)^\top$ auf demselben Wahrscheinlichkeitsraum definierte k- bzw. ℓ-dimensionale Zufallsvektoren. Falls der Zufallsvektor $(X^\top\ Y^\top)^\top$ eine $(k+\ell)$-dimensionale Normalverteilung besitzt, so gilt:

$$X, Y \text{ unabhängig} \iff \operatorname{Cov}(X_i, Y_j) = 0 \text{ für jedes Paar } (i,j) \text{ mit } i \ne j.$$

Beweis Da die Implikation „$\Longrightarrow$" allgemein gilt, ist nur die Richtung „$\Longleftarrow$" zu zeigen. Sei $0_{r \times s}$ die $(r \times s)$-Nullmatrix. Nach Voraussetzung besitzt die Kovarianzmatrix Σ von $(X^\top\ Y^\top)^\top$ die Gestalt

$$\Sigma = \begin{pmatrix} \mathbb{C}\mathrm{ov}(X) & 0_{k \times \ell} \\ 0_{\ell \times k} & \mathbb{C}\mathrm{ov}(Y) \end{pmatrix}.$$

Aufgrund von Lemma 5.8 gibt es $(d \times d)$-Matrizen A, B mit $\mathbb{C}\text{ov}(X) = AA^\top$ und $\mathbb{C}\text{ov}(Y) = BB^\top$. Seien $Z_1, \ldots, Z_{k+\ell}$ stochastisch unabhängige und je N(0, 1)-normalverteilte Zufallsvariablen. Dann besitzt der durch

$$\begin{pmatrix} U_1 \\ \vdots \\ U_k \\ V_1 \\ \vdots \\ V_\ell \end{pmatrix} := \begin{pmatrix} A & 0_{k\times\ell} \\ 0_{\ell\times k} & B \end{pmatrix} \begin{pmatrix} Z_1 \\ \vdots \\ Z_k \\ Z_{k+1} \\ \vdots \\ Z_{k+\ell} \end{pmatrix} + \begin{pmatrix} \mathbb{E}X \\ \mathbb{E}Y \end{pmatrix}$$

definierte Zufallsvektor $(U^\top \ V^\top)^\top$ mit $U := (U_1, \ldots, U_k)^\top$ und $V := (V_1, \ldots, V_\ell)^\top$ die $(k + \ell)$-dimensionale Normalverteilung

$$N_{k+\ell}\left(\begin{pmatrix} \mathbb{E}X \\ \mathbb{E}Y \end{pmatrix}, \begin{pmatrix} AA^\top & 0_{k\times\ell} \\ 0_{\ell\times k} & BB^\top \end{pmatrix} \right),$$

und es gelten $U = A(Z_1 \cdots Z_k)^\top + \mathbb{E}(X)$, $V = B(Z_{k+1} \cdots Z_{k+\ell})^\top + \mathbb{E}(Y)$. Nach dem Blockungslemma (siehe z. B. [HE1, S. 60]) sind U und V stochastisch unabhängig. Weiter besitzen U und X sowie V und Y dieselbe Verteilung. Da auch $(X^\top Y^\top)^\top$ und $(U^\top V^\top)^\top$ dieselbe Verteilung haben, folgt mit der Produktmaß-Notation „$\otimes$"

$$\mathbb{P}^{(X^\top Y^\top)^\top} = \mathbb{P}^{(U^\top V^\top)^\top} = \mathbb{P}^U \otimes \mathbb{P}^V = \mathbb{P}^X \otimes \mathbb{P}^Y$$

und damit die Behauptung.   ∎

Selbstfrage 2 Warum folgt die Behauptung?

Durch Induktion über d erhält man jetzt folgendes Resultat.

5.11 Korollar Sei $X = (X_1, \ldots, X_d)^\top \sim N_d(\mu, \Sigma)$. Dann gilt:

$$X_1, \ldots, X_d \text{ stochastisch unabhängig} \iff \mathbb{C}\text{ov}(X) \text{ ist eine Diagonalmatrix.}$$

Wie das folgende Resultat zeigt, gilt das Additionsgesetz für die Normalverteilung auch im allgemeinen multivariaten Fall.

5.12 Satz (Additionsgesetz)

Sind X und Y stochastisch unabhängige d-dimensionale Zufallsvektoren mit den Normalverteilungen $X \sim N_d(\mu, \Sigma)$ und $Y \sim N_d(\nu, T)$, so gilt:

$$X + Y \sim N_d(\mu + \nu, \Sigma + T).$$

Beweis Der Beweis ist Ihnen als Aufgabe 5.2 überlassen. Dass sich allgemein die Kovarianzmatrizen bei der Addition stochastisch unabhängiger Zufallsvektoren addieren, ist Gegenstand von Aufgabe 5.3.

Unter den Normalverteilungen spielen die sogenannten *nicht-ausgearteten* eine hervorgehobene Rolle. Die Normalverteilung $N_d(\mu, \Sigma)$ heißt *nicht-ausgeartet*, falls die Kovarianzmatrix Σ invertierbar ist, andernfalls *ausgeartet*. Im Fall $d = 1$ sind die ausgearteten Normalverteilungen also alle Einpunktverteilungen δ_μ mit $\mu \in \mathbb{R}$. Im Fall $d \geq 2$ ist die Invertierbarkeit der Kovarianzmatrix wegen der positiven Semidefinitheit zur Bedingung $\det(\Sigma) > 0$ äquivalent.

5.13 Satz (Dichte einer nicht-ausgearteten Normalverteilung)

Ein Zufallsvektor X mit der nicht-ausgearteten Normalverteilung $N_d(\mu, \Sigma)$ besitzt die Lebesgue-Dichte

$$f(x) = \frac{1}{(2\pi)^{d/2}\sqrt{\det(\Sigma)}} \exp\left(-\frac{1}{2}(x - \mu)^\top \Sigma^{-1}(x - \mu)\right), \quad x \in \mathbb{R}^d. \tag{5.3}$$

Beweis Seien $\Sigma = AA^\top$ und $Z := (Z_1, \ldots, Z_d)^\top \sim N_d(0_d, I_d)$. Wegen der stochastischen Unabhängigkeit von $Z_1, \ldots, Z_d$ und $Z_j \sim N(0, 1)$ für jedes $j \in \{1, \ldots, d\}$ hat Z die Dichte

$$f_Z(z) = \prod_{j=1}^{d}\left(\frac{1}{\sqrt{2\pi}}\exp\left(-\frac{z_j^2}{2}\right)\right) = \frac{1}{(2\pi)^{d/2}}\exp\left(-\frac{z^\top z}{2}\right), \quad z \in \mathbb{R}^d.$$

Dabei wurde $z := (z_1, \ldots, z_d)^\top$ gesetzt. Da X die gleiche Verteilung wie $AZ + \mu$ besitzt und sich die Dichte $f_{AZ+\mu}$ von $AZ + \mu$ aus derjenigen von Z mithilfe der Transformationsformel

$$f_{AZ+\mu}(x) = \frac{f_Z(A^{-1}(x - \mu))}{|\det(A)|}, \quad x \in \mathbb{R}^d,$$

ergibt (siehe z. B. [HE1, S. 140]), folgt die Behauptung durch direkte Rechnung. ∎

Selbstfrage 3 Wie kann eine solche direkte Rechnung aussehen?

Nach (5.3) ist die Dichte f der Normalverteilung $\mathrm{N}_d(\mu, \Sigma)$ konstant auf Bereichen der Gestalt $\{x \in \mathbb{R}^d : (x - \mu)^\top \Sigma^{-1}(x - \mu) = c\}$ mit $c > 0$, also auf Ellipsoiden im $\mathbb{R}^d$ mit Zentrum μ. Wegen Lemma 5.8 gilt $\Sigma = V \Lambda V^\top$ und somit $\Sigma^{-1} = V \Lambda^{-1} V^\top$. Dabei ist $V = (v_1 \ldots v_d)$ die Matrix der normierten Eigenvektoren von Σ, und $\Lambda = \mathrm{diag}(\lambda_1, \ldots, \lambda_d)$ ist die aus den positiven Eigenwerten von Σ bestehende Diagonalmatrix. Setzen wir der Einfachheit halber $\mu = 0_d$ (der allgemeine Fall bewirkt nur eine Verschiebung des Zentrums der Dichte), so gilt

$$x^\top \Sigma^{-1} x = x^\top V \Lambda^{-1} V^\top x = y^\top \Lambda^{-1} y = \frac{y_1^2}{\lambda_1} + \ldots + \frac{y_d^2}{\lambda_d},$$

wobei $y := (y_1, \ldots, y_d)^\top = V^\top x$ gesetzt ist. Nach einer orthogonalen Transformation sind diese Ellipsoide also achsenparallel, und der Vektor der Längen der Hauptachsen ist ein Vielfaches von $(\sqrt{\lambda_1}, \ldots, \sqrt{\lambda_d})$. Die orthogonale Transformation $x \mapsto V^\top x$ ist obsolet, wenn $\Sigma = \mathrm{diag}(\sigma_1^2, \ldots, \sigma_d^2)$ eine Diagonalmatrix ist, wenn also die Komponenten von X stochastisch unabhängig sind. Dieser Fall ist für $d = 2$ in Abb. 5.1 dargestellt.

5.14 Hauptkomponentenzerlegung

Wie im Beweis von Lemma 5.8 seien $\Sigma = V \Lambda V^\top$, wobei $\Lambda = \mathrm{diag}(\lambda_1, \ldots, \lambda_d)$, und $A := V \Lambda^{1/2}$. Nach (5.2) gilt für einen Zufallsvektor X mit der Normalverteilung $\mathrm{N}_d(\mu, \Sigma)$ die Verteilungsgleichheit

$$X \overset{\mathcal{D}}{=} V \Lambda^{1/2} Y + \mu = \sqrt{\lambda_1} Y_1 v_1 + \ldots + \sqrt{\lambda_d} Y_d v_d + \mu. \tag{5.4}$$

Dabei ist $Y := (Y_1, \ldots, Y_d)^\top$, und $Y_1, \ldots, Y_d$ sind stochastisch unabhängige und je $\mathrm{N}(0, 1)$-verteilte Zufallsvariablen. Diese Erzeugungsweise der Normalverteilung $\mathrm{N}_d(\mu, \Sigma)$ lässt sich leicht veranschaulichen: Im Punkt $\mu = (\mu_1, \ldots, \mu_d)^\top \in \mathbb{R}^d$ wird das (im Allg.

Abb. 5.1 Niveaulinien der Dichte einer zweidimensionalen Normalverteilung im Fall $\Sigma = \mathrm{diag}(\sigma_1^2, \sigma_2^2)$; das Verhältnis der Hauptachsen ist σ_1/σ_2

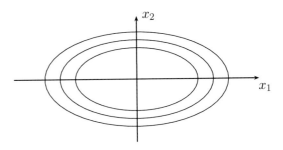

Abb. 5.2 Hauptkomponentendarstellung

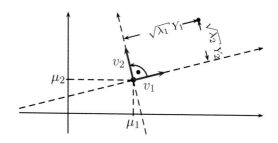

schief liegende) rechtwinklige Koordinatensystem der orthonormalen Vektoren $v_1, \ldots, v_d$ aufgetragen. Nach Erzeugung von $Y_1, \ldots, Y_d$ trägt man $\sqrt{\lambda_j}\, Y_j$ in Richtung von v_j auf ($j \in \{1, \ldots, d\}$) (siehe Abb. 5.2). Falls $\lambda_1 \geq \ldots \geq \lambda_d$, so heißen $\sqrt{\lambda_j}\, Z_j v_j$ die *j-te Hauptkomponente* von X, $j \in \{1, \ldots, d\}$, und (5.4) die *Hauptkomponentendarstellung* oder *Hauptkomponentenzerlegung* von X.

Das abschließende Resultat findet häufig Anwendung. In diesem Zusammenhang erinnern wir an die mit χ_k^2 bezeichnete *Chi-Quadrat-Verteilung mit k Freiheitsgraden*. Diese entsteht als Verteilung von $Y_1^2 + \ldots + Y_k^2$, wobei $Y_1, \ldots, Y_k$ stochastisch unabhängige und je $N(0, 1)$-verteilte Zufallsvariablen sind (siehe z. B. [HE1, S. 157]).

5.15 Satz (Quadratische Formen und χ^2-Verteilung)
Es gelte $X \sim N_d(\mu, \Sigma)$ mit $\det(\Sigma) > 0$. Dann folgt

$$(X - \mu)^{\top} \Sigma^{-1} (X - \mu) \sim \chi_d^2.$$

Beweis Es gilt $X \stackrel{\mathcal{D}}{=} AZ + \mu$, wobei $Z \sim N_d(0_d, I_d)$ und $\Sigma = AA^{\top}$. Mit $Z =: (Z_1, \ldots, Z_d)^{\top}$ folgt

$$(X - \mu)^{\top} \Sigma^{-1} (X - \mu) \stackrel{\mathcal{D}}{=} (AZ)^{\top} \Sigma^{-1} (AZ) = Z^{\top} A^{\top} \left(AA^{\top} \right)^{-1} AZ$$

$$= Z^{\top} Z = \sum_{j=1}^{d} Z_j^2 \sim \chi_d^2. \qquad \blacksquare$$

Eine Verallgemeinerung obiger Aussage findet sich in Aufgabe 12.3.

Antworten zu den Selbstfragen

Antwort 1 Es seien $X = (X_1, \ldots, X_d)^{\top}$, $A = (a_{mn})_{1 \leq m \leq s, 1 \leq n \leq d}$ und $b = (b_1, \ldots, b_s)^{\top}$. Weiter sei $Y = AX + b =: (Y_1, \ldots, Y_s)^{\top}$. Es gelten $Y_i = \sum_{k=1}^{d} a_{ik} X_k + b_i$, $Y_j = \sum_{\ell=1}^{d} a_{j\ell} X_\ell + b_j$

$(1 \leq i, j \leq s)$. Somit folgt $\text{Cov}(Y_i, Y_j) = \sum_{k=1}^{d} \sum_{\ell=1}^{d} a_{ik} a_{j\ell} \text{Cov}(X_k, X_\ell)$. Diese Kovarianz stimmt mit dem Eintrag in der i-ten Zeile und j-ten Spalte der Matrix $A\text{Cov}(X)A^\top$ überein.

Antwort 2 Weil zwei Zufallsvektoren X und Y genau dann stochastisch unabhängig sind, wenn die gemeinsame Verteilung von X und Y das Produkt der Verteilungen von X und von Y ist.

Antwort 3 Es gilt $|\det(A)| = \sqrt{\det(\Sigma)}$, und mit $y := x - \mu$ ergibt sich $\left(A^{-1}y\right)^\top A^{-1}y = y^\top \left(A^\top\right)^{-1} A^{-1}y = y^\top \left(AA^\top\right)^{-1} y = y^\top \Sigma^{-1} y$.

Übungsaufgaben

Aufgabe 5.1 Es sei f_ϱ die Dichte eines Zufallsvektors $(X, Y)^\top$ mit zweidimensionaler Normalverteilung, wobei $\mathbb{E}(X) = \mathbb{E}(Y) = 0$, $\mathbb{V}(X) = \mathbb{V}(Y) = 1$, $\mathbb{E}(XY) = \varrho$ und $0 < |\varrho| < 1$. Als Konvexkombination zweier Dichten ist $f := \alpha f_\varrho + (1 - \alpha)f_{-\varrho}$, $0 < \alpha < 1$, eine Dichte (sog. *Verteilungsmischung*). Bestimmen Sie für einen Zufallsvektor $(U, V)^\top$ mit Dichte f die marginalen Verteilungen von U und V und den Korrelationskoeffizienten $\varrho(U, V)$. Folgern Sie: Es gibt unkorrelierte Zufallsvariablen mit je eindimensionaler Normalverteilung, deren gemeinsame Verteilung keine zweidimensionale Normalverteilung ist.

Hinweis: Stellen Sie die gemeinsame Verteilung von U und V mithilfe einer geeigneten Indikatorvariablen dar.

Aufgabe 5.2 Beweisen Sie das Additionsgesetz 5.12 für die multivariate Normalverteilung.

Aufgabe 5.3 In dieser und den folgenden Übungsaufgaben bezeichne $\|\cdot\|$ die euklidische Norm im $\mathbb{R}^d$. Es seien X und Y stochastisch unabhängige d-dimensionale Zufallsvektoren mit $\mathbb{E}\|X\|^2 < \infty$ und $\mathbb{E}\|Y\|^2 < \infty$ sowie Kovarianzmatrizen Σ bzw. T. Zeigen Sie, dass $X + Y$ die Kovarianzmatrix $\Sigma + T$ besitzt.

Aufgabe 5.4 Zeigen Sie, dass ein Zufallsvektor X mit der Normalverteilung $N_d(\mu, \Sigma)$ die charakteristische Funktion

$$\varphi_X(t) = \mathbb{E}\left[\exp\left(it^\top X\right)\right] = \exp\left(i\mu^\top t - \frac{t^\top \Sigma t}{2}\right), \quad t \in \mathbb{R}^d,$$

besitzt.

Hinweis: Für die charakteristische Funktion $\psi(u) = \mathbb{E}[\exp(iuY)]$, $u \in \mathbb{R}$, einer $N(0, 1)$-verteilten Zufallsvariablen Y gilt $\psi(u) = \exp(-u^2/2)$, $u \in \mathbb{R}$.

Aufgabe 5.5 Der Zufallsvektor X besitze eine nicht-ausgeartete d-dimensionale Normalverteilung mit $\mathbb{E}(X) = 0_d$ und Kovarianzmatrix Σ. Es sei A eine symmetrische $(d \times d)$-Matrix. Zeigen Sie: Die quadratische Form $Q := X^\top A X$ hat genau dann eine χ_d^2-Verteilung, wenn $A = \Sigma^{-1}$ gilt.

Hinweis für „$\Longrightarrow$": Betrachten Sie zunächst den Fall $\Sigma = I_d$ und verwenden Sie die Cauchy–Schwarz-Ungleichung. Hierbei werden nur die beiden ersten Momente von Q verwendet.

Aufgabe 5.6 Es seien $X \sim N_d(0_d, I_d)$ und $a \in \mathbb{R}^d$ mit $a \neq 0_d$.

a) Zeigen Sie: Die Verteilung von $Y := \|X + a\|^2$ hängt nur von d und $\delta^2 := \|a\|^2$ ab. Sie heißt *nichtzentrale χ^2-Verteilung mit d Freiheitsgraden und Nichtzentralitätsparameter δ^2* (kurz: $Y \sim \chi_{d,\delta^2}^2$).

b) Zeigen Sie: $\mathbb{E}(Y) = d + \delta^2$, $\mathbb{V}(Y) = 2d + 4\delta^2$.

c) Es sei G_{d,δ^2} die Verteilungsfunktion der χ_{d,δ^2}^2-Verteilung. Zeigen Sie: Falls $\delta^2 < \eta^2$, so gilt $G_{d,\delta^2}(t) > G_{d,\eta^2}(t)$, $0 < t < \infty$.

Hinweis für a): Orthogonale Transformation durchführen!
Hinweis für c): Die Dichte von X ist eine streng monoton fallende Funktion von $\|x\|$.

Aufgabe 5.7 Der bivariate Zufallsvektor $(X, Y)^\top$ besitze die zweidimensionale Normalverteilung

$$\begin{pmatrix} X \\ Y \end{pmatrix} \sim N_2 \left(\begin{pmatrix} 0 \\ 0 \end{pmatrix}, \begin{pmatrix} \sigma^2 & \rho\sigma\tau \\ \rho\sigma\tau & \tau^2 \end{pmatrix} \right),$$

wobei $\sigma^2 > 0$, $\tau^2 > 0$ und $|\rho| < 1$. Zeigen Sie:

a) $\mathbb{E}(XY) = \rho\sigma\tau$,

b) $\mathbb{E}(X^2 Y^2) = \sigma^2\tau^2 \left(1 + 2\rho^2\right)$,

c) $\mathbb{E}(X^2 \cos(Y)) = \sigma^2 (1 - \rho^2\tau^2) e^{-\frac{1}{2}\tau^2}$.

Hinweis: Erzeugen Sie die Verteilung von $(X, Y)^\top$ mithilfe zweier unabhängiger und je $N(0, 1)$-verteilter Zufallsvariablen.

Aufgabe 5.8 Es seien $\|\cdot\|$ die euklidische Norm in $\mathbb{R}^d$ und $\mathcal{S}^d := \{x \in \mathbb{R}^d : \|x\| = 1\}$ die Oberfläche der Einheitskugel des $\mathbb{R}^d$, wobei $d \geq 2$. Der d-dimensionale Zufallsvektor Y besitzt eine *Gleichverteilung auf $\mathcal{S}^d$* (kurz: $Y \sim U(\mathcal{S}^d)$) falls gilt:

$$\text{(i) } \mathbb{P}(Y \in \mathcal{S}^d) = 1, \quad \text{(ii) } \mathbb{P}^{HY} = \mathbb{P}^Y \text{ für jede orthogonale } (d \times d)\text{-Matrix } H.$$

Es sei X ein Zufallsvektor mit $X \sim N_d(0_d, I_d)$. Zeigen Sie:

a) $\frac{X}{\|X\|} \sim U(\mathcal{S}^d)$.

b) Falls $Y \sim U(\mathcal{S}^d)$, so gelten $\mathbb{E}(Y) = 0_d$ und $\mathbb{C}\text{ov}(Y) = \frac{1}{d} \cdot I_d$.

Hinweis für b): Verwenden Sie Symmetrieüberlegungen.

Aufgabe 5.9 Die Zufallsvariablen $X_1, \ldots, X_n, n \geq 2$, seien stochastisch unabhängig mit gleicher Normalverteilung $N(\mu, \sigma^2)$. Weiter seien $\overline{X}_n := \frac{1}{n} \sum_{j=1}^{n} X_j$ und $S_n^2 := \frac{1}{n-1} \sum_{j=1}^{n} (X_j - \overline{X}_n)^2$. Zeigen Sie:

a) $\overline{X}_n$ und S_n^2 sind stochastisch unabhängig.
b) Es gilt $\frac{n-1}{\sigma^2} S_n^2 \sim \chi_{n-1}^2$.

Hinweis: Betrachten Sie $(Y_1, \ldots, Y_n)^\top - H(X_1, \ldots, X_n)^\top$, wobei H eine beliebige orthogonale $(n \times n)$-Matrix ist, deren letzte Zeile aus lauter Einträgen $1/\sqrt{n}$ besteht.

Verteilungskonvergenz und zentraler Grenzwertsatz in $\mathbb{R}^d$

Sind $X, X_1, X_2, \ldots$ *reelle* Zufallsvariablen mit zugehörigen Verteilungsfunktionen $F, F_1,$ $F_2, \ldots$, so definiert man die üblicherweise in der Form $X_n \xrightarrow{\mathcal{D}} X$ notierte *Verteilungskonvergenz* von X_n gegen X durch die Limesbeziehung

$$\lim_{n \to \infty} F_n(x) = F(x) \quad \text{für jede Stetigkeitsstelle } x \text{ von } F. \tag{6.1}$$

Schon beim Beweis zentraler Grenzwertsätze zeigt sich, dass man handliche, zu (6.1) äquivalente Bedingungen zum Nachweis von Verteilungskonvergenz benötigt. Wegen $F(x) = \mathbb{P}^X\big((-\infty, x]\big) = \mathbb{E}\big[\mathbf{1}_{(-\infty,x]}(X)\big]$ ist (6.1) gleichbedeutend mit

$$\lim_{n \to \infty} \mathbb{E}\big[\mathbf{1}_{(-\infty,x]}(X_n)\big] = \mathbb{E}\big[\mathbf{1}_{(-\infty,x]}(X)\big] \quad \text{für jede Stetigkeitsstelle } x \text{ von } F,$$

also der Konvergenz $\mathbb{E}[f(X_n)] \to \mathbb{E}[f(X)]$ für eine gewisse Menge beschränkter, messbarer Funktionen f. In der Tat ist (6.1) äquivalent zu

$$\lim_{n \to \infty} \mathbb{E}\big[f(X_n)\big] = \mathbb{E}\big[f(X)\big] \quad \text{für jede stetige beschränkte Funktion } f : \mathbb{R} \to \mathbb{R} \tag{6.2}$$

(vgl. Satz 1.6) sowie zur punktweisen Konvergenz

$$\lim_{n \to \infty} \mathbb{E}\big[e^{itX_n}\big] = \mathbb{E}\big[e^{itX}\big], \quad t \in \mathbb{R},$$

der zugehörigen charakteristischen Funktionen (vgl. Satz 1.11).

In diesem Kapitel lernen wir das Konzept der Verteilungskonvergenz für d-dimensionalen Zufallsvektoren kennen. Auch in diesem Fall lässt sich die Verteilungskonvergenz mithilfe von Verteilungsfunktionen definieren, und so seien zunächst kurz die Definition und die wichtigsten Eigenschaften von Verteilungsfunktionen für d-dimensionale Zufallsvektoren vorgestellt. Entscheidend für die Definition der Verteilungskonvergenz für Zufallsvariablen mit Werten in allgemeinen metrischen Räumen (vgl. Kap. 14) wird aber Eigenschaft (6.2)

N. Henze, *Asymptotische Stochastik: Eine Einführung mit Blick auf die Statistik*, https://doi.org/10.1007/978-3-662-65611-2_6

sein. Bis vor Satz 6.17 werden Zufallsvektoren als Zeilenvektoren geschrieben; erst danach bietet es sich an, zu Spaltenvektoren überzugehen. Für das gesamte Kapitel bezeichne $\|\cdot\|$ die euklidische Norm im $\mathbb{R}^d$, und Relationen wie $x \leq y$ oder $x < y$ zwischen Vektoren $x = (x_1, \ldots, x_d)$ und $y = (y_1, \ldots, y_d)$ sind komponentenweise, also $x_j \leq y_j$ bzw. $x_j < y_j$ für jedes $j \in \{1, \ldots, d\}$, zu verstehen.

6.1 Definition (Verteilungsfunktion eines Zufallsvektors)
Ist $X = (X_1, \ldots, X_d)$ ein d-dimensionaler Zufallsvektor auf $(\Omega, \mathcal{A}, \mathbb{P})$, so heißt die durch

$$F(x) := \mathbb{P}(X_1 \leq x_1, \ldots, X_d \leq x_d), \qquad x = (x_1, \ldots, x_d) \in \mathbb{R}^d,$$

definierte Funktion $F : \mathbb{R}^d \to [0, 1]$ *Verteilungsfunktion von X*.

Sind $x = (x_1, \ldots, x_d) \in \mathbb{R}^d$ und $x^{(n)} = (x_{n1}, \ldots, x_{nd}) \in \mathbb{R}^d$, $n \geq 1$, so verwenden wir im Folgenden die Schreibweise $x^{(n)} \downarrow x$, falls für jedes $j \in \{1, \ldots, d\}$ die Folge (x_{nj}) monoton fallend gegen x_j konvergiert.

6.2 Satz (Eigenschaften von F)   Es gelten:

a) Falls $x, y \in \mathbb{R}^d$ und $x \leq y$, so gilt die *verallgemeinerte Monotonieeigenschaft*

$$0 \leq \Delta_x^y F := \sum_{(\varepsilon_1, \ldots, \varepsilon_d) \in \{0,1\}^d} (-1)^{d - \varepsilon_1 - \ldots - \varepsilon_d} F\left(y_1^{\varepsilon_1} x_1^{1-\varepsilon_1}, \ldots, y_d^{\varepsilon_d} x_d^{1-\varepsilon_d}\right).$$

b) F ist *stetig von oben*, d.h.: Falls $x^{(n)} \downarrow x$, so folgt $\lim_{n \to \infty} F(x^{(n)}) = F(x)$.

c) Falls $x_{nj} \to -\infty$ für *mindestens ein* $j \in \{1, \ldots, d\}$, so folgt $F(x^{(n)}) \to 0$.
   Falls $x_{nj} \to \infty$ für *jedes* $j \in \{1, \ldots, d\}$, so folgt $F(x^{(n)}) \to 1$.

Der Beweis ist Ihnen als Aufgabe 6.1 überlassen. Die auf den ersten Blick wenig verständnisvoll aussehende verallgemeinerte Monotonieeigenschaft erschließt sich leicht im Spezialfall $d = 2$. In diesem Fall besagt sie, dass die alternierende Summe $F(y_1, y_2) - F(y_1, x_2) - F(x_1, y_2) + F(x_1, x_2)$ nichtnegativ ist. Da allgemein $F(z_1, z_2) = \mathbb{P}(X_1 \leq z_1, X_2 \leq z_2)$ anschaulich gesprochen die Wahrscheinlichkeitsmasse „südwestlich des Punktes (z_1, z_2)" beschreibt, wird aus Abb. 6.1 ersichtlich, dass $\Delta_x^y F$ gleich der Wahrscheinlichkeit $\mathbb{P}(x_1 < X_1 \leq y_1, x_2 < X_2 \leq y_2)$ und damit nichtnegativ ist.

Setzen wir $(x, y] := \{z \in \mathbb{R}^d : x < z \leq y\}$, so ist das Mengensystem $\mathcal{H}^d := \{(x, y] : x, y \in \mathbb{R}^d, \; x \leq y\}$ ein durchschnittsstabiler Erzeuger der Borelschen σ-Algebra $\mathcal{B}^d$ im $\mathbb{R}^d$. Da $\Delta_x^y F = \mathbb{P}^X((x, y])$ gilt (vgl. Aufgabe 6.1), folgt nach dem Eindeutigkeitssatz für Maße (Satz 1.26), dass die Verteilung $\mathbb{P}^X$ eines Zufallsvektors X eindeutig durch die Verteilungsfunktion von X festgelegt ist. Falls eine Funktion $F : \mathbb{R}^d \to [0, 1]$ den obigen Eigenschaften a) - c) genügt, so gibt es genau ein Wahrscheinlichkeitsmaß Q auf $\mathcal{B}^d$ mit $Q((x, y]) = \Delta_x^y F$ für alle $(x, y] \in \mathcal{H}^d$. Diese Aussage folgt aus dem Maß-Fortsetzungssatz

Abb. 6.1 Zur
verallgemeinerten
Monotonieeigenschaft im Fall
$d = 2$

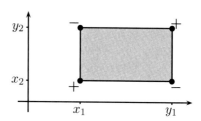

(siehe z. B. [BI3], S. 177). An dieser Stelle sei angemerkt, dass die Verteilungsfunktion eines Zufallsvektors, dessen Komponenten sämtlich auf dem Einheitsintervall gleichverteilt sind, auch als *Kopulafunktion* bezeichnet wird. Kopulafunktionen werden in verschiedenen Bereichen zur Modellierung stochastischer Abhängigkeiten eingesetzt (siehe z. B. [KUM], S. 194–209). Eine mathematische Referenz zu diesem Thema ist [DSE].

Im Folgenden bezeichnen $\mathcal{O}^d$ bzw. $\mathcal{A}^d$ die Systeme aller offenen bzw. abgeschlossenen Teilmengen des $\mathbb{R}^d$. Für eine Menge $B \subset \mathbb{R}^d$ seien $B^\circ := \cup\{O \in \mathcal{O}^d : O \subset B\}$ die *Menge aller inneren Punkte* (das *Innere*) von B, $\overline{B} := \cap\{A \in \mathcal{A}^d : A \supset B\}$ die *abgeschlossene Hülle* (der *Abschluss*) von B und $\partial B := \overline{B} \setminus B^\circ$ die *Menge aller Randpunkte* (der *Rand*) von B. Weiter schreiben wir $\mathcal{C}_b(\mathbb{R}^d)$ für die *Menge aller stetigen und beschränkten Funktionen* $f : \mathbb{R}^d \to \mathbb{R}$ und C_G für die Menge aller *Stetigkeitsstellen* einer Funktion $G : \mathbb{R}^d \to \mathbb{R}$, also die Menge aller $x \in \mathbb{R}^d$ mit der Eigenschaft, dass G an der Stelle x stetig ist. Für eine nichtleere Menge $M \subset \mathbb{R}^d$ sei

$$\|x - M\| := \inf \left\{ \|x - z\| : z \in M \right\}$$

der euklidische Abstand von x zu M, $x \in \mathbb{R}^d$. Mithilfe der Dreiecksungleichung folgt, dass die Funktion $x \mapsto \|x - M\|$ gleichmäßig stetig ist. Genauer gilt

$$\left| \|x - M\| - \|y - M\| \right| \le \|x - y\|, \quad x, y \in \mathbb{R}^d. \tag{6.3}$$

Selbstfrage 1   Können Sie Ungleichung (6.3) beweisen?

Seien $X, X_1, X_2, \ldots$ d-dimensionale Zufallsvektoren auf einem Wahrscheinlichkeitsraum $(\Omega, \mathcal{A}, \mathbb{P})$ mit zugehörigen Verteilungen $Q := \mathbb{P}^X$, $Q_1 := \mathbb{P}^{X_1}$, $Q_2 := \mathbb{P}^{X_n}, \ldots$ bzw. Verteilungsfunktionen $F(x) := \mathbb{P}(X \le x)$, $F_1(x) := \mathbb{P}(X_1 \le x)$, $F_2(x) := \mathbb{P}(X_2 \le x), \ldots$. Man beachte, dass im Gegensatz zu früher jetzt X_j nicht für die j-te Komponente eines Zufallsvektors steht, sondern selbst ein Zufallsvektor ist.

Der nächste Satz stammt von A.D. Alexandrov[1] ([ALA]); er ist aber gemeinhin als *Portmanteau-Theorem* bekannt. Der Grund dafür ist eine Namensgebung, die wohl dem speziellen Humor von P. Billingsley[2] zuzuschreiben ist. In seinem Buch [BI1] zitiert Billingsley die Arbeit „Espoir pour l'ensemble vide?" (Hoffnung für die leere Menge?) von Jean-Pierre Portmanteau (Annales de l'Université de Felletin, CXLI (1915), 322–325). Weder diesen Autor noch die zitierte Universität hat es jedoch je gegeben. Da im Englischen das Wort *portmanteau* unter anderem *Handkoffer* bedeutet, sollte man diesen Satz wegen seiner Bedeutung immer „im Handkoffer bei sich tragen". In Frankreich stellt man sich die Doppelpfeile in der Äquivalenzkette a) $\Longleftrightarrow$ b) $\Longleftrightarrow$ c) $\Longleftrightarrow$ d) $\Longleftrightarrow$ e) als Kleiderstangen vor, auf die man Mäntel hängen kann[3] (frz. *porte-manteau* (Kleiderständer)). Im Folgenden erstreckt sich jedes auftretende Integral über $\mathbb{R}^d$.

6.3 Satz (Portmanteau-Theorem)
Die folgenden Aussagen sind äquivalent:

a) $\displaystyle\lim_{n\to\infty} \int f\,\mathrm{d}Q_n = \int f\,\mathrm{d}Q$ für jede Funktion $f \in \mathcal{C}_b(\mathbb{R}^d)$,

b) $\displaystyle\limsup_{n\to\infty} Q_n(A) \leq Q(A)$ für jede abgeschlossene Menge $A \subset \mathbb{R}^d$,

c) $\displaystyle\liminf_{n\to\infty} Q_n(O) \geq Q(O)$ für jede offene Menge $O \subset \mathbb{R}^d$,

d) $\displaystyle\lim_{n\to\infty} Q_n(B) = Q(B)$ für jede Borelmenge $B \subset \mathbb{R}^d$ mit $Q(\partial B) = 0$,

e) $\displaystyle\lim_{n\to\infty} F_n(x) = F(x)$ für jede Stetigkeitsstelle x von F.

Beweis „a) $\Longrightarrow$ b)": Die Beweisidee besteht darin, die Indikatorfunktion einer abgeschlossenen Menge durch stetige und beschränkte Funktionen zu approximieren. Hierzu definieren wir für jede natürliche Zahl j eine Funktion $f_j : \mathbb{R}^d \to \mathbb{R}$ durch

$$f_j(x) := \max\big(0, 1 - j\,\|x - A\|\big), \quad x \in \mathbb{R}^d.$$

Wegen der Stetigkeit von $x \mapsto \|x - A\|$ sowie $0 \leq f_j \leq 1$ gilt $f_j \in \mathcal{C}_b(\mathbb{R}^d)$, und aufgrund der Abgeschlossenheit von A ist $\|x - A\| = 0$ gleichbedeutend mit $x \in A$. Aus diesem Grund konvergiert die Funktionenfolge f_j punktweise monoton fallend gegen die Indikatorfunktion $\mathbf{1}_A$ von A. Nach a) gilt $\lim_{n\to\infty} \int h_f\,\mathrm{d}Q_n = \int f_j\,\mathrm{d}Q$ für jedes $j \geq 1$. Die Ungleichung $\mathbf{1}_A \leq f_j$ hat zudem $Q_n(A) = \int \mathbf{1}_A\,\mathrm{d}Q_n \leq \int f_j\,\mathrm{d}Q_n$ für jedes $n \geq 1$ und jedes $j \geq 1$ zur Folge. Die Voraussetzung a) und der Grenzübergang $n \to \infty$ liefern somit

---

[1] Alexander Danilowitsch Alexandrov (1912–1999), russischer Mathematiker. Hauptarbeitsgebiete: Theoretische Physik, Geometrie.

[2] Patrick Billingsley (1925–2011), US-amerikanischer Mathematiker und Schauspieler, ab 1958 zunächst Assistenzprofessor und ab 1963 Professor an der University of Chicago. Hauptarbeitsgebiet: Wahrscheinlichkeitstheorie, insbesondere Anwendung von Grenzwertsätzen auf die Zahlentheorie. Billingsley war auch Theater- und Filmschauspieler, und er besaß einen schwarzen Gürtel im Judo.

[3] persönliche Mitteilung von Nicolas Chenavier

$$\limsup_{n\to\infty} Q_n(A) \leq \int f_j \, dQ, \quad j \geq 1.$$

Die Gleichung $\lim_{j\to\infty} f_j = \mathbf{1}_A$ und der Satz von der dominierten Konvergenz ergeben jetzt $\int f_j \, dQ \to \int \mathbf{1}_A \, dQ = Q(A)$ bei $j \to \infty$ und damit b).

„b) $\Longleftrightarrow$ c)": Da die offenen Mengen die Komplemente der abgeschlossenen Mengen sind und umgekehrt, folgt diese Äquivalenz durch Komplementbildung.

„b), c) $\Longrightarrow$ d)": Dass aus b) und c) Eigenschaft d) folgt, erkennt man aus der für jede Borelmenge B gültigen Ungleichungskette

$$Q(B^\circ) \leq \liminf_{n\to\infty} Q_n(B^\circ) \leq \liminf_{n\to\infty} Q_n(B) \leq \limsup_{n\to\infty} Q_n(B)$$

$$\leq \limsup_{n\to\infty} Q_n(\overline{B}) \leq Q(\overline{B})$$

$$= Q(B^\circ) + Q(\partial B).$$

Dabei wurden bei der ersten bzw. fünften Ungleichung Voraussetzung c) bzw. Voraussetzung b) verwendet. Falls $Q(\partial B) = 0$, so folgt $\lim_{n\to\infty} Q_n(B) = Q(B)$, also d).

„d) $\Longrightarrow$ a)": Um diese Implikation zu zeigen, approximieren wir eine beliebig vorgegebene Funktion $f \in \mathcal{C}_b(\mathbb{R}^d)$ durch eine Funktion f_m der Gestalt $f_m := \sum_{j=1}^m \alpha_j \mathbf{1}\{B_j\}$, wobei $Q(\partial B_j) = 0$ für jedes $j \in \{1, \ldots, m\}$ gilt. Seien hierzu $\varepsilon > 0$ beliebig und $K := \|f\|_\infty := \sup_{x\in\mathbb{R}^d} |f(x)| < \infty$. Weiter seien $\alpha_0, \ldots, \alpha_m$ reelle Zahlen mit $\alpha_0 < \alpha_1 < \ldots < \alpha_m$ sowie $\alpha_0 < -K$, $\alpha_m > K$ und $\alpha_j - \alpha_{j-1} \leq \varepsilon$ für jedes $j \in \{1, \ldots, m\}$. Wählen wir B_j von der Gestalt $B_j := \{\alpha_{j-1} < f \leq \alpha_j\} (= \{x \in \mathbb{R}^d : \alpha_{j-1} < f(x) \leq \alpha_j\})$, so gilt $\|f - f_m\|_\infty \leq \varepsilon$. Da für jeden Randpunkt x der Menge B_j entweder $f(x) = \alpha_{j-1}$ oder $f(x) = \alpha_j$ gilt und die Zufallsvariable $f(X)$ höchstens abzählbar-unendlich viele Werte mit positiver Wahrscheinlichkeit annehmen kann, können wir $\alpha_0, \ldots, \alpha_m$ so wählen, dass $\mathbb{P}(f(X) \in \{\alpha_0, \ldots, \alpha_m\}) = 0$ gilt. Damit folgt $Q(\partial B_j) = 0$ für jedes $j = 1, \ldots, m$. Nun gilt aufgrund der Dreiecksungleichung

$$\left| \int f \, dQ_n - \int f \, dQ \right| \leq \left| \int (f - f_m) \, dQ_n \right| + \left| \int f_m \, dQ_n - \int f_m \, dQ \right| + \left| \int (f_m - f) \, dQ \right| \tag{6.4}$$

$$\leq \int |f - f_m| \, dQ_n + \left| \sum_{j=1}^m \alpha_j \left(Q_n(B_j) - Q(B_j) \right) \right| + \int |f_m - f| \, dQ$$

$$\leq 2\varepsilon + \left| \sum_{j=1}^m \alpha_j \left(Q_n(B_j) - Q(B_j) \right) \right|.$$

Hier konvergiert der zweite Term in (6.4) nach d) für $n \to \infty$ gegen null. Es folgt also $\limsup_{n\to\infty} |\int f \, dQ_n - \int f \, dQ| \leq 2\varepsilon$ und damit a), da $\varepsilon > 0$ beliebig ist.

„d) $\Longrightarrow$ e)": Setzen wir $B_x := (-\infty, x]$, $x \in \mathbb{R}^d$, so folgt diese Implikation, da $x \in C_F$ gleichbedeutend mit $Q(\partial B_x) = 0$ ist.

„e) $\Longrightarrow$ c)": Es sei D eine abzählbare dichte Teilmenge von $\mathbb{R}$ mit der Eigenschaft $Q(\{(x_1, \ldots, x_d) \in \mathbb{R}^d : x_j = a\}) = 0$ für jedes $a \in D$ und jedes $j \in \{1, \ldots, d\}$. Dann gilt $D^d \subset C_F$. Sei $\mathcal{M} := \{ \times_{j=1}^d (a_j, b_j] : a_j, b_j \in D, a_j < b_j \text{ für } j \in \{1, \ldots, d\}\}$. Aus e) folgt

$$Q_n \left(\times_{j=1}^d (a_j, b_j] \right) = \Delta_a^b F_n \to \Delta_a^b F = Q \left(\times_{j=1}^d (a_j, b_j] \right),$$

d. h., es gilt $Q_n(B) \to Q(B)$ für jedes $B \in \mathcal{M}$. Da das Mengensystem $\mathcal{M} \cup \{\emptyset\}$ durchschnittsstabil ist, liefert die Formel des Ein- und Ausschließens $Q_n(B) \to Q(B)$, falls B eine *endliche* Vereinigung von Mengen aus $\mathcal{M}$ ist. Sei O eine beliebige nichtleere offene Menge. Da die Endpunkte der Quader aus $\mathcal{M}$ dicht in $\mathbb{R}^d$ liegen, gibt es $B_1, B_2, \ldots \in \mathcal{M}$ mit $O = \cup_{j=1}^\infty B_j$. Für jedes $k \in \mathbb{N}$ gilt $Q(\cup_{j=1}^k B_j) = \lim_{n\to\infty} Q_n(\cup_{j=1}^k B_j) \le \liminf_{n\to\infty} Q_n(O)$. Da Q stetig von unten ist, folgt $Q(O) \le \liminf_{n\to\infty} Q_n(O)$. ∎

In der Notation mit Zufallsvektoren $X, X_1, X_2, \ldots$ lesen sich die Aussagen des Portmanteau-Theorems wie folgt:

a) $\lim_{n\to\infty} \mathbb{E}[f(X_n)] = \mathbb{E}[f(X)]$ für jede Funktion $f \in \mathcal{C}_b(\mathbb{R}^d)$,

b) $\limsup_{n\to\infty} \mathbb{P}(X_n \in A) \le \mathbb{P}(X \in A)$ für jede abgeschlossene Menge $A \subset \mathbb{R}^d$,

c) $\liminf_{n\to\infty} \mathbb{P}(X_n \in O) \ge \mathbb{P}(X \in O)$ für jede offene Menge $O \subset \mathbb{R}^d$,

d) $\lim_{n\to\infty} \mathbb{P}(X_n \in B) = \mathbb{P}(X \in B)$ für jede Borelmenge $B \subset \mathbb{R}^d$ mit $\mathbb{P}(X \in \partial B) = 0$,

e) $\lim_{n\to\infty} F_n(x) = F(x)$ für jede Stetigkeitsstelle x von F.

6.4 Bemerkung Bezeichnet $C_{j,F}$ die Menge der Stetigkeitsstellen der marginalen Verteilungsfunktion der j-ten Komponente von X ($j \in \{1, \ldots, d\}$), so reicht es im Fall $d > 1$ in e) sogar aus, die Konvergenz nur für die mit C_F^* bezeichnete Menge derjenigen Stetigkeitsstellen $x = (x_1, \ldots, x_d)$ von F mit $x_j \in C_{j,F}$ für jedes $j \in \{1, \ldots, d\}$ zu fordern (siehe Satz 5.58 in [WIM]). Da es für die marginalen Verteilungsfunktionen jeweils nur höchstens abzählbar viele Unstetigkeitsstellen gibt, existieren nämlich für eine beliebige nichtleere offene Menge $O \subset \mathbb{R}^d$ und beliebiges $\varepsilon > 0$ endlich viele paarweise disjunkte Teilmengen $M_1, \ldots, M_k$ von O der Gestalt $(a_1, b_1] \times \ldots \times (a_d, b_d]$ mit $\{a_j, b_j\} \subset C_{j,F}$ für jedes j und $\mathbb{P}(X \in O) \le \sum_{\ell=1}^k \mathbb{P}(X \in M_\ell) + \varepsilon$. Aus $F_n(x) \to F(x)$ für jedes $x \in C_F^*$ folgt dann $\mathbb{P}(X_n \in M_\ell) \to \mathbb{P}(X \in M_\ell)$ für jedes ℓ und somit unter Verwendung der Notation $\uplus$ für Vereinigungen (paarweise) disjunkter Mengen

$$\mathbb{P}(X \in O) \le \lim_{n\to\infty} \mathbb{P}\left(X_n \in \uplus_{\ell=1}^k M_\ell \right) + \varepsilon \le \liminf_{n\to\infty} \mathbb{P}(X_n \in O) + \varepsilon.$$

Da $\varepsilon > 0$ beliebig ist, ergibt sich die Behauptung aus Teil c) des Portmanteau-Theorems.

Wir wählen Aussage a) des Portmanteau-Theorems, um die Verteilungskonvergenz von Zufallsvektoren zu definieren. Im Vergleich zu e) hat diese Wahl (wie auch b) -d)) den

Vorteil, dass sie unmittelbar auf die Verteilungskonvergenz von Zufallsvariablen mit Werten in allgemeinen metrischen Räumen verallgemeinert werden kann (vgl. Kap. 14).

6.5 Definition (Verteilungskonvergenz von Zufallsvektoren, schwache Konvergenz)
Sind $X, X_1, X_2, \ldots$ d-dimensionale Zufallsvektoren auf einem Wahrscheinlichkeitsraum $(\Omega, \mathcal{A}, \mathbb{P})$, so definieren wir

$$X_n \xrightarrow{\mathcal{D}} X :\Longleftrightarrow \lim_{n \to \infty} \mathbb{E}\big[f(X_n)\big] = \mathbb{E}\big[f(X)\big] \text{ für jede Funktion } f \in C_b(\mathbb{R}^d)$$

und sagen, dass X_n *in Verteilung gegen* X *konvergiert.* Hier ist insbesondere auch die hybride Notation $X_n \xrightarrow{\mathcal{D}} \mathbb{P}^X$ anzutreffen. Gleichbedeutend mit $X_n \xrightarrow{\mathcal{D}} X$ ist die Notation $Q_n \xrightarrow{\mathcal{D}} Q$. Sind allgemeiner (d. h. losgelöst von der Bedeutung als Verteilungen von Zufallsvektoren) $Q, Q_1, Q_2, \ldots$ Wahrscheinlichkeitsmaße auf $\mathcal{B}^d$, für die eine der Aussagen des Portmanteau-Theorems zutrifft, so sagt man, die Folge (Q_n) *konvergiere schwach* gegen Q. Die schwache Konvergenz $Q_n \xrightarrow{\mathcal{D}} Q$ von Wahrscheinlichkeitsmaßen ist also etwa durch Eigenschaft a) des Portmanteau-Theorems definiert.

Der folgende, in der englischsprachigen Literatur als *continuous mapping theorem* bezeichnete und häufig verwendete Sachverhalt besagt, dass sich in Verallgemeinerung von Satz 1.20 Verteilungskonvergenz auf Abbildungen vererbt, die bezüglich der Grenzverteilung fast überall stetig sind. Er beinhaltet implizit, dass die Menge C_h der Stetigkeitsstellen einer Funktion $h : \mathbb{R}^d \to \mathbb{R}^s$ messbar ist (siehe hierzu Aufgabe 14.12).

6.6 Satz (Abbildungssatz)
Es gelte $X_n \xrightarrow{\mathcal{D}} X$. Sind $s \in \mathbb{N}$ und $h : \mathbb{R}^d \to \mathbb{R}^s$ eine messbare Abbildung mit der Eigenschaft $\mathbb{P}\big(X \in C_h\big) = 1$, so folgt $h(X_n) \xrightarrow{\mathcal{D}} h(X)$.

Beweis Wir verwenden Kriterium b) des Portmanteau-Theorems. Sei hierzu $A \subset \mathbb{R}^s$ eine beliebige nichtleere abgeschlossene Menge. Da jeder Berührungspunkt x von $h^{-1}(A)$ (zu dem es eine Folge (x_n) mit $x_n \in h^{-1}(A)$ und $x_n \to x$ gibt) entweder zu $h^{-1}(A)$ gehört oder andernfalls Unstetigkeitspunkt von h ist, gilt $\overline{h^{-1}(A)} \subset \mathbb{R}^d \setminus C_h \cup h^{-1}(A)$. Hieraus folgt

$$\begin{aligned}
\limsup_{n \to \infty} \mathbb{P}\big(h(X_n) \in A\big) &= \limsup_{n \to \infty} \mathbb{P}\big(X_n \in h^{-1}(A)\big) \\
&\leq \limsup_{n \to \infty} \mathbb{P}\big(X_n \in \overline{h^{-1}(A)}\big) \\
&\leq \mathbb{P}\big(X \in \overline{h^{-1}(A)}\big) \\
&\leq \mathbb{P}\big(X \notin C_h\big) + \mathbb{P}\big(h(X) \in A\big) \\
&= \mathbb{P}\big(h(X) \in A\big).
\end{aligned}$$

Dabei gilt die zweite Ungleichung aufgrund von $X_n \xrightarrow{\mathcal{D}} X$ und der Abgeschlossenheit der Menge $\overline{h^{-1}(A)}$.

Nach dem Abbildungssatz gilt also z. B. $\sin(U_n + V_n)\mathrm{e}^{U_n} \xrightarrow{\mathcal{D}} \sin(U + V)\mathrm{e}^{U}$, falls die Folge der zweidimensionalen Zufallsvektoren (U_n, V_n) in Verteilung gegen (U, V) konvergiert. Das folgende Beispiel zeigt, dass jedoch aus $U_n \xrightarrow{\mathcal{D}} U$ und $V_n \xrightarrow{\mathcal{D}} V$ im Allgemeinen nicht die bivariate Verteilungkonvergenz $(U_n, V_n) \xrightarrow{\mathcal{D}} (U, V)$ folgt.   ∎

6.7 Beispiel (aus $U_n \xrightarrow{\mathcal{D}} U$ und $V_n \xrightarrow{\mathcal{D}} V$ folgt i. Allg. nicht $(U_n, V_n) \xrightarrow{\mathcal{D}} (U,V)$)
Es seien (U, V) ein Zufallsvektor mit der Gleichverteilung auf dem Einheitsquadrat $[0, 1]^2$ sowie $(U_n, V_n) := (U, V)$, $n \geq 1$. Dann sind U_n und V_n jeweils gleichverteilt auf $[0, 1]$, und es gelten $U_n \xrightarrow{\mathcal{D}} U$, $V_n \xrightarrow{\mathcal{D}} V$ sowie $(U_n, V_n) \xrightarrow{\mathcal{D}} (U, V)$. In dieser Situation gilt neben $U_n \xrightarrow{\mathcal{D}} U$ auch $V_n \xrightarrow{\mathcal{D}} U$. Die Folge $(U_n, V_n)_{n \geq 1}$ konvergiert aber nicht in Verteilung gegen (U, U), denn (U, U) besitzt eine Gleichverteilung auf der Diagonalen $\{(x, x) : 0 \leq x \leq 1\}$ des Einheitsquadrates.

Es gilt aber folgender Sachverhalt (Aufgabe 6.4), der in Kap. 14 mit Satz 14.26 eine erhebliche Verallgemeinerung erfährt.

6.8 Satz (Verteilungskonvergenz und Unabhängigkeit)
Auf einem gemeinsamen Wahrscheinlichkeitsraum seien $Y_1, Y_2, \ldots$ k-dimensionale und $Z_1, Z_2, \ldots$ ℓ-dimensionale Zufallsvektoren mit $Y_n \xrightarrow{\mathcal{D}} Y$ und $Z_n \xrightarrow{\mathcal{D}} Z$. Sind Y_n und Z_n stochastisch unabhängig für jedes $n \geq 1$, so folgt $(Y_n, Z_n) \xrightarrow{\mathcal{D}} (Y, Z)$, wobei Y und Z stochastisch unabhängig sind.

Auch Teil b) des Lemmas 1.21 von Slutsky gilt allgemeiner:

6.9 Satz (Lemma von Slutsky)
Es seien $X, X_1, X_2, \ldots; Y_1, Y_2, \ldots$ d-dimensionale Zufallsvektoren mit $X_n \xrightarrow{\mathcal{D}} X$ und $Y_n \xrightarrow{\mathbb{P}} 0_d$. Dann folgt $X_n + Y_n \xrightarrow{\mathcal{D}} X$.

Beweis Auch dieser Beweis verwendet Kriterium b) des Portmanteau-Theorems. Seien hierzu $A \subset \mathbb{R}^d$ eine beliebige nichtleere abgeschlossene Menge und $\varepsilon > 0$ beliebig. Die Menge $A_\varepsilon := \{x \in \mathbb{R}^d : \|x - A\| \leq \varepsilon\}$ ist abgeschlossen, und es gilt die Teilmengenbeziehung

$$\{X_n + Y_n \in A\} \subset \{X_n \in A_\varepsilon\} \cup \{\|Y_n\| > \varepsilon\}. \tag{6.5}$$

Hiermit ergibt sich

$$\limsup_{n \to \infty} \mathbb{P}(X_n + Y_n \in A) \leq \limsup_{n \to \infty} \mathbb{P}(X_n \in A_\varepsilon) + 0 \leq \mathbb{P}(X \in A_\varepsilon).$$

Dabei gilt die letzte Ungleichung wegen $X_n \xrightarrow{\mathcal{D}} X$. Da A abgeschlossen ist, erhalten wir $A_\varepsilon \downarrow A$ für $\varepsilon \downarrow 0$, und die Behauptung folgt, da $\mathbb{P}^X$ als Wahrscheinlichkeitsmaß stetig von oben ist. ∎

Selbstfrage 2 Warum gilt die Teilmengenbeziehung (6.5)?

Definition 1.7 lässt sich direkt vom Fall $d = 1$ auf beliebige Dimensionen verallgemeinern:

6.10 Definition (Straffheit und relative Kompaktheit)
Es sei $\mathcal{Q}$ eine nichtleere Menge von Wahrscheinlichkeitsmaßen auf $\mathcal{B}^d$. Die Menge $\mathcal{Q}$ heißt

a) *straff,* wenn es zu jedem $\varepsilon > 0$ eine kompakte Menge $K \subset \mathbb{R}^d$ gibt, sodass gilt:

$$Q(K) \geq 1 - \varepsilon \quad \text{für jedes } Q \in \mathcal{Q},$$

b) *relativ kompakt,* wenn es zu jeder Folge (Q_n) aus $\mathcal{Q}$ eine Teilfolge (Q_{n_k}) und ein Wahrscheinlichkeitsmaß Q mit $Q_{n_k} \xrightarrow{\mathcal{D}} Q$ bei $k \to \infty$ gibt.

Wichtig ist, dass das bei der relativen Kompaktheit auftretende Wahrscheinlichkeitsmaß Q nicht notwendig zu $\mathcal{Q}$ gehören muss. Gilt $Q_n \xrightarrow{\mathcal{D}} Q$, so ist die Menge $\{Q_n : n \geq 1\}$ notwendigerweise relativ kompakt. Das folgende, in einem wesentlich allgemeineren Rahmen geltende Resultat (siehe Satz 14.22) besagt, dass Straffheit und relative Kompaktheit gleichwertige Begriffsbildungen sind.

6.11 Satz (von Prochorow[4])
Für jede Menge $\mathcal{Q} \neq \emptyset$ von Wahrscheinlichkeitsmaßen auf $\mathcal{B}^d$ gilt:

$$\mathcal{Q} \text{ ist straff} \iff \mathcal{Q} \text{ ist relativ kompakt.}$$

Beweis Wir beweisen nur die Implikation „$\Longleftarrow$" und nehmen hierfür an, $\mathcal{Q}$ sei nicht straff. Dann gibt es ein $\varepsilon > 0$ und eine Folge (Q_n) aus $\mathcal{Q}$ mit $Q_n(K_n) < 1 - \varepsilon$ für jedes $n \geq 1$, wobei $K_n := [-n, n]^d$ gesetzt wurde. Aufgrund der vorausgesetzten relativen Kompaktheit existieren ein Teilfolge (Q_{n_k}) sowie ein Wahrscheinlichkeitsmaß Q mit $Q_{n_k} \xrightarrow{\mathcal{D}} Q$. Wir

---

[4] Juri Wassiljewitsch Prochorow (1929–2013), russischer Mathematiker, Promotion 1952, ab 1960 Leiter der Abteilung Wahrscheinlichkeitstheorie des Steklov-Institutes. Hauptarbeitsgebiet: Wahrscheinlichkeitstheorie, insbesondere Grenzwertsätze.

setzen $K := [-M, M]^d$, wobei $M > 0$ so gewählt ist, dass $Q(K) \geq 1 - \frac{\varepsilon}{2}$ und $Q(\partial K) = 0$ gelten. Beim Grenzübergang $k \to \infty$ folgt dann $Q_{n_k}(K) \to Q(K) \geq 1 - \frac{\varepsilon}{2}$. Wegen $K_{n_k} \supset K$ für hinreichend großes k ergibt sich $Q_{n_k}(K) \leq Q_{n_k}(K_{n_k}) < 1 - \varepsilon$ für jedes solche k, was einen Widerspruch liefert. Im Fall $d = 1$ findet sich ein Beweis der Implikation „$\Longrightarrow$" in [HE1], S. 213, im allgemeinen Fall $d \geq 1$ in [BI3], S. 380. ∎

Der Begriff der relativen Kompaktheit entspricht dem der Beschränktheit von Folgen im $\mathbb{R}^d$. Eine beschränkte Folge muss nicht notwendig konvergieren. Zu jeder Teilfolge gibt es aber eine weitere Teilfolge, die konvergiert. Aufgrund dieser Analogie findet man insbesondere im Zusammenhang mit Zufallsvektoren den zur relativen Kompaktheit (und damit auch zur Straffheit) gleichwertigen Begriff der *stochastischen Beschränktheit*. Eine Folge $(X_n)_{n \geq 1}$ von d-dimensionalen Zufallsvektoren heißt *stochastisch beschränkt*, wenn sie *straff* oder – was damit gleichwertig ist – *relativ kompakt* ist. Dabei heißt $(X_n)_{n \geq 1}$ *straff* bzw. *relativ kompakt*, wenn die Menge $\{\mathbb{P}^{X_n} : n \geq 1\}$ straff bzw. relativ kompakt ist.

Selbstfrage 3 Warum ist jede *endliche* Menge von Wahrscheinlichkeitsmaßen straff?

6.12 Beispiel Es sei $(X_n)_{n \geq 1}$ eine Folge d-dimensionaler Zufallsvektoren mit der Eigenschaft $K := \sup_{n \geq 1} \mathbb{E}\|X_n\| < \infty$. Für jedes C mit $0 < C < \infty$ und jedes $n \geq 1$ gilt

$$\mathbb{P}\big(\|X_n\| > C\big) \leq \frac{\mathbb{E}\|X_n\|}{C} \leq \frac{K}{C}.$$

Wählen wir C zu beliebig vorgegebenem $\varepsilon > 0$ so groß, dass die Ungleichung $C \geq \frac{K}{\varepsilon}$ erfüllt ist, so folgt $\mathbb{P}\big(\|X_n\| > C\big) \leq \varepsilon$ und somit $\mathbb{P}(\|X_n\| \leq C) \geq 1 - \varepsilon$ für jedes $n \geq 1$. Also ist die Folge (X_n) straff.

Wir haben gesehen, dass Straffheit eine notwendige Bedingung für Verteilungskonvergenz ist. Ist (a_n) eine reelle beschränkte Zahlenfolge, so konvergiert diese genau dann gegen einen Wert a, wenn jede Teilfolge eine weitere Teilfolge enthält, die gegen a konvergiert. Das folgende Analogon für Zufallsvektoren wird des Öfteren eine Rolle spielen.

6.13 Bemerkung Es sei (X_n) eine straffe Folge d-dimensionaler Zufallsvektoren. Gibt es ein Wahrscheinlichkeitsmaß Q, sodass jede Teilfolge $(X_{n_k})_{k \geq 1}$ von (X_n), die überhaupt in Verteilung konvergiert, gegen Q konvergiert, so gilt $X_n \xrightarrow{\mathcal{D}} X$, wobei der Zufallsvektor X die Verteilung Q besitzt.

In Analogie zu der von E. Landau[5] eingeführten O-Notation und o-Notation für beschränkte bzw. gegen null konvergente Zahlenfolgen sind die nachfolgenden Bezeichnungen häufig anzutreffen.

6.14 Stochastische Landau-Symbole

Es seien $X, X_1, X_2, \ldots$ d-dimensionale Zufallsvektoren und (a_n) eine reelle Zahlenfolge mit $a_n \neq 0$ für jedes $n \geq 1$. Man definiert

$$X_n = O_\mathbb{P}(1) :\Longleftrightarrow \text{ die Folge } (X_n)_{n \geq 1} \text{ ist straff,}$$

$$X_n = O_\mathbb{P}(a_n) :\Longleftrightarrow \text{ die Folge } \left(\frac{X_n}{a_n}\right)_{n \geq 1} \text{ ist straff,}$$

$$X_n = o_\mathbb{P}(1) :\Longleftrightarrow X_n \xrightarrow{\mathbb{P}} 0_d,$$

$$X_n = o_\mathbb{P}(a_n) :\Longleftrightarrow \frac{X_n}{a_n} \xrightarrow{\mathbb{P}} 0_d,$$

$$X_n = X + o_\mathbb{P}(1) :\Longleftrightarrow X_n - X \xrightarrow{\mathbb{P}} 0_d.$$

Die wichtigsten Regeln im Umgang mit den stochastischen Landau-Symbolen sind nachstehend aufgeführt.

6.15 Satz (Eigenschaften von $O_\mathbb{P}$ und $o_\mathbb{P}$)

Seien X_n, Y_n, $n \geq 1$, d-dimensionale Zufallsvektoren und $(Z_n)_{n \geq 1}$ eine Folge reeller Zufallsvariablen. Dann gelten:

a) Aus $X_n = O_\mathbb{P}(1)$ und $Y_n = O_\mathbb{P}(1)$ folgt $X_n + Y_n = O_\mathbb{P}(1)$,
b) aus $X_n = o_\mathbb{P}(1)$ und $Y_n = o_\mathbb{P}(1)$ folgt $X_n + Y_n = o_\mathbb{P}(1)$,
c) aus $X_n = O_\mathbb{P}(1)$ und $Z_n = O_\mathbb{P}(1)$ folgt $X_n \cdot Z_n = O_\mathbb{P}(1)$,
d) aus $X_n = O_\mathbb{P}(1)$ und $Z_n = o_\mathbb{P}(1)$ folgt $X_n \cdot Z_n = o_\mathbb{P}(1)$.
e) Gilt $X_n = O_\mathbb{P}(1)$, und ist $h : \mathbb{R}^d \to \mathbb{R}^s$ eine stetige Funktion, so folgt $h(X_n) = O_\mathbb{P}(1)$.

Beweis a) Sei $\varepsilon > 0$ beliebig. Nach Voraussetzung gibt es positive Konstanten K_1 und K_2 mit $\mathbb{P}(\|X_n\| \leq K_1) \geq 1 - \frac{\varepsilon}{2})$ und $\mathbb{P}(\|Y_n\| \leq K_2) \geq 1 - \frac{\varepsilon}{2})$ für jedes $n \geq 1$. Mit der Dreiecksungleichung folgt $\mathbb{P}(\|X_n + Y_n\| \leq K_1 + K_2) \geq 1 - \varepsilon$ für jedes $n \geq 1$. Somit ist $(X_n + Y_n)$ eine straffe Folge. Der Nachweis der Eigenschaften b) - e) ist Gegenstand von Aufgabe 6.7.

Das nächste, häufig verwendete Resultat ist eine Ergänzung zum Lemma von Slutsky (Satz 6.9).

■

---

[5] Edmund Landau (1877–1938), ab 1899 Dozent an der Berliner Universität, 1909 Lehrstuhl in Göttingen, 1933 nach der nationalsozialistischen Machtergreifung entlassen. Landaus Hauptarbeitsgebiet war die analytische Zahlentheorie; er erzielte wesentliche Resultate zur Verteilung der Primzahlen.

6.16 Korollar Sind $X, X_1, X_2, \ldots$ d-dimensionale Zufallsvektoren mit $X_n \xrightarrow{\mathcal{D}} X$, und ist (Z_n) eine Folge reeller Zufallsvariablen mit $Z_n \xrightarrow{\mathbb{P}} a$ für ein $a \in \mathbb{R}$, so folgt $Z_n X_n \xrightarrow{\mathcal{D}} aX$.

Beweis Es gilt $Z_n X_n = (Z_n - a)X_n + aX_n$. Nach dem Abbildungssatz gilt $aX_n \xrightarrow{\mathcal{D}} aX$. Wegen $Z_n - a = o_{\mathbb{P}}(1)$ und $X_n = O_{\mathbb{P}}(1)$ liefert Satz 6.15 d) $(Z_n - a)X_n = o_{\mathbb{P}}(1)$. Die Behauptung folgt jetzt aus dem Lemma von Slutsky (Satz 6.9).

Wie angekündigt sind für den Rest dieses Kapitels alle Vektoren als Spaltenvektoren notiert. Das nächste Resultat verallgemeinert Satz 1.11 auf den mehrdimensionalen Fall. ∎

6.17 Satz (Stetigkeitssatz von Lévy–Cramér)
Es seien $X, X_1, X_2, \ldots$ d-dimensionale Zufallsvektoren mit zugehörigen charakteristischen Funktionen $\varphi, \varphi_1, \varphi_2, \ldots$. Dann gilt:

$$X_n \xrightarrow{\mathcal{D}} X \iff \lim_{n \to \infty} \varphi_n(t) = \varphi(t) \quad \text{für jedes } t \in \mathbb{R}^d.$$

Beweis Die Implikation „$\Longrightarrow$" folgt, indem man für beliebiges $t \in \mathbb{R}^d$ die Festsetzungen $h_1(x) := \cos(t^\top x)$, $h_2(x) := \sin(t^\top x)$ trifft und die Definition der Verteilungskonvergenz verwendet. Zum Nachweis der Umkehrung seien $X_n =: (X_{n1}, \ldots, X_{nd})^\top$, $X =: (Z_1, \ldots, Z_d)^\top$ sowie $\mathbf{e}_j := (0, \ldots, 0, 1, 0, \ldots, 0)^\top$ der j-te Einheitsvektor in $\mathbb{R}^d$, $j \in \{1, \ldots, d\}$. Setzt man speziell $t := \alpha \mathbf{e}_j$, wobei $\alpha \in \mathbb{R}$, so gelten

$$\varphi_{X_{nj}}(\alpha) = \mathbb{E}\left[\exp\left(i\alpha X_{nj}\right)\right] = \varphi_n(\alpha \mathbf{e}_j),$$
$$\varphi_{Z_j}(\alpha) = \mathbb{E}\left[\exp\left(i\alpha Z_j\right)\right] = \varphi(\alpha \mathbf{e}_j).$$

Nach Voraussetzung gilt $\varphi_n(\alpha \mathbf{e}_j) \to \varphi(\alpha \mathbf{e}_j)$ für jedes $\alpha \in \mathbb{R}$, und deshalb folgt mit Satz 1.11 $X_{nj} \xrightarrow{\mathcal{D}} Z_j$ für jedes $j \in \{1, \ldots, d\}$. Somit ist für jedes $j \in \{1, \ldots, d\}$ die Folge $(X_{nj})_{n \geq 1}$ straff. Aufgabe 6.5 zeigt, dass damit auch $(X_n)_{n \geq 1}$ straff ist. Aufgrund von Satz 6.11 existieren eine Teilfolge (X_{n_k}) und eine Zufallsvariable Y mit $X_{n_k} \xrightarrow{\mathcal{D}} Y$ bei $k \to \infty$. Bezeichnet ψ die charakteristische Funktion von Y, so liefert der Beweisteil „$\Longrightarrow$" die Gleichheit $\varphi = \psi$, und mit Korollar 1.14 erhalten wir $X \stackrel{\mathcal{D}}{=} Y$ und damit $X_{n_k} \xrightarrow{\mathcal{D}} X$. Die Behauptung folgt jetzt aus Bemerkung 6.13. ∎

Wie der folgende grundlegende, auf H. Cramér und H. Wold zurückgehende Satz zeigt, erlaubt es der Stetigkeitssatz von Lévy–Cramér, den Nachweis von Verteilungskonvergenz von Zufallsvektoren auf den eindimensionalen Fall zu reduzieren.

6.18 Satz (Cramér–Wold-Technik)
Es seien $X, X_1, X_2, \ldots$ d-dimensionale Zufallsvektoren. Dann gilt:

$$X_n \xrightarrow{\mathcal{D}} X \iff c^\top X_n \xrightarrow{\mathcal{D}} c^\top X \quad \text{für jedes } c \in \mathbb{R}^d.$$

Beweis Die Beweisrichtung „$\Longrightarrow$" folgt mit $h(x) := c^\top x$ aus dem Abbildungssatz. Um die Implikation „$\Longleftarrow$" zu zeigen, verwenden wir die Gleichungsketten

$$\varphi_{X_n}(c) = \mathbb{E}\left[\exp\left(ic^\top X_n\right)\right] = \varphi_{c^\top X_n}(1),$$

$$\varphi_X(c) = \mathbb{E}\left[\exp\left(ic^\top X\right)\right] = \varphi_{c^\top X}(1).$$

Dabei bezeichnen $\varphi_{c^\top X_n}$ bzw. $\varphi_{c^\top X}$ die charakteristischen Funktionen von $c^\top X_n$ bzw. von $c^\top X$. Nach dem Stetigkeitssatz von Lévy–Cramér in $\mathbb{R}$ (Satz 1.11) gilt $\varphi_{c^\top X_n}(1) \to \varphi_{c^\top X}(1)$. Somit ergibt sich $\varphi_{X_n}(c) \to \varphi_X(c)$ für jedes $c \in \mathbb{R}^d$, und die Behauptung folgt aus Satz 6.17. ∎

Zentrales Resultat dieses Kapitels ist der nachstehende Grenzwertsatz.

6.19 Satz (Multivariater zentraler Grenzwertsatz)

Es seien $X_1, X_2, \ldots$ stochastisch unabhängige und identisch verteilte d-dimensionale Zufallsvektoren mit $\mathbb{E}\|X_1\|^2 < \infty$. Mit $\mu := \mathbb{E}(X_1)$ und $\Sigma := \mathbb{C}\mathrm{ov}(X_1)$ gilt beim Grenzübergang $n \to \infty$:

$$\frac{1}{\sqrt{n}}\left(\sum_{j=1}^n X_j - n\mu\right) \xrightarrow{\mathcal{D}} N_d(0_d, \Sigma).$$

Beweis Der Beweis erfolgt mithilfe des zentralen Grenzwertsatzes von Lindeberg–Lévy und der Cramér–Wold-Technik (Satz 6.18). Seien hierzu $Z_n := n^{-1/2}\left(\sum_{j=1}^n X_j - n\mu\right)$ und Y ein Zufallsvektor mit der Verteilung $N_d(0_d, \Sigma)$. Zu zeigen ist $c^\top Z_n \xrightarrow{\mathcal{D}} c^\top Y$ für jedes $c \in \mathbb{R}^d$. Wegen

$$c^\top Z_n = \frac{1}{\sqrt{n}}\left(\sum_{j=1}^n c^\top X_j - nc^\top \mu\right)$$

und $\mathbb{E}(c^\top Z_n) = 0$, $\mathbb{V}(c^\top Z_n) = \mathbb{V}(c^\top X_1) = c^\top \Sigma c$ sowie $c^\top Y \sim N(0, c^\top \Sigma c)$ kann ohne Beschränkung der Allgemeinheit $c^\top \Sigma c > 0$ angenommen werden. Mit Satz 1.16, angewandt auf $(c^\top X_j)_{j \geq 1}$, ergibt sich

$$\frac{c^\top Z_n}{\sqrt{c^\top \Sigma c}} = \frac{\sum_{j=1}^n c^\top Z_n - nc^\top \mu}{\sqrt{nc^\top \Sigma c}} \xrightarrow{\mathcal{D}} N,$$

wobei $N \sim N(0, 1)$. Der Abbildungssatz liefert $c^\top Z_n \xrightarrow{\mathcal{D}} \sqrt{c^\top \Sigma c}\, N \sim N(0, c^\top \Sigma c)$. Da $c^\top Y$ die Normalverteilung $N(0, c^\top \Sigma c)$ besitzt, folgt die Behauptung. ∎

Der obige Satz ist ein multivariater zentraler Grenzwertsatz unter relativ einschränkenden Bedingungen. Eine Verallgemeinerung analog zum zentralen Grenzwertsatz von Lindeberg–Feller findet sich in Aufgabe 6.9.

6.20 Beispiel (Chi-Quadrat-Test)

Als erste Anwendung von Satz 6.19 diene der Chi-Quadrat-Anpassungstest zur Prüfung einer einfachen Hypothese in einem multinomialen Versuchsschema. Die Prüfgröße dieses Tests ist

$$T_n := \sum_{k=1}^{s} \frac{(N_{n,j} - np_j)^2}{np_j}. \tag{6.6}$$

Dabei hat $(N_{n,1}, \ldots, N_{n,s})$ die Multinomialverteilung Mult$(n; p_1, \ldots, p_s)$, und die als Hypothese angenommenen Wahrscheinlichkeiten $p_1, \ldots, p_s$ seien sämtlich positiv; weiter gelte $p_1 + \ldots + p_s = 1$. Der Bezug zwischen T_n und Satz 6.19 wird durch eine Folge $X_1, X_2, \ldots$ unabhängiger und identisch verteilter Zufallsvariablen mit $\mathbb{P}(X_1 = e_k) := p_k$, $k = 1, \ldots, s$, hergestellt. Hier bezeichnet e_k den k-ten Einheitsvektor in $\mathbb{R}^s$, $k \in \{1, \ldots, s\}$. Es gelten $\sum_{j=1}^{n} X_j \overset{\mathcal{D}}{=} (N_{n,1}, \ldots, N_{n,s})^{\top}$ sowie

$$\mu := \mathbb{E}(X_1) = (p_1, \ldots, p_s)^{\top}, \qquad \Sigma := \mathbb{C}\text{ov}(X_1) = (p_j \delta_{k,\ell} - p_k p_\ell)_{1 \le k, \ell \le s}.$$

Nach Satz 6.19 folgt

$$\frac{1}{\sqrt{n}} \left(\sum_{j=1}^{n} X_j - n\mu \right) \overset{\mathcal{D}}{\longrightarrow} Z := (Z_1, \ldots, Z_s)^{\top} \sim N_s(0_s, \Sigma). \tag{6.7}$$

Die Matrix Σ ist nicht invertierbar, wohl aber die aus den ersten $s - 1$ Reihen von Σ gebildete Matrix $A := (p_j \delta_{kj} - p_j p_k)_{1 \le j, k \le s-1}$, und die Inverse von A ist durch $A^{-1} = (\delta_{jk} p_k^{-1} + p_s^{-1})_{1 \le j, k \le s-1}$ gegeben. Setzt man jetzt $V_n := (N_{n,1}, \ldots, N_{n,s-1})^{\top}$, so liefert der Abbildungssatz

$$W_n := \frac{1}{\sqrt{n}} \left(V_n - n(p_1, \ldots, p_{s-1})^{\top} \right) \overset{\mathcal{D}}{\longrightarrow} (Z_1, \ldots, Z_{s-1})^{\top} \sim N_{s-1}(0_{s-1}, A).$$

Eine nochmalige Anwendung des Abbildungsatzes ergibt

$$W_n^{\top} A^{-1} W_n \overset{\mathcal{D}}{\longrightarrow} (Z_1, \ldots, Z_{s-1}) A^{-1} (Z_1, \ldots, Z_{s-1})^{\top} \overset{\mathcal{D}}{=} \chi_{s-1}^2.$$

Dabei folgt die Verteilungsgleichheit $\overset{\mathcal{D}}{=}$ aus Satz 5.15. Unter Verwendung von $N_{n,1} + \ldots + N_{n,s} = n$ liefert eine direkte Rechnung die Identität $T_n = W_n^{\top} A^{-1} W_n$. Folglich besitzt die Chi-Quadrat-Testgröße T_n bei Gültigkeit der Hypothese asymptotisch für $n \to \infty$ eine χ_{s-1}^2-Verteilung.

Selbstfrage 4 Warum gilt $T_n = W_n^{\top} A^{-1} W_n$?

6.21 Beispiel (Zahlenlotto)

Ein Musterbeispiel für die Anwendung von Satz 6.19 bilden die Ziehungen im Zahlenlotto „6 aus 49". Hierzu diene allgemeiner ein Ziehungsgerät mit s von 1 bis s numerierten Kugeln, aus denen nacheinander rein zufällig r Kugeln als Gewinnzahlen gezogen werden. Dabei gelte $2 \le r < s$. Das Ergebnis einer k-ten Ziehung dieses r-aus-s-Lottos modellieren wir durch den s-dimensionalen Zufallsvektor $X_k = \left(X_{k,1}, X_{k,2}, \ldots, X_{k,s}\right)^\top$ mit den Komponenten

$$X_{k,j} := \begin{cases} 1, & \text{falls } j \text{ in der } k\text{-ten Ziehung als Gewinnzahl auftritt,} \\ 0, & \text{sonst.} \end{cases}$$

Wir nehmen an, dass $X_1, X_2, \ldots$ stochastisch unabhängig und jeweils auf allen $\binom{s}{r}$ möglichen s-Tupeln mir r Einsen und $s - r$ Nullen gleichverteilt sind. Diese Annahmen entsprechen anschaulich der Gedächtnislosigkeit des Ziehungsgerätes und der Gleichartigkeit aller s Lottokugeln. Der Summenvektor

$$H_n = \left(H_{n,1}, \ldots, H_{n,s}\right)^\top := \sum_{k=1}^n X_k = \left(\sum_{k=1}^n X_{k,1}, \ldots, \sum_{k=1}^n X_{k,s}\right)^\top$$

gibt dann die Gewinnhäufigkeiten der einzelnen Lottozahlen nach n Ziehungen an.

Um das asymptotische Verhalten von H_n bei $n \to \infty$ zu untersuchen, benötigen wir den Erwartungswertvektor und die Kovarianzmatrix von X_1. Diese sind durch

$$\mathbb{E}(X_1) = \left(\frac{r}{s}, \frac{r}{s}, \cdots, \frac{r}{s}\right)^\top, \qquad \Sigma(X_1) = \frac{r}{s}\left(1 - \frac{r}{s}\right)\Sigma \tag{6.8}$$

mit $\Sigma = (\sigma_{ij})_{1 \le i, j \le s}$ und $\sigma_{ij} = 1$, falls $i = j$, sowie $\sigma_{ij} = -\frac{1}{s-1}$ für $i \neq j$ gegeben (Aufgabe 6.10). Nach Satz 6.19 folgt

$$\frac{s}{\sqrt{r(s-r)}} \cdot \frac{1}{\sqrt{n}}\left(H_n - n\mathbb{E}(X_1)\right) \xrightarrow{\mathcal{D}} \mathrm{N}_s(0_s, \Sigma). \tag{6.9}$$

Diese Verteilungsaussage erlaubt, gewisse Aspekte der Gewinnzahlenhäufigkeiten mithilfe des Abbildungssatzes zu studieren. Bezeichnet $T = (T_1, \ldots, T_s)^\top$ einen Zufallsvektor mit der Verteilung $\mathrm{N}_s(0_s, \Sigma)$, so liefert eine Anwendung von Satz 6.6 auf die Funktion $h(x_1, \ldots, x_s) := \max_{1 \le j \le s} x_j$ die Verteilungsaussage

$$\frac{s}{\sqrt{r(s-r)}} \cdot \frac{1}{\sqrt{n}}\left(\max_{1 \le j \le s} H_{n,j} - n \cdot \frac{r}{s}\right) \xrightarrow{\mathcal{D}} \max_{1 \le j \le s} T_j. \tag{6.10}$$

In gleicher Weise folgt

$$\frac{s}{\sqrt{r(s-r)}} \cdot \frac{1}{\sqrt{n}}\left(\min_{1 \le j \le s} H_{n,j} - n \cdot \frac{r}{s}\right) \xrightarrow{\mathcal{D}} \min_{1 \le j \le s} T_j. \tag{6.11}$$

Die Botschaft von (6.10) und (6.11) ist, dass die Abweichung der extremen Gewinnhäufigkeiten $\max_{1 \le j \le s} H_{n,j}$ und $\min_{1 \le j \le s} H_{n,j}$ von dem für jede Gewinnhäufigkeit gleichen Erwartungswert $n \cdot \frac{r}{s}$ *von der Größenordnung* $\sqrt{n}$ ist. Für die *Spannweite*

$$D_n := \max_{1 \le j \le s} H_{n,j} - \min_{1 \le j \le s} H_{n,j}$$

der Gewinnhäufigkeiten liefern (6.9) und der Abbildungssatz die Aussage

$$\frac{s}{\sqrt{r(s-r)}} \cdot \frac{1}{\sqrt{n}} \cdot D_n \xrightarrow{\mathcal{D}} \max_{1 \le j \le s} T_j - \min_{1 \le j \le s} T_j$$

und somit insbesondere $D_n = O_{\mathbb{P}}(\sqrt{n})$. Ein χ^2-Test zur Prüfung der Gleichwahrscheinlichkeit der Lottozahlen ist Gegenstand von Aufgabe 6.11.

Es kommt häufig vor, dass Transformationen asymptotisch normalverteilter Zufallsvektoren eine Rolle spielen. Wie der folgende, als *Delta-Methode* bezeichnete Sachverhalt zeigt, sind die transformierten Größen unter schwachen Bedingungen ebenfalls asymptotisch normalverteilt.

6.22 Satz (Delta-Methode)

Es sei (T_n) eine Folge d-dimensionaler Zufallsvektoren mit der Eigenschaft

$$\sqrt{n}\,(T_n - \vartheta) \xrightarrow{\mathcal{D}} X \sim \mathrm{N}_d(0_d, \Sigma) \tag{6.12}$$

für ein $\vartheta \in \mathbb{R}^d$. Weiter sei $g : \mathbb{R}^d \to \mathbb{R}^s$ eine messbare Funktion, die an der Stelle ϑ differenzierbar sei. Bezeichnet $g'(\vartheta)$ die $(s \times d)$-Jacobi Matrix von g an der Stelle ϑ, so gilt

$$\sqrt{n}\big(g(T_n) - g(\vartheta)\big) \xrightarrow{\mathcal{D}} \mathrm{N}_s\left(0_s, g'(\vartheta)\Sigma g'(\vartheta)^{\top}\right). \tag{6.13}$$

Beweis Elementweise auf dem zugrundeliegenden Wahrscheinlichkeitsraum gilt

$$\sqrt{n}\,(g(T_n) - g(\vartheta)) = g'(\vartheta)\sqrt{n}(T_n - \vartheta) + \|\sqrt{n}(T_n - \vartheta)\|\, r(T_n - \vartheta), \tag{6.14}$$

wobei $r(T_n - \vartheta) \to 0_s$ für $T_n \to \vartheta$ (siehe z.B. [HEU], S. 259). Aus (6.12) folgt $\sqrt{n}(T_n - \vartheta) = O_{\mathbb{P}}(1)$ und somit $T_n - \vartheta \xrightarrow{\mathbb{P}} 0_d$. Nach dem Teilfolgenkriterium 1.1 für stochastische Konvergenz gilt dann auch $r(T_n - \vartheta) \xrightarrow{\mathbb{P}} 0_s$. Aus (6.12) und dem Abbildungssatz folgt weiter $\|\sqrt{n}(T_n - \vartheta)\| \xrightarrow{\mathcal{D}} \|X\|$. Da stochastische Konvergenz von Zufallsvektoren zur komponentenweisen stochastischen Konvergenz gleichwertig ist, liefert Satz 6.15 d) $\|\sqrt{n}(T_n - \vartheta)\| \cdot r(T_n - \vartheta) \xrightarrow{\mathbb{P}} 0_s$. Mit (6.12) und dem Abbildungssatz ergibt sich $g'(\vartheta)\sqrt{n}(T_n - \vartheta) \xrightarrow{\mathcal{D}} g'(\vartheta) X$. Nach Satz 5.7 gilt $g'(\vartheta) X \sim \mathrm{N}_s(0_s, g'(\vartheta)\Sigma g'(\vartheta)^{\top})$, sodass die Behauptung mit dem Lemma von Slutsky folgt. ∎

In (6.12) wurde der Buchstabe ϑ gewählt, weil die Delta-Methode insbesondere in der Statistik große Bedeutung besitzt, und da in diesem Zusammenhang ϑ für einen unbekannten Parameter(vektor) steht, der durch T_n geschätzt werden soll (vgl. Kap. 9). Die Differenz $T_n - \vartheta$ ist dann der zufällige *Schätzfehler,* und dieser konvergiert nach (6.12) so schnell gegen 0_d, dass er nach Multiplikation mit $\sqrt{n}$ beim Grenzübergang $n \to \infty$ eine Limesverteilung besitzt. Dabei hängt die *asymptotische Kovarianzmatrix* Σ im Allgemeinen von ϑ ab. Die Situation in (6.12) liegt bei vielen Schätzverfahren wie etwa bei der Maximum-Likelihood-Schätzung (vgl. Kap. 10) oder bei der Schätzung nach der Momentenmethode (vgl. Kap. 11) vor. Prinzipiell ist es dabei zugelassen, dass die in (6.12) und (6.13) auftretenden Kovarianzmatrizen nicht positiv definit sind.

Im wichtigsten Spezialfall $d = s = 1$ lautet die Delta-Methode mit Blick auf die Statistik: Gilt

$$\sqrt{n}(T_n - \vartheta) \overset{\mathcal{D}}{\longrightarrow} N\big(0, \sigma^2(\vartheta)\big),$$

wobei $\sigma^2(\vartheta) > 0$, und ist die auf dem Wertebereich von T_n definierte messbare Funktion g an der Stelle ϑ differenzierbar und besitzt dort eine nicht verschwindende Ableitung, so folgt

$$\sqrt{n}\big(g(T_n) - g(\vartheta)\big) \overset{\mathcal{D}}{\longrightarrow} N\big(0, \sigma^2(\vartheta)g'(\vartheta)^2\big). \tag{6.15}$$

Gilt $\vartheta \in \Theta$, wobei $\Theta \subset \mathbb{R}$ ein offenes Intervall ist, so kann man versuchen, eine Funktion g zu finden, für die die in (6.15) auftretende Limesverteilung die Standardnormalverteilung $N(0, 1)$ ist. Eine solche Funktion g heißt *varianzstabilisierende Transformation.* Für diese Funktion g muss also

$$\sigma^2(\vartheta)g'(\vartheta)^2 = 1, \quad \vartheta \in \Theta, \tag{6.16}$$

gelten. Als Beispiel diene die Schätzung des unbekannten Parameters ϑ einer Poisson-Verteilung. Sind $X_1, X_2, \ldots$ stochastisch unabhängige Zufallsvariablen mit gleicher Verteilung $Po(\vartheta)$, wobei $\vartheta \in (0, \infty)$, und ist $T_n := \overline{X}_n = n^{-1} \sum_{j=1}^n X_j$, so liefert der zentrale Grenzwertsatz von Lindeberg–Lévy

$$\sqrt{n}(\overline{X}_n - \vartheta) \overset{\mathcal{D}}{\longrightarrow} N(0, \vartheta).$$

In diesem Fall führt Gl. (6.16) auf die Forderung $g'(\vartheta) = \frac{1}{\sqrt{\vartheta}}$ und damit auf $g(\vartheta) = 2\sqrt{\vartheta}$.

6.23 Bemerkungen zur Approximationsgüte

Auch zum multivariaten zentralen Grenzwertsatz und zur Delta-Methode gibt es Untersuchungen, was die jeweilige Approximationsgüte betrifft. So gibt [BRR] eine Einführung in multivariate Analoga der Berry–Esseen-Schranken (1.11) und (1.12). Neuere Ergebnisse dazu finden sich in [RAI]. Die Arbeit [PIM] enthält Fehlerschranken zur Delta-Methode.

Antworten zu den Selbstfragen

Antwort 1 Für beliebiges $z \in M$ gilt $\|x - M\| \leq \|x - z\| \leq \|x - y\| + \|y - z\|$ und damit $\|x - M\| \leq \|x - y\| + \|y - M\|$. In gleicher Weise gilt $\|y - M\| \leq \|y - z\| \leq \|y - x\| + \|x - z\|$ und damit $\|y - M\| \leq \|x - y\| + \|x - M\|$, woraus die Behauptung folgt.

Antwort 2 Es sei $\omega \in \Omega$ mit $Z_n(\omega) := X_n(\omega) + Y_n(\omega) \in A$ beliebig. Dann gilt entweder $\|Y_n(\omega)\| > \varepsilon$ oder $\|Y_n(\omega)\| \leq \varepsilon$. Im zweiten Fall gilt $\|X_n(\omega) - Z_n(\omega)\| \leq \varepsilon$, wobei $Z_n(\omega) \in A$, und somit $X_n(\omega) \in A_\varepsilon$.

Antwort 3 Sind $Q_1, \ldots, Q_\ell$ Wahrscheinlichkeitsmaße auf $\mathcal{B}^d$, so gibt es zu beliebigem $\varepsilon > 0$ kompakte Mengen $K_1, \ldots, K_\ell \subset \mathbb{R}^d$ mit $\mathbb{P}(Q_j \in K_j) \geq 1 - \frac{\varepsilon}{\ell}$, $j \in \{1, \ldots, \ell\}$. Die Menge $K := K_1 \cup \ldots \cup K_\ell$ ist kompakt, und es gilt $\mathbb{P}(Q_j \in K) \geq 1 - \varepsilon$ für jedes $j \in \{1, \ldots, \ell\}$.

Antwort 4 Nach Definition von W_n und der Darstellung von A^{-1} gilt mit $N_j := N_{n,j}$:

$$W_n^\top A^{-1} W_n = \frac{1}{n} \sum_{j,k=1}^{s-1} (N_j - np_j)\left(\frac{\delta_{j,k}}{p_k} + \frac{1}{p_s}\right)(N_k - np_k) = \frac{1}{n} \sum_{j=1}^{s-1} \frac{(N_j - np_j)^2}{np_j} + \frac{1}{np_s}\left(\sum_{j=1}^{s-1} (N_j - np_j)\right)^2.$$

Wegen $\sum_{j=1}^{s-1}(N_j - np_j) = n - N_s - n(1 - p_s) = -(N_s - np_s)$ folgt die Behauptung.

Übungsaufgaben

Aufgabe 6.1 Beweisen Sie die in Satz 6.2 angegebenen Eigenschaften einer Verteilungsfunktion.
   Hinweis: Mit $x = (x_1, \ldots, x_d)$, $y = (y_1, \ldots, y_d)$ und $X = (X_1, \ldots, X_d)$ sowie $A_j := \{X \leq y, X_j \leq x_j\}$ für $j \in \{1, \ldots, d\}$ gilt $\{X \leq y\} = \{X \in (x, y]\} \uplus (\bigcup_{j=1}^d A_j)$.

Aufgabe 6.2 Machen Sie sich klar, dass eine Verteilungsfunktion im Fall $d \geq 2$ überabzählbar viele Unstetigkeitsstellen besitzen kann.

Aufgabe 6.3 Seien (U_n, V_n), $n \geq 1$, und (U, V) zweidimensionale Zufallsvektoren mit $(U_n, V_n) \overset{\mathcal{D}}{\longrightarrow} (U, V)$. Dann besagt der Abbildungssatz, dass $U_n + V_n \overset{\mathcal{D}}{\longrightarrow} U + V$ gilt. Folgt dieselbe Aussage auch schon aus $U_n \overset{\mathcal{D}}{\longrightarrow} U$ und $V_n \overset{\mathcal{D}}{\longrightarrow} V$?

Aufgabe 6.4 Beweisen Sie Satz 6.8.

Hinweis: Bemerkung 6.4.

Aufgabe 6.5 Es seien $X_n = (X_{n1}, \ldots, X_{nd})$, $n \geq 1$, d-dimensionale Zufallsvektoren. Zeigen Sie:

$$\{X_n : n \geq 1\} \text{ straff} \iff \{X_{nj} : n \geq 1\} \text{ straff für jedes } j \in \{1, \ldots, d\}.$$

Aufgabe 6.6 Es sei $(\mu_n)_{n \geq 1}$ eine Folge im $\mathbb{R}^d$, und es gelte $X_n \sim N_d(\mu_n, I_d)$, $n \geq 1$. Zeigen Sie, dass die Folge $(X_n)_{n \geq 1}$ genau dann straff ist, wenn die Folge (μ_n) beschränkt ist.

Aufgabe 6.7 Beweisen Sie die Teile b) - e) von Satz 6.15.

Aufgabe 6.8 Es seien $X, X_1, X_2, \ldots$ d-dimensionale Zufallsvektoren mit $X_n \xrightarrow{\mathcal{D}} X$. Weiter seien $A, A_1, A_2, \ldots$ $(s \times d)$-Matrizen mit $\lim_{n\to\infty} A_n = A$. Zeigen Sie: $A_n X_n \xrightarrow{\mathcal{D}} AX$.

    Hinweis: Für $x \in \mathbb{R}^d$ und eine $(s \times d)$-Matrix B gilt $\|Bx\| \leq \|B\|_{\mathrm{sp}} \|x\|$. Hierbei ist die *Spektralnorm* $\|B\|_{\mathrm{sp}}$ von B durch $\|B\|_{\mathrm{sp}} := \max_{\{x: \|x\|=1\}} \|Bx\|$ definiert.

Aufgabe 6.9 Beweisen Sie folgenden *multivariaten zentralen Grenzwertsatz für Dreiecksschemata:* Für jedes $n \geq 1$ seien $X_{n1}, \ldots, X_{nn}$ unabhängige Zufallsvektoren in $\mathbb{R}^d$ mit $\mathbb{E}\|X_{nj}\|^2 < \infty$ ($j = 1, \ldots, n$). Die als positiv definit vorausgesetzte Kovarianzmatrix von X_{nj} sei mit R_{nj} bezeichnet. Es gelte

$$\lim_{n\to\infty} \left(\frac{1}{n} \sum_{j=1}^{n} R_{nj} \right) = R$$

für eine $(d \times d)$-Matrix R sowie

$$\lim_{n\to\infty} \frac{1}{n} \sum_{j=1}^{n} \mathbb{E}\left(\|X_{nj} - \mathbb{E}X_{nj}\|^2 \mathbf{1}\{\|X_{nj} - \mathbb{E}X_{nj}\| > \varepsilon \sqrt{n}\} \right) = 0 \qquad (6.17)$$

für jedes $\varepsilon > 0$. Dann folgt

$$\frac{1}{\sqrt{n}} \sum_{j=1}^{n} \left(X_{nj} - \mathbb{E}X_{nj} \right) \xrightarrow{\mathcal{D}} \mathrm{N}_d(0_d, R).$$

Hinweis: Cramér–Wold-Technik.

Aufgabe 6.10 Es liege die Situation von Beispiel 6.21 (Zahlenlotto) vor. Zeigen Sie, dass $\mathbb{E}(X_1)$ und $\mathbb{C}\mathrm{ov}(X_1)$ durch (6.8) gegeben sind.

Aufgabe 6.11 Es liege die Situation von Beispiel 6.21 (Zahlenlotto) vor. Zeigen Sie:

a) Die Matrix Σ aus (6.8) ist singulär.
b) Ist A die aus den ersten $s - 1$ Reihen von Σ gebildete Matrix, so ist $B := (b_{ij})_{1 \leq i,j \leq s-1}$ mit $b_{ii} := 2\left(1 - \frac{1}{s}\right)$ für $i = 1, \ldots, s$ und $b_{ij} := 1 - \frac{1}{s}$ für $i \neq j$ die Inverse von A.
c) Es gilt beim Grenzübergang $n \to \infty$:

$$T_n := \frac{s-1}{s-r} \sum_{j=1}^{s} \frac{\left(H_{nj} - n\frac{r}{s}\right)^2}{n\frac{r}{s}} \xrightarrow{\mathcal{D}} \chi_{s-1}^2. \qquad (6.18)$$

    Anmerkung: T_n kann als Prüfgröße für einen Test auf Gleichwahrscheinlichkeit der Lottozahlen verwendet werden. Dabei gibt (6.18) die asymptotische Verteilung von T_n bei Gültigkeit der Hypothese an.

d) Was liefert die Anwendung des in c) beschriebenen χ^2-Tests auf Gleichwahrscheinlichkeit der Lottozahlen für die Daten aus der nachstehenden Tabelle, wenn ein Höchstwert von 0.05 für die Wahrscheinlichkeit eines Fehlers erster Art (der entsteht, wenn die Hypothese im Fall ihrer Gültigkeit abgelehnt wird) zugrundegelegt wird?

Wie oft schon gezogen? Nach 4510 Ausspielungen

1	2	3	4	5	6	7
563	554	571	556	555	613	556

8	9	10	11	12	13	14
509	555	550	584	530	495	524

15	16	17	18	19	20	21
527	541	559	554	556	529	515

22	23	24	25	26	27	28
582	532	549	568	579	559	515

29	30	31	32	33	34	35
554	527	584	589	582	532	543

36	37	38	39	40	41	42
564	545	589	549	544	566	571

43	44	45	46	47	48	49
569	536	500	530	555	558	593

Aufgabe 6.12 Der Zufallsvektor $X_n = (X_{n,1}, \ldots, X_{n,n})^\top$ besitze eine Gleichverteilung auf der Menge $M_n := \{x \in \mathbb{R}^n : \|x\| = \sqrt{n}\}$. Es gilt also $\mathbb{P}(X_n \in M_n) = 1$, und es gilt $X_n \stackrel{\mathcal{D}}{=} H X_n$ für jede orthogonale $(n \times n)$-Matrix, vgl. Aufgabe 5.8. Zeigen Sie: Für festes d gilt

$$(X_{n,1}, \ldots, X_{n,d})^\top \xrightarrow{\mathcal{D}} \mathrm{N}_d(0_d, \mathrm{I}_d) \text{ bei } n \to \infty.$$

Aufgabe 6.13 Die Zufallsvariablen $X_1, X_2, \ldots$ seien stochastisch unabhängig und je $\mathrm{Bin}(1, p)$-verteilt, wobei $p \in (0, 1)$ gelte. Es sei $T_n := n^{-1} \sum_{j=1}^n X_j$ gesetzt. Nach dem zentralen Grenzwertsatz von Lindeberg–Lévy gilt $\sqrt{n}(T_n - p) \xrightarrow{\mathcal{D}} \mathrm{N}(0, p(1-p))$. Finden Sie eine varianzstabilisierende Funktion $g : (0, 1) \to \mathbb{R}$, für die $\sqrt{n}(g(T_n) - g(p)) \xrightarrow{\mathcal{D}} \mathrm{N}(0, 1)$, $0 < p < 1$, gilt.

Empirische Verteilungsfunktion

7

Hauptergebnis dieses Kapitels ist ein Resultat, das im Jahr 1933 von F. Cantelli und kurz zuvor unter restriktiveren Bedingungen von W. Gliwenko[1] bewiesen wurde. Dabei erschienen beide Beweise im gleichen Heft einer italienischen Zeitschrift für Aktuarswesen (siehe [GLI] und [CAN]). Dieses Resultat ist rein wahrscheinlichkeitstheoretischer Natur; es betrifft aber unmittelbar die Statistik, wie sich an den Namensgebungen *Zentralsatz der Statistik* oder *Fundamentalsatz der Statistik* ablesen lässt. Um den Satz von Gliwenko und Cantelli formulieren zu können, benötigen wir den Begriff einer *empirischen Verteilungsfunktion*.

Sei hierzu $X_1, X_2, \ldots$ eine u.i.v.-Folge reeller Zufallsvariablen, die auf dem gleichen Wahrscheinlichkeitsraum $(\Omega, \mathcal{A}, \mathbb{P})$ definiert seien. Die Verteilungsfunktion von X_1 sei mit F bezeichnet; es gilt also $F(x) = \mathbb{P}(X_1 \leq x)$, $x \in \mathbb{R}$.

7.1 Definition (empirische Verteilungsfunktion)
Die durch

$$\widehat{F}_n^{\omega}(x) := \widehat{F}_n(\omega, x) := \frac{1}{n} \sum_{j=1}^{n} \mathbf{1}\{X_j(\omega) \leq x\}, \quad \omega \in \Omega, \ x \in \mathbb{R},$$

definierte Funktion $\widehat{F}_n : \Omega \times \mathbb{R} \to [0, 1]$ heißt *empirische Verteilungsfunktion von* $X_1, \ldots, X_n$.

Für festes $\omega \in \Omega$ sind Realisierungen $X_1(\omega), \ldots, X_n(\omega)$ von $X_1, \ldots, X_n$ vorliegende Daten, und diese Daten definieren die sogenannte *empirische Verteilung* (von $X_1, \ldots, X_n$ zu $\omega \in \Omega$). Die empirische Verteilung ist ein diskretes Wahrscheinlichkeitsmaß, das jedem

---

[1] Waleri Iwanowitsch Gliwenko (1897–1940), russischer Mathematiker, ab 1928 bis zu seinem Tod Professor am Moskauer Pädagogischen Institut „Karl Liebknecht". Hauptarbeitsgebiete: Wahrscheinlichkeitsrechnung und Grundlagen der Mathematik.

© Der/die Autor(en), exklusiv lizenziert an Springer-Verlag GmbH, DE, ein Teil von Springer Nature 2022
N. Henze, *Asymptotische Stochastik: Eine Einführung mit Blick auf die Statistik*,
https://doi.org/10.1007/978-3-662-65611-2_7

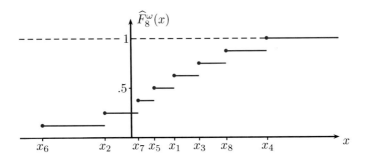

Abb. 7.1 Realisierung einer empirischen Verteilungsfunktion für Daten $x_j = X_j(\omega)$, $j = 1, \ldots, 8$

$X_j(\omega)$ die gleiche Wahrscheinlichkeitsmasse n^{-1} zuordnet. Bezeichnet allgemein δ_x das Dirac-Maß in $x \in \mathbb{R}$, so ist die empirische Verteilung durch $n^{-1} \sum_{j=1}^{n} \delta_{X_j(\omega)}$ gegeben. Bei festem ω ist die empirische Verteilungsfunktion die Verteilungsfunktion dieser empirischen Verteilung. Sie besitzt also alle Eigenschaften einer Verteilungsfunktion, wozu insbesondere die rechtsseitige Stetigkeit gehört. Abb. 7.1 zeigt den Graphen einer empirischen Verteilungsfunktion. In diesem konkreten Beispiel sind alle Realisierungen $x_j = X_j(\omega)$, $j = 1, \ldots, 8$, verschieden, sodass jede Sprunghöhe gleich $\frac{1}{8}$ ist. Sollte allgemein eine Realisierung k-mal auftreten, so besitzt die empirische Verteilungsfunktion an dieser Stelle einen Sprung der Höhe $\frac{k}{n}$.

Bei festem $x \in \mathbb{R}$ ist

$$\widehat{F}_n(x) := \frac{1}{n} \sum_{j=1}^{n} \mathbf{1}\{X_j \le x\} = \frac{1}{n} \sum_{j=1}^{n} \mathbf{1}_{(-\infty, x]}(X_j)$$

eine Zufallsvariable. Als arithmetisches Mittel stochastisch unabhängiger und identisch verteilter Zufallsvariablen mit existierendem Erwartungswert konvergiert $\widehat{F}_n(x)$ nach dem starken Gesetz großer Zahlen $\mathbb{P}$-fast sicher gegen $F(x)$. Für jedes x ist also die Folge $(\widehat{F}_n(x))$ ein (stark) konsistenter Schätzer für den Wert $F(x) = \mathbb{P}(X_1 \le x)$ der Verteilungsfunktion an der Stelle x. Es gibt somit eine von x abhängende Einsmenge $A_x \in \mathcal{A}$ mit der Eigenschaft, dass für jedes $\omega \in A_x$ die Folge $\widehat{F}_n^{\omega}(x)$ reeller Zahlen gegen $F(x)$ konvergiert. Das nachstehende Resultat geht weit darüber hinaus. Es besagt, dass eine Menge $\Omega_0 \in \mathcal{A}$ existiert, für die $\mathbb{P}(\Omega_0) = 1$ gilt, und dass für jedes $\omega \in \Omega_0$ die Funktionenfolge $(\widehat{F}_n^{\omega}(\cdot))$ *gleichmäßig auf ganz* $\mathbb{R}$ gegen $F(\cdot)$ konvergiert.

7.2 Satz (Gliwenko–Cantelli, Fundamentalsatz der Statistik)

Es gilt

$$\lim_{n \to \infty} \sup_{x \in \mathbb{R}} \left| \widehat{F}_n(x) - F(x) \right| = 0 \quad \mathbb{P}\text{-f.s.}$$

Selbstfrage 1 Warum ist das obige Supremum eine Zufallsvariable, also messbar?

Beweis Seien

$$D_n := \sup_{x \in \mathbb{R}} \left| \widehat{F}_n(x) - F(x) \right|,$$

$$D_n^\omega := \sup_{x \in \mathbb{R}} \left| \widehat{F}_n^\omega(x) - F(x) \right|, \quad \omega \in \Omega.$$

Wir müssen zeigen, dass es eine Menge $\Omega_0 \in \mathcal{A}$ mit $\mathbb{P}(\Omega_0) = 1$ und

$$\lim_{n \to \infty} D_n^\omega = 0 \quad \text{für jedes } \omega \in \Omega_0 \tag{7.1}$$

gibt. Nach dem starken Gesetz großer Zahlen (Satz 1.2) gibt es zu jedem $x \in \mathbb{R}$ eine Menge $A_x \in \mathcal{A}$ mit

$$\mathbb{P}(A_x) = 1 \quad \text{und} \quad \lim_{n \to \infty} \widehat{F}_n^\omega(x) = F(x) \text{ für jedes } \omega \in A_x. \tag{7.2}$$

Schreiben wir $H(x-) := \lim_{y \uparrow x, y < x} H(y)$ für den linksseitigen Grenzwert an der Stelle x einer (schwach) monoton wachsenden Funktion $H : \mathbb{R} \to \mathbb{R}$, so ergibt eine Anwendung des starken Gesetzes großer Zahlen auf die Folge $(\mathbf{1}_{(-\infty, x)}(X_j))_{j \geq 1}$, dass zu jeder reellen Zahl x eine Menge $B_x \in \mathcal{A}$ mit

$$\mathbb{P}(B_x) = 1 \quad \text{und} \quad \lim_{n \to \infty} \widehat{F}_n^\omega(x-) = F(x-) = \mathbb{P}(X_1 < x) \text{ für jedes } \omega \in B_x \tag{7.3}$$

existiert. Die Beweisidee besteht jetzt darin, für abzählbar-unendlich viele Werte x die Mengen A_x und B_x zu verwenden, um die Menge Ω_0 zu konstruieren. Dabei wird maßgeblich ausgenutzt, dass F und $\widehat{F}_n^\omega$ monoton wachsende Funktionen sind. Die Gewinnung dieser abzählbar-unendlich vielen Werte geschieht mithilfe der *Quantilfunktion* F^{-1} zu F, die über die Festsetzung

$$F^{-1}(p) := \inf\{x \in \mathbb{R} : F(x) \geq p\} \tag{7.4}$$

für jedes p mit $0 < p < 1$ definiert ist (s. Abb. 7.2).

Wir werden entscheidend von den für jedes $p \in (0, 1)$ geltenden Ungleichungen

$$F\left(F^{-1}(p)-\right) \leq p \leq F\left(F^{-1}(p)\right) \tag{7.5}$$

Gebrauch machen.

Selbstfrage 2 Warum gelten diese Ungleichungen?

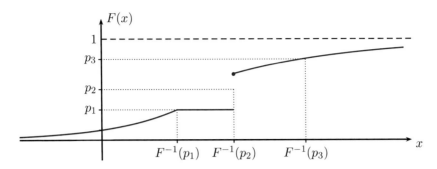

Abb. 7.2 Zur Definition der Quantilfunktion

Die oben angedeuteten abzählbar-unendlich vielen x-Werte zur Konstruktion von Ω_0 werden gemäß

$$x_{m,k} := F^{-1}\left(\frac{k}{m}\right)$$

gewählt. Dabei sind $m \geq 3$ sowie $k \in \{1, \dots, m-1\}$. Setzen wir in (7.5) einmal $p = \frac{k}{m}$ und einmal $p = \frac{k-1}{m}$, so folgen

$$F(x_{m,k}-) \leq \frac{k}{m} \leq F(x_{m,k}) \quad \text{und} \quad F(x_{m,k-1}-) \leq \frac{k-1}{m} \leq F(x_{m,k-1}).$$

Durch Kombination dieser Ungleichungen ergibt sich

$$F\left(x_{m,k}-\right) - F\left(x_{m,k-1}\right) \leq \frac{1}{m}, \qquad k \in \{2, \dots, m-1\}. \tag{7.6}$$

Weiter gelten

$$F\left(x_{m,1}-\right) \leq \frac{1}{m}, \qquad F\left(x_{m,m-1}\right) \geq 1 - \frac{1}{m}. \tag{7.7}$$

Mit $u \vee v := \max(u, v)$ sei

$$D_{m,n}^{\omega} := \max_{1 \leq k \leq m-1} \left\{ \left| \widehat{F}_n^{\omega}(x_{m,k}) - F(x_{m,k}) \right| \vee \left| \widehat{F}_n^{\omega}(x_{m,k}-) - F(x_{m,k}-) \right| \right\}$$

die maximale betragsmäßige Abweichung der Funktionswerte sowie der linksseitigen Grenzwerte der Funktionen $\widehat{F}_n^{\omega}$ und F an den Stellen $x_{m,1}, \dots, x_{m,m-1}$. Wir behaupten, dass für jedes $m \geq 3$, $n \geq 1$ und $\omega \in \Omega$ die Ungleichung

$$D_n^{\omega} \leq \frac{1}{m} + D_{m,n}^{\omega} \tag{7.8}$$

erfüllt ist. Für deren Nachweis sei x eine beliebige reelle Zahl. Wir betrachten zunächst den Fall, dass es ein $k \in \{2, \dots, m-1\}$ mit $x_{m,k-1} \leq x < x_{m,k}$ gibt. Die Monotonie von $\widehat{F}_n^{\omega}$ und F sowie die Definition von $D_{m,n}^{\omega}$ und (7.6) ergeben

$$\widehat{F}_n^\omega(x) \le \widehat{F}_n^\omega(x_{m,k}-) \le F(x_{m,k}-) + D_{m,n}^\omega$$
$$\le F(x_{m,k-1}) + \frac{1}{m} + D_{m,n}^\omega \le F(x) + \frac{1}{m} + D_{m,n}^\omega.$$

Völlig analog erhält man $\widehat{F}_n^\omega(x) \ge F(x) - \frac{1}{m} - D_{m,n}^\omega$, sodass sich zusammen

$$\left| \widehat{F}_n^\omega(x) - F(x) \right| \le \frac{1}{m} + D_{m,n}^\omega \qquad (7.9)$$

ergibt. Die Ungleichung (7.9) gilt aber auch in jedem der verbleibenden Fälle $x < x_{m,1}$ und $x \ge x_{m,m-1}$ und damit für jedes reelle x. Ist $x < x_{m,1}$, so liefert (7.7)

$$\widehat{F}_n^\omega(x) \le \widehat{F}_n^\omega(x_{m,1}-) \le F(x_{m,1}-) + D_{m,n}^\omega \le \frac{1}{m} + D_{m,n}^\omega \le F(x) + \frac{1}{m} + D_{m,n}^\omega$$

sowie

$$\widehat{F}_n^\omega(x) \ge 0 \ge F(x_{m,1}-) - \frac{1}{m} \ge F(x) - \frac{1}{m} \ge F(x) - \frac{1}{m} - D_{m,n},$$

was zusammen ebenfalls zu (7.9) führt. Ganz ähnlich führt auch der Fall $x \ge x_{m,m-1}$ zu (7.9) (Aufgabe 7.9). Setzen wir jetzt

$$\Omega_0 := \bigcap_{m=3}^{\infty} \bigcap_{k=1}^{m-1} \left(A_{x_{m,k}} \cap B_{x_{m,k}} \right)$$

mit A_x in (7.2) und B_x in (7.3), so gelten $\Omega_0 \in \mathcal{A}$ und $\mathbb{P}(\Omega_0) = 1$.

Selbstfrage 3 Warum gilt $\mathbb{P}(\Omega_0) = 1$?

Ist ω in Ω_0, so gilt für jedes $m \ge 3$ nach (7.2) und (7.3) sowie der Definition von $D_{m,n}^\omega$ die Konvergenz $\lim_{n\to\infty} D_{m,n}^\omega = 0$. Mit (7.8) folgt $\limsup_{n\to\infty} D_n^\omega \le \frac{1}{m}$. Da diese Ungleichung für jedes $m \ge 3$ besteht, ergibt sich (7.1). ∎

Der Satz von Gliwenko–Cantelli wirft ganz natürliche Forschungsfragen auf. So kann man für eine u.i.v.-Folge d-dimensionaler Zufallsvektoren $X_1, X_2, \ldots$ auf einem Wahrscheinlichkeitsraum $(\Omega, \mathcal{A}, \mathbb{P})$ eine durch

$$\widehat{P}_n^\omega(B) := \widehat{P}_n(\omega, B) := \frac{1}{n} \sum_{j=1}^{n} \mathbf{1}\{X_j(\omega) \in B\} = \frac{1}{n} \sum_{j=1}^{n} \mathbf{1}_B(X_j(\omega))$$

definierte Funktion $\widehat{P}_n : \Omega \times \mathcal{B}^d \to [0,1]$ bilden. Für festes $\omega \in \Omega$ heißt

$$\widehat{P}_n^\omega := \frac{1}{n} \sum_{j=1}^{n} \delta_{X_j(\omega)}$$

die *empirische Verteilung* (von $X_1, \ldots, X_n$ zu ω). Hier steht δ_x für das Dirac-Maß in $x \in \mathbb{R}^d$. Das Wahrscheinlichkeitsmaß $\widehat{P}_n^\omega$ ordnet jeder Borelmenge B den relativen Anteil derjenigen „Daten" $X_1(\omega), \ldots, X_n(\omega)$ zu, die „in die Menge B fallen". In dieser allgemeineren Sichtweise gilt also im Fall $d = 1$ für die empirische Verteilungsfunktion die Gleichung $\widehat{F}_n^\omega(x) = \widehat{P}_n^\omega((-\infty, x]), x \in \mathbb{R}$.

Ist $B \in \mathcal{B}^d$ eine beliebige Borelmenge, so gibt es nach dem starken Gesetz großer Zahlen, angewandt auf die Indikatorfunktionen $\mathbf{1}_B(X_j), j \geq 1$, eine von B abhängende Menge $\Omega_B \in \mathcal{A}$ mit $\mathbb{P}(\Omega_B) = 1$ und

$$\lim_{n \to \infty} \widehat{P}_n^\omega(B) = \mathbb{P}(X_1 \in B) = \mathbb{P}^{X_1}(B) \quad \text{für jedes } \omega \in \Omega_B.$$

Ist $\mathcal{C} \subset \mathcal{B}^d$ ein nichtleeres System von Borelmengen, so ist die Frage naheliegend, ob die Folge $(\widehat{P}_n)$ der empirischen Verteilungen mit Wahrscheinlichkeit eins *gleichmäßig auf dem System* $\mathcal{C}$ gegen die Verteilung $\mathbb{P}^{X_1}$ konvergiert. Mit anderen Worten: Gibt es eine Menge $\Omega_0 \in \mathcal{A}$ mit $\mathbb{P}(\Omega_0) = 1$ mit den Eigenschaften $\mathbb{P}(\Omega_0) = 1$ und

$$\lim_{n \to \infty} \sup_{B \in \mathcal{C}} \left| \widehat{P}_n^\omega(B) - \mathbb{P}^{X_1}(B) \right| = 0 \quad \text{für jedes } \omega \in \Omega_0? \tag{7.10}$$

Der Satz von Gliwenko–Cantelli besagt, dass (7.10) im Fall $d = 1$ und $\mathcal{C} := \{(-\infty, x] : x \in \mathbb{R}\}$ gilt. In der Tat gilt (7.10) für $\mathcal{C} = \{(-\infty, x] : x \in \mathbb{R}^d\}$, was bedeutet, dass der Satz von Gliwenko–Cantelli ohne jede Einschränkung an die Verteilung von X_1 in jeder Dimension d gültig bleibt. Setzt man voraus, dass die Verteilung von X_1 eine Dichte bezüglich des Borel–Lebesgue Maßes im $\mathbb{R}^d$ besitzt, so gilt (7.10) auch für das System $\mathcal{C}$ aller messbaren konvexen Mengen im $\mathbb{R}^d$ (siehe z. B. [GST], Kap. 3.).

Wir möchten dieses Kapitel mit einer grundlegenden Ungleichung beschließen, die auf Dvoretsky[2], Kiefer[3] und Wolfowitz[4] ([DKW]) zurückgeht und später verfeinert wurde (siehe ([MAS])). Nach dieser Ungleichung gilt in der Situation des Satzes von Gliwenko–Cantelli

$$\mathbb{P}\left(\sup_{x \in \mathbb{R}} \left| \widehat{F}_n(x) - F(x) \right| > t \right) \leq 2 \exp\left(-2nt^2 \right), \quad t > 0, \, n \in \mathbb{N}. \tag{7.11}$$

Es reicht, diese Ungleichung für den Fall zu beweisen, dass X_1 eine Gleichverteilung im Einheitsintervall besitzt (Aufgabe 7.2). Überlegen Sie sich auch, dass aus (7.11) der Satz von Gliwenko–Cantelli folgt (Aufgabe 7.3).

---

[2] Aryeh Dvoretsky (1916–2006), israelischer Mathematiker, ab 1951 Professor an der Hebräischen Universität Jerusalem. Dvoretsky war unter anderem leitender Wissenschaftler des israelischen Verteidigungsministeriums. Hauptarbeitsgebiete: Funktionalanalysis und Stochastik.

[3] Jack Kiefer (1924–1981), US-amerikanischer Statistiker, ab 1953 Professor an der Cornell University; kurz vor seinem Tod hatte er eine Professur an der University of California, Berkeley, angetreten. Kiefer war maßgeblich an der Entwicklung der optimalen statistischen Versuchsplanung beteiligt.

[4] Jacob Wolfowitz (1910–1981), aus Polen in die USA emigrierter Statistiker. Wolfowitz leistete bedeutende Beiträge u. a. zur nichtparametrischen Statistik (Minimum-Distanz-Schätzmethode), zu Sequentialverfahren, zur optimalen Versuchsplanung und zur Codierungstheorie.

Antworten zu den Selbstfragen

Antwort 1 Wegen der rechtsseitigen Stetigkeit von F und $\widehat{F}_n^\omega$ ($\omega \in \Omega$) gilt

$$\sup_{x \in \mathbb{R}} \left| \widehat{F}_n(x) - F(x) \right| = \sup_{x \in \mathbb{Q}} \left| \widehat{F}_n(x) - F(x) \right|.$$

Das Supremum abzählbar-vieler messbarer Funktionen ist messbar.

Antwort 2 Die rechte Ungleichung folgt aus der rechtsseitigen Stetigkeit von F. Für den Beweis der linken Ungleichung nehmen wir an, es gälte $F(F^{-1}(p-)) > p$. Dann gäbe es ein t mit $t < F^{-1}(p)$ und $F(t) > p$, also $t > F^{-1}(p)$, was ein Widerspruch wäre.

Antwort 3 Der Durchschnitt von abzählbar-unendlich vielen Mengen, die jeweils die Wahrscheinlichkeit eins besitzen, hat ebenfalls die Wahrscheinlichkeit eins. Dieser Sachverhalt folgt, wenn man zu Komplementen übergeht und die σ-Subadditivität von $\mathbb{P}$ verwendet.

Übungsaufgaben

Aufgabe 7.1 Zeigen Sie, dass im Beweis des Satzes von Gliwenko–Cantelli auch der Fall $x \geq x_{m,m-1}$ zur Ungleichung (7.9) führt.

Aufgabe 7.2 Zeigen Sie: Gilt die Ungleichung (7.11), wenn F die Verteilungsfunktion der Gleichverteilung auf $[0, 1]$ ist, so gilt sie für jede Verteilungsfunktion F.
   Hinweis: Quantiltransformation.

Aufgabe 7.3 Zeigen Sie, dass aus der Ungleichung (7.11) der Satz von Gliwenko–Cantelli folgt.

Aufgabe 7.4 Es sei $X_1, X_2, \ldots$ eine u.i.v.-Folge von Zufallsvariablen mit Verteilungsfunktion F. Weiter sei $B_n(x) := \sqrt{n}\big(\widehat{F}_n(x) - F(x)\big)$, $x \in \mathbb{R}$. Zeigen Sie: Für jedes $k \geq 1$ und jede Wahl von $x_1, \ldots, x_k \in \mathbb{R}$ gilt

$$\begin{pmatrix} B_n(x_1) \\ \vdots \\ B_n(x_k) \end{pmatrix} \xrightarrow{\mathcal{D}} \mathrm{N}_k\left(0_k, \Sigma\right),$$

wobei $\Sigma = (\sigma_{ij})_{1 \leq i,j \leq k}$ und $\sigma_{ij} = F\big(\min(x_i, x_j)\big) - F(x_i)F(x_j)$, $1 \leq i, j \leq k$.

In diesem Kapitel geht es um eine Klasse von Zufallsvariablen, die seit einer bahnbrechenden Arbeit von W. Hoeffding[1] aus dem Jahr 1948 [HOE] als U-*Statistiken* bezeichnet werden. Der Buchstabe „U" steht dabei für das englische Wort *unbiased,* was dem deutschen Begriff *unverzerrt* entspricht. U-Statistiken sind nämlich unverzerrte oder – was gleichbedeutend damit ist – *erwartungstreue* Schätzer, und wir werden gleich sehen, was genau sie schätzen. Über U-Statistiken gibt es eine umfangreiche Literatur, zu der unter anderem die Monographien [LEE] und [KOB] gehören. Wir konzentrieren uns im Folgenden auf Grenzverteilungen für sogenannte *nicht-ausgeartete* sowie für *einfach-entartete* U-Statistiken und auf einen zentralen Grenzwertsatz für Zwei-Stichproben-U-Statistiken. Für weitere Grenzwertsätze wie etwa das starke Gesetz großer Zahlen oder auch die Hoeffding-Zerlegung sei auf die oben angegebene Literatur verwiesen.

Um den Begriff einer U-Statistik einzuführen seien $X_1, X_2, \ldots$ auf einem gemeinsamen Wahrscheinlichkeitsraum $(\Omega, \mathcal{A}, \mathbb{P})$ definierte stochastisch unabhängige und identisch verteilte d-dimensionale Zufallsvektoren. Die Verteilungsfunktion von X_1 sei mit F bezeichnet. Weiter seien k eine natürliche Zahl und $h : (\mathbb{R}^d)^k \to \mathbb{R}$ eine messbare und *symmetrische* Funktion. Dabei steht $(\mathbb{R}^d)^k$ für das k-fache kartesische Produkt des $\mathbb{R}^d$. Die Symmetrieeigenschaft bedeutet, dass die Funktion h invariant gegenüber Permutationen ihrer k Argumente ist.

8.1 Definition (U-Statistik der Ordnung k mit Kern h)

Die Zufallsvariable

$$U_n := U_n(X_1, \ldots, X_n) := \frac{1}{\binom{n}{k}} \sum_{1 \le i_1 < \ldots < i_k \le n} h\left(X_{i_1}, \ldots, X_{i_k}\right) \qquad (8.1)$$

[1] Wassily Hoeffding (1914–1991), 1940 Promotion an der Berliner Universität, 1946 Auswanderung in die USA, ab 1947 Professor an der University of North Carolina, Chapel Hill. Hoeffding war einer der Begründer der nichtparametrischen Statistik.

© Der/die Autor(en), exklusiv lizenziert an Springer-Verlag GmbH, DE,
ein Teil von Springer Nature 2022
N. Henze, *Asymptotische Stochastik: Eine Einführung mit Blick auf die Statistik*,
https://doi.org/10.1007/978-3-662-65611-2_8

heißt *(Ein-Stichproben-)* U-*Statistik der Ordnung k mit Kern h*. Dabei ist $n \geq k$ vorausgesetzt.

Da die Anzahl der Summanden in (8.1) gleich $\binom{n}{k}$ ist, mittelt eine U-Statistik die Werte $h(X_{i_1}, \ldots, X_{i_k})$ über alle Auswahlen von k der Zufallsvariablen $X_1, \ldots, X_n$. Wir treffen die Grundannahme, dass das zweite Moment des Kerns h existiert, d. h., es gelte

$$\mathbb{E}_F\left(h^2\right) = \mathbb{E}_F\left(h^2(X_1, \ldots, X_k)\right) < \infty.$$

Dabei haben wir durch Indizierung des Erwartungswertes mit F dessen Abhängigkeit von der in statistischen Anwendungen unbekannten Verteilungsfunktion hervorgehoben. Setzen wir $\mathcal{F} := \{F : F$ Verteilungsfunktion auf $\mathbb{R}^d$ und $\mathbb{E}_F(h^2) < \infty\}$ sowie

$$\vartheta := \vartheta(F) := \mathbb{E}_F(h) = \mathbb{E}_F\left(h(X_1, \ldots, X_k)\right), \qquad F \in \mathcal{F}, \tag{8.2}$$

so gilt aus Symmetriegründen $\vartheta = \mathbb{E}_F(U_n)$, und somit ist die U-Statistik U_n ein erwartungstreuer Schätzer für ϑ. Nach (8.2) ist $\vartheta : \mathcal{F} \to \mathbb{R}$ eine auf einer gewissen Menge von Verteilungsfunktionen definierte reellwertige Funktion. Eine solche Funktion wird auch *statistisches Funktional* genannt. Genau genommen schätzt also eine U-Statistik ein statistisches Funktional. Da $\vartheta(F)$ einen gewissen, durch einen reellen Wert gegebenen interessierenden Aspekt („Parameter") der zugrundeliegenden Verteilung von X_1 beschreibt, spricht man oft salopp davon, dass die U-Statistik den Parameter ϑ schätzt.

Da wir $\mathbb{E}_F(h^2) < \infty$ vorausgesetzt haben, existiert auch die Varianz von U_n, auf die wir gleich eingehen werden. Zunächst seien jedoch einige Beispiele für U-Statistiken vorgestellt.

8.2 Beispiele

a) Ist $k = 1$, so ist $U_n = \frac{1}{n} \sum_{j=1}^n h(X_j)$ ein arithmetisches Mittel von unabhängigen und identisch verteilten Zufallsvariablen, und es gilt $\vartheta = \mathbb{E}_F\left(h(X_1)\right)$. In diesem Fall kann man den zentralen Grenzwertsatz von Lindeberg–Lévy anwenden, sodass das asymptotische Verhalten von U_n für $n \to \infty$ bekannt ist.

b) Es seien $k = 2$, $d = 1$ und $h(x_1, x_2) = \frac{1}{2}(x_1 - x_2)^2$. Hier gilt

$$U_n = \frac{1}{\binom{n}{2}} \sum_{1 \leq i < j \leq n} \frac{1}{2}(X_i - X_j)^2 = \frac{1}{n-1} \sum_{j=1}^n (X_j - \overline{X}_n)^2. \tag{8.3}$$

Diese U-Statistik ist also gleich der sogenannten *Stichprobenvarianz,* und der Parameter $\vartheta(F) = \mathbb{V}_F(X_1)$ beschreibt die Varianz der zugrundeliegenden Verteilung.

---

c) Im Fall $k = 2$, $d = 1$ und $h(x_1, x_2) := |x_1 - x_2|$ entsteht *Gini's mittlere absolute Differenz*[2]

$$U_n := \frac{1}{\binom{n}{2}} \sum_{1 \le i < j \le n} |X_i - X_j|.$$

Diese U-Statistik schätzt mit $\vartheta(F) = \mathbb{E}_F |X_1 - X_2|$ ein Maß für die Dispersion der zugrundeliegenden Verteilung. Gilt $X_1 \sim N(\mu, \sigma^2)$, so folgt $\vartheta(F) = 2\sigma/\sqrt{\pi}$.

d) Dieses Beispiel betrifft den Fall $d = k = 2$. Um nicht Doppelindizes einführen zu müssen, notieren wir die bivariaten Zufallsvektoren in der Form (X_1, Y_1), (X_2, Y_2), ... Die *Stichprobenkovarianz* von $(X_1, Y_1), \ldots, (X_n, Y_n)$ ist definiert durch

$$SP_n := \frac{1}{n-1} \sum_{j=1}^{n} (X_j - \overline{X}_n)(Y_j - \overline{Y}_n),$$

wobei $\overline{X}_n := n^{-1} \sum_{j=1}^{n} X_j$, $\overline{Y}_n := n^{-1} \sum_{j=1}^{n} Y_j$. Setzen wir

$$h\big((x_1, y_1), (x_2, y_2)\big) := \frac{1}{2}(x_1 - x_2)(y_1 - y_2), \qquad (x_1, y_1), (x_2, y_2) \in \mathbb{R}^2,$$

so gilt

$$U_n = \frac{1}{\binom{n}{2}} \sum_{1 \le i < j \le n} \frac{1}{2}(X_i - X_j)(Y_i - Y_j) = SP_n. \tag{8.4}$$

Die U-Statistik ist also in diesem Fall gleich der Stichprobenkovarianz, und mit der Schreibweise dF für $d\mathbb{P}^{X_1}$ ist das zugehörige *Kovarianzfunktional* gegeben durch

$$\text{Cov}_F(X_1, Y_1) = \int_{\mathbb{R}^2} \int_{\mathbb{R}^2} \frac{1}{2}(x_1 - x_2)(y_1 - y_2)\, dF(x_1, y_1)\, dF(x_2, y_2).$$

---

[2] Corrado Gini (1884–1965), italienischer Statistiker. Gini entwickelte u. a. den nach ihm benannten Gini-Koeffizienten, mit dem die Ungleichverteilung der Einkommen innerhalb einer Volkswirtschaft dargestellt werden kann.

d) Für das nächste Beispiel sind $d = 1$ und $k = 2$, und der Kern h ist die Indikatorfunktion $h(x_1, x_2) := \mathbf{1}\{x_1 + x_2 > 0\}$. Die betreffende, häufig als *Wilcoxon's*[3] *Ein-Stichproben-Statistik* bezeichnete U-Statistik besitzt die Gestalt

$$U_n = \frac{1}{\binom{n}{2}} \sum_{1 \le i < j \le n} \mathbf{1}\{X_i + X_j > 0\}.$$

Das zugehörige statistische Funktional ist $\vartheta(F) = \mathbb{P}_F(X_1 + X_2 > 0)$. Dabei wurde die Abhängigkeit von F durch Indizierung von $\mathbb{P}$ mit F kenntlich gemacht.

e) In diesem Beispiel geht es um den sogenannten τ-*Koeffizienten von Kendall*[4]. Hier ist $d = k = 2$, und der Kern ist mithilfe der Signum-Funktion für $(x_1, y_1), (x_2, y_2) \in \mathbb{R}^2$ durch

$$h\big((x_1, y_1), (x_2, y_2)\big) := \mathrm{sgn}\big((x_1 - x_2)(y_1 - y_2)\big)$$

definiert. Es gilt $h\big((x_1, y_1), (x_2, y_2)\big) > 0$ bzw. $h\big((x_1, y_1), (x_2, y_2)\big) < 0$ genau dann, wenn die Gerade, auf der die Punkte (x_1, y_1) und (x_2, y_2) liegen, eine positive bzw. eine negative Steigung besitzt. Im ersten Fall heißen beide Punkte *konkordant,* im zweiten *diskordant.* Wir nehmen an, dass $(X_1, Y_1), (X_2, Y_2), \ldots$ eine u.i.v.-Folge bivariater Zufallsvektoren („Zufallspunkte") mit gleicher Verteilungsfunktion F ist. Das *Diskordanzmaß* von Kendall ist durch $\tau(F) := \mathbb{E}_F[h\big((X_1, Y_1), (X_2, Y_2)\big)]$ definiert. Wir treffen ab jetzt die zusätzliche Annahme, dass F eine Lebesgue-Dichte besitzt. Damit folgt $\mathbb{P}_F(h\big((X_1, Y_1), (X_2, Y_2)\big) = 0) = 0$.

Selbstfrage 3 Warum gilt diese Gleichung, wenn F eine Dichte hat?

Die zum Kern h korrespondierende U-Statistik ist der *empirische τ-Koeffizient*

$$\tau_n := \frac{1}{\binom{n}{2}} \sum_{1 \le i < j \le n} \mathrm{sgn}\big((X_i - X_j)(Y_i - Y_j)\big). \qquad (8.5)$$

Er bildet die Differenz aus den relativen Anteilen der konkordanten bzw. diskordanten Punktepaare unter $(X_1, Y_1), \ldots, (X_n, Y_n)$ und nimmt aus diesem Grund nur Werte im Intervall $[-1, 1]$ an. Da sich der Wert von τ_n nicht ändert, wenn die Komponenten der beteiligten

---

[3] Frank Wilcoxon (1892–1965), US-amerikanischer Chemiker und Statistiker, 1924 Promotion in physikalischer Chemie an der Cornell University. Der nach ihm benannte Vorzeichen-Rangtest und der ebenfalls seinen Namen tragende Rangsummentest gehören zu den wichtigsten nichtparametrischen Testverfahren.

[4] Sir Maurice George Kendall (1907–1983), britischer Statistiker, u. a. bekannt durch sein dreibändiges Werk *The Advanced Theory of Statistics* (mit Alan Stuart), 1949–1961 Prof. an der London School of Economics, ab 1972 Direktor des *World Fertility Survey,* eines u. a. von den Vereinten Nationen unterstützten Projektes zur Untersuchung der Fruchtbarkeit in Industrie- und Entwicklungsländern.

Punkte in jeder Koordinate monoton wachsenden stetigen Transformationen unterworfen werden, ist τ_n ein sogenannter *Rangkorrelationskoeffizient*.

Im Folgenden schreiben wir oft kurz $\mathbb{E} = \mathbb{E}_F$, $\mathbb{V} = \mathbb{V}_F$, $\mathbb{P} = \mathbb{P}_F$ usw.

Um die Varianz von U_n in (8.1) herzuleiten, beachten wir die Gleichung $\mathbb{V}(U_n) = \mathrm{Cov}(U_n, U_n)$ und die Tatsache, dass die Kovarianzbildung $\mathrm{Cov}(\cdot, \cdot)$ eine bilineare Funktion ist. Zudem kommt es bei den Kovarianzen zwischen den einzelnen Summanden in (8.1) wegen der Symmetrie von h nur darauf an, wie viele Zufallsvariablen als Argumente des Kernes h jeweils gemeinsam auftreten. Hierzu definieren wir für jedes $c \in \{1, \ldots, k\}$

$$\sigma_c^2 := \mathrm{Cov}\big(h(X_1, \ldots, X_c, X_{c+1}, \ldots, X_k), h(X_1, \ldots, X_c, X_{k+1}, \ldots, X_{2k-c})\big). \qquad (8.6)$$

Mithilfe direkter Rechnung erhält man jetzt das folgende Resultat (Übungsaufgabe 8.1).

8.3 Satz (Varianz einer U-Statistik)
Es gilt

$$\mathbb{V}(U_n) = \frac{1}{\binom{n}{k}} \sum_{c=1}^{k} \binom{k}{c} \binom{n-k}{k-c} \sigma_c^2. \qquad (8.7)$$

Verwenden wir die übliche Notation $a_n \sim b_n :\Longleftrightarrow \lim_{n \to \infty} \frac{a_n}{b_n} = 1$ für asymptotische Gleichheit bei reellen Zahlenfolgen mit $b_n \neq 0$, $n \geq 1$, so gelten beim Grenzübergang $n \to \infty$

$$\binom{n}{k} \sim \frac{n^k}{k!}, \qquad \binom{n-k}{k-c} \sim \frac{n^{k-c}}{(k-c)!},$$

und somit ist der Faktor vor σ_c^2 in (8.7) bei diesem Grenzübergang von der Größenordnung $O(n^{-c})$. Im Fall $\sigma_1^2 > 0$ konvergiert $n\mathbb{V}(U_n)$ gegen $k^2 \sigma_1^2$, im Fall $0 = \sigma_1^2 < \sigma_2^2$ gilt $n^2 \mathbb{V}(U_n) \to 2\binom{k}{2}^2 \sigma_2^2$. Man nennt eine U-Statistik U_n *nicht-ausgeartet*, falls $\sigma_1^2 > 0$ gilt, und *einfach-entartet*, falls $0 = \sigma_1^2 < \sigma_2^2$ zutrifft. Wir werden die Asymptotik von U_n in jedem dieser beiden Fälle behandeln. Dabei wird sich der Fall einer einfach-entarteten U-Statistik als deutlich schwieriger, aber auch ungleich interessanter erweisen. Grundlegend für weitere Untersuchungen sind die für jedes $c \in \{1, \ldots, k-1\}$ durch die Festsetzung

$$h_c(x_1, \ldots, x_c) := \mathbb{E}\big[h(x_1, \ldots, x_c, X_{c+1}, \ldots, X_k)\big] \qquad (8.8)$$
$$= \mathbb{E}\big[h(X_1, \ldots, X_k)\big|X_1 = x_1, \ldots, X_c = x_c\big]$$

definierten Funktionen $h_c : (\mathbb{R}^d)^c \to \mathbb{R}$. Dazu definieren wir noch $h_k := h$.

Aufgrund von Eigenschaft 1.24 a) der bedingten Erwartung gilt

$$\mathbb{E}(h_c) = \mathbb{E}[h_c(X_1, \ldots, X_c)] = \vartheta = \mathbb{E}(h), \quad c \in \{1, \ldots, k\}. \qquad (8.9)$$

Mithilfe der Funktionen h_c erfahren die in (8.6) definierten Größen σ_c^2 eine weitere Bedeutung, die zudem die Bezeichnung „σ^2" – die ja üblicherweise für eine Varianz steht – rechtfertigt.

8.4 Lemma Es gilt $\sigma_c^2 = \mathbb{V}\big(h_c(X_1, \ldots, X_c)\big)$.

Beweis Nach Definition (8.6) von σ_c^2 und der Darstellung $\mathrm{Cov}(U, V) = \mathbb{E}(UV) - \mathbb{E}(U)\mathbb{E}(V)$ zweier Zufallsvariablen U und V sowie (8.9) gilt

$$\sigma_c^2 = \mathbb{E}\big[h(X_1, \ldots, X_k)h(X_1, \ldots, X_c, X_{k+1}, \ldots, X_{2k-c})\big] - \vartheta^2$$
$$= \mathbb{E}\Big[\mathbb{E}\big[h(X_1, \ldots, X_k)h(X_1, \ldots, X_c, X_{k+1}, \ldots, X_{2k-c})\big|X_1, \ldots, X_c\big]\Big] - \vartheta^2.$$

Dabei ergibt sich das zweite Gleichheitszeichen mit iterierter Erwartungswertbildung, vgl. Satz 1.24 a). Hält man die Zufallsvariablen $X_1, \ldots, X_c$ fest, so sind $h(X_1, \ldots, X_k)$ und $h(X_1, \ldots, X_c, X_{k+1}, \ldots, X_{2k-c})$ stochastisch unabhängig, und somit ist der obige bedingte Erwartungswert nach Definition der Funktion h_c gleich

$$\mathbb{E}\big[h(X_1, \ldots, X_k)\big|X_1, \ldots, X_c\big] \cdot \mathbb{E}\big[h(X_1, \ldots, X_c, X_{k+1}, \ldots, X_{2k-c})\big|X_1, \ldots, X_c\big]$$
$$= h_c(X_1, \ldots, X_c)h_c(X_1, \ldots, X_c).$$

Es folgt also $\sigma_c^2 = \mathbb{E}\big(h_c^2\big) - \big(\mathbb{E}(h_c)\big)^2 = \mathbb{V}(h_c)$.   ∎.

8.5 Beispiel (Fortsetzung von Beispiel 8.2 b))
Für den Kern $h(x_1, x_2) = \frac{1}{2}(x_1 - x_2)^2$ ergibt sich mit den Abkürzungen $\mu := \mathbb{E}(X_1)$ und $\mu_r := \mathbb{E}\big[(X_1 - \mu)^r\big]$, $r \in \{2, 4\}$, die Darstellung

$$h_1(x_1) = \mathbb{E}\Big[\tfrac{1}{2}(x_1 - X_2)^2\Big] = \tfrac{1}{2}\mathbb{E}\big[(X_2 - \mu + \mu - x_1)^2\big] = \tfrac{1}{2}\big(\mu_2 + (\mu - x_1)^2\big)$$

und damit

$$\sigma_1^2 = \mathbb{V}\big(\tfrac{1}{2}\big(\mu_2 + (X_1 - \mu)^2\big)\big) = \tfrac{1}{4}\big(\mu_4 - \mu_2^2\big),$$
$$\sigma_2^2 = \mathbb{V}\big(\tfrac{1}{2}(X_1 - X_2)^2\big) = \tfrac{1}{2}\big(\mu_4 + \mu_2^2\big). \tag{8.10}$$

Selbstfrage 4 Warum gilt in (8.10) das zweite Gleichheitszeichen?

Mit Satz 8.3 und (8.3) sowie direkter Rechnung folgt für die Stichprobenvarianz

$$S_n^2 = \frac{1}{n-1}\sum_{j=1}^{n}\big(X_j - \overline{X}_n\big)^2 :$$

$$\mathbb{V}(S_n^2) = \frac{2}{n(n-1)} \left[\binom{2}{1} \binom{n-2}{2-1} \sigma_1^2 + \binom{2}{2} \binom{n-2}{2-2} \sigma_2^2 \right]$$

$$= \frac{1}{n} \left(\mu_4 - \frac{n-3}{n-1} \mu_2^2 \right).$$

Die Varianz der Stichprobenvarianz hängt also entscheidend vom vierten zentralen Moment μ_4 der zugrundeliegenden Verteilung ab. Man beachte, dass dieses Moment wegen der Annahme $\mathbb{E}(h^2) < \infty$ existiert.

Wir werden jetzt sehen, dass eine nicht-ausgeartete U-Statistik U_n einem zentralen Grenzwertsatz genügt, also nach Standardisierung beim Grenzübergang $n \to \infty$ asymptotisch $N(0, 1)$-verteilt ist. Da im Fall $k \geq 2$ die Summanden $h(X_{i_1}, \dots, X_{i_k})$ in (8.1) zwar identisch verteilt, aber in ihrer Gesamtheit nicht stochastisch unabhängig sind, kann zu diesem Zweck der zentrale Grenzwertsatz von Lindeberg–Lévy nicht angewendet werden. Zum Ziel führt hier die auf W. Hoeffding (siehe [HOE]) zurückgehende Idee, U_n hinreichend gut durch eine Zufallsvariable zu approximieren, für die ein zentraler Grenzwertsatz gilt. Die folgende Namensgebung rührt daher, dass diese Idee in einem allgemeineren Rahmen von J. Hájek[5] in der Arbeit [HAJ] vorgestellt wurde. Das sogenannte *Projektions-Lemma* von Hájek findet sich als Aufgabe 8.4.

8.6 Definition (Hájek-Projektion)
Ist U_n eine U-Statistik wie in (8.1), so heißt

$$\tilde{U}_n := \sum_{j=1}^{n} \mathbb{E}[U_n | X_j] - (n-1)\vartheta \tag{8.11}$$

die *Hájek-Projektion von U_n*.

Da nach dem Faktorisierungssatz für bedingte Erwartungen (Satz 1.25) die Zufallsvariable $\mathbb{E}[U_n | X_j]$ eine messbare Funktion von X_j ist, ist die Hájek-Projektion $\tilde{U}_n$ bis auf den Term $(n-1)\vartheta$ eine Summe unabhängiger und identisch verteilter Zufallsvariablen. Wegen $\vartheta = \mathbb{E}(U_n) = \mathbb{E}(\mathbb{E}[U_n | X_j])$ tritt in (8.11) der Subtrahend $(n-1)\vartheta$ auf, weil dadurch die Gleichheit $\mathbb{E}(U_n) = \mathbb{E}(\tilde{U}_n) = \vartheta$ der Erwartungswerte von U_n und $\tilde{U}_n$ sichergestellt wird. Da zudem für jedes $j \in \{1, \dots, n\}$ die bedingte Erwartung $\mathbb{E}[U_n | X_j]$ die bestmögliche Approximation im quadratischen Mittel von U_n durch eine messbare Funktion von X_j liefert (siehe z. B. [HE1], S. 173), können wir hoffen, dass $\tilde{U}_n$ für unsere Zwecke in der Tat eine hinreichend gute Approximation von U_n darstellt. Teil c) des nachfolgenden Hilfssatzes zeigt, dass diese Hoffnung erfüllt wird.

---

[5] Jaroslav Hájek (1926–1974), tschechischer Mathematiker, ab 1946 Professor für Wahrscheinlichkeitstheorie und Statistik an der Karls-Universität Prag. Hauptarbeitsgebiete: Stichprobentheorie sowie theoretische und nichtparametrische Statistik. 1967 erschien sein zusammen mit Z. Šidák verfasstes einflussreiches Buch *Theory of Rank Tests*.

8.7 Lemma Für die Hájek-Projektion $\widetilde{U}_n$ von U_n gelten:

a) $\widetilde{U}_n = \dfrac{k}{n} \displaystyle\sum_{j=1}^{n} \left(h_1(X_j) - \vartheta\right) + \vartheta,$

b) $\mathbb{E}\left(U_n - \widetilde{U}_n\right)^2 = \sigma_1^2 \left\{ k \dfrac{\binom{n-k}{k-1}}{\binom{n}{k}} - \dfrac{k^2}{n} \right\} + \dfrac{1}{\binom{n}{k}} \displaystyle\sum_{c=2}^{k} \binom{k}{c}\binom{n-k}{k-c} \sigma_c^2,$

c) $\mathbb{E}\left(U_n - \widetilde{U}_n\right)^2 = O\!\left(\dfrac{1}{n^2}\right)$ bei $n \to \infty$.

Beweis

a) Setzen wir für eine k-elementige Teilmenge $A = \{i_1, \ldots, i_k\}$ von $\{1, \ldots, n\}$ kurz $h_A := h(X_{i_1}, \ldots, X_{i_k})$, so folgt mit Eigenschaft 1.24 c) der bedingten Erwartung

$$\mathbb{E}[U_n | X_j] = \frac{1}{\binom{n}{k}} \sum_{A:|A|=k} \mathbb{E}\left[h_A | X_j\right].$$

Es gelten $\mathbb{E}[h_A | X_j] = \vartheta$, falls $j \notin A$, und $\mathbb{E}[h_A | X_j] = h_1(X_j)$, falls $j \in A$.

Selbstfrage 5 Warum gelten die beiden letzten Gleichungen?

Zählt man, wie oft diese beiden Fälle auftreten, so ergibt sich

$$\mathbb{E}[U_n | X_j] = \frac{1}{\binom{n}{k}} \left[\binom{n-1}{k-1} h_1(X_j) + \binom{n-1}{k} \vartheta \right] = \frac{k}{n} h_1(X_j) + \frac{n-k}{n} \vartheta.$$

b) Wegen $\mathbb{E}(U_n) = \mathbb{E}(\widetilde{U}_n)$ sei ohne Beschränkung der Allgemeinheit $\vartheta = 0$ angenommen. Damit gilt

$$\mathbb{E}\left(U_n - \widetilde{U}_n\right)^2 = \mathbb{V}(U_n) + \mathbb{V}(\widetilde{U}_n) - 2\mathbb{E}(U_n \widetilde{U}_n)$$

$$= \frac{1}{\binom{n}{k}} \sum_{c=1}^{k} \binom{k}{c}\binom{n-k}{k-c} \sigma_c^2 + \frac{k^2}{n^2} n\, \sigma_1^2$$

$$- 2 \frac{k}{n} \frac{1}{\binom{n}{k}} \sum_{A:|A|=k} \sum_{j=1}^{n} \mathbb{E}\left[h_A h_1(X_j)\right]. \tag{8.12}$$

Für den in (8.12) stehenden Erwartungswert unterscheiden wir die beiden Fälle $j \notin A$ und $j \in A$. Im ersten Fall sind h_A und $h_1(X_j)$ unabhängig, sodass dieser Erwartungswert wegen der Annahme $\vartheta = 0$ verschwindet. Gilt $j \in A$, so können wir aus Symmetriegründen $j = 1$ und $A = \{1, \ldots, k\}$ annehmen. Damit folgt

$$\mathbb{E}\left[h_A h_1(X_j)\right] = \mathbb{E}\left[h(X_1, \ldots, X_k)h_1(X_1)\right]$$
$$= \mathbb{E}\left[\mathbb{E}\left[h(X_1, \ldots, X_k)h_1(X_1)|X_1\right]\right]$$
$$= \mathbb{E}\left[h_1(X_1)\mathbb{E}\left[h(X_1, \ldots, X_k)|X_1\right]\right]$$
$$= \mathbb{E}\left[h_1(X_1)h_1(X_1)\right]$$
$$= \mathbb{V}(h_1(X_1)) = \sigma_1^2.$$

Dabei haben wir beim dritten Gleichheitszeichen Eigenschaft 1.24 d) für bedingte Erwartungen verwendet. Somit folgt $\sum_{j=1}^{n} \mathbb{E}[h_A h_1(X_j)] = k\sigma_1^2$, und der in (8.12) stehende Ausdruck wird zu $-2k^2\sigma_1^2/n$. Es ergibt sich

$$\mathbb{E}(U_n - \tilde{U}_n)^2 = \frac{1}{\binom{n}{k}}\sum_{c=1}^{k}\binom{k}{c}\binom{n-k}{k-c}\sigma_c^2 - \frac{k^2}{n^2}\,n\,\sigma_1^2,$$

und die in b) angegebene Darstellung folgt durch Separieren der beiden σ_1^2 enthaltenden Terme und Ausklammern von σ_1^2.

c): Der in b) nach der geschweiften Klammer stehende Ausdruck ist wegen $c \geq 2$ beim Grenzübergang $n \to \infty$ von der Größenordnung $O\left(\frac{1}{n^2}\right)$. Der erste Summand ist gleich

$$\sigma_1^2 \frac{k^2}{n}\left\{\frac{\binom{n-k}{k-1}}{\binom{n-1}{k-1}} - 1\right\},$$

und die geschweifte Klammer ist von der Ordnung $O\left(\frac{1}{n}\right)$ für $n \to \infty$. ∎

Selbstfrage 6 Warum ist die geschweifte Klammer von der Ordnung $O\left(\frac{1}{n}\right)$?

Das angekündigte Hauptresultat für nicht-ausgeartete U-Statistiken lautet wie folgt:

8.8 Satz (Zentraler Grenzwertsatz für nicht-ausgeartete U-Statistiken)
Ist U_n eine nichtausgeartete U-Statistik, d. h., gilt $\sigma_1^2 > 0$, so folgt

$$\sqrt{n}(U_n - \vartheta) \xrightarrow{\mathcal{D}} \mathrm{N}\left(0, k^2\sigma_1^2\right) \quad \text{für } n \to \infty.$$

Beweis Mit $R_n := \sqrt{n}(U_n - \tilde{U}_n)$ ergibt sich

$$\sqrt{n}\,(U_n - \vartheta) = \sqrt{n}(\tilde{U}_n - \vartheta) + R_n.$$

Nach Lemma 8.7 c) gilt $\mathbb{E}(R_n^2) \to 0$ und somit $R_n \xrightarrow{\mathbb{P}} 0$. Setzen wir $Y_j := k(h_1(X_j) - \vartheta)$, so sind $Y_1, \ldots, Y_n$ unabhängige und identisch verteilte Zufallsvariablen mit $\mathbb{E}(Y_1) = 0$ und

$\mathbb{V}(Y_1) = k^2 \sigma_1^2$. Der zentrale Grenzwertsatz von Lindeberg–Lévy ergibt

$$\sqrt{n}(\tilde{U}_n - \vartheta) = \frac{1}{\sqrt{n}} \sum_{j=1}^{n} Y_j \xrightarrow{\mathcal{D}} \mathrm{N}(0, k^2 \sigma_1^2),$$

und die Behauptung folgt mit dem Lemma von Slutsky.   ∎

8.9 Beispiel (Fortsetzung von Beispiel 8.2 b))

In Beispiel 8.5 haben wir für den mit der Stichprobenvarianz $S_n^2 = \frac{1}{n-1} \sum_{j=1}^{n} (X_j - \overline{X}_n)^2$ assoziierten Kern $h(x_1, x_2) = \frac{1}{2}(x_1 - x_2)^2$ mit $\mu := \mathbb{E}(X_1), \mu_r := \mathbb{E}[(X_1 - \mu)^r], r \in \{2, 4\}$, die Darstellungen

$$h_1(x_1) = \frac{1}{2}\big(\mu_2 + (\mu - x_1)^2\big), \quad \sigma_1^2 = \frac{1}{4}\big(\mu_4 - \mu_2^2\big)$$

erhalten. Um den zentralen Grenzwertsatz anwenden zu können, muss die Gültigkeit der Voraussetzung $\sigma_1^2 > 0$ geprüft werden. Wegen $\mu_4 - \mu_2^2 = \mathbb{V}[(X_1 - \mu)^2]$ ist σ_1^2 genau dann gleich null, wenn es ein $c \geq 0$ mit $\mathbb{P}(X_1 \in \{\mu + \sqrt{c}, \mu - \sqrt{c}\}) = 1$ gibt. Schließen wir diesen Fall aus, so folgt wegen $\mu_2 = \sigma^2$ mit Satz 8.8 für die Stichprobenvarianz S_n^2 beim Grenzübergang $n \to \infty$ die Verteilungskonvergenz

$$\sqrt{n}\big(S_n^2 - \sigma^2\big) \xrightarrow{\mathcal{D}} \mathrm{N}(0, \mu_4 - \sigma^4). \tag{8.13}$$

8.10 Beispiel (Fortsetzung von Beispiel 8.2 d))

Für den durch $h(x_1, x_2) = \mathbf{1}\{x_1 + x_2 > 0\}$ definierten Kern gilt

$$h_1(x_1) = \mathbb{E}\big(\mathbf{1}\{x_1 + X_2 > 0\}\big) = \mathbb{P}(X_2 > -x_1) = 1 - F(-x_1)$$

und somit $\sigma_1^2 = \mathbb{V}\big(1 - F(-X_1)\big) = \mathbb{V}\big(F(-X_1)\big)$. Ist die Verteilungsfunktion F stetig, und ist die Verteilung von X_1 symmetrisch um 0, d. h., gilt $X_1 \overset{\mathcal{D}}{=} -X_1$, so folgt

$$F(-X_1) \overset{\mathcal{D}}{=} F(X_1) \overset{\mathcal{D}}{=} \mathrm{U}(0, 1). \tag{8.14}$$

Dabei bezeichnet $\mathrm{U}(0, 1)$ die Gleichverteilung auf $(0, 1)$.

Selbstfrage 7 Warum gilt die zweite Verteilungsgleichheit in (8.14)?

Es folgt $\sigma_1^2 = \mathbb{V}\big(\mathrm{U}(0, 1)\big) = \frac{1}{12}$, und der zentrale Grenzwertsatz 8.8 liefert somit

$$\sqrt{n}\left(\frac{1}{\binom{n}{2}} \sum_{1 \leq i < j \leq n} \mathbf{1}\{X_i + X_j > 0\} - \frac{1}{2}\right) \xrightarrow{\mathcal{D}} \mathrm{N}\left(0, \frac{1}{3}\right).$$

Wir untersuchen jetzt den Fall, dass die U-Statistik U_n in (8.1) einfach-entartet ist, d.h., wir machen die Annahme $0 = \sigma_1^2 < \sigma_2^2$. Aus (8.7) folgt dann

$$\mathbb{V}(U_n) = \frac{1}{\binom{n}{k}} \binom{k}{2} \binom{n-k}{k-2} \sigma_2^2 + O\left(\frac{1}{n^3}\right)$$

$$= \frac{2\binom{k}{2}^2}{n^2} \sigma_2^2 + O\left(\frac{1}{n^3}\right)$$

und somit

$$\lim_{n\to\infty} \mathbb{V}\big(n(U_n - \vartheta)\big) = 2\binom{k}{2}^2 \sigma_2^2,$$

also insbesondere die Straffheit der Folge $\big(n(U_n - \vartheta)\big)$. Wir können also die Vermutung aufstellen, dass $n(U_n - \vartheta)$ für $n \to \infty$ eine nichtausgeartete Grenzverteilung besitzt. Wie eine solche Grenzverteilung von der Struktur her aussehen könnte, zeigt das folgende Beispiel.

8.11 Beispiel Es seien $s \geq 1$ und

$$h(x_1, x_2) := \sum_{\ell=1}^{s} \lambda_\ell \varphi_\ell(x_1) \varphi_\ell(x_2) \tag{8.15}$$

mit messbaren Funktionen $\varphi_1, \ldots, \varphi_s : \mathbb{R}^d \to \mathbb{R}$ sowie von null verschiedenen reellen Zahlen $\lambda_1, \ldots, \lambda_s$. Weiter gelte

$$\mathbb{E}\big[\varphi_\ell(X_1)\big] = 0, \quad \mathbb{E}\big[\varphi_\ell^2(X_1)\big] = 1, \tag{8.16}$$

$$\mathbb{E}\big[\varphi_\ell(X_1)\varphi_m(X_1)\big] = \delta_{\ell,m}, \quad \ell, m \in \{1, \ldots, s\}. \tag{8.17}$$

Es folgt

$$U_n = \frac{1}{\binom{n}{2}} \sum_{1 \leq i < j \leq n} \sum_{\ell=1}^{s} \lambda_\ell \varphi_\ell(X_i)\varphi_\ell(X_j) = \sum_{\ell=1}^{s} \lambda_\ell \frac{1}{\binom{n}{2}} \frac{1}{2} \sum_{1 \leq i \neq j \leq n} \varphi_\ell(X_i)\varphi_\ell(X_j)$$

$$= \sum_{\ell=1}^{s} \lambda_\ell \frac{1}{\binom{n}{2}} \frac{1}{2} \left\{ \left(\sum_{j=1}^{n} \varphi_\ell(X_j) \right)^2 - \sum_{j=1}^{n} \varphi_\ell^2(X_j) \right\}$$

und somit

$$nU_n = \sum_{\ell=1}^{s} \lambda_\ell \frac{n}{n-1} \left\{ \left(\frac{1}{\sqrt{n}} \sum_{j=1}^{n} \varphi_\ell(X_j) \right)^2 - \frac{1}{n} \sum_{j=1}^{n} \varphi_\ell^2(X_j) \right\}.$$

Nach dem starken Gesetz großer Zahlen (Satz 1.2) gilt

$$\frac{1}{n} \sum_{j=1}^{n} \varphi_\ell^2(X_j) \xrightarrow{\text{f.s.}} \mathbb{E}\big[\varphi_\ell^2(X_1)\big] = 1.$$

Sind $N_1, \ldots, N_s$ stochastisch unabhängige und je N(0, 1)-verteilte Zufallsvariablen, so liefert der multivariate zentrale Grenzwertsatz (Satz 6.1)

$$\frac{1}{\sqrt{n}} \sum_{j=1}^{n} \begin{pmatrix} \varphi_1(X_j) \\ \vdots \\ \varphi_s(X_j) \end{pmatrix} \xrightarrow{\mathcal{D}} N_s(0_s, I_s) \sim \begin{pmatrix} N_1 \\ \vdots \\ N_s \end{pmatrix}.$$

Mit dem Abbildungssatz und dem Lemma von Slutsky folgt jetzt

$$n U_n \xrightarrow{\mathcal{D}} \sum_{\ell=1}^{s} \lambda_\ell \left(N_\ell^2 - 1\right) \quad \text{für } n \to \infty. \tag{8.18}$$

Die Grenzverteilung von $n U_n$ ist also bis auf die Zentrierung der N_j^2 eine gewichtete Summe von χ_1^2-verteilten Zufallsvariablen und damit von der Struktur her deutlich anders als im nicht-ausgearteten Fall, in dem ja $\sqrt{n}(U_n - \vartheta)$ asymptotisch normalverteilt ist.

Um eine Grenzverteilung für $n(U_n - \vartheta)$ zu erhalten, gehen wir in zwei Schritten vor. Zunächst approximieren wir einen allgemeinen Kern h, dessen Ordnung k beliebig groß sein kann, so gut durch einen Kern $\widehat{h}$ *der Ordnung* 2, dass für eine auf $\widehat{h}$ gründende, noch zu definierende und mit $\widehat{U}_n$ bezeichnete Zufallsvariable (die nach Subtraktion von ϑ eine U-Statistik darstellt) sowohl $\mathbb{E}\big(\widehat{U}_n\big) = \vartheta$ als auch $n(U_n - \widehat{U}_n) = o_\mathbb{P}(1)$ gelten. Damit hätten $n(U_n - \vartheta)$ und $n(\widehat{U}_n - \vartheta)$ für $n \to \infty$ dieselbe Grenzverteilung (falls eine solche überhaupt existiert). In einem zweiten Schritt wird dann der Kern $\widehat{h}$ unter Verwendung funktionalanalytischer Hilfsmittel durch einen Kern der Gestalt (8.15) approximiert.

Die Idee der ersten Approximation besteht darin, nicht wie bei der Hájek-Projektion die bedingten Erwartungen $\mathbb{E}[U_n|X_j]$ bezüglich jeweils *einer* der Zufallsvariablen $X_1, \ldots, X_n$ zu bilden, sondern eine bestmögliche Approximation im quadratischen Mittel bezüglich Funktionen von *je zwei* der Zufallsvariablen anzustreben, also die bedingten Erwartungen $\mathbb{E}[U_n|X_i, X_j]$ zu verwenden. Man beachte, dass $\mathbb{E}[U_n|X_i, X_j]$ nach dem Faktorisierungssatz für bedingte Erwartungen (Satz 1.25) eine messbare Funktion von X_i und X_j ist.

Der obige Ansatz führt auf die durch

$$\widehat{U}_n := \sum_{1 \le i < j \le n} \mathbb{E}\big[U_n|X_i, X_j\big] - \binom{n}{2}\vartheta + \vartheta \tag{8.19}$$

definierte Zufallsvariable $\widehat{U}_n$. Wegen $\mathbb{E}\big[\mathbb{E}[U_n|X_i, X_j]\big] = \vartheta$ und der Tatsache, dass die obige Summe $\binom{n}{2}$ Summanden besitzt, gilt $\mathbb{E}(\widehat{U}_n) = \vartheta$. Das folgende Ergebnis zeigt, dass die Verbindung von U_n mit $\widehat{U}_n$ über die in (8.8) definierte Funktion h_2 hergestellt wird. Außerdem wird die Güte der Approximation von U_n durch $\widehat{U}_n$ präzisiert.

8.12 Lemma Für die in (8.19) definierte Zufallsvariable $\widehat{U}_n$ gelten:

a) $\widehat{U}_n - \vartheta = \dfrac{1}{\binom{n}{2}}\binom{k}{2}\displaystyle\sum_{1 \leq i < j \leq n}\left(h_2(X_i, X_j) - \vartheta\right),$

b) $\mathbb{E}\left(U_n - \widehat{U}_n\right)^2 = O\left(\dfrac{1}{n^3}\right)$ bei $n \to \infty$.

Beweis Mit der Abkürzung $h_A := h(X_{i_1}, \ldots, X_{i_k})$ für eine k-elementige Teilmenge $A = \{i_1, \ldots, i_k\}$ von $\{1, \ldots, n\}$ erhalten wir

$$\mathbb{E}\left[U_n | X_i, X_j\right] = \frac{1}{\binom{n}{k}}\sum_{A:|A|=k}\mathbb{E}\left[h_A | X_i, X_j\right].$$

Aus Symmetriegründen und nach Definition der Funktionen h_1 und h_2 gilt weiter

$$\mathbb{E}\left[h_A | X_i, X_j\right] = \begin{cases} \vartheta, & \text{falls } \{i, j\} \cap A = \emptyset, \\ h_1(X_j), & \text{falls } i \notin A, \; j \in A, \\ h_1(X_i), & \text{falls } i \in A, \; j \notin A, \\ h_2(X_i, X_j), & \text{falls } \{i, j\} \subset A. \end{cases}$$

Da U_n einfach-entartet ist, gilt $0 = \sigma_1^2 = \mathbb{V}\left(h_1(X_1)\right)$, und mit $\vartheta = \mathbb{E}\left(h_1(X_1)\right)$ folgt dann

$$\mathbb{E}\left[h_A | X_i, X_j\right] = \begin{cases} \vartheta, & \text{falls } |\{i, j\} \cap A| \leq 1, \\ h_2(X_i, X_j), & \text{sonst.} \end{cases}$$

Hieraus ergibt sich a) durch direkte Rechnung.

Selbstfrage 8 Welche Gestalt besitzt $\mathbb{E}[U_n | X_i, X_j]$?

b): Da U_n und $\widehat{U}_n$ den gleichen Erwartungswert haben, nehmen wir ohne Beschränkung der Allgemeinheit an, dass $\vartheta = 0$ gilt. Damit folgt $\mathbb{E}(U_n - \widehat{U}_n)^2 = \mathbb{V}(U_n) + \mathbb{V}(\widehat{U}_n) - 2\mathbb{E}(U_n\widehat{U}_n)$. Die Varianz von U_n ist durch (8.7) gegeben, Um die Varianz von $\widehat{U}_n$ zu bestimmen, verwenden wir die in Lemma 8.12 a) angegebene Darstellung sowie die Formel $\mathbb{V}(\widehat{U}_n) = \mathrm{Cov}(\widehat{U}_n, \widehat{U}_n)$. Nach Ausnutzen der Bilinearität der Kovarianzbildung und der Symmetrie von h ist man mit dem Erwartungswert $\mathbb{E}[h_2(X_1, X_2)h_2(X_1, X_3)]$ konfrontiert. Für diesen gilt

$$\begin{aligned} \mathbb{E}\left[h_2(X_1, X_2)h_2(X_1, X_3)\right] &= \mathbb{E}\left[\mathbb{E}\left[h_2(X_1, X_2)h_2(X_1, X_3)|X_1\right]\right] &(8.20)\\ &= \mathbb{E}\left[\left(\mathbb{E}\left[h_2(X_1, X_2)|X_1\right]\right)^2\right] = \mathbb{E}\left[\left(h_1(X_1)\right)^2\right] \\ &= \mathbb{V}\left(h_1(X_1)\right) = \sigma_1^2 = 0. \end{aligned}$$

Wegen $\mathbb{V}(h_2(X_1, X_2)) = \sigma_2^2$ erhalten wir

$$\mathbb{V}(\widehat{U}_n) = \frac{\binom{k}{2}^2}{\binom{n}{2}}\sigma_2^2.$$

Weiter gilt

$$\mathbb{E}(2U_n\widehat{U}_n) = \frac{2\binom{k}{2}}{\binom{n}{k}\binom{n}{2}}\sum_{A:|A|=k}\sum_{1\le i<j\le n}\mathbb{E}\big[h_A h_2(X_i, X_j)\big].$$

Aufgrund der Annahme $\vartheta = 0$ sind die rechts stehenden Erwartungswerte gleich null bzw. gleich σ_2^2 je nachdem, ob $|\{i, j\} \cap A| \le 1$ oder $|\{i, j\} \cap A| = 2$ gilt. Da man zu jeder k-elementigen Menge $A \subset \{1, \ldots, n\}$ auf $\binom{k}{2}$ Weisen zweielementige Teilmengen bilden kann, folgt

$$\mathbb{E}(2U_n\widehat{U}_n) = 2\frac{\binom{k}{2}^2}{\binom{n}{k}\binom{n}{2}}\sigma_2^2,$$

und die Behauptung ergibt sich durch direkte Rechnung.   ∎

Nach Lemma 8.12 b) gilt $\mathbb{E}\big[\big(n(U_n - \widehat{U}_n)\big)^2\big] \to 0$ und somit $n(U_n - \widehat{U}_n) \xrightarrow{\mathbb{P}} 0$. Wegen

$$n(U_n - \vartheta) = n(\widehat{U}_n - \vartheta) + n(U_n - \widehat{U}_n) \tag{8.21}$$

müssen wir also versuchen, eine Limesverteilung für $n(\widehat{U}_n - \vartheta)$ zu erhalten. Für alle weiteren Überlegungen setzen wir

$$\mathbb{K} := h_2 - \vartheta \tag{8.22}$$

für den aus h_2 hervorgehenden *zentrierten* Kern, d. h., es gilt

$$\mathbb{E}[\mathbb{K}(X_1, X_2)] = 0. \tag{8.23}$$

Nach Lemma 8.12 a) und wegen der Symmetrie des Kerns $\mathbb{K}$ besitzt die Zufallsvariable $n(\widehat{U}_n - \vartheta)$ die Gestalt

$$n(\widehat{U}_n - \vartheta) = \binom{k}{2}\frac{1}{n-1}\sum_{1\le j\neq\ell\le n}\mathbb{K}(X_j, X_\ell). \tag{8.24}$$

Um weiterzukommen, benötigen wir einige Resultate aus der Funktionalanalysis. Für Hintergrundinformationen sei hier etwa auf [WER] oder [ALT] verwiesen. Wir setzen wieder $\mathrm{d}F := \mathrm{d}\mathbb{P}^{X_1}$ und betrachten den separablen Hilbertraum $\mathrm{L}^2 := \mathrm{L}^2(\mathbb{R}^d, \mathcal{B}^d, \mathrm{d}F)$ der bezüglich $\mathrm{d}F$ quadratisch integrierbaren reellen Funktionen auf $\mathbb{R}^d$ mit dem Skalarprodukt

$$\langle f, g\rangle_{L^2} := \int fg\,\mathrm{d}F := \int f(x)g(x)\,\mathrm{d}F(x)$$

und der Norm $\|g\|_{L^2} := \left(\langle g, g \rangle_{L^2}\right)^{1/2}$. Dabei erstreckt sich jedes unspezifizierte Integral über $\mathbb{R}^d$. Damit ein Hilbertraum entsteht, müssten strikt genommen Äquivalenzklassen dF-fast überall gleicher Funktionen eingeführt werden, aber wir arbeiten wie allgemein üblich mit Funktionen, die ihre jeweiligen Äquivalenzklassen repräsentieren. Zum Kern $\mathbb{K}$ gehört der für jede Funktion g aus L^2 durch die Festsetzung

$$(Ag)(x) := \int \mathbb{K}(x, y) g(y) \, dF(y), \qquad x \in \mathbb{R}^d,$$

definierte *Integraloperator* $A : L^2 \to L^2$.

Selbstfrage 9 Warum gilt $Ag \in L^2$?

Der Operator A ist *linear*, und die Antwort auf obige Selbstfrage liefert die Ungleichung $\|Ag\|_{L^2} \le \|g\|_{L^2} \mathbb{E}\big[\mathbb{K}^2(X_1, X_2)\big]$. Der Operator A ist somit *stetig*, und wegen der Symmetrie von $\mathbb{K}$ folgt, dass A *selbstadjungiert* ist, d. h., es gilt $\langle Af, g \rangle_{L^2} = \langle f, Ag \rangle_{L^2}$ für $f, g \in L^2$.

Selbstfrage 10 Welcher Satz der Integrationstheorie liefert $\langle Af, g \rangle_{L^2} = \langle f, Ag \rangle_{L^2}$?

Wir überlegen uns jetzt, dass A ein sogenannter, nach D. Hilbert[6] und E. Schmidt[7] benannter *Hilbert–Schmidt-Integraloperator* ist. Hierzu müssen wir zeigen, dass für ein beliebiges vollständiges Orthonormalsystem $\{\varphi_1, \varphi_2, \ldots\}$ von L^2 gilt:

$$\sum_{j=1}^{\infty} \|A\varphi_j\|_{L^2}^2 = \iint \mathbb{K}^2(x, y) \, dF(x) dF(y) = \mathbb{E}\big[\mathbb{K}^2(X_1, X_2)\big] < \infty. \qquad (8.25)$$

Zum Beweis von (8.25) (nur das erste Gleichheitszeichen ist zu zeigen) sei $\{\varphi_1, \varphi_2, \ldots\}$ ein beliebiges vollständiges Orthonormalsystem von L^2. Mit $\mathbb{K}_x(y) := \mathbb{K}(x, y)$ folgt

---

[6] David Hilbert (1862–1942), Professor in Königsberg (1893–1895) und Göttingen (1895–1930). Hilbert gilt als einer der bedeutendsten Mathematiker der Neuzeit. Bis zur nationalsozialistischen Machtergreifung baute er an der Universität Göttingen ein weltweit führendes Zentrum der mathematischen Forschung auf. Seine Rede mit einer Liste von 23 ungelösten Problemen auf dem Mathematikkongress in Paris im Jahr 1900 hatte nachhaltigen Einfluss auf die mathematische Forschung.

[7] Erhard Schmidt (1876–1959), promovierte 1905 bei David Hilbert mit einer Arbeit über Integralgleichungen. Schmidt war unter anderem 1917–1950 Professor an der Universität Berlin. Er gilt als einer der Begründer der Funktionalanalysis. Das Gram–Schmidtsche-Orthogonalisierungsverfahren ist fester Bestandteil jeder Vorlesung über lineare Algebra.

$$\sum_{j=1}^{\infty} \|A\varphi_j\|_{L^2}^2 = \sum_{j=1}^{\infty} \int \left(A\varphi_j(x)\right)^2 \mathrm{d}F(x) = \sum_{j=1}^{\infty} \int \left(\int \mathbb{K}(x, y)\varphi_j(y)\mathrm{d}F(y) \right)^2 \mathrm{d}F(x)$$

$$= \sum_{j=1}^{\infty} \int \langle \mathbb{K}_x, \varphi_j \rangle_{L^2}^2 \, \mathrm{d}F(x) = \int \sum_{j=1}^{\infty} \langle \mathbb{K}_x, \varphi_j \rangle_{L^2}^2 \mathrm{d}F(x)$$

$$= \int \|\mathbb{K}_x\|_{L^2}^2 \, \mathrm{d}F(x) = \int \mathbb{K}^2(x, y)\mathrm{d}F(y)\,\mathrm{d}F(x).$$

Dabei ergibt sich das vierte Gleichheitszeichen aus dem Satz von der monotonen Konvergenz (Satz 1.28), und das fünfte Gleichheitszeichen ist der Parseval'schen Gleichung geschuldet.

Ein Hilbert–Schmidt-Integraloperator A ist *kompakt*, d. h., für jede beschränkte Menge $M \subset L^2$ ist deren Bild $A(M)$ *präkompakt* oder – was gleichbedeutend damit ist – *totalbeschränkt* (siehe z. B. [ALT], S. 353). Dabei heißt allgemein eine Teilmenge M eines metrischen Raumes mit Metrik ϱ *präkompakt*, wenn es zu jedem $\varepsilon > 0$ endlich viele Kugeln mit Radius ε bezüglich der Metrik gibt, die die Menge M überdecken. Im Fall des Raumes L^2 ist dabei die Metrik durch $\varrho(f, g) := \|f - g\|_{L^2}$ gegeben. Der Schlüssel für weitere Überlegungen ist der folgende Sachverhalt (siehe z. B. [WER], S. 269):

8.13 Satz (Entwicklungssatz für lineare selbstadjungierte kompakte Operatoren)

Ist A ein kompakter selbstadjungierter linearer Operator auf L^2, so gibt es ein (evtl. endliches) Orthonormalsystem $\{\varphi_1, \varphi_2, \ldots\}$ sowie eine (evtl. abbrechende) Nullfolge $\lambda_1, \lambda_2, \ldots$ von null verschiedener reeller Zahlen, sodass gilt:

$$Ag = \sum_{j \geq 1} \lambda_j \langle g, \varphi_j \rangle_{L^2} \varphi_j, \quad g \in L^2. \tag{8.26}$$

Ist $\{\psi_1, \psi_2, \ldots\}$ eine Orthonormalbasis (vollständiges Orthonormalsystem) von $\{g : Ag = 0\}$, so ist $\{\psi_1, \psi_2, \ldots\} \cup \{\varphi_1, \varphi_2, \ldots\}$ eine Orthonormalbasis von L^2.

Die Schreibweise $\sum_{j \geq 1}$ beinhaltet auch den Fall, dass nur endlich viele Summanden vorhanden sind. Für den Fall, dass A eine symmetrische $(\ell \times \ell)$-Matrix mit reellen Einträgen ist, die durch Multiplikation mit Spaltenvektoren x des $\mathbb{R}^\ell$ gemäß $x \mapsto Ax$ eine lineare Abbildung des $\mathbb{R}^\ell$ auf sich vermittelt, ist die Darstellung (8.26) der aus der Linearen Algebra bekannte Spektralsatz für symmetrische Matrizen.

Aus (8.26) folgt, dass λ_j ein Eigenwert von A zur normierten Eigenfunktion φ_j ist, d. h., es gilt $A\varphi_j = \lambda_j \varphi_j$, $j \geq 1$. Dabei tritt jedes λ_j so oft auf, wie es seiner geometrischen Vielfachheit entspricht. Zusammen mit (8.25) ergibt sich also die später benötigte Beziehung

$$\sum_{j \geq 1} \lambda_j^2 = \sum_{j \geq 1} \|A\varphi_j\|_{L^2}^2 < \infty. \tag{8.27}$$

Die Darstellung (8.26) erlaubt es, für jedes $s \geq 1$ eine durch

$$\mathbb{K}_s(x, y) := \sum_{\ell=1}^{s} \lambda_\ell \varphi_\ell(x) \varphi_\ell(y), \quad x, y \in \mathbb{R}^d, \tag{8.28}$$

definierte Funktion $\mathbb{K}_s : \mathbb{R}^d \times \mathbb{R}^d \to \mathbb{R}$ einzuführen. Diese Kernfunktion ist von der gleichen Bauart wie diejenige, die wir in (8.15) zugrundegelegt haben. Da die Funktionen $\varphi_1, \ldots, \varphi_s$ orthonormal bezüglich dF sind, gelten auch die Gleichungen in (8.17), die insbesondere das zweite Gleichheitszeichen in (8.16) einschließen. Um das Resultat von Beispiel 8.11 nutzen zu können, müssen wir also nur noch die Gleichungen

$$\mathbb{E}\big[\varphi_j(X_1)\big] = 0, \quad j \geq 1, \tag{8.29}$$

nachweisen. Diesbezüglich schicken wir ein Resultat voraus, das präzisiert, in welcher Form der Kern $\mathbb{K}_s$ den Kern $\mathbb{K}$ aus (8.22) approximiert. Dabei schreiben wir allgemein kurz $\iint L \, dF \otimes dF$ für $\iint L(x, y) \, dF(x) \, dF(y)$.

8.14 Lemma Es gilt

$$\mathbb{E}\Big[\big(\mathbb{K}(X_1, X_2) - \mathbb{K}_s(X_1, X_2)\big)^2\Big] = \iint (\mathbb{K} - \mathbb{K}_s)^2 \, dF \otimes dF = \sum_{j=s+1}^{\infty} \lambda_j^2.$$

Beweis Nach Definition des Kerns $\mathbb{K}_s$ gilt

$$\iint (\mathbb{K} - \mathbb{K}_s)^2 \, dF \otimes dF = \iint \mathbb{K}^2 \, dF \otimes dF$$

$$-2 \sum_{j=1}^{s} \lambda_j \int \left[\int \mathbb{K}(x, y) \varphi_j(y) \, dF(y)\right] \varphi_j(x) \, dF(x)$$

$$+ \sum_{j,\ell=1}^{s} \lambda_j \lambda_\ell \int \varphi_j(x) \varphi_\ell(x) \, dF(x) \int \varphi_j(y) \varphi_\ell(y) \, dF(y).$$

Wegen $\int \mathbb{K}(x, y) \varphi_j(y) \, dF(y) = \lambda_j \varphi_j(x)$ sowie $\int \varphi_j^2(x) \, dF(x) = 1$ und $\int \varphi_j(x) \varphi_\ell(x) \, dF(x) = \delta_{j,\ell}$ folgt $\iint (\mathbb{K} - \mathbb{K}_s)^2 \, dF \otimes dF = \iint \mathbb{K}^2 \, dF \otimes dF - \sum_{j=1}^{s} \lambda_j^2$. Die Behauptung ergibt sich jetzt mit (8.25) und (8.27). ∎

Insbesondere folgt also $\lim_{s \to \infty} \iint (\mathbb{K} - \mathbb{K}_s)^2 \, dF \otimes dF = 0$.

Um (8.29) zu zeigen, sei $\widetilde{h}_1 := h_1 - \vartheta$, wobei $h_1(x) = \mathbb{E}\big[h(x, X_2, \ldots, X_k)\big]$ (vgl. (8.8)). Wegen $\widetilde{h}_1(x) = \int \mathbb{K}(x, y) \, dF(y)$ ergibt sich mit der Definition von $\mathbb{K}_s$ und der Cauchy–Schwarz-Ungleichung

$$\int\Big(\widetilde{h}_1(x) - \sum_{j=1}^{s}\lambda_j\varphi_j(x)\int\varphi_j(y)\mathrm{d}F(y)\Big)^2\mathrm{d}F(x) \;=\int\Big(\int\big(\mathbb{K}(x,y)-\mathbb{K}_s(x,y)\big)\cdot 1\,\mathrm{d}F(y)\Big)^2\mathrm{d}F(x)$$

$$\leq \iint(\mathbb{K}-\mathbb{K}_s)^2\mathrm{d}F\otimes\mathrm{d}F. \qquad (8.30)$$

Wegen $0 = \sigma_1^2 = \mathbb{V}(h_1) = \mathbb{E}(\widetilde{h}_1^2) = \int\widetilde{h}_1^2(x)\mathrm{d}F(x)$ gilt $\widetilde{h}_1 = 0$ $\mathrm{d}F$-fast sicher, und da die obere Schranke in (8.30) für $s\to\infty$ gegen null konvergiert, erhalten wir für

$$I_s \;:=\; \int\Big(\sum_{j=1}^{s}\lambda_j\varphi_j(x)\int\varphi_j\mathrm{d}F\Big)^2\mathrm{d}F(x)$$

die Konvergenz $\lim_{s\to\infty} I_s = 0$. Die Beziehung $\int\varphi_i(x)\varphi_j(x)\mathrm{d}F(x) = \delta_{i,j}$ liefert

$$I_s = \sum_{i,j=1}^{s}\lambda_i\lambda_j\int\varphi_i\mathrm{d}F\int\varphi_j\mathrm{d}F\int\varphi_i(x)\varphi_j(x)\mathrm{d}F(x) = \sum_{j=1}^{s}\lambda_j^2\Big(\int\varphi_j\mathrm{d}F\Big)^2.$$

Wegen $\lambda_j \neq 0$ für jedes $j \geq 1$ erhalten wir $\int\varphi_j\mathrm{d}F = 0 = \mathbb{E}\big(\varphi_j(X_1)\big)$, $j \geq 1$, also (8.29).

Wenn wir nach diesen technischen Vorbereitungen einen Blick auf (8.21) und (8.24) werfen und uns daran erinnern, dass wir die Grenzverteilung von $n(\widehat{U}_n - \vartheta)$ herleiten möchten, so können wir nach dem Lemma von Slutsky den Faktor $\frac{1}{n-1}$ vor der Doppelsumme durch $\frac{1}{n}$ ersetzen, ohne dass sich diese Grenzverteilung ändert. Außerdem ist der Binomialkoeffizient $\binom{k}{2}$ nur ein konstanter Faktor, an den wir uns später erinnern müssen. Wir setzen also zweckmäßigerweise

$$T_n := \frac{1}{n}\sum_{1\leq j\neq\ell\leq n}\mathbb{K}(X_j, X_\ell), \qquad T_{n,s} := \frac{1}{n}\sum_{1\leq j\neq\ell\leq n}\mathbb{K}_s(X_j, X_\ell), \quad s \geq 1. \qquad (8.31)$$

Gesucht ist eine Grenzverteilung für T_n beim Grenzübergang $n\to\infty$. Nach Beispiel 8.11 gilt

$$T_{n,s} \overset{\mathcal{D}}{\longrightarrow} \sum_{\ell=1}^{s}\lambda_\ell\big(N_\ell^2 - 1\big). \qquad (8.32)$$

Dabei sind $\lambda_1,\ldots,\lambda_s$ in (8.28) gegeben, und $N_1,\ldots,N_s$ sind stochastisch unabhängige und je standardnormalverteilte Zufallsvariable. Da wegen $\sum_{j=1}^{\infty}\lambda_j^2 < \infty$ nach Lemma 8.14 $\iint(\mathbb{K}-\mathbb{K}_s)^2\mathrm{d}F\otimes\mathrm{d}F$ für $s\to\infty$ gegen null konvergiert, ist zu vermuten, dass wir bei der in (8.32) stehenden Summe nur formal $s = \infty$ setzen müssen, um die Limesverteilung von T_n zu erhalten. Der folgende Hilfssatz dient dazu, diese Vermutung zu beweisen.

8.15 Lemma Es gilt $\mathbb{E}\big(T_n - T_{n,s}\big)^2 \leq 2\sum_{j=s+1}^{\infty}\lambda_j^2$.

Beweis Es seien $G_s(x, y) := \mathbb{K}(x, y) - \mathbb{K}_s(x, y)$ für $x, y \in \mathbb{R}^d$ sowie

$$\Delta_n := \frac{1}{\binom{n}{2}} \sum_{1 \le i < j \le n} G_s(X_i, X_j).$$

Dann gilt $T_n - T_{n,s} = (n-1)\Delta_n$. Dabei ist Δ_n eine U-Statistik, für deren Kern G_s wir mit (8.23) und (8.29) $\mathbb{E}[G_s(X_1, X_2)] = 0$ erhalten. Nach Lemma 8.14 gilt $\mathbb{E}[G_s^2(X_1, X_2)] = \sum_{j=s+1}^{\infty} \lambda_j^2$, und da die Voraussetzung $\sigma_1^2 = 0$ die Gleichung $\mathbb{E}[G_s(X_1, X_2)G_s(X_1, X_3)] = 0$ zur Folge hat, ergibt sich

$$\mathbb{E}(T_n - T_{n,s})^2 = (n-1)^2 \mathbb{V}(\Delta_n) = \frac{(n-1)^2}{\binom{n}{2}^2} \binom{n}{2} \mathbb{E}[G_s^2(X_1, X_2)] \le 2 \sum_{j=s+1}^{\infty} \lambda_j^2.$$

∎

Selbstfrage 11 Warum folgt $\mathbb{E}[G_s(X_1, X_2)G_s(X_1, X_3)] = 0$ aus $\sigma_1^2 = 0$?

Das folgende Resultat wurde unabhängig voneinander von G.G. Gregory ([GRG]) und R.J. Serfling ([SER], S. 194) entdeckt.

8.16 Satz (Limesverteilung einfach-entarteter U-Statistiken)
Es sei U_n eine U-Statistik mit $0 = \sigma_1^2 < \sigma_2^2$, und es sei $\mathbb{K} := h_2 - \vartheta$. Weiter seien $\lambda_1, \lambda_2, \ldots$ die von null verschiedenen Eigenwerte des zu $\mathbb{K}$ gehörenden Integraloperators auf $L^2(\mathbb{R}^d, \mathcal{B}^d, dF)$. Dann gilt beim Grenzübergang $n \to \infty$:

$$n(U_n - \vartheta) \xrightarrow{\mathcal{D}} \binom{k}{2} \sum_{j=1}^{\infty} \lambda_j \left(N_j^2 - 1\right). \tag{8.33}$$

Hierbei ist $(N_j)_{j \ge 1}$ eine u.i.v.-Folge standardnormalverteilter Zufallsvariablen.

Beweis Wir überlegen uns zunächst, dass die in (8.33) auftretende unendliche Reihe eine wohldefinierte Zufallsvariable ist. Die Zufallsvariablen $N_1, N_2, \ldots$ seien alle auf einem gleichen Wahrscheinlichkeitsraum $(\Omega_*, \mathcal{A}_*, \mathbb{P}_*)$ definiert, wobei nicht unbedingt $(\Omega, \mathcal{A}, \mathbb{P}) = (\Omega_*, \mathcal{A}_*, \mathbb{P}_*)$ gelten muss. Wir bezeichnen auch die Erwartungswertbildung bezüglich $\mathbb{P}_*$ mit $\mathbb{E}$ und setzen

$$Y_s := \sum_{j=1}^{s} \lambda_j \left(N_j^2 - 1\right), \quad s \ge 1.$$

Die Folge $(Y_s)_{s \geq 1}$ ist eine Cauchy-Folge im Raum $\mathcal{L}_*^2 = \mathcal{L}_*^2(\Omega_*, \mathcal{A}_*, \mathbb{P}_*)$ aller Zufallsvariablen Z auf Ω_* mit $\mathbb{E}(Z^2) < \infty$ (Aufgabe 8.9). Weil der Raum $\mathcal{L}_*^2$ vollständig ist (siehe z.B. [HE1], S. 240), gibt es eine Zufallsvariable $Y \in \mathcal{L}_*^2$ mit $\lim_{s \to \infty} \mathbb{E}(Y_s - Y)^2 = 0$, und wir definieren

$$\sum_{j=1}^{\infty} \lambda_j \left(N_j^2 - 1 \right) := Y.$$

Da aus der Konvergenz im quadratischen Mittel insbesondere die Verteilungskonvergenz folgt, gilt[8] $Y_s \overset{\mathcal{D}}{\longrightarrow} Y$ für $s \to \infty$. Angesichts von (8.24) und der Definition von T_n in (8.31) bleibt offenbar $T_n \overset{\mathcal{D}}{\longrightarrow} Y$ für $n \to \infty$ nachzuweisen. Wir zeigen

$$\lim_{n \to \infty} \mathbb{E}(e^{itT_n}) = \mathbb{E}(e^{itY}), \quad t \in \mathbb{R},$$

womit nach dem Stetigkeitssatz von Lévy–Cramér (Satz 1.11) die Behauptung folgt.

Sei hierzu $t \in \mathbb{R}$ mit $t \neq 0$ beliebig. Mit $T_{n,s}$ wie in (8.31) gilt dann für festes s

$$\left| \mathbb{E}e^{itT_n} - \mathbb{E}e^{itY} \right| \leq \left| \mathbb{E}e^{itT_n} - \mathbb{E}e^{itT_{n,s}} \right| + \left| \mathbb{E}e^{itT_{n,s}} - \mathbb{E}e^{itY_s} \right| + \left| \mathbb{E}e^{itY_s} - \mathbb{E}e^{itY} \right|$$

$$=: a_{n,s} + b_{n,s} + c_s.$$

Wegen $|e^{i\xi} - 1| \leq |\xi|$ für $\xi \in \mathbb{R}$ liefern die Cauchy–Schwarz-Ungleichung und Lemma 8.15

$$a_{n,s} \leq \mathbb{E}\left| e^{itT_n} - e^{itT_{n,s}} \right| = \mathbb{E}\left| \left(e^{it(T_n - T_{n,s})} - 1 \right) e^{itT_{n,s}} \right|$$

$$= \mathbb{E}\left| \left(e^{it(T_n - T_{n,s})} - 1 \right) \right| \leq |t| \, \mathbb{E}\left| T_n - T_{n,s} \right|$$

$$\leq |t| \left(\mathbb{E}(T_n - T_{n,s})^2 \right)^{1/2}$$

$$\leq |t| \left(2\sum_{j=s+1}^{\infty} \lambda_j^2 \right)^{1/2}.$$

Die Konvergenz $\sum_{j=s+1}^{\infty} \lambda_j^2 \to 0$ für $s \to \infty$ garantiert, dass zu beliebig vorgegebenem $\varepsilon > 0$ eine von ε und t abhängende natürliche Zahl s_1 existiert, sodass für jedes $n \geq 1$ und jedes s mit $s \geq s_1$ die Ungleichung $a_{n,s} \leq \varepsilon$ erfüllt ist. Aufgrund der Verteilungskonvergenz $Y_s \overset{\mathcal{D}}{\longrightarrow} Y$ für $s \to \infty$ gibt es eine von ε und t abhängende natürliche Zahl s_2 mit $c_s \leq \varepsilon$, falls $s \geq s_2$. Für $s_0 := \max(s_1, s_2)$ ergibt sich dann

$$\limsup_{n \to \infty} \left| \mathbb{E}e^{iT_n} - \mathbb{E}e^{iY} \right| \leq 2\varepsilon + \limsup_{n \to \infty} \left| \mathbb{E}e^{iT_{n,s_0}} - \mathbb{E}e^{iY_{s_0}} \right|.$$

Nach Beispiel 8.11 gilt $T_{n,s_0} \overset{\mathcal{D}}{\longrightarrow} Y_{s_0}$ für $n \to \infty$. Somit verschwindet der limes superior, und die Behauptung folgt, da ε beliebig war.   ∎

---

[8] Nach dem Lévy'schen Äquivalenzsatz (s. z.B. [DUD], Abschn. 9.7) liegt sogar fast sichere Konvergenz der Reihe in (8.33) vor.

8.17 Beispiel (Cramér–von Mises-Statistik)

Ist $X_1, X_2, \ldots$ eine u.i.v.-Folge reeller Zufallsvariablen mit unbekannter stetiger Verteilungsfunktion F, und ist F_0 eine gegebene stetige Verteilungsfunktion, so lautet eine klassische Aufgabe der mathematischen Statistik, auf der Basis von $X_1, \ldots, X_n$ die Hypothese $H_0 : F = F_0$ zu testen. Nehmen wir an, eine Testgröße $T_n = T_n(X_1, \ldots, X_n)$ habe die Eigenschaft, dass sich ihre Realisierungen nicht ändern, wenn jedes der X_j der gleichen stetigen monoton wachsenden Transformation unterworfen wird. Dann folgt mithilfe der Wahrscheinlichkeitsintegral-Transformation $x \mapsto F(x)$, dass die Verteilung einer solchen Testgröße bei Gültigkeit der Hypothese H_0 nicht von F_0 abhängt. Konsequenterweise wird in diesem Fall für X_1 eine Gleichverteilung auf dem Einheitsintervall, also die Verteilung $U(0, 1)$, zugrundegelegt. Im Folgenden gelte also $F(t) = t$, $0 \le t \le 1$. Bezeichnet

$$\widehat{F}_n(t) := \frac{1}{n} \sum_{j=1}^{n} \mathbf{1}\{X_j \le t\}, \quad 0 \le t \le 1,$$

die empirische Verteilungsfunktion von $X_1, \ldots, X_n$, so ist eine klassische Testgröße für obiges Testproblem die nach H. Cramér und R. von Mises[9] benannte *Cramér–von Mises-Statistik*

$$\omega_n^2 := \int_0^1 \left(\sqrt{n}(\widehat{F}_n(t) - t) \right)^2 \mathrm{d}t. \tag{8.34}$$

Die Zufallsvariable ω_n^2 ist zwar keine U-Statistik; es gilt aber

$$\omega_n^2 = (n - 1) U_n + \frac{1}{6} + o_{\mathbb{P}}(1) \tag{8.35}$$

mit der U-Statistik

$$U_n := \frac{1}{\binom{n}{2}} \sum_{1 \le i < j \le n} h(X_i, X_j),$$

wobei

$$h(x, y) := \frac{x^2}{2} + \frac{y^2}{2} - \max(x, y) + \frac{1}{3}, \quad x, y \in \mathbb{R}, \tag{8.36}$$

gesetzt ist (Übungsaufgabe 8.10). Wegen $\mathbb{E}[\max(X_1, X_2)] = \frac{2}{3}$ und $\mathbb{E}(X_1^2) = \frac{1}{3}$ folgt $\mathbb{E}[h(X_1, X_2)] = 0 = \vartheta$. Weiter ergibt sich $\mathbb{E}[\max(x, X_2)] = \frac{1}{2}(1 + x^2)$ und somit

$$h_1(x) = \mathbb{E}[h(x, X_2)] = \frac{x^2}{2} + \frac{1}{6} - \frac{1 + x^2}{2} + \frac{1}{3} = 0, \quad 0 \le x \le 1.$$

---

[9] Richard Edler von Mises (1883–1953), ab 1909 Professor in Straßburg, 1919 Professor in Dresden und ab 1920 Professor und Direktor des neu gegründeten Institutes für Angewandte Mathematik in Berlin. 1933 Emigration in die Türkei und dort Professor an der Universität in Istanbul. Ab 1939 Professor für Aerodynamik und Angewandte Mathematik an der Harvard University, Boston. Hauptarbeitsgebiete: Numerische Mathematik, Mechanik, Hydro- und Aerodynamik, Stochastik, Wissenschaftstheorie.

Selbstfrage 12 Warum gilt $\mathbb{E}[\max(x, X_2)] = \frac{1}{2}(1 + x^2)$?

Es folgt $\sigma_1^2 = \mathbb{V}\big(h_1(X_1)\big) = 0$. Mit etwas Geduld gilt weiter

$$\sigma_2^2 = \mathbb{V}\big(h(X_1, X_2)\big) = \mathbb{E}\big[h^2(X_1, X_2)\big] = \frac{1}{90}. \tag{8.37}$$

Somit ist die U-Statistik U_n einfach-entartet. Nach Satz 8.16 gilt

$$nU_n \xrightarrow{\mathcal{D}} \sum_{j=1}^{\infty} \lambda_j (N_j^2 - 1),$$

wobei (N_j) eine u.i.v.-Folge standardnormalverteilter Zufallsvariablen ist und $\lambda_1, \lambda_2, \ldots$ die von null verschiedenen Eigenwerte des durch

$$Ag(x) = \int_0^1 h(x, y)g(y)\,\mathrm{d}y \tag{8.38}$$

definierten Integraloperators auf $\mathrm{L}^2 = \mathrm{L}^2([0, 1], \mathcal{B} \cap [0, 1], \mathrm{U}(0, 1))$ sind. Man mache sich klar, dass wegen $k = 2$ und $\vartheta = 0$ die Identitäten $h = h_2 = \mathbb{K}$ bestehen.

Wie gelangen wir an die Lösungen der Gl. (8.38)? Vielfach kann man eine Integralgleichung nur numerisch lösen, aber im vorliegenden Fall lassen sich alle Lösungen explizit angeben. Wir starten, indem wir in (8.38) die Funktion $g_0 \equiv 1$, die identisch gleich eins ist, einsetzen. Wegen $0 = h_1(x) = \mathbb{E}[h(x, X_2)] = \int_0^1 h(x, y)\mathrm{d}y$ ist g_0 eine Eigenfunktion von A mit dem Eigenwert null. Da wir alle *von null verschiedenen* Eigenwerte benötigen, nutzt uns dieses Resultat auf den ersten Blick wenig. Wichtig wird aber sein, dass jede Eigenfunktion bezüglich des Skalarproduktes $\langle \cdot, \cdot \rangle_{\mathrm{L}^2}$ orthogonal zu g_0 ist, denn für $g \in \mathrm{L}^2$ mit $Ag = \lambda g$ und $\lambda \neq 0$ gilt

$$\int_0^1 g(x)\mathrm{d}x = \langle g, g_0 \rangle_{\mathrm{L}^2} = \frac{1}{\lambda}\langle Ag, g_0 \rangle_{\mathrm{L}^2} = \frac{1}{\lambda}\langle g, Ag_0 \rangle_{\mathrm{L}^2} = \frac{1}{\lambda}\langle g, 0 \rangle_{\mathrm{L}^2} = 0. \tag{8.39}$$

Mit $Ag = \lambda g$ nimmt die Integralgleichung (8.38) die Gestalt

$$\lambda g(x) = \frac{x^2}{2}\int_0^1 g(y)\mathrm{d}y + \frac{1}{2}\int_0^1 y^2 g(y)\mathrm{d}y - x\int_0^x g(y)\mathrm{d}y - \int_x^1 yg(y)\mathrm{d}y + \frac{1}{3}\int_0^1 g(y)\mathrm{d}y$$

an. Verwenden wir jetzt (8.39), so ergibt sich die vereinfachte Form

$$\lambda g(x) = \frac{1}{2}\int_0^1 y^2 g(y)\mathrm{d}y - x\int_0^x g(y)\mathrm{d}y - \int_x^1 yg(y)\mathrm{d}y.$$

Um weiterzukommen, besteht eine probate Methode darin, die Lösungen g von (8.38) als genügend oft differenzierbar anzunehmen und beide Seiten dieser Gleichung abzuleiten. Bildet man die erste Ableitung, so ergibt sich $\lambda g'(x) = -\int_0^x g(y)\mathrm{d}y$, und eine weitere Differentiation liefert die Differentialgleichung

$$\lambda g''(x) = -g(x) \tag{8.40}$$

zweiter Ordnung für g. Der Ansatz $g(x) = \cos(ax)$ ergibt $g''(x) = -a^2 g(x)$, und ein Vergleich mit (8.40) zeigt, dass $\lambda = \frac{1}{a^2}$ gelten muss. Nach (8.39) erhalten wir

$$0 = \int_0^1 g(x)\mathrm{d}x = \frac{1}{a}\sin(ax)\Big|_0^1 = \frac{1}{a}\sin a$$

und somit $\sin a = 0$, was $a \in \{j\pi : j \in \mathbb{Z} \setminus \{0\}\}$ zur Folge hat. Also ist

$$\lambda_j := \frac{1}{j^2\pi^2}, \quad j \geq 1, \tag{8.41}$$

ein Eigenwert zur normierten Eigenfunktion $g_j(x) = 2^{-1/2}\cos(j\pi x)$, $0 \leq x \leq 1$.

Es erhebt sich natürlich die Frage, ob wir mit (8.41) alle von null verschiedenen Eigenwerte der Gl. (8.38) erhalten haben. Diese Frage lässt sich schnell beantworten, denn nach (8.25) gilt $\sum_{j=1}^\infty \|A\varphi_j\|_{\mathrm{L}^2}^2 = \mathbb{E}[\mathbb{K}^2(X_1, X_2)]$ für jedes vollständige Orthonormalsystem $\{\varphi_1, \varphi_2, \ldots\}$ von L^2. Das System $\{g_1, g_2, \ldots\}$ der zu den von null verschiedenen Eigenwerten in (8.41) gehörenden Eigenfunktionen ist ein Orthonormalsystem, da Eigenfunktionen zu verschiedenen Eigenwerten orthogonal sind. Insofern können wir auf jeden Fall wegen (8.37) und $\mathbb{K} = h$ die Ungleichung

$$\sum_{j=1}^\infty \|Ag_j\|_{\mathrm{L}^2} = \sum_{j=1}^\infty \lambda_j^2 \leq \mathbb{E}[\mathbb{K}^2(X_1, X_2)] = \frac{1}{90}$$

folgern. Nun gilt aber (siehe z. B. [HEU], S. 189)

$$\sum_{j=1}^\infty \lambda_j^2 = \frac{1}{\pi^4}\sum_{j=1}^\infty \frac{1}{j^4} = \frac{1}{\pi^4}\frac{\pi^4}{90} = \frac{1}{90},$$

was bedeutet, dass wir wirklich alle von null verschiedenen Eigenwerte des Integraloperators A erhalten haben. Satz 8.16 liefert also

$$\omega_n^2 \xrightarrow{\mathcal{D}} \sum_{j=1}^\infty \frac{1}{\pi^2 j^2}\left(N_j^2 - 1\right) + \frac{1}{6} \tag{8.42}$$

wobei $N_1, N_2, \ldots$ eine u.i.v.-Folge standardnormalverteilter Zufallsvariablen ist. Die Limesverteilung heißt *Cramér–von Mises-Verteilung*. In Kap. 16 werden wir sehen, dass diese
Verteilung im Zusammenhang mit der sogenannten *Brown'schen Brücke* auftritt.

Wir haben im Zusammenhang mit einer Einstichproben-U-Statistik U_n nur die im Hinblick auf statistische Anwendungen wichtigsten Fälle behandelt, dass U_n entweder nicht-
ausgeartet oder einfach-entartet ist, d. h., dass einer der Fälle $\sigma_1^2 > 0$ oder $0 = \sigma_1^2 < \sigma_2^2$
zutrifft. Was bei höheren Entartungen – also etwa $0 = \sigma_1^2 = \sigma_2^2 < \sigma_3^2$ oder $0 = \sigma_1^2 = \sigma_2^2 =$
$\sigma_3^2 < \sigma_4^2$ – passieren kann, zeigen die Aufgaben 8.7 und 8.8. Weiteres dazu findet sich etwa
in [LEE], S. 83 ff.

Wir wenden uns nun Zwei-Stichproben-U-Statistiken zu und treffen hierfür die Grundannahme, dass $X_1, X_2, \ldots; Y_1, Y_2, \ldots$ unabhängige d-dimensionale Zufallsvektoren sind.
Dabei seien $X_1, X_2, \ldots$ identisch verteilt mit Verteilungsfunktion F, und $Y_1, Y_2, \ldots$ seien
identisch verteilt mit Verteilungsfunktion G.

8.18 Definition (Zwei-Stichproben-U-Statistik)

Es sei $h : (\mathbb{R}^d)^k \times (\mathbb{R}^d)^\ell \to \mathbb{R}$ eine messbare Funktion, sodass $h(x_1, \ldots, x_k, y_1, \ldots, y_\ell)$
symmetrisch in $x_1, \ldots, x_k$ und in $y_1, \ldots, y_\ell$ ist. Dann heißt

$$U_{m,n} := \frac{1}{\binom{m}{k}\binom{n}{\ell}} \sum_{1 \le i_1 < \ldots < i_k \le m} \sum_{1 \le j_1 < \ldots < j_\ell \le n} h(X_{i_1}, \ldots, X_{i_k}, Y_{j_1}, \ldots, Y_{j_\ell}) \qquad (8.43)$$

Zwei-Stichproben-U-Statistik der Ordnung (k, ℓ) *mit Kern* h. Dabei sind $m \ge k$ und $n \ge \ell$
vorausgesetzt.

Aufgrund der Symmetrieannahme über den Kern h gilt

$$\mathbb{E}_{F,G}(U_{m,n}) = \mathbb{E}_{F,G}\big[h(X_1, \ldots, X_k, Y_1, \ldots, Y_\ell)\big].$$

Dabei haben wir analog zum Einstichproben-Fall die Abhängigkeit des Erwartungswertes
von den Verteilungsfunktionen F und G durch Indizierung betont. Wir treffen ebenfalls
analog zum Einstichproben-Fall die Grundannahme $\mathbb{E}_{F,G}\big[h^2(X_1, \ldots, X_k, Y_1, \ldots, Y_\ell)\big] <$
∞. Damit existieren der Erwartungswert und die Varianz von $U_{m,n}$, und die U-Statistik
$U_{m,n}$ ist ein erwartungstreuer Schätzer für

$$\vartheta = \vartheta(F, G) := \mathbb{E}_{F,G}\big[h(X_1, \ldots, X_k, Y_1, \ldots, Y_\ell)\big].$$

Im obigen Rahmenmodell für zwei unabhängige Stichproben mit Verteilungsfunktionen F
bzw. G, die in Anwendungen unbekannt sind, lautet insbesondere im Fall $d = 1$ reellwertiger Zufallsvariablen eine der klassischen Fragestellungen, auf der Basis von (Realisierungen
von) $X_1, \ldots, X_m$ und $Y_1, \ldots, Y_n$ die Hypothese $H_0 : F = G$ zu testen. Diese Fragestellung ist als *Zwei-Stichproben-Problem* bekannt. Das folgende Beispiel betrifft einen vielfach

verwendeten Test für H_0, der von H.B. Mann[10] und dessen Schüler D.R. Whitney[11] vorge-schlagen wurde und zum *Wilcoxon-Rangsummentest* äquivalent ist.

8.19 Beispiel (Mann–Whitney-U-Statistik)

Die Mann–Whitney-U-Statistik entsteht im Fall $d = k = \ell = 1$ und der Kernfunktion $h(x, y) = \mathbf{1}\{x \leq y\}$. Sie ist also durch

$$U_{m,n} = \frac{1}{mn} \sum_{i=1}^{m} \sum_{j=1}^{n} \mathbf{1}\{X_i \leq Y_j\}$$

gegeben, und sie schätzt die Wahrscheinlichkeit

$$\vartheta(F, G) = \mathbb{E}_{F,G}[\mathbf{1}\{X_1 \leq Y_1\}] = \mathbb{P}_{F,G}(X_1 \leq Y_1),$$

dass X_1 kleiner oder gleich Y_1 ist. Unter der Hypothese $H_0 : F = G$ gilt $\vartheta(F, F) = \frac{1}{2}$, wenn die Verteilungsfunktion F stetig ist.

Setzen wir kurz $h_{A,B}$ für $h(X_{i_1}, \ldots, X_{i_k}, Y_{j_1}, \ldots, Y_{j_\ell})$, wobei $A = \{i_1, \ldots, i_k\}$ eine k-elementige Teilmenge von $\{1, \ldots, m\}$ und B eine ℓ-elementige Teilmenge von $\{1, \ldots, n\}$ ist, so nimmt $U_{m,n}$ die kompakte Gestalt

$$U_{m,n} = \frac{1}{\binom{m}{k}\binom{n}{\ell}} \sum_{A \subset \{1,\ldots,m\}:|A|=k} \sum_{B \subset \{1,\ldots,n\}:|B|=\ell} h_{A,B}$$

an. Die Varianz von $U_{m,n}$ ist als $\mathrm{Cov}(U_{m,n}, U_{m,n})$ durch

$$\mathbb{V}(U_{m,n}) = \frac{1}{\binom{m}{k}^2 \binom{n}{\ell}^2} \sum_{A_1:|A_1|=k} \sum_{A_1:|A_1|=k} \sum_{B_1:|B_1|=\ell} \sum_{B_2:|B_2|=\ell} \mathrm{Cov}\big(h_{A_1,B_1}, h_{A_2,B_2}\big)$$

gegeben. Die hier auftretenden Kovarianzen hängen wegen der Symmetrie von h nur von den Anzahlen $b := |A_1 \cap A_2|$ und $c := |B_1 \cap B_2|$ mit $b \in \{0, \ldots, k\}$ und $c \in \{0, \ldots, \ell\}$ ab. Definieren wir $\sigma_{00}^2 := 0$ und für $b + c \geq 1$

$$\sigma_{b,c}^2 := \mathrm{Cov}\big(h_{A_1,B_1}, h_{A_2,B_2}\big),$$

falls $|A_1 \cap A_2| = b$ und $|B_1 \cap B_2| = c$, so ergibt sich mithilfe kombinatorischer Überlegungen:

---

[10] Henry Berthold (Heinrich) Mann (1905–2000), von 1946 bis 1964 Professor an der Ohio State University. Nach der Promotion an der Universität Wien emigrierte Mann als Jude 1938 in die USA. Er bewies die berühmte Schnirelmann–Landau-Vermutung der additiven Zahlentheorie.

[11] Donald Ransom Whitney (1915–2001), US-amerikanischer Statistiker, promovierte 1947 bei H. Mann an der Ohio State University.

8.20 Satz (Varianz einer Zwei-Stichproben-U-Statistik)
Es gilt

$$\mathbb{V}(U_{m,n}) = \frac{1}{\binom{m}{k}\binom{n}{\ell}} \sum_{b=0}^{k} \sum_{c=0}^{\ell} \binom{k}{b}\binom{m-k}{k-b}\binom{\ell}{c}\binom{n-\ell}{\ell-c}\sigma_{b,c}^2.$$

Selbstfrage 13 Welcher Gestalt sind diese kombinatorischen Überlegungen?

Wir werden gleich sehen, dass eine Zwei-Stichproben-U-Statistik unter gewissen Voraussetzungen asymptotisch normalverteilt ist, wenn m und n in geeigneter Weise gegen unendlich
streben. Analog zum Einstichproben-Fall werden hier die durch

$$h_{1,0}(x_1) := \mathbb{E}\big[h(x_1, X_2, \ldots, X_k, Y_1, \ldots, Y_\ell)\big]$$
$$= \mathbb{E}\big[h(X_1, X_2, \ldots, X_k, Y_1, \ldots, Y_\ell)\big|X_1 = x_1\big],$$
$$h_{0,1}(y_1) := \mathbb{E}\big[h(X_1, X_2, \ldots, X_k, y_1, Y_2, \ldots, Y_\ell)\big]$$
$$= \mathbb{E}\big[h(X_1, X_2, \ldots, X_k, Y_1, \ldots, Y_\ell)\big|Y_1 = y_1\big]$$

definieren Funktionen $h_{1,0} : \mathbb{R}^d \to \mathbb{R}$ und $h_{0,1} : \mathbb{R}^d \to \mathbb{R}$ eine Rolle spielen. Mithilfe iterierter Erwartungswertbildung ergibt sich $\mathbb{E}[h_{1,0}(X_1)] = \vartheta = \mathbb{E}[h_{0,1}(Y_1)]$, und Bedingen
nach X_1 liefert

$$\sigma_{1,0}^2 = \mathrm{Cov}\big(h(X_1, \ldots, X_k, Y_1, \ldots, Y_\ell), h(X_1, X_{k+1}, \ldots, X_{2k-1}, Y_{\ell+1}, \ldots, Y_{2\ell})\big)$$
$$= \mathbb{E}\big[\mathbb{E}\big[(h(X_1, \ldots, X_k, Y_1, \ldots, Y_\ell)h(X_1, X_{k+1}, \ldots, X_{2k-1}, Y_{\ell+1}, \ldots, Y_{2\ell})\big|X_1]\big] - \vartheta^2$$
$$= \mathbb{E}\big[h_{1,0}(X_1)h_{1,0}(X_1)\big] - \vartheta^2$$
$$= \mathbb{V}\big(h_{1,0}(X_1)\big).$$

Selbstfrage 14 Warum gilt das dritte Gleichheitszeichen?

Analog gilt $\sigma_{0,1}^2 = \mathbb{V}\big(h_{0,1}(Y_1)\big)$. In Ergänzung zu $h_{1,0}$ und $h_{0,1}$ kann man für b mit $1 \le b \le k$
und c mit $1 \le c \le \ell$

$$h_{b,c}(x_1, \ldots, x_b, y_1, \ldots, y_c) := \mathbb{E}\big[h(x_1, \ldots, x_b, X_{b+1}, \ldots, X_k, y_1, \ldots, y_c, Y_{c+1}, \ldots, Y_\ell)\big]$$

setzen. Durch geeignetes Bedingen ergibt sich dann $\sigma_{b,c}^2 = \mathbb{V}\big(h_{b,c}(X_1, \ldots, X_c, Y_1, \ldots, Y_d)\big)$.

Um einen zentralen Grenzwertsatz für $U_{m,n}$ aufzustellen, wird man versuchen, $U_{m,n}$ durch eine geeignete Summe stochastisch unabhängiger Zufallsvariablen zu approximieren. Diesem Ziel dient eine geeignete Adaption der Hájek-Projektion aus (8.11).

8.21 Definition (Hájek-Projektion (Zwei-Stichproben-Fall))
Für eine Zwei-Stichproben-U-Statistik wie in (8.43) heißt

$$\widetilde{U}_{m,n} := \sum_{i=1}^{m} \mathbb{E}[U_{m,n}|X_i] + \sum_{j=1}^{n} \mathbb{E}[U_{m,n}|Y_j] - (m+n-1)\vartheta$$

die *Hájek-Projektion von* $U_{m,n}$.

Im Gegensatz zu $U_{m,n}$ ist $\widetilde{U}_{m,n}$ eine Summe unabhängiger Zufallsvariablen, auf die im Prinzip der zentrale Grenzwertsatz von Lindeberg–Feller angewendet werden kann. Durch Subtraktion von $(m+n-1)\vartheta$ wird erreicht, dass $U_{m,n}$ und $\widetilde{U}_{m,n}$ den gleichen Erwartungswert besitzen. Das nächste Resultat gibt eine explizite Formel für $\widetilde{U}_{m,n}$ an.

8.22 Lemma Für die Hájek-Projektion $\widetilde{U}_{m,n}$ gelten:

a) $\widetilde{U}_{m,n} = \dfrac{k}{m} \sum_{i=1}^{m} \left(h_{1,0}(X_i) - \vartheta\right) + \dfrac{\ell}{n} \sum_{j=1}^{n} \left(h_{0,1}(Y_j) - \vartheta\right) + \vartheta,$

b) Mit $(a)_j := a(a-1) \cdot \ldots \cdot (a-j+1)$ gilt

$$\begin{aligned}
\mathbb{E}\left(U_{m,n} - \widetilde{U}_{m,n}\right)^2 &= \frac{k^2}{m} \left\{ \frac{(m-k)_{k-1}}{(m-1)_{k-1}} \frac{(n-\ell)_\ell}{(n)_\ell} - 1 \right\} \sigma_{1,0}^2 \\
&+ \frac{\ell^2}{n} \left\{ \frac{(m-k)_k}{(m)_k} \frac{(n-\ell)_{\ell-1}}{(n-1)_{\ell-1}} - 1 \right\} \sigma_{0,1}^2 \\
&+ \frac{1}{\binom{m}{k}\binom{n}{\ell}} \sum_{\substack{b=0 \\ b+c \geq 2}}^{k} \sum_{c=0}^{\ell} \binom{k}{b}\binom{m-k}{k-b}\binom{\ell}{c}\binom{n-\ell}{\ell-c} \sigma_{b,c}^2.
\end{aligned}$$

Beweis Der Beweis erfolgt völlig analog zum Beweis von Lemma 8.7. ∎

Bevor wir einen zentralen Grenzwertsatz für $U_{m,n}$ formulieren und beweisen, soll präzisiert werden, was es heißt, dass m und n „geeignet gegen unendlich streben". Ein häufig auftretendes Szenario bei Zwei-Stichproben-Problemen ist hier, $m = m_s$ und $n = n_s, s \geq 1$, zwei Folgen durchlaufen zu lassen, sodass

$$\lim_{s \to \infty} \frac{m_s}{m_s + n_s} = \tau \tag{8.44}$$

für ein τ mit $0 < \tau < 1$ gilt. Diese Bedingung bedeutet anschaulich, dass bei über alle Grenzen wachsenden Stichprobenumfängen keiner der beiden Stichprobenumfänge „asymptotisch verschwindet". Es ist also etwa der Fall $m_s = s$ und $n_s = \lfloor\sqrt{s}\rfloor$ ausgeschlossen.

8.23 Satz (Zentraler Grenzwertsatz für Zwei-Stichproben-U-Statistiken)
Für die U-Statistik $U_{m,n}$ in (8.43) gelte $\sigma_{1,0}^2 > 0$ und $\sigma_{0,1}^2 > 0$. Dann folgt für $m, n \to \infty$ unter der Nebenbedingung (8.44):

$$\sqrt{m+n}\left(U_{m,n} - \vartheta\right) \xrightarrow{\mathcal{D}} N\left(0, \sigma^2\right),$$

wobei

$$\sigma^2 := \frac{k^2\sigma_{1,0}^2}{\tau} + \frac{\ell^2\sigma_{0,1}^2}{1-\tau}. \tag{8.45}$$

Beweis Es gilt

$$\sqrt{m+n}\left(U_{m,n} - \vartheta\right) = \sqrt{m+n}\left(\tilde{U}_{m,n} - \vartheta\right) + R_{m,n},$$

wobei $R_{m,n} = \sqrt{m+n}(U_{m,n} - \tilde{U}_{m,n})$. Falls $\sigma_{1,0}^2 > 0$ und $\sigma_{0,1}^2 > 0$, so sind die geschweiften Klammern in Lemma 8.22 b) von der Größenordnung $O(\frac{1}{m})$ bzw. $O(\frac{1}{n})$. Unter der Bedingung (8.44) folgt dann beim betrachteten Grenzübergang $\mathbb{E}\left(R_{m,n}^2\right) \to 0$ und somit $R_{m,n} \xrightarrow{\mathbb{P}} 0$. Es bleibt also

$$\sqrt{m+n}\left(\tilde{U}_{m,n} - \vartheta\right) \xrightarrow{\mathcal{D}} N(0, \sigma^2)$$

mit σ^2 wie in (8.45) zu zeigen. Der Deutlichkeit halber schreiben wir im Folgenden m_s anstelle von m und n_s anstelle von n. Mit Lemma 8.22 a) gilt

$$\sqrt{m_s + n_s}\left(\tilde{U}_{m_s,n_s} - \vartheta\right) = \sum_{i=1}^{m_s+n_s} Z_{s,i},$$

wobei

$$Z_{s,i} := \begin{cases} \sqrt{m_s + n_s}\,\dfrac{k}{m_s}\left(h_{1,0}(X_i) - \vartheta\right), & \text{falls } i \in \{1, \ldots, m_s\}, \\[2ex] \sqrt{m_s + n_s}\,\dfrac{\ell}{n_s}\left(h_{0,1}(Y_{i-m_s}) - \vartheta\right), & \text{falls } i \in \{m_s + 1, \ldots, m_s + n_s\} \end{cases}$$

gesetzt wurde. $(Z_{s,1}, \ldots, Z_{s,m_s+n_s})_{s \geq 1}$ ist ein Dreiecksschema von zeilenweise unabhängigen Zufallsvariablen. Es gelten $\mathbb{E}(Z_{s,i}) = 0$ für jedes i und

$$\mathbb{V}(Z_{s,i}) = \begin{cases} k^2 \dfrac{m_s + n_s}{m_s^2} \sigma_{1,0}^2, \text{ falls } i \leq m_s, \\[2mm] \ell^2 \dfrac{m_s + n_s}{n_s^2} \sigma_{0,1}^2, \text{ falls } i > m_s. \end{cases}$$

Definieren wir

$$\sigma_s^2 := \sum_{i=1}^{m_s+n_s} \mathbb{V}(Z_{s,i}),$$

so gilt $\lim_{s\to\infty} \sigma_s^2 = \sigma^2$. Wir prüfen, ob die Lindeberg–Bedingung (1.8) erfüllt ist. Für beliebiges $\varepsilon > 0$ erhalten wir

$$L_s(\varepsilon) := \frac{1}{\sigma_s^2} \sum_{i=1}^{m_s+n_s} \mathbb{E}\big[Z_{s,i}^2 \mathbf{1}\{|Z_{s,i}| > \varepsilon\sigma_s\}\big]$$

$$= \frac{m_s}{\sigma_s^2} \mathbb{E}\big[Z_{s,1}^2 \mathbf{1}\{|Z_{s,1}| > \varepsilon\sigma_s\}\big] + \frac{n_s}{\sigma_s^2} \mathbb{E}\big[Z_{s,m_s+1}^2 \mathbf{1}\{|Z_{s,m_s+1}| > \varepsilon\sigma_s\}\big].$$

Nach Definition von $Z_{s,1}$ gilt

$$m_s \mathbb{E}\big[Z_{s,1}^2 \mathbf{1}\{|Z_{s,1}| > \varepsilon\sigma_s\}\big] \qquad (8.46)$$

$$= k^2 \frac{m_s + n_s}{m_s} \mathbb{E}\left[(h_{1,0}(X_1) - \vartheta)^2 \mathbf{1}\left\{|h_{1,0}(X_1) - \vartheta| > \frac{\varepsilon\sigma_s m_s}{k\sqrt{m_s + n_s}}\right\}\right].$$

Wegen

$$\lim_{s\to\infty} \frac{m_s + n_s}{m_s} = \frac{1}{\tau}, \qquad \lim_{s\to\infty} \frac{\varepsilon\sigma_s m_s}{k\sqrt{m_s + n_s}} = \infty$$

folgt

$$\lim_{s\to\infty} \frac{m_s}{\sigma_s^2} \mathbb{E}\big[Z_{s,1}^2 \mathbf{1}\{|Z_{s,1}| > \varepsilon\sigma_s\}\big] = 0.$$

Selbstfrage 15 Welcher Satz rechtfertigt diese Folgerung?

In gleicher Weise ergibt sich

$$\lim_{s\to\infty} \frac{n_s}{\sigma_s^2} \mathbb{E}\big[Z_{s,m_s+1}^2 \mathbf{1}\{|Z_{s,m_s+1}| > \varepsilon\sigma_s\}\big] = 0,$$

was zeigt, dass die Lindeberg-Bedingung erfüllt ist. Der zentrale Grenzwertsatz von Lindeberg–Feller (Satz 1.17) liefert $\frac{1}{\sigma_s} \sum_{i=1}^{m_s+n_s} Z_{s,i} \xrightarrow{\mathcal{D}} N(0,1)$, und wegen $\sigma_s^2 \to \sigma^2$ folgt die Behauptung aus dem Lemma von Slutsky und dem Abbildungssatz. ∎

8.24 Beispiel (Mann–Whitney-U-Statistik (Fortsetzung))

Im Fall der Mann–Whitney-U-Statistik aus Beispiel 8.19 mit $\vartheta = \mathbb{P}(X_1 \leq Y_1)$ und dem Kern $h(x, y) = \mathbf{1}\{x \leq y\}$ gelten

$$\sigma_{1,0}^2 = \text{Cov}\big(\mathbf{1}\{X_1 \leq Y_1\}, \mathbf{1}\{X_1 \leq Y_2\}\big) = \mathbb{P}(X_1 \leq Y_1, X_1 \leq Y_2) - \vartheta^2,$$

$$\sigma_{0,1}^2 = \text{Cov}\big(\mathbf{1}\{X_1 \leq Y_1\}, \mathbf{1}\{X_2 \leq Y_1\}\big) = \mathbb{P}(X_1 \leq Y_1, X_2 \leq Y_1) - \vartheta^2.$$

Falls $\sigma_{1,0}^2 > 0$ und $\sigma_{0,1}^2 > 0$, so gilt nach Satz 8.23 beim Grenzübergang $m, n \to \infty$ unter der Nebenbedingung (8.44):

$$\sqrt{m+n}\left(\frac{1}{mn}\sum_{i=1}^{m}\sum_{j=1}^{n}\mathbf{1}\{X_i \leq Y_j\} - \vartheta\right) \overset{\mathcal{D}}{\longrightarrow} \text{N}\left(0, \frac{\sigma_{1,0}^2}{\tau} + \frac{\sigma_{0,1}^2}{1-\tau}\right).$$

Die Mann–Whitney-U-Statistik $U_{m,n}$ ist neben der Kolmogorow–Smirnow-Statistik (siehe Abschn. 16.19) eine weit verbreitete Prüfgröße, um die Hypothese $H_0 : F = G$ der Gleichheit der zugrundeliegenden Verteilungen der X_i bzw. der Y_j zu testen. Setzen wir F und G als stetig voraus, so gelten unter H_0 $\vartheta = \frac{1}{2}$ sowie

$$\sigma_{1,0}^2 = \sigma_{0,1}^2 = \frac{1}{3} - \frac{1}{4} = \frac{1}{12}.$$

Selbstfrage 16 Warum gelten diese Gleichungen?

Unter H_0 gilt also bei obigem Grenzübergang:

$$\sqrt{m+n}\left(U_{m,n} - \frac{1}{2}\right) \overset{\mathcal{D}}{\longrightarrow} \text{N}\left(0, \frac{1}{12\tau(1-\tau)}\right).$$

Die Statistik $U_{m,n}$ entartet, wenn $\mathbb{P}(X_1 < Y_1) = 1$ oder $\mathbb{P}(Y_1 < X_1) = 1$ gilt. In jedem dieser Fälle gilt $\sigma_{1,0}^2 = \sigma_{0,1}^2 = 0$, und $U_{m,n}$ nimmt mit Wahrscheinlichkeit 1 den Wert eins bzw. den Wert null an.

Die U-Statistik $U_{m,n}$ von Mann und Whitney ist äquivalent zur sogenannten Wilcoxon'schen *Rangsummenstatistik*. Um diesen Sachverhalt einzusehen, nehmen wir weiter an, dass F und G stetig und damit alle X_i und Y_j mit Wahrscheinlichkeit eins paarweise verschieden sind. Die Zufallsvariable

$$r(X_i) := \sum_{j=1}^{m}\mathbf{1}\{X_j \leq X_i\} + \sum_{\ell=1}^{n}\mathbf{1}\{Y_\ell \leq X_i\}, \quad i \in \{1, \ldots, m\},$$

zählt die Anzahl aller $X_1, \ldots, X_m, Y_1, \ldots, Y_n$, die kleiner oder gleich X_i sind. Sie ist definitionsgemäß der *Rang* von X_i in der gemeinsamen Stichprobe aller X_i und Y_j. Wegen

$$\mathbb{P}\left(\sum_{i=1}^{m}\sum_{j=1}^{m}\mathbf{1}\{X_j \le X_i\} = \frac{m(m+1)}{2}\right) = 1$$

und

$$\sum_{i=1}^{m}\sum_{\ell=1}^{n}\mathbf{1}\{Y_\ell \le X_i\} = mn - \sum_{i=1}^{m}\sum_{\ell=1}^{n}\mathbf{1}\{X_i < Y_\ell\}$$

ist die durch

$$W_{m,n} := \sum_{i=1}^{m} r(X_i)$$

definierte Rangsummenstatistik von Wilcoxon $\mathbb{P}$-fast sicher gleich einer affinen Transformation der Mann–Whitney-U-Statistik, nämlich gleich $\frac{m(m+1)}{2} - mn(1 - U_{m,n})$.

8.25 V-Statistiken

Eng verwandt mit U-Statistiken sind die nach R. von Mises benannten V-*Statistiken*. Die zu einer U-Statistik

$$U_n = \frac{1}{\binom{n}{k}} \sum_{1 \le i_1 < \ldots < i_k \le n} h(X_{i_1}, \ldots, X_{i_k})$$

wie in (8.1) *assoziierte* V-*Statistik mit Kern h der Ordnung k* ist durch

$$V_n := \frac{1}{n^k} \sum_{i_1=1}^{n} \cdots \sum_{i_k=1}^{n} h(X_{i_1}, \ldots, X_{i_k})$$

definiert. Wie die Lösung zu Aufgabe 8.10 zeigt, ist die Cramér–von Mises-Statistik ω_n^2 in (8.34) eine V-Statistik der Ordnung 2 mit dem in (8.36) gegebenen Kern. Der wesentliche Unterschied zwischen U_n und V_n besteht darin, dass bei V_n als Argumente von h auch Zufallsvariablen mit gleichen Indizes auftreten können. Bei V-Statistiken fordert man

$$\mathbb{E}\big[h^2(X_{i_1}, \ldots, X_{i_k})\big] < \infty \quad \text{für alle } i_1, \ldots, i_k \text{ mit } i_1, \ldots, i_k \in \{1, \ldots, k\}.$$

Im Fall $k = 2$ muss also neben der vertrauten Bedingung $\mathbb{E}\big[h^2(X_1, X_2)\big] < \infty$ zusätzlich auch $\mathbb{E}\big[h^2(X_1, X_1)\big] < \infty$ gelten. Das Beispiel $h(x_1, x_2) = x_1 x_2$ und eine Verteilung mit $\mathbb{E}(X_1^2) < \infty$ sowie $\mathbb{E}(X_1^4) = \infty$ zeigen, dass man im Allgemeinen aus der „vertrauten Bedingung" nicht die zweite folgern kann.

Ist V_n eine V-Statistik der Ordnung 2 mit Kern h, so gilt

$$V_n = \frac{1}{n^2} \sum_{i,j=1}^{n} h(X_i, X_j) = \frac{1}{n^2} \sum_{i=1}^{n} h(X_i, X_i) + \frac{2}{n^2} \sum_{1 \le i < j \le n} h(X_i, X_j)$$

$$= \frac{1}{n} U_n^{(1)} + \frac{n-1}{n} U_n^{(2)} \tag{8.47}$$

mit den U-Statistiken

$$U_n^{(1)} := \frac{1}{n} \sum_{j=1}^{n} h(X_j, X_j), \qquad U_n^{(2)} := \frac{1}{\binom{n}{2}} \sum_{1 \leq i < j \leq n} h(X_i, X_j)$$

der Ordnungen eins bzw. zwei. Hieraus folgt mit $\mu := \mathbb{E}[h(X_1, X_1)]$ und $\vartheta := \mathbb{E}[h(X_1, X_2)]$ sowie der Bedeutung von $\lambda_1, \lambda_2, \ldots$ und $N_1, N_2, \ldots$ wie in Satz 8.16 (Aufgabe 8.12):

$$\sqrt{n}(V_n - \vartheta) \xrightarrow{\mathcal{D}} N(0, 4\sigma_1^2), \quad \text{falls } \sigma_1^2 > 0, \tag{8.48}$$

$$n(V_n - \vartheta) \xrightarrow{\mathcal{D}} \sum_{j=1}^{\infty} \lambda_j (N_j^2 - 1) + \mu - \vartheta, \quad \text{falls } 0 = \sigma_1^2 < \sigma_2^2. \tag{8.49}$$

Eine ausführliche Behandlung von V-Statistiken findet sich z. B. in [SER], Kap. 6.

8.26 Abschließende Bemerkungen

Wer an Ergebnissen zur Approximationsgüte beim zentralen Grenzwertsatz 8.8 interessiert ist, wird etwa bei [BJZ] fündig. Vergleichbare Ergebnisse in der Situation von Satz 8.16 – interessanterweise mit der Konvergenzrate n^{-1} anstelle von $n^{-1/2}$ – finden sich in [BGO]. Schließlich sei betont, dass es auch eine Theorie zu poissonschen Grenzwertsätzen für U-Statistiken gibt, siehe z. B. [LEE], Abschn. 3.2.4.

Antworten zu den Selbstfragen

Antwort 1 Es ist $\sum_{i<j}(X_i - X_j)^2 = \frac{1}{2}\sum_{i,j=1}^{n}\left((X_i - \overline{X}_n) - (X_j - \overline{X}_n)\right)^2 = n\sum_{i=1}^{n}(X_i - \overline{X}_n)^2$, da $\sum_{i=1}^{n}(X_i - \overline{X}_n) = 0$.

Antwort 2 Mit $D_i := X_i - \overline{X}_n$ und $E_i := Y_i - \overline{Y}_n$, $i = 1, \ldots, n$, folgt wegen $\sum_{i=1}^{n} D_i = 0 = \sum_{i=1}^{n} E_i$:

$$U_n = \frac{2}{n(n-1)} \cdot \frac{1}{2} \cdot \frac{1}{2} \sum_{i,j=1}^{n} (D_i - D_j)(E_i - E_j) = \frac{1}{n(n-1)} \frac{1}{2}\left(2n \sum_{i=1}^{n} D_i E_i + 0\right) = SP_n.$$

Antwort 3 Es gilt $h\big((X_1, Y_1), (X_2, Y_2)\big) = 0$ genau dann, wenn $(X_1, Y_1) = (X_2, Y_2)$ gilt oder wenn die (X_1, Y_1) und (X_2, Y_2) verbindende Gerade parallel zu einer der beiden Koordinatenachsen liegt. Die Wahrscheinlichkeit hierfür ist gleich null, wenn F eine Dichte besitzt.

Antwort 4 Mit $X_j^* := X_j - \mu$, $j = 1, 2$, gilt $\mathbb{V}\big(\frac{1}{2}(X_1 - X_2)^2\big) = \frac{1}{4}\big(\mathbb{E}(X_1^* - X_2^*)^4 - \big(\mathbb{E}(X_1^* - X_2^*)^2\big)^2\big)$. Wegen $\mathbb{E}(X_1^*) = 0 = \mathbb{E}(X_2^*)$ gelten $\mathbb{E}(X_1^* - X_2^*)^4 = 2\mu_4 + 6\mu_2^2$ sowie $\mathbb{E}(X_1^* - X_2^*)^2 = 2\mu_2$. Hieraus folgt die Behauptung.

Antwort 5 Die erste Gleichung gilt, weil im Fall $j \notin A$ die Zufallsvariablen h_A und X_j unabhängig sind (vgl. Satz 1.24 g)). Für das zweite Gleichheitszeichen können aus Symmetriegründen $A = \{1, \ldots, k\}$ und $j = 1$ angenommen werden. Nach Definition gilt $h_1(X_1) = \mathbb{E}[h(X_1, \ldots, X_k)|X_1]$.

Antwort 6 Es seien $a_n = \prod_{j=k}^{2k-2}\left(1 - \frac{j}{n}\right)$, $b_n = \prod_{j=1}^{k-1}\left(1 - \frac{j}{n}\right)$. Nach Ausschreiben der Binomialkoeffizienten mithilfe von Fakultäten und Wegkürzen ist die geschweifte Klammer gleich $\frac{a_n}{b_n} - 1$, woraus die Behauptung folgt.

Antwort 7 Ist allgemein X eine Zufallsvariable mit *stetiger* Verteilungsfunktion F, so liefert die sogenannte *Wahrscheinlichkeitsintegral-Transformation* $X \mapsto U := F(X)$ eine Zufallsvariable U mit der Verteilung U(0, 1). Mit der in (7.4) definierten Quantilfunktion F^{-1} und der Tatsache, dass wegen der Stetigkeit von F für jedes $p \in (0, 1)$ die Gleichung $F(F^{-1}(p)) = p$ erfüllt ist (vgl. (7.5)), gilt $\mathbb{P}(U < p) = \mathbb{P}(F(X) < p) = \mathbb{P}(X < F^{-1}(p)) = \mathbb{P}(X \le F^{-1}(p)) = F(F^{-1}(p)) = p$ und damit auch $\mathbb{P}(U \le p) = \lim_{n\to\infty}\mathbb{P}(U_n < p + n^{-1}) = p$, $0 < p < 1$.

Antwort 8 Da im Fall $\{i, j\} \subset A$ die restlichen Elemente von A auf $\binom{n-2}{k-2}$ Weisen gewählt werden können, folgt $\mathbb{E}[U_n|X_i, X_j] = \binom{n}{k}^{-1}\left\{\binom{n-2}{k-2}h_2(X_i, X_j) + \left(\binom{n}{k} - \binom{n-2}{k-2}\right)\vartheta\right\}$.

Antwort 9 Mit der Cauchy–Schwarz-Ungleichung folgt

$$\int (Ag)^2\,\mathrm{d}F = \int (Ag(x))^2\,\mathrm{d}F(x) = \int \left(\int \mathbb{K}(x, y)g(y)\mathrm{d}F(y)\right)^2\mathrm{d}F(x)$$
$$\le \int \left(\int \mathbb{K}^2(x, y)\mathrm{d}F(y)\int g^2(y)\mathrm{d}F(y)\right)\mathrm{d}F(x)$$
$$= \|g\|_{\mathrm{L}^2}^2 \int\int\mathbb{K}^2(x, y)\mathrm{d}F(x)\mathrm{d}F(y) = \|g\|_{\mathrm{L}^2}^2\,\mathbb{E}(\mathbb{K}^2(X_1, X_2) < \infty.$$

Antwort 10 Es ist der beim dritten Gleichheitszeichen eingehende Satz von Fubini, wonach gilt:

$$\langle Af, g\rangle_{\mathrm{L}^2} = \int(Af)(x)g(x)\,\mathrm{d}F(x) = \int\left(\int\mathbb{K}(x, y)f(y)\mathrm{d}F(y)\right)g(x)\,\mathrm{d}F(x)$$
$$= \int f(y)\left(\int\mathbb{K}(y, x)g(x)\mathrm{d}F(x)\right)\mathrm{d}F(y) = \int f(y)(Ag)(y)\mathrm{d}F(y)$$
$$= \langle f, Ag\rangle_{\mathrm{L}^2}.$$

Antwort 11 Wegen $G_s = \mathbb{K} - \mathbb{K}_s = h_2 - \vartheta - \mathbb{K}_s$ müssen wir

$$0 = \mathbb{E}\big[\big(h_2(X_1, X_2) - \vartheta - \mathbb{K}_s(X_1, X_2)\big)\big(h_2(X_1, X_3) - \vartheta - \mathbb{K}_s(X_1, X_3)\big)\big] = 0$$

zeigen. Nach Ausmultiplizieren folgt die Behauptung, indem man $\mathbb{K}_s$ ausschreibt und (8.20), (8.29) und $\mathbb{E}[h_2(X_1, X_2)] = \vartheta$ sowie die Multiplikationsformel für Erwartungswerte verwendet.

Antwort 12 Für $x \in (0, 1)$ gelten

$$\mathbb{E}[\max(x, X_2)] = x\,\mathbb{E}[\max(x, X_2)|X_2 \le x] + (1 - x)\,\mathbb{E}[\max(x, X_2)|X_2 > x]$$

sowie $\mathbb{E}[\max(x, X_2)|X_2 \le x] = x$. Unter der Bedingung $X_2 > x$ ist X_2 gleichverteilt in $(x, 1)$, woraus sich $\mathbb{E}[\max(x, X_2)|X_2 > x] = \frac{1}{2}(1 + x)$ ergibt.

Antwort 13 Die Menge $A_1 \subset \{1, \ldots, m\}$ kann auf $\binom{m}{k}$ Weisen gebildet werden. Dann entscheidet man sich, welche b Elemente von A_1 auch zu A_2 gehören sollen. Hierfür gibt es $\binom{k}{b}$ Möglichkeiten. Danach kann man A_2 auf $\binom{m-k}{k-b}$ Arten zu einer m-elementigen Menge ergänzen. In gleicher Weise entsteht das Produkt $\binom{n}{\ell}\binom{\ell}{c}\binom{n-\ell}{\ell-c}$.

Antwort 14 Unter der Bedingung X_1 sind die beiden Faktoren vor dem Bedingungsstrich stochastisch unabhängig, sodass die Multiplikationsregel für Erwartungswerte greift.

Antwort 15 Es ist der Satz von der dominierten Konvergenz (Satz 1.29). Der Erwartungswert in (8.46) ist vom Typ $\int_\Omega Z^2 \mathbf{1}\{|Z| > a_s\}\mathrm{d}\mathbb{P}$, wobei $a_s \to \infty$. Der Integrand konvergiert elementweise auf Ω gegen null, und er hat die integrierbare Majorante Z^2.

Antwort 16 Da F stetig ist, sind X_1, Y_1 und Y_2 mit Wahrscheinlichkeit eins paarweise verschieden und identisch verteilt. Aus Symmetriegründen ist die Wahrscheinlichkeit, dass $X_1 = \min(X_1, Y_1, Y_2)$ gilt, gleich $\frac{1}{3}$. Ebenso gilt $\mathbb{P}(X_1 \le Y_1, X_2 \le Y_1) = \mathbb{P}(Y_1 = \max(X_1, X_2, Y_1)) = \frac{1}{3}$.

Übungsaufgaben

Aufgabe 8.1 Beweisen Sie Satz 8.3.

Aufgabe 8.2 Es sei $X_1, X_2, \ldots$ eine u.i.v.-Folge reeller Zufallsvariablen mit $\mathbb{E}(X_1^2) < \infty$ und $\sigma^2 := \mathbb{V}(X_1) > 0$. Weiter seien $\mu := \mathbb{E}(X_1)$ und $h : \mathbb{R}^2 \to \mathbb{R}$ definiert durch $h(x_1, x_2) := x_1 x_2$. Zeigen Sie: Falls $\mu \ne 0$, so gilt für die U-Statistik U_n mit Kern h:

$$\sqrt{n}\left(U_n - \mu^2\right) \xrightarrow{\mathcal{D}} \mathrm{N}\left(0, 4\mu^2\sigma^2\right) \quad \text{für } n \to \infty.$$

Was passiert im Fall $\mu = 0$?

Aufgabe 8.3 Es sei τ_n der in (8.5) definierte empirische τ-Koeffizient von Kendall aus Beispiel 8.2 e). Zeigen Sie: Unter der Voraussetzung, dass X_1 und Y_1 stochastisch unabhängig sind und die stetigen Verteilungsfunktionen G bzw. H besitzen, gelten:

a) $\mathbb{V}(\tau_n) = \dfrac{2(2n + 5)}{9n(n - 1)}.$

b) $\sqrt{n}\tau_n \xrightarrow{\mathcal{D}} \mathrm{N}\left(0, \dfrac{4}{9}\right).$

Aufgabe 8.4 (Projektions-Lemma von Hájek) Es seien $X_1, \ldots, X_n$ stochastisch unabhängige d-dimensionale Zufallsvektoren und $s : (\mathbb{R}^d)^n \to \mathbb{R}$ eine messbare Funktion mit der Eigenschaft $\mathbb{E}(S^2) < \infty$, wobei $S = s(X_1, \ldots, X_n)$. Weiter sei $L := \sum_{i=1}^n \ell_i(X_i)$, wobei $\ell_i : \mathbb{R}^d \to \mathbb{R}$, $i \in \{1, \ldots, n\}$, messbare Funktionen mit $\mathbb{E}(\ell_i(X_i)^2) < \infty$, $i = 1, \ldots, n$, sind. Zeigen Sie: Für die Zufallsvariable

$$\widehat{S} := \sum_{j=1}^n \mathbb{E}\left[S|X_j\right] - (n - 1)\mathbb{E}(S)$$

gilt: $\mathbb{E}\left(S - L\right)^2 = \mathbb{E}\left(S - \widehat{S}\right)^2 + \mathbb{E}\left(\widehat{S} - L\right)^2$.

Die Zufallsvariable S wird also unter allen Linearkombinationen von Funktionen der X_j im quadratischen Mittel bestmöglich durch $\widehat{S}$ approximiert.

Hinweis: Wegen $\mathbb{E}(S) = \mathbb{E}(\widehat{S})$ (!) kann o.B.d. A. $\mathbb{E}(S) = 0$ angenommen werden. Zu zeigen ist dann $\mathbb{E}\left[(S - \widehat{S})(\widehat{S} - L)\right] = 0$. Was ist $\mathbb{E}[S - \widehat{S}|X_i]$?

Aufgabe 8.5 Es seien $U_n = U_n(X_1, \ldots, X_n)$ und $V_n = V_n(X_1, \ldots, X_n)$ U-Statistiken mit Kernen f bzw. g der Ordnung k bzw. ℓ und $\vartheta = \mathbb{E}(U_n)$, $\eta = \mathbb{E}(V_n)$. Es gelte $\mathbb{E}\big[f^2(X_1, \ldots, X_k)\big] < \infty$ und $\mathbb{E}[g^2(X_1, \ldots, X_\ell)] < \infty$. Geben Sie Bedingungen an, unter denen der bivariate Zufallsvektor $\sqrt{n}(U_n - \vartheta, V_n - \eta)^\top$ asymptotisch für $n \to \infty$ eine bivariate Normalverteilung besitzt und spezifizieren Sie die Parameter dieser Normalverteilung.

Aufgabe 8.6 Es sei $X_1, X_2, \ldots$ eine u.i.v.-Folge reeller Zufallsvariablen mit $m_4 := \mathbb{E}(X_1^4) < \infty$ und $0 < \sigma^2 := \mathbb{V}(X_1)$. Zusätzlich gelte $X_1 \stackrel{\mathcal{D}}{=} -X_1$. Zeigen Sie: Für die U-Statistik

$$U_n := \frac{1}{\binom{n}{2}} \sum_{1 \le i < j \le n} h(X_i, X_j)$$

zum Kern $h(x_1, x_2) := x_1 x_2 + (x_1^2 - \sigma^2)(x_2^2 - \sigma^2)$ gilt beim Grenzübergang $n \to \infty$:

$$n U_n \stackrel{\mathcal{D}}{\longrightarrow} \sigma^2 (N_1^2 - 1) + (m_4 - \sigma^4)(N_2^2 - 1).$$

Dabei sind N_1 und N_2 unabhängige und je N(0, 1)-verteilte Zufallsvariablen.

Aufgabe 8.7 Es sei $X_1, X_2, \ldots$ eine u.i.v.-Folge reeller Zufallsvariablen mit $\mathbb{E}|X_1|^3 < \infty$ und $\mathbb{E}(X_1) = 0$ sowie $\mathbb{V}(X_1) = 1$. Zeigen Sie: Für die zum Kern $h : \mathbb{R}^3 \to \mathbb{R}$ mit $h(x_1, x_2, x_3) := x_1 x_2 x_3$ gehörende U-Statistik U_n gilt

$$n^{3/2} U_n \stackrel{\mathcal{D}}{\longrightarrow} Z^3 - 3Z, \quad \text{wobei } Z \sim \text{N}(0, 1).$$

Aufgabe 8.8 Es sei $X_1, X_2, \ldots$ eine u.i.v.-Folge reeller Zufallsvariablen mit $\mathbb{E}(X_1^4) < \infty$ und $\mathbb{E}(X_1) = 0$ sowie $\mathbb{V}(X_1) = 1$. Zeigen Sie: Für die zum Kern $h : \mathbb{R}^4 \to \mathbb{R}$ mit $h(x_1, x_2, x_3, x_4) := x_1 x_2 x_3 x_4$ gehörende U-Statistik U_n gilt

$$n^2 U_n \stackrel{\mathcal{D}}{\longrightarrow} Z^4 - 6Z^2 + 3, \quad \text{wobei } Z \sim \text{N}(0, 1).$$

Aufgabe 8.9 Zeigen Sie, dass die Zufallsvariablen $Y_s = \sum_{j=1}^s \lambda_j (N_j^2 - 1)$, $s \ge 1$, im Beweis von Satz 8.16 eine Cauchy-Folge bilden.

Aufgabe 8.10 Leiten Sie für die in (8.34) definierte Cramér–von Mises-Statistik die Darstellung (8.35) her.

Aufgabe 8.11 Es seien $X_1, \ldots, X_m, Y_1, \ldots, Y_n$ unabhängige Zufallsvariablen, wobei X_1, $\ldots, X_m$ die gleiche Verteilungsfunktion F und $Y_1, \ldots, Y_n$ die gleiche Verteilungsfunktion G besitzen. Weiter sei $\vartheta := \mathbb{P}(X_1 < Y_1, X_2 < Y_1)$.

a) Geben Sie eine Zwei-Stichproben-U-Statistik $U_{m,n}$ an, die ϑ erwartungstreu schätzt.
b) Welche asymptotische Verteilung besitzt $U_{m,n}$ für $m, n \to \infty$ unter der Nebenbedingung (8.44), wenn speziell $X_1 \sim \text{U}(0, 1)$ und $Y_1 \sim \text{U}(-1, 1)$ vorausgesetzt wird?

Aufgabe 8.12 Beweisen Sie die Aussagen (8.48) und (8.49).

Grundbegriffe der Schätztheorie

In diesem Kapitel stecken wir den allgemeinen Rahmen für einige Themen der asymptotischen Statistik ab, die in diesem und den folgenden Kapiteln behandelt werden. Dazu gehört auch eine spezifische Notation. Zudem werden Begriffe wie *parametrisches Modell, statistischer Raum* und *kanonisches Modell* eingeführt. Außerdem lernen wir den Begriff *Schätzer* sowie wünschenswerte Eigenschaften eines solchen Schätzers kennen. Grundkenntnisse der mathematischen Statistik sind hilfreich, aber nicht unbedingt notwendig. Umfangreiche Einführungen in die mathematische Statistik geben unter anderem [RUE], [SHA], [SPD] sowie [BD1], [BD2]. Das Buch [LEC] ist ausschließlich Schätzverfahren gewidmet.

Wenn nicht anders vereinbart legen wir eine Folge $X_1, X_2, \ldots$ stochastisch unabhängiger und identisch verteilter Zufallsvariablen zugrunde, die alle auf einem – letztlich nicht interessierenden – gemeinsamen Wahrscheinlichkeitsraum $(\Omega, \mathcal{A}, \mathbb{P})$ definiert seien. Diese Zufallsvariablen nehmen Werte in einer Menge $\mathcal{X}_0$ an, die *Stichprobenraum* genannt wird, und die mit einer σ-Algebra $\mathcal{B}_0$ versehen ist. Der Begriff Zufallsvariable, der die $(\mathcal{A}, \mathcal{B}_0)$-Messbarkeit der Abbildungen $X_j : \Omega \to \mathcal{X}_0$ beinhaltet, ist also allgemein zu verstehen. Meist wird $\mathcal{X}_0 \subset \mathbb{R}^d$ gelten, sodass d-dimensionale Zufallsvektoren vorliegen. In diesem Fall ist $\mathcal{X}_0$ eine Borelmenge, und $\mathcal{B}_0 = \{\mathcal{X}_0 \cap B : B \in \mathcal{B}^d\}$ ist die Spur von $\mathcal{B}^d$ in $\mathcal{X}_0$. Hier ist wiederum der wichtigste Spezialfall derjenige reeller Zufallsvariablen, also der Fall $d = 1$.

Im Folgenden bezeichne

$$\mathcal{M}^1 := \{P : P \text{ ist Wahrscheinlichkeitsmaß auf } \mathcal{B}_0\}$$

die Menge aller Wahrscheinlichkeitsmaße auf der σ-Algebra $\mathcal{B}_0$. In der Statistik nimmt man an, dass die Verteilung $\mathbb{P}^{X_1}$ von X_1 nicht vollständig bekannt ist. Ein sogenanntes *parametrisches Modell* trifft eine relativ einschränkende Grundannahme über diese Verteilung.

N. Henze, *Asymptotische Stochastik: Eine Einführung mit Blick auf die Statistik*, https://doi.org/10.1007/978-3-662-65611-2_9

9.1 Definition (parametrisches Modell)

Ein *parametrisches Modell* für $\mathbb{P}^{X_1}$ ist eine Teilmenge $\mathcal{P} \subset \mathcal{M}^1$ mit folgender Eigenschaft: Es gibt eine natürliche Zahl k und eine nichtleere Borelmenge $\Theta \subset \mathbb{R}^k$ sowie eine bijektive Abbildung $Q : \Theta \to \mathcal{P}$. Dabei setzt man üblicherweise $Q_\vartheta := Q(\vartheta)$, $\vartheta \in \Theta$. Damit gilt

$$\mathcal{P} = \{Q_\vartheta : \vartheta \in \Theta\}.$$

Die Menge Θ heißt *Parameterraum*.

Rein theoretisch kann die Menge $\mathcal{M}^1$ mithilfe eines reellen Parameters charakterisiert werden, denn jedes $P \in \mathcal{M}^1$ ist durch die Verteilungsfunktion $F_P : \mathbb{R} \to \mathbb{R}$, $F_P(t) := P((-\infty, t])$ für $t \in \mathbb{R}$, festgelegt. Aufgrund der rechtsseitigen Stetigkeit ist F_P durch die Werte $F_P(t)$ für alle rationalen t eindeutig bestimmt, und die Menge der rationalen Zahlen lässt sich bijektiv auf $(0, 1)$ abbilden. Eine solche Parametrisierung besitzt jedoch kein praktisches Interesse. Es geht in Definition 9.1 um Verteilungsklassen, die sich „zwanglos" durch einen endlichdimensionalen Parameter indizieren lassen. Einige Beispiele mögen diesen Sachverhalt erläutern.

9.2 Beispiel (Normalverteilungsannahme)

Bei wiederholter Messung einer physikalischen oder technischen Größe unter gleichen, sich gegenseitig nicht beeinflussenden Bedingungen unterstellt man oft eine *Normalverteilung*, d. h., man nimmt an, dass X_1 eine Normalverteilung $N(\mu, \sigma^2)$ besitzt, wobei μ und σ^2 nicht spezifiziert werden. Dabei ist μ der „wahre Wert" der zu messenden Größe, und die Varianz σ^2 beschreibt die Ungenauigkeit des Messverfahrens. In dieser Situation ist

$$\Theta = \mathbb{R} \times \mathbb{R}_{>0} = \{\vartheta = (\mu, \sigma^2) : \mu \in \mathbb{R}, \ \sigma^2 > 0\}.$$

Der Parameter ϑ ist also ein Vektor mit zwei Komponenten, weshalb man auch von einem *zweiparametrigen Modell* spricht. Ist wie in diesem Beispiel $k \geq 2$, so kann es passieren, dass nur an einer Komponente dieses Vektors Interesse besteht. Im allgemeinen Fall liegt eine Funktion $\gamma : \Theta \to \mathbb{R}$ vor, und man möchte nur etwas über $\gamma(\vartheta)$ wissen. In diesem konkreten Beispiel ist meist $\gamma(\vartheta) = \mu$. Man ist also am Erwartungswert der Normalverteilung interessiert, nicht aber an deren Varianz. Da letztere dann nur ein lästiges, notwendiges Beiwerk ist, nennt man σ^2 einen *Störparameter*.

9.3 Beispiel (Exponentialverteilungsannahme)

Modellieren die Zufallsvariablen $X_1, X_2, \ldots$ zufallsbehaftete Lebensdauern, ist also X_1 mit Wahrscheinlichkeit eins positiv, so besteht das einfachste parametrische Modell in einer *Exponentialverteilungsannahme*, d. h., man setzt

$$\Theta = (0, \infty), \quad Q_\vartheta = \text{Exp}(\vartheta).$$

In diesem Zusammenhang erhält der Parameter ϑ meist die Bezeichnung λ.

9.4 Beispiel (Bernoulli-Folge)

Bei einem sogenannten *dichotomen Merkmal*, das nur zwei verschiedene Werte annehmen kann (die dann zweckmäßigerweise als 1 und 0 gewählt werden), gelten $X_1 \sim \text{Bin}(1, \vartheta)$ mit $\vartheta \in \Theta := (0, 1)$. In diesem Fall kann ϑ als Trefferwahrscheinlichkeit angesehen werden, wenn die Realisierung 1 der X_j als „Treffer" gedeutet wird, was auch immer in einer konkreten Situation ein Treffer sein mag. Man beachte, dass durch die Wahl $\Theta = (0, 1)$ die extremen Trefferwahrscheinlichkeiten ausgeschlossen wurden. Auch in diesem Rahmen ist es üblich, von der Bezeichnung ϑ abzuweichen und die Trefferwahrscheinlichkeit als p zu notieren.

9.5 Beispiel (zweidimensionale Normalverteilung)

Ein fünfparametriges statistisches Modell entsteht, wenn $X_1, X_2, \ldots$ zweidimensionale Zufallsvektoren sind und für die Verteilung von X_1 irgendeine nichtspezifizierte Normalverteilung unterstellt wird. Die Modellannahme ist also

$$X_1 \sim \text{N}_2 \left(\begin{pmatrix} \mu \\ \nu \end{pmatrix}, \begin{pmatrix} \sigma^2 & \rho\sigma\tau \\ \rho\sigma\tau & \tau^2 \end{pmatrix} \right),$$

und es gelten $\vartheta := (\mu, \nu, \sigma^2, \tau^2, \rho)$ sowie

$$\Theta = \{\vartheta = (\mu, \nu, \sigma^2, \tau^2, \rho) : \mu, \ \nu \in \mathbb{R}, \ \sigma^2 > 0, \ \tau^2 > 0, \ -1 < \rho < 1\}.$$

9.6 Das kanonische Modell

Es wurde eingangs erwähnt, dass der Wahrscheinlichkeitsraum, auf dem die Zufallsvariablen $X_1, X_2, \ldots$ definiert sind, keine Relevanz besitzt. Dieser Sachverhalt soll jetzt präzisiert werden. Wir definieren dazu die Menge

$$\mathcal{X} := \mathcal{X}_0^{\mathbb{N}} := \{\mathbf{x} = (x_1, x_2, \ldots) : x_j \in \mathcal{X}_0 \text{ für jedes } j \geq 1\}$$

als abzählbar-unendlichfaches kartesisches Produkt von $\mathcal{X}_0$ mit sich selbst und versehen diese Menge mit der *Produkt-σ-Algebra* $\mathcal{B} := \mathcal{B}_0^{\mathbb{N}}$, also der kleinsten σ-Algebra über $\mathcal{X}$, bezüglich derer alle *Koordinatenprojektionen* $\mathcal{X} \ni \mathbf{x} = (x_1, x_2, \ldots) \mapsto x_j$, $j \geq 1$, $(\mathcal{B}, \mathcal{B}_0)$-messbar sind. Schließlich sei für Q_ϑ mit $\vartheta \in \Theta$ das unendlichfache Produkt-Wahrscheinlichkeitsmaß auf $\mathcal{B}$ mit $Q_\vartheta^{\mathbb{N}}$ bezeichnet. Mit $\mathbb{P}_\vartheta := Q_\vartheta^{\mathbb{N}}$ ist dann $(\mathcal{X}, \mathcal{B}, \mathbb{P}_\vartheta)_{\vartheta \in \Theta}$ eine Familie von Wahrscheinlichkeitsräumen. Diese Familie wird häufig *statistischer Raum* genannt. Definieren wir $X := \text{id}_{\mathcal{X}}$ als identische Abbildung auf $\mathcal{X}$, setzen wir also $X_j(\mathbf{x}) := x_j$, $j \geq 1$, für $X =: (X_1, X_2, \ldots)$, so sind $X_1, X_2, \ldots$ stochastisch unabhängige Zufallsvariablen mit gleicher Verteilung Q_ϑ. Diese Konstruktion heißt *kanonisches Modell*. Wenn nichts anderes vereinbart ist, werden wir im Folgenden stets das kanonische Modell zugrundelegen. Mit diesem gilt z. B. für jedes $n \geq 1$ und jede Wahl von $A \in \mathcal{B}_0 \otimes \ldots \otimes \mathcal{B}_0$ (n Faktoren):

$$\mathbb{P}_\vartheta \left(A \times (\times_{j=n+1}^{\infty} \mathcal{X}_0) \right) = \mathbb{P}_\vartheta \left((X_1, \ldots, X_n) \in A \right).$$

Dabei haben wir durch Indizierung mit ϑ hervorgehoben, dass als Modell das Wahrscheinlichkeitsmaß $\mathbb{P}_\vartheta$ zugrundegelegt wurde. In gleicher Weise machen wir diesen Sachverhalt durch die Schreibweisen $\mathbb{E}_\vartheta$ und $\mathbb{V}_\vartheta$ für Erwartungswerte bzw. für Varianzen sowie durch $\xrightarrow{\mathbb{P}_\vartheta}$ und $\xrightarrow{\mathcal{D}_\vartheta}$ für stochastische Konvergenz bzw. Verteilungskonvergenz unter $\mathbb{P}_\vartheta$ deutlich.

An dieser Stelle drängen sich einige allgemeine Überlegungen auf. Ein parametrisches Modell ist verlockend, weil man insbesondere bei gegebenem $\vartheta \in \Theta$ Pseudozufallszahlen nach der Verteilung Q_ϑ generieren und damit Simulationen durchführen kann. Außerdem ist es manchmal möglich, *innerhalb eines parametrischen Modells* zu optimalen Schätz- oder Testverfahren zu gelangen. Dabei muss natürlich spezifiziert werden, wie genau das wohltuend vage anmutende Wort „Optimalität" zu verstehen ist.

Auf der anderen Seite ist jedes Modell nur eine mehr oder weniger gute Approximation der Realität. Will man im Vergleich zur Annahme eines parametrischen Modells vorsichtiger sein, so bleibt einem nichts anderes übrig, als die Klasse der für möglich erachteten Verteilungen für X_1 unter Umständen erheblich zu vergrößern. Das Rahmenmodell, dass $X_1, X_2, \ldots$ stochastisch unabhängig und identisch verteilt sind, beinhaltet ja im Fall $\mathcal{X}_0 = \mathbb{R}^d$ nur eine unbekannte Größe, um die Verteilung von X_1 und damit auch die Verteilung der Folge $X = (X_j)_{j \geq 1}$ festzulegen, und das ist die mit F bezeichnete Verteilungsfunktion von X_1. Auch diese kann man als (nicht endlich-dimensionalen) „Parameter" ansehen und als Rahmenmodell festlegen, dass F zu einer gegebenen Menge $\mathcal{F}$ von Verteilungsfunktionen gehört. Eine derartige Annahme bezeichnet man als *nichtparametrisches Modell*. Solche Modelle haben wir in Kap. 8 betrachtet, wo im Einstichprobenfall $\mathcal{F}$ die Menge aller Verteilungsfunktionen F mit $\mathbb{E}_F[h^2(X_1, \ldots, X_k)] < \infty$ bezeichnete. Dort haben wir den Parameter F als Index an Erwartungswerte, Varianzen, Kovarianzen und Wahrscheinlichkeiten geschrieben, um deren Abhängigkeit von F hervorzuheben und zu betonen, dass das stochastische Modell erst durch Spezifikation von F eindeutig bestimmt ist. Von Interesse war dann aber letztlich nur ein reellwertiger Aspekt von F, nämlich $\vartheta(F) = \mathbb{E}_F[h(X_1, \ldots, X_k)]$.

Im Folgenden seien $(\mathcal{X}, \mathcal{B}, \mathbb{P}_\vartheta)_{\vartheta \in \Theta}$ ein statistischer Raum mit $\Theta \subset \mathbb{R}^k$, s eine natürliche Zahl mit $s \in \{1, \ldots, k\}$ und $\gamma : \mathbb{R}^k \to \mathbb{R}^s$. Die euklidische Norm im $\mathbb{R}^s$ wird mit $\| \cdot \|$ bezeichnet. Das Ziel besteht darin, aufgrund von $\mathbf{x} = (x_1, x_2, \ldots)$ den Wert $\gamma(\vartheta)$ zu schätzen. Dabei haben wir nicht die gesamte Folge $(x_1, x_2, \ldots)$ als Datengrundlage zum Schätzen zur Verfügung, sondern nur einen Anfangsabschnitt $x_1, x_2, \ldots, x_n$ der Länge n. Die Zahl n heißt *Stichprobenumfang*.

9.7 Definition (Schätzer)

Ein *Schätzer* für $\gamma(\vartheta)$ (zum Stichprobenumfang n) ist eine messbare Abbildung $T_n : \mathcal{X} \to \gamma(\Theta)$ mit der Eigenschaft, dass für jedes $\mathbf{x} = (x_1, x_2, \ldots) \in \mathcal{X}$ der Schätzwert $T_n(\mathbf{x})$ nur von $x_1, \ldots, x_n$ abhängt. Um diesen Sachverhalt zu betonen, setzt man auch $T_n(x_1, \ldots, x_n) := T_n(\mathbf{x})$, und man schreibt kurz $T_n := T_n(X_1, \ldots, X_n)$, wenn im kanonischen Modell die

Zufallsvariable $T_n((X_1, X_2, \ldots))$ gemeint ist. Die Messbarkeit von T_n beinhaltet, dass $\gamma(\Theta)$ mit der Spur-σ-Algebra $\gamma(\Theta) \cap \mathcal{B}^s$ versehen ist.

Aus mathematischen Gründen ist es manchmal geboten, dass ein Schätzer wie oben auch Werte in einer echten Obermenge von $\gamma(\Theta)$ annehmen kann. Das mag verwundern, wird aber schnell anhand des Problems klar, eine unbekannte Trefferwahrscheinlichkeit bei Bernoulli-Versuchen schätzen zu wollen. Auch wenn man aus gutem Grund den Parameterraum $\Theta :=$ $(0, 1)$ wählt und damit die extremen Trefferwahrscheinlichkeiten 0 und 1 ausschließt, kann es passieren, dass in einer Stichprobe der Länge n kein einziger Treffer aufgetreten ist, was zumindest für die relative Trefferhäufigkeit als Schätzer den Schätzwert 0 liefert.

Der Schätzer T_n ist eine auf dem Stichprobenraum $\mathcal{X}$ definierte *Zufallsvariable*, deren Verteilung vom unbekannten Parameter ϑ abhängt. Natürlich wünschen wir uns, dass diese Verteilung stark um den Wert $\gamma(\vartheta)$ konzentriert ist, wenn $\mathbb{P}^{X_1} = Q_\vartheta$ gilt, und das soll selbstverständlich für jedes $\vartheta \in \Theta$ gelten. Existiert der Erwartungswert $\mathbb{E}_\vartheta(T_n)$ für jedes $\vartheta \in \Theta$, so nennt man T_n *erwartungstreu für* $\gamma(\vartheta)$, falls gilt:

$$\mathbb{E}_\vartheta(T_n) = \gamma(\vartheta) \quad \text{für jedes } \vartheta \in \Theta.$$

Dabei ist im Fall $s > 1$ dieser Erwartungswert definitionsgemäß der Vektor der Erwartungswerte der einzelnen Komponenten. Erwartungstreue Schätzer sind in dem Sinne „unparteilich" in Bezug auf ϑ als – ganz egal, welches $\vartheta \in \Theta$ über Q_ϑ als Verteilung von X_1 zugrundegelegt wird – der physikalische Schwerpunkt der *Schätzverteilung*, also der Verteilung von T_n, gleich dem zu schätzenden Wert ist. Es ist aber durchaus möglich, dass in einer konkreten Situation kein erwartungstreuer Schätzer existiert (Aufgabe 9.1).

9.8 Definition (Schätzfolgen und ihre Eigenschaften)

Eine *Schätzfolge für* $\gamma(\vartheta)$ ist eine Folge (T_n) messbarer Abbildungen $T_n : \mathcal{X} \to \gamma(\Theta)$ derart, dass für jedes n die Abbildung T_n ein Schätzer für $\gamma(\vartheta)$ zum Stichprobenumfang n ist. Die Folge (T_n) heißt

a) *asymptotisch erwartungstreu für* $\gamma(\vartheta)$, falls gilt:

$$\lim_{n\to\infty} \mathbb{E}_\vartheta(T_n) = \gamma(\vartheta) \quad \text{für jedes } \vartheta \in \Theta,$$

b) *(schwach) konsistent für* $\gamma(\vartheta)$, falls gilt:

$$\lim_{n\to\infty} \mathbb{P}_\vartheta\big(\|T_n - \gamma(\vartheta)\| > \varepsilon\big) = 0 \quad \text{für jedes } \varepsilon > 0 \text{ und jedes } \vartheta \in \Theta,$$

c) *stark konsistent* für $\gamma(\vartheta)$, falls gilt: $\lim_{n\to\infty} T_n = \gamma(\vartheta)$ $\mathbb{P}_\vartheta$-f.s. für jedes $\vartheta \in \Theta$,

d) $\sqrt{n}$-*konsistent* für $\gamma(\vartheta)$, falls gilt: $\sqrt{n}\big(T_n - \gamma(\vartheta)\big) = O_{\mathbb{P}_\vartheta}(1)$ für jedes $\vartheta \in \Theta$.

Teil a) obiger Definition setzt natürlich voraus, dass der Erwartungswert (der im Fall $s > 1$ ein Erwartungswertvektor ist) existiert. Im Folgenden lassen wir den Zusatz „schwach" bei der schwachen Konsistenz weg. Die Konsistenzeigenschaft besagt, dass die Schätzfolge (T_n) bei Zugrundelegung des Parameters ϑ stochastisch gegen $\gamma(\vartheta)$ konvergiert, und zwar für jedes $\vartheta \in \Theta$. Diese Eigenschaft ist in gewisser Weise unabdingbar, denn bei wachsendem Stichprobenumfang n sollte sich die Verteilung des Schätzers T_n immer stärker um den zu schätzenden Wert konzentrieren, und zwar unabhängig davon, welches ϑ der Verteilung von X_1 in Form von Q_ϑ zugrundeleglegt wird, denn ϑ ist ja unbekannt. Abb. 9.1 zeigt diesen wünschenswerten Effekt am Beispiel der Schätzung einer Trefferwahrscheinlichkeit bei Bernoulli-Versuchen durch die mit T_n bezeichnete zufällige relative Trefferhäufigkeit für die Stichprobenumfänge $n = 20$ und $n = 50$, wobei als Trefferwahrscheinlichkeit $\vartheta = 0.7$ zugrundegelegt wurde.

Die Eigenschaft der $\sqrt{n}$-Konsistenz ist insbesondere erfüllt, wenn für jedes $\vartheta \in \Theta$ der mit $\sqrt{n}$ multiplizierte *Schätzfehler* $T_n - \gamma(\vartheta)$ beim Grenzübergang $n \to \infty$ eine Grenzverteilung besitzt, denn die Verteilungskonvergenz einer Folge zieht ja deren Straffheit nach sich.

Selbstfrage 1 Warum folgt aus der $\sqrt{n}$-Konsistenz die Konsistenz?

Setzen wir $T_n =: (T_{n,1}, \ldots, T_{n,k})$, so ist (T_n) konsistent für $\gamma(\vartheta)$, falls (T_n) asymptotisch erwartungstreu für $\gamma(\vartheta)$ ist, und falls für jedes $j \in \{1, \ldots, k\}$ die Bedingung $\lim_{n \to \infty} \mathbb{V}_\vartheta(T_{n,j}) = 0$ für jedes $\vartheta \in \Theta$ erfüllt ist (Aufgabe 9.2). Dabei wird vorausgesetzt, dass $\mathbb{E}_\vartheta(T_{n,j}^2) < \infty$ gilt ($j \in \{1, \ldots, k\}$, $\vartheta \in \Theta$).

9.9 Beispiel (Varianzschätzung)

Sei $X_1, X_2, \ldots$ eine u.i.v.-Folge mit unbekannter Normalverteilung $N(\mu, \sigma^2)$, also $\vartheta := (\mu, \sigma^2)$ und $\Theta = \mathbb{R} \times \mathbb{R}_{>0}$. Zu schätzen sei $\gamma(\vartheta) := \sigma^2$, also die Varianz. Nach Beispiel 8.2 ist die Stichprobenvarianz

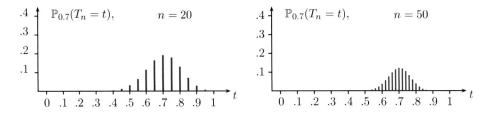

Abb. 9.1 Stabdiagramme der Verteilung der zufälligen relativen Trefferhäufigkeit für $n = 20$ und $n = 50$, jeweils für $\vartheta = 0.7$

$$S_n^2 = \frac{1}{n-1} \sum_{j=1}^{n} \left(X_j - \overline{X}_n \right)^2 \tag{9.1}$$

ein erwartungstreuer Schätzer für σ^2, und zwar nicht nur im Kontext einer Normalverteilung, sondern allgemein in einem nichtparametrischen Rahmen. Nach Beispiel 8.5 gilt wegen $\mu_4 = 3\sigma^4$ und $\mu_2 = \sigma^2$

$$\mathbb{V}_\vartheta \left(S_n^2 \right) = \frac{\sigma^4}{n} \left(3 - \frac{n-3}{n-1} \right) \to 0.$$

Somit gilt $S_n^2 \xrightarrow{\mathbb{P}_\vartheta} \gamma(\vartheta)$, $\vartheta \in \Theta$, d.h., die Folge (S_n^2) ist konsistent für σ^2. Nach (8.13) gilt $\sqrt{n}(S_n^2 - \sigma^2) \xrightarrow{\mathcal{D}_\vartheta} \mathrm{N}(0, 2\sigma^4)$, und somit ist die Folge (S_n^2) $\sqrt{n}$-konsistent für σ^2. Man beachte, dass das Resultat (8.13) viel allgemeiner ist.

Selbstfrage 2 Ist $(S_n^2)_{n \geq 2}$ eine stark konsistente Schätzfolge für σ^2?

9.10 Beispiel (Schätzung des rechten Endpunktes einer Gleichverteilung)

Es sei $X_1, X_2, \ldots$ eine u.i.v.-Folge von Zufallsvariablen mit der Gleichverteilung $X_1 \sim \mathrm{U}(0, \vartheta)$, wobei $\vartheta \in \Theta$ und $\Theta := (0, \infty)$. Zu schätzen sei ϑ. Wegen $\mathbb{E}_\vartheta(X_1) = \frac{\vartheta}{2}$ erscheint es naheliegend, ϑ mithilfe von $X_1, \ldots, X_n$ durch

$$T_n := 2\overline{X}_n, \qquad \overline{X}_n := \frac{1}{n} \sum_{j=1}^{n} X_j,$$

zu schätzen. Das Wort *naheliegend* verweist hier auf eine allgemeine Schätzmethode, die – wie die in Kap. 3 behandelte Möglichkeit, aus der Konvergenz von Momenten auf Verteilungskonvergenz zu schließen – *Momentenmethode* genannt wird (siehe Kap. 11).

Es gilt $\mathbb{E}_\vartheta(T_n) = \vartheta$, $\vartheta \in \Theta$, d.h., der Schätzer T_n ist erwartungstreu für ϑ. Weiter gilt

$$\mathbb{V}(T_n) = \frac{4}{n} \mathbb{V}_\vartheta(X_1) = \frac{4\vartheta^2}{n} \cdot \frac{1}{12} = \frac{\vartheta^2}{3n}, \tag{9.2}$$

und somit zeigt die Tschebyschow-Ungleichung, dass die Schätzfolge (T_n) konsistent für ϑ ist. Offenbar gilt $X_j \sim \vartheta U_j$, $j \geq 1$, wobei $U_1, U_2, \ldots$ eine u.i.v.-Folge von Zufallsvariablen mit der Gleichverteilung in $(0, 1)$ ist, was Rechnungen vereinfacht. Mit dem zentralen Grenzwertsatz von Lindeberg–Lévy ergibt sich

$$\sqrt{n}(T_n - \vartheta) \xrightarrow{\mathcal{D}_\vartheta} \mathrm{N}\left(0, \frac{\vartheta^2}{3}\right), \qquad \vartheta \in \Theta,$$

und deshalb ist die Folge (T_n) $\sqrt{n}$-konsistent für ϑ. Da nach dem starken Gesetz großer Zahlen T_n $\mathbb{P}_\vartheta$-fast sicher gegen ϑ konvergiert, ist (T_n) auch stark konsistent für ϑ.

Obwohl T_n als Schätzer für ϑ viele wünschenswerte Eigenschaften besitzt, gibt es einen besseren Schätzer, nämlich

$$S_n := \frac{n+1}{n} \max(X_1, \ldots, X_n).$$

Dieser Schätzer ist erwartungstreu für ϑ, und er besitzt die im Vergleich mit (9.2) in ϑ gleichmäßig kleinere Varianz

$$\mathbb{V}_\vartheta(S_n) = \frac{n\vartheta^2}{(n+2)(n+1)^2}$$

(Aufgabe 9.4). Diese ist verglichen mit derjenigen von T_n zudem von der kleineren Ordnung $O(n^{-2})$. Somit ist die Folge (S_n) konsistent für ϑ; sie besitzt auch die Eigenschaft, stark konsistent zu sein.

Selbstfrage 3 Warum ist die Folge (S_n) stark konsistent für ϑ?

Da $n(S_n - \vartheta)$ für $n \to \infty$ eine nichtausgeartete Limesverteilung besitzt (Aufgabe 9.4), gilt $\sqrt{n}(S_n - \vartheta) = o_\mathbb{P}(1)$. Somit ist (S_n) $\sqrt{n}$-konsistent, besitzt aber die stärkere Eigenschaft, dass der Schätzfehler $S_n - \vartheta$ so klein ist, dass er mit n und nicht mit $\sqrt{n}$ multipliziert werden muss, um eine nichtausgeartete Grenzverteilung zu erhalten.

Ein Schätzer T_n wie in Definition 9.7 wird oft auch *Punkt-Schätzer* genannt, weil seine Realisierungen einzelne Werte („Punkte") in der Menge $\gamma(\Theta)$ sind. Demgegenüber strebt ein *Konfidenzbereich* genannter *Bereichs-Schätzer* an, den Daten – salopp formuliert – möglichst kleine Teilmengen von $\gamma(\Theta)$ zuzuordnen, von denen man praktisch sicher sein kann, dass sie $\gamma(\vartheta)$ enthalten, und zwar ganz egal, welcher Wert ϑ für die Verteilung von X_1 verantwortlich zeichnet. Um diese Vorstellungen zu präzisieren, sei $\alpha \in (0, 1)$ eine vorgegebene kleine Zahl. Übliche Werte sind hier $\alpha = 0.05$, $\alpha = 0.1$ oder $\alpha = 0.01$. Der folgenden Definition liegt die vor Definition 9.7 beschriebene Situation zugrunde.

9.11 Definition (Konfidenzbereich)

Ein *Konfidenzbereich zur Konfidenzwahrscheinlichkeit* $1 - \alpha$ für $\gamma(\vartheta)$ (zum Stichprobenumfang n) ist eine Abbildung $\mathcal{C}_n : \mathcal{X} \to \mathcal{P}(\gamma(\Theta))$ mit folgenden Eigenschaften:

a) $\mathcal{C}_n(\mathbf{x})$ hängt von $\mathbf{x} = (x_1, x_2, \ldots) \in \mathcal{X}$ nur über $x_1, \ldots, x_n$ ab.
b) Für jedes $\vartheta \in \Theta$ gilt: $\{\mathbf{x} \in \mathcal{X} : \mathcal{C}_n(\mathbf{x}) \ni \gamma(\vartheta)\} \in \mathcal{B}$.
c) Für jedes $\vartheta \in \Theta$ gilt: $\mathbb{P}_\vartheta\big(\{\mathbf{x} \in \mathcal{X} : \mathcal{C}_n(\mathbf{x}) \ni \gamma(\vartheta)\}\big) \geq 1 - \alpha$.

Entscheidend an dieser Definition ist Eigenschaft c), da die technische Bedingung b) nur sicherstellt, dass die in c) stehende Wahrscheinlichkeit wohldefiniert ist. Ein Konfidenzbereich ist also ein *Schätzverfahren*, das den Elementen des Stichprobenraums Teilmengen von $\gamma(\Theta)$ zuordnet. Wegen Bedingung a) schreibt man auch $C_n(x_1, \ldots, x_n) := C_n(\mathbf{x})$. Da wir mit dem kanonischen Modell arbeiten, können wir wegen Bedingung a) Eigenschaft c) auch in der Form

$$\mathbb{P}_\vartheta\big(C_n(X_1, \ldots, X_n) \ni \gamma(\vartheta)\big) \geq 1 - \alpha \quad \text{für jedes } \vartheta \in \Theta$$

schreiben. Das Schätzverfahren ist also so gemacht, dass – ganz egal, welches $\vartheta \in \Theta$ angenommen wird – die *zufällige Teilmenge* $C_n(X_1, \ldots, X_n)$ von $\gamma(\Theta)$ den Wert $\gamma(\vartheta)$ mit der Mindestwahrscheinlichkeit $1 - \alpha$ enthält oder – wie man auch sagt – *überdeckt*. Dabei wurde bewusst $C_n(X_1, \ldots, X_n) \ni \gamma(\vartheta)$ und nicht $\gamma(\vartheta) \in C_n(X_1, \ldots, X_n)$ geschrieben, um einer häufig auftretenden Fehlinterpretation vorzubeugen. Liegt eine Realisierung $C_n(x_1, \ldots, x_n)$ der zufälligen Menge $C_n(X_1, \ldots, X_n)$ vor, so gibt es keinen Zufall mehr, denn ϑ (und damit auch $\gamma(\vartheta)$) ist zwar unbekannt, aber nicht zufällig. Man kann also dann nicht von der Wahrscheinlichkeit sprechen, „$\gamma(\vartheta)$ liege in der Menge $C_n(x_1, \ldots, x_n)$". Bei jedem Konfidenzbereichsverfahren sollten natürlich die Mengen $C_n(x_1, \ldots, x_n)$ anschaulich gesprochen „möglichst klein" sein, denn die Menge $C_n(x_1, \ldots, x_n) = \gamma(\Theta)$ enthält immer den Parameter $\gamma(\vartheta)$.

Synonym mit Konfidenzbereich und Konfidenzwahrscheinlichkeit werden die Begriffe *Vertrauensbereich* und *Vertrauenswahrscheinlichkeit* verwendet. Es ist auch üblich, die Konfidenzwahrscheinlichkeit $1 - \alpha$ als *Konfidenzniveau* oder nur kurz als *Niveau* zu bezeichnen. Ist im Fall $s = 1$ für jedes $\mathbf{x} \in \mathcal{X}$ die Menge $C_n(\mathbf{x})$ ein Intervall, so spricht man von einem *Konfidenzintervall* oder einem *Vertrauensintervall*.

Ein allgemeines Prinzip, um Konfidenzbereiche für $\gamma(\vartheta)$ zu konstruieren, findet sich in Abschn. 7.3 von [HE1]. Wir möchten an dieser Stelle nur ein historisch und praktisch wichtiges Beispiel angeben, das direkt mit Aufgabe 5.9 zu tun hat.

9.12 Beispiel (Konfidenzbereich für das μ der Normalverteilung bei unbekanntem σ^2)
In der Situation von Beispiel 9.2 ($X_1, \ldots, X_n$ unabhängig mit gleicher Normalverteilung $N(\mu, \sigma^2)$) ist ein Konfidenzbereich für $\mu := \gamma(\vartheta)$, $\vartheta = (\mu, \sigma^2)$, gesucht. Bei dieser Fragestellung ist also die Varianz σ^2 ein Störparameter. Es seien $\overline{X}_n := n^{-1} \sum_{j=1}^n X_j$ und S_n^2 wie in (9.1). Mit dem Additionsgesetz sowie Rechenregeln zur Normalverteilung ergibt sich

$$\frac{\sqrt{n}}{\sigma}\big(\overline{X}_n - \mu\big) \sim N(0, 1). \tag{9.3}$$

Nach Aufgabe 5.9 gilt

$$\frac{n-1}{\sigma^2} S_n^2 \sim \chi_{n-1}^2, \tag{9.4}$$

wobei (wiederum nach Aufgabe 5.9) die in (9.3) und (9.4) stehenden Zufallsvariablen stochastisch unabhängig sind. Teilt man die Zufallsvariable in (9.3) durch die positive Wurzel der in (9.4) stehenden Zufallsvariablen, nachdem man bei letzterer vorher durch den Faktor $n - 1$ dividiert hat, so kürzt sich der Störparameter σ^2 heraus, und es folgt

$$\frac{\sqrt{n}\left(\overline{X}_n - \mu\right)}{S_n} \sim \frac{N(0, 1)}{\sqrt{\frac{\chi^2_{n-1}}{n-1}}}. \qquad (9.5)$$

Die Verteilung des rechts von der Tilde stehenden Quotienten heißt *Student'sche t-Verteilung mit $n - 1$ Freiheitsgraden*. Allgemein entsteht die *Student'sche t-Verteilung mit k Freiheitsgraden* (kurz: t_k-*Verteilung*, wobei $k \in \mathbb{N}$) als Verteilung des Quotienten

$$\frac{N_0}{\sqrt{\frac{1}{k}(N_1^2 + \ldots + N_k^2)}}. \qquad (9.6)$$

Dabei sind $N_0, N_1, \ldots, N_k$ stochastisch unabhängige und je standardnormalverteilte Zufallsvariablen. Diese Namensgebung geht auf den britischen Statistiker W. Gosset[1] zurück. Gosset entdeckte die *t*-Verteilung im Jahr 1908, aber sein Vertrag bei der Guinness-Brauerei ließ keine Veröffentlichung unter seinem Namen zu, weshalb Gosset unter dem Pseudonym *Student* publizierte. Die *t*-Verteilung trat jedoch schon in einer 1876 erschienenen Arbeit von J. Lüroth[2] auf (siehe z. B. [PSH]). Aufgrund der Erzeugungsweise (9.6) ist die t_k-Verteilung symmetrisch um 0, und sie geht für $k \to \infty$ in die Standardnormalverteilung über.

Selbstfrage 4 Warum strebt die t_k-Verteilung für $k \to \infty$ gegen N(0, 1)?

Bezeichnet $t_{n-1; 1-\alpha/2}$ das $(1 - \frac{\alpha}{2})$-Quantil der t_{n-1}-Verteilung, so folgt aus (9.5):

$$\mathbb{P}_\vartheta\left(C_n(X_1, \ldots, X_n) \ni \mu\right) = 1 - \alpha, \quad \vartheta = (\mu, \sigma^2),$$

wobei

$$C_n(X_1, \ldots, X_n) := \left[\overline{X}_n - \frac{S_n}{\sqrt{n}}t_{n-1; 1-\frac{\alpha}{2}}, \overline{X}_n + \frac{S_n}{\sqrt{n}}t_{n-1; 1-\frac{\alpha}{2}}\right] \qquad (9.7)$$

gesetzt ist. Anhand der Gestalt dieses Konfidenzintervalls für μ ist unmittelbar ersichtlich, welche Rolle der Stichprobenumfang n sowie die gewählte Konfidenzwahrscheinlichkeit $1 - \alpha$ für die Länge des Konfidenzintervalls spielen. Man beachte, dass die Zufallsvariable S_n für $n \to \infty$ mit Wahrscheinlichkeit eins unter $\mathbb{P}_\vartheta$ gegen σ konvergiert.

---

[1] William Sealy Gosset (1876–1937), britischer Statistiker, Angestellter der Guinness-Brauerei in Dublin und ab 1935 in London.
[2] Jacob Lüroth (1844–1910), deutscher Mathematiker, Professor an der TH Karlsruhe (ab 1869), an der TH München (ab 1880 als Nachfolger von Felix Klein) und an der Albert-Ludwigs-Universität Freiburg im Breisgau (ab 1883). Hauptarbeitsgebiet: Geometrie.

Auch der folgenden Definition liegt die vor Definition 9.7 beschriebene Situation zugrunde.

9.13 Definition (Asymptotischer Konfidenzbereich)

Es sei $\alpha \in (0, 1)$. Ein *asymptotischer Konfidenzbereich für $\gamma(\vartheta)$ zum Niveau $1 - \alpha$* ist eine Folge $(\mathcal{C}_n)$, wobei für jedes n die Abbildung $\mathcal{C}_n$ die Eigenschaften a) und b) von Definition 9.11 erfüllt sowie der Bedingung

$$\liminf_{n \to \infty} \mathbb{P}_\vartheta \big(\mathcal{C}_n(X_1, \ldots, X_n) \ni \gamma(\vartheta) \big) \geq 1 - \alpha \quad \text{für jedes } \vartheta \in \Theta$$

genügt.

9.14 Beispiel (Poisson-Verteilung)

Es sei $X_1, X_2, \ldots$ eine u.i.v.-Folge von Zufallsvariablen mit der Poisson-Verteilung $Po(\vartheta)$; $\vartheta \in \Theta := (0, \infty)$ sei unbekannt. Mit $\overline{X}_n := n^{-1} \sum_{j=1}^n X_j$ und $\mathbb{E}_\vartheta(X_1) = \mathbb{V}_\vartheta(X_1) = \vartheta$ liefert der zentrale Grenzwertsatz von Lindeberg–Lévy:

$$\frac{\sqrt{n}(\overline{X}_n - \vartheta)}{\sqrt{\vartheta}} \xrightarrow{\mathcal{D}_\vartheta} N(0, 1) \quad \text{für jedes } \vartheta \in \Theta.$$

Ersetzt man im Nenner ϑ durch $\overline{X}_n$, so ergibt sich mit dem Lemma von Slutsky

$$\frac{\sqrt{n}(\overline{X}_n - \vartheta)}{\sqrt{\overline{X}_n}} \xrightarrow{\mathcal{D}_\vartheta} N(0, 1) \quad \text{für jedes } \vartheta \in \Theta.$$

Bezeichnet $z_\alpha := \Phi^{-1}(1 - \frac{\alpha}{2})$ das $(1 - \frac{\alpha}{2})$-Quantil der Verteilung $N(0, 1)$, so folgt

$$\lim_{n \to \infty} \mathbb{P}_\vartheta \left(\left| \frac{\sqrt{n}(\overline{X}_n - \vartheta)}{\sqrt{\overline{X}_n}} \right| \leq z_\alpha \right) = 1 - \alpha \quad \text{für jedes } \vartheta \in \Theta. \tag{9.8}$$

Gleichbedeutend damit ist $\lim_{n \to \infty} \mathbb{P}_\vartheta \big(\mathcal{C}_n(X_1, \ldots, X_n) \ni \vartheta \big) = 1 - \alpha$, $\vartheta \in \Theta$, wobei

$$\mathcal{C}_n(X_1, \ldots, X_n) := \left[\overline{X}_n - \frac{z_\alpha}{\sqrt{n}} \sqrt{\overline{X}_n}, \ \overline{X}_n + \frac{z_\alpha}{\sqrt{n}} \sqrt{\overline{X}_n} \right] \cap (0, \infty). \tag{9.9}$$

Somit ist die Folge $(\mathcal{C}_n)$ ein asymptotischer Konfidenzbereich für ϑ zum Niveau $1 - \alpha$.

Selbstfrage 5 Warum steht in (9.9) ein Durchschnittszeichen?

Alternativ kann man die Delta-Methode (vgl. Satz 6.22) und die varianzstabilisierende Transformation $g(\vartheta) = 2\sqrt{\vartheta}$ verwenden (siehe die Ausführungen nach (6.15)). Aus

$\sqrt{n}(\overline{X}_n - \vartheta) \xrightarrow{\mathcal{D}_\vartheta} N(0, \vartheta)$ folgt damit

$$\sqrt{n}\left(2\sqrt{\overline{X}_n} - 2\sqrt{\vartheta}\right) \xrightarrow{\mathcal{D}_\vartheta} N(0, 1) \quad \text{für jedes } \vartheta \in \Theta,$$

und es ergibt sich

$$\lim_{n \to \infty} \mathbb{P}_\vartheta\left(\left|\sqrt{\overline{X}_n} - \sqrt{\vartheta}\right| \le \frac{z_\alpha}{2\sqrt{n}}\right) = 1 - \alpha \quad \text{für jedes } \vartheta \in \Theta.$$

Auflösen obiger Ungleichung nach ϑ liefert $\lim_{n\to\infty} \mathbb{P}_\vartheta\left(\widetilde{C}_n(X_1, \ldots, X_n) \ni \vartheta\right) = 1 - \alpha$ für jedes $\vartheta \in \Theta$, wobei

$$\widetilde{C}_n(X_1, \ldots, X_n) := \left[\left(\sqrt{\overline{X}_n} - \frac{z_\alpha}{2\sqrt{n}}\right)^2, \left(\sqrt{\overline{X}_n} + \frac{z_\alpha}{2\sqrt{n}}\right)^2\right] \qquad (9.10)$$

gesetzt wurde. Also ist auch die Folge $(\widetilde{C}_n)$ ein asymptotisches Konfidenzintervall für ϑ. Man mache sich klar, dass die Intervalle in (9.9) und (9.10) gleich lang sind; das zweite Intervall ist gegenüber dem ersten nur um $z_\alpha^2/(4n)$ nach rechts verschoben.

9.15 Beispiel (Konfidenzbereich für einen Erwartungswert)

In diesem Beispiel nehmen wir ein *nichtparametrisches* Modell an. Sei dazu $X_1, X_2, \ldots$ eine u.i.v.-Folge von Zufallsvariablen mit unbekannter Verteilungsfunktion F, wobei

$$F \in \mathcal{F} := \left\{F : \mathbb{E}_F\left(X_1^2\right) = \int_\mathbb{R} x^2 \, dF(x) < \infty, \; 0 < \sigma^2(F) := \mathbb{V}_F\left(X_1\right) > 0\right\}$$

gelte. Von Interesse sei der Erwartungswert $\mu_F(X_1) := \mathbb{E}_F(X_1)$. Nach dem zentralen Grenzwertsatz von Lindeberg–Lévy gilt mit $\overline{X}_n := \frac{1}{n}\sum_{j=1}^{n} X_j$ für $n \to \infty$

$$\frac{\sqrt{n}\left(\overline{X}_n - \mu(F)\right)}{\sigma(F)} \xrightarrow{\mathcal{D}_F} N(0, 1) \quad \text{für jedes } F \in \mathcal{F}.$$

Dabei steht $\sigma(F)$ für die positive Wurzel aus $\sigma^2(F)$, also für die Standardabweichung der zugrundeliegenden Verteilung, und wir haben wie beim Erwartungswert und bei der Varianz konsequenterweise auch bei dem Symbol für Verteilungskonvergenz den Parameter F als Index notiert, um hervorzuheben, dass die Verteilungsfunktion F zur Präzisierung des Modells zugrundegelegt wird. Da die Annahme $\mathbb{E}_F(X_1^2) < \infty$ gemacht wurde, konvergiert nach dem starken Gesetz großer Zahlen die durch

$$S_n := \sqrt{\frac{1}{n-1}\sum_{j=1}^{n}\left(X_j - \overline{X}_n\right)^2}$$

definierte Folge (S_n) unter $\mathbb{P}_F$ fast sicher gegen $\sigma(F)$. Nach dem Lemma von Slutsky gilt dann

$$\frac{\sqrt{n}\big(\overline{X}_n - \mu(F)\big)}{S_n} \xrightarrow{\mathcal{D}_F} N(0, 1) \quad \text{für jedes } F \in \mathcal{F}.$$

Analog zu (9.8) folgt jetzt

$$\lim_{n \to \infty} \mathbb{P}_F\left(\left|\frac{\sqrt{n}(\overline{X}_n - \mu(F))}{S_n}\right| \le z_\alpha\right) = 1 - \alpha \quad \text{für jedes } F \in \mathcal{F}, \tag{9.11}$$

und damit ist die durch

$$C_n(X_1, \ldots, X_n) := \left[\overline{X}_n - \frac{z_\alpha S_n}{\sqrt{n}}, \overline{X}_n + \frac{z_\alpha S_n}{\sqrt{n}}\right] \tag{9.12}$$

definierte Folge $(C_n)_{n \ge 2}$ ein *asymptotischer* Konfidenzbereich zum Niveau $1 - \alpha$ für den Erwartungswert $\mu(F)$ der zugrundeliegenden Verteilung. Man beachte die Ähnlichkeit mit dem in (9.7) angegebenen exakten Konfidenzbereich für den Erwartungswert *einer unterstellten Normalverteilung*.

Abschließend sei betont, dass die Konvergenz in (9.11) nicht gleichmäßig in $F \in \mathcal{F}$ ist. Um dennoch Eigenschaft c) in Definition 9.11 für ein geeignetes α bei endlichem n zu erhalten, muss man $\mathcal{F}$ geeignet verkleinern oder das Intervall (9.12) modifizieren, siehe hierzu [GUT] und Kap. 4 von [MES].

Antworten zu den Selbstfragen

Antwort 1 Seien $\delta > 0$ und $\vartheta \in \Theta$ beliebig. Wegen der $\sqrt{n}$-Konsistenz gibt es ein $K > 0$ mit $\mathbb{P}_\vartheta(\|\sqrt{n}(S_n - \gamma(\vartheta))\| > K) \le \delta$, $n \ge 1$. Ist $\varepsilon > 0$ beliebig, so gilt für hinreichend großes n $\{\|S_n - \gamma(\vartheta)\| > \varepsilon\} \subset \{\sqrt{n}\|S_n - \gamma(\vartheta)\| > K\}$ und somit $\limsup_{n \to \infty} \mathbb{P}_\vartheta(\|S_n - \gamma(\vartheta)\| > \varepsilon) \le \delta$. Da δ beliebig war, folgt die Konsistenz von (S_n).

Antwort 2 Ja, denn es gilt $\sum_{j=1}^n (X_j - \overline{X}_n)^2 = \sum_{j=1}^n X_j^2 - n\overline{X}_n^2$. Also folgt

$$S_n^2 = \frac{n}{n-1} \cdot \frac{1}{n} \sum_{j=1}^n X_j^2 - \frac{n}{n-1} \cdot \overline{X}_n^2.$$

Nach dem starken Gesetz großer Zahlen konvergiert die rechte Seite unter $\mathbb{P}_\vartheta$ fast sicher gegen $\mathbb{E}_\vartheta(X_1^2) - (\mathbb{E}_\vartheta(X_1))^2 = \mathbb{V}_\vartheta(X_1) = \gamma(\vartheta) = \sigma^2$.

Antwort 3 Da $M_n := \max(X_1, \ldots, X_n)$ monoton wächst und $M_n \xrightarrow{\mathbb{P}_\vartheta} \vartheta$ gilt, konvergiert M_n $\mathbb{P}_\vartheta$-fast sicher gegen ϑ und damit auch $\frac{n+1}{n} M_n$.

Antwort 4 In (9.6) konvergiert $k^{-1}(N_1^2 + \ldots + N_k^2)$ und damit auch die Wurzel dieses Ausdrucks für $k \to \infty$ stochastisch gegen 1. Mit dem Lemma von Slutsky folgt dann, dass eine Zufallsvariable mit der t_k-Verteilung für $k \to \infty$ in Verteilung gegen die Standardnormalverteilung konvergiert.

Antwort 5 Nach Definition nimmt C_n Werte in $\gamma(\Theta)$ an. Ohne die Durchschnittsbildung kann die linke Intervallgrenze unter $\mathbb{P}_\vartheta$ mit positiver Wahrscheinlichkeit kleiner gleich null sein. Eine solche Durchschnittsbildung mit dem Parameterbereich wird meist stillschweigend vorausgesetzt.

Übungsaufgaben

Aufgabe 9.1 Die Zufallsvariable X besitze die Binomialverteilung $\mathrm{Bin}(\ell, \vartheta)$, wobei $\vartheta \in \Theta := (0, 1)$ unbekannt sei. Zu schätzen sei $\gamma(\vartheta) := \vartheta^{-1}$. Zeigen Sie: Es gibt keinen erwartungstreuen Schätzer für $\gamma(\vartheta)$, d. h., es gibt keine Funktion $T : \{0, 1, \ldots, \ell\} \to \mathbb{R}$ mit

$$\mathbb{E}_\vartheta\big(T(X)\big) = \gamma(\vartheta) \quad \text{für jedes } \vartheta \in \Theta.$$

Aufgabe 9.2 In der Situation von Definition 9.8 sei (T_n) mit $T_n =: (T_{n,1}, \ldots, T_{n,k})$ eine Schätzfolge für $\gamma(\vartheta)$. Es gelte $\mathbb{E}_\vartheta(T_{n,j}^2) < \infty$ ($j \in \{1, \ldots, k\}$, $\vartheta \in \Theta$). Zeigen Sie: Ist (T_n) asymptotisch erwartungstreu für $\gamma(\vartheta)$, und gilt $\lim_{n \to \infty} \mathbb{V}_\vartheta(T_{n,j}) = 0$ für jedes $j \in \{1, \ldots, k\}$ und jedes $\vartheta \in \Theta$, so ist die Folge (T_n) konsistent für $\gamma(\vartheta)$.

Aufgabe 9.3 In der Situation von Definition 9.7 mit $k = 1$ sei T_n ein erwartungstreuer Schätzer für ϑ, d. h., es gelte $\mathbb{E}_\vartheta(T_n) = \vartheta$, $\vartheta \in \Theta$. Ist dann T_n^2 ein erwartungstreuer Schätzer für ϑ^2?

Aufgabe 9.4 Zeigen Sie, dass in der Situation von Beispiel 9.10 für $S_n := \frac{n+1}{n} \max(X_1, \ldots, X_n)$ gilt:

a) $\mathbb{E}_\vartheta(S_n) = \vartheta$, $\quad \vartheta \in \Theta$.

b) $\mathbb{V}_\vartheta(S_n) = \dfrac{n\vartheta^2}{(n+2)(n+1)^2}$, $\quad \vartheta \in \Theta$.

c) $\displaystyle\lim_{n \to \infty} \mathbb{P}_\vartheta\big(n(S_n - \vartheta) \le t\big) = \begin{cases} 1, & \text{falls } t \ge \vartheta, \\ \left(\frac{t}{\vartheta} - 1\right), & \text{falls } t < \vartheta. \end{cases}$

Aufgabe 9.5 In der Situation von Beispiel 9.10 sei $M_n := \max(X_1, \ldots, X_n)$ gesetzt. Zeigen Sie, dass für $\alpha \in (0, 1)$ gilt:

$$\mathbb{P}_\vartheta\big([M_n, M_n \alpha^{-1/n}] \ni \vartheta\big) = 1 - \alpha \quad \text{für jedes } \vartheta > 0,$$

d. h., $[M_n, M_n \alpha^{-1/n}]$ ist ein Konfidenzintervall für ϑ zum Niveau $1 - \alpha$.

Aufgabe 9.6 Es seien $X_1, X_2, \ldots$ eine u.i.v.-Folge von $\mathrm{Bin}(1, \vartheta)$-verteilten Zufallsvariablen, wobei $\vartheta \in \Theta := (0, 1)$ sowie $\overline{X}_n := n^{-1} \sum_{j=1}^n X_j$. Zeigen Sie mithilfe von Aufgabe 6.13, dass die durch

$$C_n(X_1, \ldots, X_n) := \left[\sin^2\left(\arcsin \sqrt{\overline{X}_n} - \frac{z_\alpha}{2\sqrt{n}} \right), \ \sin^2\left(\arcsin \sqrt{\overline{X}_n} + \frac{z_\alpha}{2\sqrt{n}} \right) \right]$$

definierte Folge $(\mathcal{C}_n)$ ein asymptotischer Konfidenzbereich für ϑ zum Niveau $1 - \alpha$ ist. Dabei bezeichnet z_α das $(1 - \frac{\alpha}{2})$-Quantil der Standardnormalverteilung, und es ist $\sin^2(t) := (\sin t)^2$ gesetzt.

Anmerkung Mit dem Additionstheorem für den Sinus und den Taylorentwicklungen der Sinus- und der Kosinusfunktion an der Stelle 0 ergibt sich, dass die obigen Intervallgrenzen bis auf Terme der Ordnung $O_{\mathbb{P}_\vartheta}(n^{-1})$ gleich $\overline{X}_n \pm \frac{z_\alpha}{\sqrt{n}}\sqrt{\overline{X}_n(1 - \overline{X}_n)}$ sind.

Maximum-Likelihood-Schätzung

In diesem Kapitel lernen wir eine grundlegende Methode kennen, um in parametrischen Modellen Schätzer für unbekannte Parameter zu konstruieren. Diese Methode ist vor allem mit dem Namen R.A. Fisher verknüpft, der im Jahr 1920 im Zusammenhang mit Schätzproblemen das Wort *Likelihood* einführte (siehe z. B. [EDW]). Obwohl im Englischen sowohl *Likelihood* als auch *Probability* für *Wahrscheinlichkeit* stehen, müssen wir im Hinblick auf die von Fisher propagierte und von ihm mathematisch eingehend untersuchte *Maximum-Likelihood-Schätzmethode* gut differenzieren. Die der Maximum-Likelihood-Methode zugrundeliegende Idee war jedoch schon unter anderem J. Lambert[1], D. Bernoulli[2] und J. Lagrange[3] bekannt (siehe z. B. [HAL]).

Da wir uns mit asymptotischen Eigenschaften von (noch zu definierenden) Maximum-Likelihood-Schätzern befassen werden, legen wir wie in Kap. 9 die Situation einer u. i. v.-Folge $X_1, X_2, \ldots$ von Zufallsvariablen zugrunde, die jeweils Werte in einer mit einer σ-Algebra $\mathcal{B}_0$ versehenen Menge $\mathcal{X}_0$ annehmen und die Verteilung Q_ϑ besitzen. Dabei ist $\vartheta \in \Theta$ mit $\Theta \subset \mathbb{R}^k$ ein unbekannter Parameter, und die Abbildung $\Theta \ni \vartheta \mapsto Q_\vartheta$ ist injektiv. Zudem arbeiten wir wieder mit dem kanonischen Modell $(\mathcal{X}, \mathcal{B}, \mathbb{P}_\vartheta)_{\vartheta \in \Theta}$, also der mit der unendlichen Produkt-σ-Algebra $\mathcal{B} = \mathcal{B}_0^{\mathbb{N}}$ ausgestatteten Menge $\mathcal{X} = \mathcal{X}_0^{\mathbb{N}}$ aller Folgen $\mathbf{x} = (x_1, x_2, \ldots)$ mit $x_j \in \mathcal{X}_0$ für jedes $j \geq 1$ sowie mit dem unendlichen Produkt-

---

[1] Johann Heinrich Lambert (1728–1777), Mathematiker, Naturwissenschaftler und Philosoph; durch seine Arbeiten zum Parallelenpostulat ist er ein Wegbereiter der nichteuklidischen Geometrie. Berühmt sind seine Arbeiten über die Zahl π; Lambert führte den ersten einwandfreien Beweis, dass π eine Irrationalzahl ist.

[2] Daniel Bernoulli (1700–1782), u. a. Physiker, Mathematiker und Mediziner. Mitglied der St. Petersburger Akademie der Wissenschaften, Professor in Basel (zunächst für Botanik und Anatomie, ab 1750 für Physik).

[3] Joseph Louis Lagrange (1736–1813), wurde mit 19 Jahren Professor in Turin, Mitglied der Berliner und der Pariser Akademie der Wissenschaften. Lagrange leistete Beiträge zur Algebra, Zahlentheorie, Wahrscheinlichkeitstheorie, Mechanik und Astronomie sowie zu Differential- und Differenzengleichungen und unendlichen Reihen.

© Der/die Autor(en), exklusiv lizenziert an Springer-Verlag GmbH, DE, ein Teil von Springer Nature 2022
N. Henze, *Asymptotische Stochastik: Eine Einführung mit Blick auf die Statistik*, https://doi.org/10.1007/978-3-662-65611-2_10

Wahrscheinlichkeitsmaß $\mathbb{P}_\vartheta := Q_\vartheta^{\mathbb{N}}$. In diesem Modell gilt $X_j(\mathbf{x}) := x_j$ für jedes $j \geq 1$ und jedes $\mathbf{x} = (x_1, x_2, \ldots) \in \mathcal{X}$.

Gegenüber Kap. 9 kommt jetzt ein neuer Aspekt ins Spiel, der zum zentralen Begriff *Likelihood-Funktion* führt. Es gebe nämlich ein mit ν bezeichnetes σ-endliches Maß auf $\mathcal{B}_0$, das alle Wahrscheinlichkeitsmaße Q_ϑ mit $\vartheta \in \Theta$ in dem Sinne dominiert, dass jede ν-Nullmenge B aus $\mathcal{B}_0$ das Bestehen der Gleichungen $Q_\vartheta(B) = 0$ für jedes $\vartheta \in \Theta$ nach sich zieht. Dann gibt es nach dem Satz von Radon–Nikodým (Satz 1.30) nichtnegative messbare Funktionen $f(\cdot, \vartheta) : \mathcal{X}_0 \to \mathbb{R}$, $\vartheta \in \Theta$, mit der Eigenschaft $Q_\vartheta = f(\cdot, \vartheta)\,\nu$, d.h., es gilt

$$Q_\vartheta(B) = \int_B f(x, \vartheta)\,\nu(\mathrm{d}x), \quad B \in \mathcal{B}_0. \tag{10.1}$$

Das Wahrscheinlichkeitsmaß Q_ϑ besitzt also eine *Dichte* $f(\cdot, \vartheta)$ bezüglich ν. Gleichbedeutend damit ist, dass jede der Zufallsvariablen $X_1, X_2, \ldots$ unter Zugrundelegung des Parameters ϑ die Dichte

$$f(\cdot, \vartheta) =: \frac{\mathrm{d}Q_\vartheta}{\mathrm{d}\nu}$$

bezüglich ν besitzt.

Sind $X_1, X_2, \ldots$ d-dimensionale Zufallsvektoren, gilt also $\mathcal{X}_0 \subset \mathbb{R}^d$, so ist das Maß ν im Folgenden entweder die mit $\lambda^d_{|\mathcal{X}_0}$ bezeichnete Einschränkung des Borel–Lebesgue-Maßes λ^d auf $\mathcal{X}_0$ oder das Zählmaß auf einer abzählbaren Teilmenge D von $\mathcal{X}_0$. Im letzteren Fall kann man ν in der Form $\nu = \sum_{t \in D} \delta_t$ als Summe von Dirac-Maßen schreiben. Im ersten Fall ist also die Verteilung von X_1 absolut stetig bezüglich $\lambda^d_{|\mathcal{X}_0}$, und die in (10.1) stehende Wahrscheinlichkeit $\mathbb{P}_\vartheta(X_1 \in B) = Q_\vartheta(B)$ ergibt sich durch gewöhnliche Integration, wobei je nach Beschaffenheit von B und $f(\cdot, \vartheta)$ konkrete Berechnungen auch mit dem Riemann-Integral erfolgen können. Ist ν das Zählmaß auf einer Menge D, so besitzt X_1 bei Zugrundelegung des Parameters ϑ eine diskrete Verteilung, und es gilt $f(t, \vartheta) = Q_\vartheta(\{t\}) = \mathbb{P}_\vartheta(X_1 = t)$ für $t \in D$.

Selbstfrage 1 Warum gelten $Q_\vartheta(B) = \mathbb{P}_\vartheta(X_1 \in B)$ und $Q_\vartheta(\{t\}) = \mathbb{P}_\vartheta(X_1 = t)$?

10.1 Beispiele (Fortsetzung der Beispiele 9.2–9.5)

a) In Beispiel 9.2 (Normalverteilungsannahme) ist $\nu = \lambda^1$, und mit $\vartheta = (\mu, \sigma^2)$ gilt

$$f(x, \vartheta) = \frac{1}{\sigma\sqrt{2\pi}} \exp\left(-\frac{(x - \mu)^2}{2\sigma^2}\right), \quad x \in \mathbb{R}.$$

b) In Beispiel 9.3 (Exponentialverteilungsannahme) gelten $\nu = \lambda^1_{|[0,\infty)}$ sowie

$$f(x, \vartheta) = \vartheta e^{-\vartheta x}, \quad x \geq 0,$$

sowie $f(x, \vartheta) = 0$, sonst.

c) In Beispiel 9.4 (Bernoulli-Folge) ist $\nu = \delta_0 + \delta_1$ das Zählmaß auf $D := \{0, 1\}$, und es gilt

$$f(x, \vartheta) = \vartheta^x (1 - \vartheta)^{1-x}, \quad x \in D,$$

und $f(x, \vartheta) := 0$, sonst.

d) In Beispiel 9.5 (zweidimensionale Normalverteilung) gilt $\nu = \lambda^2$, und es ist mit $\vartheta = (a, b, \sigma^2, \tau^2, \rho)$

$$f(x, y, \vartheta) = \frac{1}{2\pi\sigma\tau\sqrt{1-\rho^2}} \exp\left(-\frac{\tau^2(x-a)^2 - 2\rho\sigma\tau(x-a)(y-b) + \sigma^2(y-b)^2}{2\sigma^2\tau^2(1 - \rho^2)}\right),$$

$(x, y) \in \mathbb{R}^2$.

Wir wollen jetzt definieren, was ein Maximum-Likelihood-Schätzer zum Stichprobenumfang n ist. Dabei sei fortan *Maximum-Likelihood* mit ML abgekürzt. Wegen der stochastischen Unabhängigkeit von $X_1, \ldots, X_n$ bezüglich $\mathbb{P}_\vartheta$ ist für jedes $n \geq 2$

$$f_n(x_1, \ldots, x_n, \vartheta) := \prod_{j=1}^{n} f(x_j, \vartheta)$$

die Dichte von $(X_1, \ldots, X_n)$ bezüglich des n-fachen Produktmaßes $\nu_n := \nu \otimes \nu \otimes \ldots \otimes \nu$ (n Faktoren). Im Hinblick auf asymptotische Betrachtungen sehen wir $x_1, \ldots, x_n$ als Anfangsstück der Länge n einer Folge $\mathbf{x} = (x_1, x_2, \ldots) \in \mathcal{X}$ an und schreiben

$$f_n(\mathbf{x}, \vartheta) := f_n(x_1, \ldots, x_n, \vartheta) = \prod_{j=1}^{n} f(x_j, \vartheta).$$

Damit ist f_n formal eine auf $\mathcal{X} \times \Theta$ definierte Funktion.

Um zum Begriff der Likelihood-Funktion zu gelangen, nehmen wir einen Perspektivwechsel vor. Bei festem Parameter ϑ ist $f_n(x_1, \ldots, x_n, \vartheta)$ als Funktion von $x_1, \ldots, x_n$ eine *Wahrscheinlichkeitsdichte* bezüglich ν_n. Diese Dichte erhält das Etikett *Likelihood-Funktion*, wenn sie bei festgehaltenen $x_1, \ldots, x_n$ als *Funktion von ϑ* angesehen wird.

10.2 Definition (Likelihood-Funktion, ML-Schätzer)

a) Für festes $\mathbf{x} \in \mathcal{X}$ heißt die durch

$$L_{n,\mathbf{x}}(\vartheta) := f_n(\mathbf{x}, \vartheta) = f_n(x_1, \ldots, x_n, \vartheta) = \prod_{j=1}^{n} f(x_j, \vartheta), \quad \vartheta \in \Theta,$$

definierte Funktion $L_{n,\mathbf{x}} : \Theta \to \mathbb{R}$ *Likelihood-Funktion zu* $x_1, \ldots, x_n$.
b) Jeder Wert $\widehat{\vartheta}_n(\mathbf{x}) \in \Theta$ mit

$$f_n\big(\mathbf{x}, \widehat{\vartheta}_n(\mathbf{x})\big) = \sup_{\vartheta \in \Theta} f_n(\mathbf{x}, \vartheta) \tag{10.2}$$

heißt ein ML-*Schätzwert für* ϑ *zu gegebenen* $x_1, \ldots, x_n$.
c) Eine messbare Abbildung $\widehat{\vartheta}_n : \mathcal{X} \to \Theta$ mit (10.2) für jedes $\mathbf{x} \in \mathcal{X}$ heißt ML-*Schätzer*
   für ϑ (zum Stichprobenumfang n).

Die der ML-Schätzung innewohnende Idee besteht also darin, innerhalb eines parametrischen Modells bei vorliegenden Daten $x_1, \ldots, x_n$ denjenigen Wert von ϑ als „glaubwürdigs-
ten" anzusehen, der (im Falle eines Zählmaßes ν auf $\mathcal{B}^d$) diesen Daten die größte Eintretens-
wahrscheinlichkeit verleiht. Im allgemeinen Fall wird derjenige Wert von ϑ gesucht, für den
die Wahrscheinlichkeits*dichte*, ausgewertet an der Stelle $(x_1, \ldots, x_n)$, maximal wird. Dabei
geht obige Definition davon aus, dass das Supremum in (10.2) angenommen wird, was nicht
unbedingt der Fall sein muss. Ist – mit $\vartheta =: (\vartheta_1, \ldots, \vartheta_k)$ – die Funktion $f_n(x_1, \ldots, x_n, \vartheta)$
partiell nach $\vartheta_1, \ldots, \vartheta_k$ differenzierbar, so wird man versuchen, eine Lösung $\widehat{\vartheta}_n(\mathbf{x})$ von
(10.2) durch Differentiation zu erhalten. Aufgrund der Produktgestalt von $f_n(x_1, \ldots, x_n, \vartheta)$
ist es dann meist bequemer, die durch

$$\log L_{n,\mathbf{x}}(\vartheta) = \sum_{j=1}^{n} \log f(x_j, \vartheta)$$

definierte sogenannte *Log-Likelihood-Funktion* zu betrachten. Wegen der strengen Monotonie der Logarithmusfunktion nehmen ja die Funktionen $L_{n,\mathbf{x}}$ und $\log L_{n,\mathbf{x}}$ ihre Maxima
an den gleichen Stellen an. Man löst also die sogenannten *Likelihood-Gleichungen*

$$\sum_{j=1}^{n} \frac{\partial}{\partial \vartheta_\ell} \log f(x_j, \vartheta) = 0, \quad \ell = 1, \ldots, k. \tag{10.3}$$

Diese Gleichungen sind im Allgemeinen nichtlinear, und sie lassen sich in der Regel nicht
geschlossen lösen (siehe z. B. Aufgabe 10.3), sondern nur mithilfe von Iterationsverfahren.
Außerdem kann (10.3) verschiedene Lösungen besitzen, die nicht einmal alle zu relativen
Maxima führen müssen. Man beachte zudem, dass Lösungen von (10.2) auch auf dem Rand
der Menge Θ liegen können und somit durch (10.3) nicht erfasst werden.

   Es sei betont, dass wir die Notation $\widehat{\vartheta}_n$ ausschließlich für den ML-Schätzer verwenden
werden und wie schon in Kap. 9 (mit $\widehat{\vartheta}_n$ anstelle von T_n) kurz $\widehat{\vartheta}_n = \widehat{\vartheta}_n(X_1, \ldots, X_n)$
schreiben.

10.3 Beispiel (Bernoulli-Folge)

Die Zufallsvariablen $X_1, X_2, \ldots$ seien stochastisch unabhängig und je $\text{Bin}(1, \vartheta)$ verteilt, wobei $\vartheta \in \Theta := [0, 1]$. Dieser Fall fügt sich mit $\mathcal{X}_0 := \{0, 1\}$, $\mathcal{X} := \mathcal{X}_0^{\mathbb{N}}$ sowie $\nu := \delta_0 + \delta_1$ und $f(x, \vartheta) = \vartheta^x (1 - \vartheta)^{1-x}$ in den abgesteckten Rahmen ein. Mit $t := x_1 + \ldots + x_n$ gilt

$$L_{n,\mathbf{x}}(\vartheta) = \prod_{j=1}^{n} \left(\vartheta^{x_j} (1 - \vartheta)^{1-x_j} \right) = \vartheta^t (1 - \vartheta)^{n-t}.$$

Im Fall $0 < t < n$ wird das Maximum von $L_{n,\mathbf{x}}(\vartheta)$ im offenen Intervall $(0, 1)$ angenommen. Wegen $\log L_{n,\mathbf{x}}(\vartheta) = t \log \vartheta + (n - t) \log(1 - \vartheta)$, $0 < \vartheta < 1$, führt die (eine) Likelihood-Gleichung auf

$$\frac{t}{\vartheta} - \frac{n - t}{1 - \vartheta} = 0$$

und damit auf den ML-Schätzwert $\widehat{\vartheta}_n(x_1, \ldots, x_n) = \frac{t}{n}$, den man als relative Trefferhäufigkeit interpretieren kann.

Selbstfrage 2 Warum liegt bei $\frac{t}{n}$ ein *Maximum* der Likelihood-Funktion vor?

Im Fall $t = 0$ gilt $L_{n,\mathbf{x}}(\vartheta) = (1 - \vartheta)^n$ und somit $\widehat{\vartheta}_n(x_1, \ldots, x_n) = 0 = \frac{t}{n}$, und für $t = n$ erhalten wir $L_{n,\mathbf{x}}(\vartheta) = \vartheta^n$ und damit $\widehat{\vartheta}_n(x_1, \ldots, x_n) = 1 = \frac{t}{n}$. Folglich würde in den Fällen $t = 0$ und $t = 1$ kein ML-Schätzwert existieren, wenn wir als Parameterraum das *offene* Einheitsintervall zugrundegelegt hätten.

Der ML-Schätzer $\widehat{\vartheta}_n = n^{-1} \sum_{j=1}^{n} X_j$ ist erwartungstreu für ϑ, und die Schätzfolge $(\widehat{\vartheta}_n)$ ist nach dem starken Gesetz großer Zahlen stark konsistent für ϑ. Zudem besitzt $\widehat{\vartheta}_n$ unter allen erwartungstreuen Schätzern für ϑ die (in ϑ gleichmäßig) kleinste Varianz (siehe z. B. [HE1], S. 244). Nach dem zentralen Grenzwertsatz von Lindeberg–Lévy gilt schließlich

$$\sqrt{n}\left(\widehat{\vartheta}_n - \vartheta\right) \xrightarrow{\mathcal{D}_\vartheta} \text{N}\left(0, \vartheta(1 - \vartheta)\right), \quad 0 < \vartheta < 1. \tag{10.4}$$

10.4 Beispiel (rechter Endpunkt einer Gleichverteilung, Fortsetzung von Beispiel 9.10)

In der Situation von Beispiel 9.10 sind $X_1, X_2, \ldots$ stochastisch unabhängig und je gleichverteilt auf $[0, \vartheta]$, wobei $\vartheta \in \Theta := (0, \infty)$ unbekannt ist. In diesem Fall ist für $\mathbf{x} = (x_1, x_2, \ldots) \in \mathcal{X} := \mathbb{R}_{>0}^{\mathbb{N}}$ die Likelihood-Funktion zum Stichprobenumfang n durch

$$L_{n,\mathbf{x}}(\vartheta) = \prod_{j=1}^{n} \left(\frac{1}{\vartheta} \mathbf{1}_{[0,\vartheta]}(x_j) \right) = \frac{1}{\vartheta^n} \mathbf{1}_{[0,\vartheta]}\left(\max(x_1, \ldots, x_n) \right)$$

gegeben. Hieraus folgt, dass $\widehat{\vartheta}_n(x_1, \ldots, x_n) := \max(x_1, \ldots, x_n)$ der ML-Schätzwert für ϑ ist. Nach den Ergebnissen von Beispiel 9.10 gilt $\mathbb{E}_{\vartheta}(\widehat{\vartheta}_n(X_1, \ldots, X_n)) = \frac{n}{n+1}\vartheta$, und somit ist die Folge $(\widehat{\vartheta}_n)$ der ML-Schätzer asymptotisch erwartungstreu für ϑ. Die Folge $(\widehat{\vartheta}_n)$ ist zudem stark konsistent für ϑ (vgl. Selbstfrage 3 aus Kap. 9), und die Folge $n(\widehat{\vartheta}_n - \vartheta)$ besitzt beim Grenzübergang $n \to \infty$ eine nichtausgeartete Limesverteilung (Aufgabe 10.4).

10.5 Beispiel (Normalverteilung)

In Fortsetzung der Beispiele 9.2 und 10.1 a) seien $X_1, X_2, \ldots$ stochastisch unabhängig und je $N(\mu, \sigma^2)$-verteilt, wobei $\vartheta := (\mu, \sigma^2) \in \Theta := \mathbb{R} \times \mathbb{R}_{>0}$. Für $\mathbf{x} = (x_1, x_2, \ldots) \in \mathcal{X} := \mathbb{R}^{\mathbb{N}}$ gilt

$$L_{n,\mathbf{x}}(\vartheta) = \prod_{j=1}^{n} \left(\frac{1}{\sigma\sqrt{2\pi}} \exp\left(-\frac{(x_j - \mu)^2}{2\sigma^2} \right) \right)$$

$$= \frac{1}{\left(\sigma\sqrt{2\pi}\right)^n} \exp\left(-\frac{1}{2\sigma^2} \sum_{j=1}^{n}(x_j - \mu)^2 \right).$$

Die Maximierung der Likelihood-Funktion kann hier in zwei Stufen erfolgen. Bei festem σ^2 wird die Quadratsumme $\sum_{j=1}^{n}(x_j - \mu)^2$ minimal, wenn für μ das arithmetische Mittel $\overline{x}_n = n^{-1}\sum_{j=1}^{n} x_j$ eingesetzt wird. Danach bleibt die Aufgabe, die Funktion

$$\sigma^2 \mapsto \frac{1}{\sigma^n} \exp\left(-\frac{1}{2\sigma^2} \sum_{j=1}^{n}(x_j - \overline{x}_n)^2 \right)$$

bezüglich σ^2 zu minimieren. Logarithmieren und Ableiten liefert, dass diese Funktion ihr Minimum annimmt, wenn für σ^2 der Wert $n^{-1}\sum_{j=1}^{n}(x_j - \overline{x}_n)^2$ eingesetzt wird. Dabei ergibt sich hier im Fall $x_1 = \ldots = x_n$ der Wert null, der als Schätzwert für σ^2 nicht zugelassen ist. Dieser Fall tritt aber unter jedem $\mathbb{P}_{\vartheta}$ nur mit der Wahrscheinlichkeit null auf. Eine Möglichkeit besteht darin, die Menge der Normalverteilungen um die Einpunktverteilungen δ_{μ} mit $\mu \in \mathbb{R}$ zu erweitern. Die so vergrößerte Klasse ist jedoch nicht mehr durch das Borel–Lebesgue-Maß λ^1 dominiert. Trotz dieser Wermutstropfen ist es üblich, den durch $\widehat{\vartheta}_n := (\widehat{\mu}_n, \widehat{\sigma^2_n})$ mit

$$\widehat{\mu}_n(X_1, \ldots, X_n) := \overline{X}_n = \frac{1}{n}\sum_{j=1}^{n} X_j, \quad \widehat{\sigma^2_n}(X_1, \ldots, X_n) := \frac{1}{n}\sum_{j=1}^{n} \left(X_j - \overline{X}_n\right)^2 \quad (10.5)$$

definierten Schätzer $\widehat{\vartheta}_n$ als ML-Schätzer für die Parameter der Normalverteilung zu bezeichnen. Wir schließen uns auch der Sprechweise „die ML-Schätzer für μ und σ^2 der Normalverteilung seien $\widehat{\mu}_n = \overline{X}_n$ und $\widehat{\sigma^2_n} = n^{-1}\sum_{j=1}^{n}(X_j - \overline{X}_n)^2$" an, obwohl wir im Fall eines vektorwertigen Parameters keine ML-Schätzung für einen reellwertigen Aspekt $\gamma(\vartheta)$ wie etwa $\gamma(\vartheta) = \mu$ vorgenommen, sondern nur $\widehat{\mu}_n$ und $\widehat{\sigma^2_n}$ als *Komponenten des ML-Schätzers*

$\widehat{\vartheta}_n$ für $\vartheta = (\mu, \sigma^2)$ identifiziert haben. Natürlich bietet sich ganz allgemein der aus einem ML-Schätzer $\widehat{\vartheta}_n : \mathcal{X} \to \Theta$ für ϑ abgeleitete Schätzer $\widehat{\gamma(\vartheta)}_n := \gamma(\widehat{\vartheta}_n)$ für $\gamma(\vartheta)$ an, wenn ein statistisches Modell $(\mathcal{X}, \mathcal{B}, (\mathbb{P}_\vartheta)_{\vartheta \in \Theta})$ mit $\Theta \subset \mathbb{R}^k$ vorliegt und $\gamma(\vartheta)$ zu schätzen ist, wobei $\gamma : \Theta \to \mathbb{R}$.

Mit dem zentralen Grenzwertsatz von Lindeberg–Lévy folgt $\sqrt{n}(\widehat{\mu}_n - \mu) \xrightarrow{\mathcal{D}_\vartheta} N(0, \sigma^2)$, und nach Beispiel 9.9 gilt $\sqrt{n}(S_n^2 - \sigma^2) \xrightarrow{\mathcal{D}_\vartheta} N(0, 2\sigma^4)$, wobei $S_n^2 = \frac{n}{n-1}\widehat{\sigma}_n^2$. Mit dem Lemma von Slutsky ergibt sich jetzt $\sqrt{n}(\widehat{\sigma}_n^2 - \sigma^2) \xrightarrow{\mathcal{D}_\vartheta} N(0, 2\sigma^4)$. Da nach Aufgabe 5.9 $\widehat{\mu}_n$ und $\widehat{\sigma}_n^2$ für jedes $n \geq 2$ stochastisch unabhängig sind, erhalten wir mit Satz 6.8

$$\sqrt{n}\big(\widehat{\vartheta}_n - \vartheta\big) = \sqrt{n}\begin{pmatrix} \widehat{\mu}_n - \mu \\ \widehat{\sigma}_n^2 - \sigma^2 \end{pmatrix} \xrightarrow{\mathcal{D}_\vartheta} N_2\left(\begin{pmatrix} 0 \\ 0 \end{pmatrix}, \begin{pmatrix} \sigma^2 & 0 \\ 0 & 2\sigma^4 \end{pmatrix} \right). \tag{10.6}$$

Aufgrund dieser Beispiele kann man hoffen, dass ML-Schätzer unter allgemeinen Bedingungen gute Eigenschaften besitzen. Wir wenden uns zunächst der Frage zu, unter welchen Voraussetzungen eine Folge $(\widehat{\vartheta}_n)$ von ML-Schätzern stark konsistent ist. Zur Vermeidung von Indizes sei hierzu X eine Zufallsvariable mit der gleichen, von $\vartheta \in \Theta$ abhängenden Verteilung wie X_1, also der Verteilung Q_ϑ mit der Dichte $f(\cdot, \vartheta)$ bezüglich v. Eine wichtige Rolle im Zusammenhang mit ML-Schätzung spielt die folgende Begriffsbildung.

10.6 Definition (Kullback[4]–Leibler[5]-Information)
Für $\vartheta \in \Theta$ und $\vartheta' \in \Theta$ heißt

$$I_{KL}(\vartheta : \vartheta') := \mathbb{E}_\vartheta\left(\log \frac{f(X, \vartheta)}{f(X, \vartheta')} \right) = \int_{\mathcal{X}_0} \log \frac{f(x, \vartheta)}{f(x, \vartheta')} f(x, \vartheta)\, v(\mathrm{d}x) \tag{10.7}$$

die *Kullback–Leibler-Information von* $f(\cdot, \vartheta)$ *bzgl.* $f(\cdot, \vartheta')$ *bzw. von* Q_ϑ *bzgl.* $Q_{\vartheta'}$.

Dabei sind in (10.7) $0 \log 0 := 0$ sowie

$$\log \frac{f(x, \vartheta)}{f(x, \vartheta')} := +\infty, \quad \text{falls } f(x, \vartheta) > 0 \text{ und } f(x, \vartheta') = 0, \tag{10.8}$$

gesetzt. Sind allgemein Q und Q' Wahrscheinlichkeitsmaße auf $\mathcal{B}_0$ mit der Eigenschaft $Q \ll Q'$, so heißt

$$I_{KL}(Q : Q') := \int_{\mathcal{X}_0} \log \frac{\mathrm{d}Q}{\mathrm{d}Q'}(x)\, Q(\mathrm{d}x) \tag{10.9}$$

die *Kullback–Leibler-Information von* Q *bzgl.* Q'. Dabei ist $\frac{\mathrm{d}Q}{\mathrm{d}Q'}$ eine Radon–Nikodým-Dichte von Q bzl. Q'. Ist Q nicht absolut stetig bzgl. Q', so setzt man $I_{KL}(Q : Q') := \infty$.

---

[4] Solomon Kullback (1907–1994), US-amerikanischer Mathematiker und Kryptologe.
[5] Richard Arthur Leibler (1914–2003), US-amerikanischer Mathematiker und Kryptologe.

10.7 Beispiel (Gleichverteilungen)

Es seien $\Theta := (0, \infty)$ und $Q_\vartheta = \mathrm{U}(0, \vartheta)$. Falls $\vartheta \leq \vartheta'$, so gilt

$$I_{KL}(\vartheta : \vartheta') = \int_{-\infty}^{\infty} \log \frac{\frac{1}{\vartheta}\mathbf{1}_{(0,\vartheta)}(x)}{\frac{1}{\vartheta'}\mathbf{1}_{(0,\vartheta')}(x)} \, \frac{1}{\vartheta}\mathbf{1}_{(0,\vartheta)}(x) \, dx = \log \frac{\vartheta'}{\vartheta}.$$

Im Fall $\vartheta' < \vartheta$ gilt $I_{KL}(\vartheta : \vartheta') = +\infty$.

10.8 Beispiel (Normalverteilungen)

Es seien $\Theta = \mathbb{R}^d$ und

$$f(x, \vartheta) = \frac{1}{(2\pi)^{d/2}} \exp\left(-\frac{\|x - \vartheta\|^2}{2}\right), \quad x \in \mathbb{R}^d,$$

wobei $\|\cdot\|$ die euklidische Norm bezeichne. Wegen

$$\log \frac{f(x, \vartheta)}{f(x, \vartheta')} = -\frac{1}{2}\left(\|x - \vartheta\|^2 - \|x - \vartheta'\|^2\right) = (\vartheta - \vartheta')^\top x + \frac{1}{2}\left(\|\vartheta'\|^2 - \|\vartheta\|^2\right)$$

folgt mit $X \sim \mathrm{N}_d(\vartheta, \mathrm{I}_d)$:

$$\begin{aligned}
I_{KL}(\vartheta : \vartheta') &= \mathbb{E}_\vartheta\left(\log \frac{f(X, \vartheta)}{f(X, \vartheta')}\right) = \mathbb{E}_\vartheta\left((\vartheta - \vartheta')^\top X + \frac{1}{2}\left(\|\vartheta'\|^2 - \|\vartheta\|^2\right)\right) \\
&= (\vartheta - \vartheta')^\top \vartheta + \frac{1}{2}\left(\|\vartheta'\|^2 - \|\vartheta\|^2\right) \\
&= \frac{1}{2}\|\vartheta - \vartheta'\|^2.
\end{aligned}$$

Wichtig im Zusammenhang mit der Kullback–Leibler-Information ist folgender Sachverhalt.

10.9 Lemma Für die Kullback–Leibler-Information gilt:

$$I_{KL}(\vartheta : \vartheta') = \mathbb{E}_\vartheta\left(\log \frac{f(X, \vartheta)}{f(X, \vartheta')}\right) \geq 0.$$

Das Gleichheitszeichen tritt nur im Fall $f(x, \vartheta) = f(x, \vartheta')$ für ν-fast alle $x \in \mathcal{X}_0$, also für den Fall $Q_\vartheta = Q_{\vartheta'}$ und damit $\vartheta = \vartheta'$ ein.

Beweis Es sei o. B. d. A. $I_{KL}(\vartheta : \vartheta') < \infty$. Damit tritt der in (10.8) stehende Fall nur für Werte x aus einer ν-Nullmenge auf. Wegen $\log t \geq 1 - \frac{1}{t}$, $t > 0$, mit Gleichheit nur für $t = 1$ folgt

$$I_{KL}(\vartheta : \vartheta') \geq \mathbb{E}_\vartheta\left(1 - \frac{f(X, \vartheta')}{f(X, \vartheta)}\right) = 1 - \int_{\mathcal{X}_0} \frac{f(x, \vartheta')}{f(x, \vartheta)} \, f(x, \vartheta)\nu(dx) = 1 - 1 = 0.$$

Dabei tritt das Gleichheitszeichen nur für $f(\cdot, \vartheta) = f(\cdot, \vartheta')$ ν-f.ü. und damit für $\vartheta = \vartheta'$ ein. ∎

Der gleiche Beweis funktioniert auch im allgemeineren Fall der Kullback–Leibler-Information $I_{KL}(Q : Q')$ in (10.9). Es gilt $I_{KL}(Q : Q') \geq 0$, wobei das Gleichheitszeichen nur für $Q = Q'$ eintritt.

Neben der *Identifizierbarkeitsbedingung,* dass die Abbildung $\Theta \ni \vartheta \mapsto Q_\vartheta$ injektiv ist, also verschiedenen Parameterwerten verschiedene Verteilungen entsprechen, nehmen wir ab jetzt an, dass die Verteilungen Q_ϑ mit $\vartheta \in \Theta$ einen gemeinsamen Träger besitzen. Konkret fordern wir:

$$\text{Die Menge } \{x \in \mathcal{X}_0 : f(x, \vartheta) > 0\} \text{ hängt nicht von } \vartheta \in \Theta \text{ ab.} \quad (10.10)$$

Des Weiteren treffen wir die Annahme

$$\mathbb{E}_\vartheta |\log f(X, \vartheta')| < \infty, \quad \vartheta, \vartheta' \in \Theta. \quad (10.11)$$

Dabei ist X eine Zufallsvariable mit Verteilung Q_ϑ, also mit der Dichte $f(\cdot, \vartheta)$ bzgl. ν.

Welche Rolle spielen nun die Kullback-Leibler-Information und Lemma 10.9 für die ML-Schätzung? Legen wir hierzu einen Wert $\vartheta_0 \in \Theta$ zugrunde. Bei der ML-Schätzung zum Stichprobenumfang n maximiert man $\prod_{j=1}^{n} f(X_j, \vartheta)$ oder – was damit gleichbedeutend ist –

$$\frac{1}{n} \sum_{j=1}^{n} \big(\log(f(X_j, \vartheta) - \log f(X_j, \vartheta_0)\big) = \frac{1}{n} \sum_{j=1}^{n} \log \frac{f(X_j, \vartheta)}{f(X_j, \vartheta_0)}$$

bezüglich ϑ. Nach dem starken Gesetz großer Zahlen konvergiert die Folge dieser arithmetischen Mittel für jedes $\vartheta \in \Theta$ $\mathbb{P}_{\vartheta_0}$-fast sicher gegen

$$\mathbb{E}_{\vartheta_0} \left(\log \frac{f(X, \vartheta)}{f(X, \vartheta_0)} \right) = -I_{KL}(\vartheta_0 : \vartheta). \quad (10.12)$$

Selbstfrage 3 Warum ist das starke Gesetz großer Zahlen hier anwendbar?

Nach Lemma 10.9 ist dieser Wert für jedes von ϑ_0 verschiedene ϑ kleiner als null. Ist der Parameterraum Θ eine (noch so große) *endliche* Menge, so folgt aus obigen Überlegungen schon die starke Konsistenz der Folge der ML-Schätzer, d. h., es gilt

$$\mathbb{P}_{\vartheta_0} \left(\{ \mathbf{x} \in \mathcal{X} : \lim_{n \to \infty} \widehat{\vartheta}_n(\mathbf{x}) = \vartheta_0 \} \right) = 1, \quad \vartheta_0 \in \Theta. \quad (10.13)$$

Zum Beweis sei für jedes $\vartheta \in \Theta$ mit $\vartheta \neq \vartheta_0$

$$B_\vartheta := \left\{ \mathbf{x} = (x_1, x_2, \ldots) \in \mathcal{X} : \lim_{n \to \infty} \frac{1}{n} \sum_{j=1}^{n} \log \frac{f(x_j, \vartheta)}{f(x_j, \vartheta_0)} = -I_{KL}(\vartheta_0 : \vartheta) \right\} \qquad (10.14)$$

gesetzt. Nach obigen Überlegungen gilt $\mathbb{P}_{\vartheta_0}(B_\vartheta) = 1$. Mit $B := \cap_{\vartheta \in \Theta \setminus \{\vartheta_0\}} B_\vartheta$ folgt dann auch $\mathbb{P}_{\vartheta_0}(B) = 1$, und $\mathbf{x} \in B$ zieht $\lim_{n \to \infty} \widehat{\vartheta}_n(\mathbf{x}) = \vartheta_0$ nach sich (Aufgabe 10.8).

Es gibt verschiedene allgemeine Resultate hinsichtlich der (starken) Konsistenz (10.13) der Folge $(\widehat{\vartheta}_n)$ (siehe z. B. [WAL], [FER], Thm. 17, sowie [PF1], Abschn. 6.5, und [LIM], Abschn. 7.5). In konkreten Situationen kann (10.13) oft direkt gezeigt werden. Wir wollen hierauf nicht weiter eingehen, sondern wenden uns jetzt dem sog. Hauptsatz über ML-Schätzer zu. Dieser Hauptsatz besagt salopp formuliert, dass *unter gewissen Bedingungen* die Folge $(\sqrt{n}(\widehat{\vartheta}_n - \vartheta))$ asymptotisch normalverteilt ist. Wir nehmen dazu an, dass der Parameterraum $\Theta \subset \mathbb{R}^k$ innere Punkte enthält, dass also $\Theta^\circ \neq \emptyset$ gilt. Die als *Regularitätsvoraussetzungen* bezeichneten benötigten Bedingungen beziehen sich insbesondere auf Glattheitseigenschaften der ν-Dichten $f(x, \vartheta)$ bei festem x bezüglich $\vartheta = (\vartheta_1, \ldots, \vartheta_k)$.

10.10 Regularitätsvoraussetzungen

a) Für jedes $x \in \mathcal{X}_0$ existieren die partiellen Ableitungen $\frac{\partial^2}{\partial \vartheta_i \partial \vartheta_j} f(x, \vartheta)$, $i, j \in \{1, \ldots, k\}$, und sie seien stetige Funktionen auf Θ°,

b) für jedes $\vartheta \in \Theta^\circ$ und jedes $i \in \{1, \ldots, k\}$ gilt

$$0 = \mathbb{E}_\vartheta \left[\frac{\partial}{\partial \vartheta_i} \log f(X, \vartheta) \right] \qquad \left(= \mathbb{E}_\vartheta \left[\frac{\frac{\partial}{\partial \vartheta_i} f(X, \vartheta)}{f(X, \vartheta)} \right] \right),$$

c) für jedes $\vartheta \in \Theta^\circ$ und jede Wahl von $i, j \in \{1, \ldots, k\}$ gilt

$$0 = \mathbb{E}_\vartheta \left[\frac{1}{f(X, \vartheta)} \cdot \frac{\partial^2 f(X, \vartheta)}{\partial \vartheta_i \partial \vartheta_j} \right],$$

d) zu jedem $\vartheta \in \Theta^\circ$ existieren ein $\delta_\vartheta > 0$ mit $U(\vartheta, \delta_\vartheta) := \{y \in \mathbb{R}^k : \|y - \vartheta\| < \delta_\vartheta\} \subset \Theta^\circ$ und eine nichtnegative messbare Funktion $M(\cdot, \vartheta)$ auf $\mathcal{X}_0$ mit $\mathbb{E}_\vartheta M(X, \vartheta) < \infty$ und

$$\left| \frac{\partial^2}{\partial \vartheta_i \partial \vartheta_j} \log f(\cdot, \vartheta') \right| \leq M(\cdot, \vartheta) \; \forall \vartheta' \in U(\vartheta, \delta_\vartheta) \; \forall i, j \in \{1, \ldots, k\},$$

e) für jedes $\vartheta \in \Theta^\circ$ ist die sogenannte *Fisher-Informationsmatrix*

$$I_1(\vartheta) := \left(\mathbb{E}_\vartheta \left[\frac{\partial}{\partial \vartheta_i} \log f(X, \vartheta) \frac{\partial}{\partial \vartheta_j} \log f(X, \vartheta) \right] \right)_{1 \leq i, j \leq k}$$

invertierbar.

Nach Voraussetzung b) darf man unter dem Integral differenzieren, denn es gelten

$$\frac{\partial}{\partial \vartheta_i} \int_{\mathcal{X}_0} f(x, \vartheta)\, \nu(\mathrm{d}x) = \frac{\partial}{\partial \vartheta_i} 1 = 0$$

und

$$\int_{\mathcal{X}_0} \frac{\partial}{\partial \vartheta_i} f(x, \vartheta)\, \nu(\mathrm{d}x) = \int_{\mathcal{X}_0} \frac{\frac{\partial}{\partial \vartheta_i} f(x, \vartheta)}{f(x, \vartheta)} f(x, \vartheta)\, \nu(\mathrm{d}x)$$

$$= \int_{\mathcal{X}_0} \frac{\partial}{\partial \vartheta_i} \log f(x, \vartheta) f(x, \vartheta)\, \nu(\mathrm{d}x) = \mathbb{E}_\vartheta \left[\frac{\partial}{\partial \vartheta_i} \log f(X, \vartheta) \right].$$

Selbstfrage 4 Warum erlaubt auch Bedingung c) Differentiation unter dem Integral?

Die Fisher-Informationsmatrix $I_1(\vartheta)$ ist im Fall $k = 1$ eine skalare Größe, die kurz als *Fisher-Information* bezeichnet wird. Für einen reellwertigen Parameter ϑ ist also

$$I_1(\vartheta) = \mathbb{E}_\vartheta \left(\frac{\partial}{\partial \vartheta} \log f(X, \vartheta) \right)^2.$$

Da $\frac{\partial}{\partial \vartheta} \log f(x, \vartheta)$ die Änderungsrate des Logarithmus von $f(x, \cdot)$ bezüglich ϑ darstellt, beschreibt $I_1(\vartheta)$ die integrierte quadratische Änderungsrate der logarithmierten Dichte an der Stelle ϑ. Je größer $I_1(\vartheta)$ ist, desto schneller ändert sich die zugrundeliegende Verteilung in Abhängigkeit von ϑ, und man kann hoffen, den unbekannten Parameter umso besser schätzen zu können.

Schreiben wir allgemein $\frac{\mathrm{d}}{\mathrm{d}\vartheta} := \left(\frac{\partial}{\partial \vartheta_1}, \ldots, \frac{\partial}{\partial \vartheta_k} \right)^\top$ für die Bildung des Spaltenvektors aus den partiellen Ableitungen nach den Komponenten von ϑ, so heißt der Zufallsvektor

$$U_1(\vartheta) := \frac{\mathrm{d}}{\mathrm{d}\vartheta} \log f(X, \vartheta)$$

Score-Vektor von X. Wegen Bedingung 10.10 b) ist der Score-Vektor zentriert, d.h., es gilt $\mathbb{E}_\vartheta[U_1(\vartheta)] = 0_k$. Damit ist die Fisher-Informationsmatrix die Kovarianzmatrix des Score-Vektors. Es gilt also

$$\Sigma_\vartheta \big(U_1(\vartheta) \big) := \mathbb{E}_\vartheta \big[U_1(\vartheta) U_1(\vartheta)^\top \big] = I_1(\vartheta). \tag{10.15}$$

Sind $X_1, \ldots, X_n$ stochastisch unabhängig mit gleicher Dichte $f(\cdot, \vartheta)$ bezüglich ν, so heißt

$$U_n(\vartheta) := \frac{\mathrm{d}}{\mathrm{d}\vartheta} \log f_n(X_1, \ldots, X_n, \vartheta) \tag{10.16}$$

der *Score-Vektor von* $(X_1, \ldots, X_n)$. Auch dieser Zufallsvektor ist zentriert, und seine Kovarianzmatrix ist durch $n I_1(\vartheta)$ gegeben (*Additivität der Fisher-Information,* s. Aufgabe 10.9).

10.11 Beispiel (Normalverteilung, Fortsetzung von Beispiel 10.5)
Es seien $\vartheta = (\vartheta_1, \vartheta_2) =: (\mu, \sigma^2)$ und $\Theta = \mathbb{R} \times \mathbb{R}_{>0}$ sowie

$$f(x, \vartheta) = \frac{1}{\sigma\sqrt{2\pi}} \exp\left(-\frac{(x-\mu)^2}{2\sigma^2}\right), \quad x \in \mathbb{R}.$$

Wegen

$$\log f(x, \vartheta) = -\frac{1}{2}\log(2\pi) - \frac{1}{2}\log\sigma^2 - \frac{(x-\mu)^2}{2\sigma^2}$$

folgt mit $Y := \frac{X-\mu}{\sigma}$:

$$\frac{\partial}{\partial\mu}\log f(X, \vartheta) = \frac{Y}{\sigma}, \qquad \frac{\partial}{\partial\sigma^2}\log f(X, \vartheta) = \frac{1}{2\sigma^2}\left(Y^2 - 1\right),$$

Weil Y eine Standardnormalverteilung besitzt, gelten $\mathbb{E}(Y^2) = 1$, $\mathbb{E}(Y^3) = 0$ und $\mathbb{E}(Y^4) = 3$, und somit ergibt sich

$$\mathbb{E}_\vartheta\left(\frac{\partial}{\partial\mu}\log f(X, \vartheta)\right)^2 = \frac{1}{\sigma^2}, \qquad \mathbb{E}_\vartheta\left(\frac{\partial}{\partial\sigma^2}\log f(X, \vartheta)\right)^2 = \frac{1}{2\sigma^4}$$

sowie $\mathbb{E}_\vartheta\left[\frac{\partial}{\partial\mu}\log f(X, \vartheta) \cdot \frac{\partial}{\partial\sigma^2}\log f(X, \vartheta)\right] = 0$. Die Fisher-Informationsmatrix besitzt also die Gestalt

$$I_1(\vartheta) = \begin{pmatrix} \frac{1}{\sigma^2} & 0 \\ 0 & \frac{1}{2\sigma^4} \end{pmatrix}.$$

Wie wir gleich sehen werden, ist es kein Zufall, dass diese Matrix die Inverse der in (10.6) stehenden Kovarianzmatrix der Limesverteilung von $\sqrt{n}(\widehat{\vartheta}_n - \vartheta)$ ist.

Bevor wir den angekündigten Hauptsatz formulieren, sei noch eine technische Schwierigkeit betont. So wurde bereits im Anschluss an Definition 10.2 darauf hingewiesen, dass das Supremum in (10.2) nicht unbedingt angenommen werden muss. Da andererseits bei wachsendem Stichprobenumfang n die (nicht notwendig messbaren!) Teilmengen aller $\mathbf{x} = (x_1, x_2, \ldots)$ im Stichprobenraum $\mathcal{X}$, für die das Supremum in (10.2) angenommen wird, typischerweise Wahrscheinlichkeiten besitzen, die unter jedem $\vartheta \in \Theta$ für $n \to \infty$ gegen eins konvergieren, drängt sich im Hinblick auf asymptotische Untersuchungen die folgende Modifikation der Definition eines ML-Schätzers auf (vgl. [WIM], S. 177).

10.12 Definition (Asymptotischer Maximum-Likelihood-Schätzer)
Es sei $X_1, X_2, \ldots$ eine u. i. v.-Folge mit v-Dichte $f(\cdot, \vartheta)$, $\vartheta \in \Theta \subset \mathbb{R}^k$. Weiter sei

$$M_n := \bigcup_{\vartheta \in \Theta} \left\{ \mathbf{x} \in \mathcal{X} : f_n(\mathbf{x}, \vartheta) = \sup_{t \in \Theta} f_n(\mathbf{x}, t) \right\}$$

die Menge derjenigen $\mathbf{x} = (x_1, x_2, \ldots) \in \mathcal{X}$, für die ein ML-Schätzwert zum Stichprobenumfang n existiert. Gibt es Mengen $M'_n \subset M_n$ mit $M'_n \in \mathcal{B}$ und $\mathbb{P}_\vartheta(M'_n) \to 1$ für jedes $\vartheta \in \Theta$, so nennen wir jede Folge $(\widehat{\vartheta}_n)$ messbarer Abbildungen $\widehat{\vartheta}_n : \mathcal{X} \to \Theta$ mit

$$f_n(\mathbf{x}, \widehat{\vartheta}_n(\mathbf{x})) = \sup_{t \in \Theta} f_n(\mathbf{x}, t) \qquad \text{für jedes } \mathbf{x} \in M'_n \tag{10.17}$$

einen *asymptotischen ML-Schätzer.*

10.13 Satz (Hauptsatz über Maximum-Likelihood-Schätzer)

Es sei $(\widehat{\vartheta}_n)$ ein asymptotischer ML-Schätzer für ϑ, und es mögen die Regularitätsvoraussetzungen 10.10 a)–e) gelten. Ist die Folge $(\widehat{\vartheta}_n)$ *konsistent* für ϑ, so gilt

$$\sqrt{n}\,(\widehat{\vartheta}_n - \vartheta) \xrightarrow{\mathcal{D}_\vartheta} N_k\left(0, I_1(\vartheta)^{-1}\right) \qquad \text{für jedes } \vartheta \in \Theta^\circ.$$

Beweis Der Beweis orientiert sich an [WIM], S. 203–205, wobei nicht jedes technische Detail ausgeführt wird. Es seien $\vartheta \in \Theta^\circ$ beliebig und $M'_n \subset \mathcal{X}$ wie in Definition 10.12. Weiter sei $U(\vartheta, \delta_\vartheta) \subset \Theta^\circ$ wie in 10.10 d). Wir setzen

$$V_n := \left\{ \mathbf{x} \in \mathcal{X} : \widehat{\vartheta}_n(\mathbf{x}) \in U(\vartheta, \delta_\vartheta) \right\}.$$

Da die Folge $(\widehat{\vartheta}_n)$ als konsistent vorausgesetzt wurde, gilt $\lim_{n \to \infty} \mathbb{P}_\vartheta(V_n) = 1$. Sei

$$\overline{\vartheta}_n(\mathbf{x}) := \widehat{\vartheta}_n(\mathbf{x}) \mathbf{1}_{\{M'_n \cap V_n\}}(\mathbf{x}) + \vartheta \, \mathbf{1}_{\{(M'_n \cap V_n)^c\}}(\mathbf{x}), \quad \mathbf{x} \in \mathcal{X}.$$

Damit gilt $\overline{\vartheta}_n \xrightarrow{\mathbb{P}_\vartheta} \vartheta$, und wegen $\mathbb{P}_\vartheta(\overline{\vartheta}_n \neq \widehat{\vartheta}_n) \to 0$ folgt $\sqrt{n}(\overline{\vartheta}_n - \widehat{\vartheta}_n) = o_{\mathbb{P}_\vartheta}(1)$.

Selbstfrage 5 Warum gelten $\mathbb{P}_\vartheta(\overline{\vartheta}_n \neq \widehat{\vartheta}_n) \to 0$ und $\sqrt{n}(\overline{\vartheta}_n - \widehat{\vartheta}_n) = o_{\mathbb{P}_\vartheta}(1)$?

Nach dem Lemma von Slutsky ist somit

$$\sqrt{n}\,(\overline{\vartheta}_n - \vartheta) \xrightarrow{\mathcal{D}_\vartheta} N_k\left(0, I_1(\vartheta)^{-1}\right) \qquad \text{für jedes } \vartheta \in \Theta^\circ$$

zu zeigen. Sei hierzu

$$U_n(t) := \sum_{j=1}^{n} \left. \frac{\mathrm{d}}{\mathrm{d}\vartheta} \log f(X_j, \vartheta) \right|_{\vartheta = t}, \qquad t \in \Theta^\circ. \tag{10.18}$$

Entscheidend für das weitere Vorgehen ist, dass $\overline{\vartheta}_n$ auf der Schnittmenge $M_n' \cap V_n$ die Likelihood-Gleichung $0_k = U_n(\overline{\vartheta}_n)$ erfüllt. Die Idee besteht jetzt darin, eine Taylorentwicklung von $U_n(t)$ um $t = \vartheta$ durchzuführen. Setzen wir zu diesem Zweck

$$H_n(t) := \frac{\mathrm{d}}{\mathrm{d}\vartheta^\top} U_n(\vartheta)\bigg|_{\vartheta=t} = \left(\sum_{\ell=1}^n \frac{\partial^2}{\partial\vartheta_i \partial\vartheta_j} \log f(X_\ell, \vartheta)\bigg|_{\vartheta=t}, \right)_{1\le i,j\le k}, \qquad (10.19)$$

so gilt

$$0_k = U_n(\overline{\vartheta}_n) = U_n(\vartheta) + H_n(\vartheta)(\overline{\vartheta}_n - \vartheta) + R_n(\vartheta, \overline{\vartheta}_n - \vartheta)$$

mit einem nicht näher spezifizierten Restterm $R_n(\vartheta, \overline{\vartheta}_n - \vartheta)$. Division beider Seiten durch $\sqrt{n}$ liefert

$$0_k = \frac{1}{\sqrt{n}} U_n(\vartheta) + \frac{1}{n} H_n(\vartheta) \cdot \sqrt{n}(\overline{\vartheta}_n - \vartheta) + \frac{1}{\sqrt{n}} R_n(\vartheta, \overline{\vartheta}_n - \vartheta).$$

Die Regularitätsvoraussetzungen (insbesondere 10.10 d)) zeigen, dass der letzte Summand auf der rechten Seite stochastisch gegen null konvergiert, und somit folgt

$$\frac{1}{n} H_n(\vartheta) \cdot \sqrt{n}(\overline{\vartheta}_n - \vartheta) = -\frac{1}{\sqrt{n}} U_n(\vartheta) + o_{\mathbb{P}_\vartheta}(1). \qquad (10.20)$$

Da $U_n(\vartheta)$ als Score-Vektor von $(X_1, \ldots, X_n)$ (vgl. (10.16)) eine Summe von unabhängigen und identisch verteilten zentrierten Zufallsvektoren mit Kovarianzmatrix $I_1(\vartheta)$ ist (vgl. (10.15)), erhalten wir aufgrund des multivariaten zentralen Grenzwertsatzes, des Abbildungssatzes und des Lemmas von Slutsky

$$-\frac{1}{\sqrt{n}} U_n(\vartheta) + o_{\mathbb{P}_\vartheta}(1) \xrightarrow{\mathcal{D}_\vartheta} \mathrm{N}_k(0, I_1(\vartheta)). \qquad (10.21)$$

Selbstfrage 6 Warum wird der Abbildungssatz benötigt?

Wir behaupten jetzt die Gültigkeit von

$$\lim_{n\to\infty} \frac{1}{n} H_n(\vartheta) = -I_1(\vartheta) \quad \mathbb{P}_\vartheta\text{-fast sicher.} \qquad (10.22)$$

Nach der Quotientenregel gilt für jedes $\ell \in \{1, \ldots, n\}$ und jede Wahl von $i, j \in \{1, \ldots, k\}$

$$\frac{\partial}{\partial \vartheta_j} \left[\frac{\partial}{\partial \vartheta_i} \log f(X_\ell, \vartheta) \right] = \frac{\partial}{\partial \vartheta_j} \frac{\frac{\partial}{\partial \vartheta_i} f(X_\ell, \vartheta)}{f(X_\ell, \vartheta)}$$

$$= \frac{1}{f(X_\ell, \vartheta)} \frac{\partial^2 f(X_\ell, \vartheta)}{\partial \vartheta_i \partial \vartheta_j} - \frac{\partial}{\partial \vartheta_i} \log f(X_\ell, \vartheta) \frac{\partial}{\partial \vartheta_j} \log f(X_\ell, \vartheta).$$

Nach Regularitätsvoraussetzung 10.10 c) verschwindet der unter $\mathbb{P}_\vartheta$ berechnete Erwartungswert des ersten Terms auf der rechten Seite, und der entsprechende Erwartungswert des Subtrahenden ist der in der i-ten Zeile und j-ten Spalte der Fisher-Informationsmatrix $I_1(\vartheta)$ stehende Eintrag. Somit gilt $\mathbb{E}_\vartheta[H_n(\vartheta)] = -n I_1(\vartheta)$, und (10.22) folgt aus dem starken Gesetz großer Zahlen, da $n^{-1} H_n(\vartheta)$ ein arithmetisches Mittel einer u. i. v.-Folge von Zufallsmatrizen mit gleichem Erwartungswert $-I_1(\vartheta)$ darstellt. Da $I_1(\vartheta)$ invertierbar ist, ist auch $n^{-1} H_n(\vartheta)$ mit Wahrscheinlichkeit 1 für genügend großes n invertierbar. Für solche n gilt mit (10.20)

$$\sqrt{n}(\overline{\vartheta}_n - \vartheta) = \left(\frac{1}{n} H_n(\vartheta) \right)^{-1} \left(-\frac{1}{\sqrt{n}} U_n(\vartheta) + o_{\mathbb{P}_\vartheta}(1) \right).$$

Da $\left(n^{-1} H_n(\vartheta) \right)^{-1}$ $\mathbb{P}_\vartheta$-fast sicher gegen $I_1(\vartheta)^{-1}$ konvergiert, liefert (10.21) zusammen mit dem Abbildungssatz und dem Lemma von Slutsky

$$\sqrt{n}(\overline{\vartheta}_n - \vartheta) \xrightarrow{\mathcal{D}_\vartheta} I_1(\vartheta)^{-1} N_k\big((0_k, I_1(\vartheta)) \big) \stackrel{\mathcal{D}}{=} N_k\big(0_k, I_1(\vartheta)^{-1} \big),$$

was zu zeigen war.   ∎

10.14 Korollar (Darstellung des Schätzfehlers)
Unter den getroffenen Annahmen gilt

$$\sqrt{n}(\widehat{\vartheta}_n - \vartheta) = \frac{1}{\sqrt{n}} \sum_{j=1}^{n} \ell(X_j, \vartheta) + o_{\mathbb{P}_\vartheta}(1) \quad \text{bei } n \to \infty, \qquad (10.23)$$

wobei

$$\ell(X_j, \vartheta) = I_1(\vartheta)^{-1} \frac{\mathrm{d}}{\mathrm{d}\vartheta} \log f(X_j, \vartheta).$$

Beweis Aus dem Beweis von Satz 10.13 folgt

$$\sqrt{n}(\widehat{\vartheta}_n - \vartheta) = I_1(\vartheta)^{-1} \frac{1}{\sqrt{n}} U_n(\vartheta) + o_{\mathbb{P}_\vartheta}(1).$$

∎

Die Funktion $\ell(\cdot, \cdot)$ in (10.23) erfüllt die Gleichung $\mathbb{E}_\vartheta(\ell(X_1, \vartheta)) = 0$, $\vartheta \in \Theta$. Eine Darstellung der Gestalt (10.23) für den Schätzfehler $\widehat{\vartheta}_n - \vartheta$ gilt nicht nur für den ML-

Schätzer $\widehat{\vartheta}_n$, sondern auch für andere Schätzverfahren, wie wir in Kap. 11 am Beispiel der Schätzung nach der Momentenmethode sehen werden (siehe Aufgabe 11.6). Man nennt die in (10.23) auftretende Funktion $\ell(\cdot, \vartheta) : \mathcal{X}_0 \to \mathbb{R}$ *Einflussfunktion.*

Man beachte, dass der Beweis des Hauptsatzes nur von der Konsistenz der Folge $(\widehat{\vartheta}_n)$ und der Tatsache Gebrauch gemacht hat, dass die Likelihood-Gleichungen (10.3) erfüllt sind. Die Botschaft des Hauptsatzes ist, dass *unter gewissen Regularitätsvoraussetzungen* der mit $\sqrt{n}$ multiplizierte Schätzfehler $\widehat{\vartheta}_n - \vartheta$ asymptotisch normalverteilt ist. Wir werden im nächsten Kapitel sehen, dass die asymptotische Kovarianzmatrix $I_1(\vartheta)^{-1}$ (wieder unter gewissen Voraussetzungen) in einem bestimmten Sinn bestmöglich ist.

Aus der Vielzahl der Verfeinerungen von Satz 10.13 und Korollar 10.14 erwähnen wir eine Version mit schwächeren Voraussetzungen oder lokaler Gleichmäßigkeit im Parameter bei [PF1], Theorem 7.5.5, eine Fehlerschranke vom Berry-Esseen-Typ bei [PIN] sowie eine Verfeinerung der Normalapproxmation durch eine asymptotische Entwicklung bei [PFW], Proposition 10.3.1.

Die Aufgaben 10.4 und 10.5 zeigen, dass es bei der ML-Schätzung Situationen gibt, in denen der Schätzfehler $\widehat{\vartheta}_n - \vartheta$ *nach Multiplikation mit* n (anstelle mit $\sqrt{n}$) eine nichtausgeartete Limesverteilung besitzt. Diese und weitere Fälle sind durch den Hauptsatz nicht abgedeckt, weil gewisse der Regularitätsvoraussetzungen 10.10 a)–e) verletzt sind.

10.15 Beispiel Es sei $\Theta := \mathbb{R}_{>0} \times \mathbb{R}_{>0}$, und für $\vartheta =: (\vartheta_1, \vartheta_2)$ sei $X_1, X_2, \ldots$ eine u. i. v.-Folge von Zufallsvariablen mit gleicher Lebesgue-Dichte

$$f(x, \vartheta) := \frac{1}{\vartheta_1 + \vartheta_2} \exp\left(-\frac{x}{\vartheta_1}\mathbf{1}_{[0,\infty)}(x) + \frac{x}{\vartheta_2}\mathbf{1}_{(-\infty,0)}(x)\right), \quad x \in \mathbb{R}.$$

Direktes Nachrechnen ergibt, dass für f die Regularitätsvoraussetzungen 10.10 a)–d) gelten, und die Fisher-Informationsmatrix ist durch

$$I_1(\vartheta) = \frac{1}{(\vartheta_1 + \vartheta_2)^2} \begin{pmatrix} \frac{\vartheta_1 + 2\vartheta_2}{\vartheta_1} & -1 \\ -1 & \frac{2\vartheta_1 + \vartheta_2}{\vartheta_2} \end{pmatrix} \tag{10.24}$$

gegeben (Aufgabe 10.11 a)) und damit invertierbar. Mit

$$s_n(\mathbf{x}) := \sum_{j=1}^{n} x_j \mathbf{1}_{[0,\infty)}(x_j), \qquad t_n(\mathbf{x}) := -\sum_{j=1}^{n} x_j \mathbf{1}_{(-\infty,0)}(x_j)$$

für $\mathbf{x} = (x_1, x_2, \ldots) \in \mathcal{X} := \mathbb{R}^{\mathbb{N}}$ besitzt die Log-Likelihood-Funktion die Gestalt

$$\log L_{n,\mathbf{x}}(\vartheta) = -n \log(\vartheta_1 + \vartheta_2) - \frac{1}{\vartheta_1} s_n(\mathbf{x}) - \frac{1}{\vartheta_2} t_n(\mathbf{x}).$$

Für den Fall $s_n := s_n(\mathbf{x}) > 0$ und $t_n := t_n(\mathbf{x}) > 0$ ist $\widehat{\vartheta}_n(\mathbf{x}) =: \left(\widehat{\vartheta}_{n,1}(\mathbf{x}), \widehat{\vartheta}_{n,2}(\mathbf{x})\right)$ mit

$$\widehat{\vartheta}_{n,1}(\mathbf{x}) := \frac{\sqrt{s_n}}{n}\left(\sqrt{s_n}+\sqrt{t_n}\right), \quad \widehat{\vartheta}_{n,2}(\mathbf{x}) := \frac{\sqrt{t_n}}{n}\left(\sqrt{s_n}+\sqrt{t_n}\right) \tag{10.25}$$

die einzige Lösung der Likelihood-Gleichungen (Aufgabe 10.11 b)). Gelten $s_n(\mathbf{x}) > 0$ und $t_n(\mathbf{x}) = 0$ bzw. $s_n(\mathbf{x}) = 0$ und $t_n(\mathbf{x}) > 0$ ($s_n(\mathbf{x}) = t_n(\mathbf{x}) = 0$ ist nicht möglich), so wird $\log L_{n,\mathbf{x}}(\vartheta)$ ebenfalls für $\widehat{\vartheta}_n(\mathbf{x})$ in (10.25) maximal.

Selbstfrage 7 Warum gilt die letzte Aussage?

Da mit $S_n := \sum_{j=1}^{n} X_j \mathbf{1}_{[0,\infty)}(X_j)$ und $T_n := -\sum_{j=1}^{n} X_j \mathbf{1}_{(-\infty,0)}(X_j)$ für jedes $\vartheta \in \Theta$ die Beziehung $\lim_{n\to\infty} \mathbb{P}_\vartheta(S_n = 0 \text{ oder } T_n = 0) = 0$ gilt und die Schätzfolge $(\widehat{\vartheta}_n) =: \left((\widehat{\vartheta}_{n,1}, \widehat{\vartheta}_{n,2})\right)$ mit

$$\widehat{\vartheta}_{n,1} := \frac{\sqrt{S_n}}{n}\left(\sqrt{S_n}+\sqrt{T_n}\right), \quad \widehat{\vartheta}_{n,2} := \frac{\sqrt{T_n}}{n}\left(\sqrt{S_n}+\sqrt{T_n}\right) \tag{10.26}$$

konsistent für ϑ ist (Aufgabe 10.11 c)), liefert der Hauptsatz 10.13

$$\sqrt{n}\left(\widehat{\vartheta}_n - \vartheta\right) \xrightarrow{\mathcal{D}_\vartheta} N_2\left(0_2, I_1(\vartheta)^{-1}\right),$$

wobei $I_1(\vartheta)^{-1}$ durch

$$I_1(\vartheta)^{-1} = \frac{(\vartheta_1 + \vartheta_2)^2 \vartheta_1 \vartheta_2}{4\vartheta_1\vartheta_2 + 2\vartheta_1 + 2\vartheta_2}\begin{pmatrix} (2\vartheta_1 + \vartheta_2)/\vartheta_2 & 1 \\ 1 & (\vartheta_1 + 2\vartheta_2)/\vartheta_1 \end{pmatrix}$$

gegeben ist.

Antworten zu den Selbstfragen

Antwort 1 Wegen $\{X_1 \in B\} = \{(x_1, x_2, \dots) \in \mathcal{X} : x_1 \in B\}$ folgt die erste Gleichheit aus $\mathbb{P}_\vartheta = Q_\vartheta^{\mathbb{N}}$. Die zweite ist mit $B = \{t\}$ ein Spezialfall der ersten.

Antwort 2 Die Funktion $\vartheta \mapsto \frac{t}{\vartheta} - \frac{n-t}{1-\vartheta}$ ist für $0 < \vartheta < \frac{t}{n}$ positiv und für $\frac{t}{n} < \vartheta < 1$ negativ.

Antwort 3 Weil wegen der Bedingung (10.11) der in (10.12) auftretende Erwartungswert existiert.

Antwort 4 Es gelten $\frac{\partial^2}{\partial\vartheta_i\partial\vartheta_j} \int_{\mathcal{X}_0} f(x, \vartheta)\, \nu(\mathrm{d}x) = \frac{\partial^2}{\partial\vartheta_i\partial\vartheta_j} 1 = 0$ und

$$\mathbb{E}_\vartheta\left[\frac{1}{f(X, \vartheta)} \cdot \frac{\partial^2 f(X, \vartheta)}{\partial\vartheta_i\partial\vartheta_j}\right] = \int_{\mathcal{X}_0} \frac{1}{f(x, \vartheta)} \cdot \frac{\partial^2 f(x, \vartheta)}{\partial\vartheta_i\partial\vartheta_j} f(x, \vartheta)\, \nu(\mathrm{d}x) = \int_{\mathcal{X}_0} \frac{\partial^2 f(x, \vartheta)}{\partial\vartheta_i\partial\vartheta_j}\, \nu(\mathrm{d}x).$$

Antwort 5 Es ist $\mathbb{P}_\vartheta (\overline{\vartheta}_n \neq \widehat{\vartheta}_n) \leq \mathbb{P}_\vartheta \left(M_n' \cap V_n)^c \right) \leq \mathbb{P}_\vartheta (M_n'^c) + \mathbb{P}_\vartheta (V_n^c) \to 0$. Die zweite Aussage gilt, weil für jedes $\varepsilon > 0$ aus dem Ereignis $\{\sqrt{n}|\overline{\vartheta}_n - \widehat{\vartheta}_n| > \varepsilon\}$ das Ereignis $\{\overline{\vartheta}_n \neq \widehat{\vartheta}_n\}$ folgt,

Antwort 6 Wegen des Minuszeichens.

Antwort 7 Im Fall $s_n(\mathbf{x}) > 0$ und $t_n(\mathbf{x}) = 0$ besitzt die Log-Likelihood-Funktion die Gestalt $\log L_{n,\mathbf{x}}(\vartheta) = -n \log(\vartheta_1 + \vartheta_2) - s_n(\mathbf{x})/\vartheta_1$. Bei festem ϑ_1 wird das Maximum über ϑ_2 für den Randpunkt $\vartheta_2 = 0$ des Intervalls $(0, \infty)$ angenommen, und die Funktion $(0, \infty) \ni \vartheta_1 \mapsto -n \log(\vartheta_1) - s_n(\mathbf{x})/\vartheta_1$ wird für $\widehat{\vartheta}_{n,1}(\mathbf{x}) = \frac{1}{n} s_n(\mathbf{x})$ maximal, was sich mit (10.25) deckt.

Übungsaufgaben

Aufgabe 10.1 Zeigen Sie, dass ML-Schätzungen von der speziellen Wahl des dominierenden Maßes ν unabhängig sind. Genauer sei $Q_\vartheta \ll \nu$ für jedes $\vartheta \in \Theta$. Für ein zweites σ-endliches Maß $\widetilde{\nu}$ auf $\mathcal{B}_0$ gelte $\nu \ll \widetilde{\nu}$ und damit auch $Q_\vartheta \ll \widetilde{\nu}$ für jedes $\vartheta \in \Theta$. Seien $f(\cdot, \vartheta)$ bzw. $\widetilde{f}(\cdot, \vartheta)$ die Dichten von Q_ϑ bezüglich ν bzw. bezüglich $\widetilde{\nu}$. Zeigen Sie, dass die mithilfe von f gewonnenen ML-Schätzwerte zum Stichprobenumfang n $(\nu \otimes \ldots \otimes \nu)$-fast überall mit den aus $\widetilde{f}$ gewonnenen übereinstimmen.

Aufgabe 10.2 Die Zufallsvariablen $X_1, \ldots, X_n$ seien stochastisch unabhängig, und sie mögen die gleiche Lebesgue-Dichte

$$f(x, \vartheta) = \frac{\vartheta^\alpha}{\Gamma(\alpha)} x^{\alpha-1} e^{-\vartheta x}, \quad x > 0,$$

sowie $f(x, \vartheta) = 0$, sonst, besitzen. Dabei seien $\alpha > 0$ bekannt und $\vartheta \in \Theta := (0, \infty)$ unbekannt.
Wie lautet der ML-Schätzer $\widehat{\vartheta}_n = \widehat{\vartheta}_n(X_1, \ldots, X_n)$ für ϑ?

Aufgabe 10.3 Es sei $X_1, X_2, \ldots$ eine u. i. v.-Folge von Zufallsvariablen mit gleicher Gamma-Verteilung $\Gamma(\alpha, \lambda)$, d. h. mit gleicher Dichte

$$f(x, \vartheta) = \frac{\lambda^\alpha}{\Gamma(\alpha)} x^{\alpha-1} e^{-\lambda x}, \quad x > 0,$$

und $f(x, \vartheta) = 0$, sonst. Dabei ist $\vartheta := (\alpha, \lambda)$ gesetzt, und es gilt $\vartheta \in \Theta := \{(\alpha, \lambda) : \alpha > 0, \lambda > 0\}$.
Zeigen Sie, dass die Likelihood-Gleichungen (10.3) zu

$$\frac{1}{n} \sum_{j=1}^n \log x_j = \Psi(\alpha) - \log \lambda, \qquad \frac{1}{n} \sum_{j=1}^n x_j = \frac{\alpha}{\lambda}$$

äquivalent sind. Dabei ist $\Psi(t) := \frac{\mathrm{d}}{\mathrm{d}t} \log \Gamma(t)$, $t > 0$, die sogenannte *Digamma-Funktion* oder *Psi-Funktion*.

Aufgabe 10.4 Zeigen Sie, dass in der Situation von Beispiel 10.4 gilt:

$$\lim_{n \to \infty} \mathbb{P}_\vartheta \left(n(\widehat{\vartheta}_n - \vartheta) \leq u \right) = \begin{cases} 1, & \text{falls } u \geq 0, \\ \exp\left(\frac{u}{\vartheta}\right), & \text{falls } u < 0. \end{cases}$$

Hinweis: Aufgabe 9.4.

Aufgabe 10.5 Es sei $\Theta := \{\vartheta := (\vartheta_1, \vartheta_2) : -\infty < \vartheta_1 < \vartheta_2 < \infty\}$. Die Zufallsvariablen $X_1, X_2, \ldots$ seien stochastisch unabhängig und identisch verteilt, wobei $X_1 \sim U([\vartheta_1, \vartheta_2])$.

a) Zeigen Sie, dass der ML-Schätzer für ϑ zum Stichprobenumfang n durch $\widehat{\vartheta}_n = (U_n, V_n)$ mit $U_n := \min(X_1, \ldots, X_n)$ und $V_n := \max(X_1, \ldots, X_n)$ gegeben ist.

b) Zeigen Sie: Für jede Wahl von $s, t \in \mathbb{R}_{>0}$ gilt mit $\Delta := \vartheta_2 - \vartheta_1$:

$$\lim_{n \to \infty} \mathbb{P}_\vartheta \big(n(U_n - \vartheta_1) \le s, n(\vartheta_2 - V_n) \le t\big) = \left(1 - \exp\left(-\frac{s}{\Delta}\right)\right)\left(1 - \exp\left(-\frac{t}{\Delta}\right)\right).$$

Hinweis für b): Es gilt $\{n(U_n - \vartheta_1) \le s\} = \cup_{j=1}^n \{X_j \le \vartheta_1 + \frac{s}{n}\}$.

Aufgabe 10.6 Es seien $\Theta = (0, \infty)$ und $Q_\vartheta = \mathrm{Exp}(\vartheta)$, also $f(x, \vartheta) = \vartheta e^{-\vartheta x}$ für $x \ge 0$ und $f(x, \vartheta) = 0$, sonst. Zeigen Sie:

$$I_{KL}(\vartheta : \vartheta') = \log \frac{\vartheta}{\vartheta'} + \frac{\vartheta'}{\vartheta} - 1.$$

Aufgabe 10.7 In der Situation von Definition 10.6 sei Θ ein offenes Intervall, und es seien die Bedingungen (10.10) und (10.11) erfüllt. Zeigen Sie: Es gilt

$$\lim_{\varepsilon \downarrow 0} \frac{2}{\varepsilon^2} I_{KL}(\vartheta + \varepsilon : \vartheta) = I_1(\vartheta), \quad \vartheta \in \Theta.$$

Gehen Sie davon aus, dass $f(x, \vartheta)$ für festes x nach ϑ differenzierbar ist und bei allen auftretenden Ausdrücken Terme, die von der Größenordnung $o(\varepsilon^2)$ sind, vernachlässigt werden können.
Hinweis: Es gilt $t \log t = t - 1 + \frac{1}{2}(t - 1)^2 + o((t - 1)^2)$ bei $t \to 1$.

Aufgabe 10.8 Es seien B_ϑ wie in (10.14) und $B := \cap_{\vartheta \in \Theta \setminus \{\vartheta_0\}} B_\vartheta$, wobei Θ eine endliche Menge ist. Zeigen Sie, dass aus $\mathbf{x} \in B$ die Beziehung $\lim_{n \to \infty} \widehat{\vartheta}_n(\mathbf{x}) = \vartheta_0$ folgt.

Aufgabe 10.9 Zeigen Sie, dass der in (10.16) definierte Zufallsvektor $U_n(\vartheta)$ zentriert ist und die Kovarianzmatrix $n I_1(\vartheta)$ besitzt.

Aufgabe 10.10 Zeigen Sie durch Berechnung der Fisher-Information, dass sich die Verteilungskonvergenz (10.4) mit dem Ergebnis des Hauptsatzes 10.13 deckt.

Aufgabe 10.11 Es liege die Situation von Beispiel 10.15 vor. Zeigen Sie:

a) Die Fisher-Informationsmatrix $I_1(\vartheta)$ ist durch (10.24) gegeben.
b) Im Fall $s_n > 0$ und $t_n > 0$ stellt (10.25) die einzige Lösung der Likelihood-Gleichungen dar.
c) Die Schätzfolge $(\widehat{\vartheta}_n) = ((\widehat{\vartheta}_{n,1}, \widehat{\vartheta}_{n,2}))$ mit $\widehat{\vartheta}_{n,1}$ und $\widehat{\vartheta}_{n,2}$ wie in (10.26) ist konsistent für ϑ.

Aufgabe 10.12 Es liege die Situation des Hauptsatzes 10.13 mit $k = 1$ vor, wobei Θ ein offenes Intervall sei. Zeigen Sie: Ist die Funktion $\Theta \ni \vartheta \mapsto I_1(\vartheta)$ stetig, so gilt für jedes $\alpha \in (0, 1)$:

$$\lim_{n\to\infty} \mathbb{P}_\vartheta\left(\widehat{\vartheta}_n - \frac{\Phi^{-1}(1-\alpha/2)}{\sqrt{n}\sqrt{I_1(\widehat{\vartheta}_n)}} \leq \vartheta \leq \widehat{\vartheta}_n + \frac{\Phi^{-1}(1-\alpha/2)}{\sqrt{n}\sqrt{I_1(\widehat{\vartheta}_n)}}\right) = 1 - \alpha \quad \text{für jedes } \vartheta \in \Theta.$$

Dabei bezeichnen Φ bzw. Φ^{-1} die Verteilungsfunktion bzw. die Quantilfunktion der Standardnormalverteilung.

Welches asymptotische Konfidenzintervall für ϑ ergibt sich im Spezialfall $X_1 \sim \text{Bin}(1, \vartheta)$?

Asymptotische (relative) Effizienz von Schätzern 11

In diesem Kapitel geht es um die Qualität von Schätzern für unbekannte Parameter bei Vorliegen großer Stichprobenumfänge. Wir legen dabei das Rahmenmodell aus Kap. 10, also eine u. i. v.-Folge $X_1, X_2, \ldots$ von $\mathcal{X}_0$-wertigen Zufallsvariablen mit gleicher Verteilung Q_ϑ, $\vartheta \in \Theta$, $\Theta \subset \mathbb{R}^k$, zugrunde. Das Wahrscheinlichkeitsmaß Q_ϑ besitze eine Dichte $f(\cdot, \vartheta)$ bezüglich eines σ-endlichen dominierenden Maßes ν auf $\mathcal{B}_0$, und diese Dichte erfülle die Regularitätsvoraussetzungen aus 10.10.

Zur Einstimmung fragen wir uns ebenso wie es (unabhängig voneinander) M. Fréchet, H. Cramér und C.R. Rao[1] getan haben, wie klein im Fall $k = 1$ bei einem festen Stichprobenumfang n die Varianz eines Schätzers $T_n = T_n(X_1, \ldots, X_n)$ für ϑ höchstens werden kann. Wir machen dazu die Annahme $\mathbb{E}_\vartheta\left(T_n^2\right) < \infty$, $\vartheta \in \Theta$, wobei Θ ein offenes Intervall sei.

Da der in (10.16) definierte Score-Vektor $U_n(\vartheta) = \frac{\partial}{\partial \vartheta} \log f_n(X_1, \ldots, X_n, \vartheta)$ unter $\mathbb{P}_\vartheta$ den Erwartungswert null besitzt, gilt

$$
\begin{aligned}
\operatorname{Cov}_\vartheta\left(U_n(\vartheta), T_n\right) &= \mathbb{E}_\vartheta\left[U_n(\vartheta)\, T_n\right] = \mathbb{E}_\vartheta\left[\frac{\frac{\partial}{\partial \vartheta} f_n(X_1, \ldots, X_n, \vartheta)}{f_n(X_1, \ldots, X_n, \vartheta)}\, T_n\right] \\
&= \int_{\mathcal{X}_0^n} \frac{\partial}{\partial \vartheta} f_n(x_1, \ldots, x_n, \vartheta)\, T_n(x_1, \ldots, x_n)\, \nu(\mathrm{d}x_1) \ldots \nu(\mathrm{d}x_n) \\
&= \frac{\partial}{\partial \vartheta} \int_{\mathcal{X}_0^n} T_n(x_1, \ldots, x_n)\, f_n(x_1, \ldots, x_n, \vartheta)\, \nu(\mathrm{d}x_1) \ldots \nu(\mathrm{d}x_n) \\
&= \frac{\partial}{\partial \vartheta} \mathbb{E}_\vartheta\left(T_n\right).
\end{aligned}
\tag{11.1}
$$

---

[1] Calyampudi Radhakrishna Rao (*1920), einer der international renommiertesten Mathematiker und Statistiker, Promotion 1948 bei R.A. Fisher. Rao ist Professor emeritus der Pennsylvania State University und Forschungsprofessor an der University of Buffalo. Er hatte diverse weitere Professuren inne und wurde durch zahlreiche Ehrenpromotionen und weitere Preise ausgezeichnet. Seine grundlegenden Beiträge betreffen unter anderem die Schätztheorie, lineare statistische Modelle, die multivariate Statistik und die Versuchsplanung.

© Der/die Autor(en), exklusiv lizenziert an Springer-Verlag GmbH, DE, ein Teil von Springer Nature 2022
N. Henze, *Asymptotische Stochastik: Eine Einführung mit Blick auf die Statistik*, https://doi.org/10.1007/978-3-662-65611-2_11

522434_1_De_11_Chapter-print ☑ TYPESET ☐ DISK ☐ LE ☑ CP Disp.:25/8/2022 Pages: 349 Layout: German_T5

Dabei haben wir beim vierten Gleichheitszeichen unterstellt, dass Differentiation nach ϑ und Integration bezüglich ν vertauscht werden können. Aufgrund der Cauchy–Schwarz-Ungleichung $\mathrm{Cov}_\vartheta^2\big(U_n(\vartheta), T_n\big) \leq \mathbb{V}_\vartheta(U_n(\vartheta))\mathbb{V}_\vartheta(T_n)$ sowie der Identität $\mathbb{V}_\vartheta(U_n(\vartheta)) = nI_1(\vartheta)$ (vgl. Übungsaufgabe 10.9) folgt dann die berühmte *Informationsungleichung* von Fréchet–Cramér–Rao[2]

$$\mathbb{V}_\vartheta(T_n) \geq \frac{\big(\frac{\partial}{\partial\vartheta}\mathbb{E}_\vartheta(T_n)\big)^2}{nI_1(\vartheta)}, \quad \vartheta \in \Theta. \tag{11.2}$$

Insbesondere gilt also für die Varianz eines erwartungstreuen Schätzers für ϑ

$$\mathbb{V}_\vartheta(T_n) \geq \frac{1}{nI_1(\vartheta)}, \quad \vartheta \in \Theta. \tag{11.3}$$

Je größer die Fisher-Information ist, desto kleiner kann die Varianz eines erwartungstreuen Schätzers für ϑ werden. Obwohl die untere Schranke in der Informationsungleichung nur angenommen werden kann, wenn die zugrundeliegende Verteilung zu einer sogenannten *einparametrigen Exponentialfamilie* gehört (siehe z. B. [HE1], S. 244), kann (11.3) manchmal eingesetzt werden, um zu zeigen, dass ein Schätzer T_n für ϑ innerhalb der Klasse aller erwartungstreuen Schätzer die (in ϑ) gleichmäßig kleinste Varianz besitzt (siehe hierzu Aufgabe 11.1). Definiert man als Gütekriterium für einen Schätzer S_n für ϑ eine möglichst kleine *mittlere quadratische Abweichung* $\mathbb{E}_\vartheta\big[(S_n - \vartheta)^2\big]$, so ist es möglich, dass ein erwartungstreuer Schätzer T_n für ϑ existiert, der in dem Sinne *Cramér–Rao-effizient* ist, dass für jedes $\vartheta \in \Theta$ in (11.3) das Gleichheitszeichen eintritt, einem anderen (nicht erwartungstreuen) Schätzer in Bezug auf die mittlere quadratische Abweichung unterlegen ist (siehe Aufgabe 11.2). Dieser Sachverhalt ist angesichts der Darstellung

$$\mathbb{E}_\vartheta\big[(S_n - \vartheta)^2\big] = \big(\mathbb{E}_\vartheta(S_n) - \vartheta\big)^2 + \mathbb{V}_\vartheta(S_n) \tag{11.4}$$

nicht verwunderlich. Diese Aufspaltung der mittleren quadratischen Abweichung in das Quadrat der Verzerrung des Schätzers und dessen Varianz offenbart ein häufig als *Verzerrung-Varianz-Dilemma* (engl.: *bias-variance-tradeoff*) bezeichneten Sachverhalt. Um die mittlere quadratische Abweichung klein zu halten, genügt es bisweilen nicht, nur unter den – falls überhaupt vorhandenen – erwartungstreuen Schätzern denjenigen mit möglichst kleiner Varianz zu suchen. Es kommt eben auf die Summe der beiden Terme auf der rechten Seite von (11.4) an.

Sind ϑ ein k-dimensionaler Parameter, gilt also $\Theta \subset \mathbb{R}^k$, und ist T_n ein Schätzer für ϑ zum Stichprobenumfang n mit der (im Folgenden für alle auftretenden Schätzer stillschweigend

---

[2] Diese Ungleichung wurde zuerst von M. Fréchet (1943) (siehe [FRE], S. 185) publiziert; sie wird aber meist nur als *Cramér–Rao-Ungleichung* bezeichnet.

522434_1_De_11_Chapter-print ☑ TYPESET ☐ DISK ☐ LE ☑ CP Disp.:25/8/2022 Pages: 349 Layout: German_T5

angenommenen) Eigenschaft $\mathbb{E}_\vartheta \| T_n \|^2 < \infty$ für jedes $\vartheta \in \Theta$, so misst man die Konzentration der Verteilung von T_n im Allgemeinen mithilfe der Kovarianzmatrix $\mathbb{C}\mathrm{ov}_\vartheta (T_n)$ von T_n. Sind S_n und T_n zwei erwartungstreue Schätzer für ϑ, gilt also $\mathbb{E}_\vartheta (S_n) = \mathbb{E}_\vartheta (T_n) = \vartheta$, $\vartheta \in \Theta$, so wird man im Vergleich mit T_n den Schätzer S_n bevorzugen, wenn für jedes $\vartheta \in \Theta$ die Ungleichung

$$\mathbb{C}\mathrm{ov}_\vartheta (T_n) \geq_L \mathbb{C}\mathrm{ov}_\vartheta (S_n) \tag{11.5}$$

erfüllt ist (Begründung folgt). Dabei bedeutet allgemein die Notation $A \geq_L B$ für reelle k-reihige symmetrische Matrizen A und B, dass

$$c^\top A c \geq c^\top B c \quad \text{für jedes } c \in \mathbb{R}^k \tag{11.6}$$

gilt, dass also die Matrix $A - B$ positiv-semidefinit ist. Der Buchstabe L als Index des Größer-gleich-Zeichens steht dabei für K. Löwner[3], der die Halbordnung $\geq_L$ zwischen symmetrischen Matrizen einführte.

Die Ungleichung (11.5) ist äquivalent zu $\mathbb{V}_\vartheta (c^\top T_n) \geq \mathbb{V}_\vartheta (c^\top S_n)$ für jedes $c \in \mathbb{R}^k$ (siehe Selbstfrage 1). Der Schätzer S_n ist dann in dem Sinne besser als der Schätzer T_n, dass die Varianz jeder Linearkombination der Komponenten von S_n höchstens gleich der Varianz der entsprechenden Komponenten von T_n ist. Damit das Wort *besser* gerechtfertigt ist, soll für mindestens ein c und mindestens ein $\vartheta \in \Theta$ die strikte Ungleichung $\mathbb{V}_\vartheta (c^\top T_n) > \mathbb{V}_\vartheta (c^\top S_n)$ gelten. Im Fall $k = 1$ ist (11.5) gleichbedeutend mit $\mathbb{V}_\vartheta (T_n) \geq \mathbb{V}_\vartheta (S_n)$.

Selbstfrage 1 Warum ist (11.5) zu $\mathbb{V}_\vartheta (c^\top T_n) \geq \mathbb{V}_\vartheta (c^\top S_n)$, $c \in \mathbb{R}^k$, äquivalent?

Wir wollen jetzt die Informationsungleichung (11.2) auf den Fall verallgemeinern, dass $\vartheta =: (\vartheta_1, \ldots, \vartheta_k)^\top$ ein k-dimensionaler Parameter ist. Dazu sei Θ eine offene Teilmenge des $\mathbb{R}^k$, und $T_n =: (T_{n,1}, \ldots, T_{n,k})^\top$ sei ein auf $X_1, \ldots, X_n$ basierender Schätzer für ϑ. Wir schreiben

$$D_n(\vartheta) := \frac{\mathrm{d}}{\mathrm{d}\vartheta} \mathbb{E}_\vartheta \left(T_n^\top \right) = \left(\frac{\partial}{\partial \vartheta_i} \mathbb{E}_\vartheta \left(T_{n,j} \right) \right)_{1 \leq i, j \leq k}$$

für die als existent vorausgesetzte Funktionalmatrix der Abbildung $\Theta \ni \vartheta \mapsto \mathbb{E}_\vartheta (T_n)$. Man beachte, dass $D_n(\vartheta) = \mathrm{I}_k$ gilt, falls T_n erwartungstreu für ϑ ist. Nehmen wir weiter an, dass der Schätzer T_n in dem Sinne *regulär* ist, dass für jede Wahl von $i, j \in \{1, \ldots, k\}$

---

[3] Karl Löwner (1893–1968), tschechisch-US-amerikanischer Mathematiker, u. a. Professor an der Karls-Universität in Prag, 1939 Emigration in die USA, zuletzt Professor an der University of Stanford. Hauptarbeitsgebiete: Funktionentheorie und Analysis.

$$\int_{\mathcal{X}_0^n} \frac{\partial}{\partial \vartheta_i} f_n(x_1, \ldots, x_n, \vartheta)\, T_{n,j}(x_1, \ldots, x_n)\, \nu(\mathrm{d}x_1) \ldots \nu(\mathrm{d}x_n)$$

$$= \frac{\partial}{\partial \vartheta_i} \int_{\mathcal{X}_0^n} T_{n,j}(x_1, \ldots, x_n)\, f_n(x_1, \ldots, x_n, \vartheta)\, \nu(\mathrm{d}x_1) \ldots \nu(\mathrm{d}x_n)$$

gilt, so zeigt die in (11.1) endende Gleichungskette, dass für den Score-Vektor

$$U_n(\vartheta) = \frac{\mathrm{d}}{\mathrm{d}\vartheta} \log f_n(X_1, \ldots, X_n, \vartheta) =: \big(U_{n,1}(\vartheta), \ldots, U_{n,k}(\vartheta)\big)^\top$$

die Gleichungen

$$\mathrm{Cov}_\vartheta\big(U_{n,i}(\vartheta), T_{n,j}\big) = \frac{\partial}{\partial \vartheta_i} \mathbb{E}_\vartheta(T_{n,j}), \quad i, j \in \{1, \ldots, k\}, \ \vartheta \in \Theta,$$

erfüllt sind. In Matrixschreibweise gilt also

$$D_n(\vartheta) = \mathbb{E}_\vartheta\Big[U_n(\vartheta)\big(T_n - \mathbb{E}_\vartheta(T_n)\big)^\top \Big], \quad \vartheta \in \Theta. \tag{11.7}$$

Selbstfrage 2 Warum darf rechts $\mathbb{E}_\vartheta(T_n)$ stehen?

Mit diesen Vorbereitungen können wir eine Verallgemeinerung der Ungleichung (11.2) formulieren und beweisen.

11.1 Satz (multivariate Informationsungleichung)
Unter den getroffenen Annahmen gilt für jedes $\vartheta \in \Theta$:

$$\mathbb{Cov}_\vartheta(T_n) \geq_L \frac{1}{n} D_n^\top(\vartheta) I_1(\vartheta)^{-1} D_n(\vartheta). \tag{11.8}$$

Das Gleichheitszeichen tritt hier genau dann ein, wenn gilt:

$$T_n = \mathbb{E}_\vartheta(T_n) + \frac{1}{n} D_n^\top(\vartheta) I_1(\vartheta)^{-1} U_n(\vartheta) \ \mathbb{P}_\vartheta\text{-fast sicher.}$$

Beweis Für festes $\vartheta \in \Theta$ setzen wir kurz $\widetilde{T}_n := T_n - \mathbb{E}_\vartheta(T_n)$, $D_n := D_n(\vartheta)$, $I_n := nI_1(\vartheta)$ und $U_n := U_n(\vartheta)$. Weiter sei $Y := \widetilde{T}_n - D_n^\top I_n^{-1} U_n$. Bezeichnet $0_{k \times k}$ die k-reihige Nullmatrix, so gilt mit $A \leq_L B :\Longleftrightarrow B \geq_L A$ wegen $\mathbb{E}\big(YY^\top\big) \geq_L 0_{k \times k}$ (vgl. Aufgabe 11.3 a))

$$0_{k \times k} \leq_L \mathbb{E}_\vartheta \left(Y Y^\top \right)$$
$$= \mathbb{E}_\vartheta \left[\left(\widetilde{T}_n - D_n^\top I_n^{-1} U_n \right) \left(\widetilde{T}_n^\top - U_n^\top I_n^{-1} D_n \right) \right]$$
$$= \mathbb{C}\mathrm{ov}_\vartheta (T_n) - D_n^\top I_n^{-1} \mathbb{E}_\vartheta \left[U_n \widetilde{T}_n^\top \right] - \mathbb{E}_\vartheta \left[\widetilde{T}_n U_n^\top \right] I_n^{-1} D_n$$
$$+ D_n^\top I_n^{-1} \mathbb{E}_\vartheta \left[U_n U_n^\top \right] I_n^{-1} D_n.$$

Wegen $\mathbb{E}_\vartheta \left[U_n U_n^\top \right] = I_n$ und $\mathbb{E}_\vartheta \left[U_n \widetilde{T}_n^\top \right] = D_n$ (vgl. (11.7)) ergibt sich die Behauptung. Der Zusatz über den Eintritt des Gleichheitszeichens folgt aufgrund der Äquivalenz

$$\mathbb{E} \left(Y Y^\top \right) = 0_{k \times k} \iff Y = 0_d \quad \mathbb{P}\text{-fast sicher}$$

(vgl. Aufgabe 11.3 b)). ∎

Unter gewissen Regularitätsvoraussetzungen an die Dichte $f(\cdot, \vartheta)$ und den Schätzer T_n besitzt also die Kovarianzmatrix von T_n eine untere Schranke im Sinne der Löwner-Halbordnung $\geq_L$. Ist T_n erwartungstreu für ϑ, so nimmt (11.8) in Verallgemeinerung von (11.3) die spezielle Gestalt

$$\mathbb{C}\mathrm{ov}_\vartheta (T_n) \geq_L \frac{I_1(\vartheta)^{-1}}{n}, \quad \vartheta \in \Theta,$$

an, und es folgt

$$\mathbb{C}\mathrm{ov}_\vartheta \left(\sqrt{n} (T_n - \vartheta) \right) \geq_L I_1(\vartheta)^{-1}, \quad \vartheta \in \Theta. \tag{11.9}$$

Im Hinblick auf asymptotische Aspekte nehmen wir jetzt an, (T_n) sei eine Folge von Schätzern für ϑ mit der Eigenschaft

$$\sqrt{n} (T_n - \vartheta) \xrightarrow{\mathcal{D}_\vartheta} N_k(0_k, \Sigma(\vartheta)), \quad \vartheta \in \Theta. \tag{11.10}$$

Dabei ist $\Sigma(\vartheta)$ als *Kovarianzmatrix der asymptotischen Normalverteilung* von $\sqrt{n} (T_n - \vartheta)$ unter $\mathbb{P}_\vartheta$ eine symmetrische positiv-semidefinite Matrix.

Angesichts von (11.9) und (11.10) stellt sich die Frage, ob für asymptotisch normalverteilte Schätzer die *asymptotische Infomationsungleichung*

$$\Sigma(\vartheta) \geq_L I_1(\vartheta)^{-1}, \quad \vartheta \in \Theta, \tag{11.11}$$

gilt. Satz 10.13 besagt, dass (11.11) für jeden asymptotischen ML-Schätzer $\left(\widehat{\vartheta}_n \right)$ gilt, wenn die Folge $\left(\widehat{\vartheta}_n \right)$ konsistent ist, und dass für $\left(\widehat{\vartheta}_n \right)$ die untere Schranke in (11.11) für jedes $\vartheta \in \Theta$ angenommen wird.

Man nennt eine Schätzfolge (T_n) *asymptotisch effizient* für ϑ, falls gilt:

$$\sqrt{n} (T_n - \vartheta) \xrightarrow{\mathcal{D}_\vartheta} N_k \left(0_k, I_1(\vartheta)^{-1} \right), \quad \vartheta \in \Theta. \tag{11.12}$$

522434_1_De_11_Chapter-print ☑ TYPESET ☐ DISK ☐ LE ☑ CP Disp.:25/8/2022 Pages: 349 Layout: German_T5

In diesem Fall spricht man auch davon, dass die Folge (T_n) ein *bester asymptotisch normalverteilter Schätzer* oder kurz *BAN-Schätzer* ist. In der Situation von Satz 10.13 ist also die Folge $(\widehat{\vartheta}_n)$ asymptotisch effizient oder ein BAN-Schätzer. Aufgabe 11.4 zeigt jedoch, dass die asymptotische Cramér–Rao-Schranke $I_1(\vartheta)^{-1}$ durch einen asymptotisch normalverteilten Schätzer für einzelne Werte von ϑ unterschritten werden kann, sodass für solche Werte „Supereffizienz" vorliegt. Der folgende, von L. LeCam[4] entdeckte Sachverhalt besagt, dass diejenigen Werte von ϑ, für die Supereffizienz vorliegt, eine Nullmenge bezüglich des Borel–Lebesgue-Maßes λ^k bilden. Der ursprüngliche Beweis von LeCam wurde von R.R. Bahadur[5] vereinfacht (siehe [BAH] sowie [PF2], Abschn. 5.16).

11.2 Satz (LeCam–Bahadur)

Unter den Regularitätsvoraussetzungen 10.10 sei (T_n) eine Schätzfolge für ϑ mit (11.10). Dann gibt es eine Menge $N \in \mathcal{B}^k$ mit $\lambda^k(N) = 0$ und

$$\Sigma(\vartheta) \geq I_1(\vartheta)^{-1} \text{ für jedes } \vartheta \in \Theta \cap N^c.$$

Wir widmen uns jetzt einer zweiten wichtigen Schätzmethode für unbekannte Parameter. Dazu legen wir eine u. i. v.-Folge $X_1, X_2, \ldots$ *reeller* Zufallsvariablen zugrunde und machen die Annahme $\mathbb{E}(X_1^{2k}) < \infty$. Es soll also für eine natürliche Zahl k das $2k$-te Moment der zugrundeliegenden Verteilung existieren. Die Existenz irgendeiner Dichte bezüglich eines σ-endlichen dominierenden Maßes auf den Borelmengen über $\mathbb{R}$ wird jedoch nicht vorausgesetzt. Wegen $\mathbb{E}(X_1^{2k}) < \infty$ existieren alle Momente

$$m_\ell := \mathbb{E}(X_1^\ell), \qquad \ell \in \{1, \ldots, 2k\}.$$

Selbstfrage 3   Warum folgt $\mathbb{E}|X_1|^\ell < \infty$ ($\ell \in \{1, \ldots, 2k-1\}$) aus $\mathbb{E}(X_1^{2k}) < \infty$?

Nehmen wir an, wir seien an einem k-dimensionalen Parameter $\vartheta =: (\vartheta_1, \ldots, \vartheta_k)^\top \in \mathbb{R}^k$ interessiert, der sich als Funktion von $m_1, \ldots, m_k$ ausdrücken lässt. Genauer gebe es Teilmengen D und Θ des $\mathbb{R}^k$ und eine bijektive stetig differenzierbare Funktion $g : D \to \Theta \subset \mathbb{R}^k$ mit der Eigenschaft

$$\vartheta = g(m_1, \ldots, m_k).$$

---

[4] Lucien LeCam (1924–2000), französischer Mathematiker und Statistiker. Nach einer Industrietätigkeit bei der *Electricité de France* war LeCam ab 1960 Professor an der University of California, Berkeley. Er gilt als Begründer der modernen asymptotischen Statistik.

[5] Raghu Raj Bahadur (1924–1997), indischer Statistiker, unter anderem Professor an der University of Chicago (1961–1991) und *Distinguished Visiting Professor* am Indian Statistical Institute (1972–1997). Bahadur leistete grundlegende Beiträge für die mathematische Statistik; so geht der Begriff *Bahadur-Effizienz* auf ihn zurück.

522434_1_De_11_Chapter-print ☑ TYPESET ☐ DISK ☐ LE ☑ CP Disp.:25/8/2022 Pages: 349 Layout: German_T5

Bildet man die sog. *empirischen Momente*

$$\widetilde{m}_{n,\ell} := \frac{1}{n} \sum_{j=1}^{n} X_j^{\ell}, \quad \ell \in \{1, \dots, k\}, \tag{11.13}$$

so liegt es nahe, ϑ durch

$$\widetilde{\vartheta}_n := g\big(\widetilde{m}_{n,1}, \dots, \widetilde{m}_{n,k}\big) \tag{11.14}$$

zu schätzen. Der Schätzer $\widetilde{\vartheta}_n = \widetilde{\vartheta}_n(X_1, \dots, X_n)$ heißt *Momentenschätzer* für ϑ (zum Stichprobenumfang n).

Die Schätzfolge $\big(\widetilde{\vartheta}_n\big)$ ist stark konsistent für ϑ, und wir werden gleich sehen, dass $\sqrt{n}\big(\widetilde{\vartheta}_n - \vartheta\big)$ beim Grenzübergang $n \to \infty$ eine zentrierte asymptotische Normalverteilung besitzt.

> **Selbstfrage 4** Warum ist die Schätzfolge $\big(\widetilde{\vartheta}_n\big)$ stark konsistent?

Die Asymptotik des Momentenschätzers lässt sich recht schnell herleiten: Definieren wir

$$Y_j := \big(X_j, X_j^2, \dots, X_j^k\big)^{\top}, \quad j \geq 1,$$

so ist $Y_1, Y_2, \dots$ eine u. i. v.-Folge k-dimensionaler Zufallsvektoren mit Erwartungswert

$$a := \mathbb{E}(Y_1) = \big(m_1, m_2, \dots, m_k\big)^{\top} \tag{11.15}$$

und Kovarianzmatrix

$$T := \mathbb{E}\big[(Y_1 - a)(Y_1 - a)^{\top}\big] = \Big(\mathbb{E}\big[(X_1^i - m_i)(X_1^j - m_j)\big]\Big)_{1 \leq i, j \leq k}$$

$$= \big(m_{i+j} - m_i m_j\big)_{1 \leq i, j \leq k}. \tag{11.16}$$

Setzen wir $\overline{Y}_n := \frac{1}{n} \sum_{j=1}^{n} Y_j$, so liefert der multivariate zentrale Grenzwertsatz 6.19

$$\sqrt{n}(\overline{Y}_n - a) = \frac{1}{\sqrt{n}}\left(\sum_{j=1}^{n} Y_j - na\right) \xrightarrow{\mathcal{D}} \mathrm{N}_k(0_k, T).$$

Wegen $\overline{Y}_n = \big(\widetilde{m}_{n,1}, \dots, \widetilde{m}_{n,k}\big)^{\top}$, $g\big(\overline{Y}_n\big) = \widetilde{\vartheta}_n$ und $g(a) = \vartheta$ erhalten wir mithilfe der Delta-Methode (Satz 6.22) folgendes Resultat:

522434_1_De_11_Chapter-print ☑ TYPESET ☐ DISK ☐ LE ☑ CP Disp.:25/8/2022 Pages: 349 Layout: German_T5

11.3 Satz (Grenzverteilung des Momentenschätzers)

Es seien a wie in (11.15) und T wie in (11.16). Bezeichnet $g'(a)$ die Jacobi-Matrix von g an der Stelle $a = g^{-1}(\vartheta)$, so gilt unter den getroffenen Annahmen für den in (11.14) definierten Momentenschätzer $\widetilde{\vartheta}_n$:

$$\sqrt{n}\big(\widetilde{\vartheta}_n - \vartheta\big) \xrightarrow{\mathcal{D}_\vartheta} N_k\left(0_k, \Sigma(\vartheta)\right), \tag{11.17}$$

wobei $\Sigma(\vartheta) = g'(a)\, T\, g'(a)^\top$.

Ein Beispiel für (11.17) ist die asymptotische Aussage (10.6), denn in (10.5) stehen die Momentenschätzer für μ und σ^2. In diesem Fall ist der Momentenschätzer ein BAN-Schätzer, aber diese Situation liegt im Allgemeinen nicht vor. Im Folgenden werden wir sehen, dass man mithilfe eines Schätzers für ϑ, der gewisse Voraussetzungen erfüllt, aber nicht notwendig ein BAN-Schätzer ist, einen asymptotisch effizienten Schätzer konstruieren kann. Natürlich würde man gerne den ML-Schätzer verwenden, aber die in der Form $U_n(\vartheta) = 0_k$ notierten Likelihood-Gleichungen (10.3) sind oft hochgradig nichtlinear und lassen sich deshalb nur approximativ numerisch lösen (siehe etwa Aufgabe 10.3).

An dieser Stelle greifen wir auf das Newton[6]-Verfahren als schlagkräftiges Hilfsmittel zur approximativen Bestimmung der Nullstellen einer Funktion zurück. Es seien hierzu $G \subset \mathbb{R}^k$ eine offene Menge, $h : G \to \mathbb{R}^k$ eine stetig differenzierbare Funktion und $x^* \in G$ mit $h(x^*) = 0_k$. Ist die Jacobi-Matrix $h'(x)$ an der Stelle x^* (und damit in einer ganzen Umgebung von x^*) invertierbar, so kann man versuchen, von einem Startwert x_0 in der Nähe von x^* ausgehend über die rekursive Definition

$$x_{n+1} := x_n - h'(x_n)^{-1} h(x_n), \qquad n = 0, 1, 2, \ldots \tag{11.18}$$

eine sogenannte *Newton-Folge* (x_n) zu konstruieren, die gegen x^* konvergiert (siehe z.B. [HEU], S. 412 ff.).

11.4 Konstruktion von BAN-Schätzern

Um einen Schätzer zu einem asymptotisch effizienten Schätzer zu modifizieren, legen wir die Regularitätsbedingungen 14 zugrunde, wobei wir Θ als offene Menge voraussetzen. Wir starten mit einer *beliebigen* Schätzfolge $(\widetilde{\vartheta}_n)$ für ϑ, die stark konsistent und asymptotisch normalverteilt ist. Es gelten also für jedes $\vartheta \in \Theta$

$$\widetilde{\vartheta}_n \to \vartheta \; \mathbb{P}_\vartheta\text{-f.s.} \quad \text{und} \quad \sqrt{n}(\widetilde{\vartheta}_n - \vartheta) \xrightarrow{\mathcal{D}_\vartheta} N_k(0, \Sigma(\vartheta)).$$

Dabei ist $\Sigma(\vartheta)$ eine symmetrische positiv-semidefinite Matrix. Wie wir gesehen haben, sind diese Eigenschaften unter gewissen Voraussetzungen für den Momentenschätzer erfüllt. Mit

---

[6] Sir Isaac Newton (1643–1727), englischer Naturwissenschaftler und Verwaltungsbeamter. Mit seinen Arbeiten zur Optik, Himmelsmechanik, Mathematik, Physik und Chemie ist Newton einer der bedeutendsten Naturwissenschaftler der Menschheit. Sehr wichtig für die Mathematik ist seine Begründung der Analysis, die als Fluxionsrechnung in die Wissenschaftsgeschichte eingegangen ist.

522434_1_De_11_Chapter-print ☑ TYPESET ☐ DISK ☐ LE ☑ CP Disp.:25/8/2022 Pages: 349 Layout: German_T5

dem Score-Vektor $U_n(\vartheta) = \sum_{j=1}^n \frac{d}{d\vartheta} \log f(X_j, \vartheta)$ von $(X_1, \ldots, X_n)$ (vgl. (10.16)) und der in (10.19) eingeführten Jacobi-Matrix $H_n(\vartheta) = \frac{d}{d\vartheta^\top} U_n(\vartheta)$ von U_n an der Stelle ϑ setzen wir

$$\widetilde{\vartheta}_n^{(1)} := \widetilde{\vartheta}_n - H_n(\widetilde{\vartheta}_n)^{-1} U_n(\widetilde{\vartheta}_n), \tag{11.19}$$

was angesichts von (11.18) einer Ein-Schritt-Newton-Iteration gleichkommt.

Sei nun $(\widehat{\vartheta}_n)$ eine stark konsistente Folge von ML-Schätzern für ϑ. Wir behaupten die Gültigkeit von

$$\sqrt{n}\big(\widetilde{\vartheta}_n^{(1)} - \widehat{\vartheta}_n\big) \xrightarrow{\mathbb{P}_\vartheta} 0 \quad \text{für jedes } \vartheta \in \Theta \tag{11.20}$$

und geben gleich eine Beweisskizze an (für einen ausführlichen Beweis siehe z.B. [FER], S. 138). Mit (11.20) liefern der Hauptsatz für ML-Schätzer und das Lemma von Slutsky

$$\sqrt{n}\big(\widetilde{\vartheta}_n^{(1)} - \vartheta\big) = \sqrt{n}\big(\widehat{\vartheta}_n - \vartheta\big) + \sqrt{n}\big(\widetilde{\vartheta}_n^{(1)} - \widehat{\vartheta}_n\big) \xrightarrow{\mathcal{D}_\vartheta} N_k\big(0_k, I_1(\vartheta)^{-1}\big).$$

Somit ist der Schätzer $\big(\widetilde{\vartheta}_n^{(1)}\big)$ asymptotisch effizient, also ein BAN-Schätzer.

Eine Beweisskizze für (11.20) startet mit der Taylorentwicklung

$$U_n(\widetilde{\vartheta}_n) = U_n(\widehat{\vartheta}_n) + H_n(\widehat{\vartheta}_n)(\widetilde{\vartheta}_n - \widehat{\vartheta}_n) + R_n$$

von $U_n(\cdot)$ um $\widehat{\vartheta}_n$. Hierbei ist $R_n = o_{\mathbb{P}_\vartheta}\big(n^{1/2}\big)$. Wegen $U_n(\widehat{\vartheta}_n) = 0_k$ folgt mit (11.19)

$$\begin{aligned}
\widetilde{\vartheta}_n^{(1)} - \widehat{\vartheta}_n &= \widetilde{\vartheta}_n - \widehat{\vartheta}_n - H_n(\widetilde{\vartheta}_n)^{-1} U_n(\widetilde{\vartheta}_n) \\
&= \big[I_k - H_n(\widetilde{\vartheta}_n)^{-1} H_n(\widehat{\vartheta}_n)\big]\big(\widetilde{\vartheta}_n - \widehat{\vartheta}_n\big) - H_n(\widetilde{\vartheta}_n)^{-1} R_n
\end{aligned}$$

und somit

$$\sqrt{n}\big(\widetilde{\vartheta}_n^{(1)} - \widehat{\vartheta}_n\big) = \left[I_k - \left(\frac{H_n(\widetilde{\vartheta}_n)}{n}\right)^{-1} \frac{H_n(\widehat{\vartheta}_n)}{n}\right] \sqrt{n}\big(\widetilde{\vartheta}_n - \widehat{\vartheta}_n\big) - \left(\frac{H_n(\widetilde{\vartheta}_n)}{n}\right)^{-1} \frac{R_n}{\sqrt{n}}.$$

Wegen (10.22) und der $\mathbb{P}_\vartheta$-fast sicheren Konvergenzen $\widetilde{\vartheta}_n \to \vartheta$ und $\widehat{\vartheta}_n \to \vartheta$ gelten unter Verwendung eines gleichmäßigen starken Gesetzes großer Zahlen (siehe z.B. [FER], Kap. 16)) sowohl $\frac{1}{n} H_n(\widetilde{\vartheta}_n) \to -I_1(\vartheta)$ $\mathbb{P}_\vartheta$-f.s. als auch $\frac{1}{n} H_n(\widehat{\vartheta}_n) \to -I_1(\vartheta)$ $\mathbb{P}_\vartheta$-f.s. Damit konvergiert der Ausdruck in der eckigen Klammer $\mathbb{P}_\vartheta$-f.s. gegen die k-reihige Nullmatrix. Aus $\sqrt{n}(\widetilde{\vartheta}_n - \vartheta) = O_{\mathbb{P}_\vartheta}(1)$ und $\sqrt{n}(\widehat{\vartheta}_n - \vartheta) = O_{\mathbb{P}_\vartheta}(1)$ folgt mittels Differenzbildung $\sqrt{n}(\widetilde{\vartheta}_n - \widehat{\vartheta}_n) = O_{\mathbb{P}_\vartheta}(1)$, und $R_n/\sqrt{n} = o_{\mathbb{P}_\vartheta}(1)$ liefert dann (11.20).

Ist die Fisher-Informationsmatrix $I_1(\vartheta)$ als Funktion von ϑ bekannt, so kann anstelle von (11.19) der Schätzer

$$\widetilde{\vartheta}_n^{(2)} := \widetilde{\vartheta}_n - \frac{1}{n} I_1(\widetilde{\vartheta}_n)^{-1} U_n(\widetilde{\vartheta}_n)$$

verwendet werden. Auch für diesen gilt (11.20), wobei „(1)" durch „(2)" zu ersetzen ist.

Wir möchten zum Abschluss dieses Kapitels auf den Begriff der Pitman[7]-Effizienz eingehen. Die Pitman-Effizienz betrifft den relativen Gütevergleich zweier Folgen von Schätzern eines reellwertigen Aspekts einer unbekannten Verteilung. Sei hierzu wie in Kap. 9 $X_1, X_2, \ldots$ eine u. i. v.-Folge von Zufallsvariablen oder Zufallsvektoren mit Verteilung Q_ϑ, wobei $\vartheta \in \Theta$ mit $\Theta \subset \mathbb{R}^k$ ein unbekannter Parameter sei. Von Interesse sei $\gamma(\vartheta)$, wobei $\gamma : \Theta \to \mathbb{R}$. Weiter seien (S_n) und (T_n) mit $S_n = S_n(X_1, \ldots, X_n)$ und $T_n = T_n(X_1, \ldots, X_n)$ zwei Folgen von Schätzern für $\gamma(\vartheta)$ mit

$$\sqrt{n}\big(S_n - \gamma(\vartheta)\big) \xrightarrow{\mathcal{D}_\vartheta} \mathrm{N}\big(0, \sigma^2(\vartheta)\big), \tag{11.21}$$

$$\sqrt{n}\big(T_n - \gamma(\vartheta)\big) \xrightarrow{\mathcal{D}_\vartheta} \mathrm{N}\big(0, \tau^2(\vartheta)\big) \tag{11.22}$$

beim Grenzübergang $n \to \infty$ und $0 < \sigma^2(\vartheta) < \infty$, $0 < \tau^2(\vartheta) < \infty$ für jedes $\vartheta \in \Theta$.

11.5 Definition (asymptotische relative Effizienz, Pitman-Effizienz)
In dieser Situation heißt
$$\mathrm{ARE}_\vartheta\big((T_n) : (S_n)\big) := \frac{\sigma^2(\vartheta)}{\tau^2(\vartheta)}$$

asymptotische relative Effizienz oder Pitman-Effizienz von (T_n) bezüglich (S_n).

Diese Begriffsbildung ist nicht auf die Situation eines parametrischen Modells beschränkt: Gehört die mit F bezeichnete Verteilungsfunktion von X_1 zu einer gewissen Menge $\mathcal{F}$ von Verteilungsfunktionen, und beschreibt das Funktional $\gamma : \mathcal{F} \to \mathbb{R}$ einen interessierenden reellwertigen Aspekt von F, der aufgrund von $X_1, \ldots, X_n$ geschätzt werden soll, so sind (S_n) und (T_n) Schätzfolgen für $\gamma(F)$. Falls dann (11.21) und (11.22) gelten, wobei durchgehend ϑ durch F zu ersetzen ist, so schreibt man

$$\mathrm{ARE}_F\big((T_n) : (S_n)\big) = \frac{\sigma^2(F)}{\tau^2(F)}$$

für die asymptotische relative Effizienz von (T_n) bezüglich (S_n).

Die Pitman-Effizienz lässt sich wie folgt interpretieren: Nehmen wir an, $(m_n)_{n \ge 1}$, sei eine (von ϑ abhängende) Folge natürlicher Zahlen mit $m_n \to \infty$ und

$$\sqrt{n}\big(T_{m_n} - \gamma(\vartheta)\big) \xrightarrow{\mathcal{D}_\vartheta} \mathrm{N}\big(0, \sigma^2(\vartheta)\big) \quad \text{für } n \to \infty. \tag{11.23}$$

Der Vergleich mit (11.21) zeigt, dass der mit dem Stichprobenumfang m_n operierende Schätzer T die gleiche asymptotische Varianz wie der Schätzer S aufweist, wobei letzterer den Stichprobenumfang n verwendet. Schreiben wir (11.23) in der Form

---

[7] Edwin James George Pitman (1897–1993), australischer Mathematiker, ab 1926 Professor für Mathematik an der University of Tasmania. Pitman leistete wesentliche Beiträge zu Statistik (Pitman-Permutationstest, Pitman Closeness Criterion, Pitman Efficiency).

$$\sqrt{\frac{n}{m_n}}\,\sqrt{m_n}\bigl(T_{m_n} - \gamma(\vartheta)\bigr) \xrightarrow{\mathcal{D}_\vartheta} \mathrm{N}\bigl(0, \sigma^2(\vartheta)\bigr) \qquad (11.24)$$

und beachten wir die wegen (11.22) für $n \to \infty$ bestehende Verteilungskonvergenz

$$\sqrt{m_n}\bigl(T_{m_n} - \gamma(\vartheta)\bigr) \xrightarrow{\mathcal{D}_\vartheta} \mathrm{N}\bigl(0, \tau^2(\vartheta)\bigr),$$

so kann diese zusammen mit (11.24) nur eintreten, wenn

$$\lim_{n\to\infty} \sqrt{\frac{n}{m_n(\vartheta)}} = \frac{\sigma(\vartheta)}{\tau(\vartheta)}$$

gilt. Somit folgt

$$\mathrm{ARE}_\vartheta\bigl((T_n) : (S_n)\bigr) = \lim_{n\to\infty} \frac{n}{m_n(\vartheta)}.$$

Die $\mathrm{ARE}_\vartheta\,((T_n) : (S_n))$ gibt also an, welchen ungefähren Anteil an Stichproben – bezogen auf den von T verwendeten Stichprobenumfang $m_n(\vartheta)$ – der Schätzer S benötigt, um die gleiche Varianz wie T zu erreichen. So bedeutet z. B. eine ARE von 2, dass T doppelt so effizient ist wie S, denn T kommt im Vergleich zu S in etwa mit dem halben Stichprobenumfang aus, um die gleiche, mithilfe der Varianz gemessene Genauigkeit zu erreichen.

11.6 Beispiel (Schätzung des Zentrums einer symmetrischen Verteilung)

Als Beispiel diene eine klassische Fragestellung, nämlich die Schätzung des Zentrums einer symmetrischen Verteilung. Hierzu sei $X_1, X_2, \ldots$ eine u. i. v.-Folge mit einer unbekannten Verteilungsfunktion F. Wir setzen voraus, dass die Verteilung von X_1 symmetrisch um einen unbekannten Wert $a = a(F)$ sei; es gelte also $X_1 - a \overset{\mathcal{D}}{=} -(X_1 - a) = a - X_1$. Wir nehmen weiter $\mathbb{E}_F(X_1^2) < \infty$ an, was bedeutet, dass die als positiv vorausgesetzte und mit $\sigma^2(F) = \mathbb{V}_F(X_1)$ bezeichnete Varianz von X_1 existiert. Für den somit ebenfalls existierenden Erwartungswert von X_1 gilt dann $\mathbb{E}_F(X_1) = a$.

Selbstfrage 5 Warum gilt $\mathbb{E}_F(X_1) = a$?

Eine natürliche Schätzfolge (S_n) für a ist durch $S_n := \overline{X}_n := \frac{1}{n}\sum_{j=1}^n X_j$ gegeben, und nach dem zentralen Grenzwertsatz von Lindeberg–Lévy gilt

$$\sqrt{n}\bigl(S_n - a\bigr) \xrightarrow{\mathcal{D}_F} \mathrm{N}\bigl(0, \sigma^2(F)\bigr).$$

Wir nehmen jetzt zusätzlich an, dass die Verteilungsfunktion F an der Stelle a differenzierbar ist und dort die mit $f(a)$ bezeichnete positive Ableitung besitzt. Man beachte, dass unter dieser Bedingung a der einzige Wert ist, für den $F(a) = \frac{1}{2}$ gilt; d. h., $a = F^{-1}\bigl(\frac{1}{2}\bigr)$ ist der

Median von F bzw. von X_1. Um diesen Median zu schätzen, verwenden wir die mit $X_{n:1} \leq X_{n:2} \leq \ldots \leq X_{n:n}$ bezeichneten *Ordnungsstatistiken* von $X_1, \ldots, X_n$ und betrachten als zweiten Schätzer für a den durch

$$T_n := \begin{cases} X_{n:\frac{n+1}{2}}, & \text{falls } n \text{ ungerade,} \\ \frac{1}{2}\left(X_{n:\frac{n}{2}} + X_{n:\frac{n}{2}+1}\right), & \text{falls } n \text{ gerade,} \end{cases}$$

definierten sogenannten *empirischen Median* von $X_1, \ldots, X_n$.

Das asymptotische Verhalten von T_n ergibt sich aus der für jedes $r \in \{1, \ldots, n\}$ geltenden Beziehung

$$X_{n:r} \leq t \iff \sum_{j=1}^{n} \mathbf{1}\{X_j \leq t\} \geq r \tag{11.25}$$

und der Tatsache, dass $\sum_{j=1}^{n} \mathbf{1}\{X_j \leq t\}$ die Binomialverteilung $\mathrm{Bin}(n, F(t))$ besitzt.

Selbstfrage 5 Warum gilt obige Äquivalenz?

Nach Aufgabe 11.8 gilt

$$\sqrt{n}(T_n - a) \xrightarrow{\mathcal{D}_F} \mathrm{N}\left(0, \frac{1}{4f^2\left(F^{-1}(1/2)\right)}\right), \tag{11.26}$$

und somit folgt

$$\mathrm{ARE}_F\big((T_n):(S_n)\big) = 4f^2\left(F^{-1}\left(\tfrac{1}{2}\right)\right)\sigma^2(F). \tag{11.27}$$

Als Zahlenbeispiel diene der Fall, dass X_1 eine Student'sche t-Verteilung mit s Freiheitsgraden und damit die Dichte

$$f_s(x) = \frac{\Gamma\left(\frac{s+1}{2}\right)}{\sqrt{\pi s}\,\Gamma\left(\frac{s}{2}\right)} \cdot \left(1 + \frac{x^2}{s}\right)^{-(s+1)/2}, \quad x \in \mathbb{R},$$

besitzt (siehe z. B. [HE1], S. 250). Die zugehörige Verteilungsfunktion sei mit F_s bezeichnet. Damit die Varianz von X_1 existiert, setzen wir $s \geq 3$ voraus. Es gilt $\sigma^2(F_s) = \frac{s}{s-2}$ (siehe z. B. [HE1], S. 295), und somit ergibt sich

$$are_s := \mathrm{ARE}_{F_s}\big((T_n):(S_n)\big) = \frac{4\Gamma^2\left(\frac{s+1}{2}\right)}{\pi s \Gamma^2\left(\frac{s}{2}\right)} \cdot \frac{s}{s-2}.$$

Die nachstehende Tabelle zeigt diese asymptotischen relativen Effizienzen für verschiedene Werte von s. Der Eintrag $s = \infty$ korrespondiert zum Fall $X_1 \sim \mathrm{N}(0, 1)$.

s	3	4	5	6	∞
are_s	1.621	1.125	0.961	0.879	0.637 $(= 2/\pi)$

Für die kleinen Freiheitsgrade 3 und 4, bei denen die Verteilungsenden der t-Verteilung stark besetzt sind, ist also der empirische Median im Vergleich zum arithmetischen Mittel der bessere Schätzer für das Symmetriezentrum. Man beachte, dass in die asymptotische Varianz von T_n nur das lokale Verhalten der Verteilungsfunktion an der Stelle des Medians eingeht.

Ist die Verteilungsfunktion F bekannt, so kann man für jede der beiden oben betrachteten Schätzfolgen die Voraussetzungen für die Modifikation aus Abschn. 11.4 prüfen und gegebenenfalls eine asymptotisch effiziente Schätzfolge erhalten. Erstaunlicherweise gibt es sogar eine *universelle* Schätzfolge, die unter jeder symmetrischen Verteilungsfunktion F das Symmetriezentrum im Sinne von (11.12) im Spezialfall $k = 1$ asymptotisch effizient schätzt. Eine derartige Schätzfolge findet sich in [STO]. Gut lesbare Einordnungen dieses Ergebnisses in die allgemeinere sogenannte *semiparametrische* oder *adaptive Schätztheorie* geben [PF2], Abschn. 5.7, und [VW2].

Weiterführendes zum zentralen Grenzwertsatz in (11.26) für Stichprobenmediane und für allgemeinere Ordnungsstatistiken in Aufgabe 11.8 findet man in [REI].

Antworten zu den Selbstfragen

Antwort 1 Die Schreibweise (11.5) ist durch (11.6) mit $A := \mathbb{C}\mathrm{ov}(T_n)$ und $B := \mathbb{C}\mathrm{ov}(S_n)$ definiert, und es gilt $\mathbb{V}(c^\top T_n) = \mathrm{Cov}(c^\top T_n, c^\top T_n) = c^\top \mathbb{C}\mathrm{ov}(T_n)c$ (vgl. Bemerkung 5.2 b) mit $A := c$ und $X := T_n$).

Antwort 2 Weil $\mathbb{E}_\vartheta\big(U_n(\vartheta)\big) = 0_k$ und damit auch $\mathbb{E}_\vartheta\big(U_n(\vartheta)\mathbb{E}_\vartheta(T_n)^\top\big) = 0_{k \times k}$ gilt.

Antwort 3 Weil für jede reelle Zahl x und jedes $\ell \in \{1, \dots, 2k-1\}$ die Ungleichung $|x|^\ell \le 1+|x|^{2k}$ erfüllt ist.

Antwort 4 Nach dem starken Gesetz großer Zahlen konvergiert $\widetilde{m}_{n,j}$ fast sicher gegen m_j, $j \in \{1, \dots, k\}$, und wegen der Stetigkeit von g konvergiert dann $g\big(\widetilde{m}_{n,1}, \dots, \widetilde{m}_{n,k}\big)$ fast sicher gegen $g\big(m_1, \dots, m_k\big) = \vartheta$.

Antwort 5 Wegen $X_1 - a \overset{\mathcal{D}}{=} a - X_1$ folgt $\mathbb{E}_F(X_1) - a = a - \mathbb{E}_F(X_1)$ und damit $\mathbb{E}_F(X_1) = a$.

Antwort 6 Der r-kleinste Wert von $X_1, \dots, X_n$ ist genau dann höchstens gleich t, wenn mindestens r der $X_1, \dots, X_n$ höchstens gleich t sind.

Übungsaufgaben

Aufgabe 11.1 Die Zufallsvariablen $X_1, \dots, X_n$ seien unabhängig und je $\mathrm{Po}(\vartheta)$-verteilt, wobei $\vartheta \in \Theta := (0, \infty)$ unbekannt sei. Zeigen Sie, dass der Schätzer $T_n := \frac{1}{n} \sum_{j=1}^{n} X_j$ unter allen erwartungstreuen Schätzern für ϑ die gleichmäßig kleinste Varianz besitzt.

Aufgabe 11.2 Es seien $X_1, \dots, X_n$ stochastisch unabhängige und je $\mathrm{N}(\mu, \sigma^2)$-verteilte Zufallsvariablen. Dabei sei μ *bekannt* und $\vartheta := \sigma^2 \in \Theta := (0, \infty)$ unbekannt. Zeigen Sie:

a) Die Fisher-Information ist durch $I_1(\vartheta) = \frac{1}{2\vartheta^2}$ gegeben.

b) Der durch $T_n := \frac{1}{n} \sum_{j=1}^{n} (X_j - \mu)^2$ definierte Schätzer ist erwartungstreu für ϑ, und es gilt
$\mathbb{V}_\vartheta(T_n) = \frac{2\vartheta^2}{n} = \frac{1}{n I_1(\vartheta)}$, $\vartheta \in \Theta$.

c) Für den durch $S_n := \frac{1}{n+2} \sum_{j=1}^{n} (X_j - \mu)^2$ definierten Schätzer für ϑ gilt

$$\mathbb{E}_\vartheta \big[(S_n - \vartheta)^2 \big] = \frac{2\vartheta^2}{n+2} < \mathbb{E}_\vartheta \big[(T_n - \vartheta)^2 \big], \quad \vartheta \in \Theta.$$

Aufgabe 11.3 Es seien Y ein als Spaltenvektor geschriebener k-dimensionaler Zufallsvektor auf einem Wahrscheinlichkeitsraum $(\Omega, \mathcal{A}, \mathbb{P})$ und $0_{k \times k}$ die k-reihige Nullmatrix. Zeigen Sie:

a) $\mathbb{E}(Y Y^\top) \geq_L 0_{k \times k}$.

b) $\mathbb{E}(Y Y^\top) = 0_{k \times k} \Longleftrightarrow Y = 0_d$ $\mathbb{P}$-fast sicher.

Aufgabe 11.4 Die Zufallsvariablen $X_1, X_2, \dots$ seien unabhängig und identisch $\mathrm{N}(\vartheta, 1)$-verteilt, wobei $\vartheta \in \Theta := \mathbb{R}$.

a) Zeigen Sie, dass die Fisher-Information durch $I_1(\vartheta) = 1$ gegeben ist.

b) Es sei $\overline{X}_n = \frac{1}{n} \sum_{j=1}^{n} X_j$ der ML-Schätzer für ϑ. Wegen $\sqrt{n}(\overline{X}_n - \vartheta) \xrightarrow{\mathcal{D}_\vartheta} \mathrm{N}(0, 1)$ ist die Schätzfolge $(\overline{X}_n)$ asymptotisch effizient. Zeigen Sie: Für den Schätzer

$$T_n := \overline{X}_n \mathbf{1}\big\{ |\overline{X}_n| > n^{-1/4} \big\} + \frac{1}{2} \overline{X}_n \mathbf{1}\big\{ |\overline{X}_n| \leq n^{-1/4} \big\}$$

gilt $\sqrt{n}(T_n - \vartheta) \xrightarrow{\mathcal{D}_\vartheta} \mathrm{N}(0, \sigma^2(\vartheta))$, wobei $\sigma^2(\vartheta) = 1$, falls $\vartheta \neq 0$ und $\sigma^2(\vartheta) = \frac{1}{4}$, falls $\vartheta = 0$. Folglich ist (T_n) im Fall $\vartheta = 0$ „supereffizient".

Aufgabe 11.5 Es sei $X_1, X_2, \dots$ eine u. i. v.-Folge von Zufallsvariablen mit $X_1 \sim \mathrm{Po}(\vartheta)$, wobei $\vartheta \in (0, \infty)$ unbekannt ist. Bestimmen Sie den ML-Schätzer $\widehat{\vartheta}_n = \widehat{\vartheta}_n(X_1, \dots, X_n)$ und weisen Sie direkt Konsistenz, asymptotische Normalität und asymptotische Effizienz nach.

Aufgabe 11.6 Zeigen Sie, dass für den Momentenschätzer eine Darstellung der Gestalt (10.23) (mit $\widetilde{\vartheta}_n$ anstelle von $\widehat{\vartheta}_n$) gilt. Wie sieht die Einflussfunktion $\ell(\cdot, \vartheta)$ aus?

Aufgabe 11.7 Es sei $X_1, X_2, \dots$ eine u. i. v.-Folge mit der Gamma-Verteilung $\Gamma(\alpha, \lambda)$, d. h. mit der Dichte

522434_1_De_11_Chapter-print ☑ TYPESET ☐ DISK ☐ LE ☑ CP Disp.:25/8/2022 Pages: 349 Layout: German_T5

$$f(x, \alpha, \lambda) = \frac{\lambda^{\alpha}}{\Gamma(\alpha)} x^{\alpha-1} e^{-\lambda x}, \quad x > 0,$$

und $f(x, \alpha, \lambda) := 0$, sonst. Dabei sind $\alpha > 0$ und $\lambda > 0$ unbekannte Parameter.

a) Zeigen Sie: $\mathbb{E}(X_1) = \frac{\alpha}{\lambda}$, $\mathbb{V}(X_1) = \frac{\alpha}{\lambda^2}$.

b) Zeigen Sie, dass mit den Bezeichnungen aus (11.13) der auf $X_1, \ldots, X_n$ basierende Momenten-schätzer $\widetilde{\vartheta}_n := (\widetilde{\alpha}_n, \widetilde{\lambda}_n)^\top$ für $\vartheta := (\alpha, \lambda)^\top$ die Gestalt

$$\widetilde{\alpha}_n = \frac{\widetilde{m}_{n,1}^2}{\widetilde{m}_{n,2} - \widetilde{m}_{n,1}^2}, \quad \widetilde{\lambda}_n = \frac{\widetilde{m}_{n,1}}{\widetilde{m}_{n,2} - \widetilde{m}_{n,1}^2}$$

besitzt.

c) Nach Satz 11.3 besitzt $\sqrt{n}(\widetilde{\vartheta}_n - \vartheta)$ beim Grenzübergang $n \to \infty$ eine zweidimensionale Normalverteilung mit Kovarianzmatrix $g'(a) T g'(a)^\top$. Wie lauten $g'(a)$ und T?

Aufgabe 11.8 Es seien $X_1, X_2, \ldots$ eine u. i. v.-Folge von Zufallsvariablen mit Verteilungsfunktion F und $p \in (0, 1)$. Die Funktion F sei an der Stelle des p-Quantils $F^{-1}(p)$ differenzierbar, und es gelte $f(F^{-1}(p)) := F'(F^{-1}(p)) > 0$. Es sei r_n eine Folge natürlicher Zahlen mit $r_n \in \{1, \ldots, n\}$ für jedes n sowie

$$\frac{r_n}{n} = p + o\left(\frac{1}{\sqrt{n}}\right) \tag{11.28}$$

für $n \to \infty$. Weiter seien $X_{n:1} \le X_{n:2} \le \ldots \le X_{n:n}$ die Ordnungsstatistiken von $X_1, \ldots, X_n$.

a) Beweisen Sie folgenden zentralen Grenzwertsatz für Ordnungsstatistiken:

$$\sqrt{n}\left(X_{n:r_n} - F^{-1}(p)\right) \xrightarrow{\mathcal{D}} N\left(0, \frac{p(1-p)}{f^2(F^{-1}(p))}\right).$$

b) Beweisen Sie die Aussage (11.26).

Hinweis für a): Verwenden Sie die Aufgaben 1.5 und 1.6 sowie (11.25).

Hinweis für b): Es gilt $X_{n:\frac{n}{2}} \le \frac{1}{2}\left(X_{n:\frac{n}{2}} + X_{n:\frac{n}{2}+1}\right) \le X_{n:\frac{n}{2}+1}$.

Aufgabe 11.9 Es sei $X_1, X_2, \ldots$ eine u. i. v.-Folge mit der auch als *Laplace-Verteilung* bezeichneten *zweiseitigen Exponentialverteilung*, die die Dichte

$$f(x, a, \sigma) := \frac{1}{2\sigma} \exp\left(-\frac{|x - a|}{\sigma}\right), \quad x \in \mathbb{R},$$

besitzt. Dabei sind $a \in \mathbb{R}$ und $\sigma > 0$ unbekannte Parameter. Da die Verteilung symmetrisch um a ist und die Varianz existiert, bieten sich wie im Beispiel 11.6 sowohl das arithmetische Mittel als auch der empirische Median von $X_1, \ldots, X_n$ als Schätzer für a an. Welcher dieser Schätzer ist unter dem Gesichtspunkt der asymptotischen relativen Effizienz der bessere?

522434_1_De_11_Chapter-print ☑TYPESET ☐DISK ☐LE ☑CP Disp.:25/8/2022 Pages: 349 Layout: German_T5

Likelihood-Quotienten-Tests

In diesem Kapitel geht es um das Testen von Hypothesen in parametrischen Modellen, und zwar innerhalb des in Kap. 9 und 10 abgesteckten Rahmens. Sei also $X_1, X_2, \ldots$ eine u. i. v.-Folge von $\mathcal{X}_0$-wertigen Zufallsvariablen mit unbekannter Verteilung Q_ϑ, wobei $\vartheta \in \Theta$. Der Parameterraum Θ sei eine offene Teilmenge des $\mathbb{R}^k$, und es gebe ein σ-endliches Maß ν auf der σ-Algebra $\mathcal{B}_0$ über $\mathcal{X}_0$, das alle Q_ϑ mit $\vartheta \in \Theta$ dominiert. Für die wie in Kap. 10 mit $f(\cdot, \vartheta)$ bezeichnete Dichte von Q_ϑ bzgl. ν seien die im Zusammenhang mit dem Hauptsatz über ML-Schätzer benötigten Regularitätsvoraussetzungen 10.10 erfüllt. Wir verwenden auch weiter das in Kap. 9 formulierte kanonische Modell, also die Menge $\mathcal{X} := \{\mathbf{x} = (x_1, x_2, \ldots) : x_j \in \mathcal{X}_0 \text{ für } j \geq 1\}$, wobei die Zufallsvariable X_j einer solchen Folge $\mathbf{x}$ den Wert x_j zuordnet.

Im Gegensatz zu einem Schätzproblem ist bei einem *Testproblem* der Parameterraum Θ in zwei nichtleere, disjunkte Teilmengen zerlegt. Es gelte also

$$\Theta = \Theta_0 \uplus \Theta_1,$$

wobei $\Theta_0 \neq \emptyset$ und $\Theta_1 \neq \emptyset$. Zu testen sei die

$$\text{Hypothese} \quad H_0 : \vartheta \in \Theta_0$$

gegen die

$$\text{Alternative} \quad H_1 : \vartheta \in \Theta_1.$$

Ein *statistischer Test* für H_0 gegen H_1 zum Stichprobenumfang n ist eine messbare Abbildung $\varphi_n : \mathcal{X} \to [0, 1]$ mit der Maßgabe, dass $\varphi_n(\mathbf{x})$ von $\mathbf{x} = (x_1, x_2, \ldots)$ nur über $x_1, \ldots, x_n$ abhängt. Dabei können $x_1, \ldots, x_n$ als die für den Testentscheid verfügbaren Daten interpretiert werden. Im Fall $\varphi_n(\mathbf{x}) = 1$ lehnt man H_0 ab, im Fall $\varphi_n(\mathbf{x}) = 0$ erhebt man keinen Einwand gegen H_0. Gilt $0 < \varphi_n(\mathbf{x}) < 1$, so entscheidet man sich mit Wahrscheinlichkeit $\varphi_n(\mathbf{x})$ gegen H_0, und mit Wahrscheinlichkeit $1 - \varphi_n(\mathbf{x})$ erhebt man keinen Widerspruch

© Der/die Autor(en), exklusiv lizenziert an Springer-Verlag GmbH, DE, ein Teil von Springer Nature 2022
N. Henze, *Asymptotische Stochastik: Eine Einführung mit Blick auf die Statistik*, https://doi.org/10.1007/978-3-662-65611-2_12

zu H_0. Im letzteren Fall wird ein Pseudozufallszahlengenerator benötigt, um einen Testentscheid zu treffen. Diese nicht die Daten $x_1, \ldots, x_n$ berücksichtigende *Randomisierung* ist nötig, um in gewissen Fällen zu optimalen Tests zu gelangen (siehe die Ausführungen vor Selbstfrage 1). In der Praxis ist eine Randomisierung jedoch unerwünscht, weil der Testentscheid dann nicht allein von den Daten abhängen würde, und für asymptotische Untersuchungen im Zusammenhang mit Tests besitzt sie keine Bedeutung.

Für asymptotische Untersuchungen betrachten wir nur sog. *nichtrandomisierte* Tests. Diese zeichnen sich dadurch aus, dass der Fall $0 < \varphi_n(\mathbf{x}) < 1$ ausgeschlossen ist. Als $\{0, 1\}$-wertige Funktion ist φ_n dann eine Indikatorfunktion einer (messbaren) Menge $\mathcal{K}_n \subset \mathcal{X}$, die *kritischer Bereich des Tests* genannt wird und ebenfalls nur von $x_1, \ldots, x_n$ Gebrauch macht, also von der Gestalt $\mathcal{K}_n = \mathcal{K}_n^* \times \left(\mathcal{X}_0 \times \mathcal{X}_0 \times \cdots \right)$ mit $\mathcal{K}_n^* \subset \mathcal{X}_0^n$ ist. Die Hypothese H_0 wird vom Test φ_n abgelehnt, falls die Daten in den kritischen Bereich fallen, falls also $(x_1, \ldots, x_n) \in \mathcal{K}_n^*$ oder gleichbedeutend damit $\mathbf{x} \in \mathcal{K}_n$ gelten; andernfalls erhebt man keinen Widerspruch zu H_0. Der kritische Bereich $\mathcal{K}_n$ ist oft von der Gestalt

$$\mathcal{K}_n = \{T_n > c\} = \{\mathbf{x} \in \mathcal{X} : T_n(\mathbf{x}) > c\}.$$

Dabei ist $T_n : \mathcal{X} \to \mathbb{R}$ eine messbare Abbildung, die wie $\mathcal{K}_n$ von $\mathbf{x} = (x_1, x_2, \ldots)$ nur über $x_1, \ldots, x_n$ abhängt und *Testgröße* oder *Prüfgröße* genannt wird. Die Konstante c heißt *kritischer Wert*. Die Hypothese H_0 wird also genau dann abgelehnt, wenn T_n einen kritischen Wert überschreitet. Ein Beispiel hierfür ist die in (6.6) angegebene Testgröße T_n zur Prüfung der Hypothese, dass die unbekannten Erfolgswahrscheinlichkeiten in einem multinomialen Versuchsschema gewisse vorgegebene Werte sind. Wir werden auf diesen Test noch zurückkommen.

Da im Allgemeinen die Dichte $f_n(x_1, \ldots, x_n, \vartheta) = \prod_{j=1}^n f(x_j, \vartheta)$ für jede Wahl von $(x_1, \ldots, x_n) \in \mathcal{X}_0^n$ unter jedem $\vartheta \in \Theta$ positiv sein kann, sind Fehler beim Testen unvermeidlich. Ein *Fehler erster Art* entsteht, wenn fälschlicherweise ein Widerspruch gegen H_0 erhoben wird, wenn also $\vartheta \in \Theta_0$ gilt und $(x_1, \ldots, x_n) \in \mathcal{K}_n^*$ zutrifft. Ein *Fehler zweiter Art* tritt auf, wenn irrtümlicherweise kein Einspruch gegen H_0 erhoben wird, wenn also $\vartheta \in \Theta_1$ und $(x_1, \ldots, x_n) \in \mathcal{X}_0^n \setminus \mathcal{K}_n^*$ gelten. Die Ablehnwahrscheinlichkeit der Hypothese H_0 durch den Test φ_n als Funktion von ϑ, also die Funktion

$$\Theta \ni \vartheta \mapsto g_{\varphi_n}(\vartheta) := \mathbb{E}_\vartheta(\varphi_n) = \mathbb{P}_\vartheta((X_1, \ldots, X_n) \in \mathcal{K}_n^*),$$

heißt *Gütefunktion* des Tests φ_n. Für $\alpha \in (0, 1)$ heißt ein Test φ_n *Test zum Niveau* α, falls für jedes $\vartheta \in \Theta_0$ die Ungleichung $g_{\varphi_n}(\vartheta) \le \alpha$ erfüllt ist und damit ein Fehler erster Art nur mit der Höchstwahrscheinlichkeit α begangen wird. Es ist üblich, sich auf Tests zum Niveau α mit kleinem α wie z. B. $\alpha = 0.05$ zu beschränken. Diese Beschränkung dient der *Sicherung der Alternative* H_1. Wenn nämlich ein solcher Test H_0 ablehnt, kann man „praktisch sicher sein, dass H_0 nicht gilt", denn andernfalls wäre man nur mit einer Höchstwahrscheinlichkeit α zu diesem Testergebnis gelangt. Gilt $\vartheta \in \Theta_1$, so sollte der Test φ_n nach Möglichkeit H_0 ablehnen; die Gütefunktion sollte also auf Θ_1 möglichst große Werte annehmen. Dieses vage formulierte Optimalitätskriterium ist naheliegend, und es kann präzisiert werden, doch bei festem Stichprobenumfang n existieren nur in vergleichsweise einfachen Fällen optimale Tests.

Im Zusammenhang mit Folgen von Tests für H_0 gegen H_1 sind folgende, auf der Güte-funktion fußende Begriffe grundlegend.

12.1 Definition (asymptotisches Niveau, Konsistenz)

Es seien $\alpha \in (0, 1)$ und (φ_n) eine Folge von Tests $\varphi_n : \mathcal{X} \to [0, 1]$ für $H_0 : \vartheta \in \Theta_0$ gegen $H_1 : \vartheta \in \Theta_1$. Die Folge (φ_n)

a) *besitzt das (punktweise) asymptotische Niveau α, falls gilt:*

$$\limsup_{n \to \infty} g_{\varphi_n}(\vartheta) \leq \alpha \quad \text{für jedes } \vartheta \in \Theta_0, \tag{12.1}$$

b) *ist konsistent gegenüber jeder festen Alternative, falls gilt:*

$$\lim_{n \to \infty} g_{\varphi_n}(\vartheta) = 1 \quad \text{für jedes } \vartheta \in \Theta_1.$$

Durch Eigenschaft (12.1) wird die Wahrscheinlichkeit für einen Fehler erster Art für große Stichprobenumfänge kontrolliert. Eine gegenüber (12.1) stärkere Forderung ist

$$\limsup_{n \to \infty} \sup_{\vartheta \in \Theta_0} g_{\varphi_n}(\vartheta) \leq \alpha.$$

In diesem Fall spricht man davon, dass die Testfolge (φ_n) *gleichmäßiges asymptotisches Niveau α* besitzt. Häufig gilt

$$\lim_{n \to \infty} g_{\varphi_n}(\vartheta) = \alpha \quad \text{für jedes } \vartheta \in \Theta_0,$$

was ebenfalls eine Verschärfung gegenüber (12.1) ist.

Die Konsistenzeigenschaft ist eine schwache Forderung, denn man sollte bei wachsender Datenbasis jede feste Alternative zu H_0 mit immer größerer Sicherheit aufdecken können.

Eine Hypothese H_0 heißt *einfach,* falls $|\Theta_0| = 1$ gilt, andernfalls *zusammengesetzt.* Die gleiche Sprechweise verwendet man sinngemäß für die Alternative H_1. Zum Testen einer einfachen Hypothese $H_0 : \vartheta = \vartheta_0$ gegen eine einfache Alternative $H_1 : \vartheta = \vartheta_1$, also für den Fall $\Theta_0 = \{\vartheta_0\}$ und $\Theta_1 = \{\vartheta_1\}$, gibt es einen optimalen, auf J. Neyman[1] und

---

[1] Jerzy Neyman (1894–1981), ab 1938 Professor an der University of California, Berkeley. Durch Neyman wurde Berkeley zu einem weltberühmten Zentrum der Statistik. Neyman unterstützte die Bürgerrechtsbewegung von *Martin Luther King* (1929–1968) und gehörte der Anti-Vietnam-Kriegsbewegung an. 1968 erhielt er die Medal of Science, die höchste wissenschaftliche Auszeichnung in den USA.

E.S. Pearson[2] zurückgehenden Test. Dieser sogenannte *Neyman–Pearson-Test* verwendet als Prüfgröße den sogenannten *Likelihoodquotienten*

$$L_n(x_1, \ldots, x_n) = \prod_{j=1}^{n} \frac{f(x_j, \vartheta_1)}{f(x_j, \vartheta_0)} \tag{12.2}$$

und lehnt die Hypothese H_0 ab, falls $L_n(x_1, \ldots, x_n) > c$ gilt. Dabei ist c ein kritischer Wert, der sich mit $L_n := L_n(X_1, \ldots, X_n)$ aus der Gleichung $\mathbb{P}_{\vartheta_0}(L_n > c) = \alpha$ ergibt. Sollte diese Gleichung für kein c erfüllt sein, so setzt man $c := \inf\{c^* > 0 : \mathbb{P}_{\vartheta_0}(L_n > c^*) \leq \alpha\}$ sowie

$$\gamma := \frac{\alpha - \mathbb{P}_{\vartheta_0}(L_n > c)}{\mathbb{P}_{\vartheta_0}(L_n = c)}$$

und lehnt H_0 nicht nur im Fall $L_n > c$ ab, sondern auch mit der sog. *Randomisierungs-wahrscheinlichkeit* γ im Fall $L_n = c$. Im letzteren Fall ist also der Rückgriff auf einen Pseudozufallszahlengenerator nötig, um die zugelassene Wahrscheinlichkeit α für einen Fehler erster Art voll auszuschöpfen.

Selbstfrage 1 Warum gilt unter den gemachten Voraussetzungen $0 < \gamma < 1$?

Die Gestalt des Likelihoodquotienten in (12.2) dient als Richtschnur für ein häufig ver-wendetes Testprinzip für den Fall, dass H_0 und/oder H_1 zusammengesetzt sind. Dieses Testprinzip gründet auf der nachfolgenden Begriffsbildung.

12.2 Definition (verallgemeinerter Likelihood-Quotient)
Der Quotient

$$\Lambda_n(x_1, \ldots, x_n) := \frac{\sup_{\vartheta \in \Theta_0} \prod_{j=1}^{n} f(x_j, \vartheta)}{\sup_{\vartheta \in \Theta} \prod_{j=1}^{n} f(x_j, \vartheta)} \tag{12.3}$$

heißt *verallgemeinerter Likelihood-Quotient* (englisch: *generalized likelihood ratio*, kurz: GLR).

Die Bildung des GLR beinhaltet also für den Fall, dass Θ_0 mindestens zweielementig und damit H_0 zusammengesetzt ist, die Aufgabe, ML-Schätzwerte für das unbekannte ϑ anzu-geben. Genauer gesagt wird im Zähler von (12.3) ein Schätzwert unter der Nebenbedingung $\vartheta \in \Theta_0$ und im Nenner einer in der aus Kap. 10 vertrauten Situation ohne jegliche Nebenbe-dingung gesucht. Schon vor Definition 10.12 wurde betont, dass das Supremum im Nenner von (12.3) nicht unbedingt angenommen werden muss, und Gleiches gilt für das Supremum

---

[2] Egon Sharpe Pearson (1895–1980), Sohn von Karl Pearson, ab 1933 Leiter der statistischen Abtei-lung am Univ. College London. Hauptarbeitsgebiete: Mathematische Statistik, Biometrie. Zwischen 1928 und 1938 entstanden 10 gemeinsame Veröffentlichungen mit J. Neyman.

im Zähler. Wir setzen auch bei $\Lambda_n(x_1, \ldots, x_n)$ voraus, dass asymptotische ML-Schätzer für die Optimierungsprobleme im Zähler und im Nenner von (12.3) im Sinne von Definition 10.12 existieren. Es gelte also (10.17) sowie dazu analog

$$f_n\big(\mathbf{x}, \widehat{\vartheta}_{n,0}(\mathbf{x})\big) = \sup_{t \in \Theta_0} f_n(\mathbf{x}, t) \qquad \text{für jedes } \mathbf{x} \in M_n''.$$

Dabei ist (M_n'') eine Folge messbarer Mengen in $\mathcal{X}$ mit $\mathbb{P}_\vartheta(M_n'') \to 1$ für $n \to \infty$. Die Folge $(\widehat{\vartheta}_{n,0})$ ist also ein asymptotischer ML-Schätzer im Sinne von Definition 10.12 unter der Nebenbedingung $\vartheta \in \Theta_0$. Damit gilt (auf der Menge $M_n' \cap M_n''$)

$$\Lambda_n := \Lambda_n(X_1, \ldots, X_n) = \frac{\prod_{j=1}^n f(X_j, \widehat{\vartheta}_{n,0})}{\prod_{j=1}^n f(X_j, \widehat{\vartheta}_n)}. \qquad (12.4)$$

Nach Konstruktion gilt $\Lambda_n(x_1, \ldots, x_n) \le 1$. Für den Fall, dass H_0 nicht gilt, ist zu erwarten, dass der Nenner in (12.3) deutlich größer als der Zähler ist. Man würde also die Hypothese H_0 für „zu kleine Werte" von $\Lambda_n(x_1, \ldots, x_n)$ verwerfen, und ein solcher Test wird in der Folge (*verallgemeinerter*) *Likelihood-Quotienten-Test* (kurz: LQ-Test) genannt. Natürlich muss präzisiert werden, was *zu kleine Werte* sind, und das wird gleich geschehen.

Wir werden sehen, dass die aus Λ_n durch die Transformation

$$M_n := -2 \log \Lambda_n \qquad (12.5)$$

hervorgehende Zufallsvariable M_n unter der Hypothese H_0 durch eine geeignete quadratische Form eines asymptotisch normalverteilten Zufallsvektors approximiert werden kann und somit asymptotisch für $n \to \infty$ eine Chi-Quadrat-Verteilung besitzt. Der Einfachheit halber untersuchen wir zunächst den Fall, dass H_0 einfach ist, dass also $\Theta_0 = \{\vartheta_0\}$ für ein $\vartheta_0 \in \Theta$ gilt. Damit entfällt die Optimierungsaufgabe im Zähler von (12.3).

12.3 Satz (LQ-Test, einfache Hypothese)
Seien $\Theta_0 = \{\vartheta_0\}$ und M_n wie in (12.5). Unter den getroffenen Annahmen gilt dann

$$M_n \xrightarrow{\mathcal{D}_{\vartheta_0}} \chi_k^2 \quad \text{bei } n \to \infty.$$

Beweis Wegen

$$\Lambda_n = \frac{\sup_{\vartheta \in \Theta_0} \prod_{j=1}^n f(X_j, \vartheta)}{\sup_{\vartheta \in \Theta} \prod_{j=1}^n f(X_j, \vartheta)} = \prod_{j=1}^n \frac{f(X_j, \vartheta_0)}{f(X_j, \widehat{\vartheta}_n)}$$

gilt

$$M_n = -2 \log \Lambda_n = 2 \sum_{j=1}^n \Big[\log f(X_j, \widehat{\vartheta}_n) - \log f(X_j, \vartheta_0)\Big].$$

Eine Taylorentwicklung von $\log f(X_j, \vartheta)$ um $\vartheta = \vartheta_0$ liefert mit $U_n(t)$ wie in (10.18) und $H_n(t)$ wie in (10.19)

$$M_n = 2\left(U_n^\top(\vartheta_0)(\widehat{\vartheta}_n - \vartheta_0) + \frac{1}{2}(\widehat{\vartheta}_n - \vartheta_0)^\top H_n(\vartheta_0)(\widehat{\vartheta}_n - \vartheta_0) + o_{\mathbb{P}_{\vartheta_0}}(1)\right).$$

Mit $0_k = U_n(\widehat{\vartheta}_n) = U_n(\vartheta_0) + H_n(\vartheta_0)(\widehat{\vartheta}_n - \vartheta_0) + o_{\mathbb{P}_{\vartheta_0}}(\sqrt{n})$ und $\sqrt{n}(\widehat{\vartheta}_n - \vartheta_0) = O_{\mathbb{P}_{\vartheta_0}}(1)$ ergibt sich

$$\begin{aligned} M_n &= 2\left(-\frac{1}{2}(\widehat{\vartheta}_n - \vartheta_0)^\top H_n(\vartheta_0)(\widehat{\vartheta}_n - \vartheta_0) + o_{\mathbb{P}_{\vartheta_0}}(1)\right) \\ &= Z_n^\top\left(-\frac{1}{n}H_n(\vartheta_0)\right)Z_n + o_{\mathbb{P}_{\vartheta_0}}(1), \end{aligned}$$

wobei $Z_n := \sqrt{n}(\widehat{\vartheta}_n - \vartheta_0)$ gesetzt wurde. Nach dem Hauptsatz 10.13 über ML-Schätzer gilt $Z_n \xrightarrow{\mathcal{D}_{\vartheta_0}} Z$, wobei $Z \sim N_k(0_k, I_1(\vartheta_0)^{-1})$, und wegen $-\frac{1}{n}H_n(\vartheta_0) \to I_1(\vartheta_0)$ $\mathbb{P}_{\vartheta_0}$-fast sicher liefern der Abbildungssatz und Satz 5.15

$$M_n \xrightarrow{\mathcal{D}_{\vartheta_0}} Z^\top I_1(\vartheta_0)Z \sim \chi_k^2. \qquad\blacksquare$$

Eine wichtige Botschaft von Satz 12.3 ist, dass die Grenzverteilung von M_n unter H_0 nicht vom speziellen Wert ϑ_0 abhängt. Da die Zuordnung $\Lambda_n \mapsto M_n = -2\log\Lambda_n$ eine stetige und streng monoton fallende Transformation darstellt, erhalten wir somit einen verallgemeinerten Likelihood-Quotienten-Test von $H_0 : \vartheta = \vartheta_0$ gegen $H_1 : \vartheta \neq \vartheta_0$ zum asymptotischen Niveau α, indem wir H_0 genau dann ablehnen, wenn die Ungleichung

$$M_n > \chi_{k;1-\alpha}^2$$

erfüllt ist. Dabei bezeichnet allgemein $\chi_{\ell;1-\alpha}^2$ das $(1-\alpha)$-Quantil der Chi-Quadrat-Verteilung mit ℓ Freiheitsgraden.

Bezüglich der Konsistenz der durch $\varphi_n := \mathbf{1}\{M_n > \chi_{k;1-\alpha}^2\}$ definierten Testfolge (φ_n) gilt folgendes Resultat:

12.4 Satz (Konsistenz des verallgemeinerten Likelihood-Quotienten-Tests)
In der Situation von Satz 12.3 ist die Folge (φ_n) der durch $\varphi_n := \mathbf{1}\{M_n > \chi_{k;1-\alpha}^2\}$ definierten Likelihood-Quotienten-Tests konsistent gegen jede feste Alternative, d.h., es gilt

$$\lim_{n\to\infty} \mathbb{E}_\vartheta(\varphi_n) = 1 \quad \text{für jedes } \vartheta \in \Theta \text{ mit } \vartheta \neq \vartheta_0.$$

Beweis Sei $\vartheta_1 \in \Theta$ mit $\vartheta_1 \neq \vartheta_0$ beliebig gewählt. Es gilt

$$\Lambda_n = \prod_{j=1}^n \frac{f(X_j, \vartheta_0)}{f(X_j, \vartheta_1)} \cdot \prod_{j=1}^n \frac{f(X_j, \vartheta_1)}{f(X_j, \widehat{\vartheta}_n)}$$

und damit

$$M_n = -2\log \Lambda_n = Y_n + 2nV_n, \tag{12.6}$$

wobei

$$Y_n := 2\sum_{j=1}^{n}\left\{\log f(X_j, \widehat{\vartheta}_n) - \log f(X_j, \vartheta_1)\right\},$$

$$V_n := \frac{1}{n}\sum_{j=1}^{n}\log \frac{f(X_j, \vartheta_1)}{f(X_j, \vartheta_0)}.$$

Nach Satz 12.3 gilt $Y_n \xrightarrow{\mathcal{D}_{\vartheta_1}} \chi_k^2$ bei $n \to \infty$, und das starke Gesetz großer Zahlen liefert

$$V_n \to \mathbb{E}_{\vartheta_1}\left[\log \frac{f(X_1, \vartheta_1)}{f(X_1, \vartheta_0)}\right] \quad \mathbb{P}_{\vartheta_1}\text{-fast sicher}.$$

Der hier auftretende Erwartungswert ist nach (10.7) die Kullback-Leibler-Information $I_{KL}(\vartheta_1 : \vartheta_0)$. Da diese positiv ist, gilt $\lim_{n\to\infty} \mathbb{P}_{\vartheta_1}(M_n > c) = 1$ für jedes $c > 0$. ∎

Selbstfrage 2 Können Sie $\lim_{n\to\infty} \mathbb{P}_{\vartheta_1}(M_n > c) = 1$ beweisen?

12.5 Beispiel (Multinomialverteilung, Chi-Quadrat-Anpassungstest)

Als Anwendungsbeispiel für Satz 12.3 diene ein in unabhängiger Folge wiederholbarer stochastischer Vorgang mit s ($s \geq 2$) verschiedenen Ausgängen, die mit $1, 2, \ldots, s$ notiert seien. Der als *Treffer j-ter Art* bezeichnete Ausgang j besitze die unbekannte Wahrscheinlichkeit p_j, $j \in \{1, \ldots, s\}$. Dabei seien $p_1, \ldots, p_s$ positive Zahlen mit $p_1 + \ldots + p_s = 1$. Aufgrund dieser Summenbeziehung ist p_s redundant, und wir wählen deshalb als Parameterraum die offene Teilmenge

$$\Theta := \left\{\vartheta := (p_1, \ldots, p_{s-1}) : p_1 > 0, \ldots, p_{s-1} > 0, \ p_1 + \ldots + p_{s-1} < 1\right\}$$

des $\mathbb{R}^k$, wobei $k := s - 1$ gesetzt ist.

Es sei nun $X_1, X_2, \ldots$ eine u.i.v.-Folge von s-dimensionalen Zufallsvektoren, wobei

$$\mathbb{P}_\vartheta(X_1 = e_j) = p_j, \quad j \in \{1, \ldots, s\},$$

gelte. Dabei bezeichne e_j den j-ten kanonischen Einheitsvektor im $\mathbb{R}^s$. Ist ν das Zählmaß auf $\{e_1, \ldots, e_s\}$, so hat X_1 die Dichte

$$f(t, \vartheta) := \begin{cases} p_j, & \text{falls } t = e_j \quad (j = 1, \ldots, s), \\ 0, & \text{sonst,} \end{cases}$$

bezüglich ν. Durch diese Modellwahl besitzt der Zufallsvektor

$$\left(N_{n,1}, N_{n,2}, \ldots, N_{n,s}\right) := \sum_{j=1}^{n} X_j$$

die Multinomialverteilung Mult$(n; p_1, \ldots, p_s)$, d. h., es gilt

$$\mathbb{P}_\vartheta \left(N_{n,1} = k_1, \ldots, N_{n,s} = k_s\right) = \frac{n!}{k_1! \cdot \ldots \cdot k_s!} \, p_1^{k_1} \cdot \ldots \cdot p_s^{k_s}$$

für jede Wahl von $(k_1, \ldots, k_s) \in \mathbb{N}_0^s$ mit $k_1 + \ldots + k_s = n$, und die gemeinsame Dichte von $X_1, \ldots, X_n$ ist durch

$$\prod_{j=1}^{n} f(X_j, \vartheta) = p_1^{N_{n,1}} p_2^{N_{n,2}} \cdot \ldots \cdot p_s^{N_{n,s}} \tag{12.7}$$

gegeben. Um das Testproblem zu formulieren, sei $\Theta_0 := \{\vartheta_0\} = \{(q_1, \ldots, q_{s-1})\}$, wobei $\vartheta_0 \in \Theta$, und wir setzen $q_s := 1 - q_1 - \ldots - q_{s-1}$. Zu testen ist die einfache Hypothese $H_0 : \vartheta = \vartheta_0$ – also $p_j = q_j$ für jedes $j \in \{1, \ldots, s\}$ – gegen die allgemeine Alternative $H_1 : \vartheta \notin \Theta_0$. Die Frage ist somit, ob beobachtbare Trefferanzahlen $N_{n,1}, \ldots, N_{n,s}$ mit hypothetischen Wahrscheinlichkeiten $q_1, \ldots, q_s$ für die einzelnen Trefferarten hinreichend verträglich sind. Der ML-Schätzer für ϑ ist durch den Vektor

$$\widehat{\vartheta}_n := \left(\frac{N_{n,1}}{n}, \ldots, \frac{N_{n,s-1}}{n}\right) \tag{12.8}$$

der einzelnen relativen Trefferhäufigkeiten gegeben (Aufgabe 12.1). Wir setzen kurz $\widehat{p}_{n,j} := \frac{1}{n} N_{n,j}$ für $j \in \{1, \ldots, s\}$, was insbesondere $\widehat{p}_{n,1} + \ldots + \widehat{p}_{n,s} = 1$ zur Folge hat. Mit diesen Bezeichnungen nimmt der GLR aus (12.4) die Gestalt

$$\Lambda_n = \frac{q_1^{N_{n,1}} \cdot \ldots \cdot q_s^{N_{n,s}}}{\widehat{p}_{n,1}^{N_{n,1}} \cdot \ldots \cdot \widehat{p}_{n,s}^{N_{n,s}}} = \prod_{j=1}^{s} \left(\frac{q_j}{\widehat{p}_{n,j}}\right)^{N_{n,j}}$$

an, wobei $0^0 := 1$ gesetzt ist. Damit wird die Testgröße M_n des Likelihood-Quotienten-Tests zu

$$M_n = 2 \sum_{j=1}^{s} N_{n,j} \log \left(\frac{N_{n,j}}{nq_j}\right). \tag{12.9}$$

Nach Satz 12.3 gilt $M_n \xrightarrow{\mathcal{D}_{\vartheta_0}} \chi^2_{s-1}$. Um eine Testfolge mit asymptotischem Niveau α zu erhalten, lehnen wir somit H_0 genau dann ab, wenn die Ungleichung $M_n > \chi^2_{s-1;1-\alpha}$ erfüllt ist.

In der Situation dieses Beispiels ist die bekanntere Prüfgröße durch die sogenannte *Chi-Quadrat-Testgröße*

$$T_n := \sum_{j=1}^{s} \frac{(N_{n,j} - nq_j)^2}{nq_j} \tag{12.10}$$

gegeben. Diese liegt auch intuitiv näher als M_n, weil sie direkt die Trefferzahlen $N_{n,j}$ mit den unter H_0 zu erwartenden Anzahlen nq_j vergleicht. In Kap. 6 hatten wir mithilfe des multivariaten zentralen Grenzwertsatzes und des Abbildungssatzes gezeigt, dass T_n unter H_0 asymptotisch für $n \to \infty$ dieselbe Grenzverteilung wie M_n besitzt (siehe Beispiel 6.20). Dass diese Koinzidenz kein Zufall ist, liegt daran, dass

$$T_n - M_n \xrightarrow{\mathbb{P}_{\vartheta_0}} 0$$

gilt (Aufgabe 12.2) und somit M_n und T_n die gleiche Grenzverteilung unter H_0 besitzen müssen. Der Test, welcher H_0 im Fall $T_n > \chi^2_{s-1;1-\alpha}$ ablehnt, heißt *Chi-Quadrat-Anpassungstest*.

Die wichtigsten Anwendungen des verallgemeinerten Likelihood-Quotienten (12.3) betreffen den Fall, dass die Hypothese H_0 zusammengesetzt ist. Wir nehmen dazu an, dass die Menge Θ_0 für ein $\ell \in \{1, \ldots, k-1\}$ von der Gestalt $\Theta_0 = h(U)$ ist. Dabei sind $U \subset \mathbb{R}^\ell$ eine offene Menge und $h : U \to \mathbb{R}^k$ eine zweimal stetig differenzierbare, injektive Funktion.

12.6 Beispiel (diskreter bivariater Zufallsvektor und stochastische Unabhängigkeit)
Es sei (X, Y) ein diskreter zweidimensionaler Zufallsvektor, wobei

$$p_{i,j} := \mathbb{P}(X = x_i, Y = y_j) > 0, \quad i \in \{1, \ldots, r\}, \ j \in \{1, \ldots, s\}, \quad \sum_{i=1}^{r}\sum_{j=1}^{s} p_{i,j} = 1$$

und $r \geq 2$ sowie $s \geq 2$ gelte. Definieren wir Θ als Menge aller Vektoren

$$\vartheta := (p_{1,1}, \ldots, p_{1,s}, p_{2,1}, \ldots, p_{2,s}, \ldots, p_{r,1}, \ldots p_{r,s-1})$$

mit lauter positiven Komponenten, deren Summe kleiner als 1 ist, so ist Θ eine offene Teilmenge des $\mathbb{R}^k$, wobei $k = rs - 1$. Bezeichnet ν das Zählmaß auf der Menge $\mathcal{X}_0 := \{x_1, \ldots, x_r\} \times \{y_1, \ldots, y_s\}$, so ist mit $z := (x_i, y_j) \in \mathcal{X}_0$ und $f(z, \vartheta) := p_{i,j}$ die Funktion $f(\cdot, \vartheta)$ die Dichte von (X, Y) bzgl. ν unter Q_ϑ, $\vartheta \in \Theta$.

Die mit H_0 bezeichnete Hypothese der stochastischen Unabhängigkeit von X und Y ist durch die Gleichungen

$$\mathbb{P}(X = x_i, Y = y_j) = \mathbb{P}(X = x_i)\,\mathbb{P}(Y = y_j), \quad (i, j) \in \mathcal{X}_0,$$

charakterisiert. Gleichbedeutend damit ist, dass es positive Zahlen $p_1, \ldots, p_r$ mit $p_1 + \ldots + p_r = 1$ und $q_1, \ldots, q_s$ mit $q_1 + \ldots + q_s = 1$ gibt, sodass für jedes $(x_i, y_j) \in \mathcal{X}_0$ die Gleichung $p_{i,j} = p_i q_j$ erfüllt ist.

> **Selbstfrage 3** Warum liefert $p_{i,j} = p_i q_j$, $(i, j) \in \mathcal{X}_0$, die Unabhängigkeit von X und Y?

Wegen $p_r = 1 - p_1 - \ldots - p_{r-1}$ und $q_s = 1 - q_1 - \ldots - q_{s-1}$ entspricht H_0 der Teilmenge

$$\Theta_0 := \Big\{ \vartheta \in \Theta : \exists p_1 > 0, \ldots, p_{r-1} > 0 \text{ mit } \textstyle\sum_{i=1}^{r-1} p_i < 1,$$

$$\exists q_1 > 0, \ldots, q_{s-1} > 0 \text{ mit } \textstyle\sum_{j=1}^{s-1} q_j < 1 \text{ und } p_{i,j} = p_i q_j \; \forall (i, j) \neq (r, s) \Big\} \tag{12.11}$$

von Θ. Schreiben wir U für die Menge aller Vektoren $u := (p_1, \ldots, p_{r-1}, q_1, \ldots, q_{s-1})$ mit positiven Komponenten und $\sum_{i=1}^{r-1} p_i < 1$ sowie $\sum_{j=1}^{s-1} q_j < 1$, so gilt $\Theta_0 = h(U)$, wobei

$$h := \big(h_{1,1}, \ldots, h_{1,s}, h_{2,1}, \ldots, h_{2,s}, \ldots, h_{r,1}, \ldots, h_{r,s-1} \big)$$

und $h_{i,j}(u) = p_i q_j$ für jedes $i \in \{1, \ldots, r\}$ und jedes $j \in \{1, \ldots, s\}$ mit $(i, j) \neq (r, s)$. Dabei sind $p_r := 1 - p_1 - \ldots - p_{r-1}$ und $q_s := 1 - q_1 - \ldots - q_{s-1}$ gesetzt. Die Menge U ist eine offene Teilmenge des $\mathbb{R}^\ell$, wobei $\ell = r - 1 + s - 1$.

In Verallgemeinerung von Satz 12.3 gilt folgendes Resultat. Dabei sei an die Definition der Fisher-Informationsmatrix $I_1(\vartheta)$ in 10.10 e) erinnert.

12.7 Satz (LQ-Test, zusammengesetzte Hypothese)
Es sei $X_1, X_2, \ldots$ eine u. i. v.-Folge mit ν-Dichte $f(x, \vartheta)$, $\vartheta \in \Theta \subset \mathbb{R}^k$, die in jedem der Punkte $\vartheta = h(u)$ mit $u \in U$ die Regularitätsvoraussetzungen a) - e) aus 10.10 erfülle. Zu testen sei die Hypothese $H_0 : \vartheta \in \Theta_0 := \{h(u) : u \in U\}$. Bezeichnet $h'(u)$ die $(k \times \ell)$-Funktionalmatrix von h an der Stelle u, so sei die Matrix

$$\widetilde{I}_1(u) := h'(u)^\top I_1(\vartheta) h'(u) \tag{12.12}$$

für jedes $u \in U$ invertierbar. Weiter seien $(\widehat{\vartheta}_n)$ und $(\widehat{u}_n)$ konsistente Folgen von asymptotischen ML-Schätzern für ϑ bzw. für u. Dann gilt:

$$M_n = -2 \log \Lambda_n \; \xrightarrow{\mathcal{D}_\vartheta} \; \chi^2_{k-\ell} \quad \text{für jedes } \vartheta \in \Theta_0.$$

Beweis Die Folge $(h(\widehat{u}_n))$ ist ein konsistenter ML-Schätzer für ϑ *innerhalb des durch* Θ_0 *gegebenen Teilmodells*, und es gelten

$$\Lambda_n = \prod_{j=1}^{n} \frac{f(X_j, h(\widehat{u}_n))}{f(X_j, \widehat{\vartheta}_n)} \tag{12.13}$$

sowie

$$M_n = 2 \sum_{j=1}^{n} \left\{ \log f(X_j, \widehat{\vartheta}_n) - \log f(X_j, h(\widehat{u}_n)) \right\}. \tag{12.14}$$

Anhand dieser Darstellung drängt es sich geradezu auf, Taylorentwicklungen durchzuführen, und zwar von $\log f(X_j, \widehat{\vartheta}_n)$ um ϑ und von $\log f(X_j, h(\widehat{u}_n))$ um u. Setzen wir

$$Z_n := \sqrt{n}\big(\widehat{\vartheta}_n - \vartheta\big),$$

so folgt mit $U_n(\vartheta)$ wie in (10.18) sowie mit der Beziehung (10.22) für die in (10.19) definierte Hesse-Matrix $H_n(\vartheta)$

$$\sum_{j=1}^{n} \log f(X_j, \widehat{\vartheta}_n) = \sum_{j=1}^{n} \log f(X_j, \vartheta) + \frac{1}{\sqrt{n}} U_n(\vartheta)^\top Z_n - \frac{1}{2} Z_n^\top I_1(\vartheta) Z_n + o_{\mathbb{P}_\vartheta}(1). \tag{12.15}$$

Die Dichten $\widetilde{f}(x, u) := f(x, h(u))$, $u \in U$, genügen Regularitätsbedingungen, die denen aus Abschn. 10.10 a)–e) entsprechen. Nach der Kettenregel gilt

$$\frac{\mathrm{d}}{\mathrm{d}u} \log \widetilde{f}(x, u) = h'(u)^\top \frac{\mathrm{d}}{\mathrm{d}\vartheta} \log f(x, \vartheta)\Big|_{\vartheta = h(u)}. \tag{12.16}$$

Setzen wir

$$\widetilde{U}_n(u) := \sum_{j=1}^{n} \frac{\mathrm{d}}{\mathrm{d}u} \log \widetilde{f}(X_j, u),$$

$$\widetilde{Z}_n := \sqrt{n}\big(\widehat{u}_n - u\big),$$

so ergibt sich mit $\vartheta = h(u)$ analog zu (12.15)

$$\sum_{j=1}^{n} \log f(X_j, h(\widehat{u}_n)) = \sum_{j=1}^{n} \log f(X_j, \vartheta) + \frac{1}{\sqrt{n}} \widetilde{U}_n(u)^\top \widetilde{Z}_n$$
$$- \frac{1}{2} \widetilde{Z}_n^\top h'(u)^\top I_1(\vartheta) h'(u) \widetilde{Z}_n + o_{\mathbb{P}_\vartheta}(1). \tag{12.17}$$

Aus (12.16) folgt

$$\widetilde{U}_n(u) = h'(u)^\top U_n(h(u)), \tag{12.18}$$

und mit $\vartheta = h(u)$ erhalten wir analog zu (10.23)

$$\widetilde{Z}_n = \widetilde{I}_1(u)^{-1} \widetilde{U}_n(u) + o_{\mathbb{P}_\vartheta}(1). \tag{12.19}$$

Zusammen mit (10.23) führen (12.18) und (12.19) unter Beachtung von $\vartheta = h(u)$ zu

$$\begin{aligned}
\widetilde{Z}_n &= \widetilde{I}_1(u)^{-1} h'(u)^\top U_n(\vartheta) \\
&= \widetilde{I}_1(u)^{-1} h'(u)^\top I_1(\vartheta) Z_n + o_{\mathbb{P}_\vartheta}(1).
\end{aligned} \tag{12.20}$$

Mit (12.12), (12.15), (12.17), (12.18) und (12.20) sowie $n^{-1/2} U_n(\vartheta) = I_1(\vartheta) Z_n + o_{\mathbb{P}_\vartheta}(1)$ liefert eine direkte Rechnung, dass M_n in (12.14) mit der Festsetzung

$$A := I_1(\vartheta)\big(I_k - h'(u)\widetilde{I}_1(u)^{-1} h'(u)^\top I_1(\vartheta)\big) \tag{12.21}$$

die Gestalt

$$M_n = Z_n^\top A Z_n + o_{\mathbb{P}_\vartheta}(1)$$

annimmt. Nach dem Hauptsatz 10.13 über ML-Schätzer gilt

$$Z_n \overset{\mathcal{D}_\vartheta}{\longrightarrow} Z \sim N_k(0, \Sigma),$$

wobei $\Sigma := I_1(\vartheta)^{-1}$. Die Matrix A in (12.21) ist symmetrisch, und die Matrix $A\Sigma$ ist idempotent, und sie besitzt den Rang $k - \ell$ (Aufgabe 12.4). Nach Aufgabe 12.3 gilt $Z^\top A Z \sim \chi^2_{k-\ell}$, sodass der Abbildungssatz und das Lemma von Slutsky die Behauptung liefern. ∎

Da die Grenzverteilung von M_n unter H_0 nicht vom speziellen Wert $\vartheta_0 \in \Theta_0$ abhängt, ist unter den gemachten Voraussetzungen der LQ-Test zur Prüfung der zusammengesetzten Nullhypothese H_0 *asymptotisch verteilungsfrei*. Als Korollar ergibt sich, dass die durch

$$\varphi_n := \mathbf{1}\big\{M_n > \chi^2_{k-\ell;1-\alpha}\big\}$$

definierte Testfolge (φ_n) das asymptotische Niveau α besitzt, d. h., es gilt

$$\lim_{n\to\infty} \mathbb{E}_\vartheta(\varphi_n) = \alpha \quad \text{für jedes } \vartheta \in \Theta_0.$$

Die Konsistenz des LQ-Tests im Fall einer zusammengesetzten Hypothese H_0 lässt sich in vielen Fällen auf direktem Weg zeigen (siehe z. B. Aufgabe 12.7 für den Fall der im nächsten Beispiel betrachteten Unabhängigkeitstests in Kontingenztafeln). Die folgenden Überlegungen verdeutlichen die allgemeine Idee, warum der LQ-Test unter gewissen Bedingungen gegen jede feste Alternative konsistent ist. Wir legen dazu die Situation von Satz 12.7 zugrunde, wobei $\Theta_0 = h(U)$ ist, vgl. die Annahmen vor Beispiel 12.6. Ist $\vartheta_1 \in \Theta \setminus \Theta_0$ beliebig gewählt, so folgt mit (12.13)

Tab. 12.1 $r \times s$-Kontingenztafel

		1	$\cdots$	$\cdots$	$\cdots$	s	Σ
				j			
	1	N_{11}	$\cdots$	$\cdots$	$\cdots$	N_{1s}	N_{1+}
	2	N_{21}	$\cdots$	$\cdots$	$\cdots$	N_{2s}	N_{2+}
i	$\vdots$	$\vdots$	$\cdots$	$\cdots$	$\cdots$	$\vdots$	$\vdots$
	$\vdots$	$\vdots$	$\cdots$	$\cdots$	$\cdots$	$\vdots$	$\vdots$
	r	N_{r1}	$\cdots$	$\cdots$	$\cdots$	N_{rs}	N_{r+}
	Σ	N_{+1}	$\cdots$	$\cdots$	$\cdots$	N_{+s}	n

$$\Lambda_n = \prod_{j=1}^{n} \frac{f(X_j, h(\widehat{u}_n))}{f(X_j, \vartheta_1)} \cdot \prod_{j=1}^{n} \frac{f(X_j, \vartheta_1)}{f(X_j, \widehat{\vartheta}_n)}$$

und somit

$$M_n = -2 \log \Lambda_n = 2 \sum_{j=1}^{n} \log \frac{f(X_j, \widehat{\vartheta}_n)}{f(X_j, \vartheta_1)} + 2n \cdot \frac{1}{n} \sum_{j=1}^{n} \log \frac{f(X_j, \vartheta_1)}{f(X_j, h(\widehat{u}_n))}.$$

Nach Satz 12.3 konvergiert der erste Summand auf der rechten Seite unter $\mathbb{P}_{\vartheta_1}$ in Verteilung gegen eine χ_k^2-Verteilung. Konvergiert $h(\widehat{u}_n)$ unter $\mathbb{P}_{\vartheta_1}$ stochastisch gegen ein $\vartheta^* \in \Theta_0$, so folgt

$$\frac{1}{n} \sum_{j=1}^{n} \log \frac{f(X_j, \vartheta_1)}{f(X_j, h(\widehat{u}_n))} \xrightarrow{\mathbb{P}_{\vartheta_1}} \mathbb{E}_{\vartheta_1} \left[\log \frac{f(X_1, \vartheta_1)}{f(X_1, \vartheta^*)} \right]$$

(siehe z. B. [WIM], S. 235). Da der Erwartungswert als Kullback-Leibler-Information nach Lemma 10.9 (strikt) positiv ist, folgt $M_n \xrightarrow{\mathbb{P}_{\vartheta_1}} \infty$ und damit die Konsistenz des Tests.

12.8 Beispiel (Unabhängigkeitstests in Kontingenztafeln)

Wir legen die Situation und die Bezeichnungen von Beispiel 12.6 zugrunde und nehmen an, $(X_1, Y_1), (X_2, Y_2), \ldots$ sei eine u. i. v.-Folge von Zufallsvektoren mit gleicher Verteilung wie (X, Y). Wie wir gleich sehen werden, gründet der verallgemeinerte LQ-Test der Hypothese H_0 der stochastischen Unabhängigkeit von X und Y zum Stichprobenumfang n auf Realisierungen der Zufallsvariablen

$$N_{ij} := \sum_{m=1}^{n} \mathbf{1}\{X_m = x_i, Y_m = y_j\}, \quad i \in \{1, \ldots, r\}, \ j \in \{1, \ldots, s\}.$$

Dabei haben wir zur Vereinfachung der Notation die Abhängigkeit von N_{ij} vom Stichprobenumfang n unterdrückt. Man beachte, dass N_{ij} die Binomialverteilung $\mathrm{Bin}(n, p_{ij})$
besitzt, und der rs-dimensionale Zufallsvektor $(N_{11}, \ldots, N_{rs})$ hat die Multinomialverteilung $\mathrm{Mult}(n; p_{11}, \ldots, p_{rs})$. Es ist üblich, die N_{ij} wie nachstehend abgebildet als recht-
eckiges Schema in einer sog. $r \times s$-*Kontingenztafel* anzuordnen. Dabei notiert man an den
Rändern zusätzlich die Zeilensummen $N_{i+} := \sum_{j=1}^{s} N_{ij}$, $i \in \{1, \ldots, r\}$, und die Spalten-
summen $N_{+j} := \sum_{i=1}^{r} N_{ij}$, $j \in \{1, \ldots, s\}$ (Tab. 12.1).

Selbstfrage 4 Welche Verteilung besitzt N_{i+}?

Die Dichte $f(\cdot, \cdot, \vartheta)$ von (X, Y) bzgl. des Zählmaßes ν auf $\mathcal{X}_0 = \{x_1, \ldots, x_r\} \times \{y_1, \ldots, y_s\}$
ist $f(x, y, \vartheta) = p_{ij}$, falls $(x, y) = (x_i, y_j)$. Somit ergibt sich

$$\prod_{m=1}^{n} f(X_m, Y_m, \vartheta) = \prod_{i=1}^{r} \prod_{j=1}^{s} p_{ij}^{N_{ij}},$$

und der verallgemeinerte Likelihood-Quotient in (12.3) nimmt nach Definition von Θ_0 in
(12.11) sowie Aufgabe 12.1 die Gestalt

$$\Lambda_n = \frac{\sup_{p_i, q_j} \prod_i \prod_j (p_i q_j)^{N_{ij}}}{\prod_i \prod_j \left(\frac{N_{ij}}{n}\right)^{N_{ij}}}$$

an. Dabei laufen hier und im Folgenden bei allen nicht spezifizierten Produkten sowie
Summen i von 1 bis r und j von 1 bis s, und das Supremum im Zähler erstreckt sich über
alle positiven $p_1, \ldots, p_r$ und $q_1, \ldots, q_s$ mit $\sum_i p_i = 1$ sowie $\sum_j q_j = 1$.

Selbstfrage 5 In welcher Form geht hier Aufgabe 12.1 ein?

Wegen

$$\sup_{p_i, q_j} \prod_i \prod_j (p_i q_j)^{N_{ij}} = \sup_{p_i} \prod_i p_i^{N_{i+}} \sup_{q_j} \prod_j q_j^{N_{+j}}$$

und der Tatsache, dass die Zufallsvektoren $(N_{1+}, \ldots, N_{r+})$ und $(N_{+1}, \ldots, N_{+s})$ die Multi-
nomialverteilungen $\mathrm{Mult}(n, p_1, \ldots, p_r)$ bzw. $\mathrm{Mult}(n, q_1, \ldots, q_s)$ besitzen, ergibt sich wiederum mit Aufgabe 12.1 der verallgemeinerte Likelihood-Quotient zu

$$\Lambda_n = \frac{\prod_i \left(\frac{N_{i+}}{n}\right)^{N_{i+}} \prod_j \left(\frac{N_{+j}}{n}\right)^{N_{+j}}}{\prod_i \prod_j \left(\frac{N_{ij}}{n}\right)^{N_{ij}}}. \qquad (12.22)$$

Verwendet man die Beziehungen $n = \sum_j N_{+j}$ und $n = \sum_i N_{i+}$, so nimmt $M_n = -2 \log \Lambda_n$ die Gestalt

$$M_n = 2n \sum_{i,j} \left\{ \frac{N_{ij}}{n} \log \frac{N_{ij}}{n} - \frac{N_{i+}}{n} \frac{N_{+j}}{n} \log \left(\frac{N_{i+}}{n} \frac{N_{+j}}{n} \right) \right\} \qquad (12.23)$$

an (Aufgabe 12.5). Nach Satz 12.7 besitzt M_n beim Grenzübergang $n \to \infty$ unter H_0 (d. h. für jedes $\vartheta \in \Theta_0$) eine Chi-Quadrat-Verteilung mit $(r-1)(s-1)$ Freiheitsgraden.

Selbstfrage 6 Warum ist die Anzahl der Freiheitsgrade gleich $(r-1)(s-1)$?

Der LQ-*Test auf Unabhängigkeit in Kontingenztafeln* (d. h. der stochastischen Unabhängigkeit zweier diskreter Zufallsvariablen X und Y, die jeweils endlich viele Werte annehmen) lehnt die Hypothese H_0 genau dann ab, wenn die Ungleichung $M_n > \chi^2_{(r-1)(s-1);1-\alpha}$ erfüllt ist. Nach Konstruktion besitzt die durch

$$\varphi_n := \mathbf{1}\{M_n > \chi^2_{(r-1)(s-1)}; 1-\alpha\}$$

definierte Testfolge (φ_n) das asymptotische Niveau α.

Eine im Vergleich zu (12.23) intuitiv naheliegendere Testgröße zur Prüfung von H_0 ist

$$T_n := \sum_{i=1}^r \sum_{j=1}^s \frac{\left(N_{ij} - n \frac{N_{i+}}{n} \frac{N_{+j}}{n}\right)^2}{n \frac{N_{i+}}{n} \frac{N_{+j}}{n}}, \qquad (12.24)$$

denn $\frac{N_{i+}}{n}$ ist ein Schätzer für $\mathbb{P}(X = x_i)$, und in gleicher Weise ist $\frac{N_{+j}}{n}$ ein Schätzer für $\mathbb{P}(Y = y_j)$. Da $\frac{N_{ij}}{n}$ die Wahrscheinlichkeit $\mathbb{P}(X = x_i, Y = y_j)$ schätzt, sollte unter H_0 der Zähler in (12.24) vergleichsweise klein sein. Mithilfe der Taylorentwicklung

$$t \log t = g(t) = t - 1 + \frac{1}{2}(t-1)^2 - \frac{(t-1)^3}{6\rho^2}, \quad t > 0, \qquad (12.25)$$

wobei $|\rho - 1| \le |t - 1|$, folgt $M_n - T_n = o_{\mathbb{P}_\vartheta}(1)$ für jedes $\vartheta \in \Theta_0$ (Aufgabe 12.6), und somit gilt auch $T_n \xrightarrow{\mathcal{D}_\vartheta} \chi^2_{(r-1)(s-1)}$ für jedes $\vartheta \in \Theta_0$.

Im wichtigsten Spezialfall $r = s = 2$ der sogenannten *Vierfeldertafel* nimmt T_n in (12.24) die Gestalt

$$T_n = \frac{n\,(N_{11}N_{22} - N_{12}N_{21})^2}{N_{1+}N_{+1}N_{2+}N_{+2}}$$

an (Aufgabe 12.8).

Die Sätze 12.3 und 12.7 sind *mathematische Grenzwertsätze*. Im Hinblick auf Anwendungen machen sie unter anderem deutlich, wie die kritischen Werte im Zusammenhang mit LQ-Tests gewählt werden sollten, damit bei großen Stichprobenumfängen ein vorgegebenes Testniveau eingehalten wird. Im Folgenden zeigen wir, dass es über die Klasse der LQ-Tests hinaus eine Alternative zur Festlegung von kritischen Werten aufgrund von Limesverteilungen für Teststatistiken gibt.

12.9 Der parametrische Bootstrap

Es sei $X_1, X_2, \ldots$ eine u. i. v.-Folge von $\mathcal{X}_0$-wertigen Zufallsvariablen mit unbekannter Verteilung $\mathbb{P}^{X_1}$. Zu testen sei die Hypothese

$$H_0 : \mathbb{P}^{X_1} \in \{Q_\vartheta : \vartheta \in \Theta_0\},$$

wobei $\Theta_0 \subset \mathbb{R}^k$. Sei (T_n) mit $T_n = T_n(X_1, \ldots, X_n)$ *irgendeine* Folge von Teststatistiken für H_0 mit *oberem* Ablehnbereich, also Ablehnung von H_0, falls $T_n > c$. Dabei ist c ein geeigneter kritischer Wert, der vom gewählten Signifikanzniveau $\alpha \in (0, 1)$ und von n abhängt, was durch die Notation $c = c(n, \alpha)$ hervorgehoben sei. Der kritische Wert hängt aber im Allgemeinen auch von der unbekannten Verteilung von T_n unter H_0 ab, falls H_0 zusammengesetzt ist, falls also $|\Theta_0| \geq 2$ gilt. Der Wunsch, dass für jedes $\vartheta \in \Theta_0$ die Gleichung

$$\mathbb{P}_\vartheta (T_n > c) = \alpha$$

gelten sollte, ist also üblicherweise nicht erfüllbar.

An dieser Stelle betritt eine auf B. Efron[3] zurückgehende Idee die Bühne, die erst mit dem Aufkommen leistungsfähiger Computer Früchte tragen konnte. Diese Idee ist der sog. *Bootstrap,* im vorliegenden Fall genauer gesagt der *parametrische Bootstrap.* Das englische Wort *bootstrap* bedeutet *Stiefelschlaufe,* und die Redewendung *to pull oneself over a fence by one's bootstraps* besagt im übertragenen Sinn, dass man sich mithilfe seiner eigenen Stiefelschlaufe aus einer misslichen Lage befreit, und zwar ganz ähnlich, wie sich angeblich Baron von Münchhausen mithilfe seines eigenen Schopfes aus dem Sumpf zog. Die missliche Lage, in der man sich im Hinblick auf die Festlegung eines kritischen Werte beim Testen einer Hypothese befindet, ist oben beschrieben, und als Stiefelschlaufe wird sich der Computer erweisen.

---

[3] Bradley Efron (*1938), US-amerikanischer Statistiker, emeritierter Professor an der Stanford University. Hauptarbeitsgebiete: Bootstrap-Verfahren, empirische Bayes-Verfahren, multiples Testen, Variablenselektion, Modellwahl. Im Jahr 2007 erhielt er mit der *National Medal of Science* die höchste wissenschaftliche Auszeichnung in den USA.

Der Bootstrap benötigt irgendeine konsistente Schätzfolge $(\widehat{\vartheta}_n)$ für ϑ, die trotz der gewählten Notation nicht unbedingt aus ML-Schätzern bestehen muss. Die Idee des Bootstrap ist die Folgende: Ist (eine Realisierung von) $\widehat{\vartheta}_n$ „nahe bei ϑ", so sollte das Wahrscheinlichkeitsmaß $Q_{\widehat{\vartheta}_n}$ „nahe bei Q_ϑ liegen", was plakativ durch

$$\widehat{\vartheta}_n \approx \vartheta \implies Q_{\widehat{\vartheta}_n} \approx Q_\vartheta$$

notiert sei. Sind $X_1^*, \ldots, X_n^*$ unabhängige Zufallsvariablen, die jeweils die Verteilung $Q_{\widehat{\vartheta}_n}$ besitzen, so sollte – wiederum wohltuend vage ausgedrückt –

$$\mathbb{P}_\vartheta(T_n(X_1, \ldots, X_n) > c) \approx \mathbb{P}_{\widehat{\vartheta}_n}\left(T_n(X_1^*, \ldots, X_n^*) > c\right) \tag{12.26}$$

gelten (zur Erinnerung: $\mathbb{P}_\vartheta$ ist das unendliche Produkt-Wahrscheinlichkeitsmaß $Q_\vartheta \otimes Q_\vartheta \otimes \cdots$ auf der σ-Algebra $\mathcal{B}$ über $\mathcal{X} = \mathcal{X}_0^{\mathbb{N}}$). Die Wahrscheinlichkeit auf der rechten Seite von (12.26) kann mithilfe eines parametrischen *Bootstrap-Algorithmus* wie folgt geschätzt werden:

Bei gegebenem $\widehat{\vartheta}_n = \widehat{\vartheta}_n(X_1, \ldots, X_n)$ – also unter der Bedingung $X_1, \ldots, X_n$ – erzeugt man mithilfe von Pseudozufallszahlen Zufallsvariablen $X_1^*, \ldots, X_n^*$, die stochastisch unabhängig sind und jeweils die Verteilung $Q_{\widehat{\vartheta}_n}$ besitzen. Damit berechnet man $T_n(X_1^*, \ldots, X_n^*)$. Diese beiden Schritte werden insgesamt b-mal durchgeführt. Die Anzahl b ist die Zahl der sog. *Bootstrap-Wiederholungen*.

Der Computer generiert somit insgesamt nb Pseudozufallszahlen, die als Realisierungen von – bedingt nach $X_1, \ldots, X_n$ – stochastisch unabhängigen und je nach $Q_{\widehat{\vartheta}_n}$-verteilten Zufallsvariablen $X_{i,j}^*$ ($i \in \{1, \ldots, n\}$, $j \in \{1, \ldots, b\}$) angesehen werden. Damit erzeugt man dann b Realisierungen der Teststatistik unter $Q_{\widehat{\vartheta}_n}$, die als Realisierungen der – wieder bedingt nach $X_1, \ldots, X_n$ – stochastisch unabhängigen und identisch verteilten Zufallsvariablen

$$T_{n,1}^* := T_n(X_{1,1}^*, \ldots, X_{n,1}^*),$$
$$T_{n,2}^* := T_n(X_{1,2}^*, \ldots, X_{n,2}^*),$$
$$\vdots \quad \vdots \qquad \vdots$$
$$T_{n,b}^* := T_n(X_{1,b}^*, \ldots, X_{n,b}^*).$$

angesehen werden. Sei

$$\widehat{H}_{n,b}^*(t) := \frac{1}{b} \sum_{j=1}^b \mathbf{1}\{T_{n,j}^* \le t\}, \quad t \in \mathbb{R},$$

die empirische Verteilungsfunktion von $T_{n,1}^*, \ldots, T_{n,b}^*$, und sei $T_{(n:1)}^* \le \cdots \le T_{(n:b)}^*$ die geordnete Stichprobe von $T_{n,1}^*, \ldots, T_{n,b}^*$. Der Bootstrap-Test lehnt H_0 zu einem angestrebten Niveau α ab, falls die Ungleichung $T_n > c_{n,b}^*(\alpha)$ erfüllt ist. Dabei ist

$$c_{n,b}^*(\alpha) := \widehat{H}_{n,b}^{*-1}(1-\alpha) = \begin{cases} T_{(n:b(1-\alpha))}^*, & \text{falls } b(1-\alpha) \in \mathbb{N}, \\ T_{(n:\lfloor b(1-\alpha)+1\rfloor)}^*, & \text{sonst,} \end{cases}$$

das $(1-\alpha)$-Quantil der empirischen Verteilung von $T_{n,1}^*, \ldots, T_{n,b}^*$.

Im konkreten Fall $b = 10.000$ und $\alpha = 0.05$ lehnt man also H_0 genau dann ab, wenn der beobachtete Wert der Teststatistik T_n größer als $T_{(n:9.500)}^*$ ist. Das folgende Resultat zeigt, dass das obige Bootstrap-Verfahren unter gewissen Annahmen ein vorgegebenes Testniveau asymptotisch für $n \to \infty$ und $b \to \infty$ einhält. Dabei verwenden wir allgemein die Notation $\|G\|_\infty := \sup_{x\in\mathbb{R}} |G(x)|$, wobei $G : \mathbb{R} \to \mathbb{R}$.

12.10 Satz Es sei $H_{n,\vartheta}(t) := \mathbb{P}_\vartheta(T_n \leq t)$, $t \in \mathbb{R}$, die Verteilungsfunktion von T_n unter $\mathbb{P}_\vartheta$, $\vartheta \in \Theta$. Zu jedem $\vartheta \in \Theta$ gebe es eine stetige Verteilungsfunktion H_ϑ, die auf der Menge $\{t \in \mathbb{R} : 0 < H_\vartheta(t) < 1\}$ streng monoton wächst. Für jede Folge (ϑ_n) in Θ mit $\lim_{n\to\infty} \vartheta_n = \vartheta \in \Theta$ gelte

$$\lim_{n\to\infty} \|H_{n,\vartheta_n} - H_\vartheta\|_\infty = 0. \tag{12.27}$$

Unter der weiteren Annahme

$$\widehat{\vartheta}_n \xrightarrow{\mathbb{P}_\vartheta} \vartheta, \qquad \vartheta \in \Theta, \tag{12.28}$$

sowie der Messbarkeit der Abbildung $\Omega \ni \omega \mapsto H_{n,\widehat{\vartheta}_n(\omega)}(t)$ für jedes $t \in \mathbb{R}$ gelten dann für jedes $\vartheta \in \Theta$ und jedes $\alpha \in (0, 1)$:

a) $\|\widehat{H}_{n,b}^* - H_\vartheta\|_\infty \xrightarrow{\mathbb{P}_\vartheta} 0$ bei $n, b \to \infty$,

b) $c_{n,b}^*(\alpha) \xrightarrow{\mathbb{P}_\vartheta} H_\vartheta^{-1}(1-\alpha)$ bei $n, b \to \infty$,

c) $\lim_{n,b\to\infty} \mathbb{P}_\vartheta(T_n > c_{n,b}^*(\alpha)) = \alpha$.

Beweis a) Die Voraussetzungen (12.27) und (12.28) sowie das Teilfolgenkriterium 1.1 für stochastische Konvergenz liefern

$$\|H_{n,\widehat{\vartheta}_n} - H_\vartheta\|_\infty \xrightarrow{\mathbb{P}_\vartheta} 0 \text{ bei } n \to \infty. \tag{12.29}$$

Der zugrundeliegende Wahrscheinlichkeitsraum sei ohne Beschränkung der Allgemeinheit so reichhaltig, dass es auf diesem Raum eine von $(X_n)_{n\geq1}$ stochastisch unabhängige Folge $(U_n)_{n\geq1}$ von untereinander unabhängigen und je im Intervall $(0, 1)$ gleichverteilten Zufallsvariablen $U_1, U_2, \ldots$ gebe.

Selbstfrage 7 Warum können wir diese Annahme o.B.d.A. treffen?

Die entscheidende Idee besteht darin, dass wir (elementweise auf diesem Wahrscheinlichkeitsraum)

$$T^*_{n,j} := H^{-1}_{n,\widehat{\vartheta}_n}(U_j) := \inf\{t : H_{n,\widehat{\vartheta}_n}(t) \geq U_j\}, \quad j \geq 1,$$

setzen können. Als Quantiltransformation von U_j besitzt $T^*_{n,j}$ die Verteilungsfunktion $H_{n,\widehat{\vartheta}_n}$, und *unter der Bedingung* $\widehat{\vartheta}_n$ sind $T^*_{n,1}, T^*_{n,2}, \ldots$ stochastisch unabhängig und identisch verteilt mit Verteilungsfunktion $H_{n,\widehat{\vartheta}_n}$. Aufgrund der Äquivalenz

$$T^*_{n,j} \leq t \iff U_j \leq H_{n,\widehat{\vartheta}_n}(t)$$

folgt

$$\|\widehat{H}^*_{n,b} - H_{n,\widehat{\vartheta}_n}\|_\infty = \sup_{t \in \mathbb{R}} \left| \frac{1}{b} \sum_{j=1}^{b} \mathbf{1}\{U_j \leq H_{n,\widehat{\vartheta}_n}(t)\} - H_{n,\widehat{\vartheta}_n}(t) \right| \qquad (12.30)$$

$$\leq \sup_{0 \leq u \leq 1} \left| \frac{1}{b} \sum_{j=1}^{b} \mathbf{1}\{U_j \leq u\} - u \right|.$$

Selbstfrage 7 Warum gilt die Ungleichung (12.30)?

Da die obere Schranke nach dem Satz von Gliwenko–Cantelli beim Grenzübergang $b \to \infty$ fast sicher gegen null konvergiert, ergibt sich die Behauptung zusammen mit (12.29) aus der Dreiecksungleichung

$$\|\widehat{H}^*_{n,b} - H_\vartheta\|_\infty \leq \|H_{n,\widehat{\vartheta}_n} - H_\vartheta\|_\infty + \|\widehat{H}^*_{n,b} - H_{n,\widehat{\vartheta}_n}\|_\infty.$$

Behauptung b) folgt aus a) und der Stetigkeit sowie der strengen Monotonie von H_ϑ.

c) ist eine unmittelbare Folgerung aus b). $\blacksquare$

Auf S. 340 wird die Thematik des parametrischen Bootstrap im Zusammenhang mit gewichteten L^2-Statistiken wieder aufgegriffen.

Die in diesem Kapitel vorgestellten Testverfahren fußen auf einem intuitiv naheliegenden Prinzip, nämlich der Bildung des verallgemeinerten Likelihood-Quotienten. Wir haben uns darauf beschränkt, Limesverteilungen der in (12.5) definierten Prüfgröße bei Gültigkeit der Hypothese herzuleiten, Fragen der Konsistenz des verallgemeinerten Likelihood-Quotienten-Tests zu beleuchten sowie Verbindungen zu Chi-Quadrat-Tests aufzuzeigen. Wer mehr über die asymptotische Behandlung von Testproblemen innerhalb parametrischer Modelle erfahren möchte, wird insbesondere in Abschn. 6.2 von [WIM] fündig.

Antworten zu den Selbstfragen

Antwort 1 Nach Definition von c gelten $\mathbb{P}_{\vartheta_0}(L_n > c) \leq \alpha$ und $\mathbb{P}_{\vartheta_0}(L_n \geq c) > \alpha$, da das Wahrscheinlichkeitsmaß $\mathbb{P}_{\vartheta_0}$ stetig von oben ist. Hieraus folgt die Behauptung nach Definition von γ.

Antwort 2 Mit (12.6) und $W_n := \frac{1}{n}(c - Y_n)$ gilt $\mathbb{P}_{\vartheta_1}(M_n > c) = \mathbb{P}_{\vartheta_1}(V_n > W_n)$. Wegen $V_n \overset{\mathbb{P}_{\vartheta_1}}{\longrightarrow} I_{KL}(\vartheta_1 : \vartheta_0) > 0$ und $W_n \overset{\mathbb{P}_{\vartheta_1}}{\longrightarrow} 0$ folgt die Behauptung.

Antwort 3 Wegen $\sum_{j=1}^{s} p_{ij} = p_i$ und $\sum_{i=1}^{r} p_{ij} = q_j$ gelten $\mathbb{P}(X = x_i) = p_i$ und $q_j = \mathbb{P}(Y = y_j)$.

Antwort 4 Es gilt $N_{i+} = \sum_{m=1}^{n} \mathbf{1}\{X_m = x_i\}$, und wegen $\mathbb{P}(X = x_i) = p_{i1} + \ldots + p_{is} =: p_i$ hat N_{i+} als Indikatorsumme von n stochastisch unabhängigen Ereignissen $\{X_1 = x_i\}, \ldots, \{X_n = x_i\}$ die Binomialverteilung $\text{Bin}(n, p_i)$.

Antwort 5 Ist ganz allgemein $(M_1, \ldots, M_s)$ ein Zufallsvektor mit der Multinomialverteilung $\text{Mult}(n, \rho_1, \ldots, \rho_s)$, so wird nach Aufgabe 12.1 die Wahrscheinlichkeit

$$\mathbb{P}(M_1 = k_1, \ldots, M_s = k_s) = \frac{n!}{k_1! \cdot \ldots \cdot k_s!} \rho_1^{k_1} \cdot \ldots \cdot \rho_s^{k_s} \qquad (k_j \in \mathbb{N}_0, \ k_1 + \ldots + k_s = n)$$

als Funktion von $(\rho_1, \ldots, \rho_s) \in [0, 1]^s$ unter der Nebenbedingung $\rho_1 + \ldots + \rho_s = 1$ für $\rho_j = \frac{1}{n}k_j$, $j = 1, \ldots, s$, maximal.

Antwort 6 Es gelten $k = rs - 1$ sowie $\ell = r - 1 + s - 1$, und hieraus folgt $k - \ell = (r-1)(s-1)$.

Antwort 7 Unter Umständen muss man das Produkt des zugrundeliegenden Wahrscheinlichkeitsraums mit einem Wahrscheinlichkeitsraum bilden, auf dem $U_1, U_2, \ldots$ definiert sind. Eine kanonische Wahl für letzteren Raum ist das abzählbar-unendlichfache Produkt des Wahrscheinlichkeitsraums $\big((0,1), \mathcal{B}^1_{|(0,1)}, \lambda^1_{|(0,1)}\big)$ mit sich selbst. Dabei bezeichnen $\mathcal{B}^1_{|(0,1)}$ und $\lambda^1_{|(0,1)}$ die Einschränkung der Borelschen σ-Algebra bzw. des Borel–Lebesgue-Maßes auf $(0,1)$.

Antwort 8 Weil $\{H_{n,\widehat{\vartheta}_n}(t) : t \in \mathbb{R}\} \subset [0, 1]$ gilt.

Übungsaufgaben

Aufgabe 12.1 Zeigen Sie, dass die Likelihoodfunktion in (12.7) als Funktion von $\vartheta = (p_1, \ldots, p_{s-1})$ (zur Erinnerung: $p_s = 1 - p_1 - \ldots - p_{s-1}$) für den in (12.8) angegebenen Vektor $\widehat{\vartheta}_n$ maximal wird.

    Hinweis: Nach Logarithmieren müssen nur die Summanden mit $N_{n,j} > 0$ betrachtet werden. Verwenden Sie die Ungleichung $\log t \leq t - 1, t > 0$.

Aufgabe 12.2 Es seien M_n und T_n wie in (12.9) bzw. in (12.10). Zeigen Sie, dass die Differenz $T_n - M_n$ unter H_0 stochastisch gegen null konvergiert.

Hinweis: Taylor-Entwicklung der Funktion $t \mapsto t \log t$ an der Stelle $t = 1$!

Aufgabe 12.3 Es sei X ein k-dimensionaler Zufallsvektor mit $X \sim N_k(0_k, \Sigma)$, wobei die Kovarianzmatrix Σ positiv definit sei. Weiter sei A eine symmetrische $(k \times k)$-Matrix mit der Eigenschaft, dass die Matrix $A\Sigma$ idempotent ist und den Rang $r \geq 1$ besitzt. Zeigen Sie:

$$X^\top A X \sim \chi_r^2.$$

Hinweis: Betrachten Sie zunächst den Fall $\Sigma = I_k$.

Aufgabe 12.4 Es seien $A := I_1(\vartheta)\big(I_k - h'(u)\widetilde{I}_1(u)^{-1}h'(u)^\top I_1(\vartheta)\big)$ die in (12.21) definierte Matrix sowie $\Sigma := I_1(\vartheta)^{-1}$. Zeigen Sie:

a) A ist symmetrisch.
b) Es gilt $(A\Sigma)^2 = A\Sigma$.
c) $A\Sigma$ besitzt den Rang $k - \ell$.

Aufgabe 12.5 Weisen Sie die Darstellung (12.23) nach.

Aufgabe 12.6 Zeigen Sie, dass für die in (12.23) und (12.24) definierten Prüfgrößen M_n bzw. T_n für jedes $\vartheta \in \Theta_0$ die Beziehung $M_n - T_n = o_{\mathbb{P}_\vartheta}(1)$ erfüllt ist.
  Hinweis: Wenden Sie die Gleichung

$$a \log a - b \log b = b \cdot \frac{a}{b} \log \frac{a}{b} + (a - b) \log b \qquad (a, b > 0)$$

auf $a = \frac{1}{n}N_{i,j}$ und $b = n^{-2}N_{i+}N_{+j}$ an und beachten Sie (12.25).

Aufgabe 12.7
a) Zeigen Sie, dass für die LQ-Testgröße M_n aus (12.23) gilt:

$$\frac{M_n}{n} \xrightarrow{\mathbb{P}} 2 \sum_{i=1}^{r} \sum_{j=1}^{s} \mathbb{P}(X = x_i, Y = y_j) \log \frac{\mathbb{P}(X = x_i, Y = y_j)}{\mathbb{P}(X = x_i)\mathbb{P}(Y = y_j)}.$$

b) Was hat obiger stochastische Grenzwert mit einer Kullback-Leibler-Information zu tun?
  c) Zeigen Sie, dass der LQ-Test auf Unabhängigkeit in Kontingenztafeln konsistent gegen jede bivariate Verteilung ist, bei der die Komponenten nicht stochastisch unabhängig sind.

Aufgabe 12.8 Zeigen Sie, dass T_n in (12.24) im Fall $r = s = 2$ die spezielle Gestalt

$$T_n = \frac{n\,(N_{11}N_{22} - N_{12}N_{21})^2}{N_{1+}N_{+1}N_{2+}N_{+2}}$$

annimmt.

Aufgabe 12.9 Es seien $\Theta := \{\vartheta := (\vartheta_1, \vartheta_2) \in \mathbb{R}^2 : \vartheta_1 \geq 0, \vartheta_2 \in \mathbb{R}\}$ und $(X_1, Y_1), (X_2, Y_2), \ldots$ eine u. i. v.-Folge bivariater Zufallsvektoren mit zweidimensionaler Normalverteilung $N_2(\vartheta, I_2)$. Zu testen sei die Hypothese $H_0 : \vartheta_1 = \vartheta_2 = 0$, also $\vartheta \in \Theta_0 := \{(0, 0)\}$, gegen die allgemeine

Alternative $H_1 : \vartheta \in \Theta \setminus \Theta_0$. Zeigen Sie, dass für $M_n = -2\log \Lambda_n$ mit Λ_n wie in (12.4) unter H_0 gilt:

$$M_n \xrightarrow{\mathcal{D}} \frac{1}{2}\chi_1^2 + \frac{1}{2}\chi_2^2.$$

Die Limesverteilung ist also eine Mischung aus zwei Chi-Quadrat-Verteilungen.

Wahrscheinlichkeitsmaße auf metrischen Räumen

13

Bislang lag der Fokus auf reellen Zufallsvariablen oder d-dimensionalen Zufallsvektoren. In diesem Kapitel verlassen wir diesen durch eine *endliche Dimension* charakterisierten Rahmen. Als Motivation hierfür diene eine Folge $X_1, X_2, \ldots$ stochastisch unabhängiger und je im Intervall $[0, 1]$ gleichverteilter Zufallsvariablen. In Kap. 7 hatten wir die empirische Verteilungsfunktion

$$\widehat{F}_n(t) = \frac{1}{n} \sum_{j=1}^{n} \mathbf{1}\{X_j \leq t\}, \quad 0 \leq t \leq 1,$$

von $X_1, \ldots, X_n$ eingeführt. Nach dem Satz von Gliwenko–Cantelli (Satz 7.2) gilt

$$\lim_{n \to \infty} \sup_{t \in [0,1]} \left| \widehat{F}_n(t) - t \right| = 0 \quad \mathbb{P}\text{-fast sicher.}$$

Versieht man die Differenzen $\widehat{F}_n(t) - t, 0 \leq t \leq 1$, jeweils mit einer „$\sqrt{n}$-Lupe", so entsteht mit

$$B_n(t) := \sqrt{n}\big(\widehat{F}_n(t) - t\big), \quad 0 \leq t \leq 1, \tag{13.1}$$

eine Familie $(B_n(t))_{0 \leq t \leq 1}$ von Zufallsvariablen, die als *uniformer empirischer Prozess* bezeichnet wird. Abb. 13.1 zeigt eine Realisierung eines uniformen empirischen Prozesses für den Fall $n = 25$.

Die Ticks auf der t-Achse (mit Ausnahme desjenigen bei $t = 1$) kennzeichnen dabei die Realisierungen von $X_1, \ldots, X_n$. Infolge des Terms $-t$ in (13.1) nehmen die Werte $B_n(t)$ zwischen je zwei der Größe nach direkt aufeinanderfolgender X_j linear ab, und an jeder der Stellen $t = X_j$ springt $B_n(t)$ um den Wert $1/\sqrt{n}$. Außerdem ist mit $\widehat{F}_n$ auch B_n rechtsseitig stetig, was durch die ausgefüllten Kreise hervorgehoben ist, und es gelten $\mathbb{P}(B_n(0) = 0) = 1 = \mathbb{P}(B_n(1) = 0)$.

© Der/die Autor(en), exklusiv lizenziert an Springer-Verlag GmbH, DE, ein Teil von Springer Nature 2022
N. Henze, *Asymptotische Stochastik: Eine Einführung mit Blick auf die Statistik*, https://doi.org/10.1007/978-3-662-65611-2_13

522434_1_De_13_Chapter-print ☑TYPESET ☐DISK ☐LE ☑CP Disp.:15/9/2022 Pages: 349 Layout: German_T5

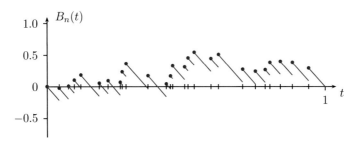

Abb. 13.1 Realisierung eines uniformen empirischen Prozesses ($n = 25$)

Selbstfrage 1 Warum gelten $\mathbb{P}(B_n(0) = 0) = 1 = \mathbb{P}(B_n(1) = 0)$?

Aufgrund des multivariaten zentralen Grenzwertsatzes (vgl. Aufgabe 7.4) besteht für jedes $k \geq 1$ und für jede Wahl von $t_1, \ldots, t_k$ mit $0 \leq t_1 < t_2 < \ldots < t_k \leq 1$ die Verteilungskonvergenz

$$\big(B_n(t_1), \ldots, B_n(t_k)\big) \overset{\mathcal{D}}{\longrightarrow} \mathrm{N}_k\big(0_k, \big(t_i \wedge t_j - t_i t_j\big)_{1 \leq i, j \leq k}\big).$$

Dieser Sachverhalt macht neugierig, ob vielleicht sogar die Folge (B_n) als *Folge zufälliger Funktionen* $B_n(\cdot)$ mit Werten in einem zu präzisierenden, mit D bezeichneten Funktionenraum in einem ebenfalls zu konkretisierenden Sinn in Verteilung gegen eine mit B bezeichnete *zufällige Funktion* konvergiert. Wie in Kap. 16 gezeigt wird, ist das in der Tat der Fall, und das „Limes-Objekt" B heißt *Brown'sche Brücke*.

Wie wir schon in Kap. 15 sehen werden, entsteht eine solche Brown'sche Brücke auch als Limesobjekt für $n \to \infty$, wenn man mit einer u. i. v.-Folge $(Z_n)_{n \geq 1}$ mit $\mathbb{P}(Z_j = \pm 1) = \frac{1}{2}$ startet und die Partialsummen $S_{\lfloor nt \rfloor} := \sum_{j=1}^{\lfloor nt \rfloor} Z_j$, $0 \leq t \leq 1$, bildet. Interpoliert man für jedes $j \in \{0, \ldots, n-1\}$ linear zwischen S_j und S_{j+1}, skaliert mit $n^{-1/2}$ und subtrahiert $S_n/\sqrt{n}$, so entsteht eine zufällige stetige Funktion auf $[0, 1]$. Abb. 13.2 zeigt eine Realisierung dieser zufälligen Funktion für den Fall $n = 1000$. Wir werden sehen, dass Realisierungen der Brown'schen Brücke mit Wahrscheinlichkeit eins stetige und nirgends differenzierbare Funktionen sind. Insofern vermittelt der Graph in Abb. 13.2 einen groben Eindruck einer Realisierung der Brown'schen Brücke.

Gilt aber – wohltuend vage ausgedrückt – $B_n \overset{\mathcal{D}}{\longrightarrow} B$ in einem Funktionenraum D, so kann man sich fragen, ob dann auch $T(B_n) \overset{\mathcal{D}}{\longrightarrow} T(B)$ gilt. Dabei ist $T : \mathrm{D} \to \mathbb{R}$ ein geeignetes reellwertiges Funktional. Es wird sich zeigen, dass der zu präzisierende Funktionenraum D sämtlich aus beschränkten und messbaren Funktionen besteht. Interessante Funktionale sind dann etwa

$$T_1(x) := \|x\|_\infty := \sup_{0 \leq t \leq 1} |x(t)|, \qquad T_2(x) := \int_0^1 x^2(t)\, \mathrm{d}t, \quad x \in \mathrm{D},$$

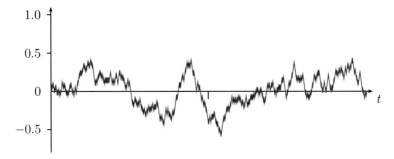

Abb. 13.2 Grober Eindruck einer Realisierung der Brown'schen Brücke

denn

$$T_1(B_n) = \|B_n\|_\infty = \sqrt{n} \sup_{0 \le t \le 1} \left| \widehat{F}_n(t) - t \right|$$

ist die sogenannte *Kolmogorow-Smirnow-Statistik,* und

$$T_2(B_n) := \int_0^1 B_n^2(t)\,\mathrm{d}t = n \int_0^1 \left(\widehat{F}_n(t) - t \right)^2 \mathrm{d}t$$

ist die in Beispiel 8.17 untersuchte und dort mit ω_n^2 bezeichnete *Cramér–von Mises Statistik* (siehe (8.34)). Sowohl $T_1(B_n)$ als auch $T_2(B_n)$ sind klassische Prüfgrößen, um die Hypothese H_0 zu testen, dass die einer u. i. v.-Folge $X_1, X_2, \ldots$ zugrundeliegende Verteilung die Gleichverteilung auf $[0, 1]$ ist.

Die obigen Überlegungen zeigen, dass es sinnvoll ist, von einem Wahrscheinlichkeitsraum $(\Omega, \mathcal{A}, \mathbb{P})$ ausgehend Zufallsvariablen mit Wertebereichen zu studieren, die im Vergleich zum $\mathbb{R}^d$ wesentlich allgemeiner sind. Als solchen Wertebereich legen wir von jetzt an einen *metrischen Raum* zugrunde. Ein „Klassiker" zum Thema Wahrscheinlichkeitsmaße auf metrischen Räumen ist das Buch [PAR].

13.1 Definition (metrischer Raum)
Es seien S eine beliebige nichtleere Menge und $\rho : S \times S \to \mathbb{R}$ eine *nichtnegative* Funktion mit folgenden, für beliebige $x, y, z \in S$ geltenden Eigenschaften:

a) $\rho(x, y) = 0 \Longleftrightarrow x = y$,   *(Definitheit)*

b) $\rho(x, y) = \rho(y, x)$,   *(Symmetrie)*

c) $\rho(x, z) \le \rho(x, y) + \rho(y, z)$.   *(Dreiecksungleichung)*

Die Funktion ρ heißt *Metrik* auf S. Das Paar (S, ρ) heißt *metrischer Raum.*

522434_1_De_13_Chapter-print ☑ TYPESET ☐ DISK ☐ LE ☑ CP Disp.:15/9/2022 Pages: 349 Layout: German_T5

13.2 Beispiele

a) Setzen wir $\rho(x, y) := 1$, falls $x \neq y$, und $\rho(x, y) := 0$, falls $x = y$, so ist ρ eine Metrik auf jeder beliebigen Menge S. Man nennt ρ die *diskrete Metrik* und das Paar (S, ρ) *diskreten metrischen Raum*.

b) Für $x = (x_1, \ldots, x_d) \in \mathbb{R}^d$ und $y = (y_1, \ldots, y_d) \in \mathbb{R}^d$ ist die von der euklidischen Norm $\| \cdot \|$ induzierte *euklidische Metrik* definiert durch

$$\rho(x, y) := \|x - y\| = \left((x_1 - y_1)^2 + \ldots + (x_d - y_d)^2\right)^{1/2}.$$

Das Paar $(\mathbb{R}^d, \rho)$ heißt *d-dimensionaler euklidischer Raum*.

c) Es sei $S \subset \{0, 1\}^n$ eine Menge von binären Codewörtern der Länge n. Für $x = (x_1, \ldots, x_n)$ und $y = (y_1, \ldots, y_n) \in S$ sei $\rho(x, y) := \mathbf{1}\{x_1 \neq y_1\} + \ldots + \mathbf{1}\{x_n \neq y_n\}$ die Anzahl der Stellen, in denen die Codewörter x und y nicht übereinstimmen. Dann ist (S, ρ) ein metrischer Raum. Man nennt $\rho(x, y)$ die *Hamming-Distanz* zwischen x und y.

Metrische Räume: Grundbegriffe und Notationen

Bevor wir weitere Beispiele für metrische Räume betrachten, seien einige allgemeine Notationen eingeführt. Ist (S, ρ) ein metrischer Raum, so bezeichne für $x \in S$ und $\varepsilon > 0$

$$B(x, \varepsilon) := B_\rho(x, \varepsilon) := \{y \in S : \rho(x, y) < \varepsilon\}$$

die *offene Kugel um x mit Radius* ε. Das Wort *Kugel* trifft hier natürlich streng genommen nur für den Fall der euklidischen Metrik im $\mathbb{R}^3$ zu.

Selbstfrage 2 Welche Gestalt hat $B(x, \varepsilon)$ in Beispiel 13.2 a) für $\varepsilon \in \{1, 1.001\}$?

Eine Menge $O \subset S$ heißt *offen*, wenn es zu jedem $x \in O$ ein $\varepsilon > 0$ mit $B(x, \varepsilon) \subset O$ gibt. Hier ist der Fall $O = \emptyset$ eingeschlossen. Das System aller offenen Mengen wird mit $\mathcal{O}$ bezeichnet. Eine Menge $A \subset S$ heißt *abgeschlossen*, falls ihr Komplement $A^c := S \setminus A$ offen ist. Die Notation $\mathfrak{A}$ steht für das System aller abgeschlossenen Mengen. Für eine Teilmenge M von S seien

$$\overset{\circ}{M} := \bigcup \{O \in \mathcal{O} : O \subset M\}$$

der *innere Kern von M* bzw. *das Innere* von M und

$$\overline{M} := \bigcap \{A \in \mathfrak{A} : A \supset M\}$$

die *abgeschlossene Hülle von M* bzw. der *Abschluss* von M. Die mengentheoretische Differenz $\partial M := \overline{M} \setminus \overset{\circ}{M}$ zwischen Abschluss und Innerem von M heißt *Rand* von M. Für $x \in S$

und eine nichtleere Teilmenge M von S bezeichnet

$$\rho(x, M) := \inf\{\rho(x, y) : y \in M\}$$

den Abstand von x zur Menge M, und die Notation

$$M^\varepsilon := \{x \in S : \rho(x, M) < \varepsilon\}, \quad \varepsilon > 0,$$

steht für die sogenannte *Parallelmenge* von M zum Abstand ε. Für die Abstandsfunktion $S \ni x \mapsto \rho(x, M)$ gilt in Verallgemeinerung zu (6.3)

$$|\rho(x, M) - \rho(z, M)| \le \rho(x, z), \quad x, z \in S. \tag{13.2}$$

Selbstfrage 3 Können Sie Ungleichung (13.2) beweisen?

Eine Folge (x_n) aus S heißt *konvergent* gegen $x \in S$, falls $\lim_{n \to \infty} \rho(x_n, x) = 0$ gilt. In diesem Fall nennt man x *Grenzwert* von (x_n). Eine Folge (x_n) heißt *Cauchy-Folge*, falls $\lim_{m,n \to \infty} \rho(x_n, x_m) = 0$ gilt. Der metrische Raum (S, ρ) heißt *vollständig*, falls jede Cauchy-Folge einen Grenzwert besitzt. Eine nichtleere Menge $M \subset S$ heißt *vollständig*, wenn der metrische Raum $(M, \rho_{|M})$ vollständig ist. Dabei bezeichne $\rho_{|M}$ die Einschränkung von ρ auf M.

Eine Menge $M \subset S$ heißt *dicht* (in S), falls ihr Abschluss gleich S ist, falls also $\overline{M} = S$ gilt. Ein metrischer Raum (S, ρ) heißt *separabel*, falls S eine abzählbare und dichte Teilmenge besitzt.

Ein System $\mathcal{O}_0 \subset \mathcal{O}$ offener Mengen heißt *Basis* von $\mathcal{O}$, falls jede Menge $O \in \mathcal{O}$ Vereinigung von Mengen aus $\mathcal{O}_0$ ist. Sind $M \subset S$ und $\widetilde{\mathcal{O}} \subset \mathcal{O}$ ein System offener Mengen, so nennt man $\widetilde{\mathcal{O}}$ *offene Überdeckung von M*, falls $M \subset \bigcup\{O : O \in \widetilde{\mathcal{O}}\}$ gilt. Für separable metrische Räume gilt der folgende Sachverhalt (siehe z. B. [BI2, S. 237]).

13.4 Satz (Charakterisierung separabler metrischer Räume)
Für einen metrischen Raum (S, ρ) sind folgende Aussagen äquivalent:

a) (S, ρ) ist separabel.
b) (S, ρ) besitzt eine abzählbare Basis.
c) Jede offene Überdeckung jeder Teilmenge von S besitzt eine abzählbare Teilüberdeckung.

Eine Menge $M \subset S$ heißt *nirgends dicht*, falls ihr Abschluss keine inneren Punkte enthält, falls also $(\overline{M})^\circ = \emptyset$ gilt. So bilden etwa die ganzen Zahlen als Teilmenge von $\mathbb{R}$ eine

522434_1_De_13_Chapter-print ☑TYPESET ☐DISK ☐LE ☑CP Disp.:15/9/2022 Pages: 349 Layout: German_T5

nirgends dichte Menge. Das nachfolgende, nach R. Baire[1] benannte Resultat ist einer der fundamentalen Sätze der Funktionalanalysis (siehe z. B. [KAB, S. 166]).

13.5 Satz (Baire'scher Kategoriesatz)

Es sei (S, ρ) ein vollständiger metrischer Raum. Gilt $S = \bigcup_{n=1}^{\infty} A_n$ mit abgeschlossenen Mengen $A_1, A_2, \ldots$, so enthält mindestens ein A_n eine offene Kugel.

Ein vollständiger metrischer Raum lässt sich also *nicht* als abzählbare Vereinigung nirgends dichter Mengen darstellen.

Eine besondere Rolle wird kompakten Teilmengen eines metrischen Raumes zukommen. Eine Menge $M \subset S$ heißt *kompakt*, falls jede offene Überdeckung von M eine *endliche Teilüberdeckung* besitzt. Jede kompakte Menge ist abgeschlossen und in dem Sinne beschränkt, dass sie in einer geeigneten Kugel $B(x, r)$ mit $x \in S$ und $r > 0$ enthalten ist (Aufgabe 13.2). Nach dem Satz von Heine[2]–Borel gilt im Spezialfall $S = \mathbb{R}^n$ mit der euklidischen Metrik auch die Umkehrung dieses Sachverhalts, d. h., jede beschränkte abgeschlossene Menge ist kompakt (siehe z. B. [ABH, S. 794]).

> **Selbstfrage 4** Welche Mengen sind in einem diskreten metrischen Raum kompakt?

Sind M und N Teilmengen von S, so heißt N ein *ε-Netz für M*, falls zu jedem $x \in M$ ein $y \in N$ mit $\rho(x, y) < \varepsilon$ existiert. Eine Menge $M \subset S$ heißt *totalbeschränkt* oder *präkompakt*, falls es zu jedem $\varepsilon > 0$ ein *endliches ε-Netz* $N \subset S$ für M gibt. In diesem Fall existieren also zu jedem $\varepsilon > 0$ endlich viele Punkte $x_1, \ldots, x_n \in S$ mit der Eigenschaft, dass jedes $x \in M$ von einem geeigneten x_j einen Abstand besitzt, der kleiner als ε ist.

Man nennt eine Teilmenge M von S *relativ kompakt*, falls ihr Abschluss $\overline{M}$ kompakt ist. M heißt *folgenkompakt*, falls jede Folge aus M eine konvergente Teilfolge besitzt (deren Grenzwert nicht notwendigerweise zu M gehören muss).

Eine Teilmenge M des (mit der euklidischen Metrik versehenen) $\mathbb{R}^d$ ist nach dem Satz von Heine–Borel genau dann relativ kompakt, wenn sie beschränkt ist. Das folgende Resultat ist eine Verallgemeinerung dieses Sachverhalts auf allgemeine metrische Räume (siehe z. B. [BI2, S. 239]). Der Beweisteil „b) $\Rightarrow$ c)" ist Gegenstand von Aufgabe 13.4.

---

[1] René Louis Baire (1874–1932), französischer Mathematiker. Baire gilt als Begründer der modernen Theorie reeller Funktionen.

[2] Eduard Heine (1821–1881), Professor in Bonn (ab 1848) und in Halle (ab 1856). Hauptarbeitsgebiete: Reelle Analysis, trigonometrische Reihen.

13.6 Satz (Charakterisierung der relativen Kompaktheit)

Für eine Menge $M \subset S$ sind die folgenden Aussagen äquivalent:

a) M ist relativ kompakt,
b) M ist folgenkompakt,
c) M ist totalbeschränkt, und $\overline{M}$ ist vollständig.

Ist (S, ρ) ein metrischer Raum, so bietet sich als Definitionsbereich für Wahrscheinlichkeitsmaße die vom System $\mathcal{O}$ erzeugte und mit $\mathcal{B}(S)$ bezeichnete *σ-Algebra der Borelmengen* über S an. Ist (S, ρ) separabel, so wird diese σ-Algebra schon vom System $\{B(x, \varepsilon) : x \in S,\ \varepsilon > 0\}$ aller offenen Kugeln erzeugt (Übungsaufgabe 13.3), andernfalls ist letztere σ-Algebra im Allgemeinen ein echtes Teilsystem der Borelmengen (siehe Übungsaufgabe 13.8).

Für einen metrischen Raum (S, ρ) bezeichne

$$\mathcal{P} := \{P : \mathcal{B}(S) \to [0, 1] \big| P \text{ Wahrscheinlichkeitsmaß}\}$$

die Menge aller Wahrscheinlichkeitsmaße auf S (genauer: auf $\mathcal{B}(S)$).

Im Spezialfall $S = \mathbb{R}$ gibt es ein großes Arsenal an Wahrscheinlichkeitsmaßen, wie etwa die Normalverteilungen, die Exponentialverteilungen oder die Poisson-Verteilungen. In Kap. 5 haben wir im $\mathbb{R}^d$ die Klasse der d-dimensionalen Normalverteilungen kennengelernt. Der Wortteil „verteilung" rührt daher, dass von einem Wahrscheinlichkeitsraum $(\Omega, \mathcal{A}, \mathbb{P})$ und einer Zufallsvariablen $X : \Omega \to \mathbb{R}$ ausgehend das durch $\mathbb{P}^X(B) := \mathbb{P}\big(X^{-1}(B)\big)$, $B \in \mathcal{B}$, definierte Bild-(Wahrscheinlichkeits-)Maß von $\mathbb{P}$ unter X gemeinhin als *Verteilung* bezeichnet wird.

Ist (S, ρ) ein metrischer Raum, wobei S eine unendliche Menge ist, so lassen sich unmittelbar beliebige *diskrete* Wahrscheinlichkeitsmaße auf $\mathcal{B}(S)$ konstruieren. Hierzu wählt man eine abzählbare Teilmenge $T =: \{x_1, x_2, \ldots\} \subset S$ sowie nichtnegative reelle Zahlen $p_1, p_2, \ldots$ mit $\sum_{j \geq 1} p_j = 1$ und definiert $P := \sum_{j \geq 1} p_j \delta_{x_j}$. Dabei bezeichnet allgemein δ_x das Dirac-Maß im Punkt x. Damit gilt also insbesondere $P(\{x_j\}) = p_j,\ j \geq 1$.

Selbstfrage 5 Warum sind die einelementigen Teilmengen von S Borelmengen?

Eine interessante Frage ist, ob sich im Fall einer überabzählbaren Menge S Wahrscheinlichkeitsmaße P auf $\mathcal{B}(S)$ konstruieren lassen, die in dem Sinne *atomlos* sind, dass $P(\{x\}) = 0$ für jedes $x \in S$ gilt. Die Antwort ist „ja". So werden wir in Kap. 15 mit dem nach Norbert

Wiener[3] benannten *Wiener-Maß* ein atomloses Wahrscheinlichkeitsmaß auf den Borelmengen des Raumes der auf dem Einheitsintervall stetigen reellen Funktionen (versehen mit dem Supremumsabstand) kennenlernen. Damit einher geht einer der wichtigsten stochastischen Prozesse, der sogenannte *Wiener-Prozess,* der nach R. Brown[4] auch als *Brown'sche Bewegung* bezeichnet wird. In Kap. 17 werden wir die Normalverteilung auf den Fall unendlichdimensionaler separabler Hilberträume verallgemeinern.

Im Zusammenhang mit der Identifizierung von Wahrscheinlichkeitsmaßen ist folgende Begriffsbildung nützlich.

13.7 Definition (Eindeutigkeitssystem, separierendes System)

Ein Teilsystem $\mathcal{M} \subset \mathcal{B}(S)$ heißt *Eindeutigkeitssystem* oder *separierendes System* für $\mathcal{P}$, falls für beliebige $P, Q \in \mathcal{P}$ gilt:

$$\text{Aus } \; P(A) = Q(A) \;\text{ für jedes } \; A \in \mathcal{M} \;\text{ folgt } \; P = Q.$$

Bei einem separierenden System legen also für jedes $P \in \mathcal{P}$ allein die Funktionswerte $P(A)$ mit $A \in \mathcal{M}$ das Wahrscheinlichkeitsmaß P fest. Nach dem Eindeutigkeitssatz für Maße (Satz 1.26) ist jedes durchschnittsstabile Erzeugendensystem für $\mathcal{B}(S)$ ein Eindeutigkeitssystem für $\mathcal{B}(S)$. Insbesondere ist also das System $\mathcal{O}$ der offenen Mengen ein Eindeutigkeitssystem für $\mathcal{B}(S)$. Gleiches gilt für das System $\mathfrak{A}$ der abgeschlossenen Mengen.

Ein Wahrscheinlichkeitsmaß P auf $\mathcal{B}(S)$ ist auch durch seine Integrale über gewisse Klassen von Funktionen festgelegt. Seien hierzu

$$\mathcal{C}_b(S) := \{f : S \to \mathbb{R} : f \text{ beschränkt und stetig}\}$$

die Menge der beschränkten und stetigen Funktionen auf S sowie

$$\mathcal{C}_b^0(S) := \{f \in \mathcal{C}_b(S) : f \text{ gleichmäßig stetig}\}$$

die Teilmenge der Funktionen, die sogar gleichmäßig stetig sind. Dabei heißt eine Funktion $f : S \to \mathbb{R}$ *stetig im Punkt* $x \in S$, falls es zu jedem $\varepsilon > 0$ ein (im Allgemeinen von ε abhängendes) $\delta > 0$ gibt, sodass für jedes $y \in S$ die Implikation „$\rho(x, y) < \delta \implies |f(x) - f(y)| < \varepsilon$" gilt. Eine in jedem Punkt $x \in S$ stetige Funktion heißt *stetig*. Eine

---

[3] Norbert Wiener (1894–1964), US-amerikanischer Mathematiker und Philosoph, Promotion 1912 (als achtzehnjähriger!) in mathematischer Logik. Wiener ist als Begründer der Kybernetik bekannt; er schuf damit die Grundlagen für die Kontrolltheorie und die Regelungstechnik. Nach ihm benannt sind u. a. der Wiener-Prozess, der Wiener-Filter, das Wiener–Chintschin-Theorem und der Satz von Paley–Wiener–Zygmund.

[4] Robert Brown (1773–1858), schottischer Mediziner und Botaniker, 1810 Fellow der Royal Society sowie 1849 bis 1853 Präsident der Linnean Society. Brown beobachtete 1828, dass Blütenpollen in einer Flüssigkeit scheinbar völlig erratische „stochastische" Bewegungen ausführten.

522434_1_De_13_Chapter-print ☑TYPESET ☐DISK ☐LE ☑CP Disp.:15/9/2022 Pages: 349 Layout: German_T5

Funktion $f : S \to \mathbb{R}$ heißt *gleichmäßig stetig*, falls es zu jedem $\varepsilon > 0$ ein $\delta > 0$ gibt, sodass für alle $x, y \in S$ gilt:

$$\text{Aus } \rho(x, y) < \delta \text{ folgt } |f(x) - f(y)| < \varepsilon.$$

13.8 Satz (Die Integrale $\int f \, \mathrm{d}P$ mit $f \in \mathcal{C}_b^0(S)$ legen P fest)

Es seien P und Q beliebige Wahrscheinlichkeitsmaße auf $\mathcal{B}(S)$. Dann gilt:

$$P = Q \iff \int f \, \mathrm{d}P = \int f \, \mathrm{d}Q \quad \text{für jedes } f \in \mathcal{C}_b^0(S).$$

Beweis Es ist nur die Implikation „$\Longleftarrow$" zu zeigen. Die Beweisidee besteht darin, für jede abgeschlossene Menge A die Gleichheit $P(A) = Q(A)$ nachzuweisen. Dieser Nachweis erfolgt, indem man die Indikatorfunktion $\mathbf{1}_A$ von A beliebig genau durch gleichmäßig stetige Funktionen approximiert. Seien also $A \in \mathfrak{A}$ und $\varepsilon > 0$ beliebig. Wir definieren eine Funktion $f_\varepsilon : S \to \mathbb{R}$ durch

$$f_\varepsilon(x) := \max\left(0, 1 - \frac{\rho(x, A)}{\varepsilon}\right), \quad x \in S. \tag{13.3}$$

Dann gilt $0 \leq f_\varepsilon(x) \leq 1$, $x \in S$, und mithilfe von (13.2) ergibt sich

$$|f_\varepsilon(x) - f_\varepsilon(y)| \leq \frac{\rho(x, y)}{\varepsilon},$$

und somit ist f_ε gleichmäßig stetig. Weiter gilt $\mathbf{1}_A \leq f_\varepsilon \leq \mathbf{1}_{A^\varepsilon}$.

Selbstfrage 6 Warum gelten diese Ungleichungen?

Es folgt

$$P(A) = \int \mathbf{1}_A \, \mathrm{d}P \leq \int f_\varepsilon \, \mathrm{d}P = \int f_\varepsilon \, \mathrm{d}Q \leq \int \mathbf{1}_{A^\varepsilon} \, \mathrm{d}Q = Q(A^\varepsilon).$$

Da A abgeschlossen ist, gilt $x \in A \iff \rho(x, A) = 0$, $x \in S$. Durchläuft ε eine monoton fallende Nullfolge, so bilden die zugehörigen Mengen A^ε eine monoton fallende Folge, die von oben gegen A konvergiert. Da das Wahrscheinlichkeitsmaß Q stetig von oben ist, ergibt sich $P(A) \leq Q(A)$. Die umgekehrte Ungleichung $Q(A) \leq P(A)$ folgt aus Symmetriegründen. ∎

13.9 Der Raum C[0, 1]

Sei $C := C[0, 1] := \{x : [0, 1] \to \mathbb{R} \,|\, x \text{ stetig}\}$ die Menge aller stetigen reellen Funktionen auf $[0, 1]$. Setzen wir

$$\|x\|_\infty := \sup_{0 \le t \le 1} |x(t)|, \qquad x \in C,$$

sowie

$$\rho(x, y) := \|x - y\|_\infty = \max_{0 \le t \le 1} |x(t) - y(t)|,$$

so wird (C, ρ) zu einem metrischen Raum, und die Konvergenz $\rho(x_n, x) \to 0$ einer Folge (x_n) gegen x bedeutet, dass die Funktionenfolge (x_n) gleichmäßig gegen x konvergiert.

Nach dem Weierstraß'schen[5] Approximationssatz (siehe z. B. [ABH, Abschn. 19.6]) gibt es zu jedem $x \in C$ und jedem $\varepsilon > 0$ ein Polynom p mit reellen Koeffizienten und $\rho(x, p) \le \varepsilon$. Da man p beliebig genau durch ein Polynom gleichen Grades mit *rationalen* Koeffizienten approximieren kann, liegt die abzählbare Menge

$$\left\{ [0, 1] \ni t \mapsto \sum_{k=0}^{n} a_k t^k \,\middle|\, n \in \mathbb{N}_0, \, a_0, \dots, a_n \in \mathbb{Q} \right\}$$

dicht in C, und somit ist der Raum (C, ρ) separabel.

Selbstfrage 7 Wie approximiert man p durch ein „rationales Polynom"?

Der metrische Raum (C, ρ) ist auch vollständig. Ist nämlich (x_n) eine Cauchy-Folge in C, so gilt $\varepsilon_n := \sup_{m \ge n} \|x_n - x_m\|_\infty \to 0$ bei $n \to \infty$. Also ist $(x_n(t))$ für jedes feste $t \in [0, 1]$ eine Cauchy-Folge in $\mathbb{R}$. Aufgrund der Vollständigkeit von $\mathbb{R}$ existiert der Grenzwert $x(t) := \lim_{n \to \infty} x_n(t)$, und da für jedes m mit $m \ge n$ die Ungleichung $|x_n(t) - x_m(t)| \le \varepsilon_n$ erfüllt ist, ergibt sich beim Grenzübergang $m \to \infty$ die Abschätzung $|x_n(t) - x(t)| \le \varepsilon_n$ und somit (da t beliebig ist)

$$\lim_{n \to \infty} \|x_n - x\|_\infty = 0.$$

Da x eine stetige Funktion ist, ist die Vollständigkeit von (C, ρ) gezeigt.

Selbstfrage 8 Warum ist x eine stetige Funktion?

Im Folgenden zeigen wir, dass im Gegensatz zum $\mathbb{R}^d$ im Raum (C, ρ) keine abgeschlossene Kugel kompakt ist. Hierzu definieren wir für jede natürliche Zahl n eine Funktion $z_n : [0, 1] \to [0, 1]$ durch

---

[5] Karl Theodor Wilhelm Weierstraß (1815–1897), 1842–1855 Tätigkeit als Lehrer, 1856–1864 Professor am Gewerbeinstitut in Berlin, ab 1864 o. Prof. an der Universität Berlin. W. beeinflusste die Mathematikentwicklung in bedeutendem Maße („Weierstraß'sche Schule"). Hauptarbeitsgebiete: Funktionentheorie, Algebra.

522434_1_De_13_Chapter-print ☑ TYPESET ☐ DISK ☐ LE ☑ CP Disp.:15/9/2022 Pages: 349 Layout: German_T5

Abb. 13.3 Graph der Funktion z_n

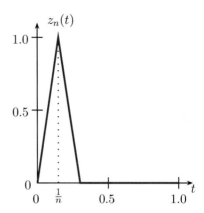

$$z_n(t) := nt\mathbf{1}_{[0,1/n]}(t) + (2 - nt)\mathbf{1}_{(1/n,2/n]}(t), \qquad 0 \leq t \leq 1 \tag{13.4}$$

(siehe Abb. 13.3) sowie für beliebiges $\varepsilon > 0$ die Folge $(\varepsilon z_n)_{n\geq 1}$. Diese Folge besitzt keine konvergente Teilfolge, da die Annahme $\rho(\varepsilon z_{n_k}, z) \to 0$ für ein $z \in C$ bedeutet, dass z die Nullfunktion ist.

Selbstfrage 9 Warum ist z die Nullfunktion?

Andererseits gilt $\rho(\varepsilon z_{n_k}, 0) = \varepsilon$ für jedes k. Nach Satz 13.6 ist somit die abgeschlossene Kugel $\overline{B(0, \varepsilon)}$ nicht kompakt. Ist $x \in C$ beliebig, so folgt durch Übergang von εz_n zu $x + \varepsilon z_n$, dass *keine* abgeschlossene Kugel $\overline{B(x, \varepsilon)}$ kompakt ist. Damit ist jede kompakte Menge nirgends dicht, und wegen der Vollständigkeit von (C, ρ) folgt nach dem Baire'schen Kategoriesatz (Satz 13.5), dass sich C im Gegensatz zum $\mathbb{R}^d$ nicht als abzählbare Vereinigung kompakter Mengen schreiben lässt, also kurz formuliert nicht σ-*kompakt* ist.

Diese Überlegungen zeigen, dass kompakte Teilmengen von C salopp formuliert „ziemlich dünn" sein müssen. Die folgende Begriffsbildung dient dazu, relativ kompakte Teilmengen von C prägnant zu beschreiben.

13.10 Definition (Stetigkeitsmodul)
Es sei $x \in C[0, 1]$. Die durch

$$w_x(\delta) := w(x, \delta) := \sup_{|s-t|\leq\delta} |x(s) - x(t)|, \quad 0 < \delta \leq 1, \tag{13.5}$$

definierte Funktion $w_x : (0, 1] \to \mathbb{R}$ heißt *Stetigkeitsmodul von x*.

Offenbar gilt $\lim_{\delta\to 0} w_x(\delta) = 0$, denn x ist als stetige Funktion auf dem kompakten Intervall gleichmäßig stetig. Sind x, $y \in C$ und $0 < \delta \le 1$, so gilt

$$|w_x(\delta) - w_y(\delta)| \le 2\rho(x, y) \tag{13.6}$$

(Übungsaufgabe 13.9). Somit ist die Funktion $w(\cdot, \delta) : C \to \mathbb{R}$ stetig.

Bezüglich der relativen Kompaktheit im Raum (C, ρ) gilt folgender, nach C. Arzelà[6] und G. Ascoli[7] benannte Satz.

13.11 Satz (Arzelà–Ascoli)
Eine Menge $M \subset C[0, 1]$ ist relativ kompakt genau dann, wenn gilt:

$$\sup_{x\in M} |x(0)| < \infty, \tag{13.7}$$

$$\lim_{\delta\to 0} \sup_{x\in M} w_x(\delta) = 0. \tag{13.8}$$

Eigenschaft (13.7) besagt, dass die Funktionenmenge M im Punkt $t = 0$ *gleichmäßig beschränkt* ist, und Eigenschaft (13.8) wird *gleichgradige Stetigkeit* von M genannt. Man beachte, dass die Menge $M := \{z_n; n \ge 1\}$ der in (13.4) definierten Funktionen z_n die Bedingung der gleichgradigen Stetigkeit verletzt und deshalb nicht relativ kompakt ist.

Beweis von Satz 13.11: Es ist schnell zu sehen, dass die Kompaktheit von $\overline{M}$ sowohl (13.7) als auch (13.8) nach sich zieht: Die durch $\pi_0(x) := x(0)$, $x \in C$, definierte Funktion $\pi_0 : C \to \mathbb{R}$ ist stetig, und da das Bild einer kompakten Menge unter einer stetigen Abbildung ebenfalls kompakt und damit beschränkt ist, folgt (13.7). Um (13.8) zu zeigen, sei $f_n(x) := w(x, 1/n)$, $x \in C$. Wegen (13.6) ist f_n stetig, und es gilt $f_n(x) \downarrow 0$ für $n \to \infty$. Seien $\varepsilon > 0$ beliebig und $O_n := \{x : f_n(x) < \varepsilon\}$, $n \ge 1$. Dann ist $O_1 \subset O_2 \subset \ldots$ eine aufsteigende Folge offener Mengen mit der Eigenschaft $C = \bigcup_{n=1}^{\infty} O_n$. Da $\overline{M}$ kompakt ist, ergibt sich $\overline{M} \subset O_n$ für ein n und somit (13.8). Um zu zeigen, dass aus (13.7) und (13.8) die relative Kompaktheit von M folgt, muss man nach Satz 13.6 nur nachweisen, dass M totalbeschränkt ist, dass also zu jedem $\varepsilon > 0$ ein endliches ε-Netz für M existiert, denn $\overline{M}$ ist wegen der Vollständigkeit von C ebenfalls vollständig. Nach (13.8) existiert eine natürliche Zahl k mit $\sup_{x\in M} w_x(1/k) < \infty$. Wegen

$$|x(t)| \le |x(0)| + \sum_{j=1}^{k} \left| x\left(\frac{jt}{k}\right) - x\left(\frac{(j-1)t}{k}\right) \right| \le |x(0)| + k w_x\left(\frac{1}{k}\right)$$

---

[6] Cesare Arzelà (1847–1912), italienischer Mathematiker. Hauptarbeitsgebiet: Reelle Funktionen.
[7] Guido Ascoli (1887–1957), italienischer Mathematiker, nach langjähriger Tätigkeit als Lehrer Professor an verschiedenen italienischen Universitäten. Hauptarbeitsgebiet: Partielle Differentialgleichungen.

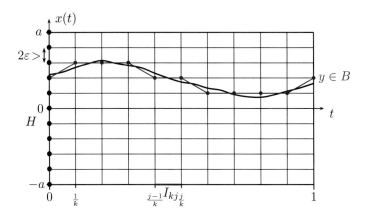

Abb. 13.4 Approximation einer Funktion $x \in C$ durch eine Funktion $y \in B$

folgt dann mit (13.7) die Aussage $a < \infty$, wobei $a := \sup_{0 \leq t \leq 1} \sup_{x \in M} |x(t)|$ gesetzt ist. Der Graph $\{(t, x(t)) : 0 \leq t \leq 1\}$ jeder Funktion $x \in M$ ist also Teilmenge von $[0, 1] \times [-a, a]$. Zu gegebenem $\varepsilon > 0$ sei H ein endliches ε-Netz für das Intervall $[-a, a]$. Wählen wir k mithilfe von (13.8) so groß, dass für jedes $x \in M$ die Ungleichung $w_x(1/k) < \varepsilon$ erfüllt ist, und setzen wir $I_{kj} := [(j-1)/k, j/k]$, $j \in \{1, \ldots, k\}$, so ist die mit B bezeichnete Menge aller stetigen Funktionen $y : [0, 1] \to \mathbb{R}$, deren Funktionswerte $y(\frac{j}{k})$, $j \in \{0, \ldots, k\}$, sämtlich zu H gehören, und die auf jedem der Intervalle I_{kj} linear verlaufen, ein 2ε-Netz für M. Abb. 13.4 illustriert diesen Sachverhalt.   ■

Wir werden jetzt ein Eindeutigkeitssystem für Wahrscheinlichkeitsmaße auf C (genauer: auf $\mathcal{B}(C)$) kennenlernen.

13.12 Definition (Koordinatenprojektionen, endlichdimensionale Mengen)

Für $k \in \mathbb{N}$ und $t_1, \ldots, t_k$ mit $0 \leq t_1 < \ldots < t_k \leq 1$ sei die Abbildung $\pi_{t_1, \ldots, t_k} : C \to \mathbb{R}^k$ definiert durch

$$\pi_{t_1, \ldots, t_k}(x) := (x(t_1), \ldots, x(t_k)), \quad x \in C.$$

Die Abbildungen $\pi_{t_1, \ldots, t_k}$ ($k \in \mathbb{N}$, $0 \leq t_1 < \ldots < t_k \leq 1$) heißen *Koordinatenprojektionen*. Wegen

$$\max_{j=1, \ldots, k} |x(t_j) - y(t_j)| \leq \|x - y\|_\infty \quad (x, y \in C)$$

ist $\pi_{t_1, \ldots, t_k} : C \to \mathbb{R}^k$ eine stetige Abbildung.

Das System

$$C_f := \left\{ \pi_{t_1, \ldots, t_k}^{-1}(H) \,\middle|\, k \in \mathbb{N}, \, 0 \leq t_1 < \ldots < t_k \leq 1, \, H \in \mathcal{B}^k \right\}$$

heißt System der *endlichdimensionalen Mengen*.

522434_1_De_13_Chapter-print ☑ TYPESET ☐ DISK ☐ LE ☑ CP Disp.:15/9/2022 Pages: 349 Layout: German_T5

Selbstfrage 10 Warum ist jede endlichdimensionale Menge eine Borelmenge in C?

Das System $\mathcal{C}_f$ bildet eine *Algebra,* d.h., es enthält die Menge C, mit jeder Menge auch deren Komplement, und es ist ∩-stabil, d.h., es enthält mit je zwei (und damit je endlich vielen) Mengen auch deren Durchschnitt. Wegen $C = \pi_1^{-1}(\mathbb{R})$ gilt nämlich $C \in \mathcal{C}_f$, und aus $\mathcal{C}_f \ni A = \pi_{t_1,\ldots,t_k}^{-1}(H)$ mit $H \in \mathcal{B}^k$ folgt $A^c = \pi_{t_1,\ldots,t_k}^{-1}(\mathbb{R}^k \setminus H) \in \mathcal{C}_f$. Um die ∩-Stabilität von $\mathcal{C}_f$ zu zeigen, seien $A, B \in \mathcal{C}_f$. Damit gibt es natürliche Zahlen k und ℓ sowie $t_1, \ldots, t_k, s_1, \ldots, s_\ell \in [0, 1]$ mit $0 \le t_1 < \ldots < t_k \le 1$ und $0 \le s_1 < \ldots < s_\ell \le 1$ sowie Borelmengen $H \in \mathcal{B}^k$ und $K \in \mathcal{B}^\ell$ mit $A = \pi_{t_1 \ldots,t_k}^{-1}(H)$ und $B = \pi_{s_1,\ldots,s_\ell}^{-1}(K)$. Setzen wir $T := \{t_1, \ldots, t_k\} \cup \{s_1, \ldots, s_\ell\}$ sowie $m := |T|$, so gilt $\max(k, \ell) \le m \le k + \ell$. Es sei $T =: \{u_1, \ldots, u_m\}$, wobei wir $0 \le u_1 < \ldots < u_m \le 1$ annehmen. Weiter seien $\alpha_1, \ldots, \alpha_k$ sowie $\beta_1, \ldots, \beta_\ell$ natürliche Zahlen mit $1 \le \alpha_1 < \ldots < \alpha_k \le m$ und $1 \le \beta_1 < \ldots < \beta_\ell \le m$, sodass $t_i = u_{\alpha_i}, i \in \{1, \ldots, k\}$, und $s_j = u_{\beta_j}, j \in \{1, \ldots, \ell\}$, gelten. Mit $L := \{(z_1, \ldots, z_m) \in \mathbb{R}^m : (z_{\alpha_1}, \ldots, z_{\alpha_k}) \in H, (z_{\beta_1}, \ldots, z_{\beta_\ell}) \in K\}$ folgt

$$
\begin{aligned}
A \cap B &= \left\{x \in C : \left(x(u_{\alpha_1}), \ldots, x(u_{\alpha_k})\right) \in H, \left(x(u_{\beta_1}), \ldots, x(u_{\beta_\ell})\right) \in K\right\} \\
&= \left\{x \in C : \left(x(u_1), \ldots, x(u_m)\right) \in L\right\} \\
&= \pi_{u_1,\ldots,u_m}^{-1}(L),
\end{aligned}
$$

und somit gilt $A \cap B \in \mathcal{C}_f$.

Wir wollen uns jetzt überlegen, dass das System $\mathcal{C}_f$ der endlichdimensionalen Mengen im Sinne von Definition 13.7 ein Eindeutigkeitssystem für $\mathcal{P}$ ist. Seien hierzu $x \in C$ und $\varepsilon > 0$ beliebig. Da x eine stetige Funktion ist, gilt

$$
\begin{aligned}
\overline{B(x, \varepsilon)} &= \bigcap_{r \in \mathbb{Q} \cap [0,1]} \left\{y \in C : |y(r) - x(r)| \le \varepsilon\right\} \\
&= \bigcap_{r \in \mathbb{Q} \cap [0,1]} \pi_r^{-1}([x(r) - \varepsilon, x(r) + \varepsilon]),
\end{aligned}
$$

und somit gehört $\overline{B(x, \varepsilon)}$ als abzählbarer Durchschnitt von Mengen aus $\mathcal{C}_f$ zur σ-Algebra $\sigma(\mathcal{C}_f)$. Wegen $B(x, \varepsilon) = \cup_{n=1}^\infty \overline{B(x, \varepsilon - \frac{1}{n})}$ enthält das System $\mathcal{C}_f$ damit auch alle offenen Kugeln. Da infolge der Separabilität von C das System aller offenen Kugeln die σ-Algebra $\mathcal{B}(C)$ erzeugt (s. Aufgabe 13.3), gilt $\sigma(\mathcal{C}_f) = \mathcal{B}(C)$, und somit ist $\mathcal{C}_f$ als durchschnittsstabiles Erzeugendensystem von $\mathcal{B}(C)$ ein Eindeutigkeitssystem für $\mathcal{P}$.

13.13 Der Raum $\mathbb{R}^\infty$

Als weiteres Beispiel für einen metrischen Raum diene die Menge

$$
S := \mathbb{R}^\infty := \left\{x = (x_k)_{k \ge 1} : x_k \in \mathbb{R} \text{ für jedes } k \ge 1\right\}
$$

aller reellen Zahlenfolgen. Mit der durch

$$\rho(x, y) := \sum_{k=1}^{\infty} \frac{\min(1, |x_k - y_k|)}{2^k}, \quad x = (x_k)_{k \geq 1}, \ y = (y_k)_{k \geq 1}, \tag{13.9}$$

definierten Metrik $\rho : S \times S \to \mathbb{R}$ wird (S, ρ) zu einem vollständigen separablen metrischen Raum, und für $x^n = (x_k^n)_{k \geq 1}$ gilt

$$\rho(x^n, x) \to 0 \iff x_j^n \to x_j \quad \text{für jedes } j \geq 1 \tag{13.10}$$

(siehe Übungsaufgaben 13.5 und 13.6). Konvergenz im Raum $(\mathbb{R}^\infty, \rho)$ ist also salopp formuliert „komponentenweise Konvergenz". Deshalb ist die für jedes $k \in \mathbb{N}$ durch

$$\pi_k : \begin{cases} S \to \mathbb{R}^k, \\ x \mapsto \pi_k(x) := (x_1, \ldots, x_k) \end{cases}$$

definierte *Projektion* π_k von $x = (x_j)_{j \geq 1}$ auf die ersten k Komponenten von x eine stetige und damit auch eine $(\mathcal{B}(S), \mathcal{B}^k)$-messbare Abbildung. Aufgrund dieser Messbarkeit ist das durch

$$\mathcal{R}_f^\infty := \left\{ \pi_k^{-1}(H) : k \in \mathbb{N}, \ H \in \mathcal{B}^k \right\} \tag{13.11}$$

erklärte System der *endlichdimensionalen Mengen* in $\mathbb{R}^\infty$ ein Teilsystem von $\mathcal{B}(\mathbb{R}^\infty)$. Das System $\mathcal{R}_f^\infty$ ist eine Algebra (Übungsaufgabe 13.10). Definieren wir für $x \in \mathbb{R}^\infty$ und $\varepsilon > 0$ sowie $k \in \mathbb{N}$ eine Teilmenge von $\mathbb{R}^\infty$ durch

$$O_{k,\varepsilon}(x) := \pi_k^{-1}\left(\times_{j=1}^k (x_j - \varepsilon, x_j + \varepsilon) \right)$$
$$= \left\{ y = (y_j)_{j \geq 1} \in \mathbb{R}^\infty : |y_j - x_j| < \varepsilon \text{ für jedes } j = 1, \ldots, k \right\},$$

so ist $O_{k,\varepsilon}(x)$ wegen der Stetigkeit von π_k eine offene Menge, und $y \in O_{k,\varepsilon}(x)$ hat $\rho(x, y) < \varepsilon + 1/2^k$ zur Folge.

Selbstfrage 11 Warum gilt die letzte Implikation?

Zu gegebenem $r > 0$ kann man $\varepsilon > 0$ und $k \in \mathbb{N}$ so wählen, dass $\varepsilon + 2^{-k} < r$ und somit $O_{k,\varepsilon}(x) \subset B(x, r)$ gelten. Deshalb bildet das Teilsystem $\{O_{k,\varepsilon}(x) : x \in \mathbb{R}^\infty, \ k \in \mathbb{N}, \ \varepsilon > 0\}$ von $\mathcal{R}_f^\infty$ eine Basis des Systems $\mathcal{O}$ der offenen Mengen in $\mathbb{R}^\infty$. Wegen der Separabilität von $\mathbb{R}^\infty$ folgt dann $\sigma(\mathcal{R}_f^\infty) = \mathcal{B}(\mathbb{R}^\infty)$, und somit sind die endlichdimensionalen Mengen ein Eindeutigkeitssystem für $\mathcal{P}$.

Wie im Raum C[0, 1] ist auch im Raum $\mathbb{R}^\infty$ keine abgeschlossene Kugel kompakt. Definieren wir nämlich zu festem $x = (x_j)_{j \geq 1} \in \mathbb{R}^\infty$ und $k \in \mathbb{N}$ sowie $\varepsilon > 0$ eine Folge $y^n = (y_j^n)_{j \geq 1}$ durch $y_j^n := x_j$, falls $j \leq k$, und $y_j^n := n$, falls $j > k$, so gilt $\{y^n : n \geq$

$1\} \subset O_{k,\varepsilon}(x) \subset B(x, \varepsilon + 2^{-k})$. Da die Folge $(y^n)_{n \geq 1}$ keine konvergente Teilfolge enthält, ist keine abgeschlossene Kugel $\overline{B(x, r)}$ kompakt. Wie im Raum $C[0, 1]$ ist also auch in $\mathbb{R}^\infty$ jede kompakte Menge nirgends dicht, und nach dem Baire'schen Kategoriesatz (Satz 13.5) folgt, dass sich $\mathbb{R}^\infty$ nicht als abzählbare Vereinigung kompakter Mengen schreiben lässt. Ist $A \subset \mathbb{R}^\infty$ eine abgeschlossene Menge, so gilt:

$$A \text{ kompakt } \iff \forall k \in \mathbb{N} : \{x_k : x = (x_j)_{j \geq 1} \in A\} \subset \mathbb{R} \text{ ist beschränkt.} \qquad (13.12)$$

(Übungsaufgabe 13.11).

Es sei betont, dass man natürlich den Index k bei x_k auch ab null hätte laufen lassen können, was den Folgenraum $\mathbb{R}^{\mathbb{N}_0} = \{x = (x_k)_{k \geq 0} : x_j \in \mathbb{R} \text{ für jedes } j \geq 0\}$ (mit einer gegenüber (13.9) modifizierten Metrik, in der die Summe ab $k = 0$ läuft) ergeben hätte.

Unter den vielen empfehlenswerten weitergehenden Einführungen in das Gebiet der Topologie metrischer und auch allgemeinerer Räume seien mit Blick auf die Stochastik hier insbesondere [DUD, ALB] genannt.

Antworten zu den Selbstfragen

Antwort 1 Es gilt $\widehat{F}_n(0) = 0$ genau dann, wenn das Ereignis $\cap_{j=1}^n \{X_j > 0\}$ eintritt. Die Wahrscheinlichkeit hierfür ist gleich eins, und somit gilt $\mathbb{P}(B_n(0) = 0) = 1$. Weiter gilt $\widehat{F}_n(1) = 1$ genau dann, wenn das Ereignis $\cap_{j=1}^n \{X_j \leq 1\}$ eintritt, was ebenfalls mit Wahrscheinlichkeit eins passiert. Hieraus folgt $\mathbb{P}(B_n(1) = 0) = 1$.

Antwort 2 Wegen $\rho(x, y) = 1$, falls $x \neq y$, gelten $B(x, 1) = \{x\}$ und $B(x, 1.001) = S$.

Antwort 3 Für $z \in M$ und $y \in S$ gilt $\rho(x, M) \leq \rho(x, z) \leq \rho(x, y) + \rho(y, z)$. Hieraus folgt $\rho(x, M) \leq \rho(x, y) + \rho(y, M)$ und somit $\rho(x, M) - \rho(y, M) \leq \rho(x, y)$. Die Behauptung ergibt sich jetzt aus Symmetriegründen.

Antwort 4 Genau die endlichen Teilmengen M von S sind kompakt. Für ε mit $0 < \varepsilon \leq 1$ gilt $B(x, \varepsilon) = \{x\}$ und somit $M = \cup_{x \in M} \{x\}$. Damit $\cup_{x \in M} \{x\}$ eine endliche Teilüberdeckung besitzt, muss M endlich sein. Sind umgekehrt $M =: \{x_1, \ldots, x_k\}$ eine endliche Menge und $M \subset \cup_{i \in I} O_i$ mit offenen Mengen O_i, so reichen maximal k der O_i aus, um M zu überdecken.

Antwort 5 Für $x \in S$ gilt $\{x\} = \cap_{k=1}^\infty B(x, \frac{1}{k})$. Als abzählbarer Durchschnitt offener Mengen ist $\{x\}$ somit eine Borelmenge. Eine alternative Begründung ist, dass $\{x\}$ als Komplement der offenen (!) Menge $S \setminus \{x\}$ abgeschlossen ist.

Antwort 6 Gilt $x \in A$, so folgt $\rho(x, A) = 0$ und somit $f_\varepsilon(x) = 1$. Wegen $f_\varepsilon(x) \geq 0$ heißt das $\mathbf{1}_A(x) \leq f_\varepsilon(x)$. Um $f_\varepsilon \leq \mathbf{1}_{A^\varepsilon}$ zu zeigen, sei o.B.d.A. $f_\varepsilon(x) > 0$. Es folgt $\rho(x, A) < \varepsilon$ und somit $x \in A^\varepsilon$, also $f_\varepsilon(x) \leq 1 = \mathbf{1}_{A^\varepsilon}$.

522434_1_De_13_Chapter-print ☑ TYPESET ☐ DISK ☐ LE ☑ CP Disp.:15/9/2022 Pages: 349 Layout: German_T5

Antwort 7 Es seien p mit $p(t) = \sum_{k=0}^{n} a_k t^t$ ein Polynom mit reellen Koeffizienten und $\varepsilon > 0$. Zu a_k gibt es eine rationale Zahl q_k mit $|a_k - q_k| < \varepsilon 2^{-(k+1)}$, $k \in \{0, \dots, n\}$. Für $q \in C$ mit $q(t) = \sum_{k=0}^{n} q_k t^k$ folgt dann $\rho(p, q) \le \sum_{k=0}^{n} |a_k - b_k| \le \varepsilon$.

Antwort 8 Weil x der Grenzwert einer *gleichmäßig* konvergenten Folge stetiger Funktion auf $[0, 1]$ ist.

Antwort 9 Aus $\rho(\varepsilon z_{n_k}, z) \to 0$ für $k \to \infty$ folgt $\varepsilon z_{n_k}(t) \to z(t)$, $0 \le t \le 1$. Wegen $z_{n_k}(0) = 0$ für jedes k und $z_{n_k}(t) = 0$, falls $n_k \ge \frac{2}{t}$ für $0 < t \le 1$ ergibt sich $z \equiv 0$.

Antwort 10 Es seien $\mathcal{O}^k$ und $\mathcal{B}^k$ die Systeme der offenen Mengen bzw. der Borelmengen in $\mathbb{R}^k$. Weiter sei $\mathcal{G} := \{B \in \mathcal{B}^k : \pi_{t_1,\dots,t_k}^{-1}(B) \in \mathcal{B}(S)\}$. Da $\pi_{t_1,\dots,t_k}$ stetig ist, gilt $\pi_{t_1,\dots,t_k}^{-1}(\mathcal{O}^k) \subset \mathcal{O} \subset \mathcal{B}(S)$. Weil $\mathcal{G}$ eine σ-Algebra ist, folgt $\mathcal{B}^k = \sigma(\mathcal{O}^k) \subset \mathcal{G}$.

Antwort 11 Nach Definition von $\rho(x, y)$ liefert $y \in O_{k,\varepsilon}(x)$ die Ungleichungskette

$$\rho(x, y) = \sum_{j=1}^{\infty} \frac{\min(1, |x_j - y_j|)}{2^j} \le \varepsilon \sum_{j=1}^{k} \frac{1}{2^j} + \sum_{j=k+1}^{\infty} \frac{1}{2^j} < \varepsilon + \frac{1}{2^k}.$$

Übungsaufgaben

Aufgabe 13.1 Es seien (S, ρ) ein metrischer Raum sowie $x \in S$ und $r > 0$. Zeigen Sie:

$$\partial B(x, r) \subset \{y \in S : \rho(x, y) = r\}.$$

Ist es möglich, dass strikte Inklusion besteht?

Aufgabe 13.2 Es sei (S, ρ) ein metrischer Raum. Zeigen Sie, dass jede kompakte Teilmenge von S beschränkt und abgeschlossen ist.

Aufgabe 13.3 Zeigen Sie: Ist der metrische Raum (S, ρ) separabel, so wird die Borelsche σ-Algebra $\mathcal{B}(S)$ vom System $\mathcal{M} := \{B(x, \varepsilon) : x \in S, \varepsilon > 0\}$ aller offenen Kugeln erzeugt.

Aufgabe 13.4 Beweisen Sie den Teil „b) $\Rightarrow$ c)" von Satz 13.6.

Aufgabe 13.5 Es seien (S, ρ) ein metrischer Raum und $\widetilde{\rho}(x, y) := \min(1, \rho(x, y))$, $x, y \in S$. Zeigen Sie:

a) $\widetilde{\rho}$ ist eine Metrik auf S.
b) ρ und $\widetilde{\rho}$ erzeugen das gleiche System offener Mengen.
c) Mit (S, ρ) ist auch $(S, \widetilde{\rho})$ separabel.
d) Mit (S, ρ) ist auch $(S, \widetilde{\rho})$ vollständig.

Aufgabe 13.6 Es seien (S_j, ρ_j), $j \in \mathbb{N}$, metrische Räume und $S := \times_{j=1}^{\infty} S_j$. Für $x = (x_j)_{j \ge 1}$, $y = (y_j)_{j \ge 1} \in S$ sei

522434_1_De_13_Chapter-print ☑ TYPESET ☐ DISK ☐ LE ☑ CP Disp.:15/9/2022 Pages: 349 Layout: German_T5

$$\rho(x, y) := \sum_{j=1}^{\infty} \frac{\min(1, \rho_j(x_j, y_j))}{2^j}.$$

Zeigen Sie:

a) ρ ist eine Metrik auf S, und für $x^n := \left(x_j^{(n)}\right)_{j\geq 1} \in S$, $n \geq 1$, sowie $x = (x_j)_{j\geq 1} \in S$ gilt beim Grenzübergang $n \to \infty$:

$$\rho\big(x^{(n)}, x\big) \to 0 \iff \rho_j\big(x_j^{(n)}, x_j\big) \to 0 \ \text{ für jedes } j \in \mathbb{N}.$$

b) Falls S_j für jedes j separabel ist, so ist auch S separabel.
c) Falls S_j für jedes j vollständig ist, so ist auch S vollständig.
d) Ist für jedes $j \geq 1$ die Menge $A_j \subset S_j$ kompakt, so ist auch $A := \times_{j=1}^{\infty} A_j \subset S$ kompakt.

Hinweis für d): Nutzen Sie Satz 13.6 und eine geschickt gewählte Teilfolge.

Aufgabe 13.7 Es seien (S', ρ') und (S'', ρ'') metrische Räume mit Borel-σ-Algebren $\mathcal{B}'$ bzw. $\mathcal{B}''$. Weiter seien $S := S' \times S''$ und

$$\rho\big((x', x''), (y', y'')\big) := \max\big(\rho'(x', y'), \rho''(x'', y'')\big), \quad (x', x''), (y', y'') \in S.$$

a) Zeigen Sie, dass (S, ρ) ein metrischer Raum ist.
b) Es sei $\mathcal{B}$ die Borel-σ-Algebra von S. Zeigen Sie:

b1) (S, ρ) ist genau dann separabel, wenn (S', ρ') und (S'', ρ'') separabel sind.
b2) Ist (S, ρ) separabel, dann gilt $\mathcal{B} = \mathcal{B}' \otimes \mathcal{B}''$.

Aufgabe 13.8 Es sei (S, ρ) ein diskreter metrischer Raum, wobei S überabzählbar ist. Wie sehen die Borelsche σ-Algebra und die von den offenen Kugeln erzeugte σ-Algebra aus?

Aufgabe 13.9 Es seien x, $y \in C$ und $0 < \delta \leq 1$. Zeigen Sie, dass für den in (13.5) definierten Stetigkeitmodul gilt:

$$|w_x(\delta) - w_y(\delta)| \leq 2\rho(x, y).$$

Aufgabe 13.10 Zeigen Sie, dass das in (13.11) definierte System $\mathcal{R}_f^{\infty}$ eine Algebra ist.

Aufgabe 13.11 Beweisen Sie die Äquivalenz (13.12).
Hinweis für ,, $\Longleftarrow$ ": Cantor'sches Diagonalverfahren.

Aufgabe 13.12 Es seien (S, ρ) ein metrischer Raum und P ein Wahrscheinlichkeitsmaß auf $\mathcal{B}(S)$. Zeigen Sie folgende *Regularitätseigenschaft* von P: Zu jedem $B \in \mathcal{B}(S)$ und zu jedem $\varepsilon > 0$ gibt es eine abgeschlossene Menge A und eine offene Menge O mit $A \subset B \subset O$ und $P(O \setminus A) < \varepsilon$.
Hinweis: Das mit $\mathcal{G}$ bezeichnete System aller Borelmengen B mit obigen Eigenschaften enthält das System $\mathfrak{A}$ der abgeschlossenen Mengen, und es ist eine σ-Algebra über S.

522434_1_De_13_Chapter-print ☑ TYPESET ☐ DISK ☐ LE ☑ CP Disp.:15/9/2022 Pages: 349 Layout: German_T5

Verteilungskonvergenz in metrischen Räumen 14

In Kap. 6 wurde unter anderem die Verteilungskonvergenz $X_n \xrightarrow{\mathcal{D}} X$ einer auf einem Wahrscheinlichkeitsraum $(\Omega, \mathcal{A}, \mathbb{P})$ definierten Folge $X_1, X_2, \ldots$ d-dimensionaler Zufallsvektoren gegen einen Zufallsvektor X durch

$$X_n \xrightarrow{\mathcal{D}} X :\Longleftrightarrow \lim_{n \to \infty} \mathbb{E}\big[f(X_n)\big] = \mathbb{E}\big[f(X)\big] \quad \text{für jede Funktion } f \in \mathcal{C}_b(\mathbb{R}^d) \quad (14.1)$$

definiert. Dabei bezeichnet $\mathcal{C}_b(\mathbb{R}^d)$ die Menge aller stetigen und beschränkten Funktionen $f : \mathbb{R}^d \to \mathbb{R}$. Gleichbedeutend hiermit ist die Konvergenz

$$\lim_{n \to \infty} \int_{\mathbb{R}^d} f \, \mathrm{d}Q_n = \int_{\mathbb{R}^d} f \, \mathrm{d}Q \quad \text{für jede Funktion } f \in \mathcal{C}_b(\mathbb{R}^d), \quad (14.2)$$

wenn $Q_n := \mathbb{P}^{X_n}$ und $Q := \mathbb{P}^X$ für die Verteilungen von X_n bzw. von X stehen.

Da die Begriffe Stetigkeit und Beschränktheit auch für solche reellwertigen Funktionen erklärt sind, deren Definitionsbereich ein metrischer Raum (S, ρ) ist, lassen sich (14.1) und (14.2) unmittelbar verallgemeinern, und diese Verallgemeinerungen nehmen wir in diesem Kapitel vor. Dabei spricht man bei der Version (14.2) – völlig losgelöst von der Vorstellung, dass Q_n und Q Verteilungen (also Bild-Wahrscheinlichkeitsmaße von $\mathbb{P}$ unter X_n bzw. unter X sind) – von *schwacher Konvergenz* einer Folge von Wahrscheinlichkeitsmaßen Q_n gegen ein Wahrscheinlichkeitsmaß Q.

Im Folgenden sei (S, ρ) ein metrischer Raum mit Borel'scher σ-Algebra $\mathcal{B}(S)$, und es bezeichne $\mathcal{P}$ die Menge aller Wahrscheinlichkeitsmaße auf $\mathcal{B}(S)$. Die Notationen $\mathcal{C}_b(S)$ bzw. $\mathcal{C}_b^0(S)$ stehen für die Mengen aller stetigen und beschränkten bzw. aller gleichmäßig stetigen, beschränkten reellen Funktionen auf S. Wenn nichts anderes vereinbart ist, erstreckt sich jedes unspezifizierte Integral über S.

14.1 Definition (Schwache Konvergenz)
Sind $P, P_1, P_2, \ldots \in \mathcal{P}$, so definiert man

© Der/die Autor(en), exklusiv lizenziert an Springer-Verlag GmbH, DE, ein Teil von Springer Nature 2022
N. Henze, *Asymptotische Stochastik: Eine Einführung mit Blick auf die Statistik*,
https://doi.org/10.1007/978-3-662-65611-2_14

$$P_n \xrightarrow{\mathcal{D}} P \text{ für } n \to \infty :\Longleftrightarrow \lim_{n\to\infty} \int f \, dP_n = \int f \, dP \quad \text{für jede Funktion } f \in \mathcal{C}_b(S).$$

In diesem Fall sagt man, die Folge (P_n) *konvergiere schwach* gegen P.

Selbstfrage 1 Warum folgt aus $P_n \xrightarrow{\mathcal{D}} P$ und $P_n \xrightarrow{\mathcal{D}} Q$ die Gleichheit $P = Q$?

14.2 Beispiel (Dirac-Maße)

Es seien $x_0, x_1, x_2, \ldots \in S$. Bezeichnet allgemein δ_x das Dirac-Maß in $x \in S$, so gilt:

$$\delta_{x_n} \xrightarrow{\mathcal{D}} \delta_{x_0} \Longleftrightarrow x_n \to x_0.$$

Beweis „$\Longleftarrow$": Es gelte $x_n \to x_0$. Falls $f \in \mathcal{C}_b(S)$, so folgt $\int f \, d\delta_{x_n} = f(x_n) \to f(x_0) = \int f \, d\delta_{x_0}$ und damit $\delta_{x_n} \xrightarrow{\mathcal{D}} \delta_{x_0}$.

Die Richtung „$\Longrightarrow$" beweisen wir durch Kontraposition und nehmen an, es gelte $x_n \nrightarrow x_0$. Dann gibt es ein $\varepsilon > 0$ mit der Eigenschaft $\rho(x_n, x_0) > \varepsilon$ für unendlich viele n. Definieren wir

$$f_\varepsilon(x) := \max\left(0, 1 - \frac{\rho(x, x_0)}{\varepsilon}\right), \quad x \in S,$$

so gelten $f_\varepsilon \in \mathcal{C}_b(S)$ (vgl. (13.3) mit $A = \{x_0\}$) sowie $f_\varepsilon(x_0) = 1$. Da $\rho(x_n, x) > \varepsilon$ die Gleichheit $f_\varepsilon(x_n) = 0$ nach sich zieht, gilt $f_\varepsilon(x_n) = 0$ für unendlich viele n, und somit ergibt sich $\int f_\varepsilon \, d\delta_{x_n} = f_\varepsilon(x_n) \nrightarrow f_\varepsilon(x_0) = \int f_\varepsilon \, d\delta_{x_0}$. Damit konvergiert die Folge (δ_{x_n}) nicht schwach gegen δ_{x_0}. ∎

Das Portmanteau-Theorem (Satz 6.3) gilt nahezu unverändert auch für die schwache Konvergenz von Wahrscheinlichkeitsmaßen in allgemeinen metrischen Räumen. Teilaussage e) von Satz 6.3 entfällt, da der Begriff der Verteilungsfunktion eine Ordnungsstruktur voraussetzt.

14.3 Satz (Portmanteau-Theorem)

Für Wahrscheinlichkeitsmaße $P, P_1, P_2, \ldots$ auf $\mathcal{B}(S)$ sind die folgenden Aussagen äquivalent:

a) $P_n \xrightarrow{\mathcal{D}} P$,

b) $\int f \, dP_n \to \int f \, dP$ für jede Funktion $f \in \mathcal{C}_b^0(S)$,

c) $\limsup_{n\to\infty} P_n(A) \leq P(A)$ für jede abgeschlossene Menge A,

d) $\liminf_{n\to\infty} P_n(O) \geq P(O)$ für jede offene Menge O,

e) $\lim_{n\to\infty} P_n(B) = P(B)$ für jede Borelmenge B mit $P(\partial B) = 0$.

522434_1_De_14_Chapter-print ☑ TYPESET ☐ DISK ☐ LE ☑ CP Disp.:25/8/2022 Pages: 349 Layout: German_T5

Eine Menge $B \in \mathcal{B}(S)$ mit der Eigenschaft $P(\partial B) = 0$ heißt *P-Stetigkeitsmenge*. Das System aller P-Stetigkeitsmengen bezeichnen wir mit

$$\mathcal{C}(P) := \{ B \in \mathcal{B}(S) : P(\partial B) = 0 \}. \tag{14.3}$$

Beweis von Satz 14.3: Der Beweis des Portmanteau-Theorems folgt größtenteils dem Beweis von Satz 6.3. Die Implikation „a) $\Longrightarrow$ b)" gilt wegen $\mathcal{C}_b^0(S) \subset \mathcal{C}_b(S)$.

„b) $\Longrightarrow$ c)" folgt völlig analog zum Beweisteil „a) $\Longrightarrow$ b)" von Satz 6.3, indem man in der Definition (6.3) der Funktion f_j das dort auftretende $\|x - A\|$ durch $\rho(x, A)$ ersetzt. Die Beweisteile „c) $\Longleftrightarrow$ d)" sowie „c)+ d) $\Longrightarrow$ e)" können wörtlich von den entsprechenden Teilen des Beweises von Satz 6.3 übernommen werden.

„e) $\Longrightarrow$ a)": Sei $f \in \mathcal{C}_b(S)$. Da f beschränkt ist, gibt es ein $L > 0$ mit $|f| < L$, also $|f(x)| < L$ für jedes $x \in S$. Damit folgt $0 < \left(\frac{f}{L} + 1\right) \cdot \frac{1}{2} < 1$. Wegen der Linearität des Integrals kann folglich o. B. d. A. $0 < f < 1$ angenommen werden. Bezeichnen $P_n^f = P_n f^{-1}$ das Bildmaß von P_n unter f sowie λ^1 das Borel–Lebesgue-Maß im $\mathbb{R}^1$, so liefern der Transformationssatz für Integrale (siehe z. B. [HE1, S. 333]) und der Satz von Tonelli

$$\int f \, \mathrm{d}P_n = \int_0^1 t \, P_n^f(\mathrm{d}t) = \int_0^1 \left(\int_0^t 1 \, \lambda^1(\mathrm{d}u) \right) P_n^f(\mathrm{d}t) = \int_0^1 \left(\int_u^1 P_n^f(\mathrm{d}t) \right) \lambda^1(\mathrm{d}u)$$

$$= \int_0^1 P_n(f > u) \, \mathrm{d}u.$$

Dabei steht $P_n(f > u)$ für $P_n(\{x \in S : f(x) > u\})$. Mit derselben Konvention ergibt sich in gleicher Weise $\int f \, \mathrm{d}P = \int_0^1 P(f > u) \, \mathrm{d}u$. Da f stetig ist, gilt $\partial \{f > u\} \subset \{f = u\}$.

Selbstfrage 2 Können Sie diese Teilmengenbeziehung herleiten?

Wir erhalten also $P_n(\partial \{f > u\}) \leq P_n(f = u)$, $n \geq 1$, sowie $P(\partial \{f > u\}) \leq P(f = u)$. Da bis auf höchstens abzählbar viele u die Gleichung $P(f = u) = 0$ erfüllt ist, ergibt sich $P_n(f > u) \to P(f > u)$ λ^1-fast überall, und die zu zeigende Konvergenz $\int f \, \mathrm{d}P_n \to \int f \, \mathrm{d}P$ folgt mit dem Satz von der dominierten Konvergenz. $\blacksquare$

Selbstfrage 3 Warum kann $P(f = u) > 0$ nur für abzählbar viele u gelten?

Wie wir sehen werden, ist Kriterium c) des Portmanteau-Theorems das beweistechnisch wichtigste, um schwache Konvergenz nachzuweisen. Dies gilt auch für den Beweis des folgenden Satzes, der eine weitreichende Verallgemeinerung von Satz 6.6 darstellt.

522434_1_De_14_Chapter-print ☑ TYPESET ☐ DISK ☐ LE ☑ CP Disp.:25/8/2022 Pages: 349 Layout: German_T5

14.4 Satz (Abbildungssatz)
Es seien (S, ρ) und (S', ρ') metrische Räume sowie $h : S \to S'$ eine $(\mathcal{B}(S), \mathcal{B}(S'))$-messbare
Abbildung. Die Menge der Stetigkeitsstellen von h sei mit C_h bezeichnet. Sind P, P_1, P_2, ...
Wahrscheinlichkeitsmaße auf $\mathcal{B}(S)$, so gilt:

$$\text{Falls } P_n \xrightarrow{\mathcal{D}} P \text{ und } P(C_h) = 1, \text{ so folgt } P_n^h \xrightarrow{\mathcal{D}} P^h.$$

Beweis Sei $A' \subset S'$ eine abgeschlossene Menge. Wegen

$$\overline{h^{-1}(A')} \subset S \setminus C_h \cup h^{-1}(A')$$

und $P_n^h = P_n h^{-1}$ sowie $P^h = P h^{-1}$ folgt

$$\limsup_{n\to\infty} P_n\left(h^{-1}(A')\right) \le \limsup_{n\to\infty} P_n\left(\overline{h^{-1}(A')}\right)$$
$$\le P\left(\overline{h^{-1}(A')}\right)$$
$$\le P(S \setminus C_h) + P\left(h^{-1}(A')\right)$$
$$= 0 + P\left(h^{-1}(A')\right)$$

und damit nach Satz 14.3 c) die Behauptung.   ∎

Der Abbildungssatz besagt insbesondere, dass sich schwache Konvergenz von Wahrscheinlichkeitsmaßen unter stetigen Abbildungen auf die entsprechenden Bildmaße überträgt. Eine
notwendige und hinreichende Bedingung für schwache Konvergenz gibt das nachfolgende
Teilfolgenkriterium.

14.5 Satz (Teilfolgenkriterium für schwache Konvergenz)
Es seien P, P_1, P_2, ... Wahrscheinlichkeitsmaße auf $\mathcal{B}(S)$. Dann sind folgende Aussagen
äquivalent:

a) $P_n \xrightarrow{\mathcal{D}} P$,
b) Jede Teilfolge $(P_{n_k})_{k\ge 1}$ von (P_n) enthält eine weitere Teilfolge $(P_{n_k'})_{k\ge 1}$ mit der Eigen-
    schaft $P_{n_k'} \xrightarrow{\mathcal{D}} P$.

Beweis Es ist nur die Implikation „b) $\Longrightarrow$ a)" zu zeigen. Würde (P_n) nicht schwach gegen
P konvergieren, so gäbe es ein $f \in \mathcal{C}_b(S)$ und ein $\varepsilon > 0$ mit $|\int f \, dP_{n_k} - \int f \, dP| >$
ε für eine Teilfolge (P_{n_k}). Dann kann aber keine Teilfolge von (P_{n_k}) schwach gegen P
konvergieren.   ∎

Wir schreiben jetzt Definition 14.1 und die bislang erhaltenen Resultate auf Verteilungen von Zufallsvariablen mit Wertebereich S um. Ist $(\Omega, \mathcal{A}, \mathbb{P})$ ein Wahrscheinlichkeitsraum, so heißt jede $(\mathcal{A}, \mathcal{B}(S))$-messbare Abbildung $X : \Omega \to S$ *Zufallselement in S oder S-wertiges Zufallselement.* Je nach der Gestalt von S sind eigene Bezeichnungen geläufig. So spricht man im Fall $S = \mathbb{R}$ von einer *(reellen) Zufallsvariablen* und im Fall $S = \mathbb{R}^d$ von einem *d-dimensionalen Zufallsvektor.* Ist S der in Beispiel 13.13 vorgestellte Folgenraum $\mathbb{R}^\infty$, so nennt man X eine *zufällige (reelle) Folge,* und im Fall $S = C[0, 1]$ (vgl. Beispiel 13.9) ist auch die Sprechweise *zufällige (stetige) Funktion* gebräuchlich, siehe Abschn. 14.9.

Die *Verteilung von X* ist das Wahrscheinlichkeitsmaß $\mathbb{P}^X = \mathbb{P}X^{-1}$ auf $\mathcal{B}(S)$, also das Bildmaß von $\mathbb{P}$ unter der Abbildung X. Ist P ein Wahrscheinlichkeitsmaß auf $\mathcal{B}(S)$, so kann man immer einen Wahrscheinlichkeitsraum $(\Omega, \mathcal{A}, \mathbb{P})$ sowie ein Zufallselement $X : \Omega \to S$ angeben, sodass X die Verteilung P besitzt. Eine Möglichkeit hierfür ist die sog. *kanonische Konstruktion* $\Omega := S, \mathcal{A} := \mathcal{B}(S)$ sowie $\mathbb{P} := P$, und man wählt X als identische Abbildung auf Ω. Die mit der kanonischen Konstruktion verbundene Botschaft ist also, dass der zugrundeliegende Wahrscheinlichkeitsraum wenig Bedeutung besitzt, wenn man an Verteilungen interessiert ist.

Die 14.1 entsprechende Definition für S-wertige Zufallselemente (die alle auf einem gemeinsamen Wahrscheinlichkeitsraum $(\Omega, \mathcal{A}, \mathbb{P})$ definiert sind) lautet wie folgt:

14.6 Definition (Verteilungskonvergenz)
Seien $X, X_1, X_2, \ldots$ Zufallselemente in S. Dann definiert man

$$X_n \xrightarrow{\mathcal{D}} X :\Longleftrightarrow \mathbb{E}\big[f(X_n)\big] \to \mathbb{E}\big[f(X)\big] \text{ für jede Funktion } f \in \mathcal{C}_b(S)$$

und sagt, (X_n) *konvergiere in Verteilung gegen X.* Die Verteilung $\mathbb{P}^X$ von X heißt *Grenzverteilung* oder *Limesverteilung* von (X_n). Anstelle von $X_n \xrightarrow{\mathcal{D}} X$ findet sich auch die hybride Schreibweise $X_n \xrightarrow{\mathcal{D}} \mathbb{P}^X$.

Der Vergleich mit Definition 14.1 zeigt, dass mit $P_n := \mathbb{P}^{X_n}$ und $P := \mathbb{P}^X$ die Verteilungskonvergenz $X_n \xrightarrow{\mathcal{D}} X$ zur schwachen Konvergenz $P_n \xrightarrow{\mathcal{D}} P$ äquivalent ist. Das auf Zufallselemente „umgeschriebene" Portmanteau-Theorem (Satz 14.3) lautet wie folgt:

14.7 Satz (Portmanteau-Theorem)
Für S-wertige Zufallselemente $X, X_1, X_2, \ldots$ sind die folgenden Aussagen äquivalent:

a) $X_n \xrightarrow{\mathcal{D}} X$,

b) $\mathbb{E}\big[f(X_n)\big] \to \mathbb{E}\big[f(X)\big]$ für jede Funktion $f \in \mathcal{C}_b^0(S)$,

c) $\limsup_{n\to\infty} \mathbb{P}(X_n \in A) \leq \mathbb{P}(X \in A)$ für jede abgeschlossene Menge A,

d) $\liminf_{n\to\infty} \mathbb{P}(X_n \in O) \geq \mathbb{P}(X \in O)$ für jede offene Menge O,

e) $\lim_{n\to\infty} \mathbb{P}(X_n \in B) = \mathbb{P}(X \in B)$ für jede Menge $B \in \mathcal{B}(S)$ mit $\mathbb{P}(X \in \partial B) = 0$.

522434_1_De_14_Chapter-print ☑ TYPESET ☐ DISK ☐ LE ☑ CP Disp.:25/8/2022 Pages: 349 Layout: German_T5

In Teil e) gilt also die Konvergenz $\mathbb{P}(X_n \in B) \to \mathbb{P}(X \in B)$ in der nach Satz 14.3 eingeführten Sprechweise für alle Borelmengen B, die $\mathbb{P}^X$-Stetigkeitsmengen sind, also zu der in (14.3) definierten Menge $\mathcal{C}(\mathbb{P}^X)$ gehören. In diesem Zusammenhang spricht man oft auch kurz von einer X-*Stetigkeitsmenge*.

Das Analogon des Abbildungssatzes (Satz 14.4) für Zufallselemente lautet wie folgt:

14.8 Satz (Abbildungssatz)

Es seien (S, ρ) und (S', ρ') metrische Räume sowie $h : S \to S'$ eine $(\mathcal{B}(S), \mathcal{B}(S'))$-messbare Abbildung. Die Menge der Stetigkeitsstellen von h sei mit C_h bezeichnet. Weiter seien $X, X_1, X_2, \ldots$ auf einem gemeinsamen Wahrscheinlichkeitsraum definierte S-wertige Zufallselemente. Dann gilt:

$$\text{Aus } X_n \xrightarrow{\mathcal{D}} X \text{ und } \mathbb{P}(X \in C_h) = 1 \text{ folgt } h(X_n) \xrightarrow{\mathcal{D}} h(X).$$

14.9 Zufällige Funktionen

Seien $(\Omega, \mathcal{A}, \mathbb{P})$ ein Wahrscheinlichkeitsraum und $X : \Omega \to C$ eine $(\mathcal{A}, \mathcal{B}(C))$-messbare Abbildung. Dabei ist $C := C[0, 1]$ gesetzt. Das C-wertige Zufallselement heißt *zufällige Funktion*. Für festes $\omega \in \Omega$ ist $X(\omega)$ eine stetige Funktion auf $[0, 1]$, die *Pfad von X (zu ω)* genannt wird. Für die Funktionswerte von $X(\omega)$ gibt es diverse Schreibweisen wie etwa

$$X(\omega)(t) =: X_t(\omega) =: X(\omega, t), \qquad 0 \le t \le 1.$$

Wertet man die zufällige Funktion X an der Stelle $t \in [0, 1]$ aus, bildet man also die Verknüpfung von X mit der Koordinatenprojektion $\pi_t : C \to \mathbb{R}$ (vgl. Definition 13.12), so entsteht die Zufallsvariable $X(t) := \pi_t \circ X$. Es gilt also

$$X(t) := \begin{cases} \Omega \to \mathbb{R}, \\ \omega \mapsto X(t)(\omega). \end{cases}$$

Die Abbildung X ist genau dann $(\mathcal{A}, \mathcal{B}(C))$-messbar, wenn für jedes $t \in [0, 1]$ die Abbildung $X(t) : \Omega \to \mathbb{R}$ $(\mathcal{A}, \mathcal{B}^1)$-messbar ist (Aufgabe 14.4).

Allgemeiner können wir für jedes $k \ge 1$ und jede Wahl von $t_1, \ldots, t_k \in [0, 1]$ mit $0 \le t_1 < \ldots < t_k \le 1$ den k-dimensionalen Zufallsvektor $\pi_{t_1, \ldots, t_k} \circ X$ bilden, den wir mit $(X(t_1), \ldots, X(t_k))$ bezeichnen. Die Verteilungen von $(X(t_1), \ldots, X(t_k))$, wobei $k \ge 1$ und $0 \le t_1 < \ldots < t_k \le 1$, heißen *endlichdimensionale Verteilungen* von X. Wir werden hierfür das gebräuchliche Akronym *fidis* (vom englischen *finite-dimensional distributions*) verwenden.

Am Ende von Abschn. 13.12 haben wir gesehen, dass das System

$$\mathcal{C}_f = \left\{ \pi_{t_1, \ldots, t_k}^{-1}(H) \,\middle|\, k \in \mathbb{N}, \, 0 \le t_1 < \ldots < t_k \le 1, \, H \in \mathcal{B}^k \right\}$$

der endlichdimensionalen Mengen in $\mathcal{B}(C)$ ein Eindeutigkeitssystem für $\mathcal{P}$ bildet. Dies bedeutet, dass die Verteilung $\mathbb{P}^X$ von X als Wahrscheinlichkeitsmaß auf dem System der Borelmengen von C durch die Werte $\mathbb{P}^X(B)$ mit $B \in \mathcal{C}_f$ eindeutig bestimmt ist. Nach Definition von $\mathcal{C}_f$ ist B von der Gestalt $B = \pi^{-1}_{t_1,\ldots,t_k}(H)$ mit der Bedeutung von $k, t_1, \ldots, t_k$ und H wie oben. Wegen

$$\mathbb{P}^X(B) = \mathbb{P}^{\pi_{t_1,\ldots,t_k} \circ X}(H) = \mathbb{P}\big((X(t_1), \ldots, X(t_k)) \in H\big)$$

ist also die Verteilung von X durch die fidis von X eindeutig bestimmt.

14.10 Partialsummenprozesse

Eine wichtige Klasse zufälliger (stetiger) Funktionen bilden sog. *Partialsummenprozesse*. Dabei steht das Wort *Prozess* allgemein für eine Familie von Zufallsvariablen auf einem Wahrscheinlichkeitsraum. Den Ausgangspunkt für Partialsummenprozesse bildet eine Folge $Z_1, Z_2, \ldots$ stochastisch unabhängiger und identisch verteilter reeller Zufallsvariablen, wobei wir über die Verteilung von Z_1 nur $\mathbb{E}(Z_1) = 0$ und $\mathbb{E}(Z_1^2) = 1$ voraussetzen.

Wir definieren $S_0 := 0$ sowie $S_k := Z_1 + \ldots + Z_k$ für $k \geq 1$. Für $t \in [0, 1]$ sei

$$X_n(t) := \frac{S_{\lfloor nt \rfloor}}{\sqrt{n}} + (nt - \lfloor nt \rfloor) \cdot \frac{Z_{\lfloor nt \rfloor + 1}}{\sqrt{n}}. \tag{14.4}$$

Die zufällige Funktion X_n heißt *n-ter Partialsummenprozess* der Folge $(Z_n)_{n \geq 1}$. Deuten wir die Variable t als *Zeit*, so bewirkt der zweite Summand in (14.4) eine lineare Interpolation der Realisierungen von X_n zwischen den „Zeitpunkten" $\frac{j}{n}$ und $\frac{j+1}{n}$, wobei $j \in \{0, 1, \ldots, n-1\}$. Hierdurch sind die Pfade von X_n stetige Funktionen auf $[0, 1]$.

Abb. 14.1 zeigt eine Realisierung eines solchen Partialsummenprozesses, wobei als Verteilung von Z_1 die Gleichverteilung auf den beiden Werten $+1$ und -1 zugrundeliegt. Diese Wahl führt auf die sog. *einfache symmetrische Irrfahrt* auf der Menge $\mathbb{Z}$ der ganzen Zahlen. Nach k Schritten befindet sich eine solche Irrfahrt im Punkt S_k. Wir werden im nächsten Kapitel untersuchen, wie sich X_n beim Grenzübergang $n \to \infty$ verhält und dabei eine weitreichende Verallgemeinerung des multivariaten zentralen Grenzwertsatzes kennenlernen.

Selbstfrage 4 Wie verhält sich $X_n(1)$ asymptotisch für $n \to \infty$?

Im Folgenden gehen wir der Frage nach, wie man schwache Konvergenz von Wahrscheinlichkeitsmaßen bzw. Verteilungskonvergenz von S-wertigen Zufallselementen nachweisen kann.

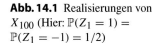

Abb. 14.1 Realisierungen von X_{100} (Hier: $\mathbb{P}(Z_1 = 1) = \mathbb{P}(Z_1 = -1) = 1/2$)

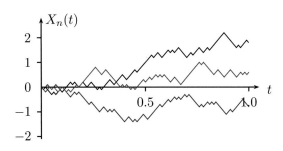

14.11 Satz (Kriterium für schwache Konvergenz 1)

Es seien P ein Wahrscheinlichkeitsmaß auf $\mathcal{B}(S)$ und $\mathcal{M}_P \subset \mathcal{B}(S)$ ein (unter Umständen von P abhängendes) $\cap$-stabiles System von Borelmengen. Ist jede offene Menge eine abzählbare Vereinigung von Mengen aus $\mathcal{M}_P$, so gilt:

$$\text{Aus}\quad P_n(A) \to P(A)\quad \text{für jedes}\ A \in \mathcal{M}_P\quad \text{folgt}\ P_n \xrightarrow{\mathcal{D}} P.$$

Beweis Es sei $O \subset S$ eine beliebige offene Menge. Wir zeigen $P(O) \le \liminf_{n \to \infty} P_n(O)$, womit nach dem Portmanteau-Theorem (Satz 14.3) die Behauptung folgen würde. Sind $A_1, \dots, A_k \in \mathcal{M}_P$, so folgt wegen der Durchschnittsstabilität von $\mathcal{M}_P$ und der Formel des Ein- und Ausschließens

$$P_n\left(\bigcup_{j=1}^{k} A_j\right) = \sum_{j=1}^{k} P_n(A_j) - \sum_{1 \le i < j \le k} P_n(A_i \cap A_j) \pm \dots + (-1)^{k-1} P_n(A_1 \cap \dots \cap A_k)$$

$$\to P\left(\bigcup_{j=1}^{k} A_j\right). \tag{14.5}$$

Nach Voraussetzung gibt es Mengen $A_1, A_2, \dots$ aus $\mathcal{M}_P$ mit $O = \bigcup_{j=1}^{\infty} A_j$. Zu beliebigem $\varepsilon > 0$ wählen wir k so, dass die Ungleichung $P(O) - \varepsilon \le P\left(\bigcup_{j=1}^{k} A_j\right)$ erfüllt ist.

Selbstfrage 5 Warum kann man k so wählen?

Aus (14.5) folgt

$$P(O) - \varepsilon \le \lim_{n \to \infty} P_n\left(\bigcup_{j=1}^{k} A_j\right) \le \liminf_{n \to \infty} P_n(O)$$

und damit die Behauptung, da ε beliebig war.   ■

Das folgende Kriterium für schwache Konvergenz greift, wenn der metrische Raum (S, ρ) separabel ist.

14.12 Satz (Kriterium für schwache Konvergenz 2)
Es seien P und $\mathcal{M}_P$ wie in Satz 14.11, und (S, ρ) sei separabel. Weiter gelte:

$$\text{Zu jedem } x \in S \text{ und } \varepsilon > 0 \text{ existiert ein } A \in \mathcal{M}_P \text{ mit } x \in \overset{\circ}{A} \subset A \subset B(x, \varepsilon). \qquad (14.6)$$

Falls $P_n(A) \to P(A)$ für jedes $A \in \mathcal{M}_P$, so folgt $P_n \overset{\mathcal{D}}{\longrightarrow} P$.

Beweis Sei $O \subset S$ eine beliebige nichtleere offene Menge. Wegen (14.6) gibt es zu jedem $x \in O$ eine Menge A_x aus $\mathcal{M}_P$ mit $x \in \overset{\circ}{A_x} \subset A_x \subset O$. Damit gilt $O = \bigcup_{x \in O} \overset{\circ}{A_x}$, d.h., $\{\, \overset{\circ}{A_x} : x \in O \}$ ist eine offene Überdeckung von O. Da (S, ρ) separabel ist, gibt es nach Satz 13.4 eine abzählbare Teilüberdeckung, d.h., es existieren $x_1, x_2, \dots \in O$ mit

$$O = \bigcup_{j=1}^{\infty} \overset{\circ}{A}_{x_j} = \bigcup_{j=1}^{\infty} A_{x_j}.$$

Die Behauptung folgt jetzt aus Satz 14.11.   ■

Die Kriterien 14.11 und 14.12 sind nützlich, um schwache Konvergenz einer Folge (P_n) gegen *ein bestimmtes* Wahrscheinlichkeitsmaß $P \in \mathcal{P}$ nachzuweisen. Mehr Flexibilität erreicht man jedoch, wenn man ein System $\mathcal{M} \subset \mathcal{B}(S)$ von Borelmengen finden kann, sodass *für jede Folge* (P_n) *aus* $\mathcal{P}$ *und jedes* $P \in \mathcal{P}$ gilt:

$$\text{Aus } \lim_{n \to \infty} P_n(B) = P(B) \text{ für jede } P\text{-Stetigkeitsmenge } B \in \mathcal{M} \text{ folgt } P_n \overset{\mathcal{D}}{\longrightarrow} P.$$

Ein solches System wird in der Folge *konvergenzbestimmendes System* (kurz: KBS) genannt. Ein solches KBS ist immer ein Eindeutigkeitssystem für $\mathcal{B}$. Wie wir gleich sehen werden, gilt die Umkehrung dieses Sachverhalts jedoch im Allgemeinen nicht.

Selbstfrage 6 Warum ist ein KBS ein Eindeutigkeitssystem für $\mathcal{P}$?

Damit ein System $\mathcal{M}$ konvergenzbestimmend ist, muss es anschaulich formuliert „hinreichend fein" sein. Zu diesem Zweck definieren wir für ein gegebenes System $\mathcal{M} \subset \mathcal{B}(S)$ zu jedem $x \in S$ und zu jedem $\varepsilon > 0$ die Teilsysteme

522434_1_De_14_Chapter-print ☑ TYPESET ☐ DISK ☐ LE ☑ CP Disp.:25/8/2022 Pages: 349 Layout: German_T5

$$\mathcal{M}_{x,\varepsilon} := \{A \in \mathcal{M} : x \in \overset{\circ}{A} \subset A \subset B(x,\varepsilon)\},$$
$$\partial \mathcal{M}_{x,\varepsilon} := \{\partial A : A \in \mathcal{M}_{x,\varepsilon}\}.$$

Falls das Mengensystem $\partial \mathcal{M}_{x,\varepsilon}$ überabzählbar viele paarweise disjunkte Mengen enthält, so muss – ganz egal, wie wir $P \in \mathcal{P}$ wählen – mindestens eine dieser Mengen unter P die Wahrscheinlichkeit null besitzen (vgl. Selbstfrage 3).

14.13 Satz (Hinreichende Bedingung für ein KBS)
Seien (S, ρ) separabel und $\mathcal{M} \subset \mathcal{B}(S)$ ein $\cap$-stabiles System. Enthält das System $\partial \mathcal{M}_{x,\varepsilon}$ für jedes $x \in S$ und jedes $\varepsilon > 0$ entweder die leere Menge $\emptyset$ oder überabzählbar viele paarweise disjunkte Mengen (insbesondere gilt dann $\mathcal{M}_{x,\varepsilon} \neq \emptyset$), so ist $\mathcal{M}$ ein KBS.

Beweis Zu beliebigem $P \in \mathcal{P}$ sei $\mathcal{M}_P := \mathcal{M} \cap \mathcal{C}(P)$ die Menge der P-Stetigkeitsmengen aus $\mathcal{M}$. Aufgrund der Teilmengenbeziehung

$$\partial(A \cap B) \subset \partial A \cup \partial B \tag{14.7}$$

ist das Mengensystem $\mathcal{M}_P$ $\cap$-stabil.

Selbstfrage 7 Warum gilt (14.7)?

Angenommen, es gälte $P_n(A) \to P(A)$ für jedes $A \in \mathcal{M}_P$. Aufgrund der Voraussetzung an $\partial \mathcal{M}_{x,\varepsilon}$ enthält $\mathcal{M}_{x,\varepsilon}$ für jedes $x \in S$ und jedes $\varepsilon > 0$ eine Menge aus $\mathcal{M}_P$. Damit erfüllt $\mathcal{M}_P$ die Voraussetzung von Satz 14.12, und es gilt $P_n \overset{\mathcal{D}}{\longrightarrow} P$. ∎

14.14 Beispiele

a) Sei $\mathcal{M}$ das System aller endlichen Durchschnitte offener Kugeln. Wegen $\partial B(x,r) \subset \{y \in S : \rho(x,y) = r\}$ (siehe Aufgabe 13.1) ist $\mathcal{M}$ ein KBS.

b) Es seien $S = \mathbb{R}^d$ und

$$\mathcal{M} := \{\times_{j=1}^{d} (a_j, b_j] : a_1, \ldots, a_d, b_1, \ldots, b_d \in \mathbb{R},\ a_j < b_j \text{ für } j \in \{1, \ldots, d\}\} \cup \{\emptyset\}.$$

Das System $\mathcal{M}$ erfüllt die Voraussetzungen von Satz 14.13 und ist folglich konvergenzbestimmend.

c) Es seien $S = \mathbb{R}^d$ und $\mathcal{M} := \{(-\infty, x] : x \in \mathbb{R}^d\} \cup \{\emptyset\}$. Hierbei ist für $x = (x_1, \ldots, x_d) \in \mathbb{R}^d$ $(-\infty, x] := \{y = (y_1, \ldots, y_d) \in \mathbb{R}^d : y_j \leq x_j \text{ für } j = 1, \ldots, d\}$. Das System $\mathcal{M}$ ist ein KBS (Übungsaufgabe 14.6).

14.15 Beispiel (Der Raum $\mathbb{R}^\infty$, Fortsetzung von Beispiel 13.13)

In Beispiel 13.13 haben wir gesehen, dass das System $\mathcal{R}_f^\infty = \{\pi_k^{-1}(H) : k \in \mathbb{N}, H \in \mathcal{B}^k\}$ der endlichdimensionalen Mengen ein Eindeutigkeitssystem für $\mathcal{P}$ bildet. Dabei steht $\pi_k :$ $\mathbb{R}^\infty \to \mathbb{R}^k$, $\pi_k(x) := (x_1, \ldots, x_k)$, für die Projektion einer Folge $x = (x_j)_{j\geq 1}$ auf den Vektor der ersten k Folgenglieder.

Das System $\mathcal{C}_f^\infty$ ist aber auch konvergenzbestimmend. Um diese Behauptung einzusehen, wählen wir zu beliebigem $x = (x_j)_{j\geq 1} \in \mathbb{R}^\infty$ und zu jedem $\varepsilon > 0$ eine natürliche Zahl k so, dass $2^{-k} < \frac{\varepsilon}{2}$ gilt. Für jedes η mit $0 < \eta < \frac{\varepsilon}{2}$ und jede endlichdimensionale Menge $A_\eta := \{y = (y_j) \in \mathbb{R}^\infty : |y_j - x_j| < \eta \text{ für jedes } j \leq k\}$ folgt dann $x \in \overset{\circ}{A}_\eta = A_\eta \subset B(x, \varepsilon)$.

> **Selbstfrage 8** Warum gilt $A_\eta \subset B(x, \varepsilon)$?

Da ∂A_η aus allen $y = (y_j)_{j\geq 1} \in \mathbb{R}^\infty$ mit der Eigenschaft $|y_j - x_j| \leq \eta$ für jedes $j = 1, \ldots, k$ besteht, wobei für mindestens ein j das Gleichheitszeichen eintritt, sind die Mengen ∂A_η für verschiedene Werte von η paarweise disjunkt. Da der metrische Raum $(\mathbb{R}^\infty, \rho)$ separabel ist, können wir Satz 14.13 anwenden. Es gilt also $P_n \overset{\mathcal{D}}{\longrightarrow} P$ genau dann, wenn die Konvergenz $P_n(B) \to P(B)$ für jede endlichdimensionale P-Stetigkeitsmenge B besteht. Gleichbedeutend hiermit ist die Äquivalenz

$$P_n \overset{\mathcal{D}}{\longrightarrow} P \iff P_n \pi_k^{-1} \overset{\mathcal{D}}{\longrightarrow} P \pi_k^{-1} \text{ für jedes } k \geq 1.$$

Sind $X = (X_j)_{j\geq 1}$ und $X^{(n)} = (X^{(n)})_{j\geq 1}$, $n \geq 1$, Zufallselemente in $\mathbb{R}^\infty$, so lässt sich dieses Resultat wie folgt umformulieren: Es gilt

$$X^{(n)} \overset{\mathcal{D}}{\longrightarrow} X \iff \left(X_1^{(n)}, \ldots, X_k^{(n)}\right) \overset{\mathcal{D}}{\longrightarrow} (X_1, \ldots, X_k) \text{ für jedes } k \geq 1. \qquad (14.8)$$

14.16 Beispiel (Der Raum C[0, 1], Fortsetzung von 13.9)

Wir wissen (siehe das Ende von 13.12), dass im Raum $C = C[0, 1]$ das System

$$\mathcal{C}_f = \left\{\pi_{t_1,\ldots,t_k}^{-1}(H) : k \in \mathbb{N}, 0 \leq t_1 < \ldots < t_k \leq 1, H \in \mathcal{B}^k\right\}$$

der endlichdimensionalen Mengen ein Eindeutigkeitssystem für $\mathcal{P}$ bildet. In der Terminologie zufälliger Funktionen (siehe Abschn. 14.9) bedeutet dieses Resultat, dass die Verteilung eines C-wertigen Zufallselementes X eindeutig durch das System der fidis von X, also durch die Menge aller Verteilungen von $(X(t_1), \ldots, X(t_k))$, wobei $k \geq 1$ und $0 \leq t_1 < \ldots < t_k \leq 1$, eindeutig bestimmt ist.

Wir fragen uns: Ist das System der fidis von X auch konvergenzbestimmend, also ein KBS? Gilt also für C-wertige Zufallselemente $X, X_1, X_2, \ldots$

522434_1_De_14_Chapter-print ☑TYPESET ☐DISK ☐LE ☑CP Disp.:25/8/2022 Pages: 349 Layout: German_T5

$$X_n \xrightarrow{\mathcal{D}} X \iff \big(X_n(t_1), \ldots, X_n(t_k)\big) \xrightarrow{\mathcal{D}} \big(X(t_1), \ldots, X(t_k)\big) \qquad (14.9)$$
$$\forall k \geq 1 \; \forall 0 \leq t_1 < \ldots < t_k \leq 1$$

oder in äquivalenter Notation

$$X_n \xrightarrow{\mathcal{D}} X \iff \pi_{t_1,\ldots,t_k} \circ X_n \xrightarrow{\mathcal{D}} \pi_{t_1,\ldots,t_k} \circ X \; \forall k \geq 1 \; \forall 0 \leq t_1 < \ldots < t_k \leq 1? \quad (14.10)$$

Da die Projektionen $\pi_{t_1,\ldots,t_k} : C \to \mathbb{R}$ stetige Abbildungen sind, liefert der Abbildungssatz 14.8, dass in (14.9) und (14.10) jeweils die Implikation „$\Longrightarrow$" gilt. *Definieren* wir die in (14.9) und (14.10) rechts vom Äquivalenzpfeil stehenden Verteilungskonvergenzen als *fidi-Konvergenz* von (X_n) gegen X und schreiben wir hierfür kurz

$$X_n \xrightarrow{\mathcal{D}_{\text{fidi}}} X :\iff \pi_{t_1,\ldots,t_k} \circ X_n \xrightarrow{\mathcal{D}} \pi_{t_1,\ldots,t_k} \circ X \; \forall k \geq 1 \; \forall 0 \leq t_1 < \ldots < t_k \leq 1, \quad (14.11)$$

so folgt $X_n \xrightarrow{\mathcal{D}} X \implies X_n \xrightarrow{\mathcal{D}_{\text{fidi}}} X$. Im Raum C ist also fidi-Konvergenz eine *notwendige Bedingung* für Verteilungskonvergenz.

Die zu (14.11) entsprechende Definition für Wahrscheinlichkeitsmaße P, P_1, $P_2, \ldots$ auf $\mathcal{B}(C)$ ist

$$P_n \xrightarrow{\mathcal{D}_{\text{fidi}}} P :\iff P_n \pi_{t_1,\ldots,t_k}^{-1} \xrightarrow{\mathcal{D}} P \pi_{t_1,\ldots,t_k}^{-1} \; \forall k \geq 1 \; \forall 0 \leq t_1 < \ldots < t_k \leq 1. \quad (14.12)$$

Auch hier spricht man von *fidi-Konvergenz* von (P_n) gegen P.

Im Gegensatz zum Raum $\mathbb{R}^\infty$, in dem die rechte Seite von (14.8) als fidi-Konvergenz von X_n gegen X definiert ist, reicht fidi-Konvergenz in C[0, 1] nicht aus, um Verteilungskonvergenz $X_n \xrightarrow{\mathcal{D}} X$ zu erhalten. Um diese wichtige Botschaft einzusehen, diene die in (13.4) definierte Funktionenfolge (z_n) auf C, also

$$z_n(t) = nt\mathbf{1}_{[0,1/n]}(t) + (2 - nt)\mathbf{1}_{(1/n,2/n]}(t), \qquad 0 \leq t \leq 1$$

(siehe auch Abb. 13.3). Setzen wir $P_n := \delta_{z_n}$ sowie $P := \delta_0$, so konvergiert die Folge (P_n) *nicht* schwach gegen P, da $z_n \not\to 0$ (vgl. Beispiel 14.2). Sind andererseits k eine beliebige natürliche Zahl und $t_1, \ldots, t_k$ beliebige Zahlen mit $0 \leq t_1 < \ldots < t_k \leq 1$, so gilt für hinreichend großes n

$$\pi_{t_1,\ldots,t_k}(z_n) = (0, 0, \ldots, 0) = \pi_{t_1,\ldots,t_k}(0),$$

und zwar im Fall $t_1 > 0$ für jedes n mit $\frac{2}{n} < t_1$ und im verbleibenden Fall $0 = t_1 < t_2$ für jedes n mit $\frac{2}{n} < t_2$. Somit besteht fidi-Konvergenz $P_n \xrightarrow{\mathcal{D}_{\text{fidi}}} P$ bzw. $X_n \xrightarrow{\mathcal{D}_{\text{fidi}}} X$, wenn die Zufallselemente X_n bzw. X die Werte (d. h. Funktionen) z_n bzw. 0 mit Wahrscheinlichkeit eins annehmen.

Das folgende, schon in Kap. 6 verwendete allgemeine Konzept erlaubt unter anderem, im Raum C von $X_n \xrightarrow{\mathcal{D}_{\text{fidi}}} X$ auf $X_n \xrightarrow{\mathcal{D}} X$ bzw. von $P_n \xrightarrow{\mathcal{D}_{\text{fidi}}} P$ auf $P_n \xrightarrow{\mathcal{D}} P$ zu schließen.

14.17 Definition (relative Kompaktheit)

Es seien (S, ρ) ein metrischer Raum und $\mathcal{Q} \subset \mathcal{P}$ eine nichtleere Menge von Wahrscheinlichkeitsmaßen auf $\mathcal{B}(S)$. Die Menge $\mathcal{Q}$ heißt *relativ kompakt,* falls gilt: Zu jeder Folge $(P_n)_{n \geq 1}$ aus $\mathcal{Q}$ gibt es eine Teilfolge $(P_{n_k})_{k \geq 1}$ und ein Wahrscheinlichkeitsmaß Q auf $\mathcal{B}(S)$ mit der Eigenschaft

$$P_{n_k} \xrightarrow{\mathcal{D}} Q \text{ für } k \to \infty. \tag{14.13}$$

Sind $X_1, X_2, \ldots$ S-wertige Zufallselemente auf einem Wahrscheinlichkeitsraum $(\Omega, \mathcal{A}, \mathbb{P})$, so definiert man die *relative Kompaktheit der Folge* $(X_n)_{n \geq 1}$ durch die relative Kompaktheit der Menge $\mathcal{Q} := \{\mathbb{P}^{X_n} : n \geq 1\}$ der Verteilungen von $X_1, X_2, \ldots$.

Es sei betont, dass das in (14.13) auftretende Wahrscheinlichkeitsmaß Q nicht notwendig zu $\mathcal{Q}$ gehören muss.

Zusammen mit Satz 14.5 ergibt sich nachstehendes Kriterium für die schwache Konvergenz.

14.18 Folgerung

Es seien $P, P_1, P_2, \ldots$ Wahrscheinlichkeitsmaße auf $\mathcal{B}(S)$. Ist die Menge $\{P_n : n \geq 1\}$ relativ kompakt, und konvergiert jede überhaupt schwach konvergente Teilfolge von (P_n) gegen P, so folgt $P_n \xrightarrow{\mathcal{D}} P$ für $n \to \infty$.

Nach dem Teilfolgenkriterium 14.5 folgt aus $P_n \xrightarrow{\mathcal{D}} P$ die relative Kompaktheit von $\mathcal{Q} := \{P_n : n \in \mathbb{N}\}$. Relative Kompaktheit ist demnach eine notwendige Bedingung für schwache Konvergenz. Das folgende wichtige Resultat besagt, dass im Fall des metrischen Raums C[0, 1] aus relativer Kompaktheit und fidi-Konvergenz die schwache Konvergenz folgt.

14.19 Satz (Aus fidi-Konvergenz und relativer Kompaktheit folgt $P_n \xrightarrow{\mathcal{D}} P$ in C)

Es seien $S = C = C[0, 1]$ und $P, P_1, P_2, \ldots \in \mathcal{P}$. Ist $\{P_n : n \in \mathbb{N}\}$ relativ kompakt, und gilt $P_n \xrightarrow{\mathcal{D}_{\text{fidi}}} P$, so folgt $P_n \xrightarrow{\mathcal{D}} P$.

Beweis Wegen der relativen Kompaktheit enthält jede Teilfolge (P_{n_i}) eine weitere Teilfolge $(P_{n_i'})$ mit $P_{n_i'} \xrightarrow{\mathcal{D}} Q$ für ein $Q \in \mathcal{P}$. Seien k eine beliebige natürliche Zahl und $t_1, \ldots, t_k$ mit $0 \leq t_1 < \ldots < t_k \leq 1$ beliebig gewählt. Nach dem Abbildungssatz gilt $P_{n_i'} \pi_{t_1, \ldots, t_k}^{-1} \xrightarrow{\mathcal{D}} Q\pi_{t_1, \ldots, t_k}^{-1}$. Aufgrund der fidi-Konvergenz $P_n \xrightarrow{\mathcal{D}_{\text{fidi}}} P$ folgt $P_{n_i'} \pi_{t_1, \ldots, t_k}^{-1} \xrightarrow{\mathcal{D}} P\pi_{t_1, \ldots, t_k}^{-1}$. Damit ergibt sich $Q\pi_{t_1, \ldots, t_k}^{-1} = P\pi_{t_1, \ldots, t_k}^{-1}$ und deshalb $P(B) = Q(B)$ für jedes $B \in \mathcal{C}_f$. Da $\mathcal{C}_f$ ein Eindeutigkeitssystem ist, erhalten wir $P = Q$ und somit die Behauptung. ∎

522434_1_De_14_Chapter-print ☑ TYPESET ☐ DISK ☐ LE ☑ CP Disp.:25/8/2022 Pages: 349 Layout: German_T5

Selbstfrage 9 Warum folgt die Behauptung, also $P_n \xrightarrow{\mathcal{D}} P$?

Die mithilfe von Zufallselementen formulierte Version von Satz 14.19 lautet wie folgt: Sind $X, X_1, X_2, \ldots$ C-wertige Zufallselemente mit der Eigenschaft $X_n \xrightarrow{\mathcal{D}_{\text{fidi}}} X$, und ist die Folge (X_n) relativ kompakt, so gilt $X_n \xrightarrow{\mathcal{D}} X$.

Wie der folgende Satz zeigt, ist relative Kompaktheit aber auch ein schlagkräftiges Instrument, um die Existenz von Wahrscheinlichkeitsmaßen auf $\mathcal{B}(C)$ nachzuweisen.

14.20 Satz (Existenz von Wahrscheinlichkeitsmaßen auf C[0, 1])
Es seien $P_1, P_2, \ldots \in \mathcal{P}$. Ist $\{P_n : n \geq 1\}$ relativ kompakt, und gibt es zu jedem $k \geq 1$ und zu jeder Wahl von $t_1, \ldots, t_k$ mit $0 \leq t_1 < \ldots < t_k \leq 1$ ein Wahrscheinlichkeitsmaß $Q_{t_1, \ldots, t_k}$ auf $\mathcal{B}^k$ mit

$$P_n \pi_{t_1, \ldots, t_k}^{-1} \xrightarrow{\mathcal{D}} Q_{t_1, \ldots, t_k}, \tag{14.14}$$

so existiert ein Wahrscheinlichkeitsmaß P auf $\mathcal{B}(C)$ mit der Eigenschaft

$$P \pi_{t_1, \ldots, t_k}^{-1} = Q_{t_1, \ldots, t_k} \quad \text{für alle } k \text{ und } t_1, \ldots, t_k \text{ mit } 0 \leq t_1 < \ldots < t_k \leq 1.$$

Beweis Wegen der relativen Kompaktheit gibt es eine Teilfolge (P_{n_j}) sowie ein $P \in \mathcal{P}$ mit $P_{n_j} \xrightarrow{\mathcal{D}} P$ für $j \to \infty$. Seien $k \geq 1$ und $t_1, \ldots, t_k$ mit $0 \leq t_1 < \ldots < t_k \leq 1$ beliebig gewählt. Mit dem Abbildungssatz folgt dann $P_{n_i} \pi_{t_1, \ldots, t_k}^{-1} \xrightarrow{\mathcal{D}} P \pi_{t_1, \ldots, t_k}^{-1}$. Mit (14.14) ergibt sich $P_{n_i} \pi_{t_1, \ldots, t_k}^{-1} \xrightarrow{\mathcal{D}} Q_{t_1, \ldots, t_k}$ und damit die Behauptung. ∎

Die beiden letzten Resultate zeigen, wie wichtig die Eigenschaft der relativen Kompaktheit im Hinblick auf den Nachweis von Verteilungskonvergenz ist, aber wie weist man relative Kompaktheit nach? Für Mengen von Wahrscheinlichkeitsmaßen im $\mathbb{R}^d$ greift hier der Satz von Prochorow (Satz 6.11), wonach relative Kompaktheit gleichbedeutend mit Straffheit ist. Dabei lässt sich Straffheit auch für Wahrscheinlichkeitsmaße auf allgemeinen metrischen Räumen definieren.

14.21 Definition (Straffheit)
Es seien (S, ρ) ein metrischer Raum und $\mathcal{Q} \subset \mathcal{P}$ eine nichtleere Menge von Wahrscheinlichkeitsmaßen auf $\mathcal{B}(S)$. Die Menge $\mathcal{Q}$ heißt *straff*, falls es zu jedem $\varepsilon > 0$ eine kompakte Teilmenge K von S gibt, sodass gilt:

$$Q(K) \geq 1 - \varepsilon \quad \text{für jedes } Q \in \mathcal{Q}. \tag{14.15}$$

Eine Folge $(X_n)_{n \geq 1}$ S-wertiger Zufallselemente auf einem Wahrscheinlichkeitsraum $(\Omega, \mathcal{A}, \mathbb{P})$ heißt *straff*, wenn die Menge $\mathcal{Q} := \{\mathbb{P}^{X_n} : n \geq 1\}$ der zugehörigen Verteilungen straff ist. In diesem Fall sagt man auch, die Folge (X_n) sei *stochastisch beschränkt*, und man verwendet dafür oft die in Abschn. 6.14 eingeführte Notation $X_n = O_{\mathbb{P}}(1)$.

Wie J. Prochorow zeigen konnte, gilt Satz 6.11 unter allgemeinen Bedingungen.

14.22 Satz (von Prochorow)

Es seien (S, ρ) ein metrischer Raum und $\mathcal{Q} \subset \mathcal{P}$ eine nichtleere Menge von Wahrscheinlichkeitsmaßen auf $\mathcal{B}(S)$. Dann gelten:

a) Ist $\mathcal{Q}$ straff, so ist $\mathcal{Q}$ auch relativ kompakt.
b) Die Umkehrung in a) gilt, falls (S, ρ) separabel und vollständig ist.

Beweis Wir beweisen zunächst Teil b) und geben eine Beweisskizze für Teil a). Seien $\mathcal{Q} \subset \mathcal{P}$ relativ kompakt und $\varepsilon > 0$ beliebig. Um eine kompakte Teilmenge K von S mit (14.15) zu finden, sei (O_n) eine beliebige aufsteigende Folge offener Mengen mit $S = \cup_{n=1}^{\infty} O_n$. Wir behaupten zunächst, dass es eine natürliche Zahl n gibt, sodass für jedes $P \in \mathcal{Q}$ die Ungleichung $P(O_n) > 1 - \varepsilon$ erfüllt ist. Andernfalls gäbe es zu jedem n ein $P_n \in \mathcal{Q}$ mit $P_n(O_n) \leq 1 - \varepsilon$. Wegen der vorausgesetzten relativen Kompaktheit existieren eine Teilfolge (P_{n_k}) von (P_n) sowie ein Wahrscheinlichkeitsmaß $Q \in \mathcal{P}$ mit $P_{n_k} \xrightarrow{\mathcal{D}} Q$ für $k \to \infty$. Nach dem Portmanteau-Theorem (Satz 14.3) ergibt sich dann für festes n:

$$Q(O_n) \leq \liminf_{k \to \infty} P_{n_k}(O_n) \leq \liminf_{k \to \infty} P_{n_k}(O_{n_k}) \leq 1 - \varepsilon. \tag{14.16}$$

Wegen $O_n \uparrow S$ gilt aber $\lim_{n \to \infty} Q(O_n) = 1$, was ein Widerspruch dazu ist, dass (14.16) für jedes n erfüllt ist.

Wegen der Separabilität von S gibt es für jedes $k \geq 1$ offene Kugeln $B_{k,j}$, $j \geq 1$, mit Radius $\frac{1}{k}$ und $S = \cup_{j=1}^{\infty} B_{k,j}$. Nach dem bereits Gezeigten existiert eine natürliche Zahl n_k mit der Eigenschaft

$$P\left(\bigcup_{j=1}^{n_k} B_{k,j}\right) > 1 - \frac{\varepsilon}{2^k} \quad \text{für jedes } P \in \mathcal{Q}.$$

Die Menge $M := \cap_{k \geq 1}(\cup_{j \leq n_k} B_{k,j})$ besitzt zu jedem $\eta > 0$ ein endliches η-Netz und ist somit totalbeschränkt. Setzen wir $K := \overline{M}$, so ist K wegen der vorausgesetzten Vollständigkeit von S ebenfalls vollständig. Nach Satz 13.6 ist K kompakt, und es gilt (14.15). Somit ist $\mathcal{Q}$ straff.

Beweisskizze von a): Sei (P_n) eine Folge in $\mathcal{Q}$. Wir müssen zeigen, dass es eine Teilfolge (P_{n_k}) von (P_n) sowie ein $P \in \mathcal{P}$ mit $P_{n_k} \xrightarrow{\mathcal{D}} P$ bei $k \to \infty$ gibt. Sei $(K_n)_{n \geq 1}$ eine aufsteigende Folge kompakter Teilmengen von S mit

$$P_n(K_j) > 1 - \frac{1}{j} \quad \text{für jedes } j \geq 1 \text{ und jedes } n \geq 1.$$

Für jedes $m \geq 1$ besitzt K_j ein endliches $\frac{1}{m}$-Netz $N_{j,m}$. Die Menge $N := \bigcup_{j=1}^{\infty} \bigcup_{m=1}^{\infty} N_{j,m}$ ist abzählbar, und es gilt $\cup_{j=1}^{\infty} K_j \subset \overline{N}$. Damit ist die Menge $\cup_{j=1}^{\infty} K_j$ definitionsgemäß separabel. Folglich gibt es ein abzählbares System $\widetilde{\mathcal{O}} \subset \mathcal{O}$ offener Mengen mit der Eigenschaft, dass für jedes $x \in S$ und jedes $O \in \mathcal{O}$ gilt: Gehört x zur Menge $\left(\cup_{j=1}^{\infty} K_j \right) \cap O$, so gibt es ein $G \in \widetilde{\mathcal{O}}$ mit $x \in G \subset \overline{G} \subset O$.

Sei $\mathcal{H}$ das um $\{\emptyset\}$ erweiterte abzählbare System aller endlichen Vereinigungen von Mengen der Gestalt $\overline{G} \cap K_j$, wobei $G \in \widetilde{\mathcal{O}}$ und $j \geq 1$. Nach dem Cantorschen Diagonalverfahren gibt es eine Teilfolge (P_{n_k}), sodass der Grenzwert $\alpha(H) := \lim_{k \to \infty} P_{n_k}(H)$ für jedes $H \in \mathcal{H}$ existiert. Das Ziel besteht jetzt darin, ein $P \in \mathcal{P}$ mit der Eigenschaft

$$P(O) = \sup\{\alpha(H) : H \in \mathcal{H}, H \subset O\}, \quad O \in \mathcal{O}, \tag{14.17}$$

zu konstruieren. Falls P existiert, so folgt für jedes $H \in \mathcal{H}$ mit $H \subset O$

$$\alpha(H) = \lim_{k \to \infty} P_{n_k}(H) \leq \liminf_{k \to \infty} P_{n_k}(O)$$

und somit wegen (14.17) $P(O) \leq \liminf_{k \to \infty} P_{n_k}(O)$. Das Portmanteau-Theorem liefert dann $P_{n_k} \xrightarrow{\mathcal{D}} P$. Die Konstruktion von P erfolgt über ein geeignetes äußeres Maß mithilfe des Maß-Fortsetzungssatzes (siehe z. B. [BI2, S. 61–63]).

14.23 Korollar
Ist (S, ρ) vollständig und separabel, so ist jede *endliche* Menge $\mathcal{Q} \subset \mathcal{P}$ straff.

Selbstfrage 10 Warum gilt die letzte Folgerung?

Welche Konsequenzen hat der Satz von Prochorow für schwache Konvergenz und Verteilungskonvergenz in C[0, 1]? Nach dem Satz von Arzelà–Ascoli (Satz 13.11) ist eine Menge $M \subset$ C[0, 1] genau dann relativ kompakt, wenn sowohl $\sup_{x \in M} |x(0)| < \infty$ als auch $\lim_{\delta \to 0} \sup_{x \in M} w_x(\delta) = 0$ gelten. Wir erhalten somit folgendes Resultat.

14.24 Satz (Charakterisierung der Straffheit in C[0, 1])
Eine Folge $(P_n)_{n \geq 1}$ von Wahrscheinlichkeitsmaßen auf $\mathcal{B}(C)$ ist genau dann straff, wenn die folgenden Bedingungen erfüllt sind:

a) Zu jedem $\eta > 0$ gibt es ein a, sodass gilt: $P_n(\{x \in C : |x(0)| \geq a\}) \leq \eta$ für jedes $n \geq 1$.

b) Zu jedem $\varepsilon > 0$ und zu jedem $\eta > 0$ existiert ein $\delta \in (0, 1)$, sodass gilt:
$$P_n(\{x \in C : w_x(\delta) \geq \varepsilon\}) \leq \eta \text{ für jedes } n \geq 1.$$

Beweis Es seien $\{P_n : n \geq 1\}$ straff und $\eta > 0$ beliebig. Wegen der Straffheit gibt es eine kompakte Menge $K \subset C$ mit $P_n(K) > 1 - \eta$ für jedes $n \geq 1$. Nach Satz 13.11 existiert ein a mit $K \subset \{x \in C : |x(0)| < a\}$. Somit ist Bedingung a) erfüllt. Ist $\varepsilon > 0$ beliebig, so gibt es nach Satz 13.11 ein $\delta \in (0, 1)$ mit $K \subset \{x : w_x(\delta) < \varepsilon\}$. Damit folgt $P_n(\{x : w_x(\delta) < \varepsilon\}) > 1 - \eta$ für jedes $n \geq 1$, sodass auch b) erfüllt ist. Um zu zeigen, dass aus a) und b) die Straffheit von $(P_n)_{n \geq 1}$ folgt, sei $\varepsilon > 0$ beliebig. Um eine kompakte Menge $K \subset C$ mit $P_n(K) \geq 1 - \varepsilon$ für jedes $n \geq 1$ zu finden, setzen wir zunächst in a) $\eta := \varepsilon/2$ sowie $B := \{x : |x(0)| \leq a\}$. Dabei ist $a > 0$ so gewählt, dass gilt:

$$P_n(B) \geq 1 - \tfrac{\varepsilon}{2}, \quad n \geq 1.$$

Jetzt nutzen wir b) aus und setzen für jedes $k \geq 1$ $\eta_k := \varepsilon/2^{k+1}$. Nach b) können wir $\delta_k \in (0, 1)$ so wählen, dass mit $B_k := \{x \in C : w_x(\delta_k) < 1/k\}$ die Ungleichungen

$$P_n(B_k) \geq 1 - \tfrac{\varepsilon}{2^{k+1}}, \quad k \geq 1, \ n \geq 1.$$

erfüllt sind. Definieren wir $K := \overline{B \cap \bigcap_{k=1}^{\infty} B_k}$, so gilt $P_n(K) \geq 1 - \varepsilon$ für jedes $n \geq 1$. Nach Satz 13.11 ist die Menge $A := B \cap \bigcap_{k=1}^{\infty} B_k$ relativ kompakt. ∎

Mithilfe der obigen Charakterisierung erhalten wir folgendes Kriterium für die Verteilungskonvergenz $X_n \overset{\mathcal{D}}{\longrightarrow} X$ von Zufallselementen in $C[0, 1]$. Dabei sei an die in (14.11) definierte fidi-Konvergenz $X_n \overset{\mathcal{D}_{\text{fidi}}}{\longrightarrow} X$ (Konvergenz aller endlichdimensionalen Verteilungen) erinnert.

14.25 Satz (Kriterium für Verteilungskonvergenz in C[0, 1])
Es seien $X, X_1, X_2, \ldots$ C[0, 1]-wertige Zufallselemente auf einem Wahrscheinlichkeitsraum $(\Omega, \mathcal{A}, \mathbb{P})$. Falls $X_n \overset{\mathcal{D}_{\text{fidi}}}{\longrightarrow} X$ und

$$\lim_{\delta \to 0} \limsup_{n \to \infty} \mathbb{P}\left(w(X_n, \delta) \geq \varepsilon\right) = 0 \quad \text{für jedes } \varepsilon > 0, \tag{14.18}$$

so folgt $X_n \overset{\mathcal{D}}{\longrightarrow} X$.

Beweis Es seien $P := \mathbb{P}^X$ und $P_n := \mathbb{P}^{X_n}$, $n \geq 1$. Nach Satz 14.19 und dem Satz von Prochorow ist nur die Straffheit von $\{P_n : n \geq 1\}$ zu zeigen. Wegen $X_n(0) \overset{\mathcal{D}}{\longrightarrow} X(0)$ ist $\{P_n \circ \pi_0^{-1} : n \geq 1\}$ straff, und somit ist Bedingung a) von Satz 14.24 erfüllt. Da (14.18) gleichbedeutend mit

$$\lim_{\delta \to 0} \limsup_{n \to \infty} P_n(\{x : w(x, \delta) \geq \varepsilon\}) = 0 \quad \text{für jedes } \varepsilon > 0$$

ist, gilt auch Bedingung b) von Satz 14.24.   ∎

Um Verteilungskonvergenz $X_n \xrightarrow{\mathcal{D}} X$ in C[0, 1] nachzuweisen, muss man also neben der
Konvergenz aller endlichdimensionalen Verteilungen zeigen, dass die Wahrscheinlichkeit
dafür, dass die maximale betragsmäßige Fluktuation der X_n über Intervalle der Länge δ
mindestens gleich einem (noch so kleinen) $\varepsilon > 0$ ist, gleichmäßig bezüglich n gegen null
konvergiert, wenn δ beliebig klein wird. Wir werden dieses Kriterium im nächsten Kapitel
auf die Situation von Partialsummenprozessen zuschneiden.

Wir möchten dieses Kapitel mit einer weitreichenden Verallgemeinerung von Satz 6.8
(Verteilungskonvergenz und Unabhängigkeit) sowie mit einem Lemma von Slutsky für
Zufallselemente in metrischen Räumen beschließen.

14.26 Satz (Verteilungskonvergenz und Unabhängigkeit)
Es seien S' und S'' separable metrische Räume und $S := S' \times S''$. Weiter seien $(\Omega, \mathcal{A}, \mathbb{P})$
ein Wahrscheinlichkeitsraum und $X, X_1, X_2, \ldots$ S'-wertige sowie $Y, Y_1, Y_2, \ldots$ S''-wertige
Zufallselemente auf Ω. Dann gilt: Sind für jedes $n \geq 1$ X_n und Y_n stochastisch unabhängig,
und gelten $X_n \xrightarrow{\mathcal{D}} X$ sowie $Y_n \xrightarrow{\mathcal{D}} Y$, so folgt

$$(X_n, Y_n) \xrightarrow{\mathcal{D}} (X, Y),$$

wobei X und Y stochastisch unabhängig sind. Dieses Resultat gilt sinngemäß auch für mehr
als zwei separable metrische Räume und entsprechende Folgen von Zufallselementen.

Beweis Nach Aufgabe 13.7 ist S separabel, und die Borelsche σ-Algebra über S ist das
Produkt der Borelschen σ-Algebren über S' und S''. Damit sind (X_n, Y_n), $n \geq 1$, S-wertige
Zufallselemente. Es seien $P_n := \mathbb{P}^{(X_n, Y_n)}$ sowie $P'_n := \mathbb{P}^{X_n}$ und $P''_n := \mathbb{P}^{Y_n}$ die Verteilungen
von (X_n, Y_n) bzw. von X_n bzw. von Y_n, $n \geq 1$. Weiter seien $P' := \mathbb{P}^X$ und $P'' := \mathbb{P}^Y$
die Verteilungen von X bzw. von Y. Wegen der stochastischen Unabhängigkeit von X_n und
Y_n gilt $P_n = P'_n \otimes P''_n$ (Produkt-Wahrscheinlichkeitsmaß). Aufgrund von $X_n \xrightarrow{\mathcal{D}} X$ und
$Y_n \xrightarrow{\mathcal{D}} Y$ gelten $P'_n(B') \to P'(B')$ für jede P'-Stetigkeitsmenge B' sowie $P''_n(B'') \to$
$P''(B'')$ für jede P''-Stetigkeitsmenge B''. Für solche Mengen B' und B'' folgt dann

$$P_n(B' \times B'') = P'_n(B') P''_n(B'') \to P'(B') P''(B'').$$

Definieren wir $P := P' \otimes P''$, so gilt nach Teil d) von Aufgabe 14.11 $P_n \xrightarrow{\mathcal{D}} P$. Gleichbedeutend hiermit ist $(X_n, Y_n) \xrightarrow{\mathcal{D}} (X, Y)$, wobei X und Y stochastisch unabhängig sind.
Eine Erweiterung auf mehr als zwei metrische Räume und Folgen von Zufallselementen ist
problemlos möglich, da die Produktmaß-Bildung assoziativ ist.   ∎

Das Lemma von Slutsky für d-dimensionale Zufallsvektoren $X, X_1, X_2, \ldots$ und $Y_1, Y_2, \ldots$
besagt, dass aus der Verteilungskonvergenz $X_n \xrightarrow{\mathcal{D}} X$ und der stochastischen Konvergenz

$Y_n \xrightarrow{\mathbb{P}} 0_d$ die Verteilungskonvergenz $X_n + Y_n \xrightarrow{\mathcal{D}} X$ folgt (Satz 6.9). Um stochastische Konvergenz $X_n \xrightarrow{\mathbb{P}} X$ für S-wertige Zufallselemente $X, X_1, X_2, \ldots$ zu definieren, ist Vorsicht geboten. Da zur Messung des „Abstandes" zwischen X_n und X nur $\rho(X_n, X)$ infrage kommt, muss sichergestellt sein, dass die auf Ω definierte Abbildung $\Omega \ni \omega \mapsto \rho(X_n(\omega), X(\omega))$ $(\mathcal{A}, \mathcal{B}^1)$-messbar und damit eine Zufallsvariable auf Ω ist. Dies ist der Fall, wenn der metrische Raum (S, ρ) separabel ist. Dann ist nämlich nach Aufgabe 13.7 das Paar (X_n, X) ein Zufallselement in $S \times S$, also wegen der Identität $\mathcal{B}(S \times S) = \mathcal{B}(S) \otimes \mathcal{B}(S)$ eine $(\mathcal{A}, \mathcal{B}(S \times S))$-messbare Abbildung auf Ω mit Werten in $S \times S$. Folglich ist $\rho(X_n, X)$ eine reelle Zufallsvariable auf Ω.

Selbstfrage 11 Warum gilt die letzte Folgerung?

14.27 Definition (Stochastische Konvergenz)
Es seien (S, ρ) ein separabler metrischer Raum und $X, X_1, X_2, \ldots$ Zufallselemente in S. Falls

$$\lim_{n \to \infty} \mathbb{P}\big(\rho(X_n, X) \geq \varepsilon\big) = 0 \quad \text{für jedes } \varepsilon > 0$$

gilt, so sagt man, die Folge (X_n) *konvergiere stochastisch gegen* X und schreibt hierfür kurz $X_n \xrightarrow{\mathbb{P}} X$ (für $n \to \infty$).

Gilt speziell $\mathbb{P}(X = a) = 1$ für ein $a \in S$, so schreibt man hierfür auch $X_n \xrightarrow{\mathbb{P}} a$.

Der Grenzwert einer stochastisch konvergenten Folge ist mit Wahrscheinlichkeit eins eindeutig bestimmt (Aufgabe 14.5).

14.28 Satz (Lemma von Slutzky)
Seien (X_n, Y_n), $n \geq 1$, Zufallselemente in $S \times S$ und X ein Zufallselement in S.

$$\text{Falls } X_n \xrightarrow{\mathcal{D}} X \text{ und } \rho(X_n, Y_n) \xrightarrow{\mathbb{P}} 0, \text{ so folgt } Y_n \xrightarrow{\mathcal{D}} X.$$

Beweis Es seien $A \subset S$ eine abgeschlossene Menge sowie $\varepsilon > 0$ beliebig. Mit $A_\varepsilon := \{x \in S : \rho(x, A) \leq \varepsilon\}$ gilt dann

$$\mathbb{P}(Y_n \in A) = \mathbb{P}(Y_n \in A,\, \rho(X_n, Y_n) \geq \varepsilon) + \mathbb{P}(Y_n \in A,\, \rho(X_n, Y_n) < \varepsilon)$$
$$\leq \mathbb{P}(\rho(X_n, Y_n) \geq \varepsilon) + \mathbb{P}(X_n \in A_\varepsilon).$$

Da die Menge A_ε abgeschlossen ist, gilt wegen der Verteilungskonvergenz $X_n \xrightarrow{\mathcal{D}} X$ nach dem Portmanteau-Theorem (Satz 14.7) $\limsup_{n \to \infty} \mathbb{P}(Y_n \in A) \leq \mathbb{P}(X \in A_\varepsilon)$. Lässt man jetzt ε eine monoton fallende Nullfolge durchlaufen, so bilden die entsprechenden Mengen A_ε eine absteigende Mengenfolge, die wegen der Abgeschlossenheit von A gegen A konvergiert. Da das Wahrscheinlichkeitsmaß $\mathbb{P}^X$ stetig von oben ist, ergibt sich

$$\limsup_{n \to \infty} \mathbb{P}(Y_n \in A) \leq \mathbb{P}(X \in A)$$

und somit die Behauptung aufgrund des Portmanteau-Theorems.   ∎.

14.29 Korollar (Aus stochastischer Konvergenz folgt Verteilungskonvergenz)

Aus $X_n \xrightarrow{\mathbb{P}} X$ folgt $X_n \xrightarrow{\mathcal{D}} X$.

Beweis Die Behauptung ergibt sich, wenn man im Lemma von Slutsky $X_n := X$ sowie $Y_n := X_n, n \geq 1$, setzt.   ∎

Wer nach dem Studium dieses Kapitels weitere Ergebnisse rund um die Verteilungskonvergenz – wie z. B. deren Metrisierbarkeit – kennenlernen möchte, sei auf Kap. 11 in [DUD] verwiesen.

Antworten zu den Selbstfragen

Antwort 1 Weil dann $\int f \, \mathrm{d}P = \int f \, \mathrm{d}Q$ für jedes $f \in \mathcal{C}_b(S)$ gilt, und hieraus folgt nach Satz 13.8 die Gleichheit $P = Q$.

Antwort 2 Gilt $x \in \partial\{f > u\}$, so gibt es eine Folge (x_n) aus $\{f > u\}$, also $f(x_n) > u, n \geq 1$, mit $x_n \to x$, sowie eine Folge (y_n) aus $\{f \leq u\}$, also $f(y_n) \leq u, n \geq 1$, mit $y_n \to x$. Wegen der Stetigkeit von f gilt $f(x_n) \to f(x)$ und damit $f(x) = u$.

Antwort 3 Es gilt $\{u \in (0,1) : P(f = u) > 0\} \subset \cup_{n=1}^{\infty} A_n$ mit $A_n := \{u \in (0,1) : P(f = u) \geq \frac{1}{n}\}$. Wegen $|A_n| \leq n$ ist $\{u \in (0,1) : P(f = u) > 0\}$ abzählbar.

Antwort 4 Wegen $X_n(1) = S_n/\sqrt{n}$ gilt nach dem zentralen Grenzwertsatz von Lindeberg–Lévy $X_n(1) \xrightarrow{\mathcal{D}} \mathrm{N}(0,1)$.

Antwort 5 Weil das Wahrscheinlichkeitsmaß P stetig von unten ist.

Antwort 6 Es seien $P, Q \in \mathcal{P}$ mit $P(B) = Q(B)$ für jedes $B \in \mathcal{M}$. Für die Folge (P_n) mit $P_n := P, n \geq 1$, gilt trivialerweise $P_n \xrightarrow{\mathcal{D}} P$. Da $\mathcal{M}$ ein KBS ist, gilt auch $P_n \xrightarrow{\mathcal{D}} Q$. Da der Grenzwert unter schwacher Konvergenz eindeutig bestimmt ist, folgt $P = Q$.

Antwort 7 Gilt $x \in \partial(A \cap B)$, so gibt es sowohl eine Folge (x_n) aus $A \cap B$ mit $x_n \to x$ als auch eine Folge (y_n) aus $(A \cap B)^c = A^c \cup B^c$ mit $y_n \to x$. Hieraus folgt $x \in \partial A \cup \partial B$.

Antwort 8 Nach Definition der Metrik ρ in $\mathbb{R}^{\infty}$ (vgl. (13.9)) und wegen $0 < \eta < \frac{\varepsilon}{2}$ gilt für jedes $y \in A_{\eta}$

$$\rho(x, y) \leq \sum_{j=1}^{k} \frac{\min(1, |x_j - y_j|)}{2^j} + \sum_{j=k+1}^{\infty} \frac{1}{2^j} < \eta \sum_{j=1}^{k} \frac{1}{2^k} + \frac{\varepsilon}{2} < \varepsilon.$$

522434_1_De_14_Chapter-print ☑TYPESET ☐DISK ☐LE ☑CP Disp.:25/8/2022 Pages: 349 Layout: German_T5

Antwort 9 Die auf $S \times S$ definierte Abbildung $(x, y) \mapsto \rho(x, y)$ ist stetig und somit $(\mathcal{B}(S \times S), \mathcal{B}^1)$-messbar. Als Komposition $\rho \circ (X_n, X)$ ist dann $\rho(X_n, X)$ $(\mathcal{A}, \mathcal{B}^1)$-messbar.

Antwort 10 Weil jede Teilfolge von (P_n) eine weitere Teilfolge enthält, die schwach gegen P konvergiert (wir haben ja gesehen, dass jeder mögliche Grenzwert Q einer schwach konvergenten Teilfolge gleich P ist).

Antwort 11 Weil in einer Folge, deren Folgenglieder einer endlichen Menge entnommen sind, jede Teilfolge eine konvergente Teilfolge enthält.

Übungsaufgaben

Aufgabe 14.1 Zeigen Sie, dass das in (14.3) definierte System $\mathcal{C}(P) := \{B \in \mathcal{B}(S) : P(\partial B) = 0\}$ aller P-Stetigkeitsmengen eine Algebra bildet.

Aufgabe 14.2 Es seien (S, ρ) ein metrischer Raum und $x_1, x_2, \dots$ eine Folge in S. Zeigen Sie: Falls $\delta_{x_n} \xrightarrow{\mathcal{D}} P$ für ein $P \in \mathcal{P}$, so gibt es ein $x \in S$ mit $P = \delta_x$.

Hinweis Nehmen Sie zunächst an, dass die Folge (x_n) eine konvergente Teilfolge besitzt und zeigen Sie dann, dass diese Annahme für die Gültigkeit der Prämisse „$\delta_{x_n} \xrightarrow{\mathcal{D}} P$ für ein $P \in \mathcal{P}$" auch notwendig ist.

Aufgabe 14.3 Es sei $\mathcal{P}$ die Menge aller Wahrscheinlichkeitsmaße auf der Borelschen σ-Algebra $\mathcal{B}(S)$ eines metrischen Raumes (S, ρ). Für $P, Q \in \mathcal{P}$ definieren wir

$$\varrho(P, Q) := \inf \left\{ \varepsilon > 0 : P(B) \le Q(B^\varepsilon) + \varepsilon \text{ und } Q(B) \le P(B^\varepsilon) + \varepsilon \text{ für jedes } B \in \mathcal{B}(S) \right\}.$$

Zeigen Sie:

a) ϱ definiert eine Metrik auf $\mathcal{P}$ (sog. *Prochorow-Metrik*).
b) Gilt $P(B) \le Q(B^\varepsilon) + \varepsilon$ für jedes $B \in \mathcal{B}(S)$, so folgt $Q(B) \le P(B^\varepsilon) + \varepsilon$ für jedes $B \in \mathcal{B}(S)$.
c) Aus $\varrho(P_n, P) \to 0$ folgt $P_n \xrightarrow{\mathcal{D}} P$.

Anmerkung: Ist S separabel, so gilt in c) auch die Umkehrung (siehe z. B. [BI2, S. 72]).

Aufgabe 14.4 Zeigen Sie, dass in der Situation von 14.9 die Abbildung $X : \Omega \to C$ genau dann $(\mathcal{A}, \mathcal{B}(C))$-messbar ist, wenn für jedes $t \in [0, 1]$ die Abbildung $X(t) : \Omega \to \mathbb{R}$ $(\mathcal{A}, \mathcal{B}^1)$-messbar ist.

Aufgabe 14.5 Zeigen Sie: Gelten in der Situation von Definition 14.27 sowohl $X_n \xrightarrow{\mathbb{P}} X$ als auch $X_n \xrightarrow{\mathbb{P}} Y$, so folgt $\mathbb{P}(X = Y) = 1$.

Aufgabe 14.6 Zeigen Sie, dass das System $\mathcal{M} := \{(-\infty, x] : x \in \mathbb{R}^d\} \cup \{\emptyset\}$ (s. Beispiel 14.14 c)) ein KBS für schwache Konvergenz in $\mathbb{R}^d$ ist.

Aufgabe 14.7 Es seien (S, ρ) ein separabler metrischer Raum, $(\Omega, \mathcal{A}, \mathbb{P})$ ein Wahrscheinlichkeitsraum und $\mathcal{L}^0 := \{X : \Omega \to S \mid X \ (\mathcal{A}, \mathcal{B}(S))\text{-messbar}\}$ die Menge aller S-wertigen Zufallselemente auf Ω. Für $X, Y \in \mathcal{L}^0$ sei

$$d_K(X, Y) := \inf \left\{\varepsilon \geq 0 : \mathbb{P}(\rho(X, Y) > \varepsilon) \leq \varepsilon\right\}.$$

Zeigen Sie:

a) Das Infimum wird angenommen.
b) Es gilt $d_K(X, Y) = 0 \iff \mathbb{P}(X = Y) = 1$.
c) Für $X, Y, Z \in \mathcal{L}^0$ gilt $d_K(X, Z) \leq d_K(X, Y) + d_K(Y, Z)$.
d) Es gilt $d_K(X_n, X) \to 0 \iff X_n \xrightarrow{\mathbb{P}} X$.

Anmerkung: Identifiziert man $\mathbb{P}$-fast überall gleiche Zufallselemente, so ist d_K eine Metrik, die nach Ky Fan[1] benannt ist.

Aufgabe 14.8 Seien $Z, Z_1, Z_2, \ldots$ unabhängige und identisch verteilte $\mathbb{N}_0$-wertige Zufallsvariablen auf einem Wahrscheinlichkeitsraum $(\Omega, \mathcal{A}, \mathbb{P})$. Weiter seien $F(k) := \mathbb{P}(Z \leq k)$, $k \in \mathbb{N}_0$, und

$$X_k^{(n)} := \sqrt{n} \left(\sum_{j=1}^n \mathbf{1}\{Z_j \leq k\} - F(k) \right), \quad k \in \mathbb{N}_0.$$

Zeigen Sie: Die durch $X^{(n)} := (X_k^{(n)})_{k \geq 0}$ definierte Folge $(X^{(n)})$ konvergiert im Folgenraum $S = \mathbb{R}^{\mathbb{N}_0}$ (s. das Ende von Abschn. 13.13) in Verteilung gegen ein Zufallselement $X = (X_k)_{k \geq 0}$ von $\mathbb{R}^{\mathbb{N}_0}$. Welche Gestalt besitzen die endlichdimensionalen Verteilungen von X?

Aufgabe 14.9 Zeigen Sie, dass eine gleichgradig integrierbare Folge reeller Zufallsvariablen straff ist.

Aufgabe 14.10 Es seien (S, ρ) ein metrischer Raum, $A \subset S$ sowie $\mathcal{Q} := \{\delta_x : x \in A\}$. Zeigen Sie, dass $\mathcal{Q}$ genau dann relativ kompakt ist, wenn A relativ kompakt ist.

Aufgabe 14.11 Es seien (S', ρ') und (S'', ρ'') separable metrische Räume mit Borel-σ-Algebren $\mathcal{B}'$ bzw. $\mathcal{B}''$. Weiter seien $S := S' \times S''$ und

$$\rho\left((x', x''), (y', y'')\right) := \max\left(\rho'(x', y'), \rho''(x'', y'')\right), \quad (x', x''), (y', y'') \in S$$

wie in Aufgabe 13.7. Weiter seien P ein Wahrscheinlichkeitsmaß auf $\mathcal{B}(S)$ und P' sowie P'' die zugehörigen Marginalverteilungen, d. h.

$$P'(B') := P(B' \times S''), \quad B' \in \mathcal{B}', \qquad P''(B'') := P(S' \times B''), \quad B'' \in \mathcal{B}''.$$

Es sei $\mathcal{M} := \{B' \times B'' : B' \in \mathcal{B}', B'' \in \mathcal{B}''\}$ das System der *messbaren Rechtecke*. Zeigen Sie:

a) Aus $P_n \xrightarrow{\mathcal{D}} P$ folgen $P_n' \xrightarrow{\mathcal{D}} P'$ und $P_n'' \xrightarrow{\mathcal{D}} P''$.

---

[1] Ky Fan (1914–2010), chinesisch-amerikanischer Mathematiker, Promotion 1941 bei M. Fréchet in Paris. Ky Fan hatte diverse Professuren inne, ab 1965 an der University of California, Santa Barbara. Hauptarbeitsgebiete: Nichtlineare und konvexe Analysis, Funktionalanalysis, Optimierung, Topologie.

522434_1_De_14_Chapter-print ☑TYPESET ☐DISK ☐LE ☑CP Disp.:25/8/2022 Pages: 349 Layout: German_T5

b) Die Umkehrung in Teil a) ist im Allgemeinen falsch.

c) $\mathcal{M}$ ist ein konvergenzbestimmendes System (KBS).

d) $P_n \xrightarrow{\mathcal{D}} P \iff P_n(B' \times B'') \to P(B' \times B'')$ für alle $B' \in \mathcal{C}(P')$ und alle $B'' \in \mathcal{C}(P'')$.

Aufgabe 14.12 Es seien $(S, \rho), (S', \rho')$ metrische Räume und $h : S \to S'$ eine *beliebige* Abbildung. Zeigen Sie:

a) für jedes $\varepsilon > 0$ und jedes $\delta > 0$ ist die Menge $A_{\varepsilon, \delta} := \{x \in S : \exists\, y, z \in S \text{ mit } \rho(x, y) < \delta,\ \rho(x, z) < \delta \text{ und } \rho'(h(y), h(z)) \geq \varepsilon\}$ offen.

b) Die Menge C_h der Stetigkeitsstellen von h ist eine Borelmenge.

Hinweis für b) Drücken Sie die Menge der Unstetigkeitsstellen mithilfe abzählbarer Vereinigungen von abzählbaren Durchschnitten der Mengen $A_{\varepsilon, \delta}$ aus.

Wiener-Prozess, Satz von Donsker und Brown'sche Brücke 15

In diesem Kapitel lernen wir mit dem Wiener-Prozess den Ausgangspunkt für viele weitere stochastische Prozesse kennen. Damit einher geht das Wiener-Maß auf der σ-Algebra der Borelmengen des Funktionenraums C := C[0, 1]. Dem Titel dieses Buches zufolge darf ein Grenzwertsatz nicht fehlen, und das ist der Satz von Donsker, der eine weitreichende Verallgemeinerung des zentralen Grenzwertsatzes von Lindeberg–Lévy darstellt. Mithilfe des Wiener-Prozesses ergibt sich die Brown'sche Brücke, die insbesondere in der nichtparametrischen Statistik eine wichtige Rolle spielt.

Man schrieb das Jahr 1872, als Karl Weierstraß eine Funktion vorstellte, die stetig, aber in keinem Punkt differenzierbar ist. In einer Zeit, in der die Analysis noch stark von der Anschauung geprägt war, wirkte das Auftreten einer solchen pathologischen Funktion schlicht befremdlich, und so ist es kein Wunder, dass man ihr den Namen *Weierstraß'sches Monster* gab (siehe z. B. [VOL, Abschn. 5]). In diesem Kapitel werden wir unter anderem ein Wahrscheinlichkeitsmaß auf der Borel'schen σ-Algebra $\mathcal{B}(C)$ kennenlernen, das seine gesamte Wahrscheinlichkeitsmasse auf die im Einheitsintervall stetigen, aber nirgends differenzierbaren Funktionen legt. Meister Zufall zaubert also mit Wahrscheinlichkeit eins solche „Monsterfunktionen" aus dem Hut!

Das ominöse Wahrscheinlichkeitsmaß, das stetigen und zugleich nirgends differenzierbaren Funktionen so viel Aufmerksamkeit schenkt, heißt zu Ehren von Norbert Wiener *Wiener-Maß*. Wir werden dieses mit W bezeichnete Wahrscheinlichkeitsmaß auf $\mathcal{B}(C)$ zunächst definieren und uns erst später um dessen Existenz kümmern. Wenn das Wiener-Maß W existiert, so gibt es vermöge der kanonischen Konstruktion $(\Omega, \mathcal{A}, \mathbb{P}) := (C, \mathcal{B}(C), W)$ sowie $W : C \to C$ mit $W(x) := x, x \in C$, einen Wahrscheinlichkeitsraum und ein C-wertiges Zufallselement W, sodass W die Verteilung W besitzt (man beachte den kleinen bezeichnungstechnischen Unterschied zwischen W und W). Setzen wir wie in Abschn. 14.9 $W(t) := \pi_t \circ W, 0 \leq t \leq 1$, so entsteht eine Familie $(W(t))_{0 \leq t \leq 1}$ von Zufallsvariablen, also ein stochastischer Prozess, und dieser Prozess wird *Wiener-Prozess* oder *Brown'sche Bewegung* (engl.: *Brownian motion*) genannt. Hier steht der Name Brown für Robert Brown

N. Henze, *Asymptotische Stochastik: Eine Einführung mit Blick auf die Statistik*, https://doi.org/10.1007/978-3-662-65611-2_15

(siehe S. 210), der im Jahr 1827 feststellte, dass Blütenpollen in einer Flüssigkeit scheinbar
erratische „stochastische" Bewegungen ausführten. Die Existenz des Wiener-Maßes und die
des Wiener-Prozesses W sind also zwei Seiten derselben Medaille.

Aus Abschn. 14.9 ist bekannt, dass die fidis von W, also die Gesamtheit der Verteilungen
von $(W(t_1), \ldots, W(t_k))$, wobei $k \in \mathbb{N}$ und $t_1, \ldots, t_k \in [0, 1]$ mit $0 \leq t_1 < \ldots < t_k \leq 1$,
die Verteilung von W und damit das Wiener-Maß W festlegen. Wir können also W durch
Forderungen an diese fidis zu definieren versuchen.

15.1 Definition (Wiener-Maß, Wiener-Prozess)

Ein Wahrscheinlichkeitsmaß W auf $\mathcal{B}(C)$ heißt *Wiener-Maß*, falls gilt:

a) $W\big(W(0) = 0\big) = 1$,

b) Für jedes t mit $0 < t \leq 1$ besitzt $W(t)$ unter W die Normalverteilung $N(0, t)$,

c) Für jedes $k \geq 2$ und jede Wahl von $t_0, \ldots, t_k \in [0, 1]$ mit $0 \leq t_0 \leq t_1 \leq \ldots \leq t_k \leq 1$ sind
    die Zufallsvariablen $W(t_1) - W(t_0), \; W(t_2) - W(t_1), \ldots, W(t_k) - W(t_{k-1})$ stochastisch
    unabhängig unter W.

Ein stochastischer Prozess $W : \Omega \to C$ mit obigen Eigenschaften heißt *Wiener-Prozess*
oder *Brown'sche Bewegung*.

Selbstfrage 1 Was besagt die obige stochastische Unabhängigkeit im Fall $t_1 = t_2$?

Forderung a) bedeutet, dass der Wiener-Prozess mit Wahrscheinlichkeit eins in 0 startet.
Bedingung b) wirkt harmlos, aber die dritte Forderung hat es in sich. Sie besagt, dass die
Zuwächse $W(t) - W(s)$ dieses Prozesses über (noch so kleine) disjunkte Zeitintervalle
stochastisch unabhängig sind. Diese Forderung ist sehr stark, und es ist zunächst nicht
klar, ob sie überhaupt erfüllbar ist. Warum? Möchte man bei einem gegebenen $s \in (0, 1)$
Prognosen über die Realisierungen von $W(t) - W(s)$ für $t > s$ erstellen, wenn man die
Realisierungen von $W(u)$ für $0 \leq u \leq s$ kennt, so besagt Eigenschaft c), dass letztere
Kenntnis völlig belanglos ist. Die Pfade $W(\omega), \omega \in \Omega$, müssen also ziemlich „pathologisch"
sein. Sie werden sich in der Tat als „Weierstraß'sche Monster" herausstellen.

Wir werden jetzt einige Folgerungen aus der Definition ziehen, die insbesondere die zur
Festlegung der Verteilung W von W nötigen endlichdimensionalen Verteilungen liefern.

15.2 Korollar (Eigenschaften des Wiener-Maßes bzw. des Wiener-Prozesses)

Unter dem Wiener-Maß W gelten:

a) $W(t) - W(s) \sim W(t - s) \sim N(0, t - s), \quad 0 \leq s \leq t \leq 1$,

b) $\mathrm{Cov}\big(W(s), W(t)\big) = \min(s, t), \quad 0 \leq s, t \leq 1$,

c) für jedes $k \geq 1$ und jede Wahl von $t_1, \ldots, t_k$ mit $0 \leq t_1 \leq t_2 \leq \ldots \leq t_k \leq 1$ gilt

$$\big(W(t_1), W(t_2), \ldots, W(t_k)\big)^\top \sim N_k(0_k, \Sigma),$$

wobei

$$\Sigma = \big(\min(t_i, t_j)\big)_{1 \leq i, j \leq k}. \tag{15.1}$$

Eigenschaft a) besagt, dass der Wiener-Prozess *stationäre Zuwächse* besitzt: Sind $[s_1, t_1]$ und $[s_2, t_2]$ Intervalle gleicher Länge $\ell := t_1 - s_1 = t_2 - s_2$, so gilt

$$W(t_2) - W(s_2) \sim W(t_1) - W(s_1) \sim W(\ell) - W(0) = W(\ell).$$

Dabei gilt das Gleichheitszeichen mit Wahrscheinlichkeit eins. Durch Eigenschaft c) sind alle endlichdimensionalen Verteilungen des Wiener-Prozesses und somit das Wiener-Maß – sofern dieses überhaupt existiert – festgelegt. Da diese fidis sämtlich Normalverteilungen sind, ist der Wiener-Prozess definitionsgemäß ein *Gauß-Prozess*. In der Deutung von W als C-wertiges Zufallselement ist auch die Sprechweise *Gauß'sches Zufallselement* gebräuchlich.

Beweis von Korollar 15.2: a) Es seien $s, t \in [0, 1]$ mit $0 \leq s \leq t \leq 1$. Es gilt $W(t) = W(s) + \big(W(t) - W(s)\big)$, wobei $W(s) \big(= W(s) - W(0)\big)$ und $W(t) - W(s)$ nach 15.1 c) stochastisch unabhängig sind. Damit folgt

$$\mathbb{E}\left(e^{iu W(t)}\right) = \mathbb{E}\left(e^{iu W(s)}\right) \cdot \mathbb{E}\left(e^{iu(W(t) - W(s))}\right), \quad u \in \mathbb{R}.$$

Mit (1.4) und 15.1 b) ergibt sich

$$\mathbb{E}\left(e^{iu W(t)}\right) = \exp\left(-\tfrac{tu^2}{2}\right), \quad \mathbb{E}\left(e^{iu W(s)}\right) = \exp\left(-\tfrac{su^2}{2}\right), \quad u \in \mathbb{R},$$

und somit

$$\mathbb{E}\left(e^{iu(W(t) - W(s))}\right) = \exp\left(-\tfrac{(t-s)u^2}{2}\right), \quad u \in \mathbb{R}.$$

Da die charakteristische Funktion einer Zufallsvariablen deren Verteilung eindeutig bestimmt, erhalten wir $W(t) - W(s) \sim N(0, t - s)$. Weil nach Definition 15.1 b) die Verteilungsgleichheit $W(t - s) \sim N(0, t - s)$ besteht, folgt die Behauptung.

Um b) zu beweisen, seien $s, t \in [0, 1]$ mit $0 \leq s \leq t \leq 1$. Es gilt $W(s)W(t) = W(s)^2 + W(s)\big(W(t) - W(s)\big)$ somit wegen $\mathbb{E}[W(s)] = \mathbb{E}[W(t)] = 0$

$$\begin{aligned}
\text{Cov}\big(W(s), W(t)\big) = \mathbb{E}[W(s)W(t)] &= \mathbb{E}\big[W(s)^2\big] + \mathbb{E}\big[W(s)(W(t) - W(s))\big] \\
&= \mathbb{E}\big[W(s)^2\big] + 0 = s = \min(s, t).
\end{aligned}$$

Der Beweis von c) ergibt sich aus der Tatsache, dass der als Spaltenvektor geschriebene Zufallsvektor $\big(W(t_1), \ldots, W(t_k)\big)^\top$ gemäß

$$
\begin{pmatrix} W(t_1) \\ W(t_2) \\ W(t_3) \\ \vdots \\ \vdots \\ W(t_k) \end{pmatrix} = \begin{pmatrix} 1\ 0\ 0\ 0\ \cdots\ 0 \\ 1\ 1\ 0\ 0\ \cdots\ 0 \\ 1\ 1\ 1\ 0\ \cdots\ 0 \\ \vdots\ \vdots\ \vdots\ 1\ \cdots\ 0 \\ \vdots\ \vdots\ \vdots\ \vdots\ \ddots\ 0 \\ 1\ 1\ 1\ 1\ \cdots\ 1 \end{pmatrix} \cdot \begin{pmatrix} W(t_1) \\ W(t_2) - W(t_1) \\ W(t_3) - W(t_2) \\ \vdots \\ \vdots \\ W(t_k) - W(t_{k-1}) \end{pmatrix}
\tag{15.2}
$$

über eine affine Transformation aus einem k-dimensional normalverteilten Zufallsvektor hervorgeht, dessen Komponenten als Zuwächse des Wiener-Prozesses nach Definition 15.1 c) stochastisch unabhängig sind. Der in (15.2) rechts stehende Zufallsvektor besitzt den Erwartungswert 0_k und wegen der stochastischen Unabhängigkeit seiner Komponenten die Kovarianzmatrix $D := \mathrm{diag}(t_1, t_2 - t_1, t_3 - t_2, \ldots, t_k - t_{k-1})$. Schreiben wir kurz A für die in (15.2) stehende Matrix aus Nullen und Einsen, so gilt $ADA^\top = \Sigma = (\min(t_i, t_j))_{1 \le i, j \le k}$ (Aufgabe 15.1).   ∎

> **Selbstfrage 2** Warum ist der rechts in (15.2) stehende Zufallsvektor normalverteilt?

Um nachzuweisen, dass das Wiener-Maß und damit der Wiener-Prozess existieren, verwenden wir den in Abschn. 14.10 eingeführten Partialsummenprozess. Die folgenden Überlegungen dienen auch dazu, den grundlegenden Satz von Donsker vorzubereiten.

Es sei $Z_1, Z_2, \ldots$ eine u. i. v.-Folge von Zufallsvariablen auf einem Wahrscheinlichkeitsraum $(\Omega, \mathcal{A}, \mathbb{P})$. Über die Verteilung von Z_1 setzen wir nur $\mathbb{E}(Z_1^2) < \infty$ sowie $\mathbb{E}(Z_1) = 0$ und $0 < \sigma^2 := \mathbb{V}(Z_1)$ voraus. Wie in Abschn. 14.10 definieren wir $S_0 := 0$, $S_n := Z_1 + \ldots + Z_n$ für $n \ge 1$ sowie

$$
X_n(t) := \frac{1}{\sigma \sqrt{n}} S_{\lfloor nt \rfloor} + (nt - \lfloor nt \rfloor) \frac{1}{\sigma \sqrt{n}} Z_{\lfloor nt \rfloor + 1}, \quad n \ge 1,\ 0 \le t \le 1.
\tag{15.3}
$$

Dieser n-te Partialsummenprozess $X_n = (X_n(t))_{0 \le t \le 1}$ der Folge $(Z_n)_{n \ge 1}$ besitzt die Eigenschaft, dass sein stochastisches Verhalten allein durch die Zufallsvariablen

$$
X_n\left(\frac{j}{n}\right) = \frac{S_j}{\sigma \sqrt{n}}, \quad j \in \{0, 1, \ldots, n\},
$$

bestimmt ist, denn zwischen den „Zeitpunkten" $t = \frac{j-1}{n}$ und $t = \frac{j}{n}$, $j \in \{1, \ldots, n\}$, findet ja eine lineare Interpolation statt (siehe Abb. 15.1).

Abb. 15.1 Das stochastische Verhalten von X_n ist durch $X_n\left(\frac{j}{n}\right)$, $j \in \{0, \ldots, n\}$, bestimmt

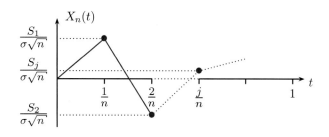

15.3 Satz (Fidi-Konvergenz des Partialsummenprozesses)

Es sei $X_n = (X_n(t))_{0 \leq t \leq 1}$ der in (15.3) definierte Partialsummenprozess. Weiter seien k eine beliebige natürliche Zahl und $t_1, \ldots, t_k$ beliebige Zahlen mit $0 \leq t_1 < \ldots < t_k \leq 1$. Dann gilt beim Grenzübergang $n \to \infty$

$$\left(X_n(t_1), \ldots, X_n(t_k)\right) \xrightarrow{\mathcal{D}} \mathrm{N}_k(0_k, \Sigma),$$

wobei $\Sigma = \left(\min(t_i, t_j)\right)_{1 \leq i, j \leq k}$.

Beweis Mit

$$R_n(t) := \frac{nt - \lfloor nt \rfloor}{\sigma\sqrt{n}} \cdot Z_{\lfloor nt \rfloor + 1}$$

gilt

$$X_n(t) = \frac{1}{\sigma\sqrt{n}} S_{\lfloor nt \rfloor} + R_n(t).$$

Wegen $\mathbb{E}(R_n(t)) = 0$ und $\mathbb{V}(R_n(t)) \leq \frac{1}{n}$ erhalten wir $R_n(t) \xrightarrow{\mathbb{P}} 0$, und deshalb ergibt sich $\left(R_n(t_1), \ldots, R_n(t_k)\right) \xrightarrow{\mathbb{P}} 0_k$. Aufgrund des Lemmas von Slutsky (Satz 6.9) ist somit nur

$$\frac{1}{\sigma\sqrt{n}}\left(S_{\lfloor nt_1 \rfloor}, \ldots, S_{\lfloor nt_k \rfloor}\right) \xrightarrow{\mathcal{D}} \mathrm{N}_k(0_k, \Sigma) \tag{15.4}$$

zu zeigen. Dabei können wir o. B. d. A. $t_1 > 0$ voraussetzen.

Selbstfrage 3 Warum kann o. B. d. A. $t_1 > 0$ angenommen werden?

Analog zu (15.2) gilt

$$
\frac{1}{\sigma\sqrt{n}}\begin{pmatrix} S_{\lfloor nt_1\rfloor}\\ S_{\lfloor nt_2\rfloor}\\ S_{\lfloor nt_3\rfloor}\\ \vdots \\ \vdots \\ S_{\lfloor nt_k\rfloor}\end{pmatrix} = \begin{pmatrix} 1&0&0&0&\cdots&0\\ 1&1&0&0&\cdots&0\\ 1&1&1&0&\cdots&0\\ \vdots&\vdots&\vdots&1&\cdots&0\\ \vdots&\vdots&\vdots&\vdots&\ddots&0\\ 1&1&1&1&\cdots&1\end{pmatrix}\cdot\frac{1}{\sigma\sqrt{n}}\begin{pmatrix} S_{\lfloor nt_1\rfloor}\\ S_{\lfloor nt_2\rfloor}-S_{\lfloor nt_1\rfloor}\\ S_{\lfloor nt_3\rfloor}-S_{\lfloor nt_2\rfloor}\\ \vdots\\ \vdots\\ S_{\lfloor nt_k\rfloor}-S_{\lfloor nt_{k-1}\rfloor}\end{pmatrix}.
$$

Dabei sind die Komponenten des rechts stehenden Zufallsvektors stochastisch unabhängig, denn sie werden von paarweise disjunkten Blöcken der unabhängigen Zufallsvariablen $Z_1,\ldots,Z_n$ gebildet. Die Folge der rechts von der wie in (15.2) mit A bezeichneten Matrix aus Einsen und Nullen stehenden Zufallsvektoren konvergiert für $n\to\infty$ gegen die Normalverteilung $N_k(0_k,D)$, wobei $D=\mathrm{diag}(t_1,t_2-t_1,\ldots,t_k-t_{k-1})$ (Aufgabe 15.2). Wegen $ADA^\top=\Sigma=(\min(t_i,t_j))_{1\le i,j\le k}$ (siehe Aufgabe 15.1) und dem Abbildungssatz 6.6 sowie dem Reproduktionssatz 5.7 für die Normalverteilung folgt die Behauptung. ∎

Das Ergebnis von Satz 15.3 liefert einen vielversprechenden Hinweis, wie wir die Existenz des Wiener-Maßes W nachweisen können. Übersetzen wir Aussage c) von Korollar 15.2 in die Sprache der Maßtheorie, so besitzt W – sofern dieses Wahrscheinlichkeitsmaß existiert – die Eigenschaft

$$
W\circ\pi^{-1}_{t_1,\ldots,t_k}=N_k(0_k,\Sigma)
$$

($k\ge 1$, $t_1,\ldots,t_k\in[0,1]$, $0\le t_1<\ldots<t_k\le 1$), wobei Σ in (15.1) gegeben ist. Schreiben wir $P_n:=\mathbb{P}^{X_n}$ für die Verteilung des in (15.3) stehenden Partialsummenprozesses X_n, so besagt Satz 15.3, dass für jedes $k\ge 1$ und jede Wahl von $t_1,\ldots,t_k$ mit $0\le t_1<\ldots,<t_k\le 1$

$$
P_n\circ\pi^{-1}_{t_1,\ldots,t_k}\xrightarrow{\ \mathcal{D}\ }W\circ\pi^{-1}_{t_1,\ldots,t_k}\tag{15.5}
$$

gilt, denn $P_n\circ\pi^{-1}_{t_1,\ldots,t_k}$ ist ja die Verteilung von $(X_n(t_1),\ldots,X_n(t_k))$. Wir nehmen jetzt (rein hypothetisch) an, die Menge $\{P_n:n\ge 1\}$ sei relativ kompakt. Dann gibt es eine Teilfolge $(P_{n_j})_{j\ge 1}$ der Folge $(P_n)_{n\ge 1}$ sowie ein Wahrscheinlichkeitsmaß Q auf $\mathcal{B}(S)$ mit der Eigenschaft $P_{n_j}\xrightarrow{\ \mathcal{D}\ }Q$ für $j\to\infty$. Nach dem Abbildungssatz 14.8 folgt hieraus die fidi-Konvergenz $P_{n_j}\xrightarrow{\ \mathcal{D}_{\mathrm{fidi}}\ }Q$. Da sich die fidi-Konvergenz (15.5) auf die Teilfolge (P_{n_j}) vererbt, besitzen Q und W die gleichen endlichdimensionalen Verteilungen. Weil diese fidis ein Wahrscheinlichkeitsmaß auf $\mathcal{B}(C)$ eindeutig bestimmen, haben wir ein Wahrscheinlichkeitsmaß Q gefunden, das wir unmittelbar in W umbenennen können. Das Wiener-Maß existiert also, wenn der Partialsummenprozess relativ kompakt ist.

Selbstfrage 4 Gilt $P_n\xrightarrow{\ \mathcal{D}\ }W$, wenn der Partialsummenprozess relativ kompakt ist?

Da nach dem Satz von Prochorow Straffheit und relative Kompaktheit im Raum C[0, 1] äquivalente Begriffe sind, können wir alternativ die Straffheit des Partialsummenprozesses (genauer: der Folge $(X_n)_{n\geq 1}$) zeigen. Mit $P_n = \mathbb{P}^{X_n}$ ist Bedingung a) von Satz 14.24 erfüllt, da $X_n(0) = 0$, $n \geq 1$, gilt. Bedingung b) dieses Satzes besagt

$$\lim_{\delta \to 0} \limsup_{n \to \infty} \mathbb{P}\big(w(X_n, \delta) \geq \varepsilon\big) = 0 \quad \text{für jedes } \varepsilon > 0, \tag{15.6}$$

und diese schon früher aufgetretene Bedingung werden wir jetzt nachweisen. Wir starten dazu mit einem Hilfssatz über den Stetigkeitsmodul eines beliebigen C-wertigen Zufallselementes X auf einem Wahrscheinlichkeitsraum $(\Omega, \mathcal{A}, \mathbb{P})$.

15.4 Lemma Es seien $k \geq 3$ sowie $t_0, \ldots, t_k \in [0, 1]$ mit $0 = t_0 < t_1 < \ldots < t_k = 1$. Weiter seien $\varepsilon > 0$ sowie $0 < \delta < 1$. Falls

$$\min_{2 \leq j \leq k-1} (t_j - t_{j-1}) \geq \delta, \tag{15.7}$$

so folgt

$$\mathbb{P}\big(w(X, \delta) \geq 3\varepsilon\big) \leq \sum_{j=1}^{k} \mathbb{P}\left(\sup_{t_{j-1} \leq s \leq t_j} |X(s) - X(t_{j-1})| \geq \varepsilon\right).$$

Der Beweis von Lemma 15.4 ist Gegenstand von Aufgabe 15.3. Man beachte, dass in (15.7) die Ungleichungen $t_1 \geq \delta$ und $1 - t_{k-1} \geq \delta$ *nicht* gefordert werden.

Da das stochastische Verhalten des Partialsummenprozesses X_n ausschließlich durch $X_n\big(\frac{j}{n}\big)$, $j \in \{0, \ldots, n\}$, bestimmt ist, liegt es nahe, die in Lemma 15.4 auftretenden Werte $t_0, \ldots, t_k$ als Vielfache von $\frac{1}{n}$ zu wählen. Aus diesem Grund setzen wir für nichtnegative ganze Zahlen $m_0, \ldots, m_k$ mit $0 = m_0 < m_1 < \ldots < m_k = n$

$$t_j := \frac{m_j}{n}, \quad j = 0, 1, \ldots, k.$$

Falls zusätzlich
$$\frac{m_j}{n} - \frac{m_{j-1}}{n} \geq \delta \quad \text{für jedes } j \text{ mit } 2 \leq j \leq k - 1$$

gefordert wird, ist Bedingung (15.7) erfüllt. Aufgrund der Definition sowie des polygonalen Charakters des Partialsummenprozesses erhalten wir mit Lemma 15.4

$$\mathbb{P}\big(w(X_n, \delta) \geq 3\varepsilon\big) \leq \sum_{j=1}^{k} \mathbb{P}\left(\max_{m_{j-1} \leq \ell \leq m_j} \left| \frac{S_\ell - S_{m_{j-1}}}{\sigma\sqrt{n}} \right| \geq \varepsilon\right). \tag{15.8}$$

Wir nehmen jetzt eine weitere Spezialisierung vor und wählen die Werte $m_0, m_1, \ldots, m_k$ weitestgehend äquidistant. Hierzu setzen wir zu gegebenem $\delta \in (0, 1)$ $m := \lceil n\delta \rceil := \min\{r \in \mathbb{N} : r \geq n\delta\}$ sowie $m_j := jm$, falls $0 \leq j < k$, sowie $m_k := n$. Mit dieser Wahl für $t_j = m_j/n$ gelten dann die Ungleichungen in (15.7).

Selbstfrage 5 Warum gelten mit dieser Wahl die Ungleichungen in (15.7)?

Da auch $m_{k-1} = (k-1)m < m_k = n \leq km$ gelten soll, setzen wir $k := \lceil n/m \rceil$. Dann gilt $m_k - m_{k-1} \leq m$. Wegen der stochastischen Unabhängigkeit und identischen Verteilung der Zufallsvariablen $Z_1, \ldots, Z_n$, mit deren Hilfe die auf der rechten Seite von (15.8) auftretenden Partialsummen definiert sind, folgt mit der Wahl $m_j = jm$, $j \in \{1, \ldots, k-1\}$, dass die ersten $k-1$ Summanden in (15.8) jeweils gleich

$$\mathbb{P}\left(\max_{\ell \leq m}\left|\frac{S_\ell}{\sigma\sqrt{n}}\right| \geq \varepsilon\right)$$

sind. Wegen $m_k - m_{k-1} \leq m$ ist der Summand für $j = k$ höchstens gleich obiger Wahrscheinlichkeit, und somit geht (15.8) nach Hochmultiplizieren mit $\sigma\sqrt{n}$ in

$$\mathbb{P}\big(w(X_n, \delta) \geq 3\varepsilon\big) \leq k\,\mathbb{P}\left(\max_{\ell \leq m}|S_\ell| \geq \varepsilon\sigma\sqrt{n}\right) \tag{15.9}$$

über. Mit diesen Vorüberlegungen ergibt sich relativ schnell folgendes Resultat.

15.5 Lemma (Straffheit des Partialsummenprozesses)
Die Folge $(X_n)_{n \geq 1}$ der in (15.3) definierten Partialsummenprozesse ist straff, falls gilt:

$$\lim_{\lambda \to \infty} \limsup_{n \to \infty} \lambda^2 \mathbb{P}\left(\max_{k \leq n}|S_k| \geq \lambda\sigma\sqrt{n}\right) = 0.$$

Beweis Es sei $\varepsilon > 0$ beliebig. Wir müssen (15.6) nachweisen, wobei wir ε durch 3ε ersetzen können. Ausgangspunkt ist Ungleichung (15.9). Mit der oben getroffenen Festsetzung $k := \lceil n/m \rceil$ schreiben wir (15.9) in der Form

$$\mathbb{P}\big(w(X_n, \delta) \geq 3\varepsilon\big) \leq \left\lceil\frac{n}{m}\right\rceil \mathbb{P}\left(\max_{\ell \leq m}|S_\ell| \geq \frac{\varepsilon}{\sqrt{2\delta}} \cdot \sigma\sqrt{m}\sqrt{2\delta}\sqrt{\frac{n}{m}}\right). \tag{15.10}$$

Mit der Wahl $m = m(n, \delta) := \lceil n\delta \rceil$ wie oben ist auch $k = k(n, \delta) = \lceil n/m \rceil$ eine Funktion von n und δ. Beim Grenzübergang $n \to \infty$ gelten

$$\lim_{n \to \infty} k(n, \delta) = \frac{1}{\delta}, \quad \lim_{n \to \infty} \frac{n}{m(n, \delta)} = \frac{1}{\delta}.$$

Es gibt somit ein $n_0 = n_0(\delta)$, sodass für jedes $n \geq n_0$ die Ungleichungen $k(n, \delta) < \frac{2}{\delta}$ und $\frac{n}{m(n,\delta)} > \frac{1}{2\delta}$ erfüllt sind. Aus (15.10) folgt dann für jedes $n \geq n_0$

$$\mathbb{P}\big(w(X_n, \delta) \geq 3\varepsilon\big) \leq \frac{2}{\delta} \cdot \mathbb{P}\left(\max_{\ell \leq m}|S_\ell| \geq \frac{\varepsilon}{\sqrt{2\delta}} \cdot \sigma\sqrt{m}\right),$$

und wir erhalten

$$\limsup_{n\to\infty} \mathbb{P}\big(w(X_n, \delta) \geq 3\varepsilon\big) \leq \frac{2}{\delta} \limsup_{n\to\infty} \mathbb{P}\left(\max_{\ell\leq n} |S_\ell| \geq \frac{\varepsilon}{\sqrt{2\delta}} \cdot \sigma\sqrt{n}\right).$$

Setzen wir jetzt $\lambda := \varepsilon/\sqrt{2\delta}$, so ergibt sich

$$\limsup_{n\to\infty} \mathbb{P}\big(w(X_n, \delta) \geq 3\varepsilon\big) \leq \frac{4}{\varepsilon^2}\lambda^2 \limsup_{n\to\infty} \mathbb{P}\left(\max_{\ell\leq n}|S_\ell| \geq \lambda \cdot \sigma\sqrt{n}\right)$$

und damit die Behauptung.   ∎

Um dieses Lemma anwenden zu können, benötigen wir eine obere Schranke für die Wahrscheinlichkeit

$$\mathbb{P}\left(\max_{\ell\leq n} |S_\ell| \geq \lambda\sigma\sqrt{n}\right).$$

Die folgende nützliche Ungleichung zeigt, dass wir hierfür die Maximumbildung vor die Wahrscheinlichkeit schreiben können, was erhebliche Vereinfachungen mit sich bringt.

15.6 Lemma (Ungleichung von Etemadi[1])

Es seien $Z_1, \ldots, Z_n$ stochastisch unabhängige Zufallsvariablen auf einem Wahrscheinlichkeitsraum $(\Omega, \mathcal{A}, \mathbb{P})$. Setzen wir $S_0 := 0$ sowie $S_k := \sum_{j=1}^{k} Z_j$ für $k \in \{1, \ldots, n\}$, so gilt für jedes $\alpha > 0$:

$$\mathbb{P}\left(\max_{k\leq n} |S_k| \geq 3\alpha\right) \leq 3 \max_{k\leq n} \mathbb{P}\big(|S_k| \geq \alpha\big).$$

Beweis Wir schreiben kurz

$$A := \left\{ \max_{k\leq n} |S_k| \geq 3\alpha \right\}$$

für das Ereignis, dessen Wahrscheinlichkeit nach oben abgeschätzt werden soll und setzen

$$B_k := \big\{|S_k| \geq 3\alpha, |S_j| < 3\alpha \text{ für } j = 0, \ldots, k-1\big\}, \quad k \in \{1, \ldots, n\}.$$

Interpretieren wir den Index k als Zeitpunkt, so beschreibt B_k das Ereignis, dass *erstmals* zum Zeitpunkt k die Ungleichung $|S_k| \geq 3\alpha$ erfüllt ist. Nach Konstruktion sind die Ereignisse $B_1, \ldots, B_k$ paarweise disjunkt, und es gilt $A = B_1 \uplus \ldots \uplus B_k$. Weiter gilt

$$A = A \cap \{|S_n| \geq \alpha\} \uplus A \cap \{|S_n| < \alpha\},$$

sodass wir zunächst die Abschätzung

---

[1] Nasrollah Etemadi (*1945), emeritierter Prof. an der University of Illinois, Chicago. Mit seinem Namen ist auch ein einfacher Beweis des starken Gesetzes großer Zahlen verknüpft. Hauptarbeitsgebiet: Wahrscheinlichkeitstheorie.

$$\mathbb{P}(A) \le \mathbb{P}(|S_n| \ge \alpha) + \sum_{k=1}^{n} \mathbb{P}\big(B_k \cap \{|S_n| < \alpha\}\big) \tag{15.11}$$

erhalten. Wir verwenden jetzt die Ungleichung

$$\mathbb{P}\big(B_k \cap \{|S_n| < \alpha\}\big) \le \mathbb{P}\big(B_k \cap \{|S_n - S_k| > 2\alpha\}\big). \tag{15.12}$$

Selbstfrage 6 Warum gilt diese Ungleichung?

Da die Ereignisse B_k und $\{|S_n - S_k| > 2\alpha\}$ nur von $Z_1, \dots, Z_k$ bzw. von $Z_{k+1} \dots, Z_n$ abhängen, sind sie wie $Z_1, \dots, Z_n$ ebenfalls stochastisch unabhängig, sodass auf der rechten Seite von (15.12) das Produkt aus $\mathbb{P}(B_k)$ und $\mathbb{P}(|S_n - S_k| > 2\alpha)$ steht. Wegen $\sum_{k=1}^{n} \mathbb{P}(B_k) \le 1$ ergibt sich zusammen mit (15.11) und (15.12)

$$\begin{aligned}
\mathbb{P}(A) &\le \mathbb{P}\big(|S_n| \ge \alpha\big) + \max_{k \le n} \mathbb{P}\big(|S_n - S_k| > 2\alpha\big) \\
&\le \mathbb{P}\big(|S_n| \ge \alpha\big) + \max_{k \le n} \big(\mathbb{P}\big(|S_n| \ge \alpha\big) + \mathbb{P}\big(|S_k| \ge \alpha\big)\big) \\
&\le 3 \max_{k \le n} \mathbb{P}\big(|S_k| \ge \alpha\big).
\end{aligned}$$

∎

Selbstfrage 7 Warum gilt die zweite Ungleichung?

Wir sind jetzt in der Lage, die Existenz des Wiener-Maßes und damit auch die des Wiener-Prozesses zu beweisen. Es sei betont, dass es hierfür diverse weitere Beweismethoden gibt (siehe z. B. [HID, LEG, MOP] oder [SCH]).

15.7 Satz Das Wiener-Maß W existiert.

Beweis Wir wählen in (15.3) einen speziellen Partialsummenprozess, indem wir für die zugrundeliegenden Zufallsvariablen annehmen, dass sie die Normalverteilung $N(0, \sigma^2)$ besitzen. Wegen des Additionsgesetzes für die Normalverteilung ist in diesem Fall die Verteilung von $S_k/(\sigma \sqrt{k})$ für jedes $k \in \{1, \dots, n\}$ die Standardnormalverteilung $N(0, 1)$. Bezeichnet N eine Zufallsvariable mit dieser Normalverteilung, so gilt also für jedes $k \in \{1, \dots, n\}$

$$\mathbb{P}\big(|S_k| \ge \lambda \sigma \sqrt{n}\big) = \mathbb{P}\left(|N| \ge \lambda \sqrt{\frac{n}{k}}\right) \le \mathbb{P}(|N| \ge \lambda) \le \frac{\mathbb{E}\left(N^4\right)}{\lambda^4} = \frac{3}{\lambda^4}.$$

Dabei wurde bei der letzen Abschätzung die Markow-Ungleichung (Satz 1.5) verwendet. Somit folgt

$$\lim_{\lambda \to \infty} \limsup_{n \to \infty} \lambda^2 \max_{1 \le k \le n} \mathbb{P}(|S_k| \ge \lambda \sigma \sqrt{n}) = 0,$$

und die Etemadi-Ungleichung sowie Lemma 15.5 liefern die Behauptung.   ∎

15.8 Der Wiener-Prozess auf $[0, 1]$

Wie zu Beginn dieses Kapitels ausgeführt liefert die Existenz des Wiener-Maßes W auf der σ-Algebra der Borelmengen von C auch einen Wahrscheinlichkeitsraum $(\Omega, \mathcal{A}, \mathbb{P})$ sowie eine $(\mathcal{A}, \mathcal{B}(C))$-messbare Abbildung $W : \Omega \to C$ mit $\mathbb{P}^W = W$. In der Terminologie von Abschn. 14.9 ist W eine zufällige Funktion, die *Wiener-Prozess* oder *Brown'sche Bewegung* genannt wird. Die Realisierungen $W(\omega)$, $\omega \in \Omega$, von W heißen *Pfade von W*.

Mit $W(t) := \pi_t \circ W$, $0 \le t \le 1$, entsteht eine Familie $(W(t))_{0 \le t \le 1}$ von Zufallsvariablen auf Ω, die ebenfalls als Wiener-Prozess oder Brown'sche Bewegung bezeichnet wird. Wir rufen noch einmal die entscheidenden Eigenschaften des Wiener-Prozesses in Erinnerung (vgl. Definition 15.1): Zunächst gilt $\mathbb{P}(W(0) = 0) = 1$; der Wiener-Pozess startet also mit Wahrscheinlichkeit eins in 0. Da man hier auch Verallgemeinerungen zulassen kann, wird dieser Fall auch oft als *Standard–Wiener-Prozess* bezeichnet. Des Weiteren besitzt $W(t)$ für jedes t mit $0 < t \le 1$ die Normalverteilung $N(0, t)$, und die Zuwächse $W(t) - W(s)$ über endlich viele paarweise disjunkte Intervalle (s, t) sind stochastisch unabhängig.

Hieraus schlossen wir (vgl. Korollar 15.2), dass W stationäre Zuwächse besitzt, was bedeutet, dass die Verteilung des Zuwachses $W(t) - W(s)$ nur von der Länge $\ell = t - s$ des Intervalls $[s, t]$ abhängt und damit die gleiche Verteilung wie $W(\ell)$ besitzt. Zu guter Letzt haben wir erhalten, dass der Wiener-Prozess ein Gauß-Prozess ist, denn alle endlichdimensionalen Verteilungen sind Normalverteilungen. Diese Normalverteilungen sind zentriert, und die Kovarianz zwischen $W(s)$ und $W(t)$ ist durch $\min(s, t)$ gegeben.

Der Wiener-Prozess ist ein grundlegender stochastischer Prozess. Er bildet den Ausgangspunkt für viele weitere Prozesse, und sein Studium füllt ganze Bücher (siehe z. B. [HID, LEG, MOP, SCH]). Er hat stetige Pfade, da W ein $C[0, 1]$-wertiges Zufallselement ist. Diese Pfade sind aber fast alle „Weierstraß'sche Monster", denn man kann beweisen: Mit Wahrscheinlichkeit eins sind die Pfade von W

- nirgends differenzierbar,
- auf keinem Intervall $[a, b]$ mit $a < b$ monoton wachsend oder fallend (Aufgabe 15.5),
- von unbeschränkter Variation auf jedem Intervall $[a, b]$ mit $a < b$.

Abb. 15.2 zeigt drei aufgrund von Simulationen erhaltene Verläufe des Partialsummenprozesses X_n mit $n = 1000$, wobei für die Simulation von $Z_1, \ldots, Z_{1000}$ standardnormalverteilte Pseudozufallszahlen erzeugt wurden. Diese Verläufe können als approximative Pfade des Wiener-Prozesses angesehen werden. Man erhält hiermit zumindest eine vage Vorstellung vom „erratischen Verhalten" dieser Pfade.

Abb. 15.2 Drei
(approximative) Pfade des
Wiener-Prozesses

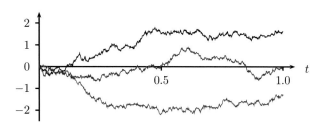

Wir kommen nun zum wichtigsten Resultat dieses Kapitels.

15.9 Satz (von Donsker[2] (1952))
Es seien $Z_1, Z_2, \ldots$ stochastisch unabhängige und identisch verteilte Zufallsvariablen mit $\mathbb{E}(Z_1^2) < \infty$ und $\mathbb{E}(Z_1) = 0$ sowie $0 < \sigma^2 := \mathbb{V}(Z_1) < \infty$. Seien $S_0 := 0, S_n := \sum_{j=1}^n Z_j$, $n \geq 1$. Dann gilt für die Folge $(X_n)_{n \geq 1}$ der durch

$$X_n(t) := \frac{1}{\sigma\sqrt{n}} S_{\lfloor nt \rfloor} + (nt - \lfloor nt \rfloor) \cdot \frac{Z_{\lfloor nt \rfloor + 1}}{\sigma\sqrt{n}}, \quad 0 \leq t \leq 1,$$

definierten Partialsummenprozesse die Verteilungskonvergenz $X_n \xrightarrow{\mathcal{D}} W$ in C für $n \to \infty$.

Beweis Da wir mit Satz 15.3 schon die fidi-Konvergenz von X_n gegen W gezeigt haben, bleibt angesichts der Ungleichung von Etemadi und Lemma 15.5 nur die schon im Beweis von Satz 15.7 auftretende Bedingung

$$\lim_{\lambda \to \infty} \limsup_{n \to \infty} \lambda^2 \max_{1 \leq k \leq n} \mathbb{P}\left(|S_k| > \lambda\sigma\sqrt{n}\right) = 0$$

nachzuweisen. Eine Anwendung der Tschebyschow-Ungleichung ergibt

$$\mathbb{P}\left(|S_k| > \lambda\sigma\sqrt{n}\right) \leq \frac{k\sigma^2}{\lambda^2\sigma^2 n} = \frac{k}{\lambda^2 n}, \tag{15.13}$$

aber diese obere Schranke liefert nur den Faktor λ^2 im Nenner, was im Hinblick auf das, was wir zeigen müssen, zu wenig ist. Was zum Erfolg führen wird, ist der Umstand, dass wir diese obere Schranke mit einer anderen kombinieren können, die aus dem zentralen Grenzwertsatz von Lindeberg–Lévy folgt. Setzen wir hierzu

$$Y_k := \frac{S_k}{\sigma\sqrt{k}}, \quad k \geq 1,$$

---

[2] Monroe David Donsker (1924–1991), US-amerikanischer Mathematiker, ab 1962 Professor am Courant Institute of Mathematical Sciences der New York University. Hauptarbeitsgebiet: Wahrscheinlichkeitstheorie.

so liefert dieser Grenzwertsatz $Y_k \xrightarrow{\mathcal{D}} N$ für $k \to \infty$, wobei N eine standardnormalverteilte Zufallsvariable ist. Zusammen mit der Markow-Ungleichung (Satz 1.5) gilt deshalb

$$\lim_{k \to \infty} \mathbb{P}\big(|Y_k| > \lambda\big) = \mathbb{P}(|N| > \lambda) \leq \frac{\mathbb{E}(N^4)}{\lambda^4} = \frac{3}{\lambda^4}.$$

Folglich gibt es eine von λ abhängende natürliche Zahl $k(\lambda)$ mit der Eigenschaft

$$\mathbb{P}\big(|Y_k| > \lambda\big) \leq \frac{4}{\lambda^4} \quad \text{für jedes } k > k(\lambda). \tag{15.14}$$

Für jedes solche k gilt also im Fall $k \leq n$

$$\mathbb{P}\big(|S_k| > \lambda \sigma \sqrt{n}\big) \leq \mathbb{P}\big(|S_k| > \lambda \sigma \sqrt{k}\big) = \mathbb{P}\big(|Y_k| > \lambda\big) \leq \frac{4}{\lambda^4}.$$

Eine Kombination mit (15.13) ergibt

$$\max_{1 \leq k \leq n} \mathbb{P}\big(|S_k| > \lambda \sigma \sqrt{n}\big) \leq \max\left(\frac{k(\lambda)}{\lambda^2 n}, \frac{4}{\lambda^4}\right),$$

und es folgt

$$\limsup_{n \to \infty} \lambda^2 \max_{1 \leq k \leq n} \mathbb{P}\big(|S_k| > \lambda \sigma \sqrt{n}\big) \leq \frac{4}{\lambda^2}$$

und damit die Behauptung. $\blacksquare$

Selbstfrage 8 Warum steht in (15.14) im Zähler die Zahl 4?

Aus dem Satz von Donsker folgt der zentrale Grenzwertsatz von Lindeberg–Lévy, denn nach dem Abbildungssatz gilt

$$\frac{S_n}{\sigma \sqrt{n}} = X_n(1) \xrightarrow{\mathcal{D}} W(1) \sim N(0, 1).$$

Wie letzterer Grenzwertsatz beinhaltet auch der Satz von Donsker die wichtige Botschaft, dass beim Grenzübergang $n \to \infty$ die spezielle Gestalt der Ausgangsverteilung, d.h. der Verteilung von Z_1, keine Rolle spielt. Es wird nur $\mathbb{E}(Z_1^2) < \infty$, d.h. die Existenz des zweiten Momentes, sowie eine positive Varianz gefordert und $\mathbb{E}(Z_1) = 0$ vorausgesetzt. Die Tatsache, dass die Limesverteilung (also das Wiener-Maß W) nicht von der speziellen Verteilung von Z_1 abhängt, wird oft als *Invarianzprinzip* bezeichnet.

Abb. 15.3 veranschaulicht diesen Sachverhalt. Blau eingezeichnet ist eine mithilfe von Simulationen erhaltene Realisierung eines Partialsummenprozesses X_n mit $n = 1000$, wobei als Verteilung von Z_1 eine Gleichverteilung auf den Werten $+1$ und -1 zugrunde liegt.

Abb. 15.3 Realisierungen von
Partialsummenprozessen
X_{1000} mit $\mathbb{P}(Z_1 = \pm 1) = 1/2$
(blau) und $Z_1 \sim \mathrm{Exp}(1) - 1$
(rot)

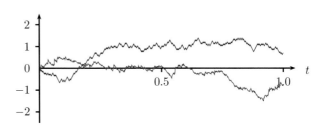

Beim roten Plot ist die Verteilung von Z_1 eine um -1 verschobene Exponentialverteilung
$\mathrm{Exp}(1)$. Obwohl zur Erzeugung der Plots ganz unterschiedliche Ausgangsverteilungen für
Z_1 verwendet wurden, ist kaum zu erkennen, welcher Verlauf zu welcher dieser Verteilungen
gehört.

15.10 Funktionaler zentraler Grenzwertsatz

Besonders schlagkräftig erweist sich der Satz von Donsker, wenn er mit dem Abbildungssatz
gekoppelt wird. Ist $h : C \to \mathbb{R}^k$ eine $(\mathcal{B}(C), \mathcal{B}^k)$-messbare Abbildung mit der Eigenschaft
$\mathrm{W}\big(\mathcal{C}(h)\big) = 1$, ist also h W-fast überall stetig, so ergibt sich mit dem Satz von Donsker und
dem Abbildungssatz die Verteilungskonvergenz

$$h(X_n) \xrightarrow{\mathcal{D}} h(W).$$

Weil bei dieser Konvergenz der (zentrale Grenzwert-)Satz $X_n \xrightarrow{\mathcal{D}} W$ von Donsker mit
einer Funktion verknüpft wird, bezeichnet man diesen Sachverhalt als *funktionalen zentralen
Grenzwertsatz*.

Der funktionale zentrale Grenzwertsatz hat unter anderem folgende wichtige Konsequenz: Kann man die Limesverteilung von $h(X_n)$ für einen speziellen Partialsummenprozess erhalten (d. h. für eine spezielle Verteilung von Z_1), so kennt man die Verteilung von
$h(W)$. Ein solches Vorgehen gelingt häufig bei einem sehr einfachen Partialsummenprozess,
der zur sog. *einfachen symmetrischen Irrfahrt* gehört. In diesem Fall ist die Verteilung von
Z_1 durch $\mathbb{P}(Z_1 = 1) = \mathbb{P}(Z_1 = -1) = \frac{1}{2}$ gegeben. Das folgende Resultat fußt auf dieser
Beweisidee.

15.11 Satz (Die Verteilung von $\max_{0 \le t \le 1} W(t)$)

Für den Wiener-Prozess W gilt

$$\max_{0 \le t \le 1} W(t) \sim |N|,$$

wobei $N \sim \mathrm{N}(0, 1)$. Es gilt also für jedes $u \ge 0$:

$$\mathbb{P}\left(\max_{0 \le t \le 1} W(t) \le u \right) = 2\Phi(u) - 1, \quad u \ge 0.$$

Dabei bezeichnet Φ die Verteilungsfunktion der Standardnormalverteilung.

Beweis Es sei X_n der zu einer u. i. v.-Folge $Z_1, Z_2, \ldots$ mit $\mathbb{P}(Z_1 = \pm 1) = \frac{1}{2}$ gehörende Partialsummenprozess. Mit $S_0 := 0$ und $S_n := \sum_{j=1}^{n} Z_j$ für $n \geq 1$ gilt

$$\max_{0 \leq t \leq 1} X_n(t) = \frac{1}{\sqrt{n}} \max_{k=0,\ldots,n} S_k.$$

Nach Aufgabe 15.4 konvergiert die rechte Seite in Verteilung gegen $|N|$. Da das durch $h(x) := \max_{0 \leq t \leq 1} x(t)$ definierte Funktional $h : C \to \mathbb{R}$ stetig ist, erhalten wir mit dem Abbildungssatz

$$\max_{0 \leq t \leq 1} X_n(t) = h(X_n) \xrightarrow{\mathcal{D}} h(W) = \max_{0 \leq t \leq 1} W(t).$$

∎

Selbstfrage 9 Warum ist das Funktional $h : C \to \mathbb{R},\, x \mapsto \max_{0 \leq t \leq 1} x(t)$, stetig?

15.12 Korollar Es sei $Z_1, Z_2, \ldots$ eine u. i. v.-Folge von Zufallsvariablen mit $\mathbb{E}(Z_1^2) < \infty$, $\mathbb{E}(Z_1) = 0$ und $0 < \sigma^2 := \mathbb{V}(Z_1)$. Dann gilt

$$\frac{1}{\sigma \sqrt{n}} \max_{k=0,\ldots,n} S_k \xrightarrow{\mathcal{D}} |N|,$$

wobei $N \sim \mathrm{N}(0, 1)$.

Wir geben noch zwei weitere Resultate an, die Verteilungen von Funktionalen des Wiener-Prozesses betreffen. Diese Funktionale sind durch

$$h_+(x) := \lambda^1 (\{t \in [0, 1] : x(t) > 0\}), \quad x \in C,$$
$$h_0(x) := \sup\{t \in [0, 1] : x(t) = 0\}, \quad x \in C.$$

definiert. Anschaulich beschreibt $h_+(x)$ die Zeitspanne, die die Funktion x oberhalb der x-Achse verbringt, und $h_0(x)$ steht für den Zeitpunkt der letzten Nullstelle von x (siehe Abb. 15.4).

Abb. 15.4 Die Funktionale h_+ und h_0

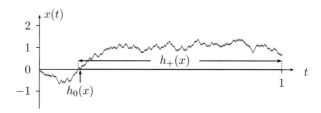

Beide Funktionale erfüllen die Voraussetzungen des Abbildungssatzes (siehe z. B. [BI2, S. 246–248]). Für den auf der einfachen symmetrischen Irrfahrt (d. h. $\mathbb{P}(Z_1 = \pm 1) = \frac{1}{2}$) basierenden Partialsummenprozess X_n gilt (s. z. B. [HE0, S. 23 und 48]):

$$\lim_{n \to \infty} \mathbb{P}\big(h_0(X_n) \leq u\big) = \lim_{n \to \infty} \mathbb{P}\big(h_+(X_n) \leq u\big) = \frac{2}{\pi} \arcsin \sqrt{u}, \quad 0 \leq u \leq 1. \quad (15.15)$$

Mit dem funktionalen zentralen Grenzwertsatz folgt hieraus das berühmte *Arcus-Sinus-Gesetz*:

15.13 Satz (Arcus-Sinus-Gesetz für den Wiener-Prozess)
Für den Wiener-Prozess gilt

$$\mathbb{P}\big(h_0(W) \leq u\big) = \mathbb{P}\big(h_+(W) \leq u\big) = \frac{2}{\pi} \arcsin \sqrt{u}, \quad 0 \leq u \leq 1.$$

Die Verteilung von $h_0(W)$ ist also die *Arcus-Sinus-Verteilung*. Gleiches gilt für $h_+(W)$. Abb. 15.5 zeigt die Dichte und die Verteilungsfunktion der Arcus-Sinus-Verteilung. Die Dichte ist U-förmig, und somit ist die Wahrscheinlichkeitsmasse stark in der Nähe von 0 und von 1 konzentriert. Mit großer Wahrscheinlichkeit ist also die letzte Nullstelle des Wiener-Prozesses W im zeitlichen Verlauf entweder „recht früh oder recht spät" anzutreffen. Ein analoger Effekt gilt für die Zeitspanne, die W oberhalb der x-Achse verbringt. Mit großer Wahrscheinlichkeit ist diese „entweder recht groß oder recht klein". Das Frappierende am Arcus-Sinus-Gesetz ist, dass die Grenzwertaussagen in (15.15) für *jeden* Partialsummenprozess X_n gelten, der die Voraussetzungen des Satzes von Donsker erfüllt.

Das nächste Resultat gründet auf einer Orthogonalzerlegung der Kovarianzfunktion $K(s, t) = \min(s, t)$ des Wiener-Prozesses. Damit einher geht ein allgemeiner Ansatz für

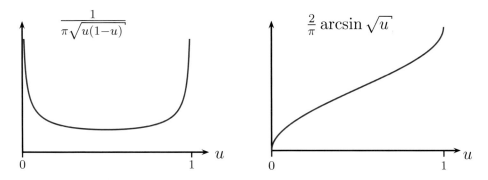

Abb. 15.5 Dichte (links) und Verteilungsfunktion (rechts) der Arcus-Sinus-Verteilung

Orthogonalentwicklungen stochastischer Prozesse, der unter dem Schlagwort *Karhunen*[3]–
Loève[4]-*Entwicklung bekannt ist.*

15.14 Satz (Karhunen–Loève-Entwicklung des Wiener-Prozesses)

Es seien $W = (W(t))_{0 \le t \le 1}$ ein Wiener-Prozess und $N_1, N_2, \ldots$ eine u. i. v.-Folge standardnormalverteilter Zufallsvariablen auf einem Wahrscheinlichkeitsraum $(\Omega, \mathcal{A}, \mathbb{P})$. Dann
konvergiert die Reihe

$$\widetilde{W}(t) := \sum_{j=1}^{\infty} \frac{\sqrt{2}\sin\left(\left(j - \tfrac{1}{2}\right)\pi t\right)}{\left(j - \tfrac{1}{2}\right)\pi} N_j, \quad 0 \le t \le 1, \tag{15.16}$$

gleichmäßig in t in $L^2(\Omega, \mathcal{A}, \mathbb{P})$, und es gilt $W \overset{\mathcal{D}_{\mathrm{fidi}}}{=} \widetilde{W}$, d. h., W und $\widetilde{W}$ haben die gleichen
endlichdimensionalen Verteilungen.

Der Beweis verwendet einen Satz von J. Mercer[5], siehe z. B. [KOE, S. 145].

15.15 Satz (Mercer, 1909)

Es sei $K : [0,1]^2 \to \mathbb{R}$ eine nicht verschwindende, stetige, symmetrische und positiv
semidefinite Funktion, d. h., für jede auf $[0,1]$ quadratisch integrierbare Funktion g gelte

$$\int_0^1 \int_0^1 g(s)K(s,t)g(t)\,\mathrm{d}s\,\mathrm{d}t \ge 0.$$

Dann folgt

$$K(s,t) = \sum_{j=1}^{\infty} \lambda_j \varphi_j(s)\varphi_j(t), \quad 0 \le s, t \le 1. \tag{15.17}$$

Dabei sind $\lambda_1, \lambda_2, \ldots$ die (jeweils gemäß ihrer geometrischen Vielfachheit auftretenden)
positiven Eigenwerte und $\varphi_1, \varphi_2, \ldots$ die zugehörigen normierten Eigenfunktionen des zum
Kern K assoziierten Integraloperators $g \mapsto Ag$, $(Ag)(s) = \int_0^1 K(s,t)g(t)\mathrm{d}t$. Die Reihe in
(15.17) konvergiert gleichmäßig und absolut.

Für den Spezialfall $K(s,t) = \min(s,t)$, also den „Kovarianzkern" des Wiener-Prozesses,
nimmt der Satz von Mercer folgende konkrete Gestalt an. Der Nachweis ist Gegenstand von
Aufgabe 15.10.

---

[3] Kari Karhunen (1915–1992), finnischer Stochastiker, promovierte 1947 mit der auf Deutsch ver-
fassten Arbeit „Über lineare Methoden in der Wahrscheinlichkeitsrechnung". Im Jahr 1963 übernahm
er die Leitung des Versicherungsunternehmens SUOMI.

[4] Michel Loève (1907–1979), Promotion 1941 an der École Polytechnique, nach Verhaftung durch die
deutschen Besatzer arbeitete er am Institut Henri Poincaré in Paris und 1946–1948 an der Universität
London, ab 1948 Professor für Mathematik an der University of California, Berkeley. Hauptarbeitsgebiet: Wahrscheinlichkeitstheorie.

[5] James Mercer (1883–1932), britischer Mathematiker. Hauptarbeitsgebiet: Analysis.

15.16 Satz (von Mercer für $K(s,t) = \min(s,t)$)

Es gilt $\min(s,t) = \sum\limits_{j=1}^{\infty} \lambda_j \, \varphi_j(s) \, \varphi_j(t), \quad 0 \le s, t \le 1,$

$$\text{wobei } \lambda_j = \frac{1}{\pi^2 \left(j - \frac{1}{2}\right)^2}, \quad \varphi_j(t) = \sqrt{2} \sin\left(\left(j - \tfrac{1}{2}\right)\pi t\right), \quad j \ge 1. \tag{15.18}$$

Beweis von Satz 15.14: Es sei

$$\widetilde{W}_n(t) := \sum_{j=1}^{n} \sqrt{\lambda_j} \, \varphi_j(t) \, N_j, \quad n \ge 1. \tag{15.19}$$

Wegen der Unabhängigkeit von $N_1, N_2, \ldots$ gilt für m, n mit $1 \le m < n$

$$\mathbb{E}\left(\widetilde{W}_n(t) - \widetilde{W}_m(t)\right)^2 = \sum_{j=m+1}^{n} \lambda_j \varphi_j^2(t) \le \frac{1}{\pi^2} \sum_{j=m+1}^{\infty} \frac{1}{\left(j - \frac{1}{2}\right)^2} \to 0 \text{ für } m \to \infty.$$

Somit ist $(W_n(t))_{n\ge 1}$ eine Cauchy-Folge in $L^2(\Omega, \mathcal{A}, \mathbb{P})$. Da dieser Raum vollständig ist, existiert der in (15.16) mit $\widetilde{W}(t)$ bezeichnete Grenzwert von $(W_n(t))_{n\ge 1}$, und es gilt

$$\lim_{n \to \infty} \sup_{0 \le t \le 1} \mathbb{E}\left[\left(\widetilde{W}(t) - \widetilde{W}_n(t)\right)^2\right] = 0. \tag{15.20}$$

Um $W \overset{\mathcal{D}_{\text{fidi}}}{=} \widetilde{W}$ nachzuweisen, seien $k \ge 1$ und $0 \le t_1 < \ldots < t_k \le 1$ beliebig gewählt. Zu zeigen ist $\left(\widetilde{W}(t_1), \ldots, \widetilde{W}(t_k)\right) \sim N_k\left(0_k, (t_i \wedge t_j)_{1 \le i,j \le k}\right)$. Gleichbedeutend hiermit ist nach Satz 1.15 der Nachweis von

$$\sum_{\ell=1}^{k} c_\ell \widetilde{W}(t_\ell) \sim N\left(0, \sum_{\ell,m=1}^{k} c_\ell c_m \left(t_\ell \wedge t_m\right)\right). \tag{15.21}$$

für jede Wahl von $c_1, \ldots, c_k \in \mathbb{R}$. Mit dem Additionsgesetz für die Normalverteilung gilt

$$\sum_{\ell=1}^{k} c_\ell \widetilde{W}_n(t_\ell) = \sum_{\ell=1}^{k} c_\ell \left(\sum_{j=1}^{n} \sqrt{\lambda_j}\varphi_j(t_\ell)N_j\right) = \sum_{j=1}^{n} \sqrt{\lambda_j}\left(\sum_{\ell=1}^{k} c_\ell \varphi_j(t_\ell)\right) N_j$$

$$\sim N\left(0, \sum_{j=1}^{n} \lambda_j \sum_{\ell,m=1}^{k} c_\ell c_m \, \varphi_j(t_\ell)\varphi_j(t_m)\right)$$

$$= N\left(0, \sum_{\ell,m=1}^{k} c_\ell c_m \sum_{j=1}^{n} \lambda_j \varphi_j(t_\ell)\varphi_j(t_m)\right).$$

Nach dem Satz von Mercer konvergiert die Varianz dieser Normalverteilung für $n \to \infty$ gegen die Varianz der in (15.21) stehenden Normalverteilung. Wegen $\sum_{\ell=1}^{k} c_\ell \widetilde{W}_n(t_\ell) \overset{L^2}{\longrightarrow} \sum_{\ell=1}^{k} c_\ell \widetilde{W}(t_\ell)$ folgt die Behauptung. ∎

Selbstfrage 10 Warum folgt aus dieser L^2-Konvergenz die Behauptung?

Die Karhunen–Loève-Entwicklung aus Satz 15.14 liefert die folgende Verteilungsaussage für das Integral des quadrierten Wiener-Prozesses. Wegen der Stetigkeit der Pfade ist dieses Integral als Grenzwert in Verteilung von Riemann'schen Näherungssummen zu verstehen (siehe auch Aufgabe 15.16).

15.17 Korollar (Die Verteilung von $\int_0^1 W^2(t)\,\mathrm{d}t$)
Für den Wiener-Prozess $W = (W(t))_{0 \le t \le 1}$ gilt:

$$\int_0^1 W^2(t)\,\mathrm{d}t \sim \sum_{j=1}^{\infty} \frac{N_j^2}{\left(j - \frac{1}{2}\right)^2}. \tag{15.22}$$

Dabei ist $N_1, N_2, \ldots$ eine u. i. v.-Folge standardnormalverteilter Zufallsvariablen.

Beweis Da das Integral in (15.22) nur eine Folge endlichdimensionaler Verteilungen von W verwendet und letztere nach Satz 15.14 mit den entsprechenden fidis von $(\widetilde{W}(t))_{0 \le t \le 1}$ mit $\widetilde{W}(t)$ wie in (15.16) übereinstimmen, müssen wir (15.22) mit $\widetilde{W}$ anstelle von W nachweisen. Für das in (15.19) definierte $\widetilde{W}_n(t)$ gilt wegen der Orthogonalität und Normiertheit der Funktionen φ_j

$$\int_0^1 \widetilde{W}_n^2(t)\,\mathrm{d}t = \sum_{j=1}^{n} \lambda_j N_j^2 \tag{15.23}$$

mit λ_j wie in (15.18) und der Bedeutung von $N_1, \ldots, N_n$ wie im Korollar. Wir zeigen

$$\lim_{n \to \infty} \mathbb{E}\left| \int_0^1 \left(\widetilde{W}^2(t) - \widetilde{W}_n^2(t) \right)\mathrm{d}t \right| = 0. \tag{15.24}$$

Aufgrund der Markow-Ungleichung folgt hieraus, dass die Summe in (15.23) für $n \to \infty$ stochastisch und damit auch in Verteilung gegen die rechte Seite von (15.22) konvergiert, was zu zeigen war. Mithilfe der Dreiecksungleichung für Integrale, dem Satz von Fubini, der Formel $a^2 - b^2 = (a - b)(a + b)$ und der Hölder-Ungleichung lässt sich der in (15.24) auftretende Erwartungswert durch

$$\int_0^1 \sqrt{\mathbb{E}\big[\big(\widetilde{W}(t) - \widetilde{W}_n(t) \big)^2 \big]} \sqrt{\mathbb{E}\big[\big(\widetilde{W}(t) + \widetilde{W}_n(t) \big)^2 \big]}\,\mathrm{d}t$$

nach oben abschätzen (Übungsaufgabe 15.9). Den ersten Faktor unter dem Integral kann man nach Supremumsbildung über t vor das Integral ziehen. Mit (15.20) folgt dann die Behauptung, wenn man die Ungleichungen $(a+b)^2 \le 2a^2 + 2b^2$ sowie $\sqrt{u+v} \le \sqrt{u} + \sqrt{v}$ ($u, v \ge 0$) sowie $\mathbb{E}[\widetilde{W}^2(t)] = t$ und $\mathbb{E}[\widetilde{W}_n^2(t)] \le 2 \sum_{j=1}^{n} \lambda_j$ beachtet. ∎

Selbstfrage 11 Warum gilt die letzte Ungleichung?

Mithilfe des Wiener-Prozesses lassen sich viele weitere Prozesse konstruieren. Eine besondere Rolle für die Statistik kommt hierbei der sogenannten *Brown'schen Brücke* zu.

15.18 Definition (Brown'sche Brücke)
Ein C[0, 1]-wertiges Zufallselement $B = (B(t))_{0 \le t \le 1}$ heißt *Brown'sche Brücke*, falls gilt:

a) $\mathbb{P}\big(B(0) = 0\big) = 1 = \mathbb{P}\big(B(1) = 0\big)$,
b) für jedes $k \ge 1$ und jede Wahl von $t_1, \ldots, t_k$ mit $0 \le t_1 < \ldots < t_k \le 1$ gilt

$$\big(B(t_1), \ldots, B(t_k)\big) \sim N_k\big(0_k, \, (\min(t_i, t_j) - t_i t_j)_{1 \le i, j \le k}\big).$$

Wie der Wiener-Prozess ist also auch die Brown'sche Brücke ein Gauß-Prozess. Eigenschaft a) besagt, dass eine Brown'sche Brücke nicht nur wie ein Wiener-Prozess im zeitlichen Verlauf in 0 startet, sondern zum Zeitpunkt $t = 1$ auch wieder in 0 endet. Daher rührt der Namensteil *Brücke*. Die Kovarianzen $\mathrm{Cov}\big(B(s), B(t)\big) = \min(s, t) - st$ unterscheiden sich durch den Minusterm von den entsprechenen Kovarianzen des Wiener-Prozesses. Im Spezialfall der Gleichverteilung auf dem Einheitsintervall traten diese Kovarianzen bereits in Aufgabe 7.4 im Zusammenhang mit der empirischen Verteilungsfunktion auf.
  Die Existenz der Brown'schen Brücke ist schnell gezeigt.

15.19 Satz Die Brown'sche Brücke existiert.

Beweis Für $x \in C$ sei $h(x)(t) := x(t) - t\,x(1)$, $0 \le t \le 1$, gesetzt. Die Abbildung $h : C \to C$ ist stetig, und es gilt $h(x)(1) = 0$.

Selbstfrage 12 Warum ist die Abbildung h stetig?

Weiter gilt: Aus $x(0) = 0$ folgt $h(x)(0) = 0$. Ist $(W(t))_{0 \le t \le 1}$ ein Wiener-Prozess, so setzen wir

$$B(t) := W(t) - t\,W(1) = \big(h \circ W\big)(t), \quad 0 \le t \le 1,$$

also $B := h \circ W$. Dann gilt $\mathbb{P}\big(B(0) = 0\big) = 1 = \mathbb{P}\big(B(1) = 0\big)$, also Bedingung 15.18 a). Definitionsgemäß gilt für jedes $k \ge 1$ und jede Wahl von $t_1, \ldots, t_k$ mit $0 \le t_1 < \ldots < t_k \le$ 1:

$$\begin{pmatrix} B(t_1) \\ B(t_2) \\ \vdots \\ B(t_k) \end{pmatrix} = \begin{pmatrix} 1 & 0 & \cdots & 0 & -t_1 \\ 0 & 1 & 0 & 0 & -t_2 \\ \vdots & 0 & \ddots & 0 & \vdots \\ 0 & 0 & \cdots & 1 & -t_k \end{pmatrix} \begin{pmatrix} W(t_1) \\ \vdots \\ W(t_k) \\ W(1) \end{pmatrix}.$$

Als affine Transformation eines $(k+1)$-dimensional normalverteilten Zufallsvektors besitzt der Zufallsvektor $\big(B(t_1), \ldots, B(t_k)\big)$ eine k-dimensionale Normalverteilung mit Erwartungswertvektor 0_k. Weiter gilt für s, t mit $0 \le s, t \le 1$:

$$\begin{aligned} \mathrm{Cov}(B(s), B(t)) &= \mathbb{E}\left[(W(s) - sW(1))(W(t) - tW(1))\right] \\ &= \mathbb{E}\left[W(s)W(t)\right] - s\,\mathbb{E}\left[W(1)W(t)\right] - t\,\mathbb{E}\left[W(s)W(1)\right] \\ &\quad + st\,\mathbb{E}\left[W(1)^2\right] \\ &= s \wedge t - st - ts + st \\ &= s \wedge t - st. \end{aligned}$$

Somit gilt auch Bedingung 15.18 b). ∎

Abb. 15.6 zeigt den Übergang von einer Funktion x zu $h(x)$. Da der Wert $x(1)$ durch Subtraktion von $1 \cdot x(1)$ anschaulich „auf die x-Achse heruntergezogen wird", nennt man die Brown'sche Brücke in der englischsprachigen Literatur auch häufig *tied down Brownian motion*. Abb. 15.7 zeigt mithilfe von „auf die x-Achse heruntergezogenen" Partialsummenprozessen gewonnene Realisierungen einer approximativen Brown'schen Brücke. Wie die Pfade des Wiener-Prozesses sind auch die Pfade der Brown'schen Brücke mit Wahrscheinlichkeit eins nirgends differenzierbar.

Das folgende Resultat besagt salopp formuliert, dass die Verteilung der Brown'schen Brücke gleich der bedingten Verteilung des Wiener-Prozesses unter der Bedingung $W(1) = 0$ ist. Das Adverb „salopp" bezieht sich auf den Sachverhalt, dass das Ereignis $\{W(1) = 0\}$ die Wahrscheinlichkeit null besitzt. Wir betrachten deshalb eine bedingte Verteilung von W, bei der danach bedingt wird, dass $W(1)$ Werte in einem Intervall $[0, \varepsilon]$ mit $\varepsilon > 0$ annimmt und lassen dann ε gegen null konvergieren.

Abb. 15.6 Übergang von einer Funktion $x(t)$ zu $x(t) - tx(1)$

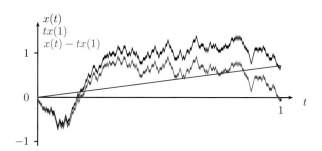

Abb. 15.7 Zwei
Realisierungen einer
(approximativen) Brown'schen
Brücke

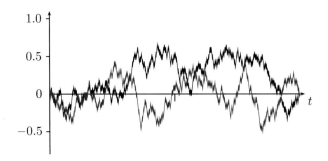

15.20 Satz Es seien $W = (W(t))_{0 \le t \le 1}$ ein Wiener-Prozess und $\varepsilon > 0$. Setzen wir

$$P_\varepsilon(A) := \mathbb{P}(W \in A \,|\, 0 \le W(1) \le \varepsilon), \quad A \in \mathcal{B}(C),$$

so gilt $P_\varepsilon \xrightarrow{\mathcal{D}} B$ bei $\varepsilon \to 0$. Dabei ist B eine Brown'sche Brücke.

Beweis Wir nehmen an, dass W auf einem Wahrscheinlichkeitsraum $(\Omega, \mathcal{A}, \mathbb{P})$ definiert ist und setzen $B := (B(t))_{0 \le t \le 1}$, wobei

$$B(t) := W(t) - t W(1), \quad 0 \le t \le 1. \tag{15.25}$$

Nach dem Portmanteau-Theorem (Satz 14.3) müssen wir für jede nichtleere abgeschlossene Borelmenge A von C die Ungleichung

$$\limsup_{\varepsilon \to 0} \mathbb{P}(W \in A \,|\, 0 \le W(1) \le \varepsilon) \le \mathbb{P}(B \in A)$$

nachweisen. Hierzu nutzen wir aus, dass für jede Wahl von $k \ge 1$ und $t_1, \ldots, t_k$ mit $0 \le t_1 < \ldots < t_k \le 1$ der Zufallsvektor $(W(1), B(t_1), \ldots, B(t_k))$ eine $(k+1)$-dimensionale Normalverteilung besitzt, wobei wegen $\mathrm{Cov}(W(s), W(t)) = \min(s, t)$

$$\mathbb{E}[W(1)B(t_j)] = \mathbb{E}\big[W(1)(W(t_j) - t_j W(1))\big] = t_j - t_j = 0, \quad j \in \{1, \ldots, k\},$$

gilt. Nach Satz 5.10 sind $W(1)$ und $\big(B(t_1), \ldots, B(t_k)\big)$ für jede Wahl von k und $t_1, \ldots, t_k$ stochastisch unabhängig. Es gilt also

$$\mathbb{P}(W(1) \in C, B \in M) = \mathbb{P}(W(1) \in C) \cdot \mathbb{P}(B \in M) \quad \text{für jede Menge } C \in \mathcal{B}^1 \tag{15.26}$$

und jede Menge M aus dem System $\mathcal{C}_f = \big\{\pi_{t_1,\ldots,t_k}^{-1}(H) \,\big|\, k \in \mathbb{N}, \, 0 \le t_1 < \ldots < t_k \le 1, \, H \in \mathcal{B}^k\big\}$. Für festes $C \in \mathcal{B}^1$ setzen wir

$$\mathcal{D}_C := \big\{M \in \mathcal{B}(C) : \mathbb{P}(W(1) \in C, B \in M) = \mathbb{P}(W(1) \in C)\,\mathbb{P}(B \in M)\big\}.$$

Wegen (15.26) gilt $\mathcal{C}_f \subset \mathcal{D}_C$, und wie man direkt nachprüft, ist $\mathcal{D}_C$ ein *Dynkin-System*, d. h., es gelten definitionsgemäß die folgenden Eigenschaften:

- $C[0, 1] \in \mathcal{D}_C$,
- sind $D, E \in \mathcal{D}_C$ mit $D \subset E$, so folgt $E \setminus D \in \mathcal{D}_C$,
- sind $E_1, E_2, \ldots$ paarweise disjunkte Mengen aus $\mathcal{D}_C$, so gilt $\uplus_{j=1}^{\infty} E_j \in \mathcal{D}_C$.

Da $\mathcal{D}_C$ ein Dynkin-System ist, enthält es mit $\mathcal{C}_f$ auch das mit $\delta(\mathcal{C}_f)$ bezeichnete kleinste Dynkin-System über Ω, das $\mathcal{C}_f$ enthält. Wegen der Durchschnittsstabilität von $\mathcal{C}_f$ (siehe S. 216) gilt $\mathcal{B}(C) = \sigma(\mathcal{C}_f) = \delta(\mathcal{C}_f) \subset \mathcal{D}_C$, und deshalb folgt

$$\mathbb{P}(B \in M \,|\, 0 \le W(1) \le \varepsilon) = \mathbb{P}(B \in M) \quad \text{für jedes } M \in \mathcal{B}(C).$$

Aufgrund von (15.25) gilt

$$\|W - B\|_{\infty} = \sup_{0 \le t \le 1} |W(t) - (W(t) - t\,W(1))| = |W(1)|.$$

Sind also $A \subset C$ eine abgeschlossene Menge sowie $\delta > 0$, so können wir aus $|W(1)| \le \delta$ und $W \in A$ auf $B \in A_{\delta} := \{x \in C : \|x - A\|_{\infty} \le \delta\}$ schließen. Falls $0 < \varepsilon < \delta$, so gilt also

$$\mathbb{P}(W \in A \,|\, 0 \le W(1) \le \varepsilon) \le \mathbb{P}(B \in A_{\delta} \,|\, 0 \le W(1) \le \varepsilon) = \mathbb{P}(B \in A_{\delta}),$$

und die Behauptung folgt beim Grenzübergang $\delta \to 0$ wegen der Abgeschlossenheit der Menge A. ∎

Das folgende Resultat wird sich im nächsten Kapitel im Zusammenhang mit dem nichtparametrischen Zwei-Stichproben-Problem als wichtig erweisen.

15.21 Satz (Reproduktionssatz für die Brown'sche Brücke)
Es seien B_1, B_2 *stochastisch unabhängige* Brown'sche Brücken und $a_1, a_2 \in \mathbb{R}$ mit $a_1^2 + a_2^2 = 1$. Dann ist auch

$$B := a_1 B_1 + a_2 B_2$$

eine Brown'sche Brücke.

Beweis Zunächst gilt $\mathbb{P}(B(0) = 0) = 1 = \mathbb{P}(B(1) = 0)$. Sind $k \ge 1$ und $t_1, \ldots, t_k$ mit $0 \le t_1 < \ldots < t_k \le 1$ beliebig gewählt, so besitzt der Zufallsvektor $(B(t_1), \ldots, B(t_k))$ eine k-dimensionale Normalverteilung.

Selbstfrage 13 Warum gilt die letzte Aussage?

Es gilt $\mathbb{E}(B(t)) = 0, 0 \le t \le 1$. Bezeichnet $K(s,t) := \min(s,t) - st, 0 \le s, t \le 1$, die Kovarianzfunktion einer Brown'schen Brücke, so gilt wegen der stochastischen Unabhängigkeit von B_1 und B_2

$$\begin{aligned}
\mathbb{E}\big[B(s)B(t)\big] &= \mathbb{E}\big[(a_1 B_1(s) + a_2 B_2(s))(a_1 B_1(t) + a_2 B_2(t))\big] \\
&= a_1^2 K(s,t) + a_1 a_2 \mathbb{E}\big[B_1(s)B_2(t)\big] + a_2 a_1 \mathbb{E}\big[B_2(s)B_1(t)\big] + a_2^2 K(s,t) \\
&= (a_1^2 + a_2^2) K(s,t) \\
&= K(s,t).
\end{aligned}$$

Damit erfüllt B die Bedingungen a) und b) von Definition 15.18. Da B_1 und B_2 auf einem Wahrscheinlichkeitsraum $(\Omega, \mathcal{A}, \mathbb{P})$ definierte C-wertige Zufallselemente sind, ist $(B_1, B_2) : \Omega \to C \times C$ wegen der Separabilität von C ein $C \times C$-wertiges Zufallselement. Die durch $h(x,y) := a_1 x + a_2 y$ definierte Abbildung $h : C \times C \to C$ ist stetig, und somit ist $B = a_1 B_1 + a_2 B_2 = h(B_1, B_2)$ ein C-wertiges Zufallselement auf Ω. ∎

Dieses Resultat lässt sich auf mehr als zwei unabhängige Brown'sche Brücken verallgemeinern (Aufgabe 15.8).

15.22 Der Wiener-Prozess auf $[0, \infty)$

Wir beschließen dieses Kapitel, indem wir den Wiener-Prozess auf die Halbachse $[0, \infty)$ ausdehnen. Hierzu bezeichne $C[0, \infty) := \{x : [0, \infty) \to \mathbb{R}\}$ die Menge aller stetigen reellen Funktionen auf $[0, \infty)$. Setzen wir

$$\rho(x,y) := \sum_{j=1}^{\infty} \frac{1}{2^j} \cdot \frac{\max_{0 \le t \le j} |x(t) - y(t)|}{1 + \max_{0 \le t \le j} |x(t) - y(t)|}, \quad x, y \in C[0, \infty),$$

so wird $(C[0, \infty), \rho)$ zu einem vollständigen separablen metrischer Raum, und für jede Folge (x_n) aus $C[0, \infty)$ und jedes $x \in C[0, \infty)$ gilt

$$\rho(x_n, x) \to 0 \iff \max_{t \in K} |x_n(t) - x(t)| \to 0 \text{ für jede kompakte Menge } K \subset [0, \infty).$$

Konvergenz im Raum $(C[0, \infty), \rho)$ ist also gleichmäßige Konvergenz auf jeder kompakten Teilmenge von $[0, \infty)$.

Ein *Wiener-Prozess* $W = (W(t))_{t \ge 0}$ auf $[0, \infty)$ ist definiert als $C[0, \infty)$-wertiges Zufallselement auf einem Wahrscheinlichkeitsraum $(\Omega, \mathcal{A}, \mathbb{P})$ mit den Eigenschaften a), b) und c) von Definition 15.1, wobei b) für jedes $t > 0$ und c) ohne die Einschränkung $t_k \le 1$ gelten. Da hieraus analog wie nach Definition 15.1 jede der Eigenschaften a)–c) von Korollar 15.2 – und zwar unter Wegfall der oberen Schranke 1 für s, t in a)–b) und für t_k in c) – gefolgert werden kann, ist ein Wiener-Prozess $(W(t))_{t \ge 0}$ auf $[0, \infty)$ ein zentrierter Gauß-Prozess mit stetigen Pfaden, der mit Wahrscheinlichkeit eins in 0 startet und unabhängige sowie stationäre Zuwächse besitzt. Außerdem gilt $W(t) \sim N(0, t)$ für jedes $t > 0$.

Wir konstruieren einen solchen Prozess direkt mithilfe einer Brown'schen Brücke. Ausgangspunkt dafür ist die durch

$$h : \begin{cases} C[0, 1] \to C[0, \infty), \\ x \mapsto h(x), \quad h(x)(t) := (1+t) \cdot x\left(\frac{t}{1+t}\right), \quad 0 \le t < \infty, \end{cases}$$

definierte Funktion h. Diese ist stetig, und somit ist mit jedem $C[0, 1]$-wertigen Zufallselement $X : \Omega \to C[0, 1]$ die Abbildung $h \circ X : \Omega \to C[0, \infty)$ ein $C[0, \infty)$-wertiges Zufallselement.

Selbstfrage 14 Warum ist die obige Abbildung $h : C[0, 1] \to C[0, \infty)$ stetig?

Ist $B := (B(t))_{0 \le t \le 1}$ eine Brown'sche Brücke, so setzen wir $W := h \circ B$, also

$$\begin{aligned} W(t) &:= h(B)(t) \\ &= (1+t)B\left(\frac{t}{1+t}\right), \quad t \ge 0. \end{aligned} \tag{15.27}$$

Dann ist W ein Zufallselement in $C[0, \infty)$, und es gilt $\mathbb{E}(W(t)) = 0, t \ge 0$. Weiter gilt für $s, t \ge 0$ mit $0 \le s \le t$:

$$\begin{aligned} \mathrm{Cov}(W(s), W(t)) &= (1+s)(1+t)\mathrm{Cov}\left(B\left(\frac{s}{1+s}\right), B\left(\frac{t}{1+t}\right)\right) \\ &= (1+s)(1+t)\left(\min\left(\frac{s}{1+s}, \frac{t}{1+t}\right) - \frac{s}{1+s}\frac{t}{1+t}\right) \\ &= s(1+t) - st = s = \min(s, t). \end{aligned}$$

Es gilt $\mathbb{P}(W(0) = 0) = 1$, und wegen (15.27) besitzt $(W(t_1), \ldots, W(t_k))$ für jedes $k \ge 1$ und jede Wahl von $t_1, \ldots, t_k$ mit $0 \le t_1 < \ldots < t_k$ die Normalverteilung $N_k(0_k, (\min(t_i, t_j))_{1 \le i, j \le k})$. Da durch diese endlichdimensionalen Verteilungen die Verteilung von W festgelegt ist, sind auch alle weiteren an einen Wiener-Prozess auf $[0, \infty)$ geforderten Eigenschaften erfüllt.

Wie schon betont lassen sich mithilfe des (Standard-) Wiener-Prozesses $(W(t))_{t \ge 0}$ viele weitere interessante Prozesse konstruieren. So definiert für $\mu \in \mathbb{R}$ und $\sigma > 0$ der Prozess $X(t) := \mu t + \sigma W(t), t \ge 0$, einen *Wiener-Prozess mit Drift μ und Volatilität σ*. In der Finanzmathematik spielt die durch

$$S(t) := S(0) \exp\left(\left(\mu - \frac{\sigma^2}{2}\right)t + \sigma W(t)\right), \quad t \ge 0,$$

definierte sogenannte *geometrische Brown'sche Bewegung mit Drift* μ *und Volatilität* σ eine große Rolle. Hierbei steht etwa $S(t)$ für den Kurs einer Aktie zum Zeitpunkt t (siehe z. B. [BIK]). Sind $W_1, \ldots, W_n$ stochastisch unabhängige (Standard-) Wiener-Prozesse, so kann man durch die Festsetzung $\mathbf{W}(t) := \big(W_1(t), \ldots, W_n(t)\big)$, $t \geq 0$, einen *n-dimensionalen (Standard-) Wiener-Prozess* definieren.

Das folgende Resultat erlaubt unter anderem, die Verteilungsinvarianz des Wiener-Prozesses gegenüber „projektiven Spiegelungen bei $t = \infty$" nachzuweisen (siehe Eigenschaft 15.24 c)).

15.23 Satz (Starkes Gesetz großer Zahlen für den Wiener-Prozess)

Es sei $W = (W(t))_{t \geq 0}$ ein Wiener-Prozess auf einem Wahrscheinlichkeitsraum $(\Omega, \mathcal{A}, \mathbb{P})$. Dann gilt

$$\lim_{t \to \infty} \frac{W(t)}{t} = 0 \quad \mathbb{P}\text{-fast sicher.}$$

Beweis Da die Zuwächse $W(k) - W(k-1), k = 1, 2, \ldots$, unabhängige und je standardnormalverteilte Zufallsvariablen sind, folgt nach dem starken Gesetz großer Zahlen (Satz 1.2)

$$\lim_{n \to \infty} \frac{W(n)}{n} = 0 \quad \mathbb{P}\text{-fast sicher.}$$

Somit existiert eine Einsmenge $\Omega_1 \in \mathcal{A}$ mit der Eigenschaft, dass es zu jedem $\varepsilon > 0$ und jedem $\omega \in \Omega_1$ ein von ω und ε abhängendes n_1 gibt, sodass für jedes $n \geq n_1$ die Ungleichung $|W(n, \omega)/n| \leq \varepsilon$ erfüllt ist. Wir müssen somit nur noch die maximale betragsmäßige Fluktuation von W zwischen je zwei natürlichen Zahlen untersuchen. Mithilfe der Kolmogorow-Ungleichung (Satz 1.4) ergibt sich für jedes $m \geq 1$ und jedes $n \geq 1$

$$\mathbb{P}\left(\max_{0 \leq k \leq 2^m} \left| W\left(n + \frac{k}{2^m}\right) - W(n) \right| > n^{2/3} \right) \leq \frac{\mathbb{V}\big(W(n+1) - W(n)\big)}{n^{4/3}} = \frac{1}{n^{4/3}}.$$

Selbstfrage 15 Auf welche Zufallsvariablen X_j wird hier Satz 1.4 angewandt?

Mit $A_n := \big\{ \sup_{n \leq u \leq n+1} |W(u) - W(n)| > n^{2/3} \big\}$ folgt hieraus beim Grenzübergang $m \to \infty$ $\mathbb{P}(A_n) \leq n^{-4/3}$. Wegen $\sum_{n=1}^{\infty} \mathbb{P}(A_n) < \infty$ liefert das Lemma von Borel–Cantelli (Satz 1.3), dass mit Wahrscheinlichkeit eins nur endlich viele der Ereignisse $A_1, A_2, \ldots$ eintreten. Es existiert also eine Einsmenge $\Omega_2 \in \mathcal{A}$ mit der Eigenschaft, dass es zu jedem $\omega \in \Omega_2$ ein von ω abhängendes n_2 gibt, sodass für jedes $n \geq n_2$ die Ungleichung

$$\frac{1}{n} \sup_{n \leq u \leq n+1} |W(\omega, u) - W(\omega, n)| \leq \frac{1}{n^{1/3}}$$

erfüllt ist. Für jedes ω in der Einsmenge $\Omega_1 \cap \Omega_2$ und jedes t mit $t \geq \max(n_1, n_2)$ und $s := \lfloor t \rfloor$ gilt dann

$$\left| \frac{W(\omega, t)}{t} \right| \leq \left| \frac{W(\omega, s)}{s} \right| \frac{s}{t} + \frac{1}{s} \sup_{s \leq u \leq s+1} |W(\omega, u) - W(\omega, s)| \frac{s}{t} \leq \varepsilon + \frac{1}{s^{1/3}}.$$

Hieraus folgt die Behauptung.   ∎

Wir stellen abschließend einige Eigenschaften des (Standard-) Wiener-Prozesses zusammen und notieren Zusammenhänge zwischen der Brown'schen Bewegung und dem Wiener-Prozess (siehe auch Übungsaufgaben 15.11–15.15).

15.24 Eigenschaften des Wiener-Prozesses, Zusammenhang zur Brown'schen Brücke

a) Es seien $((W(t))_{t \geq 0}$ ein Wiener-Prozess und $a > 0$. Dann ist der durch

$$W^*(t) := \frac{1}{\sqrt{a}} W(at), \quad t \geq 0,$$

definierte Prozess W^* ebenfalls ein Wiener-Prozess. Der Wiener-Prozess ist also *selbstähnlich unter Streckung der Zeitachse.*

b) Es seien $((W(t))_{t \geq 0}$ ein Wiener-Prozess und $r > 0$. Dann ist auch der durch

$$\widetilde{W}(t) := W(t + r) - W(r), \quad t \geq 0,$$

definierte Prozess $\widetilde{W}$ ein Wiener-Prozess. Der Wiener-Prozess ist also *verteilungsinvariant gegenüber Verschiebungen der Zeitachse.*

c) Es seien $((W(t))_{t \geq 0}$ ein Wiener-Prozess und

$$\widehat{W}(t) := t W \left(\frac{1}{t} \right), \quad t > 0,$$

sowie $\widehat{W}(0) := 0$. Dann ist $\widehat{W} = (\widehat{W})_{t \geq 0}$ ein Wiener-Prozess. Der Übergang von W zu $\widehat{W}$ wird *projektive Spiegelung von W bei $t = \infty$* genannt.

d) Es seien $((W(t))_{t \geq 0}$ ein Wiener-Prozess und

$$B(t) := (1 - t) W \left(\frac{t}{1 - t} \right), \quad 0 \leq t < 1,$$

sowie $B(1) := 0$. Dann ist der Prozess $B = (B(t))_{0 \leq t \leq 1}$ eine Brown'sche Brücke.

e) Es seien $B = (B(t))_{0 \leq t \leq 1}$ eine Brown'sche Brücke und Z eine von B stochastisch unabhängige standardnormalverteilte Zufallsvariable. Dann definiert

$$W(t) := B(t) + t Z, \quad 0 \leq t \leq 1,$$

einen Wiener-Prozess auf $[0, 1]$.

Antworten zu den Selbstfragen

Antwort 1 Im Fall $t_1 = t_2$ ist $W(t_2) - W(t_1) = 0$ eine konstante Zufallsvariable, deren erzeugte σ-Algebra gleich $\{\emptyset, \Omega\}$ ist. Diese ist von allen Sub-σ-Algebren von $\mathcal{A}$ stochastisch unabhängig.

Antwort 2 Weil die Komponenten nach Korollar 15.2 a) normalverteilt und nach Definition 15.1 c) stochastisch unabhängig sind.

Antwort 3 Ist $t_1 = 0$, so folgt (15.4) im Fall $k = 1$, weil auf beiden Seiten des Konvergenzpfeils Einpunktverteilungen in 0 stehen. Im Fall $k \geq 2$ folgt (15.4) mithilfe der Cramér–Wold-Technik (Satz 6.18), denn die erste Komponente im Vektor auf der linken Seite in (15.4) ist gleich 0, und die Kovarianzmatrix Σ besitzt die Eigenschaft $\min(t_1, t_j) = \min(0, t_j) = 0$, $1 \leq j \leq k$.

Antwort 4 Ja, und zwar aufgrund des Teilfolgenkriteriums (Satz 14.5).

Antwort 5 Wegen $m \geq n\delta$ gilt für $j \in \{2, \ldots, k-1\}$

$$t_j - t_{j-1} = \frac{jm - (j-1)m}{n} = \frac{m}{n} \geq \delta.$$

Antwort 6 Treten die Ereignisse B_k und $\{|S_n| < \alpha\}$ ein, so muss $|S_n - S_k| > 2\alpha$ gelten, denn andernfalls wäre aufgrund der Dreiecksungleichung $|S_k| = |S_k - S_n + S_n| \leq |S_n - S_k| + |S_n| < 3\alpha$.

Antwort 7 Aus $|S_n - S_k| > 2\alpha$ folgt aufgrund der Dreiecksungleichung, dass mindestens eines der Ereignisse $\{|S_n| \geq \alpha\}$ und $\{|S_k| \geq \alpha\}$ eintreten muss.

Antwort 8 Es kann jede beliebige reelle Zahl a größer als 3 gewählt werden. Entscheidend ist nur, dass alle bis auf endlich viele Glieder der Folge ($\mathbb{P}(|Y_k| > \lambda)$) kleiner oder gleich a/λ^4 sind.

Antwort 9 Sind $x, y \in C$ mit $\|x - y\| \leq \varepsilon$, so gilt

$$h(x) = \max_{0 \leq t \leq 1} x(t) \leq \max_{0 \leq t \leq 1} \big(y(t) + \varepsilon\big) \leq h(y) + \varepsilon.$$

Aus Symmetriegründen folgt $|h(x) - h(y)| \leq \varepsilon$.

Antwort 10 Weil aus der L^2-Konvergenz die Verteilungskonvergenz folgt und die Grenzverteilung unter Verteilungskonvergenz eindeutig bestimmt ist.

Antwort 11 Mit $\mathbb{E}(N_i N_j) = \delta_{i,j}$ gilt

$$\mathbb{E}\big(\widetilde{W}_n^2(t)\big) = \sum_{i=1}^n \sum_{j=1}^n \sqrt{\lambda_i \lambda_j} \varphi_i(t) \varphi_j(t) \delta_{i,j} = \sum_{i=1}^n \lambda_i \varphi_i^2(t).$$

Wegen $\varphi_i^2(t) \leq 2$ folgt die Behauptung.

Antwort 12 Für $x, y \in C$ gilt $|h(x)(t) - h(y)(t)| = |x(t) - y(t) - t(x(1) - y(1))| \leq 2\|x - y\|_\infty$.

Antwort 13 Die Aussage folgt aus dem Additionsgesetz 5.12 für die multivariate Normalverteilung.

Antwort 14 Für $x, y \in C[0, 1]$ und $t \geq 0$ gilt $|h(x)(t) - h(y)(t)| \leq (1+t)\left|x\left(\frac{t}{1+t}\right) - y\left(\frac{t}{1+t}\right)\right|$ und somit $\max_{0 \leq t \leq j} |x(t) - y(t)| \leq (1+j)\|x - y\|_\infty$. Es folgt

$$\rho(x, y) \leq \|x - y\|_\infty \sum_{j=1}^{\infty} \frac{j+1}{2^j} = 3\|x - y\|_\infty.$$

Antwort 15 Es ist $X_j = W(n + j2^{-m}) - W(n + (j-1)2^{-m})$, $j \in \{1, \ldots, 2^m\}$.

Übungsaufgaben

Aufgabe 15.1 Es seien A die in (15.2) stehende Matrix aus Einsen und Nullen sowie $D := \text{diag}(t_1, t_2 - t_1, t_3 - t_2, \ldots, t_k - t_{k-1})$. Zeigen Sie die Gültigkeit der Gleichung

$$ADA^\top = (\min(t_i, t_j))_{1 \leq i, j \leq k}.$$

Aufgabe 15.2 Es seien X_n der in (15.3) definierte Partialsummenprozess sowie $k \in \mathbb{N}$ und $t_1, \ldots, t_k$ mit $0 \leq t_1 < \ldots < t_k \leq 1$. Zeigen Sie:

$$\frac{1}{\sigma\sqrt{n}}\left(S_{\lfloor nt_1 \rfloor}, S_{\lfloor nt_2 \rfloor} - S_{\lfloor nt_1 \rfloor}, \ldots, S_{\lfloor nt_k \rfloor} - S_{\lfloor nt_{k-1} \rfloor}\right) \xrightarrow{\mathcal{D}} N_k(0_k, D), \qquad (15.28)$$

wobei $D = \text{diag}(t_1, t_2 - t_1, t_3 - t_2, \ldots, t_k - t_{k-1})$.

Hinweis Verwenden Sie den zentralen Grenzwertsatz von Lindeberg–Lévy, das Lemma von Slutsky sowie Satz 14.26.

Aufgabe 15.3 Es seien $k \geq 3$ sowie $t_0, \ldots, t_k$ mit $0 = t_0 < t_1 < \ldots < t_k = 1$. Weiter seien $\varepsilon > 0$ sowie $0 < \delta < 1$. Zeigen Sie: Falls

$$\min_{2 \leq j \leq k-1} (t_j - t_{j-1}) \geq \delta, \qquad (15.29)$$

so gilt für jedes $x \in C[0, 1]$:

$$w_x(\delta) \leq 3 \max_{1 \leq j \leq k} \sup_{t_{j-1} \leq s \leq t_j} |x(s) - x(t_{j-1})|. \qquad (15.30)$$

Folgern Sie hieraus die Aussage von Lemma 15.4.

Hinweis Es sei $I_j := [t_{j-1}, t_j]$, $j \in \{1, \ldots, k\}$. In welchen der Intervalle $I_1, \ldots, I_k$ können s und t liegen, damit die Ungleichung $|s - t| \leq \delta$ erfüllt ist?

Aufgabe 15.4 Es sei $Z_1, Z_2, \ldots$ eine u. i. v.-Folge von Zufallsvariablen mit $\mathbb{P}(Z_1 = \pm 1) = \frac{1}{2}$. Weiter seien $S_0 := 0$, $S_n := \sum_{j=1}^{n} Z_j$ für $n \geq 1$ und $M_n := \max_{j=0,\ldots,n} S_j$. Zeigen Sie:

a) Für $k \in \{0, \ldots, n\}$ gilt $\mathbb{P}(M_n \geq k) = 2\mathbb{P}(S_n > k) + \mathbb{P}(S_n = k)$.
   Hinweis Zerlegen Sie das Ereignis $\{M_n \geq k\}$ in drei Ereignisse (abhängig davon ob S_n gleich,

kleiner oder größer als k ist). Interpretieren Sie dann $\{(j, S_j) : 0 \leq j \leq n\}$ als eine Irrfahrt und nutzen Sie ein Symmetrieargument.

b) Mit einer standardnormalverteilten Zufallsvariablen N gilt

$$\frac{M_n}{\sqrt{n}} \xrightarrow{\mathcal{D}} |N| \quad \text{für } n \to \infty.$$

Aufgabe 15.5 Es seien $a, b \in \mathbb{R}$ mit $a < b$ und $(W(t))_{0 \leq t \leq 1}$ ein Wiener-Prozess auf einem Wahrscheinlichkeitsraum $(\Omega, \mathcal{A}, \mathbb{P})$. Zeigen Sie:

$$\mathbb{P}\left(\bigcap_{\{(s,t) : a \leq s < t \leq b\}} \{W(s) \leq W(t)\} \right) = 0.$$

Warum gehört dieser überabzählbare Durchschnitt zur σ-Algebra $\mathcal{A}$?

Hinweis Für u, v mit $u < v$ gilt $\mathbb{P}(W(u) \leq W(v)) = \frac{1}{2}$.

Aufgabe 15.6 Auf einem gemeinsamen Wahrscheinlichkeitsraum $(\Omega, \mathcal{A}, \mathbb{P})$ seien $W = (W(t))_{0 \leq t \leq 1}$ ein Wiener-Prozess und U eine von W stochastisch unabhängige und in $[0, 1]$ gleichverteilte Zufallsvariable. Weiter sei $Y(t) := W(t)$, falls $U \neq t$, und $Y(t) := 0$, falls $U = t$, gesetzt. Zeigen Sie:

a) Die Prozesse $Y := \big(Y(t)\big)_{0 \leq t \leq 1}$ und W besitzen die gleichen endlichdimensionalen Verteilungen.

b) Die Pfade $Y(\omega)$, $\omega \in \Omega$, von Y sind mit Wahrscheinlichkeit eins unstetig.

Fazit: Die fidis reichen nicht aus, um das Pfadverhalten zu untersuchen.

Aufgabe 15.7 Es sei $(W(t))_{0 \leq t \leq 1}$ ein Wiener-Prozess. Zeigen Sie: Es gilt

$$\min_{0 \leq t \leq 1} W(t) \sim -|N|,$$

wobei $N \sim N(0, 1)$.

Aufgabe 15.8 Formulieren und beweisen Sie einen gegenüber Satz 15.21 allgemeineren Reproduktionssatz für Brown'sche Brücken.

Aufgabe 15.9 Zeigen Sie die im Beweis von Korollar 15.17 verwendete Ungleichung

$$\mathbb{E}\left| \int_0^1 \big(\widetilde{W}^2(t) - \widetilde{W}_n^2(t)\big) dt \right| \leq \int_0^1 \sqrt{\mathbb{E}\big[\big(\widetilde{W}(t) - \widetilde{W}_n(t)\big)^2\big]} \sqrt{\mathbb{E}\big[\big(\widetilde{W}(t) + \widetilde{W}_n(t)\big)^2\big]} \, dt.$$

Aufgabe 15.10 Betrachten Sie den zum Kern $K(s, t) := \min(s, t)$ assoziierten Integraloperator

$$Af(s) := \int_0^1 K(s, t) f(t) \, dt, \quad 0 \leq s \leq 1,$$

auf dem Raum L^2 der quadratisch integrierbaren Funktionen auf $[0, 1]$. Zeigen Sie:

a) Für jedes $\ell \geq 1$ ist $\lambda_\ell := \left(\left(\ell - \frac{1}{2}\right)\pi\right)^{-2}$ ein Eigenwert von A mit zugehöriger normierter Eigenfunktion

$$\varphi_\ell(s) := \sqrt{2} \sin\left(\left(\ell - \frac{1}{2}\right)\pi s\right), \quad 0 \leq s \leq 1.$$

Hinweis Differenzieren Sie beide Seiten der Gleichung $\lambda f(s) = \int_0^1 \min(s, t) f(t)\, dt$ zweimal.

b) In a) sind alle von null verschiedenen Eigenwerte aufgeführt.

Hinweis Verfahren Sie analog wie nach (8.41).

Aufgabe 15.11 Es seien $((W(t))_{t\geq 0}$ ein Wiener-Prozess und $a > 0$. Zeigen Sie: Der durch

$$W^*(t) := \frac{1}{\sqrt{a}} W(at), \quad t \geq 0,$$

definierte Prozess W^* ist ebenfalls ein Wiener-Prozess.

Aufgabe 15.12 Es seien $(W(t))_{t\geq 0}$ ein Wiener-Prozess und $r > 0$. Zeigen Sie, dass auch der durch

$$\widetilde{W}(t) := W(t + r) - W(r), \quad t \geq 0,$$

definierte Prozess $\widetilde{W}$ ein Wiener-Prozess ist.

Aufgabe 15.13 Es seien $(W(t))_{t\geq 0}$ ein Wiener-Prozess und

$$\widehat{W}(t) := t W\left(\frac{1}{t}\right), \quad t > 0,$$

sowie $\widehat{W}(0) := 0$. Zeigen Sie, dass auch $\widehat{W} = (\widehat{W}(t))_{t\geq 0}$ ein Wiener-Prozess ist.

Hinweis Verwenden Sie Satz 15.23.

Aufgabe 15.14 Es seien $(W(t))_{t\geq 0}$ ein Wiener-Prozess und

$$B(t) := (1 - t) W\left(\frac{t}{1 - t}\right), \quad 0 \leq t < 1,$$

sowie $B(1) := 0$. Zeigen Sie, dass der Prozess $B = (B(t))_{0\leq t\leq 1}$ eine Brown'sche Brücke ist.

Hinweis Verwenden Sie Satz 15.23.

Aufgabe 15.15 Es seien $B = (B(t))_{0\leq t\leq 1}$ eine Brown'sche Brücke und Z eine von B stochastisch unabhängige standardnormalverteilte Zufallsvariable. Zeigen Sie, dass die Festsetzung

$$W(t) := B(t) + tZ, \quad 0 \leq t \leq 1,$$

einen Wiener-Prozess auf $[0, 1]$ definiert.

Aufgabe 15.16 Es sei $W = (W(t))_{t\geq 0}$ ein Wiener-Prozess auf einem Wahrscheinlichkeitsraum $(\Omega, \mathcal{A}, \mathbb{P})$. Für $a > 0$ und $\omega \in \Omega$ sei

$$\left(\int_0^a W(t)\, dt \right)(\omega) := \int_0^a W(t, \omega)\, dt$$

das als „pfadweises Riemann-Integral" erklärte Integral von W in den Grenzen von 0 bis a. Zeigen Sie:

$$\int_0^a W(t)\, dt \sim N\left(0, \frac{a^3}{3} \right).$$

Hinweis Betrachten Sie Riemann'sche Näherungssummen $\sum_{j=1}^{k_n} W(t_{n,j})(t_{n,j+1} - t_{n,j})$.

Der Raum D[0, 1], empirische Prozesse 16

Wie wir bereits zu Beginn von Kap. 13 gesehen haben, reicht der Raum $C = C[0, 1]$ als Wertebereich für Zufallsfunktionen nicht aus, wenn deren Realisierungen Unstetigkeiten aufweisen. Als Motivation diente der uniforme empirische Prozess

$$B_n(t) = \sqrt{n}\big(\widehat{F}_n(t) - t\big), \quad 0 \leq t \leq 1, \tag{16.1}$$

wobei $\widehat{F}_n(t) = \frac{1}{n}\sum_{j=1}^{n} \mathbf{1}\{X_j \leq t\}$, $0 \leq t \leq 1$, für die empirische Verteilungsfunktion von unabhängigen und je in [0, 1] gleichverteilten Zufallsvariablen $X_1, \ldots, X_n$ steht. Diese Zufallsvariablen bilden den Anfangsabschnitt der Länge n einer auf einem gemeinsamen Wahrscheinlichkeitsraum $(\Omega, \mathcal{A}, \mathbb{P})$ definierten Folge $(X_j)_{j \geq 1}$. Nach Aufgabe 7.4 gilt für jedes $k \geq 1$ und jede Wahl von $t_1, \ldots, t_k$ mit $0 \leq t_1 < \ldots < t_k \leq 1$ die Verteilungskonvergenz $\big(B_n(t_1), \ldots, B_n(t_k)\big) \xrightarrow{\mathcal{D}} N_k\big(0_k, (t_i \wedge t_j - t_i t_j)_{1 \leq i, j \leq k}\big)$. Die Kovarianzen der asymptotischen Normalverteilung sind also die einer Brown'schen Brücke.

Wenn wir das in (16.1) unterdrückte Argument $\omega \in \Omega$ hinzufügen, also

$$B_n(\omega, t) := \sqrt{n}\big(\widehat{F}_n(\omega, t) - t\big), \quad 0 \leq t \leq 1, \; \omega \in \Omega,$$

mit $\widehat{F}_n(\omega, t) = \frac{1}{n}\sum_{j=1}^{n} \mathbf{1}\{X_j(\omega) \leq t\}$ schreiben, so ist $B_n(\omega, \cdot)$ eine auf [0, 1] definierte rechtsseitig stetige Funktion, deren linksseitige Grenzwerte an jeder Stelle $t \in (0, 1]$ existieren (vgl. Abb. 13.1). Wir werden feststellen, dass sich diese im Folgenden mit D[0, 1] bezeichnete Menge von Funktionen mit einer geeigneten Metrik versehen lässt, sodass ein vollständiger separabler metrischer Raum entsteht, und dass $\Omega \ni \omega \mapsto B_n(\omega, \cdot)$ eine $(\mathcal{A}, \mathcal{B}(D[0, 1]))$-messbare Abbildung ist. Dabei bezeichnet $\mathcal{B}(D[0, 1])$ die σ-Algebra der Borelmengen dieses metrischen Raumes. Wir werden weiter sehen, dass im Raum D[0, 1] die Folge (B_n) der uniformen empirischen Prozesse in Verteilung gegen eine (zu definierende) Brown'sche Brücke B auf D[0, 1] konvergiert, und wir werden verschiedene statistische Anwendungen dieses Sachverhaltes auf nichtparametrische Ein- und Zwei-

522434_1_De_16_Chapter-print ✓ TYPESET ☐ DISK ☐ LE ✓ CP Disp.:25/8/2022 Pages: 349 Layout: German_T5

Stichprobenprobleme kennenlernen. Ein weiteres wichtiges Resultat dieses Kapitels wird
der Satz von Donsker in D[0, 1] sein.

Die Verteilungkonvergenz im Raum D[0, 1] beinhaltet erheblichen technischen Aufwand.
Wir werden diesbezüglich diverse Hilfsresultate ohne Beweis angeben. Details finden sich
z.B. in [BI2], S. 121–146 oder in [PAR], S. 231–254.

Für eine Funktion $x : [0, 1] \to \mathbb{R}$ und jedes t mit $0 \le t < 1$ sei

$$x(t+) := \lim_{s \downarrow t} x(s)$$

der *rechtsseitige Grenzwert* von x an der Stelle t. In gleicher Weise bezeichnet für jedes t
mit $0 < t \le 1$

$$x(t-) := \lim_{s \uparrow t} x(s)$$

den *linksseitigen Grenzwert* von x an der Stelle t. Wie die Beispiele $x(t) := \sin\left(\frac{1}{t}\right)$ für
$0 < t \le 1$ und $x(0) := 0$ sowie $x(t) := \sin\left(\frac{1}{1-t}\right)$ für $0 \le t < 1$ und $x(1) := 0$
zeigen, müssen solche Grenzwerte nicht notwendig existieren. Fordern wir die Existenz
aller dieser Grenzwerte sowie die rechtsseitige Stetigkeit von x an jeder Stelle $t \in [0, 1)$, so
gelangen wir zum sogenannten *Càdlàg-Raum* D[0, 1]. Dabei ist das Akronym *Càdlàg* aus
dem Französischen abgeleitet: **c**ontinue **à d**roite, **l**imites **à g**auche.

16.1 Definition (Càdlàg-Raum D[0, 1])
Es sei

$$\mathrm{D}[0, 1] := \left\{ x : [0, 1] \to \mathbb{R} \,\middle|\, x(t+) = x(t) \,\forall\, t \in [0, 1),\ x(t-)\ \text{existiert}\ \forall\, t \in (0, 1] \right\}$$

die Menge aller rechtsseitig stetigen Funktionen mit existierenden linksseitigen Grenzwerten. Im Folgenden schreiben wir häufig auch kurz $\mathrm{D} := \mathrm{D}[0, 1]$.

Offenbar gilt $\mathrm{C} \subset \mathrm{D}$. Wir werden gleich sehen, dass jede Funktion aus D Borel-messbar und
beschränkt ist. Um die Schwankungen der Funktionen aus D über Teilmengen von [0, 1]
quantifizieren zu können, setzen wir für $x \in \mathrm{D}$ und eine nichtleere Teilmenge T von [0, 1]

$$\mathrm{w}_x(T) := \mathrm{w}(x, T) := \sup_{s,t \in T} |x(s) - x(t)|.$$

Der Zusammenhang mit dem in (13.5) definierten Stetigkeitsmodul einer Funktion $x \in$
C[0, 1] ist durch

$$w_x(\delta) = \sup_{|u-v| \le \delta} |x(u) - x(v)| = \sup_{0 \le t \le 1-\delta} \mathrm{w}_x([t, t + \delta])$$

gegeben. Man beachte den kleinen bezeichnungstechnischen Unterschied zwischen w und
w, weil beide Funktionen unterschiedliche Argumente besitzen.
Der folgende Sachverhalt trägt zum Verständnis der Càdlàg-Funktionen bei.

522434_1_De_16_Chapter-print ☑ TYPESET ☐ DISK ☐ LE ☑ CP Disp.:25/8/2022 Pages: 349 Layout: German_T5

16.2 Lemma Zu jedem $x \in D$ und jedem $\varepsilon > 0$ gibt es eine Zerlegung von $[0, 1]$ der Form $0 = t_0 < t_1 < \ldots < t_k = 1$ mit der Eigenschaft

$$w_x\big([t_{j-1}, t_j)\big) < \varepsilon, \quad j \in \{1, 2, \ldots, k\}. \tag{16.2}$$

Beweis Es sei s das Supremum aller $t \in [0, 1]$, sodass das halboffene Intervall $[0, t)$ in endlich viele Intervalle der Form $[t_{j-1}, t_j)$ mit (16.2) zerlegt werden kann. Wegen $x(0) = x(0+)$ gilt $s > 0$. Da der linksseitige Grenzwert $x(s-)$ existiert, kann das Intervall $[0, s)$ selbst in dieser Form zerlegt werden. Der Fall $s < 1$ ist nicht möglich, da sonst $x(s) = x(s+)$ gelten würde. ∎

Abb. 16.1 zeigt den in Lemma 16.2 formulierten Sachverhalt. Der Graph der Funktion x verläuft in jedem der offenen Intervalle (t_j, t_{j+1}) mit $j \in \{0, \ldots, k-1\}$ innerhalb des jeweiligen grau markierten Streifens. Die Funktionswerte an den Stellen $t_0, \ldots, t_k$ sind durch kleine ausgefüllte Kreise veranschaulicht. Aus Lemma 16.2 folgt, dass eine Funktion x aus D höchstens abzählbar viele Sprungstellen besitzen kann (Aufgabe 16.1). Außerdem ist x gleichmäßiger Limes einer Folge von Funktionen der Gestalt

$$z(t) := \sum_{j=1}^{k-1} x(t_j) \mathbf{1}_{[t_j, t_{j+1})}(t) + x(1) \mathbf{1}_{\{t_k\}}(t), \quad 0 \le t \le 1$$

$(0 = t_0 < \ldots < t_k = 1)$ und damit Borel-messbar. Zu guter Letzt ergibt sich, dass jede Funktion aus D beschränkt ist, d. h., es gilt

$$\|x\| := \sup_{0 \le t \le 1} |x(t)| < \infty.$$

Dabei besitzt $\|x\|$ für das gesamte Kapitel die gerade zugewiesene Bedeutung.

Selbstfrage 1 Warum ist jede Funktion aus D beschränkt?

Eine Funktion $x : [0, 1] \to \mathbb{R}$ ist genau dann stetig und gehört damit genau dann zu C[0, 1], falls $\lim_{\delta \to 0} w_x(\delta) = 0$ gilt. Eine entsprechende Charakterisierung der Funktionen in D[0, 1] wird durch eine Modifikation des Stetigkeitsmoduls w_x erreicht. Hierzu setzen wir für jedes δ mit $0 < \delta < 1$

$$w_x'(\delta) := \inf \left\{ \max_{1 \le i \le k} w_x([t_{i-1}, t_i)) \,\Big|\, k \in \mathbb{N},\ 0 = t_0 < \ldots < t_k = 1,\ \min_{1 \le i \le k}(t_i - t_{i-1}) > \delta \right\}.$$

522434_1_De_16_Chapter-print ☑ TYPESET ☐ DISK ☐ LE ☑ CP Disp.:25/8/2022 Pages: 349 Layout: German_T5

Abb. 16.1 Der Graph von x verläuft in jedem der Intervalle (t_j, t_{j+1}), $j \in \{0, \ldots, k-1\}$, innerhalb des jeweiligen grau markierten Streifens

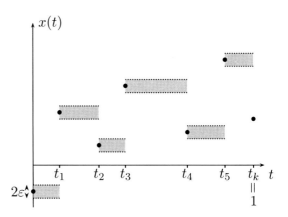

Die Funktion $(0, 1) \ni \delta \mapsto w'_x(\delta)$ heißt *Càdlàg-Modul* (zu x). Man beachte, dass das Infimum über alle „δ-dünnen Zerlegungen" (d. h. Zerlegungen mit $t_i - t_{i-1} > \delta$ für jedes i) von $[0, 1]$ läuft, und dass $w'_x(\delta)$ nicht vom Funktionswert $x(1)$ abhängt.

Nach Lemma 16.2 gilt $\lim_{\delta \to 0} w'_x(\delta) = 0$ für jedes $x \in D$. Ist umgekehrt $x : [0, 1] \to \mathbb{R}$ eine beliebige Funktion, so zieht $\lim_{\delta \to 0} w'_x(\delta) = 0$ notwendigerweise $x \in D$ nach sich (Übungsaufgabe 16.2).

Zwischen dem Càdlàg-Modul w'_x und dem Stetigkeitsmodul w_x bestehen folgende Zusammenhänge (Übungsaufgabe 16.3): Zunächst gilt

$$w'_x(\delta) \le w_x(2\delta), \quad \text{falls } \delta < \frac{1}{2}.$$

Bezeichnet

$$H(x) := \sup_{0 < t \le 1} |x(t) - x(t-)| \tag{16.3}$$

die betragsmäßig größte Sprunghöhe von x, so gilt außerdem

$$w_x(\delta) \le 2w'_x(\delta) + H(x), \quad 0 < \delta < 1.$$

Selbstfrage 2 Warum wird in (16.3) das Supremum angenommen?

Da jede der Funktionen x aus D beschränkt ist, könnten wir – wie in Abschn. 13.9 für C[0, 1] geschehen – auch die Menge D mit der Supremumsmetrik

$$\rho(x, y) := \|x - y\| := \sup_{0 \le s, t \le 1} |x(s) - x(t)|, \quad x, y \in D,$$

versehen. Der metrische Raum (D, ρ) wird im Hinblick auf die Verteilungskonvergenz ausführlich in Kap. V von [POL] behandelt. Er ist nicht separabel, denn für die durch $x_u := \mathbf{1}_{[u,1]}, 0 \leq u \leq 1$, definierten Funktionen aus D gilt $\rho(x_u, x_v) = 1$, falls $u \neq v$. Nach einer auf den ukrainischen Mathematiker A.V. Skorochod zurückgehenden Idee sollten die Funktionen x_u und x_v im Fall $u \approx v$ einen kleinen Abstand haben, und deshalb sollten „Deformationen der Zeit-Skala" erlaubt sein. Zu diesem Zweck sei

$$\mathcal{G} := \{g : [0, 1] \to [0, 1] : g \text{ stetig, streng monoton wachsend, bijektiv}\}$$

die Menge aller stetigen, streng monoton wachsenden und bijektiven Abbildungen des Einheitsintervalls auf sich. Die Menge $\mathcal{G}$ ist eine Gruppe bezüglich der Hintereinanderausführung „$\circ$", und es gelten $g(0) = 0$ sowie $g(1) = 1$. Schreiben wir I für die Identität auf [0, 1], also $I(t) := t, 0 \leq t \leq 1$, sowie (zur Erinnerung) kurz $\|x\| = \sup_{0 \leq t \leq 1} |x(t)|$ für jede beschränkte Funktion $x : [0, 1] \to \mathbb{R}$, so definieren wir

$$d_S(x, y) := \inf_{g \in \mathcal{G}} \max \left(\|x \circ g - y\|, \|g - I\| \right), \quad x, y \in D. \tag{16.4}$$

Für jedes $\varepsilon > 0$ gilt also $d_S(x, y) < \varepsilon$, falls es ein $g \in \mathcal{G}$ gibt, sodass gilt:

$$\sup_{0 \leq t \leq 1} |x(g(t)) - y(t)| < \varepsilon, \quad \sup_{0 \leq t \leq 1} |g(t) - t| < \varepsilon.$$

16.3 Definition und Satz (Skorochod-Metrik)
Die Funktion $d_S : D \times D \to \mathbb{R}$ ist eine Metrik auf D (sog. *Skorochod-Metrik*). Der metrische Raum (D, d_S) ist separabel, aber nicht vollständig.

Beweis Dass d_S in der Tat eine Metrik auf D darstellt, ist Gegenstand von Aufgabe 16.4. Eine abzählbare, bezüglich d_S dichte Teilmenge von D bilden alle Funktionen der Gestalt

$$\sum_{j=1}^{k} q_j \mathbf{1}_{[t_j, t_{j+1})}(t) + q_0 \mathbf{1}_{\{t_k\}}(t), \quad 0 \leq t \leq 1.$$

Hierbei ist k eine natürliche Zahl, und $0 = t_0 < \ldots < t_k = 1$ ist eine Zerlegung von [0, 1] mit rationalen Zahlen $t_1, \ldots, t_{k-1}$. Des Weiteren sind $q_0, \ldots, q_k$ rationale Zahlen (siehe z.B. [BI2], S. 127–128). Dass (D, d_S) nicht vollständig ist, zeigt das Beispiel der durch $x_n := \mathbf{1}_{[0,a_n)}$ und $a_n := 1/2^n$, $n \geq 1$, definierten Folge (x_n) aus D. Wählen wir eine Funktion g_n aus $\mathcal{G}$ so, dass g_n auf jedem der Intervalle $[0, a_n]$ sowie $[a_n, 1]$ linear ist und $g(a_n) := a_{n+1}$ gilt (siehe Abb. 16.2), so gelten $\|g_n - I\| = a_{n+1}$ und $x_{n+1} = \mathbf{1}_{[0,a_{n+1})}$ sowie

$$x_{n+1} \circ g_n = \mathbf{1}_{[0,a_{n+1})} \circ g_n = \mathbf{1}_{[0,a_n)} = x_n.$$

Deshalb ergibt sich $\|x_{n+1} \circ g_n - x_n\| = 0$ und somit $d_S(x_n, x_{n+1}) \leq a_{n+1} = \frac{1}{2^{n+1}}$. Die Folge (x_n) ist also eine Cauchy-Folge in (D, d_S).

522434_1_De_16_Chapter-print ☑TYPESET ☐DISK ☐LE ☑CP Disp.:25/8/2022 Pages: 349 Layout: German_T5

Abb. 16.2 (x_n) ist eine
Cauchy-Folge, die keinen
Grenzwert in D besitzt

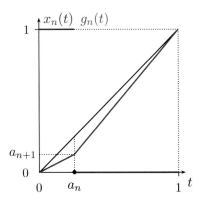

Es gilt $\lim_{n \to \infty} x_n(t) = 0$ für jedes $t > 0$. Bezeichnet $x \in$ D die Nullfunktion, also $x(t) := 0, 0 \le t \le 1$, so erhalten wir $d_S(x_n, x) = 1$ für jedes $n \ge 1$, denn wegen $g(0) = 0$ für jedes $g \in \mathcal{G}$ gilt $\|x_n \circ g - x\| = 1, g \in \mathcal{G}$. Somit hat (x_n) keinen Grenzwert in D.   ∎

Wählt man in (16.4) speziell $g = $ I, so folgt

$$d_S(x, y) \le \rho(x, y) = \|x - y\|. \tag{16.5}$$

Die Konvergenz in der Skorochod-Metrik ist also schwächer als die gleichmäßige Konvergenz. Wegen

$$\sup_{0 \le t \le 1} |x(g(t)) - y(t)| = \sup_{0 \le t \le 1} \left|x(t) - y\big(g^{-1}(t)\big)\right|, \quad x, y \in \text{D}, g \in \mathcal{G},$$

und der Tatsache, dass die Abbildung $\mathcal{G} \ni g \mapsto g^{-1}$ eine Bijektion auf $\mathcal{G}$ ist, gilt

$$d_S(x, y) = \inf_{g \in \mathcal{G}} \max \left(\|x - y \circ g\|, \|g - \text{I}\|\right), \quad x, y \in \text{D}.$$

Im Fall $\lim_{n \to \infty} d_S(x_n, x) = 0$ gibt es also eine Folge (g_n) aus $\mathcal{G}$ mit $\|x_n - x \circ g_n\| \to 0$ und $\|g_n - \text{I}\| \to 0$. Aus den für jedes $t \in [0, 1]$ geltenden Ungleichungen

$$\left|x_n(t) - x(t)\right| \le \left|x_n(t) - x\big(g_n(t)\big)\right| + \left|x\big(g_n(t)\big) - x(t)\right| \tag{16.6}$$

$$\le \|x_n - x \circ g_n\| + w_x \left(\|g_n - \text{I}\|\right)$$

können wir somit nachstehende Folgerungen ziehen.

16.4 Folgerungen

Es seien (x_n) eine Folge aus D und $x \in$ D. Falls $d_S(x_n, x) \to 0$, so gelten:

a) $x_n(t) \to x(t)$ für jede Stetigkeitsstelle t von x,
b) $x_n(t) \to x(t)$ für jedes t bis auf höchstens abzählbar viele Ausnahmen,
c) $\|x_n - x\| \to 0$, falls x stetig ist.

Selbstfrage 4 Warum gilt Folgerung 16.4 a)?

Folgerung 16.4 c) zeigt, dass die auf die Teilmenge C relativierte Skorochod-Topologie mit der Topologie der gleichmäßigen Konvergenz auf C übereinstimmt. Somit ist die σ-Algebra $\mathcal{B}(\mathrm{C})$ der Borelmengen in C gleich der Spur-σ-Algebra $\mathcal{B}(\mathrm{D}) \cap \mathrm{C}$.

Durch folgende Modifikation d_S° der Skorochod-Metrik d_S wird D zu einem separablen und zugleich *vollständigen* metrischen Raum (ein solcher Raum wird üblicherweise *polnischer Raum* genannt). Dabei sind die Metriken d_S und d_S° topologisch äquivalent, d. h., die jeweils erzeugten Systeme der offenen Mengen sind identisch. Zu diesem Zweck setzen wir für jedes $g \in \mathcal{G}$

$$\|g\|^\circ := \sup_{s<t} \left| \log \frac{g(t) - g(s)}{t - s} \right|. \tag{16.7}$$

Wohingegen in der Definition (16.4) von d_S die Nähe einer „Zeit-Deformation" $g \in \mathcal{G}$ zur Identität I durch den Supremumsabstand $\|g - \mathrm{I}\|$ definiert wurde, werden jetzt die Steigungen $(g(t) - g(s))/(t - s)$ von Sehnen betrachtet. Im Fall $g = \mathrm{I}$ sind alle diese Steigungen gleich eins und damit deren Logarithmus gleich null, sodass $\|\mathrm{I}\|^\circ = 0$ gilt. Es sei betont, dass das in (16.7) stehende Supremum gleich ∞ sein kann. Solche Zeit-Deformationen gehen aber in die nachfolgende Definition nicht ein, denn man setzt

$$d_S^\circ(x, y) := \inf_{g \in \mathcal{G}} \max \left(\|g\|^\circ, \|x \circ g - y\| \right).$$

Zwischen $d_S(x, y)$ und $d_S^\circ(x, y)$ besteht die Ungleichung

$$d_S(x, y) \le e^{d_S^\circ(x,y)} - 1$$

(Übungsaufgabe 16.5). Insofern folgt aus $d_S^\circ(x_n, x) \to 0$ die Konvergenz $d_S(x_n, x) \to 0$.

16.5 Satz (Der Raum $(\mathbf{D}, d_S{}^\circ)$)

a) d_S° ist eine zu d_S äquivalente Metrik auf D.
b) Der metrische Raum (D, d_S°) ist separabel und vollständig.

Beweis Dass d_S° eine Metrik auf D ist, ergibt sich unter Beachtung von Übungsaufgabe 16.6 durch direkte Rechnung. Der Nachweis der Äquivalenz von d_S und d_S° sowie der in b) notierten Eigenschaften findet sich in [BI2], S. 126–129.   ∎

Die beiden folgenden Resultate charakterisieren die relativ kompakten Mengen im Raum D mithilfe des Càdlàg-Moduls. Für einen Beweis siehe z.B. [BI2], S. 130–133.

16.6 Satz („Arzelà–Ascoli in D[0, 1]")
Eine Menge $A \subset D[0, 1]$ ist relativ kompakt bezüglich der Skorochod-Topologie genau dann, wenn gilt:

$$\sup_{x \in A} \|x\| < \infty, \tag{16.8}$$

$$\lim_{\delta \to 0} \sup_{x \in A} w_x'(\delta) = 0. \tag{16.9}$$

Man beachte, dass im Gegensatz zu Bedingung (13.7) beim Satz von Arzelà–Ascoli im Raum C[0, 1] (Satz 13.11) gefordert wird, dass alle Graphen $\{(t, x(t)) : 0 \le t \le 1\}$ mit $x \in A$ für ein $M \in (0, \infty)$ Teilmengen des kompakten Quaders $[0, 1] \times [-M, M]$ sind. Dass anstelle von (16.8) die schwächere Bedingung $\sup_{x \in A} |x(t_0)| < \infty$ für nur ein $t_0 \in [0, 1]$ nicht ausreicht, zeigt das Beispiel der Funktionenfolge (x_n) mit $x_n := n\mathbf{1}_{[0.5,1)}, n \ge 1$. Mit $A := \{x_n : n \ge 1\}$ gelten (16.9) sowie $\sup_{n \ge 1} |x_n(0.25)| < \infty$, aber die Menge A ist nicht relativ kompakt.

Selbstfrage 5 Warum gilt für die Menge A Bedingung (16.9)?

Die zweite Charakterisierung relativ kompakter Funktionenmengen in D verwendet eine Modifikation des Càdlàg-Moduls w_x'. Hierzu sei für jedes $\delta \in (0, 1)$ und $x \in D$

$$w_x''(\delta) := \sup_{t_1 \le t \le t_2, t_2 - t_1 \le \delta} \left\{ |x(t) - x(t_1)| \wedge |x(t_2) - x(t)| \right\} \tag{16.10}$$

gesetzt. Dabei erstreckt sich das Supremum über alle Tripel $(t_1, t, t_2) \in [0, 1]^3$ mit den angegebenen Restriktionen.

16.7 Satz (Charakterisierung relativ kompakter Funktionenmengen in D)
Eine Menge $A \subset D[0, 1]$ ist genau dann relativ kompakt bezüglich der Skorochod-Topologie, wenn (16.8) sowie die Bedingungen

522434_1_De_16_Chapter-print ☑TYPESET ☐DISK ☐LE ☑CP Disp.:25/8/2022 Pages: 349 Layout: German_T5

$$\lim_{\delta \to 0} \sup_{x \in A} w''_x(\delta) = 0, \tag{16.11}$$

$$\lim_{\delta \to 0} \sup_{x \in A} |x(\delta) - x(0)| = 0, \tag{16.12}$$

$$\lim_{\delta \to 0} \sup_{x \in A} |x(1-) - x(1-\delta)| = 0 \tag{16.13}$$

erfüllt sind.

Es gilt $w''_x(\delta) \le w'_x(\delta)$ (Übungsaufgabe 16.7), aber eine Ungleichung der Form $w'_x(\delta) \le a w''_x(\delta)$ für ein (nicht von x und δ abhängendes $a \in (0, \infty)$) kann nicht gelten, denn sonst würde ja schon aus (16.8) und (16.11) die relative Kompaktheit von A folgen, und die Bedingungen (16.12) und (16.13) wären überflüssig. So gilt für die durch $x_n := \mathbf{1}_{[0,1/n)}$, $n \ge 1$, definierte Folge (x_n) zum einen $w''_{x_n}(\delta) = 0$ für jedes $\delta \in (0, 1)$ und zum anderen $w'_{x_n}(\delta) = 1$, falls $n \ge 1/\delta$.

Selbstfrage 6 Warum gilt $w''_{x_n}(\delta) = 0$ für jedes $\delta \in (0, 1)$?

Im Raum C[0, 1] kann man nach Satz 14.19 die schwache Konvergenz $P_n \xrightarrow{\mathcal{D}} P$ von Wahrscheinlichkeitsmaßen auf $\mathcal{B}(C)$ nachweisen, indem man die relative Kompaktheit der Menge $\{P_n : n \ge 1\}$ sowie die in (14.12) als fidi-Konvergenz $P_n \xrightarrow{\mathcal{D}_{\text{fidi}}} P$ definierte Konvergenz

$$P_n \pi^{-1}_{t_1,\dots,t_k} \xrightarrow{\mathcal{D}} P \pi^{-1}_{t_1,\dots,t_k}, \qquad k \ge 1, \ 0 \le t_1 < \dots < t_k \le 1,$$

aller endlichdimensionalen Verteilungen zeigt. Im Raum D[0, 1] wird die Situation dadurch komplizierter, dass die Projektionen

$$\pi_{t_1,\dots,t_k}(x) := \big(x(t_1), \dots, x(t_k)\big), \quad x \in D,$$

im Allgemeinen keine stetigen Abbildungen sind. Dabei bezieht sich das Wort *stetig* für den Rest dieses Kapitels immer auf die Skorochod-Topologie.

16.8 Satz (Eigenschaften von Projektionen auf dem Raum D)

a) Die Projektionen π_0 und π_1 sind stetig.
b) Im Fall $0 < t < 1$ ist π_t genau dann stetig an der Stelle $x \in D$, wenn x an der Stelle t stetig ist.
c) Jede Projektion $\pi_{t_1,\dots,t_k} : D \to \mathbb{R}^k$ ist eine $(\mathcal{B}(D), \mathcal{B}^k)$-messbare Abbildung.

522434_1_De_16_Chapter-print ☑ TYPESET ☐ DISK ☐ LE ☑ CP Disp.:25/8/2022 Pages: 349 Layout: German_T5

Beweis

a) folgt daraus, dass jede Zeit-Deformation $g \in \mathcal{G}$ die Eigenschaften $g(0) = 0$ und $g(1) = 1$ besitzt.

b) Es sei $0 < t < 1$. Ist t Stetigkeitsstelle von x, so zieht $d_S(x_n, x) \to 0$ nach Folgerung 16.4 a) die Konvergenz $\pi_t(x_n) = x_n(t) \to x(t) = \pi_t(x)$ nach sich. Die Umkehrung beweisen wir durch Kontraposition und nehmen dazu an, x sei nicht an der Stelle t stetig. Für jedes n mit $t - \frac{1}{n} > 0$ sei $g_n \in \mathcal{G}$ durch $g_n(t) := t - \frac{1}{n}$ sowie durch jeweils lineare Fortsetzung auf $[0, t]$ und $[t, 1]$ definiert (vgl. Abb. 16.2 mit der Modifikation, dass a_n durch t und a_{n+1} durch $t - \frac{1}{n}$ zu ersetzen ist). Definieren wir $x_n(s) := x(g_n(s))$, $0 \le s \le 1$, so gilt $d_S(x_n, x) \to 0$, aber $x_n(t)$ konvergiert nicht gegen $x(t)$.

c) Da die Borel'sche σ-Algebra im $\mathbb{R}^k$ vom System aller Quader $[a_1, b_1] \times \cdots \times [a_k, b_k]$ mit $a_j, b_j \in \mathbb{R}$ und $a_j < b_j$ für jedes $j \in \{1, \ldots, k\}$ erzeugt wird, reicht es, den Fall $k = 1$ zu betrachten, und weil π_1 stetig (und damit messbar) ist, können wir $t < 1$ annehmen. Für jedes $\varepsilon > 0$ mit $t + \varepsilon \le 1$ sei

$$h_\varepsilon(x) := \int_t^{t+\varepsilon} x(s)\, ds, \qquad x \in D.$$

Falls $d_S(x_n, x) \to 0$, so gilt $\lim_{n \to \infty} h_\varepsilon(x_n) = h_\varepsilon(x)$ (vgl. Aufgabe 16.8). Die Abbildung $D \ni x \mapsto \int_t^{t+\varepsilon} x(s)\, ds$ ist also stetig und damit $(\mathcal{B}(D), \mathcal{B}^k)$-messbar. Aufgrund der rechtsseitigen Stetigkeit von x gilt $h_{k^{-1}}(x) \to \pi_t(x)$ für $k \to \infty$. Als Limes $(\mathcal{B}(D), \mathcal{B}^k)$-messbarer Abbildungen ist π_t ebenfalls $(\mathcal{B}(D), \mathcal{B}^k)$-messbar. ∎

Da alle Projektionen messbare Abbildungen sind, können wir wie schon im Raum C endlichdimensionale Mengen, also Teilmengen von D der Form $\pi_{t_1,\ldots,t_k}^{-1}(H)$ mit $k \ge 1$, $0 \le t_1 < \ldots < t_k \le 1$ und $H \in \mathcal{B}^k$, einführen. Im Folgenden sei für eine nichtleere Menge $T \subset [0, 1]$

$$\mathcal{D}_T := \{\pi_{t_1,\ldots,t_k}^{-1}(H) : k \ge 1,\ 0 \le t_1 < \ldots < t_k \le 1,\ t_1, \ldots, t_k \in T,\ H \in \mathcal{B}^k\}$$

gesetzt.

16.9 Satz (Erzeugendensysteme von $\mathcal{B}(D)$)
Es sei $T \subset [0, 1]$. Falls $1 \in T$ und T in $[0, 1]$ dicht liegt, so gelten:

a) $\mathcal{D}_T$ ist ein Eindeutigkeitssystem für $\mathcal{P}$ im Sinne von Definition 13.7.
b) $\mathcal{B}(D) = \sigma(\mathcal{D}_T)$.

Beweis Siehe z.B. [BI2], S. 134–135.

Insbesondere wird also die σ-Algebra $\mathcal{B}(D)$ der Borelmengen in D vom System $\mathcal{D}_{[0,1]}$ aller endlichdimensionalen Mengen erzeugt. Man beachte, dass wegen der rechtsseitigen Stetigkeit der Funktionen aus D und der Voraussetzung $\overline{T} = [0, 1]$ die Projektion π_0 messbar bezüglich der σ-Algebra $\sigma(\mathcal{D}_T)$ ist und somit o.B.d.A. angenommen werden kann, dass $0 \in T$ gilt.

Um ein Kriterium für schwache Konvergenz $P_n \xrightarrow{\mathcal{D}} P$ im Raum D zu formulieren, sei für ein Wahrscheinlichkeitsmaß P auf $\mathcal{B}(D)$

$$T_P := \{t \in [0, 1] : \pi_t \text{ ist stetig auf dem Komplement einer } P\text{-Nullmenge}\}$$

gesetzt. Falls $t \in T_P$, so gibt es also eine Menge $N \in \mathcal{B}(D)$ mit $P(N) = 0$, und $\pi_t : D \to \mathbb{R}$ ist stetig an jeder Stelle $x \in D \setminus N$. Da π_0 und π_1 auf ganz D stetig sind, gilt $\{0, 1\} \subset T_P$. Bezeichnet für $t \in (0, 1)$

$$J_t := \{x \in D : x(t) \neq x(t-)\}$$

die Menge derjenigen $x \in D$, die an der Stelle t unstetig sind, so gilt nach Satz 16.8 b) die Äquivalenz

$$t \in T_P \Longleftrightarrow P(J_t) = 0, \quad 0 < t < 1. \tag{16.14}$$

16.10 Lemma Die Menge $[0, 1] \setminus T_P$ ist abzählbar.

Beweis Nach (16.14) müssen wir zeigen, dass $P(J_t) > 0$ nur für höchstens abzählbar viele t möglich ist. Definieren wir für $\varepsilon > 0$ und $t \in (0, 1)$ die Menge $J_t(\varepsilon) := \{x \in D : |x(t) - x(t-)| > \varepsilon\}$, so kann es zu jedem $\delta > 0$ höchstens endlich viele t mit $P(J_t(\varepsilon)) \geq \delta$ geben. Würde nämlich diese Ungleichung für unendlich viele $t_1, t_2, \ldots$ erfüllt sein, so würde $P(\limsup_{n \to \infty} J_{t_n}(\varepsilon)) \geq \delta$ folgen, was aber dem Sachverhalt widerspricht, dass es für jedes $x \in D$ nur endlich viele t mit $|x(t) - x(t-)| > \varepsilon$ gibt. Wegen $P(J_t) = \lim_{k \to \infty} P(J_t(1/k))$ (Stetigkeit von unten!) gilt

$$\left\{ t \in (0, 1) : P(J_t) > 0 \right\} \subset \bigcup_{k=1}^{\infty} \left\{ t \in (0, 1) : P\left(J_t\left(\frac{1}{k}\right)\right) \geq \frac{1}{2} P(J_t) \right\}.$$

Da jede der Mengen, über die vereinigt wird, endlich ist, folgt die Behauptung.   ∎

Sind $P, P_1, P_2, \ldots$ Wahrscheinlichkeitsmaße auf $\mathcal{B}(D)$ sowie k eine natürliche Zahl und $t_1, \ldots, t_k \in T_P$, so ist die Projektion $\pi_{t_1, \ldots, t_k}$ P-fast überall stetig. Mit dem Abbildungssatz 14.4 ergibt sich dann die Implikation

$$P_n \xrightarrow{\mathcal{D}} P \implies P_n \pi_{t_1, \ldots, t_k}^{-1} \xrightarrow{\mathcal{D}} P \pi_{t_1, \ldots, t_k}^{-1}. \tag{16.15}$$

Mit diesen Vorbereitungen sind wir jetzt in der Lage, ein Analogon zu Satz 14.19 zu formulieren.

16.11 Satz (Kriterium für schwache Konvergenz in D **(1))**

Es seien $P, P_1, P_2, \ldots$ Wahrscheinlichkeitsmaße auf $\mathcal{B}(D)$. Ist die Menge $\{P_n : n \geq 1\}$ relativ kompakt, und gilt

$$P_n \pi_{t_1, \ldots, t_k}^{-1} \xrightarrow{\mathcal{D}} P \pi_{t_1, \ldots, t_k}^{-1}$$

für jedes $k \geq 1$ und jede Wahl von $t_1, \ldots, t_k \in T_P$, so folgt $P_n \xrightarrow{\mathcal{D}} P$.

Beweis Es sei $(P_{n_j})_{j \geq 1}$ eine beliebige Teilfolge von (P_n) mit $P_{n_j} \xrightarrow{\mathcal{D}} Q$ bei $j \to \infty$ für ein Wahrscheinlichkeitsmaß Q auf $\mathcal{B}(D)$. Nach Folgerung 14.18 müssen wir nur zeigen, dass $P = Q$ gilt. Es sei $k \geq 1$ beliebig, und es seien $t_1, \ldots, t_k \in T_P$ beliebig gewählt. Nach Voraussetzung gilt $P_{n_j} \pi_{t_1, \ldots, t_k}^{-1} \xrightarrow{\mathcal{D}} P \pi_{t_1, \ldots, t_k}^{-1}$. Gehören $t_1, \ldots, t_k$ auch zu T_Q, so liefert (16.15) die Konvergenz $P_{n_j} \pi_{t_1, \ldots, t_k}^{-1} \xrightarrow{\mathcal{D}} Q \pi_{t_1, \ldots, t_k}^{-1}$. Falls also $t_1, \ldots, t_k \in T_P \cap T_Q$ erfüllt ist, so folgt $P \pi_{t_1, \ldots, t_k}^{-1} = Q \pi_{t_1, \ldots, t_k}^{-1}$. Es gilt $1 \in T_P \cap T_Q$, und nach Lemma 16.10 liegt die Menge $T_P \cap T_Q$ dicht in $[0, 1]$. Mit Satz 16.9 a) folgt $P = Q$. ∎

Nach dem Satz von Prochorow (Satz 14.22) können wir im obigen Satz *relativ kompakt* durch *straff* ersetzen. Der Begriff der Straffheit einer Menge von Wahrscheinlichkeitsmaßen führt uns zu relativ kompakten Teilmengen von D, und Satz 16.7 beinhaltet eine Charakterisierung solcher Teilmengen. Mithilfe dieser Charakterisierung kann man jetzt analog zu Satz 14.24 Bedingungen für die Straffheit und damit einhergehend für Verteilungskonvergenz formulieren. Wir geben ein diesbezügliches Resultat ohne Beweis an (siehe z.B. [BI2], S. 141).

16.12 Satz (Kriterium für schwache Konvergenz in D **(2))**

Es seien $P, P_1, P_2, \ldots$ Wahrscheinlichkeitsmaße auf $\mathcal{B}(D)$ mit folgenden Eigenschaften:

$$P_n \pi_{t_1, \ldots, t_k}^{-1} \xrightarrow{\mathcal{D}} P \pi_{t_1, \ldots, t_k}^{-1} \quad \forall k \geq 1, \ \forall t_1, \ldots, t_k \in T_P, \tag{16.16}$$

$$\lim_{\delta \downarrow 0} P\big(\{x \in D : |x(1) - x(1 - \delta)| \geq \varepsilon\}\big) = 0 \quad \text{für jedes } \varepsilon > 0, \tag{16.17}$$

$$\lim_{\delta \downarrow 0} \limsup_{n \to \infty} P_n\big(\{x \in D : w_x''(\delta) \geq \varepsilon\}\big) = 0 \quad \text{für jedes } \varepsilon > 0.$$

Dann folgt $P_n \xrightarrow{\mathcal{D}} P$.

Wie schon in Kap. 14 geschehen lassen sich die erhaltenen und weitere Resultate für D-wertige Zufallselemente umformulieren. Ist $(\Omega, \mathcal{A}, \mathbb{P})$ ein Wahrscheinlichkeitsraum, so heißt jede $(\mathcal{A}, \mathcal{B}(D))$-messbare Abbildung $X : \Omega \to D$ ein (D-wertiges) *Zufallselement* oder eine (D-wertige) *zufällige Funktion*. Wie in Abschn. 14.9 nennt man für festes $\omega \in \Omega$ die Funktion $X(\omega)$ aus D einen *Pfad von X* (zu ω). Wir übernehmen auch die dort eingeführten Schreibweisen $X(\omega)(t) =: X_t(\omega) =: X(\omega, t)$ sowie $X(t) := \pi_t \circ X$ für die reelle Zufallsvariable, die jedem ω in Ω den Wert $X(t)(\omega)$ zuordnet. Wie in Abschn. 14.9 gilt, dass X genau dann $(\mathcal{A}, \mathcal{B}(D))$-messbar ist, wenn für jedes $t \in [0, 1]$ die Abbildung $X(t)$ $(\mathcal{A}, \mathcal{B}^1)$-messbar und damit eine reelle Zufallsvariable ist (siehe auch Aufgabe 14.4).

Im Folgenden seien $X, X_1, X_2, \ldots$ D-wertige Zufallselemente auf einem Wahrscheinlichkeitsraum $(\Omega, \mathcal{A}, \mathbb{P})$. Mit der Abkürzung $T_X := T_{\mathbb{P}X}$ gilt dann nachstehendes Kriterium für Verteilungskonvergenz im Raum D[0, 1] (siehe [BI2], S. 142).

16.13 Satz (Kriterium für Verteilungskonvergenz in D[0, 1]**)**

a) Es gelte $\left(X_n(t_1), \ldots, X_n(t_k) \right) \xrightarrow{\mathcal{D}} (X(t_1), \ldots, X(t_k))$ für jedes $k \geq 1$ und jede Wahl von $t_1, \ldots, t_k \in T_X$.

b) Es gelte $X(1) - X(1 - \delta) \xrightarrow{\mathbb{P}} 0$ bei $\delta \downarrow 0$.

c) Es gebe eine stetige, monoton wachsende Funktion $L : [0, 1] \to \mathbb{R}$ und Konstanten $\alpha > 0$, $\beta \geq 0$, sodass für jedes $\gamma > 0$ und jedes $n \geq 1$ sowie für alle r, s, t mit $0 \leq r \leq s \leq t \leq 1$ gilt:

$$\mathbb{P}\left(|X_n(s) - X_n(r)| \wedge |X_n(t) - X_n(s)| \geq \gamma \right) \leq \frac{1}{\gamma^{4\beta}} \left(L(t) - L(r) \right)^{2\alpha} . \qquad (16.18)$$

Unter den Annahmen a) - c) folgt $X_n \xrightarrow{\mathcal{D}} X$.

Man beachte, dass die Bedingungen a) und b) direkt (16.16) bzw. (16.17) entsprechen. Bedingung c) fußt auf einer beweistechnisch aufwändigen Maximalungleichung (siehe [BI2], S. 108–112). Eine meist leicht nachzuprüfende hinreichende Bedingung für (16.18) ist

$$\mathbb{E} \left(\left| X_n(s) - X_n(r) \right|^{2\beta} \cdot \left| X_n(t) - X_n(s) \right|^{2\beta} \right) \leq \left(L(t) - L(r) \right)^{2\alpha} . \qquad (16.19)$$

Selbstfrage 7 Warum folgt (16.18) aus (16.19)?

In Kap. 15 haben wir die Existenz des Wiener-Maßes W auf der Borel'schen σ-Algebra $\mathcal{B}(C)$ im Raum C[0, 1] gezeigt. Damit einher ging der Wiener-Prozess $(W(t))_{0 \leq t \leq 1}$. Mithilfe der kanonischen Einbettung

$$\iota : \begin{cases} C \to D, \\ x \mapsto \iota(x) := x \end{cases}$$

von C in den Raum D definieren wir das *Wiener-Maß* auf der σ-Algebra $\mathcal{B}(D)$ durch das Bildmaß von W unter der stetigen und damit $(\mathcal{B}(C), \mathcal{B}(D))$-messbaren Abbildung ι, also durch das Wahrscheinlichkeitsmaß $W \circ \iota^{-1}$. Nach Konstruktion gilt $W \circ \iota^{-1}(C) = 1$, und W ist die Einschränkung von $W \circ \iota^{-1}$ auf die Spur-σ-Algebra $\mathcal{B}(C) = \mathcal{B}(D) \cap C$. In diesem

522434_1_De_16_Chapter-print ☑ TYPESET ☐ DISK ☐ LE ☑ CP Disp.:25/8/2022 Pages: 349 Layout: German_T5

Zusammenhang sei bemerkt, dass C als Teilmenge von D abgeschlossen und damit eine Borel'sche Teilmenge von D ist (siehe Aufgabe 16.10).

Wir werden in der Folge kurz $W := W \circ \iota^{-1}$ setzen und vom *Wiener-Maß auf* D sprechen. Mithilfe der kanonischen Konstruktion $(\Omega, \mathcal{A}, \mathbb{P}) := (D, \mathcal{B}(D), W)$ sowie $W : D \to D$ mit $W(x) := x, x \in D$, gibt es dann einen Wahrscheinlichkeitsraum und ein D-wertiges Zufalls-element mit $\mathbb{P}^W = W$. Mit $W(t) := \pi_t \circ W, 0 \le t \le 1$, entsteht ein stochastischer Prozess $(W(t))_{0 \le t \le 1}$, der im Vergleich zum Raum C unverändert als *Wiener-Prozess* bezeichnet wird. Der Unterschied zu Kap. 15 besteht einzig und allein darin, dass die Pfade von W jetzt formal auch aus $D \setminus C$ sein können. Wegen $\mathbb{P}(W \in C) = 1$ sind diese Pfade jedoch mit Wahrscheinlichkeit eins stetig.

Der in (15.3) eingeführte Partialsummenprozess X_n beinhaltet eine lineare Interpolation, damit die Pfade von X_n stetige Funktionen sind. Lässt man diese Interpolation weg, setzt man also

$$X_n(t) := \frac{1}{\sigma \sqrt{n}} S_{\lfloor nt \rfloor}, \quad 0 \le t \le 1,$$

so ist X_n ein D-wertiges Zufallselement, dessen Realisierungen auf den Intervallen $\left[\frac{j-1}{n}, \frac{j}{n}\right)$, $j \in \{1, \dots, n\}$, konstant sind (Abb. 16.3).
Das folgende Resultat ist die Version des Satzes von Donsker (Satz 15.9) im Raum D[0, 1].

16.14 Satz (Donsker)

Es sei $Z_1, Z_2, \dots$ eine Folge unabhängiger und identisch verteilter Zufallsvariablen mit $\mathbb{E}(Z_1) = 0, \mathbb{E}(Z_1^2) < \infty$ und $0 < \sigma^2 := \mathbb{V}(Z_1)$. Definieren wir $S_0 := 0, S_n := \sum_{j=1}^{n} Z_j$, $n \ge 1$, sowie

$$X_n(t) := \frac{1}{\sigma \sqrt{n}} S_{\lfloor nt \rfloor}, \quad 0 \le t \le 1, \qquad (16.20)$$

so gilt $X_n \overset{\mathcal{D}}{\longrightarrow} W$ in D[0, 1] für $n \to \infty$.

Beweis Wir verwenden Satz 16.13. Wegen $\mathbb{P}(W \in C) = 1$ gilt $T_W = [0, 1]$, und Bedingung a) von Satz 16.13 folgt aus dem multivariaten zentralen Grenzwertsatz (vgl. auch den Beweis von Satz 15.3). Bedingung b) ist auch erfüllt, denn es gilt $W(1) - W(1 - \delta) \sim W(\delta) \sim N(0, \delta)$. Wir werden jetzt zeigen, dass (16.19) mit $L(t) := 2t$ sowie $\alpha = \beta = 1$ gilt, womit

Abb. 16.3 Realisierung eines Partialsummenprozesses in D[0, 1]

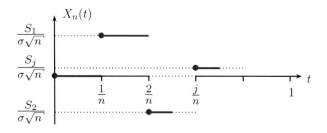

der Beweis beendet ist. Da die Zuwächse $X_n(r) - X_n(s)$ und $X_n(t) - X_n(s)$ über Intervalle $[r, s]$ und $[s, t]$ mit $r \leq s \leq t$ stochastisch unabhängig sind, weil sie von disjunkten Blöcken der Zufallsvariablen $Z_1, \ldots, Z_n$ gebildet werden, gilt

$$\mathbb{E}\Big[|X_n(s) - X_n(r)|^2 \cdot |X_n(t) - X_n(s)|^2\Big] = \frac{\lfloor ns \rfloor - \lfloor nr \rfloor}{n} \cdot \frac{\lfloor nt \rfloor - \lfloor ns \rfloor}{n}.$$

Selbstfrage 8 Was geht noch als Begründung in diese Gleichung ein?

Wegen $r \leq s \leq t$ folgt also

$$\mathbb{E}\Big[|X_n(s) - X_n(r)|^2 \, |X_n(t) - X_n(s)|^2\Big] \leq \left(\frac{\lfloor nt \rfloor - \lfloor nr \rfloor}{n}\right)^2.$$

Im Fall $t - r < \frac{1}{n}$ ist die linke Seite dieser Ungleichung gleich null, und im Fall $t - r \geq \frac{1}{n}$ ist die rechte Seite höchstens gleich $4(t - r)^2$.

Selbstfrage 9 Warum ist im zweiten Fall die rechte Seite höchstens gleich $4(t - r)^2$?

Somit gilt (16.19) mit $\alpha = \beta = 1$ und $L(t) = 2t$.   ∎
Zusammen mit dem Abbildungssatz 14.4 liefert Satz 16.14 einen funktionalen zentralen Grenzwertsatz auf D[0, 1]: Ist $h : D \to \mathbb{R}$ eine $(\mathcal{B}(D), \mathcal{B}^1)$-messbare Funktion, die W-fast überall stetig ist, so folgt $h(X_n) \xrightarrow{\mathcal{D}} h(W)$. Für manche Funktionen wie z.B. die durch

$$h_+(x) := \lambda^1(\{t \in [0, 1] : x(t) > 0\}), \quad x \in D,$$

definierte Funktion h_+ (deren $(\mathcal{B}(D), \mathcal{B}^1)$-Messbarkeit in [BI2], S. 247, gezeigt wird) nimmt $h_+(X_n)$ für den in (16.20) definierten Partialsummenprozess (im Vergleich zu dem komplizierteren „interpolierten Prozess" X_n aus (15.3)) eine einfache Gestalt an, denn $h_+(X_n)$ ist die durch n dividierte Anzahl der positiven Partialsummen unter $S_1, \ldots, S_{n-1}$.

Wir möchten dieses Kapitel mit statistischen Anwendungen von Satz 16.13 beschließen. Sei hierzu $X_1, X_2, \ldots$ eine u.i.v.-Folge von Zufallsvariablen auf einem gemeinsamen Wahrscheinlichkeitsraum $(\Omega, \mathcal{A}, \mathbb{P})$. Dabei machen wir aufgrund des vorhandenen theo-

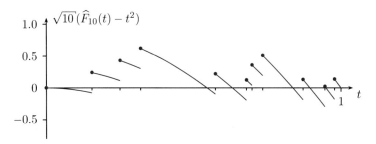

Abb. 16.4 Realisierung eines empirischen Prozesses ($n = 10$, $F(t) = t^2$)

retischen Rüstzeuges die einschränkende Annahme[1] $\mathbb{P}(0 \le X_1 \le 1) = 1$. Bezeichnet $F(t) := \mathbb{P}(X_1 \le t)$, $0 \le t \le 1$, die Verteilungsfunktion von X_1 sowie

$$\widehat{F}_n(t) := \frac{1}{n} \sum_{j=1}^{n} \mathbf{1}\{X_j \le t\}, \quad 0 \le t \le 1,$$

die empirische Verteilungsfunktion von $X_1, \ldots, X_n$, so definieren wir für jedes $t \in [0, 1]$ eine Zufallsvariable $Y_n(t)$ auf Ω durch

$$Y_n(t) := \sqrt{n}\big(\widehat{F}_n(t) - F(t)\big), \quad 0 \le t \le 1. \tag{16.21}$$

Die Familie $(Y_n(t))_{0 \le t \le 1}$ heißt *empirischer Prozess* (zu $X_1, \ldots, X_n$). Ein wichtiger Spezialfall hiervon ist der *uniforme empirische Prozess*, der im Fall $F(t) = t$, also $X_1 \sim \mathrm{U}(0, 1)$, entsteht (siehe (13.1)). Wenn wir das in (16.21) unterdrückte Argument $\omega \in \Omega$ kenntlich machen und

$$Y_n(\omega, t) := \sqrt{n} \left(\frac{1}{n} \sum_{j=1}^{n} \mathbf{1}\{X_j(\omega) \le t\} - F(t) \right), \quad \omega \in \Omega, \, 0 \le t \le 1,$$

schreiben, gehört für festes $\omega \in \Omega$ die durch $Y_n(\omega, \cdot)$ auf dem Einheitsintervall definierte Funktion zu D[0, 1], und da $Y_n(t)$ für jedes t $(\mathcal{A}, \mathcal{B}^1)$-messbar ist, ist die Zuordnung $\Omega \ni \omega \mapsto Y_n(\omega, \cdot) \in$ D[0, 1] ein D-wertiges Zufallselement auf Ω.

Abb. 16.4 zeigt die Realisierung eines empirischen Prozesses im Fall $n = 10$, wobei die Verteilungsfunktion $F(t) = t^2$, $0 \le t \le 1$, zugrundeliegt. Jede der Zufallsvariablen X_j besitzt also die gleiche Verteilung wie das Maximum zweier unabhängiger und je im Intervall [0, 1] gleichverteilter Zufallsvariablen.

---

[1] Bezüglich der Càdlàg-Räume D[0, ∞) und D(−∞, ∞) der auf [0, ∞) bzw. auf (−∞, ∞) definierten rechtsseitig stetigen Funktionen mit existierenden linksseitigen Grenzwerten siehe z.B. [POL], Kap. V und VI, oder [BI2], Section 16.

Wie im Raum C[0, 1] nennt man auch ein D[0, 1]-wertiges Zufallselement Y auf einem Wahrscheinlichkeitsraum $(\Omega, \mathcal{A}, \mathbb{P})$ ein *Gauß'sches Zufallselement*, falls sämtliche fidis von Y normalverteilt sind, falls also für jedes $k \geq 1$ und jede Wahl von $t_1, \ldots, t_k$ mit $0 \leq t_1 < \ldots < t_k \leq 1$ der Zufallsvektor $(Y(t_1), \ldots, Y(t_k))$ eine k-dimensionale Normalverteilung besitzt. Dabei ist wie früher $Y(t) := \pi_t \circ Y$, $0 \leq t \leq 1$, gesetzt. Gleichbedeutend hiermit ist die Sprechweise *Gauß-Prozess*, wenn der stochastische Prozess $(Y(t))_{0 \leq t \leq 1}$ gemeint ist. Ein Gauß'sches Zufallselement bzw. ein Gauß-Prozess heißt *zentriert*, falls obige Normalverteilungen für jedes k den Erwartungswertvektor 0_k besitzen.

Im Zusammenhang mit der Grenzverteilung des empirischen Prozesses wird die Brown'-sche Brücke auf D[0, 1] eine entscheidende Rolle spielen. Diese Brown'sche Brücke definiert man mithilfe des Wiener-Prozesses W auf D genauso wie im Raum C, nämlich gemäß

$$B(t) := W(t) - t W(1), \quad 0 \leq t \leq 1,$$

also über die Festsetzung $B := h \circ W$ mit $h : D \to D$, wobei $h(x)(t) := x(t) - t x(1)$, $0 \leq t \leq 1$. Wie der Wiener-Prozess auf D ist auch die Brown'sche Brücke B auf D „ganz auf der Teilmenge C von D konzentriert", d. h., es gilt $\mathbb{P}(B \in C) = 1$.

16.15 Satz (Verteilungskonvergenz des empirischen Prozesses)
Es sei $X_1, X_2, \ldots$ eine u. i. v.-Folge von Zufallsvariablen mit $\mathbb{P}(0 \leq X_1 \leq 1) = 1$ und Verteilungsfunktion F. Für die Folge (Y_n) der durch (16.21) definierten empirischen Prozesse gilt dann

$$Y_n \overset{\mathcal{D}}{\longrightarrow} Y \text{ in D[0, 1].}$$

Dabei ist Y ein D-wertiges zentriertes Gauß'sches Zufallselement mit Kovarianzfunktion

$$\mathrm{Cov}(Y(s), Y(t)) = F(s) \wedge F(t) - F(s) F(t), \quad 0 \leq s, t \leq 1.$$

Beweis Wir wenden Satz 16.13 an und betrachten zunächst den Spezialfall $F(t) = t$, also den Fall $X_1 \sim U(0, 1)$. In dieser Situation ist Y die Brown'sche Brücke B. Nach Aufgabe 7.4 konvergieren alle endlichdimensionalen Verteilungen von Y_n gegen die entsprechenden endlichdimensionalen Verteilungen von B, sodass Bedingung a) von Satz 16.13 erfüllt ist. Weiter gilt

$$B(1) - B(1 - \delta) \sim N(0, \delta(1 - \delta))$$

und somit $B(1) - B(1 - \delta) \overset{\mathbb{P}}{\longrightarrow} 0$ für $\delta \downarrow 0$. Somit gilt auch Bedingung b) von Satz 16.13. Wir zeigen jetzt

$$\mathbb{E}\left[((Y_n(s) - Y_n(r))^2 \cdot (Y_n(t) - Y_n(s))^2 \right] \leq 6(t - r)^2, \quad 0 \leq r \leq s \leq t \leq 1. \quad (16.22)$$

Mit $\alpha = \beta = 1$ und $L(t) = \sqrt{6}\, t$ würde dann auch (16.19) und somit Bedingung c) von Satz 16.13 zutreffen. Die Behauptung gilt somit für den Fall $X_1 \sim U(0, 1)$, wenn die Ungleichung (16.22) nachgewiesen werden kann. Zu diesem Zweck können wir o.B.d.A.

$0 \le r < s < t \le 1$ annehmen. Im Fall $X_1 \sim \mathrm{U}(0,1)$ gilt

$$Y_n(u) = \sqrt{n}\left(\frac{1}{n}\sum_{i=1}^{n}\mathbf{1}\{X_i \le u\} - u\right) = \frac{1}{\sqrt{n}}\sum_{i=1}^{n}\big(\mathbf{1}\{X_i \le u\} - u\big), \quad 0 \le u \le 1.$$

Mit den Abkürzungen

$$\alpha_i := \mathbf{1}\{r < X_i \le s\} - (s-r), \quad \beta_i := \mathbf{1}\{s < X_i \le t\} - (t-s), \qquad i \in \{1,\dots,n\},$$

folgt

$$Y_n(s) - Y_n(r) = \frac{1}{\sqrt{n}}\sum_{i=1}^{n}\alpha_i, \quad Y_n(t) - Y_n(s) = \frac{1}{\sqrt{n}}\sum_{k=1}^{n}\beta_k. \qquad (16.23)$$

Kürzen wir den Erwartungswert auf der linken Seite von (16.22) mit $\Delta_n(r,s,t)$ ab und schreiben die Quadrate der in (16.23) auftretenden Differenzen als Doppelsummen, so liefert die Linearität der Erwartungswertbildung

$$\Delta_n(r,s,t) = \frac{1}{n^2}\sum_{i,j=1}^{n}\sum_{k,\ell=1}^{n}\mathbb{E}[\alpha_i\alpha_j\beta_k\beta_\ell].$$

Wegen $\mathbb{E}(\alpha_i) = \mathbb{E}(\beta_i) = 0$, $i \in \{1,\dots,n\}$, folgt mit Symmetrieüberlegungen und der Multiplikationsregel für Erwartungswerte

$$\Delta_n(r,s,t) = \frac{1}{n^2}\big(n\mathbb{E}[\alpha_1^2\beta_1^2] + n(n-1)\mathbb{E}[\alpha_1^2]\mathbb{E}[\beta_2^2] + 2n(n-1)\mathbb{E}[\alpha_1\beta_1]\mathbb{E}[\alpha_2\beta_2]\big)$$

und damit

$$\Delta_n(r,s,t) \le \mathbb{E}[\alpha_1^2\beta_1^2] + \mathbb{E}[\alpha_1^2]\mathbb{E}[\beta_2^2] + 2\mathbb{E}[\alpha_1\beta_1]\mathbb{E}[\alpha_2\beta_2].$$

Da jede der Zufallsvariablen α_1^2 und α_2^2 nur zwei Werte annehmen kann und $\mathbf{1}\{r < X_1 \le s\}\mathbf{1}\{s < X_1 \le t\} = 0$ gilt, erhalten wir

$$\mathbb{E}[\alpha_1^2\beta_1^2] = \mathbb{E}\Big[\big(\mathbf{1}\{r < X_1 \le s\} - (s-r)\big)^2\big(\mathbf{1}\{s < X_1 \le t\} - (t-s)\big)^2\Big]$$

$$= (s-r)\big(1-(s-r)\big)^2(t-s)^2 + (t-s)(s-r)^2\big(1-(t-s)\big)^2$$

$$+ \big(1-(t-r)\big)(s-r)^2(t-s)^2$$

$$\le 3(s-r)(t-s)$$

$$\le 3(t-r)^2.$$

In gleicher Weise folgt (Übungsaufgabe 16.11)

$$\mathbb{E}[\alpha_1^2]\mathbb{E}[\beta_2^2] \le (t-r)^2,$$

$$\mathbb{E}[\alpha_1\beta_1]\mathbb{E}[\alpha_2\beta_2] \le (t-r)^2$$

und somit $\Delta_n(r, s, t) \leq 6(t-r)^2$. Die Behauptung des Satzes gilt also, wenn X_1 im Intervall $[0, 1]$ gleichverteilt ist.

Auf dem bereits Gezeigten aufbauend beweisen wir jetzt Satz 16.15 für den allgemeinen Fall, dass X_1 die Verteilungsfunktion F besitzt. Entscheidend ist, dass wir eine Zufallsvariable X mit der Verteilungsfunktion F über die Quantiltransformation $X := F^{-1}(U)$ aus einer im Intervall $[0, 1]$ gleichverteilten Zufallsvariablen U erzeugen können. Da es nur um Verteilungen geht, setzen wir also o.B.d.A. $X_j := F^{-1}(U_j)$, $j \geq 1$, voraus, wobei $U_1, U_2, \ldots$ eine u.i.v.-Folge von je U(0, 1)-verteilten Zufallsvariablen ist. Im Folgenden seien

$$\widehat{G}_n(t) := \frac{1}{n} \sum_{j=1}^{n} \mathbf{1}\{U_j \leq t\}, \quad 0 \leq t \leq 1,$$

die empirische Verteilungsfunktion von $U_1, \ldots, U_n$ und

$$Z_n(t) := \sqrt{n}\big(\widehat{G}_n(t) - t\big), \quad 0 \leq t \leq 1,$$

der auf $U_1, \ldots, U_n$ gründende uniforme empirische Prozess. Nach dem bereits Gezeigten gilt $Z_n \overset{\mathcal{D}}{\longrightarrow} B$ in D, wobei B eine Brown'sche Brücke ist. Wegen $X_j \leq t \Longleftrightarrow U_j \leq F(t)$ folgt $\widehat{F}_n(t) = \widehat{G}_n(F(t))$ und somit $Y_n(t) = Z_n(F(t))$. Wir definieren jetzt eine Abbildung $\psi : \text{D} \to \text{D}$ durch $(\psi(x))(t) := x(F(t))$, wobei $x \in \text{D}$ und $0 \leq t \leq 1$.

Selbstfrage 10 Warum gehört $\psi(x) = x \circ F$ zu D?

Nach Folgerung 16.4 c) wissen wir, dass in D die Skorochod-Konvergenz $d_S(x_n, x) \to 0$ zusammen mit der Bedingung $x \in \text{C}$ die Konvergenz $\|x_n - x\| \to 0$ nach sich zieht. Nach Definition von ψ gilt $\|\psi(x_n) - \psi(x)\| \leq \|x_n - x\|$, und somit ergibt sich $\|\psi(x_n) - \psi(x)\| \to 0$. Letztere Konvergenz hat nach (16.5) wiederum $d_S(\psi(x_n), \psi(x)) \to 0$ zur Folge. Wegen $\mathbb{P}(B \in \text{C}) = 1$ folgt dann aus der bereits bewiesenen Konvergenz $Z_n \overset{\mathcal{D}}{\longrightarrow} B$ und dem Abbildungssatz 14.4 die Konvergenz $Y_n = \psi(Z_n) \overset{\mathcal{D}}{\longrightarrow} \psi(B) =: Y$. Der Prozess Y hat die im Satz behaupteten Eigenschaften (Übungsaufgabe 16.12). $\blacksquare$

Wir wollen dieses Kapitel mit zwei statistischen Anwendungen der erhaltenen Resultate beschließen, und zwar zum einen mit Anpassungstests und zum anderen mit einem nichtparametrischen Zwei-Stichproben-Test.

16.16 Der Kolmogorow–Smirnow[2]-Anpassungstest

Es sei $X_1, X_2, \ldots$ eine u.i.v.-Folge von Zufallsvariablen mit unbekannter, *stetiger* Verteilungsfunktion F. Ist F_0 eine gegebene *stetige* Verteilungsfunktion, so prüft ein nichtparametrischer Anpassungstest die Hypothese

$$H_0 : \; F = F_0$$

gegen die Alternative $H_1 : \; F \neq F_0$. Der wichtigste Spezialfall hierbei ist $F(t) = t$, $0 \leq t \leq 1$, also ein Test der Hypothese, dass eine Gleichverteilung auf $[0, 1]$ vorliegt. Um H_0 auf der Basis von $X_1, \ldots, X_n$ zu testen, liegt es nahe, das unbekannte F durch die empirische Verteilungsfunktion

$$\widehat{F}_n(x) := \frac{1}{n} \sum_{j=1}^{n} \mathbf{1}\{X_j \leq x\}, \quad x \in \mathbb{R},$$

von $X_1, \ldots, X_n$ zu schätzen. Gilt die Hypothese H_0, ist also $F = F_0$, so besagt der Satz von Gliwenko–Cantelli (Satz 7.2), dass die durch

$$K_n := \sup_{x \in \mathbb{R}} \left| \widehat{F}_n(x) - F_0(x) \right| \tag{16.24}$$

definierte Folge (K_n) der betragsmäßigen Supremumsabstände zwischen $\widehat{F}_n$ und F_0 $\mathbb{P}$-fast sicher gegen null konvergiert. Man nennt K_n *Kolmogorow-Statistik* zur Prüfung von H_0. Eine Ablehnung von H_0 erfolgt, falls das für konkrete Realisierungen von $X_1, \ldots, X_n$ berechnete K_n „zu groß ausfällt". Was „zu groß" konkret bedeutet, richtet sich nach der zugelassenen Wahrscheinlichkeit für einen Fehler erster Art. Letzterer entsteht, wenn in Wahrheit H_0 gilt, aber der Test zur Ablehnung von H_0 führt.

Wir werden jetzt sehen, dass die Verteilung von K_n unter H_0 nicht von der unbekannten Verteilungsfunktion abhängt, solange diese *stetig* ist. Warum? Da F stetig ist, sind $X_1, \ldots, X_n$ mit Wahrscheinlichkeit eins paarweise verschieden.

Selbstfrage 11 Warum gilt die letzte Behauptung?

Bezeichnet $X_{(1)} < \ldots < X_{(n)}$ die geordnete Stichprobe von $X_1, \ldots, X_n$, so gilt wegen $\widehat{F}_n(X_{(j)}) = \frac{j}{n}$, $j \in \{1, \ldots, n\}$, die Darstellung

---

[2] Nikolai Wassiljewitsch Smirnow (1900–1966), war ein führender russischer mathematischer Statistiker. Ab 1938 arbeitete er am Steklow-Institut, wo er in seinem letzten Lebensjahr als Nachfolger von A.N. Kolmogorow die Abteilung mathematische Statistik leitete.

$$K_n = \max_{j=1,\ldots,n} \left(\max \left(\left| F_0\left(X_{(j)}\right) - \frac{j}{n} \right|, \left| F_0\left(X_{(j)}\right) - \frac{j-1}{n} \right| \right) \right).$$

Die Kolmogorov-Statistik hängt also über $X_1, \ldots, X_n$ nur von $F_0(X_{(1)}), \ldots, F_0(X_{(n)})$ ab. Setzen wir $U_j := F_0(X_j)$, $j \geq 1$, so ist bei Gültigkeit der Hypothese H_0 $U_1, U_2, \ldots$ eine u.i.v.-Folge von Zufallsvariablen, die jeweils die Gleichverteilung U(0, 1) besitzen. Bezeichnet $U_{(1)} < \ldots < U_{(n)}$ die geordnete Stichprobe von $U_1, \ldots, U_n$, so gilt die Verteilungsgleichheit

$$\left(F_0(X_{(1)}), \ldots, F_0(X_{(n)}) \right) \stackrel{\mathcal{D}}{=} \left(U_{(1)}, \ldots, U_{(n)} \right),$$

und deshalb hängt die Verteilung von K_n unter H_0 nicht von F_0 ab. Beim Studium der Verteilung von K_n unter H_0 kann man also o.B.d.A. annehmen, dass $X_1 \sim$ U(0, 1) gilt.

Der folgende Satz zeigt, dass die Limesverteilung von $\sqrt{n}K_n$ für $n \to \infty$ unter H_0 mit der Brown'schen Brücke verknüpft ist.

16.17 Satz (Limesverteilung der Kolmogorow-Statistik unter H_0)
Unter der Hypothese $H_0 : F = F_0$ gilt beim Grenzübergang $n \to \infty$

$$\sqrt{n}K_n \stackrel{\mathcal{D}}{\longrightarrow} \|B\| = \max_{0 \leq t \leq 1} |B(t)|.$$

Dabei ist B eine Brown'sche Brücke.

Beweis Sei B_n der in (16.1) definierte uniforme empirische Prozess. Die durch $h(x) := \|x\|$, $x \in$ D, definierte Abbildung $h :$ D $\to \mathbb{R}$ ist nach Aufgabe 16.13 a) $(\mathcal{B}(D), \mathcal{B}^1)$-messbar, und somit ist $h(B_n) = \|B_n\|$ eine Zufallsvariable, die nach den oben angestellten Überlegungen die gleiche Verteilung besitzt wie $\sqrt{n}\,K_n$. Wegen $\mathbb{P}(B \in$ C$) = 1$ ist nach Aufgabe 16.13 b) der Abbildungssatz 14.4 anwendbar. Aus $B_n \stackrel{\mathcal{D}}{\longrightarrow} B$ folgt somit $h(B_n) \stackrel{\mathcal{D}}{\longrightarrow} h(B)$ und damit die Behauptung. ∎

Die Verteilung des Betragsmaximums $\|B\|$ der Brown'schen Brücke heißt *Kolmogorow-Verteilung*. Es gilt

$$\mathbb{P}\big(\|B\| \leq \xi\big) = 1 - 2\sum_{j=1}^{\infty} (-1)^{j-1} e^{-2j^2\xi^2}, \quad 0 < \xi < \infty.$$

Wie ein Beweis dieses Resultates mit relativ elementaren Mitteln erhalten werden kann, sehen wir am Ende dieses Kapitels (vgl. Bemerkung 16.23).

Der Kolmogorow-Anpassungstest ist konsistent gegen die allgemeine Alternative $H_1 :$ $F \neq F_0$. Besitzt nämlich X_1 die Verteilungsfunktion F, so gilt $\sqrt{n}K_n \to \infty$ $\mathbb{P}$-fast sicher (Aufgabe 16.16).

16.18 Der Cramér–von Mises-Anpassungstest

Die in (16.24) definierte Teststatistik von Kolmogorow und Smirnow verwendet als Abstands-
maß zwischen der empirischen Verteilungsfunktion $\widehat{F}_n$ und der hypothetischen Verteilungsfunktion F_0 die maximale betragsmäßige Differenz zwischen $\widehat{F}_n$ und F_0. Als Alternative
hierzu schlugen H. Cramér und R. von Mises vor, die durch

$$\omega_n^2 := n \int_{-\infty}^{\infty} \left(\widehat{F}_n(x) - F_0(x)\right)^2 \mathrm{d}F_0(x) \tag{16.25}$$

definierte Prüfgröße zu betrachten. Diese als *Cramér–von Mises-Statistik* bezeichnete Teststatistik zur Prüfung von $H_0 : F = F_0$ ist uns im Spezialfall $F_0(t) = t, 0 \le t \le 1$, schon in
Abschn. 8.17 begegnet.

Die Integration in (16.25) erfolgt bezüglich des durch F_0 definierten Wahrscheinlichkeitsmaßes μ_0 auf $\mathcal{B}^1$. Transformiert man μ_0 mithilfe der Wahrscheinlichkeitsintegral-Transformation $x \mapsto t := F_0(x)$, so ist wegen der Stetigkeit von F_0 das resultierende Bildmaß die
Gleichverteilung auf $(0, 1)$, und der Transformationssatz für Integrale (siehe z.B. [HE1], S.
333) ergibt

$$\omega_n^2 = n \int_0^1 \left(\widehat{F}_n\left(F_0^{-1}(t)\right) - t\right)^2 \mathrm{d}t. \tag{16.26}$$

Wegen $X_j \le F_0^{-1}(t) \iff F_0(X_j) \le t$ ist $\widehat{F}_n \circ F_0^{-1}$ die empirische Verteilungsfunktion
von $F_0(X_1), \ldots, F_0(X_n)$, und da diese Zufallsvariablen unter H_0 eine Gleichverteilung auf
dem Einheitsintervall besitzen, hängt (wie die Verteilung von K_n) auch die Verteilung von
ω_n^2 bei Gültigkeit der Hypothese $H_0 : F = F_0$ nicht von F_0 ab. Dies bedeutet, dass wir im
Hinblick auf Verteilungsaussagen unter H_0 in (16.26) $F_0^{-1}(t) = t$ setzen können. Es gilt
also unter H_0 die Verteilungsgleichheit

$$\omega_n^2 \overset{\mathcal{D}}{=} \int_0^1 B_n^2(t)\, \mathrm{d}t.$$

Dabei ist B_n der in (16.1) definierte uniforme empirische Prozess. Da nach Übungsauf-
gabe 16.14 für die durch $h(x) := \int_0^1 x^2(t)\, \mathrm{d}t$ definierte Abbildung $h : \mathrm{D} \to \mathbb{R}$ die Voraussetzungen des Abbildungssatzes 14.4 erfüllt sind, ergibt sich mit Satz 16.15 $h(B_n) \overset{\mathcal{D}}{\longrightarrow} h(B)$,
also

$$\omega_n^2 \overset{\mathcal{D}}{\longrightarrow} \int_0^1 B^2(t)\, \mathrm{d}t.$$

In Abschn. 8.17 haben wir die Limesverteilung von ω_n^2 im Fall $X_1 \sim \mathrm{U}(0, 1)$ mithilfe der
Theorie einfach entarteter U-Statistiken hergeleitet. Mit (8.42) folgt die Verteilungsgleichheit

$$\int_0^1 B^2(t)\, \mathrm{d}t \overset{\mathcal{D}}{=} \sum_{j=1}^{\infty} \frac{1}{\pi^2 j^2} \left(N_j^2 - 1\right) + \frac{1}{6}.$$

522434_1_De_16_Chapter-print ☑TYPESET ☐DISK ☐LE ☑CP Disp.:25/8/2022 Pages: 349 Layout: German_T5

Dabei ist $N_1, N_2, \ldots$ eine u.i.v.-Folge standardnormalverteilter Zufallsvariablen. Eine solche Folge tritt auch bei der Verteilung von $\int_0^1 W^2(t)\,\mathrm{d}t$ auf, wobei W ein Wiener-Prozess ist, vgl. (15.22). Die Verteilung von $\int_0^1 B^2(t)\,\mathrm{d}t$ heißt *Cramér–von Mises-Verteilung*.

Um den Cramér–von Mises-Anpassungstest durchführen zu können, ist Darstellung (16.25) auf den ersten Blick wenig hilfreich. Mithilfe der geordneten Stichprobe $X_{(1)} < \ldots < X_{(n)}$ von $X_1, \ldots, X_n$ und des Umstandes, dass $\widehat{F}_n \circ F_0^{-1}$ zwischen den Zerlegungspunkten $0 < F_0(X_{(1)}) < \ldots < F_0(X_{(1)}) < 1$ des Intervalls $[0, 1]$ konstant ist, ergibt sich aber durch direkte Rechnung, dass ω_n^2 in der Form

$$\omega_n^2 = \frac{1}{12n} + \sum_{j=1}^{n} \left(F_0(X_{(j)}) - \frac{2j-1}{2n} \right)^2$$

dargestellt werden kann (Übungsaufgabe 16.14). Auch der Cramér–von Mises-Anpassungstest ist konsistent gegen die allgemeine Alternative $H_1 : F \neq F_0$ (Übungsaufgabe 16.16).

16.19 Das nichtparametrische Zwei-Stichproben-Problem

Als weitere statistische Anwendung wenden wir uns jetzt dem klassischen (*nichtparametrischen*) *Zwei-Stichproben-Problem* zu, das schon in Kap. 8 im Zusammenhang mit dem Wilcoxon'schen Rangsummentest auftrat. Ausgangspunkt dieses Problems sind zwei Folgen $(X_j)_{j\geq 1}$ und $(Y_j)_{j\geq 1}$ reeller Zufallsvariablen, die alle auf dem gleichen Wahrscheinlichkeitsraum $(\Omega, \mathcal{A}, \mathbb{P})$ definiert seien. Wir setzen voraus, dass alle Zufallsvariablen stochastisch unabhängig sind. Weiter wird angenommen, dass $X_1, X_2, \ldots$ die gleiche Verteilungsfunktion F und dass $Y_1, Y_2, \ldots$ die gleiche Verteilungsfunktion G besitzen. Für jedes $j \geq 1$ gelten also $F(t) = \mathbb{P}(X_j \leq t)$ und $G(t) = \mathbb{P}(Y_j \leq t)$, $t \in \mathbb{R}$. Wir nehmen an, dass F und G *stetig*, aber ansonsten unbekannt sind. Zu testen sei die Hypothese

$$H_0 : F = G$$

gegen die allgemeine Alternative $H_1 : F \neq G$. Dabei stehen für den Testentscheid Realisierungen der Zufallsvariablen $X_1, \ldots, X_m$ und $Y_1, \ldots, Y_n$ zur Verfügung.

Um H_0 zu testen, bietet es sich an, die empirischen Verteilungsfunktionen

$$\widehat{F}_m(t) := \frac{1}{m} \sum_{j=1}^{m} \mathbf{1}\{X_j \leq t\}, \qquad \widehat{G}_n(t) := \frac{1}{n} \sum_{j=1}^{n} \mathbf{1}\{Y_j \leq t\}$$

der beiden Stichproben $X_1, \ldots, X_m$ bzw. $Y_1, \ldots, Y_n$ als Schätzer für F bzw. für G zu verwenden und H_0 abzulehnen, wenn ein geeignet zu definierender Abstand zwischen $\widehat{F}_m$ und $\widehat{G}_n$ zu groß ist. Dabei muss natürlich wiederum präzisiert werden, was *zu groß* genau bedeutet.

Einem Vorschlag von A.N. Kolmogorow und N.W. Smirnow folgend betrachten wir den auch als *Kolmogorow–Smirnow-Statistik* bezeichneten Supremumsabstand

522434_1_De_16_Chapter-print ☑ TYPESET ☐ DISK ☐ LE ☑ CP Disp.:25/8/2022 Pages: 349 Layout: German_T5

$$K_{m,n} := \left\| \widehat{F}_m - \widehat{G}_n \right\|_\infty := \sup_{x \in \mathbb{R}} \left| \widehat{F}_m(x) - \widehat{G}_n(x) \right| \tag{16.27}$$

zwischen $\widehat{F}_m$ und $\widehat{G}_n$. Der *Kolmogorow–Smirnow-Test* lehnt H_0 für zu große Werte von $K_{m,n}$ ab.

Aufgrund des Charakters von $\widehat{F}_m$ und $\widehat{G}_n$ als Sprungfunktionen wird das Supremum in (16.27) an einer der Stellen $X_1, \ldots, X_m, Y_1, \ldots, Y_n$ angenommen. Weil F und G stetig sind, nehmen $X_1, \ldots, X_m, Y_1, \ldots, Y_n$ mit Wahrscheinlichkeit eins paarweise verschiedene Werte an.

Wir untersuchen im Folgenden die Verteilung von $K_{m,n}$ für den Fall, dass die Hypothese H_0 gilt, also alle Zufallsvariablen dieselbe unbekannte Verteilungsfunktion F besitzen. Da sich $K_{m,n}$ nicht ändert, wenn man $X_1, \ldots, X_m, Y_1, \ldots, Y_n$ einer Wahrscheinlichkeitsintegral-Transformation unterwirft und zu $F(X_1), \ldots, F(X_m), F(Y_1), \ldots, F(Y_n)$ übergeht, und weil letztere Zufallsvariablen eine Gleichverteilung in $(0, 1)$ besitzen, hängt die Verteilung von $K_{m,n}$ bei Gültigkeit von H_0 nicht von F ab. Wir nehmen also ab jetzt o. B. d. A. an, dass $X_1, \ldots, X_m, Y_1, \ldots, Y_n$ im Einheitsintervall gleichverteilt sind. Beim Durchlaufen des Einheitsintervalls von links nach rechts springt die Differenz $\widehat{F}_m(t) - \widehat{G}_n(t)$ der empirischen Verteilungsfunktionen jeweils um den Wert $\frac{1}{m}$ nach oben und um den Wert $\frac{1}{n}$ nach unten, wenn in der geordneten Stichprobe aller $X_1, \ldots, X_m, Y_1, \ldots, Y_n$ ein X_i bzw. ein Y_j auftritt. Da es dabei nicht auf die Indizes i und j ankommt, benötigt man zur Bestimmung von $K_{m,n}$ nur eine Sequenz der Länge $m + n$ von Symbolen x und y, wobei das x m-mal und das y n-mal auftritt.

Im Fall $m = 3$, $n = 2$ und der Sequenz $x\,y\,x\,x\,y$ springt die Differenz der empirischen Verteilungsfunktionen von null zunächst auf den Wert $\frac{1}{3}$, danach um $\frac{1}{2}$ nach unten, dann zweimal um jeweils den Wert $\frac{1}{3}$ nach oben und schließlich um den Wert $\frac{1}{2}$ nach unten, sodass wieder die Ausgangsdifferenz null erreicht wird. In diesem Fall ist der betragsmäßig größte Abstand zwischen $\widehat{F}_m$ und $\widehat{G}_n$ gleich $\frac{1}{2}$. Da unter H_0 aus Symmetriegründen alle Reihenfolgen der beteiligten Zufallsvariablen gleich wahrscheinlich sind, wird klar, dass die Bestimmung der Verteilung von $K_{m,n}$ unter H_0 auf ein rein kombinatorisches Problem führt: man besetzt m von insgesamt $m + n$ in einer Reihe angeordneten Plätzen mit einem x und die übrigen mit einem y. Alle $\binom{m+n}{n}$ solche Auswahlen sind gleichwahrscheinlich, und für jede kann man die betragsmäßig größte Differenz der empirischen Verteilungsfunktionen bestimmen.

Wir wenden uns jetzt der Limesverteilung von $K_{m,n}$ beim Grenzübergang $m, n \to \infty$ zu. Im Gegensatz zu einem zentralen Grenzwertsatz für Zwei-Stichproben-U-Statistiken (Satz 8.23), bei dem wir gefordert haben, dass der Quotient $\frac{m}{m+n}$ gegen ein $\tau \in (0, 1)$ konvergiert (vgl. (8.44)), dürfen im Folgenden m und n unabhängig voneinander gegen unendlich streben.

522434_1_De_16_Chapter-print ☑TYPESET ☐DISK ☐LE ☑CP Disp.:25/8/2022 Pages: 349 Layout: German_T5

16.20 Satz (Grenzverteilung der Kolmogorow–Smirnow-Statistik under H_0)
Unter H_0 gilt

$$\sqrt{\frac{mn}{m+n}}\, K_{m,n} \xrightarrow{\;\mathcal{D}\;} \|B\| \quad \text{bei } m, n \to \infty,$$

wobei B eine Brown'sche Brücke bezeichnet.

Beweis Wir erinnern an die Annahme, dass alle Zufallsvariablen auf $[0,1]$ gleichverteilt sind und setzen

$$A_m(t) := \sqrt{m}(\widehat{F}_m(t) - t), \qquad C_n(t) := \sqrt{n}(\widehat{G}_n(t) - t), \quad 0 \le t \le 1,$$

sowie

$$a_{m,n} := \sqrt{\frac{n}{m+n}}, \quad c_{m,n} := -\sqrt{\frac{m}{m+n}}. \tag{16.28}$$

Unter H_0 besteht dann die Verteilungsgleichheit

$$\sqrt{\frac{mn}{m+n}}\, K_{m,n} \stackrel{\mathcal{D}}{=} \max_{0 \le t \le 1} \left| a_{m,n}\sqrt{m}(\widehat{F}_m(t) - t) + c_{m,n}\sqrt{n}(\widehat{G}_n(t) - t)\right|$$

$$= \|a_{m,n} A_m + c_{m,n} C_n\|.$$

Für die uniformen empirischen Prozesse A_m und C_n gelten nach Satz 16.15 die Verteilungs-konvergenzen $A_m \xrightarrow{\mathcal{D}} A$ für $m \to \infty$ und $C_n \xrightarrow{\mathcal{D}} C$ bei $n \to \infty$. Dabei sind A und C Brown'sche Brücken. Wegen der stochastischen Unabhängigkeit von A_m und C_n konvergiert nach Satz 14.26 (A_m, C_n) für $m, n \to \infty$ im Raum $D \times D$ gegen (A, C), wobei A und C unabhängig sind.

Selbstfrage 12 Warum ist Satz 14.26 anwendbar (dort war $m = n$)?

Sind a und c von null verschiedene reelle Zahlen, so liefert der Abbildungssatz 14.4, angewandt auf die durch $h(x, y) := ax + c$ definierte Funktion $h : D \times D \to D$, dass $a A_m + c C_n$ für $m, n \to \infty$ in Verteilung gegen $aA + cC$ konvergiert. Gilt speziell $a^2 + c^2 = 1$, folgt nach dem Reproduktionssatz (Satz 15.21), dass $B := a A + c C$ eine Brown'sche Brücke ist.

Die in (16.28) definierten Zahlenfolgen $(a_{m,n})$ und $(c_{m,n})$ sind beschränkt, und es gilt $a_{m,n}^2 + c_{m,n}^2 = 1$. Falls $a_{m,n}$ gegen einen Wert a und $c_{m,n}$ gegen einen Wert c konvergiert, so folgt

$$\|a_{m,n} A_m + c_{m,n} C_n - (a A_m + c C_n)\| = \|(a_{m,n} - a) A_m + (c_{m,n} - c) C_n\|$$

$$\le |a_{m,n} - a| \cdot \|A_m\| + |c_{m,n} - c| \cdot \|C_n\|.$$

522434_1_De_16_Chapter-print ☑TYPESET ☐DISK ☐LE ☑CP Disp.:25/8/2022 Pages: 349 Layout: German_T5

Wegen $\|A_m\| \overset{\mathcal{D}}{\longrightarrow} \|A\|$ und $\|C_n\| \overset{\mathcal{D}}{\longrightarrow} \|C\|$ sind $(\|A_m\|)_{m \geq 1}$ und $(\|C_n\|)_{n \geq 1}$ straffe Folgen, und somit ergibt sich

$$\|a_{m,n} A_m + c_{m,n} C_n - (a A_m + c\, C_n)\| = o_{\mathbb{P}}(1) \tag{16.29}$$

für $m, n \to \infty$. Aufgrund der Gleichung $a^2 + c^2 = 1$ gilt nach oben Gezeigtem $a A_m + c\, C_n \overset{\mathcal{D}}{\longrightarrow} B$, wobei B eine Brown'sche Brücke ist. Die Ungleichung $d_S(x, y) \leq \|x - y\|$ liefert zusammen mit (16.29) und dem Lemma von Slutsky (Satz 14.28) die Verteilungskonvergenz

$$a_{m,n} A_m + c_{m,n} C_n \overset{\mathcal{D}}{\longrightarrow} B \quad \text{für } m, n \to \infty. \tag{16.30}$$

Die gleiche Verteilungskonvergenz hätte sich ergeben, wenn wir anstelle von $a_{m,n}$ und $b_{m,n}$ mit *beliebigen Teilfolgen dieser Folgen* gestartet wären, denn entscheidend ist nur, dass die Summe der Quadrate der Grenzwerte dieser Teilfolgen gleich eins ist. Nach dem Teilfolgenkriterium (Satz 14.5) folgt die Behauptung. ∎

Beim nichtparametrischen Zwei-Stichproben-Problem möchte man oft die Hypothese $H_0 : F = G$ nicht gegen die allgemeine Alternative $H_1 : F \neq G$ testen, sondern hat speziellere Alternativen im Blick, gegenüber denen man sich absichern möchte. Eine manchmal auftretende solche Alternative besagt, dass Y_1 *stochastisch größer* als X_1 ist. Diese Begriffsbildung ist durch die Bedingung $\mathbb{P}(Y_1 > t) \geq \mathbb{P}(X_1 > t), t \in \mathbb{R}$, definiert, wobei für mindestens ein t das Größer-Zeichen stehen soll. Unter diesem Blickwinkel testet man also die Hypothese $H_0 : F = G$ der Gleichheit beider Verteilungen gegen die „einseitige Alternative"

$$H_1^+ : F \geq G \text{ und } F \neq G,$$

dass X_1 stochastisch größer als Y_1 ist.

Es liegt nahe, in dieser Situation anstelle des in (16.27) definierten $K_{m,n}$ die Prüfgröße

$$K_{m,n}^+ := \sup_{x \in \mathbb{R}} \left(\widehat{F}_m(x) - \widehat{G}_n(x) \right)$$

zu verwenden und H_0 zugunsten von H_1^+ zu verwerfen, falls $K_{m,n}^+$ einen kritischen Wert überschreitet. Geht man den Beweis von Satz 16.20 durch, so ergibt sich aus der Verteilungskonvergenz (16.30) das folgende Resultat.

16.21 Satz (Grenzverteilung von $K_{m,n}^+$ unter H_0)
Beim Grenzübergang $m, n \to \infty$ gilt

$$\sqrt{\frac{mn}{m+n}} K_{m,n}^+ \overset{\mathcal{D}}{\longrightarrow} \max_{0 \leq t \leq 1} B(t),$$

wobei B eine Brown'sche Brücke ist.

Beweis Die durch $h(x) := \sup_{0 \le t \le 1} x(t)$ definierte Abbildung $h : \mathrm{D} \to \mathbb{R}$ ist $(\mathcal{B}(\mathrm{D}), \mathcal{B}^1)$-messbar, da das Supremum wegen der rechtsseitigen Stetigkeit über alle rationalen Zahlen im Intervall [0, 1] gebildet werden kann und für festes t die Abbildung $\mathrm{D} \ni x \mapsto x(t) = \pi_t \circ x$ messbar ist. Da h auf der Teilmenge C von D stetig ist, folgt die Behauptung aus (16.30) und dem Abbildungssatz.   ∎

Im Gegensatz zur Kolmogorow-Verteilung, also der Verteilung von $\|B\|$, besitzt die Verteilung des Maximums der Brown'schen Brücke eine einfache Gestalt. Wie das folgende Resultat zeigt, hat dieses Maximum eine Weibull-Verteilung.

16.22 Satz (Die Verteilung von $\max_{0 \le t \le 1} B(t)$)
Es gilt

$$\mathbb{P}\left(\max_{0 \le t \le 1} B(t) \le \xi\right) = 1 - \exp\left(-2\xi^2\right), \quad \xi \ge 0.$$

Beweis Der Beweis verwendet Satz 16.21 und kombinatorische Überlegungen. Für den Spezialfall $m = n$ besagt obiger Satz, dass für $n \to \infty$

$$\sqrt{\frac{n}{2}} \max_{0 \le t \le 1} \left(\widehat{F}_n(t) - \widehat{G}_n(t)\right) \xrightarrow{\mathcal{D}} \max_{0 \le t \le 1} B(t)$$

gilt. Dabei sind $\widehat{F}_n$ und $\widehat{G}_n$ die empirischen Verteilungsfunktionen von stochastisch unabhängigen und je in [0, 1] gleichverteilten Zufallsvariablen $X_1, \ldots, X_n$ bzw. $Y_1, \ldots, Y_n$. Eine äquivalente Formulierung ist

$$\sqrt{\frac{1}{2n}} \max_{0 \le t \le 1} \left(\sum_{j=1}^n \mathbf{1}\{X_j \le t\} - \sum_{j=1}^n \mathbf{1}\{Y_j \le t\}\right) \xrightarrow{\mathcal{D}} \max_{0 \le t \le 1} B(t). \tag{16.31}$$

Nach den vor Satz 16.20 angestellten Überlegungen kommt es bei der Bestimmung des obigen Maximums nur darauf an, welche Gestalt eine (im Einheitsintervall von links nach rechts gelesene) konkrete Sequenz aus insgesamt $2n$ Symbolen, von denen jeweils n gleich x und n gleich y sind, besitzt. Dabei sind alle $\binom{2n}{n}$ möglichen solcher Symbol-Sequenzen gleich wahrscheinlich. Die in (16.31) auftretende Differenz der Indikatorsummen wird um jeweils eins größer bzw. kleiner, wenn in der geordneten Stichprobe aller $2n$ Zufallsvariablen nach aufsteigenden Werten vorgehend ein X_i oder ein Y_j notiert wird.

Diese Überlegungen münden in folgendes äquivalente Modell: Man wählt rein zufällig n der als „Zeitpunkte" gedeuteten und auf einer horizontalen Achse aufgetragenen $2n$ Werte $0, 1, 2, \ldots, 2n - 1$ als Zeitpunkte für *Aufwärtsschritte* und die verbleibenden Zeitpunkte für *Abwärtsschritte* aus. Formal setzt man

$$W_{2n}^{\circ} := \left\{(a_1, \ldots, a_{2n}) \in \{-1, 1\}^{2n} : a_1 + \ldots + a_{2n} = 0\right\}.$$

522434_1_De_16_Chapter-print ☑ TYPESET ☐ DISK ☐ LE ☑ CP Disp.:25/8/2022 Pages: 349 Layout: **German_T5**

Abb. 16.5 Polygonzug zur
Symbolsequenz $x\,x\,y\,x\,x\,y\,y\,y$

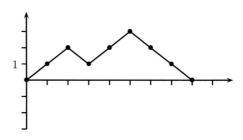

Dabei steht $a_j = 1$ bzw. $a_j = -1$, falls zum Zeitpunkt $j-1$ ein Auf- bzw. ein Abwärtsschritt
(jeweils der Länge 1) erfolgt, $j \in \{1, \ldots, 2n\}$. Die $2n$-Tupel $(a_1, \ldots, a_{2n})$ korrespondieren
in eindeutiger Weise mit Polygonzügen, die in einem kartesischen Koordinatensystem in
$(0, 0)$ starten und die Punkte $(0, 0)$, $(1, a_1)$, $(2, a_1 + a_2)$, $\ldots$, $(2n - 1, a_1 + \ldots + a_{2n-1})$
und $(2n, 0)$ miteinander verbinden. Jeder solche, auch *Weg* genannte Polygonzug entspricht
wiederum genau einer Sequenz aus $2n$ Symbolen, von denen jeweils n gleich x und n gleich
y sind. Dabei wird die Information, dass das j-te Symbol ein x bzw. ein y ist, als Auf-
bzw. als Abwärtsschritt zum Zeitpunkt $j-1$ interpretiert, $j \in \{1, \ldots, 2n\}$. Auf diese Weise
entsteht etwa im Spezialfall $n = 4$ und der Symbolsequenz $x\,x\,y\,x\,x\,y\,y\,y$ der in Abb. 16.5
dargestellte Weg.

Im Folgenden sei $\mathbb{P}$ die Gleichverteilung auf W_{2n}°. Bezeichnet

$$M_{2n}((a_1, \ldots, a_{2n})) := \max \left\{ \sum_{j=1}^{k} a_j : k \in \{1, \ldots, 2n\} \right\}$$

die maximale Höhe, die ein durch $(a_1, \ldots, a_{2n}) \in W_{2n}^{\circ}$ gegebener Weg erreicht, so ist M_{2n}
eine Zufallsvariable auf W_{2n}°, und es gilt die Verteilungsgleichheit

$$\sqrt{\frac{1}{2n}} \max_{0 \le t \le 1} \left(\sum_{j=1}^{n} \mathbf{1}\{X_j \le t\} - \sum_{j=1}^{n} \mathbf{1}\{Y_j \le t\} \right) \overset{\mathcal{D}}{=} \frac{M_{2n}}{\sqrt{2n}}.$$

Wir zeigen jetzt

$$\lim_{n \to \infty} \mathbb{P}\left(\frac{M_{2n}}{\sqrt{2n}} \le \xi \right) = 1 - \exp\left(-2\xi^2\right), \quad \xi > 0, \tag{16.32}$$

womit Satz 16.22 bewiesen wäre. Zu diesem Zweck leiten wir zunächst die Gleichung

$$\mathbb{P}(M_{2n} \ge k) = \frac{\binom{2n}{n+k}}{\binom{2n}{n}}, \quad k \in \{0, 1, \ldots, n\}, \tag{16.33}$$

her. Hierzu müssen wir die Anzahl aller Wege abzählen, deren maximale Höhe mindestens
gleich k ist, wobei o.B.d.A. $k \ge 1$ angenommen werden kann. Jeder solche Weg erreicht im
zeitlichen Verlauf *erstmals* die Höhe k. Spiegeln wir den danach übrigbleibenden Teilweg

Abb. 16.6 Zum
Spiegelungsprinzip

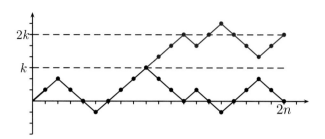

an der Parallelen zur horizontalen Ache in der Höhe k, so endet dieser in Abb. 16.6 blau markierte Teilweg im Punkt $(2n, 2k)$.

Durch diese Spiegelung ist ein Weg entstanden, der von $(0, 0)$ zum Punkt $(2n, 2k)$ führt. Liegt umgekehrt ein beliebiger Weg von $(0, 0)$ nach $(2n, 2k)$ vor, so muss dieser im zeitlichen Verlauf irgendwann *erstmals* die Höhe k erreichen. Spiegelt man den sich an dieses erstmalige Treffen in der Höhe k anschließenden Teilweg an der Parallelen zur horizontalen Achse in der Höhe k, so endet dieser Teilweg im Punkt $(2n, 0)$. Es ist unmittelbar klar, dass dieses *Spiegelungsprinzip* eine bijektive Abbildung zwischen allen Wegen von $(0, 0)$ nach $(2n, 0)$, deren maximale Höhe mindestens gleich k ist, und allen Wegen von $(0, 0)$ nach $(2n, 2k)$ definiert.

Da ein Weg von $(0, 0)$ nach $(2n, 2k)$ dadurch festgelegt ist, dass man von den $2n$ Zeitpunkten $0, 1, \ldots, 2n - 1$ genau $n + k$ auswählen muss, zu denen die Aufwärtsschritte stattfinden, ist die gesuchte Anzahl der günstigen Wege durch $\binom{2n}{n+k}$ gegeben, sodass (16.33) folgt. Zu beliebigem $\xi > 0$ setzen wir jetzt $k_n := \lceil \xi \sqrt{2n} \rceil$. Aufgrund der Ganzzahligkeit von M_{2n} und (16.33) gilt dann

$$\mathbb{P}\left(\frac{M_{2n}}{\sqrt{2n}} \geq x\right) = \mathbb{P}(M_{2n} \geq k_n) = \frac{\binom{2n}{n+k_n}}{\binom{2n}{n}} = \prod_{j=0}^{k_n-1}\left(1 - \frac{k_n}{n - j + k_n}\right).$$

Mithilfe der Ungleichungen $1 - \frac{1}{t} \leq \log t \leq t - 1$ für $t > 0$ ergibt sich

$$\log \mathbb{P}\left(\frac{M_{2n}}{\sqrt{2n}} \geq x\right) \leq -k_n \sum_{j=0}^{k_n-1} \frac{1}{n - j + k_n} \leq -\frac{k_n^2}{n + k_n},$$

$$\log \mathbb{P}\left(\frac{M_{2n}}{\sqrt{2n}} \geq x\right) \geq -k_n \sum_{j=0}^{k_n-1} \frac{1}{n - j} \geq -\frac{k_n^2}{n - k_n + 1},$$

und (16.32) folgt wegen

$$\lim_{n \to \infty} \frac{k_n^2}{n + k_n} = 2\xi^2 = \lim_{n \to \infty} \frac{k_n^2}{n - k_n + 1}.$$

∎

522434_1_De_16_Chapter-print ☑ TYPESET ☐ DISK ☐ LE ☑ CP Disp.:25/8/2022 Pages: 349 Layout: German_T5

16.23 Bemerkung Mithilfe mehrfacher Spiegelungen und dem Prinzip des Ein- und Ausschließens kann auch die Kolmogorow-Verteilung hergeleitet werden, siehe z.B. [HE0], Abschn. 3.6.

Vielleicht haben die in diesem Kapitel vorgestellten Konzepte und Resultate Ihre Neugier auf Weiteres geweckt. Zum einen ist ein Anpassungstest, der nur eine einfache Hypothese der Gestalt $H_0 : F = F_0$ testet, vergleichsweise uninteressant. Von größerem praktischen, aber auch theoretischen Interesse sind Tests einer Hypothese der Form $H_0 : F \in \mathcal{F}_\Theta := \{F(\cdot, \vartheta) : \vartheta \in \Theta\}$. Dabei ist $\mathcal{F}_\Theta$ eine durch einen endlichdimensionalen Parameter beschriebene Klasse von Verteilungsfunktionen. Ein Beispiel ist diesbezüglich das Testen auf Normalverteilung. In diesem Fall liegt es nahe, die empirische Verteilungsfunktion $\widehat{F}_n$ von $X_1, \ldots, X_n$ mit der Verteilungsfunktion $F(\cdot, \widehat{\vartheta}_n)$ zu vergleichen. Dabei ist $\widehat{\vartheta}_n = \vartheta_n(X_1, \ldots, X_n)$ ein Schätzer für den Parameter $\vartheta \in \Theta$, wenn die Hypothese H_0 zutrifft. Genügt der Schätzfehler $\widehat{\vartheta}_n - \vartheta$ einer Darstellung der Form (10.23), und ist die Verteilungsfunktion $F(x, \cdot)$ in Abhängigkeit des zweiten Argumentes „glatt", so kann man hoffen, die Approximation

$$\widehat{F}_n(t) - F(t, \widehat{\vartheta}_n) \approx \widehat{F}_n(t) - F(t, \vartheta) + \frac{\partial}{\partial \vartheta} F(t, \vartheta)\big(\widehat{\vartheta}_n - \vartheta\big)$$

hieb- und stichfest zu machen und das asymptotische Verhalten von Teststatistiken, die auf Funktionalen der Differenz $\widehat{F}_n(\cdot) - F(\cdot, \widehat{\vartheta}_n)$ gründen, in den Griff zu bekommen. Eine Fundgrube für diesbezügliche Resultate ist [SHW].

Dieses Buch enthält auch eine kurze Einführung in die allgemeine Theorie der empirischen Prozesse. Ausgangspunkt einer solchen Theorie ist eine u.i.v.-Folge von Zufallselementen auf einem Wahrscheinlichkeitsraum $(\Omega, \mathcal{A}, \mathbb{P})$ mit Werten in einer allgemeinen Menge $\mathcal{X}$, die mit einer σ-Algebra $\mathcal{C}$ versehen sei. Das mit $X_1, \ldots, X_n$ verbundene sog. *empirische Maß* ist $P_n := \frac{1}{n}\sum_{j=1}^n \delta_{X_j}$. Dabei steht δ_x für das Dirac-Maß im Punkt $x \in \mathcal{X}$. Bezeichnet $P := \mathbb{P} \circ X_1^{-1}$ die Verteilung von X_1, so definiert $Z_n := \sqrt{n}\big(P_n - P\big)$ den *empirischen Prozess zu* $X_1, \ldots, X_n$. Ist $\mathcal{F}$ eine Klasse messbarer reeller Funktionen auf $\mathcal{X}$ mit $\int_\mathcal{X} |f|\, dP < \infty$ und der Kurzschreibweise $Q(f) := \int_\mathcal{X} f\, dQ$ für ein Wahrscheinlichkeitsmaß Q auf $\mathcal{C}$, so heißt

$$Z_n(f) := \sqrt{n}\big(P_n(f) - P(f)\big) = \sqrt{n}\Big(\frac{1}{n}\sum_{j=1}^n \mathbb{E}[f(X_j)] - \mathbb{E}[f(X_1)]\Big), \quad f \in \mathcal{F},$$

der *mit $\mathcal{F}$ indizierte empirische Prozess*. Im Spezialfall $\mathcal{X} = [0, 1]$, $\mathcal{C} = \mathcal{B}^1 \cap [0, 1]$ und $\mathcal{F} := \{\mathbf{1}_{(-\infty, t]} : t \in [0, 1]\}$ ist

$$Z_n(t) := Z_n\big(\mathbf{1}_{(-\infty, t]}\big) = \sqrt{n}\Big(\frac{1}{n}\sum_{j=1}^n \mathbf{1}\{X_j \leq t\} - F(t)\Big), \quad 0 \leq t \leq 1,$$

522434_1_De_16_Chapter-print ✓ TYPESET ☐ DISK ☐ LE ✓ CP Disp.:25/8/2022 Pages: 349 Layout: German_T5 mit $F(t) := \mathbb{P}(X_1 \leq t)$ der empirische Prozess aus (16.21).

Eine neuere und umfangreiche Darstellung der allgemeinen Theorie empirischer Prozesse findet sich bei [VW1].

Antworten zu den Selbstfragen

Antwort 1 Mit der in Lemma 16.2 stehenden Zerlegung gilt $|x(t)| \leq \max_{0 \leq j \leq k} |x(t_j)| + \varepsilon$.

Antwort 2 Weil es für jedes $\varepsilon > 0$ nur endlich viele $t \in (0, 1]$ mit $|x(t) - x(t-)| > \varepsilon$ gibt. Insofern ist das Supremum ein Maximum.

Antwort 3 Mit der Dreiecksungleichung gilt für $m > n$

$$d_S(x_n, x_m) \leq \sum_{j=0}^{m-n+1} d_S(x_{n+j}, x_{n+j-1}) \leq \sum_{j=0}^{m-n+1} \frac{1}{2^{n+j-1}} \leq \frac{1}{2^n}.$$

Antwort 4 Ist t Stetigkeitsstelle von x, so konvergiert der zweite Summand auf der rechten Seite von (16.6) wegen $g_n(t) \to t$ gegen 0. Gleiches gilt für den ersten Summanden, da $\|x_n - x \circ g_n\|$ gegen null konvergiert.

Antwort 5 Für die Zerlegung $t_0 := 0$, $t_1 := 0.5$ und $t_2 := 1$ von $[0, 1]$ gilt

$$\sup_{s,t \in [t_0,t_1)} |x_n(s) - x_n(t)| = 0, \qquad \sup_{s,t \in [t_1,t_2)} |x_n(s) - x_n(t)| = 0, \quad n \geq 1,$$

und somit $\sup_{x \in A} w'_x(\delta) = 0$, falls $\delta < 0.5$.

Antwort 6 Entscheidend ist, dass auf der rechten Seite von (16.10) jeweils das Minimum von $|x_n(t) - x_n(t_1)|$ und $|x_n(t_2) - x_n(t)|$ steht. Nach Definition von x_n ist dieses Minimum gleich null, falls $t_2 < \frac{1}{n}$ oder $t_1 \geq \frac{1}{n}$ gilt, aber auch im verbleibenden Fall $t_1 < \frac{1}{n}$, $t_2 \geq \frac{1}{n}$.

Antwort 7 Für Zufallsvariablen U und V gilt allgemein

$$\mathbf{1}\{|U| \wedge |V| \geq \gamma\} \leq \frac{|U|^{2\beta}|V|^{2\beta}}{\gamma^{4\beta}}.$$

Bildet man Erwartungswerte, so folgt die Behauptung.

Antwort 8 Wegen $X_n(t) = (\sigma\sqrt{n})^{-1} \sum_{j=1}^{\lfloor nt \rfloor} Z_j$ und $\mathbb{E}(Z_j) = 0$ sowie $\mathbb{V}(Z_j) = \sigma^2$ gilt

$$\mathbb{E}\left(|X_n(s) - X_n(r)|^2\right) = \mathbb{V}\left(\frac{1}{\sigma\sqrt{n}} \sum_{j=\lfloor nr \rfloor+1}^{\lfloor ns \rfloor} Z_j\right) = \frac{\sigma^2(\lfloor ns \rfloor - \lfloor nr \rfloor)}{\sigma^2 n}.$$

Antwort 9 Falls $t - r \geq \frac{1}{n}$, so gilt $1 \leq nt - nr$ und damit $\lfloor nt \rfloor - \lfloor nr \rfloor \leq nt - (nr - 1) \leq n(t - r) + 1 \leq 2n(t - r)$.

522434_1_De_16_Chapter-print ☑ TYPESET ☐ DISK ☐ LE ☑ CP Disp.:25/8/2022 Pages: 349 Layout: German_T5

Antwort 10 Weil sowohl F als auch x rechtsseitig stetige Funktionen mit existierenden linksseitigen Grenzwerten sind.

Antwort 11 Sei P_j die Verteilung von X_j ($j = 1, 2$). Dann ist (Unabhängigkeit!)$P_1 \otimes P_2$ die gemeinsame Verteilung von X_1 und X_2. Die Stetigkeit von F impliziert $P_j(\{x\}) = 0$ ($x \in \mathbb{R}$, $j = 1, 2$). Mit $\Delta := \{(x, x) : x \in \mathbb{R}\}$ liefert der Satz von Tonelli

$$\mathbb{P}(X_1 = X_2) = \int_\Delta P_1 \otimes P_2(\mathrm{d}x, \mathrm{d}y) = \int_\mathbb{R} P_2(\{x\}) P_1(\mathrm{d}x) = 0.$$

Antwort 12 Der Grenzübergang $m, n \to \infty$ bedeutet, dass m und n zwei streng monoton wachsende Teilfolgen $(m_s)_{s \geq 1}$ und $(n_s)_{s \geq 1}$ durchlaufen und s gegen unendlich strebt.

Übungsaufgaben

Aufgabe 16.1 Zeigen Sie, dass jede Funktion aus D höchstens abzählbar viele Unstetigkeitsstellen besitzt.

Aufgabe 16.2 Es sei $x : [0, 1] \to \mathbb{R}$ eine Funktion. Zeigen Sie: Falls $\lim_{\delta \to 0} w'_x(\delta) = 0$, so gilt $x \in \mathrm{D}[0, 1]$.

Aufgabe 16.3 Es sei $x \in \mathrm{D}$. Beweisen Sie folgende Ungleichungen zwischen dem càdlàg-Modul w'_x und dem Stetigkeitsmodul w_x:

a) $w'_x(\delta) \leq w_x(2\delta)$, falls $\delta < \frac{1}{2}$,
b) $w_x(\delta) \leq 2w'_x(\delta) + H(x)$, falls $0 < \delta < 1$. Hierbei ist $H(x) = \sup_{0 < t \leq t} |x(t) - x(t-)|$.

Aufgabe 16.4 Es sei $\mathcal{G}$ die Menge aller stetigen, streng monoton wachsenden und bijektiven Abbildungen $g : [0, 1] \to [0, 1]$. Für $x, y \in \mathrm{D}[0, 1]$ sei

$$d_S(x, y) := \inf_{g \in \mathcal{G}} \max \left(\sup_{t \in [0,1]} |g(t) - t|, \sup_{t \in [0,1]} |x(t) - y(g(t))| \right).$$

Zeigen Sie, dass d_S eine Metrik auf D[0, 1] ist.

Aufgabe 16.5 Zeigen Sie:

a) Für $g \in \mathcal{G}$ gilt $\|g - \mathrm{I}\| \leq \mathrm{e}^{\|g\|^0} - 1$.
b) Es gilt $d_S(x, y) \leq \mathrm{e}^{d_S^\circ(x, y)} - 1$, $x, y \in \mathrm{D}$.

Hinweis für a): Es gilt $|u - 1| \leq \mathrm{e}^{|\log u|} - 1$ für $u > 0$ sowie

$$|g(t) - t| = t \left| \frac{g(t) - g(0)}{t - 0} - 1 \right|, \quad t > 0.$$

Hinweis für b): Es gilt $v \leq \mathrm{e}^v - 1$, $v \in \mathbb{R}$.

Aufgabe 16.6 Für $g \in \mathcal{G}$ sei $\|g\|^\circ$ wie in (16.7) definiert. Zeigen Sie:

a) $\|g^{-1}\|° = \|g\|°$, $g \in \mathcal{G}$.
b) $\|g_1 \circ g_2\|° \le \|g_1\|° + \|g_2\|°$, $g_1, g_2 \in \mathcal{G}$.

Aufgabe 16.7 Zeigen Sie die Ungleichung

$$w''_x(\delta) \le w'_x(\delta) \qquad x \in D,\ 0 < \delta < 1.$$

Hinweis: Nehmen Sie $w'_x(\delta) < \eta$ für ein η an und betrachten Sie eine δ-dünne Zerlegung $0 = s_0 < s_1 < \ldots < s_k = 1$ von $[0, 1]$ mit $w_x([s_{i-1}, s_i)) < \eta$ für jedes $i \in \{1, \ldots, k\}$. Was bedeuten die in (16.10) auftretenden Nebenbedingungen $t_2 - t_1 \le \delta$ und $t_1 \le t \le t_2$ für diese Zerlegung?

Aufgabe 16.8 Zeigen Sie: Sind $x, x_1, x_2, \ldots$ Funktionen aus D mit $d_S(x_n, x) \to 0$, so folgt

$$\lim_{n \to \infty} \int_0^1 |x_n(t) - x(t)|\, dt = 0.$$

Insbesondere ist also das auf D definierte Funktional $D \ni x \mapsto \int_0^1 x(t)\, dt$ stetig bezüglich der Skorochod-Topologie.

Aufgabe 16.9 Für $x \in D$ sei $H(x) := \sup_{0 < t \le 1} |x(t) - x(t-)|$ die betragsmäßig größte Sprunghöhe von x. Zeigen Sie, dass für $x, y \in D$ und $\varepsilon > 0$ gilt:

a) Falls $\|x - y\| < \varepsilon$, so folgt $|H(x) - H(y)| < 2\varepsilon$.
b) Falls $d_S(x, y) < \varepsilon$, so folgt $|H(x) - H(y)| < 2\varepsilon$.

Die Funktion $H : D \to \mathbb{R}$ ist also stetig bezüglich der Skorochod-Topologie.

Aufgabe 16.10 Zeigen Sie, dass $C[0, 1]$ eine abgeschlossene und nirgends dichte Teilmenge von $D[0, 1]$ ist.

Hinweis: Beachten Sie Aufgabe 16.9.

Aufgabe 16.11 Zeigen Sie, dass mit den Notationen des Beweises von Satz 16.15 gilt:

a) $\mathbb{E}[\alpha_1^2]\mathbb{E}[\beta_2^2] = (s - r)(1 - (s - r))(t - s)(1 - (t - s)) \le (t - r)^2$,
b) $\mathbb{E}[\alpha_1 \beta_1]\mathbb{E}[\alpha_2 \beta_2] = \{-(s - r)(t - s)\}^2 \le (t - r)^2$.

Aufgabe 16.12 Zeigen Sie, dass der im Beweis von Satz 16.15 erhaltene Prozess $Y = \psi(B)$ ein zentrierter Gauß-Prozess mit Kovarianzfunktion $\mathrm{Cov}(Y(s), Y(t)) = F(s) \wedge F(t) - F(s)F(t)$, $0 \le s, t \le 1$, ist.

Aufgabe 16.13 Zeigen Sie:

a) Die durch $h(x) := \|x\|$ definierte Abbildung $h : D \to \mathbb{R}$ ist $(\mathcal{B}(D), \mathcal{B}^1)$-messbar.
b) Es seien $x, x_1, x_2, \ldots \in D$ mit $d_S(x_n, x) \to 0$ und $x \in C$. Dann gilt $\|x_n\| \to \|x\|$.

522434_1_De_16_Chapter-print ☑ TYPESET ☐ DISK ☐ LE ☑ CP Disp.:25/8/2022 Pages: 349 Layout: German_T5

Hinweis für a): Es ist $\{x \in D : \|x\| < a\} \in \mathcal{B}(D)$ für jedes $a > 0$ zu zeigen. Alle Projektionen $\pi_t \circ x, 0 \leq t \leq 1$, sind messbar.

Aufgabe 16.14   Es sei $h : D \to \mathbb{R}$ durch $h(x) := \int_0^1 x^2(t)\,dt$ definiert. Zeigen Sie:

a) h ist $(\mathcal{B}(D), \mathcal{B}^1)$-messbar.
b) h ist auf C stetig bezüglich der Skorochod-Topologie.

Aufgabe 16.15   Zeigen Sie, dass in Abschn. 16.18 die Identität

$$n \int_0^1 \left(\widehat{F}_n\left(F_0^{-1}(t)\right) - t\right)^2 dt = \frac{1}{12n} + \sum_{j=1}^n \left(F_0\left(X_{(j)}\right) - \frac{2j-1}{2n}\right)^2 \tag{16.34}$$

besteht.

Aufgabe 16.16   Es liege das Testproblem $H_0 : F = F_0$ gegen $H_1 : F \neq F_0$ aus Abschn. 16.16 und Abschn. 16.18 vor. Zeigen Sie, dass für die Statistiken K_n und ω_n^2 die Beziehungen $\sqrt{n}\,K_n \to \infty$ $\mathbb{P}$-fast sicher und $\omega_n^2 \to \infty$ $\mathbb{P}$-fast sicher gelten, wenn die zugrunde liegende Verteilungsfunktion F von F_0 verschieden ist, also die Alternative H_1 zutrifft.

In diesem Kapitel geben wir einen Abriss über Zufallselemente, die Werte in einem separablen unendlichdimensionalen Hilbertraum $\mathbb{H}$ annehmen. Solche $\mathbb{H}$-wertigen Zufallselemente spielen unter anderem in der sog. *funktionalen Datenanalyse* eine wichtige Rolle (siehe z. B. [HOK]). Der entscheidende Unterschied zu dem in Kap. 6 behandelten endlichdimensionalen Fall besteht darin, dass Kugeln bezüglich der Norm in $\mathbb{H}$ nicht relativ kompakt sind. In Verallgemeinerung der Begriffe Erwartungswert und Kovarianzmatrix eines d-dimensionalen Zufallsvektors lernen wir kennen, was – im Falle der Existenz – der Erwartungswert und was der Kovarianzoperator eines $\mathbb{H}$-wertigen Zufallselementes sind. Themen dieses Kapitels sind zudem das charakteristische Funktional, die Normalverteilung im Hilbertraum sowie ein zentraler Grenzwertsatz für Folgen stochastisch unabhängiger und identisch verteilter $\mathbb{H}$-wertiger Zufallselemente. Das Kapitel schließt mit einer Anwendung der Theorie auf ein statistisches Problem. Hintergrundwissen zu Hilberträumen und der benötigten Operator-Theorie finden sich etwa in [WER], Kap. V, und [WEI]. Ein Kompendium für Normalverteilungen im Hilbertraum ist [KUK].

17.1 Hilberträume: Grundlagen

Im Folgenden bezeichne $\mathbb{H}$ einen separablen Hilbertraum über $\mathbb{R}$ mit Skalarprodukt $\langle x, y \rangle$, $x, y \in \mathbb{H}$, und Norm $\|x\| := \sqrt{\langle x, x \rangle}$. In diesem Kapitel steht also $\|\cdot\|$ für die Norm auf $\mathbb{H}$ (mit der $\mathbb{H}$ zu einem Banachraum wird) und nicht für die euklidische Norm im $\mathbb{R}^d$. Ist $\{e_1, e_2, \ldots\}$ ein vollständiges Orthonormalsystem (VONS) von $\mathbb{H}$, so gelten für $x, y \in \mathbb{H}$:

$$x = \sum_{k=1}^{\infty} \langle x, e_k \rangle e_k \quad \left(:\Longleftrightarrow \lim_{n \to \infty} \left\| x - \sum_{k=1}^{n} \langle x, e_k \rangle e_k \right\| = 0 \right),$$

N. Henze, *Asymptotische Stochastik: Eine Einführung mit Blick auf die Statistik*, https://doi.org/10.1007/978-3-662-65611-2_17

522434_1_De_17_Chapter-print ☑ TYPESET ☐ DISK ☐ LE ☑ CP Disp.:25/8/2022 Pages: 310 Layout: German_T5

$$\|x\|^2 = \sum_{k=1}^{\infty} \langle x, e_k \rangle^2, \tag{17.1}$$

$$\langle x, y \rangle^2 \le \|x\|^2 \|y\|^2, \tag{17.2}$$

$$\langle x, y \rangle = \sum_{k=1}^{\infty} \langle x, e_k \rangle \langle e_k, y \rangle. \tag{17.3}$$

Die Identität (17.1) heißt *Parseval'sche*[1] *Gleichung,* und (17.2) ist die *Cauchy–Schwarz-Ungleichung.* Gleichung (17.3) wird *verallgemeinerte Parseval'sche Gleichung* genannt (siehe Übungsaufgabe 17.1). Aus (17.1) folgt die *Bessel'sche*[2] *Ungleichung*

$$\sum_{k=1}^{\ell} \langle x, e_k \rangle^2 \le \|x\|^2, \quad \ell \ge 1. \tag{17.4}$$

Mit der Metrik $\rho(x, y) = \|x - y\|$ wird $(\mathbb{H}, \rho)$ zu einem vollständigen separablen metrischen Raum. Es sei betont, dass wir gelegentlich auch eine andere Bezeichnung für die Elemente von $\mathbb{H}$ verwenden, nämlich f, g und h.

17.2 Beispiele

a) Mit dem euklidischen Skalarprodukt $\langle x, y \rangle = x_1 y_1 + \ldots + x_d y_d$, wobei $x = (x_1, \ldots, x_d)$, $y = (y_1, \ldots, y_d) \in \mathbb{R}^d$ wird der $\mathbb{R}^d$ zu einem Hilbertraum.

b) Die Menge $\mathbb{H} := \ell^2 := \left\{ x = (x_k)_{k \ge 1} \in \mathbb{R}^\infty : \sum_{k=1}^{\infty} x_k^2 < \infty \right\}$ aller quadratisch summierbaren reellen Folgen ist ein separabler Hilbertraum, wenn man für $x = (x_k)_{k \ge 1}$ und $y = (y_k)_{k \ge 1}$ als Skalarprodukt $\langle x, y \rangle := \sum_{k=1}^{\infty} x_k y_k$ definiert.

c) In Verallgemeinerung von b) sei $(\Omega, \mathcal{A}, \mu)$ ein Maßraum, wobei $\mathcal{A} = \sigma(\mathcal{M})$ für ein *abzählbares* Mengensystem $\mathcal{M} \subset \mathcal{P}(\Omega)$. Dann ist die Menge $\mathbb{H} := L^2(\Omega, \mathcal{A}, \mu)$ aller Äquivalenzklassen von messbaren Funktionen $f : \Omega \to \mathbb{R}$ mit $\int_\Omega f^2 \, d\mu < \infty$ ein separabler Hilbertraum mit dem Skalarprodukt

$$\langle f, g \rangle := \int_\Omega f \, g \, d\mu.$$

Dabei schließen auch wir uns dem Brauch an, anstelle der Äquivalenzklasse $[f]$ aller zu f μ-fast überall gleicher Funktionen den Vertreter f dieser Äquivalenzklasse zu notieren.

---

[1] Marc-Antoine Parseval (1755–1836), französischer Mathematiker, der für die nach ihm benannte Parseval'sche Gleichung bekannt wurde.

[2] Friedrich Wilhelm Bessel (1784–1846), Astronom, Mathematiker, Geodät und Physiker, ab 1810 Professor für Astronomie an der Univ. Königsberg. Die nach ihm benannten *Bessel-Funktionen* ermöglichen eine mathematische Beschreibung vieler physikalischer Phänomene. Ungleichung (17.4) bewies er 1828 im Spezialfall von Fourierreihen.

Selbstfrage 1 Warum ist b) ein Spezialfall von c)?

d) Ein wichtiger Spezialfall von c) entsteht für $\Omega := [0, 1]$, $\mathcal{A} = \mathcal{B}^1 \cap [0, 1]$ und $\mu = \lambda^1_{|[0,1]}$. Der kurz mit $L^2[0, 1]$ bezeichnete Hilbertraum besitzt unter anderem folgende vollständigen Orthonormalsysteme (siehe z. B. [HSE], Theorem 2.4.18):

(i) $B_1 := \{e_0(t) = 1, \ e_n(t) = \sqrt{2}\cos(n\pi t), \ n \geq 1\}$,
(ii) $B_2 := \{e_n(t) = \sqrt{2}\sin(n\pi t), \ n \geq 1\}$,
(iii) $B_3 := \{e_0(t) := 1, \ e_{2n-1}(t) = \sqrt{2}\sin(2n\pi t), \ e_{2n}(t) = \sqrt{2}\cos(2n\pi t), \ n \geq 1\}$.

Jeder unendlichdimensionale separable Hilbertraum $\mathbb{H}$ ist isomorph zu dem in Beispiel 17.2 b) aufgeführten Hilbertraum ℓ^2. Ist nämlich $\{e_1, e_2, \ldots\}$ ein beliebiges VONS von $\mathbb{H}$, und definiert man eine Abbildung $T : \mathbb{H} \to \ell^2$ durch $T(x) := (\langle x, e_k\rangle)_{k \geq 1}$, so besitzt T nach (17.2) in der Tat den Wertebereich ℓ^2 und ist bijektiv. Bezeichnen wir das Skalarprodukt in ℓ^2 mit $\langle \cdot, \cdot \rangle_2$, so gilt wegen (17.3) zudem

$$\langle T(x), T(y)\rangle_2 = \sum_{k=1}^{\infty} \langle x, e_k\rangle \langle e_k, y\rangle = \langle x, y\rangle.$$

Selbstfrage 2 Warum ist T injektiv?

Wir haben bereits in Kap. 8 Integraloperatoren auf dem Hilbertraum $L^2(\mathbb{R}^d, \mathcal{B}^d, \mathrm{d}F)$ kennengelernt (vgl. die Überlegungen nach (8.24)). Im Folgenden sollen noch einmal wichtige Eigenschaften von Operatoren in einem Hilbertraum zusammengestellt werden.

17.3 Eigenschaften von Operatoren
Eine Abbildung $T : \mathbb{H} \to \mathbb{H}$ heißt *Operator* (in $\mathbb{H}$). Dabei ist es üblich, kurz $Tx := T(x)$, $x \in \mathbb{H}$, zu schreiben. Der Operator T heißt

- *linear*, falls gilt: $T(ax + by) = a\,Tx + b\,Ty$, $\quad x, y \in \mathbb{H}$, $a, b \in \mathbb{R}$,
- *beschränkt*, falls es ein $K \in [0, \infty)$ mit $\|Tx\| \leq K\|x\|$ für jedes $x \in \mathbb{H}$ gibt,
- *kompakt*, falls T jede beschränkte Menge in eine relativ kompakte Menge abbildet,
- *selbstadjungiert*, falls gilt: $\langle Tx, y\rangle = \langle x, Ty\rangle$, $\quad x, y \in \mathbb{H}$,
- *positiv*, falls gilt: $\langle Tx, x\rangle \geq 0$ für jedes $x \in \mathbb{H}$.

522434_1_De_17_Chapter-print ☑ TYPESET ☐ DISK ☐ LE ☑ CP Disp.:25/8/2022 Pages: 310 Layout: German_T5

Ein kompakter linearer Operator heißt *Spurklasse-Operator*, falls gilt:

$$\sum_{k=1}^{\infty} |\langle e_k, T e_k \rangle| < \infty. \tag{17.5}$$

Dabei ist $\{e_1, e_2, \ldots\}$ ein VONS von $\mathbb{H}$. In diesem Fall heißt

$$\mathrm{Sp}(T) := \sum_{k=1}^{\infty} \langle e_k, T e_k \rangle$$

die *Spur von T*. Sowohl Bedingung (17.5) als auch die Definition der Spur hängen nicht von der speziellen Wahl des VONS ab (siehe z. B. [WER], S. 292 ff.).

Im Fall $\mathbb{H} = \mathbb{R}^d$ vermittelt jede $(d \times d)$-Matrix A über die Festsetzung $T(x) := Ax$, $x \in \mathbb{R}^d$, eine lineare Abbildung. Dabei ist x als Spaltenvektor zu verstehen. Jeder solche Operator ist beschränkt und kompakt, und er ist selbstadjungiert, falls A eine symmetrische Matrix ist. Unter letzterer Voraussetzung ist T positiv, falls A positiv-semidefinit ist. Es kann aber $\langle Ax, x \rangle > 0$ für jedes $x \neq 0$ gelten, ohne dass A symmetrisch sein muss, wie im Fall $d = 2$ das Beispiel der Drehmatrix

$$A = \begin{pmatrix} \cos \varphi & -\sin \varphi \\ \sin \varphi & \cos \varphi \end{pmatrix}$$

mit $-\frac{\pi}{2} < \varphi < \frac{\pi}{2}$ zeigt. Der Begriff der Spur verallgemeinert offenbar das Konzept der Spur einer quadratischen Matrix.

17.4 Bemerkung   Wir werden später benötigen, dass ein Operator T durch die Angabe aller Skalarprodukte $\langle Tx, y \rangle$ mit $x, y \in \mathbb{H}$ eindeutig bestimmt ist. Gilt nämlich stets $\langle Tx, y \rangle = \langle Sx, y \rangle$ für einen weiteren Operator $S : \mathbb{H} \to \mathbb{H}$, so folgt mit $y := (T - S)x$ die Gleichung $\|(T - S)x\|^2 = 0$, $x \in \mathbb{H}$, und somit $S = T$.

Eine lineare Abbildung $\ell : \mathbb{H} \to \mathbb{R}$ heißt *lineares Funktional*. Man nennt ℓ *beschränkt*, falls $\|\ell\|^* := \sup\{|\ell(x)| : x \in \mathbb{H}, \|x\| = 1\} < \infty$ gilt. Für beschränkte lineare Funktionale gilt das nachstehende, auf F. Riesz[3] zurückgehende Resultat. Für einen Beweis siehe z. B. [HSE], S. 66.

17.5 Satz (Riesz'scher Darstellungssatz)
Ist ℓ ein beschränktes lineares Funktional, so gibt es genau ein $z \in \mathbb{H}$ mit

$$\ell(x) = \langle z, x \rangle, \quad x \in \mathbb{H}.$$

---

[3] Frigyes Riesz (1880–1956), ungarischer Mathematiker, 1911 Berufung auf einen Lehrstuhl an der Universität Klausenburg. Riesz war einer der Begründer der Funktionalanalysis. Zusammen mit Alfréd Haar gründete er 1922 das János-Bolyai-Institut für Mathematik. Ab 1945 war er Professor in Budapest.

Es gilt dann $\|\ell\|^* = \|z\|$.

Wir wenden uns jetzt $\mathbb{H}$-wertigen Zufallselementen und deren Verteilungen zu. Hierzu bezeichnen $\mathcal{O}$ das System der offenen Teilmengen von $\mathbb{H}$ und $\mathcal{B} := \mathcal{B}(\mathbb{H}) := \sigma(\mathcal{O})$ die σ-Algebra der Borelmengen. Da $\mathbb{H}$ separabel ist, wird $\mathcal{B}$ nach Übungsaufgabe 13.3 vom System aller offenen und damit auch vom System aller abgeschlossenen Kugeln erzeugt. Das folgende Resultat liefert ein weiteres, mithilfe des Skalarpoduktes definiertes Erzeugendensystem.

17.6 Satz
Es sei $\mathcal{M} := \big\{\{x \in \mathbb{H} : \langle x, y\rangle \in B\}\big| y \in \mathbb{H},\ B \in \mathcal{O}^1\big\}$. Dann gilt $\sigma(\mathcal{M}) = \mathcal{B}$.

Beweis Es gilt $\mathcal{M} \subset \mathcal{O}$ und damit $\sigma(\mathcal{M}) \subset \sigma(\mathcal{O}) = \mathcal{B}$.

Selbstfrage 3 Warum gilt $\mathcal{M} \subset \mathcal{O}$?

Um die Inklusion $\sigma(\mathcal{M}) \supset \mathcal{B}$ zu zeigen, sei $\mathcal{G} := \big\{\{x \in \mathbb{H} : \|x - y\| > \varepsilon\}\big| y \in \mathbb{H},\ \varepsilon > 0\big\}$ das System der Komplemente abgeschlossener Kugeln bezüglich $\|\cdot\|$. Mit Übungsaufgabe 13.3 gilt $\sigma(\mathcal{G}) = \mathcal{B}$, und deshalb ist nur $\mathcal{G} \subset \sigma(\mathcal{M})$ zu zeigen. Sei hierzu $\{e_1, e_2, \ldots\}$ ein beliebiges VONS von $\mathbb{H}$. Aufgrund der Parseval'schen Gl. (17.1) gilt

$$\{x : \|x\| > \varepsilon\} = \bigcup_{j=1}^{\infty}\big\{x : \textstyle\sum_{k=1}^{j}\langle x, e_k\rangle^2 > \varepsilon^2\big\}.$$

Jede der Mengen $A_j := \big\{x : \sum_{k=1}^{j}\langle x, e_k\rangle^2 > \varepsilon^2\big\}$, $j \geq 1$, gehört zu $\sigma(\mathcal{M})$, denn zunächst folgt $A_1 \in \mathcal{M}$, und wegen

$$\big\{x : \langle x, e_1\rangle^2 + \langle x, e_2\rangle^2 > \varepsilon^2\big\} = \bigcup_{q \in \mathbb{Q}}\big(\{x : \langle x, e_1\rangle^2 > q\} \cap \{x : \langle x, e_2\rangle^2 > \varepsilon^2 - q\}\big)$$

gilt $A_2 \in \sigma(\mathcal{M})$. Induktiv ergibt sich $A_j \in \sigma(\mathcal{M})$, $j \geq 1$, und damit $\{x : \|x\| > \varepsilon\} \in \sigma(\mathcal{M})$. Aus der für beliebiges $y \in \mathbb{H}$ geltenden Identität

$$\{x : \|x - y\| > \varepsilon\} = \bigcup_{q \in \mathbb{Q}}\big(\{x : \|x\|^2 > q\} \cap \{x : 2\langle x, y\rangle < q - \varepsilon^2 + \|y\|^2\}\big)$$

erhalten wir $\{x : \|x - y\| > \varepsilon\} \subset \sigma(\mathcal{M})$, denn nach dem bereits Gezeigten gilt $\{x : \|x\|^2 > q\} \in \sigma(\mathcal{M})$, und die rechts vom Durchschnittszeichen stehende Menge gehört zu $\mathcal{M}$. Somit liegen die Komplemente abgeschlossener Kugeln in $\sigma(\mathcal{M})$, und die Behauptung folgt. ∎

17.7 Korollar (Messbarkeitskriterium für $\mathbb{H}$-wertige Zufallselemente)

Es seien $(\Omega, \mathcal{A}, \mathbb{P})$ ein Wahrscheinlichkeitsraum und $X : \Omega \to \mathbb{H}$ eine Abbildung. Dann gilt:

$$X \text{ ist } (\mathcal{A}, \mathcal{B})\text{-messbar} \iff \langle X, y \rangle \text{ ist } (\mathcal{A}, \mathcal{B}^1)\text{-messbar für jedes } y \in \mathbb{H}.$$

Beweis Der Beweis ist Ihnen als Übungsaufgabe 17.4 überlassen.

Bezeichnet $\mathcal{M}_\cap$ das System aller endlichen Durchschnitte von Mengen aus dem in Satz 17.6 eingeführten Mengensystems $\mathcal{M} := \big\{ \{x \in \mathbb{H} : \langle x, y \rangle \in B\} \big| y \in \mathbb{H}, B \in \mathcal{O}^1 \big\}$, so ist die Verteilung $\mathbb{P}^X$ eines $\mathbb{H}$-wertigen Zufallselementes X durch die Werte $\mathbb{P}(X \in M)$, $M \in \mathcal{M}_\cap$, eindeutig bestimmt.

> **Selbstfrage 4** Warum gilt diese Aussage?

17.8 Satz (Die Verteilungen von $\langle X, y \rangle$, $y \in \mathbb{H}$, legen $\mathbb{P}^X$ fest)

Die Verteilung $\mathbb{P}^X$ eines $\mathbb{H}$-wertiges Zufallselementes auf einem Wahrscheinlichkeitsraum $(\Omega, \mathcal{A}, \mathbb{P})$ ist durch die Gesamtheit der Verteilungen von $\langle X, y \rangle$, $y \in \mathbb{H}$, eindeutig bestimmt.

Beweis Jede Menge $M \in \mathcal{M}_\cap$ hat die Gestalt $M = \{x \in \mathbb{H} : \langle x, y_1 \rangle \in B_1, \ldots, \langle x, y_k \rangle \in B_k\}$ für ein $k \geq 1$ sowie $y_1, \ldots, y_k \in \mathbb{H}$ und offene Mengen $B_1, \ldots, B_k \subset \mathbb{R}$. Damit ergibt sich

$$\mathbb{P}^X(M) = \mathbb{P}\left(\langle X, y_1 \rangle \in B_1, \ldots, \langle X, y_k \rangle \in B_k \right)$$
$$= \mathbb{P}^{(\langle X, y_1 \rangle, \ldots, \langle X, y_k \rangle)}(B_1 \times \ldots \times B_k).$$

Nach dem Satz von Herglotz-Radon-Cramér-Wold (Satz 1.15) ist die Verteilung des k-dimensionalen Zufallsvektors $(\langle X, y_1 \rangle, \ldots, \langle X, y_k \rangle)$ durch die Verteilungen von

$$\sum_{j=1}^k c_j \langle X, y_j \rangle = \left\langle X, \sum_{j=1}^k c_j y_j \right\rangle, \quad (c_1, \ldots, c_k) \in \mathbb{R}^k,$$

eindeutig bestimmt, woraus die Behauptung folgt. ∎

Wie reellwertige Zufallsvariablen oder d-dimensionale Zufallsvektoren besitzt auch ein hilbertraumwertiges Zufallselement unter gewissen Voraussetzungen einen Erwartungswert.

17.9 Definition (Erwartungswert eines $\mathbb{H}$-wertigen Zufallselementes)

Es sei X ein $\mathbb{H}$-wertiges Zufallselement mit der Eigenschaft $\mathbb{E}|\langle X, y \rangle| < \infty$ für jedes $y \in \mathbb{H}$. Gibt es ein $m \in \mathbb{H}$ mit der Eigenschaft

$$\langle m, y \rangle = \mathbb{E}\langle X, y \rangle \quad \text{für jedes } y \in \mathbb{H}, \tag{17.6}$$

so heißt m *Erwartungswert von* X, und wir schreiben $\mathbb{E}(X) := m$. Man nennt X *zentriert,* falls $\mathbb{E}(X) = \mathbf{0}$ gilt. Dabei bezeichnet $\mathbf{0}$ das Nullelement von $\mathbb{H}$.

Da m in (17.6) eindeutig bestimmt ist, ist der Erwartungswert von X – sofern dieser überhaupt existiert – durch die Gleichungen

$$\langle \mathbb{E}X, y \rangle = \mathbb{E}\langle X, y \rangle, \quad y \in \mathbb{H}, \tag{17.7}$$

charakterisiert. Dabei haben wir kurz $\mathbb{E}X = \mathbb{E}(X)$ geschrieben und werden das auch in der Folge häufig tun.

Selbstfrage 5 Warum ist m in (17.6) eindeutig bestimmt?

Die Botschaft von (17.7) ist, dass der Erwartungswert *definitionsgemäß mit dem Skalarprodukt kommutiert.* Ist $X = (X_1, \ldots, X_d)^\top$ ein d-dimensionaler Zufallsvektor, so hatten wir in 5.1 den Erwartungswert(vektor) von X gemäß $\mathbb{E}(X) := (\mathbb{E}X_1, \ldots, \mathbb{E}X_d)^\top$ definiert. Da die Erwartungswertbildung linear ist, gilt

$$\langle \mathbb{E}X, y \rangle = \sum_{j=1}^{d} \mathbb{E}X_j \, y_j = \mathbb{E}\left(\sum_{j=1}^{d} X_j \, y_j \right) = \mathbb{E}\langle X, y \rangle, \quad y = (y_1, \ldots, y_d)^\top \in \mathbb{R}^d,$$

und somit ist Definition 5.1 a) mit Definition 17.9 kompatibel.

17.10 Satz
Falls $\mathbb{E}\|X\| < \infty$, so existiert $\mathbb{E}X$.

Beweis Für beliebiges $y \in \mathbb{H}$ gilt $\mathbb{E}|\langle X, y \rangle| \leq \mathbb{E}(\|X\| \|y\|) = \|y\| \mathbb{E}\|X\| < \infty$. Somit existiert $\mathbb{E}\langle X, y \rangle$ für jedes $y \in \mathbb{H}$. Setzt man $\ell(y) := \mathbb{E}\langle X, y \rangle, y \in \mathbb{H}$, so ist $\ell : \mathbb{H} \to \mathbb{R}$ ein lineares Funktional auf $\mathbb{H}$. Weiter gilt $|\ell(y)| \leq \mathbb{E}\|X\| \|y\|, y \in \mathbb{H}$. Folglich ist ℓ beschränkt, und deshalb gibt es nach dem Riesz'schen Darstellungssatz (Satz 17.5) genau ein $m \in \mathbb{H}$ mit $\ell(y) = \langle m, y \rangle, y \in \mathbb{H}$. ∎

Im Zusammenhang mit obiger Aussage sei angemerkt, dass $\mathbb{E}\|X\| = \infty$ gelten kann, obwohl für jedes $y \in \mathbb{H}$ die Ungleichung $\mathbb{E}|\langle X, y \rangle| < \infty$ erfüllt ist (Aufgabe 17.5).

17.11 Beispiel Das Zufallselement X nehme endlich viele Werte $x_1, \ldots, x_k \in \mathbb{H}$ an, d.h., es gelte $X(\Omega) = \{x_1, \ldots, x_k\}$. Dann folgt $\|X\| \leq \max(\|x_1\|, \ldots, \|x_k\|)$ und somit $\mathbb{E}\|X\| < \infty$. Da für jedes $y \in \mathbb{H}$ das Skalarprodukt die Werte $\langle x_j, y \rangle, j \in \{1, \ldots, k\}$, annimmt, gilt in der Gleichungskette

522434_1_De_17_Chapter-print ☑ TYPESET ☐ DISK ☐ LE ☑ CP Disp.:25/8/2022 Pages: 310 Layout: German_T5

$$\mathbb{E}\langle X, y \rangle = \sum_{j=1}^{k} \langle x_j, y \rangle \mathbb{P}(X = x_j) = \left\langle \sum_{j=1}^{k} x_j \mathbb{P}(X = x_j), y \right\rangle$$

das erste Gleichheitszeichen. Aufgrund des zweiten Gleichheitszeichens zeigt ein Vergleich mit (17.7), dass in diesem Fall der Erwartungswert in der von reellwertigen Zufallsvariablen her vertrauten Form

$$\mathbb{E}(X) = \sum_{j=1}^{k} x_j \, \mathbb{P}(X = x_j) \tag{17.8}$$

als „Summe aus Wert mal Wahrscheinlichkeit" und damit als gewichtetes Mittel der Realisierungen von X erhalten werden kann.

Darstellung (17.8) lässt hoffen, dass man für allgemeine $\mathbb{H}$-wertige Zufallselemente X mit $\mathbb{E}\|X\| < \infty$ den Erwartungswert von X als geeignetes Integral der Form

$$\mathbb{E}(X) = \int_{\Omega} X \, d\mathbb{P} \tag{17.9}$$

erklären kann. Bevor wir dieser Frage nachgehen, sei darauf hingewiesen, dass sich allein mithilfe der charakterisierenden Gleichungen das nachstehende strukturelle Resultat über die Erwartungswertbildung ergibt (siehe Übungsaufgabe 17.7).

17.12 Satz (Linearität der Erwartungswertbildung)
Es seien $(\Omega, \mathcal{A}, \mathbb{P})$ ein Wahrscheinlichkeitsraum und L^1 die Menge aller $\mathbb{H}$-wertigen Zufallselemente $X : \Omega \to \mathbb{H}$ mit der Eigenschaft $\mathbb{E}\|X\| < \infty$. Die Menge L^1 ist ein Vektorraum über $\mathbb{R}$, und es gilt

$$\mathbb{E}\big(\alpha X + \beta Y\big) = \alpha \, \mathbb{E}X + \beta \, \mathbb{E}Y, \quad \alpha, \beta \in \mathbb{R}, \; X, Y \in L^1.$$

Das folgende, auf S. Bochner[4] zurückgehende Konzept erlaubt, ein Maß-Integral für Funktionen zu definieren, die Werte in einem Banachraum annehmen. Als Spezialfall ergibt sich damit insbesondere ein Erwartungswert der Gestalt (17.9) für hilbertraumwertige Zufallselemente. Wir werden sehen, dass dieser Erwartungswert mit dem aus Definition 17.9 gewonnenen identisch ist.

---

[4] Salomon Bochner (1899–1982), wuchs in der Nähe von Krakau auf, 1921 Promotion bei E. Schmidt (Univ. Berlin), 1927 Habilitation (Univ. München); nach der Machtergreifung der Nationalsozialisten Emigration in die USA, 1934–1968 Professor an der Princeton Univ., nach der Emeritierung Professor an der Rice Univ. in Houston. Hauptarbeitsgebiete: Fastperiodische Funktionen, Fourier-Theorie, Funktionentheorie mehrerer Veränderlicher, Differentialgeometrie.

522434_1_De_17_Chapter-print ☑ TYPESET ☐ DISK ☐ LE ☑ CP Disp.:25/8/2022 Pages: 310 Layout: German_T5

17.13 Exkurs: Das Bochner-Integral (1933)

Es seien $(\Omega, \mathcal{A}, \mu)$ ein Maßraum und $(\mathbb{B}, \|\cdot\|_{\mathbb{B}})$ ein Banachraum mit Borel'scher σ-Algebra $\mathcal{B}$. Will man möglichst vielen $(\mathcal{A}, \mathcal{B})$-messbaren Funktionen $f : \Omega \to \mathbb{B}$ ein Integral

$$\int_\Omega f \, d\mu$$

in Form eines Elementes aus $\mathbb{B}$ zuordnen, so liegt es nahe, wie beim Aufbau des Maß-Integrals $\int_\Omega f \, d\mu$ für reellwertige oder $[-\infty, \infty]$-wertige Funktionen f mit einfachen Funktionen zu beginnen. Im Hinblick auf den Aufbau eines $\mathbb{B}$-wertigen Integrals heißt eine messbare Funktion $f : \Omega \to \mathbb{B}$ *einfach,* falls es eine natürliche Zahl k sowie Mengen $A_1, \ldots, A_k$ in $\mathcal{A}$ und Elemente $b_1, \ldots, b_k$ aus $\mathbb{B}$ gibt, sodass f von der Gestalt

$$f = \sum_{j=1}^{k} \mathbf{1}\{A_j\} \, b_j \tag{17.10}$$

ist und somit einen endlichen Wertebereich besitzt. Dabei können die Mengen $A_1, \ldots, A_k$ o. B. d. A. als disjunkte Zerlegung von Ω (d. h. $\Omega = A_1 \uplus \ldots \uplus A_k$) angenommen werden.

Selbstfrage 6 Warum kann letztere Annahme getroffen werden?

Eine einfache Funktion der Gestalt (17.10) heißt *Bochner-integrierbar* (kurz: B-*integrierbar*), falls für jedes $j \in \{1, \ldots, k\}$ mit $b_j \neq \mathbf{0}$ die Ungleichung $\mu(A_j) < \infty$ gilt. Hier bezeichnet $\mathbf{0}$ das Nullelement von $\mathbb{B}$. Mit der Festsetzung $\infty \cdot \mathbf{0} := \mathbf{0}$ heißt dann

$$\int_\Omega f \, d\mu := \sum_{j=1}^{k} \mu(A_j) \, b_j \tag{17.11}$$

das *Bochner-Integral* (kurz: B-*Integral*) von f (über Ω). Aufgrund der Additivität des Maßes μ hängt diese Definition nicht von der speziellen Darstellung (17.10) von f ab, und auf dem mit $\mathcal{E}$ bezeichneten Vektorraum aller B-integrierbaren einfachen Funktionen ist die Zuordnung $f \mapsto \int_\Omega f \, d\mu$ linear, d. h., es gilt

$$\int_\Omega (\alpha f + \beta g) \, d\mu = \alpha \int_\Omega f \, d\mu + \beta \int_\Omega g \, d\mu, \quad f, g \in \mathcal{E}; \alpha, \beta \in \mathbb{R}. \tag{17.12}$$

Weiter gilt die Ungleichung

$$\left\| \int_\Omega f \, d\mu \right\|_{\mathbb{B}} \leq \int_\Omega \|f\|_{\mathbb{B}} \, d\mu, \quad f \in \mathcal{E}. \tag{17.13}$$

Eine messbare Funktion $f : \Omega \to \mathbb{B}$ heißt *Bochner-integrierbar* (kurz: B-*integrierbar*), falls es eine Folge (f_n) einfacher B-integrierbarer Funktionen mit

$$\lim_{n \to \infty} \int_\Omega \|f_n - f\|_{\mathbb{B}} \, \mathrm{d}\mu = 0 \qquad (17.14)$$

gibt. In diesem Fall definiert man das *Bochner-Integral* von f über Ω zu

$$\int_\Omega f \, \mathrm{d}\mu := \lim_{n \to \infty} \int_\Omega f_n \, \mathrm{d}\mu. \qquad (17.15)$$

Dieser Grenzwert existiert, denn wegen

$$\left\| \int_\Omega f_n \, \mathrm{d}\mu - \int_\Omega f_m \, \mathrm{d}\mu \right\|_{\mathbb{B}} \leq \int_\Omega \|f_n - f_m\|_{\mathbb{B}} \, \mathrm{d}\mu \leq \int_\Omega \|f - f_n\|_{\mathbb{B}} \, \mathrm{d}\mu + \int_\Omega \|f - f_m\|_{\mathbb{B}} \, \mathrm{d}\mu$$

ist $\left(\int_\Omega f_n \mathrm{d}\mu \right)_{n \geq 1}$ eine Cauchy-Folge in $\mathbb{B}$, die wegen der Vollständigkeit von $\mathbb{B}$ einen Grenzwert besitzt. Dabei folgt der Beginn obiger Ungleichungskette, wenn man (17.13) auf die Elementarfunktion $f_n - f_m$ anwendet. Der Grenzwert in (17.15) hängt nicht von der konkreten Folge (f_n) mit (17.14) ab, denn für eine Folge (g_n) B-integrierbarer Elementarfunktionen mit $\int_\Omega \|g_n - f\|_{\mathbb{B}} \, \mathrm{d}\mu \to 0$ würde wegen

$$\int_\Omega \|f_n - g_n\|_{\mathbb{B}} \, \mathrm{d}\mu \leq \int_\Omega \|f_n - f\|_{\mathbb{B}} \, \mathrm{d}\mu + \int_\Omega \|f - g_n\|_{\mathbb{B}} \, \mathrm{d}\mu$$

und (17.13), angewandt auf $f_n - g_n$, die Gleichung $\int_\Omega f \, \mathrm{d}\mu = \lim_{n \to \infty} \int_\Omega g_n \, \mathrm{d}\mu$ folgen.

Beim Übergang von einfachen B-integrierbaren Funktion zu allgemeinen B-integrierbaren Funktionen bleiben die Linearität (17.12) des Integrals sowie Eigenschaft (17.13) erhalten (Übungsaufgabe 17.3).

Ohne Beweis (siehe z. B. [HSE], S. 42–44) sei angemerkt: Ist $f : \Omega \to \mathbb{B}$ eine messbare Funktion mit der Eigenschaft $\int_\Omega \|f\|_{\mathbb{B}} \, \mathrm{d}\mu < \infty$, und gibt es zu jedem $n \geq 1$ einen endlichdimensionalen Teilraum $\mathbb{B}_n$ von $\mathbb{B}$ sowie eine messbare Funktion $g_n : \Omega \to \mathbb{B}_n$ mit

$$\lim_{n \to \infty} \int_\Omega \|f - g_n\|_{\mathbb{B}} \, \mathrm{d}\mu = 0,$$

so existieren einfache B-integrierbare Funktionen f_n, $n \geq 1$, mit (17.14), sodass f B-integrierbar ist.

Ist $\mathbb{B} =: \mathbb{H}$ speziell ein separabler Hilbertraum (mit $\|\cdot\| = \|\cdot\|_{\mathbb{H}}$), so folgt aus diesem Kriterium, dass jede messbare Funktion $f : \Omega \to \mathbb{H}$ mit $\int_\Omega \|f\| \, \mathrm{d}\mu < \infty$ Bochner-integrierbar ist.

Zum Beweis sei $\{e_1, e_2, \ldots\}$ ein vollständiges Orthonormalsystem von $\mathbb{H}$. Setzt man

$$g_n(\omega) := \sum_{j=1}^{n} \langle f(\omega), e_j \rangle \, e_j, \quad \omega \in \Omega,$$

so wird durch $g_n : \Omega \to \mathbb{B}_n := \left\{ \sum_{j=1}^{n} \alpha_j e_j : \alpha_1, \ldots, \alpha_n \in \mathbb{R} \right\}$ eine messbare Abbildung definiert, und beim Grenzübergang $n \to \infty$ gilt (elementweise auf Ω)

$$\| f - g_n \|^2 = \sum_{j=n+1}^{\infty} \langle f, e_j \rangle^2 \to 0.$$

Wegen $\| g_n \| \le \| f \|$ ergibt sich $\int_\Omega \| f - g_n \| \, d\mu \to 0$, was zu zeigen war.

Selbstfrage 8 Warum gelten $\| g_n \| \le \| f \|$ und $\int_\Omega \| f - g_n \| \, d\mu \to 0$?

Ist $\mathbb{H}$ ein Hilbertraum, so folgt mithilfe von (17.11) und (17.14), dass für jede Bochner-integrierbare Funktion f und jedes $y \in \mathbb{H}$ die Gleichung

$$\left\langle \int_\Omega f \, d\mu, y \right\rangle = \int_\Omega \langle f, y \rangle \, d\mu$$

erfüllt ist (Übungsaufgabe 17.8). Im Spezialfall $f = X$ und $\mu = \mathbb{P}$ gilt also

$$\langle \mathbb{E}X, y \rangle = \left\langle \int_\Omega X \, d\mathbb{P}, y \right\rangle = \int_\Omega \langle X, y \rangle \, d\mathbb{P} = \mathbb{E}\langle X, y \rangle, \quad y \in \mathbb{H}.$$

Nach (17.7) ist somit das Bochner-Integral $\int_\Omega X \, d\mathbb{P}$ gleich dem gemäß Definition 17.9 eingeführten Erwartungswert von X.

Bevor wir uns dem grundlegenden Begriff eines Kovarianzoperators zuwenden, seien noch zwei Ergebnisse im Zusammenhang mit Erwartungswerten im Hilbertraum notiert. Das erste verallgemeinert die Multiplikationsregel $\mathbb{E}(XY) = \mathbb{E}X \, \mathbb{E}Y$ für den Erwartungswert des Produktes unabhängiger reellwertiger Zufallsvariablen. Hierzu beachte man, dass mit $\mathbb{H}$-wertigen Zufallselementen X und Y wegen der Separabilität von $\mathbb{H}$ das Paar (X, Y) ein $(\mathbb{H} \times \mathbb{H})$-wertiges Zufallselement und damit $\langle X, Y \rangle$ eine reellwertige Zufallsvariable ist (vgl. die Diskussion vor Definition 14.27 und Aufgabe 13.7).

17.14 Satz (Erwartungswert und Skalarprodukt)

Es seien X und Y stochastisch unabhängige $\mathbb{H}$-wertige Zufallselemente mit $\mathbb{E}\|X\| < \infty$ und $\mathbb{E}\|Y\| < \infty$. Dann existiert der Erwartungswert von $\langle X, Y \rangle$, und es gilt

$$\mathbb{E}\langle X, Y \rangle = \langle \mathbb{E}X, \mathbb{E}Y \rangle.$$

522434_1_De_17_Chapter-print ☑ TYPESET ☐ DISK ☐ LE ☑ CP Disp.:25/8/2022 Pages: 310 Layout: German_T5

Beweis Übungsaufgabe 17.9.

Das zweite Resultat betrifft ein starkes Gesetz großer Zahlen.

17.15 Satz (Starkes Gesetz großer Zahlen)

Es sei $X_1, X_2, \ldots$ eine u.i.v.-Folge $\mathbb{H}$-wertiger Zufallselemente mit $\mathbb{E}\|X_1\| < \infty$. Dann gilt

$$\lim_{n \to \infty} \frac{1}{n} \sum_{j=1}^{n} X_j = \mathbb{E}(X_1) \quad \mathbb{P}\text{-fast sicher.}$$

Beweis Dieses Resultat gilt allgemeiner für Folgen von Zufallselementen mit Werten in einem separablen Banachraum (siehe z. B. [GST], S. 337, oder [LET], S. 189). Der Beweis ist relativ einfach, wenn $\mathbb{E}\|X_1\|^4 < \infty$ vorausgesetzt wird (siehe Übungsaufgabe 17.12). Die Voraussetzung lässt sich dahingehend abschwächen, dass $X_1, X_2, \ldots$ eine Folge *paarweise stochastisch unabhängiger identisch verteilter* Zufallselemente ist, siehe [HSE], S. 204 ff. ∎

Ist $X = (X_1, \ldots, X_d)^\top$ ein d-dimensionaler Zufallsvektor mit $\mathbb{E}X_j^2 < \infty$ für jedes $j \in \{1, \ldots, d\}$, so hatten wir in Kap. 5 die Kovarianzmatrix von X gemäß

$$\mathbb{C}\mathrm{ov}(X) := \left(\mathrm{Cov}(X_j, X_k) \right)_{1 \leq j,k \leq d}$$

definiert. Als $(d \times d)$-Matrix vermittelt $\mathbb{C}\mathrm{ov}(X)$ eine lineare Abbildung $\mathbb{R}^d \ni y \mapsto \mathbb{C}\mathrm{ov}(X) y$ des $\mathbb{R}^d$. Die folgenden Überlegungen verallgemeinern dieses Konzept auf allgemeine separable Hilberträume.

17.16 Satz

Für ein $\mathbb{H}$-wertiges Zufallselement X sind folgende Eigenschaften äquivalent:

a) Es gilt $\mathbb{E}\|X\|^2 < \infty$.

b) Es existiert genau ein linearer selbstadjungierter, positiver Spurklasse-Operator $T : \mathbb{H} \to \mathbb{H}$ mit

$$\langle Tx, y \rangle = \mathbb{E}\big[\langle X, x \rangle \langle X, y \rangle \big], \quad x, y \in \mathbb{H}. \tag{17.16}$$

Ist a) oder b) erfüllt, so gilt $\mathrm{Sp}(T) = \mathbb{E}\|X\|^2$.

Beweis Um die Implikation a) $\Longrightarrow$ b) zu beweisen, seien $x, y \in \mathbb{H}$ beliebig gewählt. Aufgrund der Cauchy–Schwarz-Ungleichung (17.2) gilt $\mathbb{E}|\langle X, x \rangle \langle X, y \rangle| \leq \|x\| \|y\| \mathbb{E}\|X\|^2 < \infty$, und somit liefert für jedes $x \in \mathbb{H}$ die Definition

$$\ell_x(y) := \mathbb{E}\big[\langle X, x \rangle \langle X, y \rangle \big], \quad y \in \mathbb{H},$$

522434_1_De_17_Chapter-print ☑ TYPESET ☐ DISK ☐ LE ☑ CP Disp.:25/8/2022 Pages: 310 Layout: German_T5

ein beschränktes lineares Funktional $\ell_x : \mathbb{H} \to \mathbb{R}$. Nach dem Riesz'schen Darstellungssatz (Satz 17.5) gibt es genau ein Element $Tx := T(x) \in \mathbb{H}$ mit $\langle Tx, y \rangle = \mathbb{E}\big[\langle X, x \rangle \langle X, y \rangle\big]$ für jedes $y \in \mathbb{H}$. Da x beliebig war, gilt (17.16). Wegen der Linearität des Skalarproduktes und der Erwartungswertbildung ist T linear und offenbar selbstadjungiert sowie positiv. Ist $\{e_1, e_2, \ldots\}$ ein beliebiges VONS von $\mathbb{H}$, so gilt

$$\mathbb{E}\|X\|^2 = \mathbb{E}\left[\sum_{k=1}^{\infty} \langle X, e_k \rangle^2 \right] = \sum_{k=1}^{\infty} \mathbb{E}\big[\langle X, e_k \rangle^2\big] = \sum_{k=1}^{\infty} \langle Te_k, e_k \rangle < \infty.$$

Folglich ist T ein Spurklasse-Operator mit $\mathrm{Sp}(T) = \mathbb{E}\|X\|^2$. Nach Bemerkung 17.4 ist T durch (17.16) eindeutig bestimmt.

Selbstfrage 9 Warum gilt in obiger Gleichungskette das zweite Gleichheitszeichen?

Ist umgekehrt b) erfüllt, und ist $\{e_1, e_2, \ldots\}$ ein beliebiges VONS von $\mathbb{H}$, so gilt

$$\infty > \sum_{k=1}^{\infty} \langle Te_k, e_k \rangle = \sum_{k=1}^{\infty} \mathbb{E}\langle X, e_k \rangle^2 = \mathbb{E}\left(\sum_{k=1}^{\infty} \langle X, e_k \rangle^2 \right) = \mathbb{E}\|X\|^2.$$

∎

17.17 Satz und Definition (Kovarianzoperator)

Es sei X ein $\mathbb{H}$-wertiges Zufallselement mit $\mathbb{E}\|X\|^2 < \infty$. Dann existiert genau ein linearer, selbstadjungierter, positiver Spurklasse-Operator $\Sigma : \mathbb{H} \to \mathbb{H}$ mit der Eigenschaft

$$\langle \Sigma x, y \rangle = \mathbb{E}\big[\langle X - \mathbb{E}X, x \rangle \langle X - \mathbb{E}X, y \rangle\big], \quad x, y \in \mathbb{H}. \tag{17.17}$$

Σ heißt *Kovarianzoperator* (*der Verteilung*) *von* X.

Beweis Nach Satz 17.16 gibt es einen linearen, selbstadjungierten, positiven Spurklasse-Operator $T : \mathbb{H} \to \mathbb{H}$ mit

$$\langle Tx, y \rangle = \mathbb{E}\big[\langle X, x \rangle \langle X, y \rangle\big], \quad x, y \in \mathbb{H}.$$

Setzt man $\Sigma x := \Sigma(x) := Tx - \langle \mathbb{E}X, x \rangle \mathbb{E}X, x \in \mathbb{H}$, so gilt

$$\langle \Sigma x, y \rangle = \mathbb{E}\big[\langle X, x \rangle \langle X, y \rangle\big] - \langle \mathbb{E}X, x \rangle \langle \mathbb{E}X, y \rangle, \quad x, y \in \mathbb{H}. \tag{17.18}$$

522434_1_De_17_Chapter-print ☑ TYPESET ☐ DISK ☐ LE ☑ CP Disp.:25/8/2022 Pages: 310 Layout: German_T5

Direktes Nachrechnen (vgl. Übungsaufgabe 17.13) ergibt, dass Σ alle behaupteten Eigenschaften besitzt. ∎

Selbstfrage 10 Warum sind (17.17) und (17.18) äquivalent?

Wegen der Bilinearität der Kovarianzbildung für reellwertige Zufallsvariablen stellt der Kovarianzoperator von X nach (17.17) für alle Paare $(x, y) \in \mathbb{H} \times \mathbb{H}$ die Kovarianzen $\text{Cov}(\langle X, x \rangle, \langle X, y \rangle)$ bereit. Wir überlegen uns kurz, dass dieser Operator im Spezialfall $\mathbb{H} = \mathbb{R}^d$ in der Tat gleich der Kovarianzmatrix von X ist, wenn man diese Matrix als Operator auffasst, der auf Spaltenvektoren angewandt wird. Seien hierzu $X = (X_1, \ldots, X_d)^\top$, $\mathbb{E}X = (\mathbb{E}X_1, \ldots, \mathbb{E}X_d)^\top$ sowie $x = (x_1, \ldots, x_d)^\top$, $y = (y_1, \ldots, y_d)^\top \in \mathbb{R}^d$ und $\Sigma = (\sigma_{ij})_{1 \le i, j \le d}$. Damit gilt

$$\langle \Sigma x, y \rangle = \sum_{i=1}^{d} \sum_{j=1}^{d} \sigma_{ij}\, x_i\, y_j.$$

Wegen $\sigma_{ij} = \text{Cov}(X_i, X_j) = \mathbb{E}[(X_i - \mathbb{E}X_i)(X_j - \mathbb{E}X_j)]$ und

$$\langle X - \mathbb{E}X, x \rangle \langle X - \mathbb{E}X, y \rangle = \sum_{i=1}^{d} \sum_{j=1}^{d} (X_i - \mathbb{E}X_i)\, x_i\, (X_j - \mathbb{E}X_j)\, y_j$$

folgt (17.17) und damit die Behauptung.

Das nachstehende Resultat verallgemeinert die Aussage, dass sich Kovarianzmatrizen bei der Addition unabhängiger Zufallsvektoren ebenfalls addieren (vgl. Übungsaufgabe 5.3). Um das zu einem Kovarianzoperator gehörende Zufallselement zu kennzeichnen, schreiben wir im Folgenden allgemein $\Sigma(Z)$ für den Kovarianzoperator eines $\mathbb{H}$-wertigen Zufallselementes Z.

17.18 Satz (Kovarianzoperatoren und Unabhängigkeit)
Es seien X und Y stochastisch unabhängige $\mathbb{H}$-wertige Zufallselemente mit $\mathbb{E}\|X\|^2 < \infty$ und $\mathbb{E}\|Y\|^2 < \infty$. Dann existiert auch der Kovarianzoperator von $X + Y$, und es gilt

$$\Sigma(X + Y) = \Sigma(X) + \Sigma(Y).$$

Beweis Wegen $\|X + Y\|^2 \le 2\|X\|^2 + 2\|Y\|^2$ existiert der Kovarianzoperator von $X + Y$. Zu zeigen ist

$$\langle \Sigma(X + Y)x, y \rangle = \langle (\Sigma(X) + \Sigma(Y))x, y \rangle, \quad x, y \in \mathbb{H}.$$

Es gilt $\mathbb{E}(X + Y) = \mathbb{E}X + \mathbb{E}Y$, und mit $\widetilde{X} := X - \mathbb{E}X$, $\widetilde{Y} := Y - \mathbb{E}Y$ sowie $\mathbb{E}\langle \widetilde{Y}, x \rangle = 0$ und Satz 17.14 folgt

$$
\begin{aligned}
\langle \Sigma(X+Y)x, y \rangle &= \mathbb{E}\big[\langle X + Y - \mathbb{E}(X + Y), x \rangle \langle X + Y - \mathbb{E}(X + Y), y \rangle\big] \\
&= \mathbb{E}\big[\langle \widetilde{X} + \widetilde{Y}, x \rangle \langle \widetilde{X} + \widetilde{Y}, y \rangle\big] \\
&= \mathbb{E}\big[\langle \widetilde{X}, x \rangle \langle \widetilde{X}, y \rangle\big] + \mathbb{E}\big[\langle \widetilde{Y}, x \rangle \langle \widetilde{X}, y \rangle\big] + \mathbb{E}\big[\langle \widetilde{X}, x \rangle \langle \widetilde{Y}, y \rangle\big] + \mathbb{E}\big[\langle \widetilde{Y}, x \rangle \langle \widetilde{Y}, y \rangle\big] \\
&= \langle \Sigma(X)x, y \rangle + \langle \Sigma(Y)x, y \rangle = \big\langle (\Sigma(X) + \Sigma(Y))x, y \big\rangle.
\end{aligned}
$$

∎

Bislang haben wir abstrakte hilbertraumwertige Zufallselemente auf einem Wahrscheinlichkeitsraum $(\Omega, \mathcal{A}, \mathbb{P})$ betrachtet. Im Folgenden konkretisieren wir diese Zufallselemente mithilfe stochastischer Prozesse. Ausgangspunkt sei ein kompakter metrischer Raum E mit Borel'scher σ-Algebra $\mathcal{B}(E)$ sowie eine durch $t \in E$ indizierte Familie $(X(t))_{t \in E}$ reellwertiger Zufallsvariablen auf Ω. Der wichtigste Spezialfall wird hier $E = [0, 1]$ sein. Wir nehmen an, dass $\mathbb{E}X^2(t) < \infty$ für jedes $t \in E$ gilt. Definitionsgemäß ist dann $(X(t))_{t \in E}$ ein *quadratisch integrierbarer stochastischer Prozess*. Es existieren somit sowohl die durch

$$
m(t) := \mathbb{E}X(t), \quad t \in E,
$$

definierte *Erwartungswertfunktion (theoretische Mittelwertfunktion)* $m : E \to \mathbb{R}$ als auch die durch

$$
K(s, t) := \mathrm{Cov}(X(s), X(t)), \quad s, t \in E, \tag{17.19}
$$

erklärte *Kovarianzfunktion* $K : E \times E \to \mathbb{R}$ des Prozesses. Wir treffen die weitere Annahme, dass sowohl $m(\cdot)$ als auch $K(\cdot, \cdot)$ stetige Funktionen sind. Das ist genau dann der Fall, wenn der Prozess $(X(t))_{t \in E}$ *im quadratischen Mittel stetig* ist, wenn also für jedes $t \in E$ und jede gegen t konvergierende Folge (t_n) aus E die Beziehung

$$
\lim_{n \to \infty} \mathbb{E}\Big[\big(X(t_n) - X(t)\big)^2\Big] = 0
$$

erfüllt ist (Übungsaufgabe 17.15).

In dieser Situation rückt der Hilbertraum $\mathbb{H} = \mathrm{L}^2(E, \mathcal{B}(E), \mu)$ aller (Äquivalenzklassen von μ-fast überall gleichen) $(\mathcal{B}(E), \mathcal{B}^1)$-messbaren Funktionen $f : E \to \mathbb{R}$ ins Blickfeld. Dabei sei μ ein endliches Maß auf $\mathcal{B}(E)$. Man beachte, dass für jedes $t \in E$ die Zufallsvariable $X(t)$ eine auf Ω definierte $(\mathcal{A}, \mathcal{B}^1)$-messbare Abbildung ist. Fügen wir $X(t)$ das Argument $\omega \in \Omega$ hinzu und schreiben $X(t, \omega) := (X(t))(\omega)$, so können wir (unter Beibehaltung der Notation) X als Abbildung $X : E \times \Omega \to \mathbb{R}$ auffassen. Für festes $\omega \in \Omega$ ergibt sich dann eine durch $E \ni t \mapsto X(t, \omega)$ definierte Abbildung $X(\cdot, \omega) : E \to \mathbb{R}$. Nehmen wir an, dass letztere Abbildung für jedes $\omega \in \Omega$ zu $\mathbb{H}$ gehört, also eine $(\mathcal{B}(E), \mathcal{B}^1)$-messbare Funktion mit $\int_E X^2(t, \omega)\,\mu(\mathrm{d}t) < \infty$ ist, so stellt sich die Frage, ob die Abbildung

522434_1_De_17_Chapter-print ☑ TYPESET ☐ DISK ☐ LE ☑ CP Disp.:25/8/2022 Pages: 310 Layout: German_T5

$$\mathbb{X} : \begin{cases} \Omega \to \mathbb{H}, \\ \omega \mapsto \mathbb{X}(\omega), \quad (\mathbb{X}(\omega))(t) := X(t, \omega), \ t \in E, \end{cases} \tag{17.20}$$

$(\mathcal{A}, \mathcal{B}(\mathbb{H}))$-messbar ist und somit $\mathbb{X}$ ein $\mathbb{H}$-wertiges Zufallselement definiert. Das folgende Resultat gibt hierauf Antwort.

17.19 Satz (Produkt-Messbarkeit liefert ein $\mathbb{H}$-wertiges Zufallselement)
In obiger Situation sei die Abbildung $X : E \times \Omega \to \mathbb{R}$ messbar bezüglich der Produkt-σ-Algebra $\mathcal{B}(E) \otimes \mathcal{A}$. Gilt $X(\cdot, \omega) \in \mathbb{H}$ für jedes feste $\omega \in \Omega$, so ist die in (17.20) definierte Abbildung $\mathbb{X}$ $(\mathcal{A}, \mathcal{B}(\mathbb{H}))$-messbar und somit ein $\mathbb{H}$-wertiges Zufallselement.

Beweis Es sei $f \in \mathbb{H}$ beliebig. Wegen der Produkt-Messbarkeit ist die Abbildung

$$\Omega \ni \omega \mapsto \langle X(\cdot, \omega), f \rangle = \int_E X(t, \omega) f(t) \, \mu(\mathrm{d}t)$$

nach Sätzen der Maßtheorie $(\mathcal{A}, \mathcal{B}^1)$-messbar, sodass die Behauptung aus Satz 17.7 folgt. ∎

Der folgende Satz gibt hinreichende Bedingungen für die $(\mathcal{B}(E) \otimes \mathcal{A})$-Messbarkeit der Abbildung $X : E \times \Omega \to \mathbb{R}$ an (siehe z. B. [HSE], Theorem 7.4.2).

17.20 Satz (Kriterium für Produkt-Messbarkeit)
Die Abbildung $X(t, \cdot) : \Omega \to \mathbb{R}$ sei für jedes feste t $(\mathcal{A}, \mathcal{B}^1)$-messbar (also eine Zufallsvariable). Weiter sei die Abbildung $X(\cdot, \omega) : E \to \mathbb{R}$ für jedes $\omega \in \Omega$ stetig. Dann ist $X : E \times \Omega \to \mathbb{R}$ $(\mathcal{B}(E) \otimes \mathcal{A}, \mathcal{B}^1)$-messbar. In diesem Fall ist die Verteilung $\mathbb{P}^{\mathbb{X}}$ des $\mathbb{H}$-wertigen Zufallselementes $\mathbb{X}$ (als Wahrscheinlichkeitsmaß auf $\mathcal{B}(\mathbb{H})$) durch die Gesamtheit aller endlichdimensionalen Verteilungen von $(X(t_1), \ldots, X(t_k))$ mit $k \geq 1$ und $t_1, \ldots, t_k \in E$ eindeutig bestimmt.

Zur Kovarianzfunktion $K(s, t)$ in (17.19) gehört der durch

$$\mathbb{K}f(s) = \int_E K(s, t) f(t) \, \mu(\mathrm{d}t), \quad s \in E, \quad f \in \mathbb{H},$$

definierte Integraloperator $\mathbb{K} : \mathbb{H} \to \mathbb{H}$ auf $\mathbb{H} = \mathrm{L}^2(E, \mathcal{B}(E), \mu)$. Wir werden jetzt sehen, dass unter gewissen Voraussetzungen die Mittelwertfunktion $m(t) = \mathbb{E}X(t)$, $t \in E$, eines stochastischen Prozesses $(X(t))_{t \in E}$ zweiter Ordnung gleich dem Erwartungswert $m = \mathbb{E}(\mathbb{X})$ des in (17.20) definierten Zufallselementes ist, und dass der Kovarianzoperator C von $\mathbb{X}$ mit dem Integraloperator $\mathbb{K}$ übereinstimmt.

17.21 Satz

Es sei $(X(t))_{t \in E}$ ein im quadratischen Mittel stetiger stochastischer Prozess zweiter Ordnung auf einem Wahrscheinlichkeitsraum $(\Omega, \mathcal{A}, \mathbb{P})$. Für die durch $X(t, \omega) := (X(t))(\omega)$, $(t, \omega) \in E \times \Omega$, definierte Abbildung $X : E \times \Omega \to \mathbb{R}$ seien die Voraussetzungen von Satz 17.19 erfüllt. Dann gelten für das in (17.20) definierte Zufallselement $\mathbb{X} : \Omega \to \mathbb{H}$:

a) $\mathbb{E}(\mathbb{X}) = m(\cdot)$,
b) $\Sigma(\mathbb{X}) = \mathbb{K}$.

Beweis   Wegen der $(\mathcal{B}(E) \otimes \mathcal{A}, \mathcal{B}^1)$-Messbarkeit von $X : E \times \Omega \to \mathbb{R}$ liefert der Satz von Tonelli (Satz 1.31)

$$\mathbb{E}\|\mathbb{X}\|^2 = \mathbb{E}\left[\int_E X^2(t)\, \mu(\mathrm{d}t) \right] = \int_E \mathbb{E}X^2(t)\, \mu(\mathrm{d}t) = \int_E \left(K(t, t) + m^2(t) \right) \mu(\mathrm{d}t) < \infty,$$

und somit existieren der Kovarianzoperator $\Sigma(\mathbb{X})$ und der Erwartungswert $\mathbb{E}(\mathbb{X})$ von $\mathbb{X}$. Dabei folgt die Endlichkeit des letzten Integrals aus der Kompaktheit von E und der Tatsache, dass $K(\cdot, \cdot)$ und $m(\cdot)$ nach Übungsaufgabe 17.15 stetige Funktionen sind.

> **Selbstfrage 11**   Wo in obiger Gleichungskette geht der Satz von Tonelli ein?

a) Es sei $f \in \mathbb{H}$ beliebig. Wegen $|\langle \mathbb{X}, f \rangle| \le \|\mathbb{X}\|\, \|f\|$ liefert der Satz von Fubini (Satz 1.32)

$$\mathbb{E}\langle \mathbb{X}, f \rangle = \mathbb{E}\left(\int_E X(t) f(t)\, \mu(\mathrm{d}t) \right) = \int_E m(t) f(t)\, \mu(\mathrm{d}t) = \langle m, f \rangle.$$

Nach Definition 17.9 gilt $\mathbb{E}(\mathbb{X}) = m(\cdot)$.

b) Der Kovarianzoperator $\Sigma = \Sigma(\mathbb{X})$ von $\mathbb{X}$ ist durch $\langle \Sigma f, g \rangle = \mathbb{E}\big[\langle \mathbb{X} - \mathbb{E}\mathbb{X}, f \rangle \langle \mathbb{X} - \mathbb{E}\mathbb{X}, g \rangle\big]$ für beliebige $f, g \in \mathbb{H}$ bestimmt. Wir nehmen o. B. d. A. $m = \mathbb{E}(\mathbb{X}) = \mathbf{0}$ an und erhalten mit dem Satz von Fubini (Satz 1.32)

$$\langle \Sigma f, g \rangle = \mathbb{E}\big[\langle \mathbb{X}, f \rangle \langle \mathbb{X}, g \rangle\big] = \mathbb{E}\left[\int_E X(s) f(s)\, \mu(\mathrm{d}s) \int_E X(t) g(t)\, \mu(\mathrm{d}t) \right]$$

$$= \mathbb{E}\left[\int_E \int_E X(s) X(t) f(s) g(t)\, \mu(\mathrm{d}s)\mu(\mathrm{d}t) \right]$$

$$= \int_E \int_E \mathbb{E}[X(s) X(t)] f(s) g(t)\, \mu(\mathrm{d}s)\mu(\mathrm{d}t)$$

$$= \int_E \left(\int_E K(s, t) f(s)\, \mu(\mathrm{d}s) \right) g(t)\, \mu(\mathrm{d}t) = \int_E (\mathbb{K}f)(t) g(t)\, \mu(\mathrm{d}t)$$

522434_1_De_17_Chapter-print ☑ TYPESET ☐ DISK ☐ LE ☑ CP Disp.:25/8/2022 Pages: 310 Layout: German_T5

$$= \langle \mathbb{K}f, g \rangle,$$

was zu zeigen war.   ∎

Der folgende Begriff verallgemeinert das Konzept der charakteristischen Funktion.

17.22 Definition (Charakteristisches Funktional)

Es seien $\mathbb{H}$ ein separabler Hilbertraum und X ein $\mathbb{H}$-wertiges Zufallselement. Die durch

$$\varphi_X(h) := \mathbb{E}\big[e^{i\langle X, h\rangle}\big] = \mathbb{E}\big[\cos(\langle X, h\rangle)\big] + i\,\mathbb{E}\big[\sin(\langle X, h\rangle)\big]$$

definierte Funktion $\varphi_X : \mathbb{H} \to \mathbb{C}$ heißt *charakteristisches Funktional (der Verteilung) von* X.

Das charakteristische Funktional eines $\mathbb{H}$-wertigen Zufallselementes X besitzt die folgenden Eigenschaften. Dabei bezeichnet allgemein $\overline{z}$ die zu einer komplexen Zahl z konjugiert komplexe Zahl. Eigenschaft f) rechtfertigt das Attribut *charakteristisch*.

17.23 Satz (Eigenschaften des charakteristischen Funktionals)

a) Es gilt $\varphi_X(\mathbf{0}) = 1$. Dabei ist $\mathbf{0}$ das Nullelement von $\mathbb{H}$.
b) Es gilt $\varphi_X(-h) = \overline{\varphi_X(h)}, \quad h \in \mathbb{H}$.
c) Die Funktion φ_X ist stetig.
d) Die Funktion φ_X ist *positiv-semidefinit*, d.h., für jedes $n \geq 1$ und jede Wahl von $\alpha_1, \ldots, \alpha_n \in \mathbb{C}$ und $h_1, \ldots, h_n \in \mathbb{H}$ gilt

$$\sum_{k,\ell=1}^{n} \alpha_k \overline{\alpha_\ell} \varphi_X(h_\ell - h_k) \geq 0.$$

e) Sind X und Y unabhängig, so folgt $\varphi_{X+Y} = \varphi_X \varphi_Y$.
f) Es gilt $\varphi_X = \varphi_Y \Longleftrightarrow X \overset{\mathcal{D}}{=} Y$.

Beweis Die Eigenschaften a) und b) sind klar, und c) folgt aus dem Satz von der dominierten Konvergenz. Die positive Semidefinitheit ergibt sich aus

$$0 \leq \mathbb{E}\left|\sum_{k=1}^{n} \alpha_k e^{i\langle X, h_k\rangle}\right|^2 = \mathbb{E}\left[\sum_{k,\ell=1}^{n} \alpha_k \overline{\alpha_\ell} e^{i\langle X, h_k - h_\ell\rangle}\right] = \sum_{k,\ell=1}^{n} \alpha_k \overline{\alpha_\ell} \varphi_X(h_k - h_\ell).$$

Um die Implikation „$\Longrightarrow$" in f) zu zeigen, seien $h \in \mathbb{H}$ und $t \in \mathbb{R}$ beliebig gewählt. Es gilt

522434_1_De_17_Chapter-print ☑ TYPESET ☐ DISK ☐ LE ☑ CP Disp.:25/8/2022 Pages: 310 Layout: German_T5

$$\varphi_{\langle X, h \rangle}(t) = \mathbb{E}\big[\exp(it\langle X, h \rangle)\big] = \mathbb{E}\big[\exp(i\langle X, th \rangle)\big] = \varphi_X(th)$$
$$= \varphi_Y(th) = \mathbb{E}\big[\exp(i\langle Y, th \rangle)\big] = \mathbb{E}\big[\exp(it\langle Y, h \rangle)\big]$$
$$= \varphi_{\langle Y, h \rangle}(t).$$

Somit folgt $\langle X, h \rangle \overset{\mathcal{D}}{=} \langle Y, h \rangle$ für jedes $h \in \mathbb{H}$ und damit nach Satz 17.8 die Behauptung. ∎

Selbstfrage 12 Warum gilt Eigenschaft e)?

In Kap. 5 haben wir gesehen, dass es zu jedem $m \in \mathbb{R}^d$ und zu jeder symmetrischen positiv-semidefiniten Matrix Σ einen Zufallsvektor X gibt, der die d-dimensionale Normalverteilung $N_d(m, \Sigma)$ besitzt (vgl. Satz 5.9). Dabei ist die Normalverteilung von X (ohne weitere Spezifizierung von Parametern) dadurch charakterisiert, dass für jedes $c \in \mathbb{R}^d$ das Skalarprodukt $c^\top X$ eine (u. U. ausgeartete) eindimensionale Normalverteilung besitzt. Nach Übungsaufgabe 5.4 hat ein Zufallsvektor X mit der Normalverteilung $N_d(m, \Sigma)$ die charakteristische Funktion

$$\varphi_X(t) = \mathbb{E}\big[e^{it^\top X}\big] = e^{it^\top m} \exp\left(-\frac{1}{2}t^\top \Sigma t\right), \quad t \in \mathbb{R}^d. \tag{17.21}$$

Es soll jetzt das Konzept einer Normalverteilung auf einen separablen Hilbertraum $\mathbb{H}$ verallgemeinert werden. Die nachfolgende Definition ist eine direkte Verallgemeinerung von Definition 5.5.

17.24 Definition (Normalverteilung auf einem separablen Hilbertraum)
Es seien $\mathbb{H}$ ein separabler Hilbertraum und $(\Omega, \mathcal{A}, \mathbb{P})$ ein Wahrscheinlichkeitsraum. Ein Zufallselement $X : \Omega \to \mathbb{H}$ besitzt eine *Normalverteilung*, falls für jedes $h \in \mathbb{H}$ das Skalarprodukt $\langle X, h \rangle$ eine (unter Umständen ausgeartete) eindimensionale Normalverteilung besitzt. In diesem Fall heißt X *Gauß'sches Zufallselement*.

Ist X ein solches Gauß'sches Zufallselement, so besitzt für beliebiges $k \geq 1$ und für beliebige $h_1, \ldots, h_k$ aus $\mathbb{H}$ der k-dimensionale Zufallsvektor $(\langle X, h_1 \rangle, \ldots, \langle X, h_k \rangle)$ eine k-dimensionale Normalverteilung, denn für jedes $c = (c_1, \ldots, c_k) \in \mathbb{R}^k$ ist ja

$$\sum_{j=1}^{k} c_j \langle X, h_j \rangle = \left\langle X, \sum_{j=1}^{k} c_j h_j \right\rangle$$

nach obiger Definition eindimensional normalverteilt (siehe Definition 5.5).

522434_1_De_17_Chapter-print ☑TYPESET ☐DISK ☐LE ☑CP Disp.:25/8/2022 Pages: 310 Layout: German_T5

Ist $\{e_1, e_2, \ldots\}$ ein VONS von $\mathbb{H}$, und bezeichnet $\mathbb{H}_k := \{\sum_{j=1}^{k} \alpha_j e_j : \alpha_1, \ldots, \alpha_k \in \mathbb{R}\}$ den von $e_1, \ldots, e_k$ aufgespannten k-dimensionalen Teilraum von $\mathbb{H}$, so können wir wie folgt ein Gauß'sches Zufallselement X konstruieren. Hierzu seien $Y_1, \ldots, Y_k$ auf einem gemeinsamen Wahrscheinlichkeitsraum $(\Omega, \mathcal{A}, \mathbb{P})$ definierte stochastisch unabhängige normalverteilte Zufallsvariablen. Setzen wir

$$X(\omega) := \sum_{j=1}^{k} Y_j(\omega)\, e_j, \quad \omega \in \Omega, \tag{17.22}$$

so ist $X = \sum_{j=1}^{k} Y_j e_j$ nach Satz 17.7 ein $\mathbb{H}$-wertiges Zufallselement. Da für jedes $h \in \mathbb{H}$ das Skalarprodukt $\langle X, h \rangle = \sum_{j=1}^{k} Y_j \langle e_j, h \rangle$ nach dem Additionsgesetz für die Normalverteilung eindimensional normalverteilt ist, besitzt X eine Normalverteilung. Diese ist jedoch vergleichsweise uninteressant, denn sie geht konzeptionell nicht über den in Kap. 5 behandelten Fall hinaus. Wegen $\mathbb{P}^X(\mathbb{H}_k) = 1$ ist die Verteilung von X ja ganz auf dem Teilraum $\mathbb{H}_k$ konzentriert, und $\mathbb{P}^X$ ist das Bildmaß einer Normalverteilung wie in Kap. 5 unter der Abbildung $(\alpha_1, \ldots, \alpha_k) \mapsto \sum_{j=1}^{k} \alpha_j e_j$.

Um über den endlichdimensionalen Fall hinauszugelangen, bietet es sich an, mit einer ganzen Folge $(Y_n)_{n \geq 1}$ stochastisch unabhängiger normalverteilter Zufallsvariablen auf einem Wahrscheinlichkeitsraum $(\Omega, \mathcal{A}, \mathbb{P})$ zu starten. Wir nehmen vorerst an, dass $\mathbb{E}(Y_n) = 0, n \geq 1$, gilt und bezeichnen die Varianz von Y_n mit $\sigma_n^2, n \geq 1$. Machen wir in Anlehnung an (17.22) den Ansatz

$$X(\omega) := \sum_{j=1}^{\infty} Y_j(\omega) e_j, \quad \omega \in \Omega, \tag{17.23}$$

so stellt sich unmittelbar die Frage, für welche $\omega \in \Omega$ diese Reihe überhaupt konvergiert, und da kommen unweigerlich die Varianzen $\sigma_1^2, \sigma_2^2, \ldots$ ins Spiel. Wenn diese nicht hinreichend schnell gegen null streben, ist keine Konvergenz in (17.23) (in welchem Sinne auch immer) zu erwarten. Fordern wir

$$\sum_{j=1}^{\infty} \sigma_j^2 < \infty, \tag{17.24}$$

so gilt mit dem Satz von der monotonen Konvergenz $\mathbb{E}\left(\sum_{j=1}^{\infty} Y_j^2\right) = \sum_{j=1}^{\infty} \sigma_j^2 < \infty$ und folglich $\mathbb{P}\left(\sum_{j=1}^{\infty} Y_j^2 < \infty\right) = 1$. Im Wahrscheinlichkeitsraum $(\Omega, \mathcal{A}, \mathbb{P})$ gibt es also eine Einsmenge $\Omega_0 \in \mathcal{A}$, sodass die Einschränkung von X auf Ω_0 in $\mathbb{H}$ abbildet. Da das Komplement dieser Einsmenge keine Rolle spielt, können wir o. B. d. A. annehmen, dass die Reihe in (17.23) auf ganz Ω konvergiert und dass somit $X : \Omega \to \mathbb{H}$ ein $\mathbb{H}$-wertiges Zufallselement ist.

Selbstfrage 13 Warum ist die in (17.23) definierte Abbildung X $(\mathcal{A}, \mathcal{B}(\mathbb{H}))$-messbar?

Für jedes $h \in \mathbb{H}$ gilt dann mit (17.23) (elementweise auf Ω)

$$\langle X, h \rangle = \lim_{n \to \infty} \sum_{j=1}^{n} Y_j \langle e_j, h \rangle. \tag{17.25}$$

Aufgrund des Additionsgesetzes für die Normalverteilung ergibt sich

$$\sum_{j=1}^{n} Y_j \langle e_j, h \rangle \sim \mathrm{N}\left(0, \sum_{j=1}^{n} \sigma_j^2 \langle e_j, h \rangle^2 \right). \tag{17.26}$$

Da wegen (17.24) und $\langle e_j, h \rangle^2 \leq \|h\|^2$ die Varianz obiger Normalverteilung für $n \to \infty$ konvergiert, besitzt $\langle X, h \rangle$ die Normalverteilung $\mathrm{N}(0, \sum_{j=1}^{\infty} \sigma_j^2 \langle e_j, h \rangle^2)$. Mithilfe des Ansatzes (17.23) und der Bedingung (17.24) haben wir also ein ganzes Arsenal Gauß'scher $\mathbb{H}$-wertiger Zufallselemente erhalten, deren Verteilungen – sofern unendlich viele der Varianzen σ_j^2 positiv sind – nicht auf einem endlichdimensionalen Teilraum von $\mathbb{H}$ konzentriert sind.

Im Folgenden bezeichne $\mathcal{L}_{tr}^{+}(\mathbb{H})$ die Menge aller linearen, beschränkten, selbstadjungierten positiven Spurklasse-Operatoren $T : \mathbb{H} \to \mathbb{H}$. Wir werden jetzt sehen, dass es zu jedem $m \in \mathbb{H}$ und jedem $\Sigma \in \mathcal{L}_{tr}^{+}(\mathbb{H})$ ein $\mathbb{H}$-wertiges Gauß'sches Zufallselement X gibt, sodass X den Erwartungswert m und den Kovarianzoperator Σ besitzt. Dieser Sachverhalt verallgemeinert Satz 5.9.

17.25 Satz (Existenz von Normalverteilungen)
Zu beliebigen $m \in \mathbb{H}$ und $\Sigma \in \mathcal{L}_{tr}^{+}(\mathbb{H})$ gibt es ein $\mathbb{H}$-wertiges Gauß'sches Zufallselement X mit $m = \mathbb{E}(X)$ und $\Sigma = \Sigma(X)$.

Beweis Den Ausgangspunkt bildet der allgemeine Sachverhalt, dass zum Operator Σ ein VONS $\{e_1, e_2, \ldots\}$ von $\mathbb{H}$ sowie eine Folge $\lambda_1, \lambda_2, \ldots$ nichtnegativer Zahlen mit $\Sigma e_k = \lambda_k e_k$, $k \geq 1$, gehören (siehe z. B. [WER], Th. VI.3.2). Für jedes j ist also λ_j ein Eigenwert von Σ zum normierten Eigenvektor e_j. Da Σ ein Spurklasse-Operator ist, gilt

$$\mathrm{Sp}(\Sigma) = \sum_{k=1}^{\infty} \langle \Sigma e_k, e_k \rangle = \sum_{k=1}^{\infty} \lambda_k < \infty.$$

Dabei ist grundsätzlich nicht ausgeschlossen, dass nur endlich viele der λ_j größer als null sind. In diesem Fall sind jedoch die nachfolgenden Konvergenzüberlegungen überflüssig. Wir setzen $m_k := \langle m, e_k \rangle$, $k \geq 1$. In Verallgemeinerung des zu (17.22) führenden Ansatzes seien $Y_1, Y_2, \ldots$ auf einem gemeinsamen Wahrscheinlichkeitsraum $(\Omega, \mathcal{A}, \mathbb{P})$ definierte stochastisch unabhängige Zufallsvariablen, wobei Y_k die Normalverteilung $\mathrm{N}(m_k, \lambda_k)$, $k \geq 1$, besitze. Angelehnt an (17.22) definieren wir

$$X(\omega) := \sum_{j=1}^{\infty} Y_j(\omega) e_j, \quad \omega \in \Omega. \tag{17.27}$$

Wegen

$$\mathbb{E}\left(\sum_{j=1}^{\infty} Y_j^2\right) = \sum_{j=1}^{\infty} \mathbb{E}(Y_j^2) = \sum_{j=1}^{\infty} (m_j^2 + \lambda_j) = \sum_{j=1}^{\infty} m_j^2 + \sum_{j=1}^{\infty} \lambda_j < \infty \tag{17.28}$$

gilt $\mathbb{P}\left(\sum_{j=1}^{\infty} Y_j^2 < \infty\right) = 1$, und somit konvergiert die in (17.27) stehende Reihe auf einer Einsmenge in Ω und somit o. B. d. A. auf ganz Ω (vgl. die Überlegungen nach (17.24)).

Selbstfrage 14 Warum gilt $\sum_{j=1}^{\infty} m_j^2 < \infty$?

Folglich ist X ein $\mathbb{H}$-wertiges Zufallselement, und wegen (17.28) gilt $\mathbb{E}\|X\|^2 < \infty$. Es existieren also sowohl der Erwartungswert als auch der Kovarianzoperator von X.

In Verallgemeinerung von (17.26) erhalten wir für jedes $n \geq 1$ die Verteilungsaussage

$$\sum_{j=1}^{n} Y_j \langle e_j, h \rangle \sim \mathrm{N}\left(\sum_{j=1}^{n} m_j \langle e_j, h \rangle, \sum_{j=1}^{n} \lambda_j \langle e_j, h \rangle^2\right).$$

Wegen $m_j = \langle m, e_j \rangle$ liefert die verallgemeinerte Parseval'sche Gl. (17.3)

$$\lim_{n \to \infty} \sum_{j=1}^{n} m_j \langle e_j, h \rangle = \langle m, h \rangle. \tag{17.29}$$

Da Σ selbstadjungiert ist, folgt unter Verwendung von $\Sigma e_j = \lambda_j e_j$

$$\lambda_j \langle e_j, h \rangle^2 = \langle h, \lambda_j e_j \rangle \langle e_j, h \rangle = \langle h, \Sigma e_j \rangle \langle e_j, h \rangle = \langle \Sigma h, e_j \rangle \langle e_j, h \rangle.$$

Eine erneute Anwendung der verallgemeinerten Parseval'schen Gleichung ergibt jetzt

$$\lim_{n \to \infty} \sum_{j=1}^{n} \lambda_j \langle e_j, h \rangle^2 = \langle \Sigma h, h \rangle. \tag{17.30}$$

Aus (17.25), (17.29) und (17.30) folgt, dass $\langle X, h \rangle$ eine Normalverteilung besitzt, wobei

$$\mathbb{E}\langle X, h \rangle = \langle m, h \rangle, \quad \mathbb{V}\langle X, h \rangle = \langle \Sigma h, h \rangle, \quad h \in \mathbb{H}, \tag{17.31}$$

522434_1_De_17_Chapter-print ☑TYPESET ☐DISK ☐LE ☑CP Disp.:25/8/2022 Pages: 310 Layout: German_T5

gelten. Nach Definition des Erwartungswertes folgt $\mathbb{E}(X) = m$, und wir überlegen uns noch die Identität $\Sigma = \Sigma(X)$. Hierzu beachte man, dass wegen der Linearität und Selbstadjungiertheit von Σ

$$\langle \Sigma g, h \rangle = \frac{1}{2} \Big(\langle \Sigma(g + h), g + h \rangle - \langle \Sigma g, g \rangle - \langle \Sigma h, h \rangle \Big), \quad g, h \in \mathbb{H},$$

gilt. Mit (17.31) ist die rechte Seite gleich $\frac{1}{2} \big(\mathbb{V}\langle X, g + h \rangle - \mathbb{V}\langle X, g \rangle - \mathbb{V}\langle X, h \rangle \big)$, was wegen $\mathbb{V}\langle X, g + h \rangle = \mathbb{V}\langle X, g \rangle + \mathbb{V}\langle X, h \rangle + 2\mathrm{Cov}(\langle X, g \rangle, \langle X, h \rangle)$ die Gleichung $\langle \Sigma g, h \rangle = \mathrm{Cov}(\langle X, g \rangle, \langle X, h \rangle)$ und damit nach Definition des Kovarianzoperators wie behauptet $\Sigma = \Sigma(X)$ ergibt. ∎

Da die Verteilung von X nach Satz 17.8 durch die Gesamtheit der Verteilungen von $\langle X, h \rangle$ mit $h \in \mathbb{H}$ eindeutig bestimmt ist, hängt die Verteilung des in Satz 17.25 erhaltenen Zufallselementes nur von m und Σ ab. Man sagt dann, X sei *normalverteilt* (bzw. X sei ein *Gauß'sches Zufallselement*) mit Erwartungswert m und Kovarianzoperator Σ und schreibt hierfür

$$X \sim N(m, \Sigma).$$

Eine direkte Rechnung ergibt, dass das Zufallselement X in Verallgemeinerung von (17.21) das charakteristische Funktional

$$\varphi_X(h) = e^{i\langle m, h \rangle} \exp\left(-\frac{1}{2} \langle \Sigma h, h \rangle \right), \quad h \in \mathbb{H}, \tag{17.32}$$

besitzt (Übungsaufgabe 17.17).

Ohne Beweis sei angemerkt, dass ein Zufallselement X, welches gemäß Definition 17.24 normalverteilt ist, *notwendigerweise* die Ungleichung $\mathbb{E}\|X\|^2 < \infty$ erfüllt und folglich einen Erwartungswert $m := \mathbb{E}(X)$ sowie einen Kovarianzoperator $\Sigma = \Sigma(X)$ besitzt (siehe z. B. [KUK], Kap. 5). Somit hätten wir die Normalverteilung $N(m, \Sigma)$ auch alternativ über die Gestalt (17.32) des charakteristischen Funktionals einführen können.

Das nachstehende Resultat zeigt, dass das Abstandsquadrat eines Gauß'schen Zufallselementes von dessen Erwartungswert wie eine Summe gewichteter unabhängiger χ_1^2-verteilter Zufallsvariablen verteilt ist. Im Fall $\mathbb{H} = \mathbb{R}^d$ folgt dieses Ergebnis unmittelbar aus der Hauptkomponentendarstellung (5.4) von X.

17.26 Satz (Die Verteilung von $\|X - m\|^2$)
Es sei X ein $\mathbb{H}$-wertiges Gauß'sches Zufallselement mit $X \sim N(m, \Sigma)$. Dann gilt:

$$\|X - m\|^2 \overset{\mathcal{D}}{=} \sum_{j=1}^{\infty} \lambda_j N_j^2.$$

Dabei sind $\lambda_1, \lambda_2, \ldots$ die jeweils gemäß ihrer geometrischen Vielfachheit aufgeführten positiven Eigenwerte des Kovarianzoperators Σ, und $N_1, N_2, \ldots$ ist eine u. i. v.-Folge standardnormalverteilter Zufallsvariablen.

522434_1_De_17_Chapter-print ☑ TYPESET ☐ DISK ☐ LE ☑ CP Disp.:25/8/2022 Pages: 310 Layout: German_T5

Beweis Wir können o. B. d. A. $m = \mathbf{0}$ sowie $\lambda_j > 0$ für jedes j annehmen. Nach Satz 17.25 existiert ein VONS $\{e_1, e_2, \ldots\}$ von $\mathbb{H}$ mit $\Sigma e_j = \lambda_j e_j$, $j \geq 1$. Setzen wir $\widetilde{N}_j := \langle X, e_j \rangle$, $j \geq 1$, so besitzt für jedes $k \geq 1$ der Zufallsvektor $(\widetilde{N}_1, \ldots, \widetilde{N}_k)$ eine k-dimensionale Normalverteilung. Wegen $m = \mathbf{0}$ gilt $\mathbb{E}(\widetilde{N}_j) = 0$, $j \in \{1, \ldots, k\}$. Außerdem ergibt sich

$$\mathbb{E}(\widetilde{N}_i \widetilde{N}_j) = \mathbb{E}\left[\langle X, e_i \rangle \langle X, e_j \rangle\right] = \langle \Sigma e_i, e_j \rangle = \lambda_i \langle e_i, e_j \rangle, \quad i, j \geq 1.$$

Somit sind $\widetilde{N}_1, \widetilde{N}_2, \ldots$ unabhängige Zufallsvariablen mit $\widetilde{N}_j \sim \mathrm{N}(0, \lambda_j)$, $j \geq 1$.

Selbstfrage 15 Warum sind $\widetilde{N}_1, \widetilde{N}_2, \ldots$ stochastisch unabhängig?

Setzen wir $N_j := \widetilde{N}_j/\sqrt{\lambda_j}$, $j \geq 1$, so ist $N_1, N_2, \ldots$ eine u. i. v.-Folge standardnormalverteilter Zufallsvariablen, und es gilt

$$\|X\|^2 = \sum_{j=1}^{\infty} \langle X, e_j \rangle^2 = \sum_{j=1}^{\infty} \widetilde{N}_j^2 = \sum_{j=1}^{\infty} \lambda_j N_j^2.$$

∎

Übungsaufgabe 17.20 zeigt, dass in Verallgemeinerung von Satz 5.7 auch ein Reproduktionssatz für die Normalverteilung in Hilberträumen gilt: Ist X ein Gauß'sches Zufallselement in $\mathbb{H}$ mit $X \sim \mathrm{N}(m, \Sigma)$, und ist $T : \mathbb{H} \to \mathbb{H}$ eine beschränkte lineare Abbildung, so ist $Y := T(X)$ ein Gauß'sches Zufallselement mit $Y \sim \mathrm{N}(Tm, T\Sigma T^*)$. Dabei ist T^* die zu T adjungierte Abbildung.

Wir wollen uns jetzt klarmachen, was Verteilungskonvergenz von $\mathbb{H}$-wertigen Zufallselementen bedeutet. Hierfür kann angenommen werden, dass $\mathbb{H}$ ein separabler *unendlichdimensionaler* Hilbertraum ist, denn andernfalls greift die in Kap. 6 vorgestellte Theorie. Für ein fest gewähltes VONS $\{e_k : k \geq 1\}$ und jedes $\ell \geq 1$ bezeichne

$$\Pi_\ell : \begin{cases} \mathbb{H} \to \mathbb{H}, \\ x \mapsto \Pi_\ell(x) := \sum_{k=1}^{\ell} \langle x, e_k \rangle e_k \end{cases}$$

die Orthogonalprojektion auf den von $\{e_1, \ldots, e_\ell\}$ aufgespannten Unterraum

$$\mathbb{H}_\ell := \left\{ \sum_{j=1}^{\ell} \alpha_j e_j : \alpha_1, \ldots, \alpha_\ell \in \mathbb{R} \right\} \tag{17.33}$$

von $\mathbb{H}$.

17.27 Satz (Verteilungskonvergenz in $\mathbb{H}$)
Es seien $X, X_1, X_2, \ldots$ $\mathbb{H}$-wertige Zufallselemente auf einem Wahrscheinlichkeitsraum $(\Omega, \mathcal{A}, \mathbb{P})$. Gelten

$$\Pi_\ell(X_n) \xrightarrow{\mathcal{D}} \Pi_\ell(X) \text{ bei } n \to \infty \text{ für jedes } \ell \geq 1, \tag{17.34}$$

$$\lim_{\ell \to \infty} \limsup_{n \to \infty} \mathbb{P}\left(\|X_n - \Pi_\ell(X_n)\| \geq \delta\right) = 0 \text{ für jedes } \delta > 0, \tag{17.35}$$

so folgt $X_n \xrightarrow{\mathcal{D}} X$.

17.28 Bemerkung Bevor wir diesen Satz beweisen, sollen die Bedingungen (17.34) und (17.35) diskutiert werden. Da $\Pi_\ell(X_n)$ und $\Pi_\ell(X)$ Zufallselemente sind, die Werte in dem in (17.33) definierten ℓ-dimensionalen Unterraum $\mathbb{H}_\ell$ von $\mathbb{H}$ annehmen, ist Bedingung (17.34) ein Analogon der Verteilungskonvergenz aller endlichdimensionalen Verteilungen (fidi-Konvergenz) im Funktionenraum $C[0, 1]$. Zusammen mit (17.34) garantiert die Bedingung (17.35) die Straffheit der Folge $(X_n)_{n \geq 1}$. Letztere Eigenschaft ist nach dem Satz von Prochorow (Satz 14.22) eine notwendige Bedingung für Verteilungskonvergenz. Bezeichnet $\mathbb{H}_\ell^\delta := \{y \in \mathbb{H} : \|y - \mathbb{H}_\ell\| < \delta\}$ die δ-Umgebung von $\mathbb{H}_\ell$, so ist die in (17.35) stehende Wahrscheinlichkeit gleich $1 - \mathbb{P}^{X_n}(\mathbb{H}_\ell^\delta)$. Nach Übergang zu komplementären Ereignissen können wir (17.35) folgendermaßen umformulieren: Zu jedem $\varepsilon > 0$ und jedem $\delta > 0$ gibt es ein ℓ_0, sodass für jedes $\ell \geq \ell_0$ gilt:

$$\mathbb{P}^{X_n}\left(\mathbb{H}_\ell^\delta\right) > 1 - \varepsilon \quad \text{für jedes } n \geq 1.$$

Die Verteilungen $\mathbb{P}^{X_n}$ sind also beliebig stark gleichmäßig in n auf Umgebungen endlichdimensionaler Teilräume konzentriert.

Die folgenden Überlegungen zeigen, dass wir Bedingung (17.34) durch

$$\langle X_n, h \rangle \xrightarrow{\mathcal{D}} \langle X, h \rangle \quad \text{für jedes } h \in \mathbb{H} \tag{17.36}$$

ersetzen können. Warum? Gilt (17.36), so wählen wir für beliebiges $\ell \geq 1$ beliebige reelle Zahlen $\alpha_1, \ldots, \alpha_\ell$ und setzen $h := \sum_{j=1}^\ell \alpha_j e_j$. Wegen der Linearität des Skalarproduktes liefern dann (17.36) und die Cramér–Wold-Technik (Satz 6.18) die Verteilungskonvergenz

$$\left(\langle X_n, e_1 \rangle, \ldots, \langle X_n, e_\ell \rangle\right) \xrightarrow{\mathcal{D}} \left(\langle X, e_1 \rangle, \ldots, \langle X, e_\ell \rangle\right).$$

Diese können wir mithilfe der durch $\psi(\alpha_1, \ldots, \alpha_\ell) := \sum_{j=1}^\ell \alpha_j e_j$ definierten stetigen Abbildung $\psi : \mathbb{R}^\ell \to \mathbb{H}$ übertragen, denn mit dem Abbildungssatz folgt

$$\Pi_\ell(X_n) = \psi\left(\langle X_n, e_1 \rangle, \ldots, \langle X_n, e_\ell \rangle\right) \xrightarrow{\mathcal{D}} \psi\left(\langle X, e_1 \rangle, \ldots, \langle X, e_\ell \rangle\right) = \Pi_\ell(X).$$

522434_1_De_17_Chapter-print ☑TYPESET ☐DISK ☐LE ☑CP Disp.:25/8/2022 Pages: 310 Layout: German_T5

Beweis von Satz 17.27: Es sei $f : \mathbb{H} \to \mathbb{R}$ eine beschränkte und gleichmäßig stetige Funktion. Nach Teil b) des Portmanteau-Theorems (Satz 14.7 b) ist die Konvergenz $\mathbb{E}f(X_n) \to \mathbb{E}f(X)$ bei $n \to \infty$ zu zeigen. Sei hierzu $\varepsilon > 0$ beliebig gewählt. Aufgrund der gleichmäßigen Stetigkeit von f gibt es ein $\delta > 0$, sodass für alle $x, y \in \mathbb{H}$ die Implikation

$$\|x - y\| < \delta \implies |f(x) - f(y)| < \varepsilon \tag{17.37}$$

gilt. Für festes $\ell \in \mathbb{N}$ erhalten wir mithilfe der Dreiecksungleichung

$$\begin{aligned}
|\mathbb{E}f(X_n) - \mathbb{E}f(X)| &\leq |\mathbb{E}f(X_n) - \mathbb{E}f(\Pi_\ell(X_n))| + |\mathbb{E}f(\Pi_\ell(X_n)) - \mathbb{E}f(\Pi_\ell(X))| \\
&\quad + |\mathbb{E}f(\Pi_\ell(X)) - \mathbb{E}f(X)| \\
&=: u_{n,\ell} + v_{n,\ell} + w_\ell.
\end{aligned}$$

Nach dem Satz von der dominierten Konvergenz gibt es ein (von ε abhängendes) ℓ_0 mit $w_\ell \leq \varepsilon$ für jedes $\ell \geq \ell_0$. Mit $K := \sup_{x \in \mathbb{H}} |f(x)| < \infty$ folgt aus (17.37)

$$\begin{aligned}
u_{n,\ell} &\leq |\mathbb{E}\left[(f(X_n) - f(\Pi_\ell(X_n)))\, \mathbf{1}\{\|X_n - \Pi_\ell(X_n)\| \geq \delta\}\right]| \\
&\quad + |\mathbb{E}\left[(f(X_n) - f(\Pi_\ell(X_n)))\, \mathbf{1}\{\|X_n - \Pi_\ell(X_n)\| < \delta\}\right]| \\
&\leq 2\,K\,\mathbb{P}(\|X_n - \Pi_\ell(X_n)\| \geq \delta) + \varepsilon.
\end{aligned}$$

Für jedes $\ell \geq \ell_0$ ergibt sich somit

$$|\mathbb{E}f(X_n) - \mathbb{E}f(X)| \leq 2\,K\,\mathbb{P}(\|X_n - \Pi_\ell(X_n)\| \geq \delta) + 2\varepsilon + |\mathbb{E}f(\Pi_\ell(X_n)) - \mathbb{E}f(\Pi_\ell(X))|.$$

Nach (17.34) konvergiert der letzte Summand auf der rechten Seite gegen null, und wir erhalten

$$\limsup_{n \to \infty} |\mathbb{E}f(X_n) - \mathbb{E}f(X)| \leq 2\,K\,\limsup_{n \to \infty} \mathbb{P}(\|X_n - \Pi_\ell(X_n)\| \geq \delta) + 2\varepsilon.$$

Mit (17.35) folgt jetzt $\limsup_{n \to \infty} |\mathbb{E}f(X_n) - \mathbb{E}f(X)| \leq 2\varepsilon$ und damit die Behauptung, weil ε beliebig war. ∎

Nach diesen Vorbereitungen sind wir in der Lage, einen zentralen Grenzwertsatz für hilbertraumwertige Zufallselemente zu formulieren und zu beweisen. Dieser Satz stellt eine Verallgemeinerung des multivariaten zentralen Grenzwertsatzes (Satz 6.19) dar.

17.29 Satz (Zentraler Grenzwertsatz für $\mathbb{H}$-wertige Zufallselemente)
Es sei $Z_1, Z_2, \dots$ eine u. i. v.-Folge $\mathbb{H}$-wertiger Zufallselemente mit $\mathbb{E}\|Z_1\|^2 < \infty$. Bezeichnen $m := \mathbb{E}Z_1$ den Erwartungswert von Z_1 und $C := \Sigma(Z_1)$ den Kovarianzoperator von Z_1, so existiert ein $\mathbb{H}$-wertiges Gauß'sches Zufallselement X mit $X \sim N(\mathbf{0}, C)$, und es gilt

$$\frac{1}{\sqrt{n}} \sum_{j=1}^{n} (Z_j - m) \xrightarrow{\mathcal{D}} X \quad \text{bei } n \to \infty.$$

Beweis Wir nehmen o. B. d. A. $m = 0$ an und setzen $X_n := n^{-1/2}(Z_1 + \ldots + Z_n)$, $n \geq 1$. Mit Übungsaufgabe 17.14 und Satz 17.18 folgt $\Sigma(X_n) = C$, und somit erhalten wir

$$\langle Cx, y \rangle = \mathbb{E}\left[\langle X_n, x \rangle \langle X_n, y \rangle\right], \quad n \geq 1, \; x, y \in \mathbb{H}.$$

Wegen $C \in \mathcal{L}_{tr}^{+}(\mathbb{H})$ gibt es nach Satz 17.25 ein Zufallselement X mit $X \sim N(0, C)$. Im Folgenden sei $\{e_k : k \geq 1\}$ ein VONS von $\mathbb{H}$ mit den Eigenschaften $Ce_k = \lambda_k e_k$, $k \geq 1$, und $\sum_{k=1}^{\infty} \langle Ce_k, e_k \rangle = \sum_{k=1}^{\infty} \lambda_k < \infty$. Für beliebiges $\delta > 0$ gilt aufgrund der Markow-Ungleichung und des Satzes von der monotonen Konvergenz

$$\begin{aligned}
\mathbb{P}\left(\|X_n - \Pi_\ell(X_n)\| \geq \delta\right) &\leq \frac{1}{\delta^2} \mathbb{E}\left[\|X_n - \Pi_\ell(X_n)\|^2\right] \\
&= \frac{1}{\delta^2} \mathbb{E}\left[\sum_{k=\ell+1}^{\infty} \langle X_n, e_k \rangle^2\right] \\
&= \frac{1}{\delta^2} \sum_{k=\ell+1}^{\infty} \mathbb{E}\left[\langle X_n, e_k \rangle \langle X_n, e_k \rangle\right] \\
&= \frac{1}{\delta^2} \sum_{k=\ell+1}^{\infty} \langle Ce_k, e_k \rangle,
\end{aligned}$$

und somit folgt (17.35). Um die noch fehlende Bedingung (17.34) nachzuweisen, reicht es nach Bemerkung 17.28 aus, für beliebiges $h \in \mathbb{H}$ die Verteilungskonvergenz $\langle X_n, h \rangle \xrightarrow{\mathcal{D}} \langle X, h \rangle$ zu zeigen. Wegen

$$\langle X_n, h \rangle = \frac{1}{\sqrt{n}} \sum_{j=1}^{n} \langle Z_j, h \rangle$$

mit einer u. i. v.-Folge $(\langle Z_j, h \rangle)_{j \geq 1}$ sowie $\mathbb{E}\langle Z_1, h \rangle = 0$, $\mathbb{V}(\langle Z_1, h \rangle) = \langle Ch, h \rangle$ und der Verteilungsgleichheit $\langle X, h \rangle \sim N(0, \langle Ch, h \rangle)$ folgt die Behauptung aus dem zentralen Grenzwertsatz von Lindeberg–Lévy (Satz 1.16). ∎

Die in diesem Kapitel vorgestellten Resultate finden unter anderem bei sogenannten *gewichteten L^2-Statistiken* Anwendung. Um diese Klasse von Zufallsvariablen in relativ großer Allgemeinheit zu definieren, seien $(\Omega, \mathcal{A}, \mathbb{P})$ ein Wahrscheinlichkeitsraum, $M \subset \mathbb{R}^d$ eine nichtleere Borelmenge und μ ein endliches Maß auf der Spur-σ-Algebra $\mathcal{B}_M^d := M \cap \mathcal{B}^d$. Weiter seien $X_1, \ldots, X_n$ M-wertige d-dimensionale Zufallsvektoren auf Ω.

17.30 Definition (gewichtete L^2-Statistik)

Es seien $z_n : (\mathbb{R}^d)^n \times M \to \mathbb{R}$ eine bezüglich der Produkt-σ-Algebra $(\mathcal{B}^d)^n \otimes \mathcal{B}_M^d$ messbare Funktion sowie $Z_n(t) := z_n(X_1, \ldots, X_n, t)$, $t \in M$. Dann heißt die Zufallsvariable

$$T_n := \int_M Z_n^2(t)\,\mu(\mathrm{d}t) \tag{17.38}$$

(auf z_n und μ fußende) *gewichtete L^2-Statistik*.

Das Attribut *gewichtet* bezieht sich hierbei auf das Maß μ. Diesbezüglich gilt häufig $\mu(\mathrm{d}t) = w(t)\,\mathrm{d}t$ mit einer nichtnegativen messbaren Funktion $w : M \to \mathbb{R}$, die *Gewichtsfunktion* genannt wird.

Gewichtete L^2-Statistiken dienen insbesondere als Prüfgrößen für ganz unterschiedliche Hypothesen, die die Verteilung eines d-dimensionalen Zufallsvektors X betreffen (einen Überblick über die einschlägige Literatur gibt [BEH]). Nehmen wir an, es sei die Hypothese

$$H_0 : \mathbb{P}^X \in \mathcal{Q} := \{Q_\vartheta : \vartheta \in \Theta\}$$

zu testen, dass die unbekannte Verteilung von X zu einer mit einem Parameter ϑ indizierten Familie $\mathcal{Q}$ von Verteilungen auf $\mathcal{B}^d$ gehört. Dabei sei für ein $s \geq 1$ der Parameterraum Θ eine nichtleere offene Teilmenge des $\mathbb{R}^s$. Ist $X_1, X_2, \ldots$ eine u. i. v.-Folge von Zufallsvektoren mit gleicher Verteilung wie X, so besteht das übliche Vorgehen darin, den Parameter ϑ auf Grundlage von $X_1, \ldots, X_n$ mit einem geeigneten Verfahren mithilfe von $\widehat{\vartheta}_n = \widehat{\vartheta}_n(X_1, \ldots, X_n)$ zu schätzen (vgl. Kap. 10). Im Folgenden soll unter bewusster Weglassung technischer Details ausgeführt werden, warum gewichtete L^2-Statistiken für dieses Testproblem nützlich sind.

Typischerweise besitzt $Z_n(t)$ in (17.38) die Gestalt

$$Z_n(t) = \frac{1}{\sqrt{n}} \sum_{j=1}^{n} H\big(X_j, \widehat{\vartheta}_n, t\big) \tag{17.39}$$

mit einer stetigen, beschränkten Funktion $H : M \times \Theta \times M \to \mathbb{R}$, was im Folgenden vorausgesetzt wird. Dabei sei H bezüglich des zweiten Argumentes stetig differenzierbar. Für jedes $\vartheta \in \Theta$ gelte

$$\mathbb{E}_\vartheta H(X, \vartheta, t) = 0, \quad t \in M. \tag{17.40}$$

Bei Gültigkeit der Hypothese H_0 ist also die Mittelwertfunktion $M \ni t \mapsto \mathbb{E}_\vartheta H(X, \vartheta, t)$ identisch gleich null. Auch hier wird wie schon in früheren Kapiteln durch Indizierung mit ϑ betont, dass X die Verteilung Q_ϑ besitzt. Im Hilbertraum $\mathbb{H} := \mathrm{L}^2(M, \mathcal{B}_M^d, \mu)$ ist dann (17.38) gleichbedeutend mit

$$T_n = \|Z_n\|^2, \tag{17.41}$$

und somit misst T_n die Abweichung von dieser Mittelwertfunktion in einer ganz bestimmten Weise. Angesichts von Darstellung (17.41) und (17.39) drängt es sich geradezu auf, bei Unterstellung der Gültigkeit von H_0 die Verteilungskonvergenz $Z_n \xrightarrow{\mathcal{D}} Z$ nachweisen zu wollen, wobei Z ein zentriertes Gauß'sches Zufallselement in $\mathbb{H}$ ist. Nach dem Abbildungssatz würde dann $T_n \xrightarrow{\mathcal{D}} \|Z\|^2$ gelten, und man hätte eine Limesverteilung von T_n unter

522434_1_De_17_Chapter-print ☑ TYPESET ☐ DISK ☐ LE ☑ CP Disp.:25/8/2022 Pages: 310 Layout: German_T5

H_0 zumindest in qualitativer Form erhalten. Das Wort *qualitativ* bezieht sich maßgeblich darauf, dass der unter H_0 zugrundeliegende Parameter $\vartheta \in \Theta$ nicht bekannt ist. Die Grenzverteilung der Teststatistik T_n unter H_0 hängt somit zumindest im Allgemeinen von ϑ ab. Wie man damit bei der praktischen Durchführung eines Tests der Hypothese H_0 umgeht, der H_0 für große Werte von T_n verwirft, beleuchten wir später.

Zunächst erhebt sich die Frage, wie sich bei Gültigkeit der Hypothese H_0 die Verteilungskonvergenz $Z_n \overset{\mathcal{D}}{\longrightarrow} Z$ gegen ein zentriertes Gauß'sches Zufallselement Z nachweisen lässt. Das Vorgehen ist klar umrissen: Gilt H_0, so gibt es ein $\vartheta \in \Theta$ mit $\mathbb{P}^X = Q_\vartheta$. Würde in (17.39) anstelle von $\widehat{\vartheta}_n = \widehat{\vartheta}_n(X_1, \ldots, X_n)$ der Parameter stehen, so hätten wir anstelle von $Z_n = Z_n(\cdot)$ in (17.39) das durch

$$\widetilde{Z}_n(t) := \frac{1}{\sqrt{n}} \sum_{j=1}^{n} H(X_j, \vartheta, t) \tag{17.42}$$

definierte und wegen (17.40) zentrierte $\mathbb{H}$-wertige Zufallselement $\widetilde{Z}_n = \widetilde{Z}_n(\cdot)$. Für die Folge $(\widetilde{Z}_n)$ greift der zentrale Grenzwertsatz (Satz 17.29). Die Idee besteht nun darin, die Glattheit der in (17.39) auftretenden Funktion H im zweiten Argument auszunutzen und mit der Schreibweise $\frac{\partial}{\partial \vartheta}$ für Gradientenbildung bezüglich ϑ eine Taylorentwicklung von H um die Stelle ϑ durchzuführen. Eine solche Entwicklung ergibt

$$H(X_j, \widehat{\vartheta}_n, t) \approx H(X_j, \vartheta, t) + \frac{\partial}{\partial \vartheta} H(X_j, \vartheta, t)^\top (\widehat{\vartheta}_n - \vartheta)$$

und somit

$$Z_n(t) \approx \widetilde{Z}_n(t) + \left[\frac{1}{n} \sum_{j=1}^{n} \frac{\partial}{\partial \vartheta} H(X_j, \vartheta, t) \right]^\top \cdot \sqrt{n}(\widehat{\vartheta}_n - \vartheta). \tag{17.43}$$

Dabei muss herausgearbeitet werden, dass der durch diese Approximation gemachte Fehler asymptotisch vernachlässigbar ist. Für den Term innerhalb der eckigen Klammer fordern wir ein starkes Gesetz großer Zahlen (vgl. Satz 17.15), also

$$\left\| \frac{1}{n} \sum_{j=1}^{n} \frac{\partial}{\partial \vartheta} H(X_j, \vartheta, \cdot) - L(\vartheta, \cdot) \right\| \to 0 \tag{17.44}$$

$\mathbb{P}_\vartheta$-fast sicher, wobei $L(\vartheta, t) := \mathbb{E}_\vartheta\left[\frac{\partial}{\partial \vartheta} H(X, \vartheta, t) \right]$. Schließlich nehmen wir für $\sqrt{n}(\widehat{\vartheta}_n - \vartheta)$ eine Darstellung der Gestalt

$$\sqrt{n}(\widehat{\vartheta}_n - \vartheta) = \frac{1}{\sqrt{n}} \sum_{j=1}^{n} \ell(X_j, \vartheta) + o_{\mathbb{P}_\vartheta}(1) \quad \text{bei } n \to \infty \tag{17.45}$$

522434_1_De_17_Chapter-print ☑TYPESET ☐DISK ☐LE ☑CP Disp.:25/8/2022 Pages: 310 Layout: German_T5

an (vgl.(10.23)). Dabei gelten $\mathbb{E}_\vartheta\big[\ell(X, \vartheta)\big] = 0_s$ sowie $\mathbb{E}_\vartheta \|\ell(X, \vartheta)\|_2^2 < \infty$, und $\| \cdot \|_2$ steht hier für die euklidische Norm im $\mathbb{R}^s$.

Zusammen mit (17.39) und (17.43)–(17.45) ergibt sich jetzt $Z_n(\cdot) \approx Z_n^*(\cdot)$, wobei

$$Z_n^*(t) := \frac{1}{\sqrt{n}} \sum_{j=1}^{n} \Big(H\big(X_j, \vartheta, t\big) - L(\vartheta, t)^\top \ell(X_j, \vartheta)\Big), \quad t \in M,$$

gesetzt ist. Dabei müssen die zu präzisierenden technischen Voraussetzungen die stochastische Konvergenz $\|Z_n - Z_n^*\| = o_{\mathbb{P}_\vartheta}(1)$ garantieren. Wegen (17.40) und $\mathbb{E}_\vartheta \ell(X, \vartheta) = 0$ sind die Summanden von Z_n^* stochastisch unabhängige und identisch verteilte zentrierte $\mathbb{H}$-wertige Zufallselemente, auf die der zentrale Grenzwertsatz anwendbar ist. Wegen $\|Z_n - Z_n^*\| = o_{\mathbb{P}_\vartheta}(1)$ garantieren dieser Grenzwertsatz und das Lemma von Slutsky, dass ein zentriertes $\mathbb{H}$-wertiges Gauß'sches Zufallselement Z mit Kovarianzfunktion

$$K(s, t) = \mathbb{E}_\vartheta\Big[\big(H(X, \vartheta, s) - L(\vartheta, s)^\top \ell(X, \vartheta)\big)\big(H(X, \vartheta, t) - L(\vartheta, t)^\top \ell(X, \vartheta)\big)\Big]$$

existiert, sodass $Z_n \xrightarrow{\mathcal{D}} Z$ und damit $T_n = \|Z_n\|^2 \xrightarrow{\mathcal{D}} \|Z\|^2$ gelten. Nach Satz 17.26 besteht die Verteilungsgleichheit $\|Z\|^2 \sim \sum_{j \geq 1} \lambda_j N_j^2$, wobei $\lambda_1, \lambda_2, \ldots$ die von null verschiedenen Eigenwerte des zu $K(\cdot, \cdot)$ assoziierten Integraloperators bezeichnen und $N_1, N_2, \ldots$ eine u.i.v.-Folge standardnormalverteilter Zufallsvariablen ist.

Im Hinblick auf praktische Anwendungen ist dieses Resultat rein theoretischer Natur, da die Kovarianzfunktion und damit die Eigenwerte vom unbekannten Parameter ϑ unter H_0 abhängen. Es besteht aber die Möglichkeit – wie in Abschn. 12.9 ausgeführt – ein parametrisches Bootstrap-Verfahren durchzuführen. Bei diesem Verfahren werden bei gegebenem $\widehat{\vartheta}_n$ wiederholt mithilfe von Pseudozufallszahlen, welche die Verteilung von X unter dem Parameter $\widehat{\vartheta}_n$ simulieren, Realisierungen von T_n generiert. Man lehnt dann H_0 zum Niveau α ab, wenn die beobachtete Realisierung von T_n in Bezug auf alle simulierten Realisierungen zu den größten $\alpha \cdot 100\,\%$ gehört. Für ein Resultat analog zu Satz 12.10, dass dieses Bootstrap-Verfahren asymptotisch ein vorgegebenes Testniveau einhält, benötigt man die starke Konsistenz $\widehat{\vartheta}_n \to \vartheta$ $\mathbb{P}_\vartheta$-fast sicher für jedes $\vartheta \in \Theta$ sowie einen zentralen Grenzwertsatz für Dreiecksschemata unabhängiger $\mathbb{H}$-wertiger Zufallselemente analog zum zentralen Grenzwertsatz von Lindeberg–Feller (Satz 1.17). Ein solcher Satz findet sich z. B. in [KMM].

Wir machen uns abschließend klar, wie sich T_n beim Grenzübergang $n \to \infty$ verhält, wenn die Hypotheses H_0 nicht gilt. Dann gibt es üblicherweise ein $z \in \mathbb{H}$, $z \neq \mathbf{0}$, mit $\frac{1}{n} \sum_{j=1}^{n} H(X_j, \widehat{\vartheta}_n, \cdot) \xrightarrow{\mathbb{P}} z(\cdot)$ in $\mathbb{H}$, d.h.

$$\left\| \frac{1}{n} \sum_{j=1}^{n} H(X_j, \widehat{\vartheta}_n, \cdot) - z(\cdot) \right\| \xrightarrow{\mathbb{P}} 0.$$

Damit folgt

$$\frac{T_n}{n} = \left\| \frac{1}{n} \sum_{j=1}^{n} H(X_j, \widehat{\vartheta}_n, \cdot) \right\|^2 \xrightarrow{\ \mathbb{P}\ } \Delta := \|z\|^2 = \int_M z^2(t)\,\mu(\mathrm{d}t).$$

Im Fall $\Delta > 0$ ergibt sich dann $T_n \xrightarrow{\ \mathbb{P}\ } \infty$, und somit ist der auf T_n basierende Test konsistent gegen jede solche Alternative. Mithilfe des zentralen Grenzwertsatzes 17.29 und des Abbildungssatzes kann man dieses Resultat sogar dahingehend verschärfen, dass T_n unter festen Alternativen zu H_0 asymptotisch normalverteilt ist. Die Details hierzu sind in [BEH] ausgeführt, aber die Beweisidee ist schnell erklärt: Setzen wir $\overline{Z}_n := n^{-1/2} Z_n$ mit Z_n wie in (17.39), so folgt

$$\sqrt{n}\left(\frac{T_n}{n} - \Delta\right) = \sqrt{n}\left(\|\overline{Z}_n\|^2 - \|z\|^2\right) = \sqrt{n}\langle \overline{Z}_n - z, \overline{Z}_n + z\rangle$$

$$= \sqrt{n}\langle \overline{Z}_n - z, 2z + \overline{Z}_n - z\rangle$$

$$= 2\langle V_n, z\rangle + \frac{1}{\sqrt{n}}\|V_n\|^2, \tag{17.46}$$

wobei $V_n := \sqrt{n}(\overline{Z}_n - z)$ gesetzt ist. Man weist jetzt die Verteilungskonvergenz $V_n \xrightarrow{\ \mathcal{D}\ } V$ für ein zentriertes $\mathbb{H}$-wertiges Gauß'sches Zufallselement V nach. Wegen der Straffheit der Folge $(\|V_n\|^2)$ liefert dann (17.46) zusammen mit dem Abbildungssatz und dem Lemma von Slutsky die Verteilungskonvergenz

$$\sqrt{n}\left(\frac{T_n}{n} - \Delta\right) \xrightarrow{\ \mathcal{D}\ } 2\langle V, z\rangle.$$

Nach Definition der Normalverteilung im Hilbertraum besitzt $2\langle V, z\rangle$ die Normalverteilung $N(0, \sigma^2)$, wobei $\sigma^2 = 4\mathbb{E}\big[\langle V, z\rangle^2\big]$. Prinzipiell besteht die Möglichkeit, einen konsistenten Schätzer $\widehat{\sigma}_n^2 = \widehat{\sigma}_n^2(X_1, \dots, X_n)$ für σ^2 zu konstruieren und damit ein asymptotisches Konfidenzintervall für Δ anzugeben (siehe [BEH]).

17.31 Beispiel (BHEP-Tests auf multivariate Normalverteilung)

Tests auf multivariate Normalverteilung erfreuen sich seit langem eines ungebrochenen Interesses, und zwar sowohl aus theoretischer als auch aus praktischer Sicht (für einen Überblick siehe z. B. [H02] und [EH1]). Die Hypothese besagt, dass X gemäß *irgendeiner* nichtausgearteten d-dimensionalen Normalverteilung verteilt ist. Bei diesem Testproblem trifft man die grundsätzliche Annahme, dass die Verteilung von X eine Dichte bezüglich des Borel–Lebesgue-Maßes λ^d besitzt. Die Hypothese H_0 lautet formal

$$H_0 : \mathbb{P}^X \in \mathcal{N}_d := \big\{ N_d(m, \Sigma) : m \in \mathbb{R}^d,\ \Sigma \in \mathbb{R}^{d \times d} \text{ symmetrisch und positiv definit}\big\}.$$

Der unbekannte Parameter(vektor) ϑ setzt sich in diesem Fall aus den d Komponenten von m sowie aus der Diagonalen und dem Teil rechts oberhalb der Diagonalen von Σ zusammen; es gilt also $s = d + d + \binom{d}{2} = d(d+3)/2$. Üblicherweise schätzt man bei diesem Testproblem den Erwartungswert m durch das *Stichprobenmittel* $\overline{X}_n := n^{-1} \sum_{j=1}^{n} X_j$ und die Kovarianzmatrix Σ durch die *Stichprobenkovarianzmatrix* $S_n := n^{-1} \sum_{j=1}^{n} (X_j - \overline{X}_n)(X_j - \overline{X}_n)^\top$ von $X_1, \ldots, X_n$ und bildet die sogenannten *skalierten Residuen*

$$X_{n,j} := S_n^{-1/2}(X_j - \overline{X}_n), \quad j \in \{1, \ldots, n\}. \tag{17.47}$$

Dabei bezeichnet $S_n^{-1/2}$ die symmetrische positiv definite Quadratwurzel aus S_n^{-1}. Diese existiert mit Wahrscheinlichkeit eins, falls $n \geq d+1$ gilt, weil angenommen wurde, dass die Verteilung von X eine Dichte bezüglich λ^d besitzt (siehe [EAP]). Die Ungleichung $n \geq d+1$ sei fortan stillschweigend vorausgesetzt.

Die nachfolgende gewichtete L^2-Statistik führt zu einem Test auf multivariate Normalverteilung, der theoretisch sehr gut untersucht ist und viele wünschenswerte Eigenschaften besitzt. Seine praktische Bedeutung erkennt man daran, dass er im frei verfügbaren und weit verbreiteten Statistikpaket R (siehe [CRT]) als Funktion „test.BHEP" verfügbar ist. Die Teststatistik ist durch die Heuristik motiviert, dass die in (17.47) definierten skalierten Residuen bei Gültigkeit von H_0 für großes n approximativ stochastisch unabhängig und jeweils näherungsweise $N_d(0_d, I_d)$-verteilt sein sollten. Somit sollte die *empirische charakteristische Funktion*

$$\psi_n(t) := \frac{1}{n} \sum_{j=1}^{n} \exp\left(\mathrm{i}t^\top X_{n,j}\right), \quad t \in \mathbb{R}^d,$$

von $X_{n,1}, \ldots, X_{n,n}$ als gute Näherung für die charakteristische Funktion

$$\psi_0(t) := \exp\left(-\frac{\|t\|_2^2}{2}\right), \quad t \in \mathbb{R}^d, \tag{17.48}$$

der Standardnormalverteilung $N_d(0_d, I_d)$ im $\mathbb{R}^d$ dienen. Dabei steht $\|\cdot\|_2$ für die euklidische Norm im $\mathbb{R}^d$. Als Teststatistik zur Prüfung der Hypothese H_0 bietet sich also

$$T_n := n \int_{\mathbb{R}^d} \left|\psi_n(t) - \psi_0(t)\right|^2 w(t) \, \mathrm{d}t \tag{17.49}$$

an. Dabei ist w eine geeignete Gewichtsfunktion. Diese sollte insbesondere so gewählt sein, dass das Integral nicht numerisch ausgewertet werden muss, sondern einfach berechnet werden kann. Setzt man speziell

$$w(t) = w_\beta(t) := \frac{1}{(2\pi\beta^2)^{d/2}} \exp\left(-\frac{\|t\|_2^2}{2\beta^2}\right), \quad t \in \mathbb{R}^d,$$

522434_1_De_17_Chapter-print ☑ TYPESET ☐ DISK ☐ LE ☑ CP Disp.:25/8/2022 Pages: 310 Layout: German_T5

wobei der später zu diskutierende sog. *Tuning-Parameter* $\beta > 0$ fest gewählt ist, so zeigt eine direkte Rechnung, dass $T_{n,\beta}$ $(:= T_n)$ in (17.49) die Gestalt

$$
\begin{aligned}
T_{n,\beta} = \frac{1}{n} \sum_{j,k=1}^{n} \exp\left(-\frac{\beta^2}{2} \|X_{n,j} - X_{n,k}\|_2^2\right) \\
- \frac{2}{(1+\beta^2)^{d/2}} \sum_{j=1}^{n} \exp\left(-\frac{\beta^2 \|X_{n,j}\|_2^2}{2(1+\beta^2)}\right) + \frac{n}{(1+2\beta^2)^{d/2}}
\end{aligned}
\tag{17.50}
$$

annimmt. Hieran erkennt man, dass die Berechnung der Quadratwurzel $S_n^{-1/2}$ von S_n^{-1} nicht erfolgen muss, und dass $T_{n,\beta}$ eine affin-invariante Statistik ist.

Selbstfrage 16 Warum ist die Berechnung von $S_n^{-1/2}$ nicht nötig?

Die Eigenschaft der affinen Invarianz bedeutet, dass für jede reguläre $(d \times d)$-Matrix A und jedes $b \in \mathbb{R}^d$ mit Wahrscheinlichkeit eins die Gleichung

$$
T_{n,\beta}(AX_1 + b, \ldots, AX_n + b) = T_n(X_1, \ldots, X_n)
$$

erfüllt ist (vgl. Übungsaufgabe 17.22). Die affine Invarianz ist eine wünschenswerte Eigenschaft einer jeden denkbaren Prüfgröße auf multivariate Normalverteilung, da die Klasse $\mathcal{N}_d$ aller nichtausgearteteten d-dimensionalen Normalverteilungen gegenüber affinen Transformationen $x \mapsto Ax + b$ mit regulärer Matrix A abgeschlossen ist (vgl. den Reproduktionssatz 5.7). Eine Konsequenz der affinen Invarianz von $T_{n,\beta}$ ist, dass die Verteilung von $T_{n,\beta}$ unter H_0 nicht von den unbekannten Größen m und Σ abhängt und somit o. B. d. A. $m = 0_d$ und $\Sigma = I_d$ angenommen werden kann.

Man beachte, dass $T_{n,\beta}$ auf den ersten Blick keine gewichtete L^2-Statistik im Sinne von Definition 17.30 ist, weil innerhalb des Betrages des Integranden in (17.49) *komplexwertige* Zufallsvariablen auftreten. Schreibt man diesen Integranden in der Form $(\overline{\psi_n(t)} - \psi_0(t))(\psi_n(t) - \psi_0(t))$, so folgt wegen $\int_{\mathbb{R}^d} \sin(t^\top x) w_\beta(t)\, dt = 0$, $x \in \mathbb{R}^d$, dass $T_{n,\beta}$ mit den Festsetzungen $M := \mathbb{R}^d$, $\mu(dt) := w_\beta(t) dt$ und

$$
Z_n(t) := \frac{1}{\sqrt{n}} \sum_{j=1}^{n} \left[\cos(t^\top X_{n,j}) + \sin(t^\top X_{n,j}) - \exp\left(-\frac{\|t\|_2^2}{2}\right) \right], \quad t \in \mathbb{R}^d, \tag{17.51}
$$

mit $X_{n,j}$ wie in (17.47) die Gestalt (17.38) besitzt.

Die Statistik $T_{n,\beta}$ wurde zunächst von T. Epps und L. Pulley für den Fall $d = 1$ vorgeschlagen (siehe [EPY]) und dann von L. Baringhaus und dem Autor dieses Buches auf den multivariaten Fall verallgemeinert (siehe [BHE]). Das Akronym *BHEP-Test* für den auf $T_{n,\beta}$ basierenden Test auf d-dimensionale Normalverteilung spiegelt den jeweils ersten Buchstaben der Nachnamen dieser Autoren wider. Es geht auf S. Csörgő zurück, der die Konsistenz der Testfolge $(T_{n,\beta})$ gegen jede nicht zu $\mathcal{N}_d$ gehörende Verteilung bewies (siehe [CSO]). Die asymptotische Verteilung von $T_{n,\beta}$ unter H_0 wurde zunächst mithilfe der Theorie der V-Statistiken mit geschätzten Parametern hergeleitet, und zwar in [BHE] für den Fall $\beta = 1$ und in [HEZ] für allgemeines β. Die Darstellung $T_{n,\beta} = \int Z_n^2(t)\varphi_\beta(t)\,\mathrm{d}t$ mit $Z_n(t)$ wie in (17.51) geht auf den Autor und T. Wagner zurück (siehe [HWA]). In [HWA] wurde $Z_n(\cdot)$ als Zufallselement in dem mit der Fréchet-Metrik

$$\rho(f,g) := \sum_{k=1}^{\infty} 2^{-k}\,\frac{\rho_k(f,g)}{1+\rho_k(f,g)}, \qquad \rho_k(f,g) := \max_{\|x\|_2 \le k} |f(x)-g(x)|,$$

versehenen Raum $\mathcal{C}(\mathbb{R}^d)$ aller stetigen Funktionen $f : \mathbb{R}^d \to \mathbb{R}$ studiert. Die Limesverteilung von $T_{n,\beta}$ unter H_0 ist die von

$$T_{\infty,\beta} := \int Z^2(t)\varphi_\beta(t)\,\mathrm{d}t. \qquad (17.52)$$

Dabei ist $Z(\cdot)$ ein zentriertes Gauß'sches Zufallselement in $\mathcal{C}(\mathbb{R}^d)$ mit Kovarianzfunktion

$$K(s,t) := \exp\left(-\frac{\|s-t\|_2^2}{2}\right) - \left\{1+s^\top t + \frac{1}{2}(s^\top t)^2\right\}\exp\left(-\frac{\|s\|_2^2+\|t\|_2^2}{2}\right), \qquad (17.53)$$

$s,t \in \mathbb{R}^d$. N. Gürtler (siehe [GUE]) zeigte die Verteilungkonvergenz von $Z_n(\cdot)$ in (17.51) im Hilbertraum $\mathbb{H} := \mathrm{L}^2(\mathbb{R}^d, \mathcal{B}^d, \varphi_\beta(t)\mathrm{d}t)$ gegen ein ebenfalls mit $Z(\cdot)$ bezeichnetes zentriertes $\mathbb{H}$-wertiges Gauß'sches Zufallselement mit der in (17.53) definierten Kovarianzfunktion $K(\cdot,\cdot)$. Der Abbildungssatz liefert dann im Vergleich zur Beweisführung in [HWA] die Verteilungskonvergenz $T_{n,\beta} \xrightarrow{\mathcal{D}} T_{\infty,\beta}$ unter H_0 auf alternative Weise. Nach Satz 17.26 gilt

$$T_{\infty,\beta} \stackrel{\mathcal{D}}{=} \sum_{j=1}^{\infty} \lambda_{j,\beta} N_j^2.$$

Dabei ist $N_1, N_2, \ldots$ eine u.i.v.-Folge standardnormalverteilter Zufallsvariablen, und $\lambda_{1,\beta}, \lambda_{2,\beta}, \ldots$ sind die jeweils gemäß ihrer geometrischen Vielfachheit auftretenden positiven Eigenwerte des durch

$$A_\beta(f)(s) := \int K(s,t)f(t)\varphi_\beta(t)\,\mathrm{d}t, \quad s \in \mathbb{R}^d,$$

definierten Integraloperators $A_\beta : \mathbb{H} \to \mathbb{H}$.

Obwohl die Kovarianzfunktion $K(\cdot,\cdot)$ eine relativ einfache Gestalt besitzt, scheint es ein hoffnungsloses Unterfangen zu sein, die Eigenwerte von A_β in expliziter Form angeben zu

522434_1_De_17_Chapter-print ☑TYPESET ☐DISK ☐LE ☑CP Disp.:25/8/2022 Pages: 310 Layout: German_T5

wollen. Ein stabiles numerisches Verfahren im Fall $d = 1$ liefert [EH]. Im Fall $d = 1 = \beta$ sind die ersten vier Momente von $T_{\infty,\beta}$ bekannt ([H90]), und für allgemeines d und β wurden die ersten drei Momente von $T_{\infty,\beta}$ in [HWA] bestimmt.

Besitzt X eine nichtausgeartete Verteilung mit der Eigenschaft $\mathbb{E}\|X\|_2^4 < \infty$, für die wegen der affinen Invarianz von $T_{n,\beta}$ o. B. d. A. $\mathbb{E}(X) = 0_d$ und $\mathbb{E}(XX^\top) = I_d$ vorausgesetzt wird, so gilt mit $\psi_0(t)$ wie in (17.48) im Fall $\mathbb{P}^X \notin \mathcal{N}_d$ die Verteilungskonvergenz

$$\sqrt{n}\left(\frac{T_{n,\beta}}{n} - \Delta_\beta\right) \xrightarrow{\mathcal{D}} \mathrm{N}(0, \sigma_\beta^2), \qquad \Delta_\beta := \int \left|\mathbb{E}\big(e^{it^\top X}\big) - \psi_0(t)\right| \varphi_\beta(t)\,dt.$$

Dabei hängt die Limesvarianz σ_β^2 in komplizierter Weise von der Verteilung von X ab; sie kann aber mithilfe von $X_1, \dots, X_n$ konsistent geschätzt werden (siehe [GUE], Theorem 5 und Abschn. 1.2).

Obwohl ein auf $T_{n,\beta}$ gründender Test auf multivariate Normalverteilung für jedes β konsistent gegen jede feste alternative Verteilung zu H_0 ist, hängt die in Simulationsstudien festgestellte Güte, also die geschätzte Ablehnwahrscheinlichkeit von H_0 für festen Stichprobenumfang n, bei Wahl einer solchen Alternative mehr oder weniger stark von β ab. Empfehlungen für die Wahl von β gibt u. a. die Arbeit [TE1]. Neuerdings wird auch versucht, β von $X_1, \dots, X_n$ abhängen zu lassen (siehe [TE2]). Abschließend sei betont, dass der dem BHEP-Test zugrundeliegende Ansatz auch greift, um die Hypothese zu testen, dass ein hilbertraumwertiges Zufallselement eine nichtausgeartete Normalverteilung besitzt (siehe [HJI]).

Antworten zu den Selbstfragen

Antwort 1 b) ergibt sich aus c), wenn man $\Omega := \mathbb{N}$ sowie $\mathcal{A} := \mathcal{P}(\mathbb{N})$ setzt und für μ das Zählmaß auf $\mathcal{A}$ wählt.

Antwort 2 Aus $T(x) = T(y)$ folgt $\langle x - y, e_k \rangle = 0$ für jedes $k \geq 1$ und damit $x = y$, da ein VONS vorliegt.

Antwort 3 Da $\mathbb{H} \ni x \mapsto \langle x, y \rangle$ eine stetige Abbildung vermittelt, ist das Urbild einer offenen Menge in $\mathbb{R}$ unter dieser Abbildung eine offene Menge in $\mathbb{H}$.

Antwort 4 Die Aussage folgt aus dem Eindeutigkeitssatz für Maße (Satz 1.26), da das System $\mathcal{M}_\cap$ ein durchschnittsstabiles Erzeugendensystem von $\mathcal{B}$ ist.

Antwort 5 Aus $\langle m_1, y \rangle = \langle m_2, y \rangle$ für jedes $y \in \mathbb{H}$ folgt mit $y := m_1 - m_2$ die Gleichung $\|m_1 - m_2\|^2 = 0$ und damit $m_1 = m_2$.

Antwort 6 Bezeichnet $\mathbf{0}$ das Nullelement von $\mathbb{B}$, so gilt im Fall $k = 2$ mit $B_1 := A_1 \setminus A_2$, $B_2 := A_1 \cap A_2$, $B_3 := A_2 \setminus A_1$ und $B_4 := \Omega \setminus (A_1 \cup A_2)$ die Darstellung $f = \mathbf{1}\{B_1\}b_1 + \mathbf{1}\{B_2\}(b_1 + b_2) + \mathbf{1}\{B_3\}b_2 + \mathbf{1}\{B_4\}\mathbf{0}$. Der Schluss von k auf $k + 1$ erfolgt induktiv.

522434_1_De_17_Chapter-print ☑TYPESET ☐DISK ☐LE ☑CP Disp.:25/8/2022 Pages: 310 Layout: German_T5

Antwort 7 Wir nehmen $A_1, \ldots, A_k$ in (17.10) o. B. d. A. als paarweise disjunkt an. Mit (17.10), (17.11) und der Dreiecksungleichung für die Norm $\| \cdot \|_\mathbb{B}$ ergibt sich

$$\Big\| \int_\Omega f \, d\mu \Big\|_\mathbb{B} \leq \sum_{j=1}^k \mu(A_j) \|b_j\|_\mathbb{B} = \int_\Omega \|f\|_\mathbb{B} \, d\mu.$$

Das Gleichheitszeichen gilt wegen $\|f(\omega)\|_\mathbb{B} = \sum_{j=1}^k \mathbf{1}\{A_j\}(\omega)\|b_j\|_\mathbb{B}$, $\omega \in \Omega$.

Antwort 8 Die Ungleichung folgt aus der Bessel'schen Ungleichung (17.4), und die Konvergenz ergibt sich dann mithilfe des Satzes von der dominierten Konvergenz, denn es gilt $\|f - g_n\|_\mathbb{H} \leq 2\|f\|_\mathbb{H}$.

Antwort 9 Das zweite Gleichheitszeichen folgt mit dem Satz von der monotonen Konvergenz.

Antwort 10 Ausmultiplizieren der Skalarprodukte innerhalb der eckigen Klammer in (17.17) liefert $\langle X, x \rangle \langle X, y \rangle - \langle \mathbb{E}X, x \rangle \langle X, y \rangle - \langle X, x \rangle \langle \mathbb{E}X, y \rangle + \langle \mathbb{E}X, x \rangle \langle \mathbb{E}X, y \rangle$. Bildet man den Erwartungswert, so folgt wegen $\mathbb{E}\langle X, x \rangle = \langle \mathbb{E}X, x \rangle$ $(x \in \mathbb{H})$ die Behauptung.

Antwort 11 Satz 1.31 geht beim zweiten Gleichheitszeichen ein, denn dieses lautet

$$\int_\Omega \left(\int_E X^2(t, \omega) \, \mu(dt) \right) \mathbb{P}(d\omega) = \int_E \left(\int_\Omega X^2(t, \omega) \, \mathbb{P}(d\omega) \right) \mu(dt).$$

Antwort 12 Mit X und Y sind auch $e^{i\langle X, h \rangle}$ und $e^{i\langle Y, h \rangle}$ stochastisch unabhängig. Die Behauptung folgt dann wegen $e^{i\langle X+Y, h \rangle} = e^{i\langle X, h \rangle} e^{i\langle Y, h \rangle}$ aus der Multiplikationsformel für Erwartungswerte.

Antwort 13 Wegen der Stetigkeit des Skalarproduktes gilt $\langle X, h \rangle = \lim_{n\to\infty} \sum_{j=1}^n Y_j \langle e_j, h \rangle$, $h \in \mathbb{H}$. Als Limes $(\mathcal{A}, \mathcal{B}^1)$-messbarer Funktionen ist auch $\langle X, h \rangle$ $(\mathcal{A}, \mathcal{B}^1)$-messbar, und deshalb ist X nach Satz 17.7 $(\mathcal{A}, \mathcal{B}(\mathbb{H}))$-messbar.

Antwort 14 Wegen $m_k = \langle m, e_k \rangle$, $k \geq 1$, folgt die Konvergenz aus der Parseval'schen Gleichung.

Antwort 15 Nach Definition sind $\widetilde{N}_1, \widetilde{N}_2, \ldots$ stochastisch unabhängig, wenn für jedes $k \geq 2$ die Zufallsvariablen $\widetilde{N}_1, \ldots, \widetilde{N}_k$ stochastisch unabhängig sind. Letztere Unabhängigkeit folgt wegen $\mathrm{Cov}(\widetilde{N}_i, \widetilde{N}_j) = 0$ für $i \neq j$ aus Korollar 5.11.

Antwort 16 Nach Definition von $X_{n,j}$ gelten $\|X_{n,j}\|_2^2 = (X_j - \overline{X}_n)^\top S_n^{-1}(X_j - \overline{X}_n)$ sowie $\|X_{n,j} - X_{n,k}\|_2^2 = (X_j - X_k)^\top S_n^{-1}(X_j - X_k)$.

Übungsaufgaben

Aufgabe 17.1 Beweisen Sie die verallgemeinerte Parseval'sche Gl. (17.3).
Hinweis: Falls $\|x_n - x\| \to 0$, so folgt $\langle x_n, y \rangle \to \langle x, y \rangle$.

Aufgabe 17.2 Es sei $\mathbb{H}$ ein unendlichdimensionaler separabler Hilbertraum. Ein Maß μ auf $\mathcal{B}(\mathbb{H})$ heißt *invariant*, falls gilt: $\mu(A) = \mu(A + x)$ für jedes $A \in \mathcal{B}(\mathbb{H})$ und jedes $x \in \mathbb{H}$. Dabei ist $A + x := \{y + x : y \in A\}$ gesetzt. Es sei $B(x, \varepsilon) := \{y \in \mathbb{H} : \|x - y\| < \varepsilon\}$ $(x \in \mathbb{H}, \varepsilon > 0)$. Zeigen Sie: Es gibt kein vom Null-Maß $\mu \equiv 0$ verschiedenes invariantes Maß mit der Eigenschaft $\mu(B(x, \varepsilon)) < \infty$ für jedes $x \in \mathbb{H}$ und jedes $\varepsilon > 0$.

Aufgabe 17.3 Zeigen Sie: Ist $f : \Omega \to \mathbb{B}$ eine Bochner-integrierbare Funktion, so gilt

$$\left\| \int_\Omega f \, d\mu \right\|_{\mathbb{B}} \le \int_\Omega \| f \|_{\mathbb{B}} \, d\mu.$$

Aufgabe 17.4 Beweisen Sie Korollar 17.7.

Aufgabe 17.5 Es seien $\Omega := \{\omega_1, \omega_2, \ldots\}$ eine abzählbare Menge, $\mathcal{A} := \mathcal{P}(\Omega)$ sowie

$$\mathbb{P}(\{\omega_k\}) := \frac{C}{k(\ln(k + 1))^2}, \quad k \ge 1.$$

Dabei ist C eine Normierungskonstante, welche die Bedingung $\sum_{k=1}^{\infty} \mathbb{P}(\{\omega_k\}) = 1$ garantiert. Weiter seien $\mathbb{H} := \ell_2$ der Hilbertraum aller quadratisch summierbaren Zahlenfolgen aus Beispiel 17.2 b) sowie $X : \Omega \to \mathbb{H}$ definiert durch $X(\omega_k) := x_k$, wobei $x_k := (x_{k,j})_{j \ge 1}$ und $x_{k,k} := \ln(k + 1)$ sowie $x_{k,j} := 0$, falls $j \ne k$, $k \in \mathbb{N}$. Zeigen Sie:

a) Es gilt $\mathbb{E}\|X\| = \infty$.
b) Für jedes $y \in \mathbb{H}$ gilt $\mathbb{E}|\langle X, y \rangle| < \infty$.

Hinweis: Es gilt $\sum_{k=1}^{\infty}(k \ln(k + 1))^{-1} = \infty$.

Aufgabe 17.6 Es sei X ein $\mathbb{H}$-wertiges Zufallselement mit $\mathbb{E}\|X\| < \infty$. Zeigen Sie mithilfe von (17.7):

$$\|\mathbb{E}X\| \le \mathbb{E}\|X\|.$$

Aufgabe 17.7 Beweisen Sie Satz 17.12 mithilfe von (17.7).

Aufgabe 17.8 Es seien $(\Omega, \mathcal{A}, \mu)$ ein Maßraum und $\mathbb{H}$ ein separabler Hilbertraum. Zeigen Sie mithilfe von (17.11) und (17.14), dass für jede Bochner-integrierbare Funktion $f : \Omega \to \mathbb{H}$ und jedes $y \in \mathbb{H}$ die Gleichung

$$\left\langle \int_\Omega f \, d\mu, y \right\rangle = \int_\Omega \langle f, y \rangle \, d\mu$$

gilt.

Aufgabe 17.9 Beweisen Sie Satz 17.14.
Hinweis: Es gilt $\mathbb{E}\langle X, Y \rangle = \int_{\mathbb{H}} \int_{\mathbb{H}} \langle x, y \rangle \mathbb{P}^X \otimes \mathbb{P}^Y (dx, dy)$. Verwenden Sie den Satz von Fubini.

Aufgabe 17.10 Es sei X ein $\mathbb{H}$-wertiges Zufallselement mit $\mathbb{E}\|X\|^2 < \infty$. Zeigen Sie: Für jedes $h \in \mathbb{H}$ gilt

$$\mathbb{E}\|X - h\|^2 = \mathbb{E}\|X - \mathbb{E}X\|^2 + \|\mathbb{E}X - h\|^2.$$

522434_1_De_17_Chapter-print ☑ TYPESET ☐ DISK ☐ LE ☑ CP Disp.:25/8/2022 Pages: 310 Layout: German_T5

Insbesondere folgt analog wie bei reellen Zufallsvariablen

$$\mathbb{E}\|X - \mathbb{E}X\|^2 = \min_{h \in \mathbb{H}} \mathbb{E}\|X - h\|^2.$$

Aufgabe 17.11 Es seien $X_1, \ldots, X_n$ paarweise stochastisch unabhängige $\mathbb{H}$-wertige Zufallselemente mit $\mathbb{E}\|X_j\|^2 < \infty$ und $\mathbb{E}X_j = 0$, $j \in \{1, \ldots, n\}$. Weiter sei $S_n := X_1 + \ldots + X_n$ gesetzt. Zeigen Sie:

$$\mathbb{E}\|S_n\|^2 = \sum_{j=1}^{n} \mathbb{E}\|X_j\|^2.$$

Aufgabe 17.12 Es seien $X_1, X_2, \ldots$ stochastisch unabhängige und identisch verteilte $\mathbb{H}$-wertige Zufallselemente mit $\mathbb{E}\|X_1\|^4 < \infty$. Zeigen Sie: Es gilt

$$\lim_{n \to \infty} \frac{1}{n} \sum_{j=1}^{n} X_j = \mathbb{E}(X_1) \quad \mathbb{P}\text{-fast sicher.}$$

Hinweis: Zeigen Sie $\mathbb{E}\left\| \frac{1}{n} \sum_{j=1}^{n} X_j - \mathbb{E}X_1 \right\|^4 < \infty$.

Aufgabe 17.13 Es seien X ein $\mathbb{H}$-wertiges Zufallselement mit $\mathbb{E}\|X\|^2 < \infty$ und $\Sigma : \mathbb{H} \to \mathbb{H}$ durch

$$\Sigma x := \Sigma(x) := Tx - \langle \mathbb{E}X, x \rangle \mathbb{E}X, \quad x \in \mathbb{H},$$

definiert, wobei $\langle Tx, y \rangle = \mathbb{E}[\langle X, x \rangle \langle X, y \rangle]$, $x, y \in \mathbb{H}$. Zeigen Sie, dass Σ ein linearer, selbstadjungierter, positiver Spurklasse-Operator ist, für den (17.17) gilt.

Aufgabe 17.14 Es seien X ein $\mathbb{H}$-wertiges Zufallselement mit $\mathbb{E}\|X\|^2 < \infty$ und $a \in \mathbb{R}$ sowie $h \in \mathbb{H}$. Zeigen Sie:

$$\Sigma(aX + h) = a^2 \Sigma(X).$$

Aufgabe 17.15 Es seien E ein kompakter metrischer Raum und $(X(t))_{t \in E}$ ein stochastischer Prozess zweiter Ordnung mit Mittelwertfunktion $m(t) = \mathbb{E}X(t)$, $t \in E$, und Kovarianzfunktion $K(s, t) = \mathrm{Cov}((X(s), X(t))$, $s, t \in E$. Zeigen Sie die Äquivalenz folgender Aussagen:

a) Der Prozess $(X(t))_{t \in E}$ ist stetig im quadratischen Mittel,
b) Die Funktionen $m(\cdot)$ und $K(\cdot, \cdot)$ sind stetig.

Hinweis für „b) $\Longrightarrow$ a)": Drücken Sie $\mathbb{E}(X(s) - X(t))^2$ durch $m(\cdot)$ und $K(\cdot, \cdot)$ aus.

Hinweis für „a) $\Longrightarrow$ b)": Es gilt $K(s, t) - K(u, v) = (K(s, t) - K(s, v)) + (K(s, v) - K(u, v))$. Wenden Sie auf jeden der in Klammern gesetzten Terme die Cauchy–Schwarz-Ungleichung an.

Aufgabe 17.16 Es sei X ein $\mathbb{H}$-wertiges Zufallselement mit charakteristischem Funktional φ_X. Zeigen Sie: Die Verteilung von X ist genau dann symmetrisch zu $\mathbf{0}$ (d. h., es gilt $X \overset{\mathcal{D}}{=} -X$), falls φ_X reellwertig ist.

522434_1_De_17_Chapter-print ☑ TYPESET ☐ DISK ☐ LE ☑ CP Disp.:25/8/2022 Pages: 310 Layout: German_T5

Aufgabe 17.17 Zeigen Sie, dass ein $\mathbb{H}$-wertiges Zufallselement mit der Normalverteilung $N(m, \Sigma)$ das charakteristische Funktional

$$\varphi_X(h) = e^{i\langle m, h \rangle} \exp\left(-\frac{1}{2} \langle \Sigma h, h \rangle\right), \quad h \in \mathbb{H},$$

besitzt.

Aufgabe 17.18 Es seien $X, X_1, X_2, \ldots$ $\mathbb{H}$-wertige Zufallselemente mit charakteristischen Funktionalen $\varphi, \varphi_1, \varphi_2, \ldots$. Zeigen Sie: Gilt $\lim_{n \to \infty} \varphi_n(h) = \varphi(h)$ für jedes $h \in \mathbb{H}$, und ist die Folge $(X_n)_{n \geq 1}$ relativ kompakt, so folgt $X_n \xrightarrow{\mathcal{D}} X$.

Aufgabe 17.19 Es seien X und Y stochastisch unabhängige $\mathbb{H}$-wertige Zufallselemente, wobei $X \sim N(a, \Sigma)$ und $Y \sim N(b, T)$. Zeigen Sie, dass $X + Y$ die Normalverteilung $N(a + b, \Sigma + T)$ besitzt.

Aufgabe 17.20 Es seien $\mathbb{H}$ und $\mathbb{L}$ Hilberträume, X ein $\mathbb{H}$-wertiges Gauß'sches Zufallselement mit $X \sim N(m, \Sigma)$ sowie $T : \mathbb{H} \to \mathbb{L}$ eine lineare beschränkte Abbildung. Zeigen Sie, dass $Y := T(X) = T \circ X$ ein Gauß'sches Zufallselement in $\mathbb{L}$ ist. Wie lauten Erwartungswert und Kovarianzoperator von Y?

    Hinweis: Für die zu T adjungierte Abbildung $T^* : \mathbb{L} \to \mathbb{H}$ gilt $\langle Tx, y \rangle_{\mathbb{L}} = \langle x, T^*y \rangle_{\mathbb{H}}$ ($x \in \mathbb{H}$, $y \in \mathbb{L}$). Dabei ist durch Indizierung hervorgehoben, auf welchen Raum sich die Skalarproduktbildung bezieht.

Aufgabe 17.21 Es sei X ein $\mathbb{H}$-wertiges Gauß'sches Zufallselement mit $X \sim N(m, \Sigma)$. Zeigen Sie:

$$\mathbb{E}\big(\|X - m\|^4\big) = 2 \sum_{j=1}^{\infty} \lambda_j^2 + \left(\sum_{j=1}^{\infty} \lambda_j\right)^2.$$

Dabei sind $\lambda_1, \lambda_2, \ldots$ die jeweils gemäß ihrer geometrischen Vielfachheit auftretenden von null verschiedenen Eigenwerte des Kovarianzoperators Σ (die Summen können auch endlich sein).

Aufgabe 17.22 Zeigen Sie: Sind A eine reguläre $(d \times d)$-Matrix und $b \in \mathbb{R}^d$, so gilt für die in (17.49) definierte Statistik $T_{n,\beta} = T_{n,\beta}(X_1, \ldots, X_n)$:

$$T_{n,\beta}(X_1, \ldots, X_n) = T_{n,\beta}(AX_1 + b, \ldots, AX_n + b) \quad \mathbb{P}\text{-fast sicher.}$$

Hinweis: Verwenden Sie Darstellung (17.50).

Nachwort

Wie im Vorwort betont, soll Ihnen dieses im Hinblick auf ein Selbststudium konzipierte Buch einen raschen Einblick in die asymptotische Stochastik geben, wobei ein besonderes Augenmerk auf Themen im Bereich der Nahtstelle zwischen Wahrscheinlichkeitstheorie und mathematischer Statistik liegt. Dabei werden nur Grundkenntnisse der Stochastik sowie der Maß- und Integrationstheorie vorausgesetzt, wie sie üblicherweise in einführenden Lehrveranstaltungen vermittelt werden. Ich würde mich freuen, wenn dieser Einstieg in die asymptotische Stochastik bei Ihnen Lust auf mehr geweckt hat. Dazu gibt es eine ganze Fülle weiterführender Bücher, von denen einige schon im Laufe der einzelnen Kapitel genannt worden sind und einige weitere hier ergänzt seien.

Wenn Sie Interesse an fortgeschrittenen Themen aus der Wahrscheinlichkeitstheorie haben (hierzu gehören u. a. das Gesetz vom iterierten Logarithmus, unbeschränkt teilbare und speziell stabile Verteilungen, die Theorie großer Abweichungen und Konvergenzsätze für Martingale), seien insbesondere die Bücher [DUR, GST, KAL] und [KLE] genannt. Das Buch [BOG] behandelt Normalverteilungen (Gauß'sche Wahrscheinlichkeitsmaße) in einem allgemeinen Rahmen.

Wer sich stärker in die asymptotische Statistik einarbeiten möchte, wird mit [VW] fündig. Dieses Buch enthält viele Bereiche der asymptotischen Statistik, die im vorliegenden Werk nicht angesprochen werden, wie z. B. nichtparametrische Dichteschätzung, semiparametrische Modelle, Bayes-Verfahren oder die asymptotische Effizienz von Tests. Einschlägige Monographien zur nichtparametrischen Dichteschätzung sind u. a. [SIL, DEV] und [SCO]. Die Bücher [EUB, GRS] und [HAE] vermitteln mehr oder weniger umfangreiche Einblicke in das Gebiet der nichtparametrischen Regressionsschätzung.

Ein Standardwerk zur asymptotischen Effizienz nichtparametrischer Tests ist [NIK]. Das Buch [HOP] thematisiert insbesondere das Konzept der lokalen asymptotischen Normalität mit Blick auf stochastische Prozesse.

© Der/die Herausgeber bzw. der/die Autor(en), exklusiv lizenziert an Springer-Verlag GmbH, DE, ein Teil von Springer Nature 2022
N. Henze, *Asymptotische Stochastik: Eine Einführung mit Blick auf die Statistik*, https://doi.org/10.1007/978-3-662-65611-2

Lösungen der Übungsaufgaben

Lösung 1.1 Es sei $\| \cdot \|$ o. B. d. A. gleich der Maximumnorm $\|x\|_\infty := \max_{k=1,\ldots,d} |x_k|$, wobei $x = (x_1, \ldots, x_d)$. Für jedes $j \in \{1, \ldots, d\}$ und jedes $\varepsilon > 0$ gilt

$$\{|X_n^{(j)} - X^{(j)}| > \varepsilon\} \subset \{\|X_n - X\|_\infty > \varepsilon\} \subset \bigcup_{k=1}^{d} \{|X_n^{(k)} - X^{(k)}| > \varepsilon\}.$$

Die erste Teilmengenbeziehung liefert die Implikation „$\Longrightarrow$". Die Umkehrung „$\Longleftarrow$" folgt aus der zweiten Inklusion.

Lösung 1.2

a) Es sei $(\Omega, \mathcal{A}, \mathbb{P})$ wie im Hinweis. Jede natürliche Zahl n lässt sich in eindeutiger Weise in der Form $n = 2^k + j$ mit $k \in \mathbb{N}_0$ und $j \in \{0, \ldots, 2^k - 1\}$ schreiben. Setzen wir $X(\omega) := 0, \omega \in \Omega$, sowie

$$X_n(\omega) := 1, \quad \text{falls } \frac{j}{2^k} \le \omega \le \frac{j+1}{2^k},$$

und $X_n(\omega) := 0$, sonst, so gilt $0 = \liminf_{n \to \infty} X_n(\omega) < \limsup_{n \to \infty} X_n(\omega) = 1$. Somit konvergiert die Folge $(X_n(\omega))$ für kein $\omega \in \Omega$. Andererseits ergibt sich $X_n \overset{\mathbb{P}}{\longrightarrow} X$, denn für jedes $\varepsilon \in (0, 1)$ gilt $\mathbb{P}(|X_n - X| > \varepsilon) = \mathbb{P}(X_n = 1) = 2^{-k}$, falls $2^k \le n < 2^{k+1}$. Nachstehend sind die Graphen von $X_2, \ldots, X_6$ dargestellt.

b) Für beliebiges $p \in (0, 1)$ gilt für X_n und X wie in Teil a) $\mathbb{E}|X_n - X|^p = \mathbb{P}(X_n = 1)$, und somit ergibt sich $X_n \overset{\mathcal{L}^p}{\longrightarrow} X$. Nach a) konvergiert aber $(X_n(\omega))$ für kein ω.

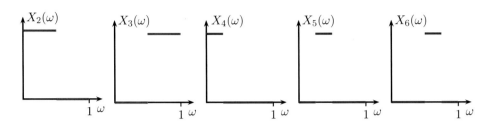

Lösung 1.3 Eine mögliche Formulierung lautet: Es sei $(X_n)_{n\geq 1}$ eine u.i.v.-Folge d-dimensionaler Zufallsvektoren auf einem Wahrscheinlichkeitsraum $(\Omega, \mathcal{A}, \mathbb{P})$. Weiter sei $S_n := \sum_{j=1}^{n} X_j, n \geq 1$. Dann sind die folgenden Aussagen äquivalent:

a) Es gibt einen d-dimensionalen Zufallsvektor X mit $\frac{1}{n} S_n \xrightarrow{\text{f.s.}} X$.
b) Es gilt $\mathbb{E}\|X_1\| < \infty$. Dabei ist $\|\cdot\|$ eine beliebige Norm auf $\mathbb{R}^d$.

Ist a) oder b) erfüllt, so gilt $X = \mathbb{E}(X_1)$ $\mathbb{P}$-fast sicher.

BEWEIS: Es seien $S_n^{(k)}$ bzw. $X_n^{(k)}$ bzw. $X^{(k)}$ die k-te Komponente von S_n bzw. von X_n bzw. von $X, k \in \{1, \ldots, d\}$. Ist a) erfüllt, so gilt $\frac{1}{n} S_n^{(k)} \xrightarrow{\text{f.s.}} X^{(k)}$. Nach Satz 1.2 folgt $\mathbb{E}|X_1^{(k)}| < \infty$ für jedes k und somit $\mathbb{E}\|X_1\| < \infty$, da alle Normen im $\mathbb{R}^d$ äquivalent sind. Aus b) folgt $\mathbb{E}|X_1^{(k)}| < \infty$ für jedes $k \in \{1, \ldots, d\}$. Nach Satz 1.2 gibt es eine Zufallsvariable $X^{(k)}$ mit $\frac{1}{n} S_n^{(k)} \xrightarrow{\text{f.s.}} X^{(k)}$, $k \in \{1, \ldots, d\}$. Dann ist $X := (X^{(1)}, \ldots, X^{(k)})$ ein Zufallsvektor mit $\frac{1}{n} S_n \xrightarrow{\text{f.s.}} X$. Ist a) oder b) erfüllt, so gilt nach Satz 1.2 $X^{(k)} = \mathbb{E}(X_1^{(k)})$ $\mathbb{P}$-f.s. für jedes $k \in \{1, \ldots, d\}$ und damit $X = \mathbb{E}(X_1)$ $\mathbb{P}$-f.s. Man beachte bei diesen Überlegungen, dass der Durchschnitt von d Einsmengen ebenfalls eine Einsmenge ist.

Lösung 1.4 Sei $\varepsilon > 0$ so, dass $t + \varepsilon \in \mathcal{C}(F)$ und $t - \varepsilon \in \mathcal{C}(F)$. Für hinreichend großes n gilt $t - \varepsilon \leq t_n \leq t + \varepsilon$. Für solche n folgt $\mathbb{P}(X_n \leq t - \varepsilon) \leq \mathbb{P}(X_n \leq t_n) \leq \mathbb{P}(X_n \leq t + \varepsilon)$. Wegen $X_n \xrightarrow{\mathcal{D}} X$ ergibt sich $F(t - \varepsilon) \leq \liminf_{n\to\infty} \mathbb{P}(X_n \leq t_n) \leq \limsup_{n\to\infty} \mathbb{P}(X_n \leq t_n) \leq F(t + \varepsilon)$. Lässt man ε unter der Nebenbedingung $t \pm \varepsilon \in \mathcal{C}(F)$ gegen null streben, so folgt die Behauptung.

Lösung 1.5 Da X die gleiche Verteilung wie $\sigma Y + \mu$ mit $Y \sim N(0, 1)$ besitzt, können wir angesichts von (1.2) o.B.d.A. $\mu = 0$ und $\sigma^2 = 1$ annehmen. Wegen der Symmetrie der Dichte f der Standardnormalverteilung gilt

$$\varphi_X(t) = \mathbb{E}[\cos(tX)] = \int_{-\infty}^{\infty} \cos(tx) f(x)\, dx.$$

Differentiation und die Gleichung $f'(x) = -x f(x)$ sowie partielle Integration ergeben

$$\varphi'_X(t) = \int_{-\infty}^{\infty} \sin(tx) f'x) \, dx = -t \int_{-\infty}^{\infty} \cos(tx) f(x) \, dx = -t\varphi_X(t).$$

Dabei ist die Differentiation unter dem Integralzeichen nach dem Satz von der dominierten Konvergenz erlaubt. Die obige Differentialgleichung hat zusammen mit der Nebenbedingung $\varphi_X(0) = 1$ die einzige Lösung $\varphi_X(t) = \exp(-t^2/2)$, $t \in \mathbb{R}$.

Lösung 1.6 Es gilt $Z_n \sim \mathbf{1}\{A_{n,1}\} + \ldots + \mathbf{1}\{A_{n,n}\}$, wobei $A_{n,1}, \ldots, A_{n,n}$ unabhängige Ereignisse mit gleicher Wahrscheinlichkeit p_n/n sind. Mit $X_{n,k} := \mathbf{1}\{A_{n,k}\}$ für $k = 1, \ldots, n$ ist die Ljapunow-Bedingung (1.10) mit $\delta = 2$ und $r_n = n$ erfüllt, denn es gilt $\sigma_n^4 = n^2 p_n^2 (1 - p_n)^2$ sowie $\mathbb{E}(X_{n,k}) = p_n/n$ und

$$\sum_{j=1}^{n} \mathbb{E}\left(\mathbf{1}\{A_{n,k}\} - \frac{p_n}{n}\right)^4 = n\mathbb{E}\left(\mathbf{1}\{A_{n,1}\} - \frac{p_n}{n}\right)^4 \le n.$$

Lösung 1.7

a) Wegen $X_n \overset{\mathcal{D}}{\longrightarrow} X$ ist die Folge (X_n) straff. Wäre die Folge (μ_n) unbeschränkt, so gäbe es eine Teilfolge (μ_{n_k}) mit $\mu_{n_k} \to \infty$ oder $\mu_{n_k} \to -\infty$ für $k \to \infty$. Wegen $\mathbb{P}(X_{n_k} \ge \mu_{n_k}) = \frac{1}{2}$ und $\mathbb{P}(X_{n_k} \le \mu_{n_k}) = \frac{1}{2}$ wäre das ein Widerspruch zur Straffheit. Also gibt es ein $M > 0$ mit $|\mu_n| \le M$ für jedes n. Gäbe es eine Teilfolge $(\sigma_{n_k}^2)$ mit $\sigma_{n_k}^2 \to \infty$ für $k \to \infty$, so würde für jedes k mit $\sigma_{n_k} > 1$ aus der Dreiecksungleichung

$$\mathbb{P}\left(\left|\frac{X_{n_k} - \mu_{n_k}}{\sigma_{n_k}}\right| \ge M\right) = \mathbb{P}\left(\left|X_{n_k} - \mu_{n_k}\right| \ge \sigma_{n_k} M\right) \le \mathbb{P}\left(\left|X_{n_k} - M\right| \ge \left(\sigma_{n_k} - 1\right)M\right)$$

folgen. Da die links stehende Wahrscheinlichkeit wegen $(X_{n_k} - \mu_{n_k})/\sigma_{n_k} \sim \mathrm{N}(0, 1)$ nicht von k abhängt, hätten wir ebenfalls einen Widerspruch zur Straffheit der Folge (X_n). Somit ist auch die Folge (σ_n^2) beschränkt.

b) Nach a) und dem Satz von Bolzano-Weierstraß gibt es eine Teilfolge (n_k) natürlicher Zahlen, sodass die Grenzwerte $\mu := \lim_{k\to\infty} \mu_{n_k}$ und $\sigma^2 := \lim_{k\to\infty} \sigma_{n_k}^2$ existieren. Damit gibt es eine Zufallsvariable Y mit $X_{n_k} \overset{\mathcal{D}}{\longrightarrow} Y$ für $k \to \infty$, und es gilt $Y \sim \mathrm{N}(\mu, \sigma^2)$. Wegen $X_n \overset{\mathcal{D}}{\longrightarrow} X$ gilt $X \sim Y$. Da die Verteilung von X nicht ausgeartet ist, gilt zudem $\sigma^2 > 0$.

Lösung 2.1 Wegen $\mathbb{P}(|X_{n,k_n}| > \varepsilon) \le \max_{1 \le j \le n} \mathbb{P}(|X_{n,j}| > \varepsilon)$ folgt (2.3) aus (2.2). Für einen Beweis (durch Kontraposition) der umgekehrten Richtung nehmen wir an, dass (2.2) nicht gilt. Dann gibt es ein $\varepsilon > 0$ und ein $\delta > 0$ sowie eine Teilfolge (ℓ_n) mit $\max_{1 \le j \le \ell_n} \mathbb{P}(|X_{\ell_n,j}| > \varepsilon) \ge \delta$ für jedes $n \ge 1$. Somit existiert eine Teilfolge (m_n) mit $m_n \in \{1, \ldots, \ell_n\}$ für jedes $n \ge 1$ und $\mathbb{P}(|X_{\ell_n,m_n}| > \varepsilon) \ge \delta$ für jedes $n \ge 1$. Dieser Sachverhalt steht im Widerspruch zu (2.3).

Lösung 2.2   Seien $X_{n,j} := \mathbf{1}\{A_{n,j}\}$ und $p_{n,j} := \mathbb{P}(A_{n,j}) = \mathbb{E}(X_{n,j})$, $1 \le j \le n$.

a) Nach Voraussetzung gilt $\lim_{n\to\infty} \sum_{j=1}^n p_{n,j} = \lim_{n\to\infty} \sum_{j=1}^n p_{n,j}(1 - p_{n,j}) = \lambda$. Es folgt

$$0 \le \left(\max_{1 \le j \le n} p_{n,j}\right)^2 \le \sum_{j=1}^n p_{n,j}^2 = \sum_{j=1}^n p_{n,j} - \sum_{j=1}^n p_{n,j}(1 - p_{n,j}) \to 0 \text{ für } n \to \infty$$

und somit $\max_{1 \le j \le n} p_{n,j} = \max_{1 \le j \le n} \mathbb{E}[|X_{n,j}| \wedge 1] \to 0$ für $n \to \infty$. Nach Proposition 2.2 liegt ein Null-Schema vor, und die Behauptung folgt aus Satz 2.3, da $\mathbb{P}(X_{n,j} > 1) = 0$ und $\sum_{j=1}^n \mathbb{P}(X_{n,j} = 1) = \mathbb{E}(S_n)$.

b) Nach Voraussetzung gilt $\sigma_n^2 := \mathbb{V}(S_n) = \sum_{j=1}^n p_{n,j}(1 - p_{n,j}) \to \infty$. Wegen $(X_{n,j} - p_{n,j})^2 \le 1$ ist die Ljapunow-Bedingung (1.10) für $\delta = 2$ erfüllt, denn es gilt

$$\frac{1}{\sigma_n^4} \sum_{j=1}^n \mathbb{E}(X_{n,j} - p_{n,j})^4 \le \frac{1}{\sigma_n^4} \sum_{j=1}^n \mathbb{V}(X_{n,j}) = \frac{1}{\sigma_n^2} \to 0 \text{ für } n \to \infty.$$

Lösung 2.3   Die erste Voraussetzung besagt, dass für die durch $X_{n,j} := \mathbf{1}\{A_{n,j}\}$ definierten Zufallsvariablen ein Null-Schema vorliegt, vgl. Lösung 2.2 a). Die Behauptung folgt dann aus Satz 2.3.

Lösung 2.4   „a) $\Longrightarrow$ b)": Es sei F_j die Verteilungsfunktion von X_j, $j \in \mathbb{N}_0$. Für jedes $k \in \mathbb{N}_0$ sind $k \pm \frac{1}{2}$ Stetigkeitsstellen von F_0, und es gilt $\mathbb{P}(X_n = k) = F_n(k + \frac{1}{2}) - F_n(k - \frac{1}{2})$, q.e.d.

„b) $\Longrightarrow$ a)": Für jede Stetigkeitsstelle t von F_0, d.h. für jedes $t \in \mathbb{R} \setminus \mathbb{N}_0$, gilt $F_n(t) = \sum_{k \in \mathbb{N}_0, k < t} \mathbb{P}(X_n = k)$, $n \in \mathbb{N}_0$. Hieraus folgt die Behauptung.

„b) $\Longrightarrow$ c)": Sei O.B.d.A. $s < 1$, und seien $\varepsilon > 0$ beliebig sowie $\Delta_{n,k} := |\mathbb{P}(X_n = k) - \mathbb{P}(X_0 = k)|$. Nach Voraussetzung gilt $\lim_{n\to\infty} \max_{0 \le k \le m} \Delta_{n,k} = 0$ für jedes $m \in \mathbb{N}_0$. Wegen

$$|g_n(s) - g_0(s)| \le \sum_{k=0}^\infty \Delta_{n,k} s^k \le \max_{0 \le k \le m} \Delta_{n,k} \sum_{k=0}^m s^k + \sum_{k=m+1}^\infty s^k = \max_{0 \le k \le m} \Delta_{n,k} \frac{1 - s^{m+1}}{1 - s} + \frac{s^{m+1}}{1 - s}$$

und der Tatsache, dass für genügend großes m die Ungleichung $\frac{s^{m+1}}{1-s} < \varepsilon$ erfüllt ist, folgt $\limsup_{n\to\infty} |g_n(s) - g_0(s)| \le \varepsilon$.

„c) $\Longrightarrow$ b)": Für jedes $k \in \mathbb{N}_0$ ist $(\mathbb{P}(X_n = k))_{n \in \mathbb{N}}$ eine beschränkte Folge. Nach dem Satz von Bolzano-Weierstraß und Cantor's Diagonalverfahren gibt es also eine Teilfolge $(X_{n'})_{n' \in \mathbb{N}}$, sodass für jedes $k \in \mathbb{N}_0$ der Grenzwert $q_k := \lim_{n'\to\infty} \mathbb{P}(X_{n'} = k)$ existiert. Setzen wir $f(s) := \sum_{k=0}^\infty q_k s^k$, $0 \le s \le 1$, so liefert der Beweisteil „b) $\Rightarrow$ c)" die Konvergenz $\lim_{n'\to\infty} g_{n'}(s) = f(s)$, $0 \le s \le 1$, und damit nach Voraussetzung c) $f(s) = g_0(s)$, $0 \le s \le 1$. Hieraus folgt $q_k = \mathbb{P}(X_0 = k)$, $k \in \mathbb{N}_0$ sowie b), denn es kann kein $k \in \mathbb{N}_0$ und keine Teilfolge (X_{n*}) mit $\lim_{n*\to\infty} \mathbb{P}(X_{n*} = k) \ne \mathbb{P}(X_0 = k)$ geben.

Lösung 2.5 „$\Longrightarrow$": Seien $X \sim \mathrm{Po}(\lambda)$ und $f : \mathbb{N}_0 \to [0, \infty)$. Dann gilt

$$\mathbb{E}[Xf(X)] = \sum_{k=0}^{\infty} kf(k)\mathrm{e}^{-\lambda} \frac{\lambda^k}{k!} = \mathrm{e}^{-\lambda} \sum_{k=1}^{\infty} f(k) \frac{\lambda^k}{(k-1)!} = \mathrm{e}^{-\lambda} \lambda \sum_{k=0}^{\infty} f(k+1) \frac{\lambda^k}{k!} = \lambda \mathbb{E}[f(X+1)].$$

„$\Longleftarrow$": Für die spezielle Wahl $f(x) := \mathbf{1}\{x = k\}$, $k \in \mathbb{N}$, ist $\mathbb{E}[Xf(X)] = \lambda \mathbb{E}[f(X+1)]$ gleichbedeutend mit $k\mathbb{P}(X = k) = \lambda \mathbb{P}(X = k - 1)$. Hieraus folgt rekursiv $\mathbb{P}(X = k) = \frac{\lambda^k}{k!}\mathbb{P}(X = 0)$, $k \in \mathbb{N}_0$, und damit die Behauptung, da $1 = \sum_{k=0}^{\infty} \mathbb{P}(X = k)$.

Lösung 2.6 Es sei $x > 0$ beliebig. Für n mit $\frac{x}{n} \le 1$ gilt mithilfe der Binomialreihe

$$\mathbb{E}(U_n(x)) = n\left(1 - F\left(1 - \frac{x}{n}\right)\right) = n\left(1 - \left(1 - \frac{x}{n}\right)^{\vartheta}\right) \to \vartheta x \text{ für } n \to \infty.$$

Nach Satz 2.3 folgt $U_n(x) \xrightarrow{\mathcal{D}} \mathrm{Po}(\vartheta x)$. Für $M_n := \max(X_1, \ldots, X_n)$ erhalten wir damit $\mathbb{P}(n(1 - M_n) \le x) = 1 - \mathbb{P}(M_n < 1 - \frac{x}{n}) = 1 - \mathbb{P}(U_n(x) = 0) \to 1 - \mathrm{e}^{-\vartheta x}$, $x > 0$. Die Limesverteilung ist somit eine Exponentialverteilung.

Lösung 2.7 Aufgrund der Voraussetzung über F gilt $\mathbb{E}(V_n(x)) = nF(x/n^{1/\alpha}) \to \lambda x^{\alpha}$ für $n \to \infty$. Nach Satz 2.3 folgt $V_n(x) \xrightarrow{\mathcal{D}} \mathrm{Po}(\lambda x^{\alpha})$, woraus sich (2.14) ergibt.

Lösung 3.1 Die Behauptung folgt aus der für jedes $a > 0$ gültigen Ungleichung

$$|X_n + Y_n|\mathbf{1}\{|X_n + Y_n| \ge a\} \le 2|X_n|\mathbf{1}\left\{|X_n| \ge \frac{a}{2}\right\} + 2|Y_n|\mathbf{1}\left\{|Y_n| \ge \frac{a}{2}\right\}.$$

Lösung 3.2 „a) $\Rightarrow$ b)": Die Jensen'sche Ungleichung (siehe z. B. [HE1, S. 146]), angewandt auf die Betragsfunktion, liefert $\left|\mathbb{E}|X_n| - \mathbb{E}|X|\right| \le \mathbb{E}\left||X_n| - |X|\right| \le \mathbb{E}|X_n - X|$, und somit gilt $\mathbb{E}|X_n| \to \mathbb{E}|X|$. Sei $\varepsilon > 0$ beliebig. Mit der im Hinweis gegebenen Funktion Ψ_C gibt es nach dem Satz von der dominierten Konvergenz ein $C_0(\varepsilon)$ mit $\mathbb{E}|X| - \mathbb{E}\Psi_C(|X|) \le \varepsilon/2$, falls $C \ge C_0(\varepsilon)$. Wegen $|X_n| \xrightarrow{\mathbb{P}} |X|$ und der Stetigkeit und Beschränktheit von Ψ_C gilt zudem $\mathbb{E}\Psi_C(|X_n|) \to \mathbb{E}\Psi_C(|X|)$, also insbesondere $\mathbb{E}\Psi_C(|X|) - \mathbb{E}\Psi_C(|X_n|) \le \varepsilon/4$, falls $n \ge n_0(\varepsilon)$. Nach eventueller Vergrößerung von n_0 gilt auch $\mathbb{E}|X_n| \le \mathbb{E}|X| + \varepsilon/4$ für jedes $n \ge n_0(\varepsilon)$. Es folgt

$$\mathbb{E}\left[|X_n|\mathbf{1}\{|X_n| > C\}\right] \le \mathbb{E}|X_n| - \mathbb{E}\Psi_C(|X_n|) \le \mathbb{E}|X| - \mathbb{E}\Psi_C(|X|) + \frac{\varepsilon}{2} \le \varepsilon$$

für jedes $n \ge n_0(\varepsilon)$ und jedes $C \ge C_0(\varepsilon)$. Durch eventuelles Vergrößern von $C_0(\varepsilon)$ gilt diese Ungleichung auch für jedes $n \in \{1, \ldots, n_0(\varepsilon) - 1\}$, und somit ist (X_n) gleichgradig integrierbar.

„b) ⇒ a)": Wegen $X_n \xrightarrow{\mathbb{P}} X$ folgt $X_n \xrightarrow{\mathcal{D}} X$, was infolge der gleichgradigen Integrierbarkeit von (X_n) nach Satz 3.1 $\mathbb{E}|X| < \infty$ zur Folge hat. Die $\mathcal{L}^1$-Konvergenz wurde im Beweis von Satz 3.4 gezeigt (vgl. Ungleichung (3.3)).

Lösung 3.3 Es sei t mit $|t| < \delta$ beliebig. Mit dem Hinweis gilt $e^{|tX|} \le e^{tX} + e^{-tX}$ und somit $\mathbb{E}[e^{|tX|}] \le \mathbb{E}[e^{tX}] + \mathbb{E}[e^{-tX}] < \infty$. Setzen wir

$$Y_n := \sum_{k=0}^{n} \frac{|X|^k}{k!} |t|^k, \quad n \ge 0,$$

so konvergiert die Folge (Y_n) elementweise auf dem zugrundeliegenden Wahrscheinlichkeitsraum $(\Omega, \mathcal{A}, \mathbb{P})$ gegen $e^{|tX|}$. Wegen $|Y_n| \le e^{|tX|}$, $n \ge 0$, und der Integrierbarkeit von $e^{|tX|}$ liefert der Satz von der dominierten Konvergenz

$$\lim_{n\to\infty} \mathbb{E}(Y_n) = \lim_{n\to\infty} \sum_{k=0}^{n} \frac{\mathbb{E}[|X|^k]}{k!} |t|^k = \sum_{k=0}^{\infty} \frac{\mathbb{E}[|X|^k]}{k!} |t|^k = \mathbb{E}[e^{|tX|}] < \infty.$$

Hieraus folgt die Behauptung, denn es gilt $|\mathbb{E}(X^k)| \le \mathbb{E}[|X|^k]$.

Lösung 3.4 Wegen $\mathbb{E}(S_n/\sqrt{n}) = 0$ und $\mathbb{V}(S_n/\sqrt{n}) = 1$ müssen wir nach Beispiel 3.8 und Satz 3.6 für jedes $k \in \mathbb{N}$ die Limesbeziehungen

$$\lim_{n\to\infty} \mathbb{E}\left[\left(\frac{S_n}{\sqrt{n}}\right)^{2k+1}\right] = 0, \qquad \lim_{n\to\infty} \mathbb{E}\left[\left(\frac{S_n}{\sqrt{n}}\right)^{2k}\right] = \prod_{j=1}^{k} (2j-1)$$

nachweisen. Da die Erwartungswertbildung linear ist, gilt für jedes $r \ge 3$

$$\mathbb{E}\left[\left(\frac{S_n}{\sqrt{n}}\right)^r\right] = \frac{1}{n^{r/2}} \sum_{j_1=1}^{n} \cdots \sum_{j_r=1}^{n} \mathbb{E}(X_{j_1} X_{j_2} \ldots X_{j_r}). \tag{$*$}$$

Wir spalten die hier auftretende r-fach-Summe über alle r-Tupel $(j_1, \ldots, j_r)$ nach der mit $\ell := |\{j_1, \ldots, j_r\}|$ bezeichneten *Anzahl der verschiedenen vorkommenden Indizes* auf und beachten dabei die Multiplikationsregel $\mathbb{E}(UV) = \mathbb{E}(U)\mathbb{E}(V)$ für den Erwartungswert des Produktes zweier unabhängiger Zufallsvariablen sowie $\mathbb{E}(X_j) = 0$ und $\mathbb{P}(|X_j| \le M) = 1$ $(j = 1, \ldots, n)$. Damit verschwindet etwa jeder Summand in $(*)$, bei dem ein Index nur einmal auftritt. Im Fall $\ell < \frac{r}{2}$ ist der Beitrag zur Summe in $(*)$ höchstens gleich $M^r n^\ell$ und somit aufgrund des Vorfaktors $n^{-r/2}$ asymptotisch vernachlässigbar. Falls $\ell > \frac{r}{2}$, so tritt mindestens ein Index isoliert auf, sodass wegen der Multiplikationsregel für Erwartungswerte sowie $\mathbb{E}(X_j) = 0$ diese Beiträge zur Summe sämtlich gleich null sind. Da der Fall $\ell = \frac{r}{2}$ bei ungeradem r nicht auftreten kann, ist die erste zu zeigende Limesbeziehung bewiesen. Es bleibt also nur der Fall zu untersuchen, dass $r = 2k$ eine gerade Zahl ist und

$\ell = k$ gilt, also jeder der $2k$ Indizes exakt zweimal auftritt. Ohne Berücksichtigung des Vorfaktors ist jeder Summand in $(*)$ mit dieser Nebenbedingung gleich eins. Die Anzahl dieser Summanden ist nach der Multiplikationsregel der Kombinatorik gleich

$$\binom{n}{k}\binom{2k}{2}\binom{2k-2}{2}\cdot\ldots\cdot\binom{2}{2} = \frac{n!}{(n-k)!}\cdot\frac{(2k)!}{2^k\cdot k!}.$$

Insgesamt erhalten wir damit wie gewünscht

$$\lim_{n\to\infty}\mathbb{E}\left[\left(\frac{S_n}{\sqrt{n}}\right)^{2k}\right] = \lim_{n\to\infty}\frac{1}{n^k}\cdot\frac{n!}{(n-k)!}\cdot\frac{(2k)!}{2^k\cdot k!} = \frac{(2k)!}{2^k\cdot k!} = \prod_{j=1}^{k}(2j-1).$$

Lösung 3.5

a) Wegen $|\mathbb{E}(X^k)| \leq M^k$ besitzt die in (3.6) stehende Potenzreihe einen positiven Konvergenzradius.

b) Gl. (3.14) folgt mithilfe der Substitution $\log t = s + k$, $t = e^{s+k}$, $dt = e^{s+k}\,ds$. Setzen wir $g(t) := f(t)(1 + \sin(2\pi \log t))$, falls $t > 0$, und $g(t) := 0$, sonst, so ist g eine nichtnegative messbare Funktion mit $\int_{-\infty}^{\infty} g(t)\,dt = 1$ und damit die Dichte einer mit Y bezeichneten Zufallsvariablen. Es gilt $\mathbb{P}^X \neq \mathbb{P}^Y$. Andererseits liefert (3.14) die Gleichheit $\mathbb{E}(X^k) = \mathbb{E}(Y^k)$, $k \in \mathbb{N}$, aller Momente.

Lösung 3.6

a) Der Beweis erfolgt durch Induktion über k. Dabei gilt der Induktionsanfang $k = 1$ wegen $\mathbb{E}(X^2) = \lambda(1 + \lambda)$. Der Induktionsschluss $k \mapsto k+1$ ergibt sich mithilfe der binomischen Formel, denn es gilt

$$\mathbb{E}(X^{k+1}) = \sum_{j=0}^{\infty} j^{k+1}\frac{\lambda^j}{j!}e^{-\lambda} = \lambda\sum_{j=1}^{\infty} j^k\frac{\lambda^{j-1}}{(j-1)!}e^{-\lambda} = \lambda\sum_{j=0}^{\infty}(j+1)^k\frac{\lambda^j}{j!}e^{-\lambda}$$

$$= \lambda\sum_{j=0}^{\infty}\sum_{\ell=0}^{k}\binom{k}{\ell}j^\ell\frac{\lambda^j}{j!}e^{-\lambda} = \lambda\sum_{\ell=0}^{k}\binom{k}{\ell}\sum_{j=0}^{\infty}j^\ell\frac{\lambda^j}{j!}e^{-\lambda} = \lambda\sum_{\ell=0}^{k}\binom{k}{\ell}\mathbb{E}(X^\ell).$$

b) Nach Teil a) gilt

$$\mathbb{E}(X^k) = \lambda\sum_{\ell=0}^{k-1}\frac{k-\ell}{k}\binom{k}{\ell}\mathbb{E}(X^\ell) \geq \frac{\lambda}{k}\left(\sum_{\ell=0}^{k}\binom{k}{\ell}\mathbb{E}(X^\ell) - \mathbb{E}(X^k)\right) = \frac{1}{k}\mathbb{E}(X^{k+1}) - \frac{\lambda}{k}\mathbb{E}(X^k).$$

Hieraus folgt die Behauptung.

Lösung 3.7 Für jedes $\omega \in \Omega$ gilt

$$\binom{S_n(\omega)}{k} = \sum_{1 \le i_1 < \ldots < i_k \le n} \mathbf{1}\{A_{i_1} \cap \ldots \cap A_{i_k}\}(\omega),$$

denn im Fall $S_n(\omega) < k$ sind beide Seiten dieser Gleichung gleich null, da ω Element von weniger als k der $A_1, \ldots, A_n$ ist. Im Fall $S_n(\omega) \ge k$ steht auf der linken Seite die Anzahl der Möglichkeiten, aus $S_n(\omega)$ Objekten k auszuwählen. Genau so viele Summanden sind aber auf der rechten Seite gleich eins. Die Anzahl dieser Summanden ist nämlich gleich der Anzahl der Möglichkeiten, aus den $S_n(\omega)$ eintretenden Ereignissen k auszuwählen. Bildet man auf beiden Seiten den Erwartungswert, so folgt die Behauptung.

Lösung 3.8 Es sei $F_n := \sum_{j=1}^n \mathbf{1}\{A_{n,j}\}$, wobei $A_{n,j}$ das Ereignis bezeichnet, dass j Fixpunkt in einer rein zufälligen Permutation von $1, 2, \ldots, n$ ist. Wegen $\mathbb{P}(A_{i_1} \cap \ldots \cap A_{i_k}) = (n-k)!/n!$ für $1 \le i_1 < \ldots < i_k \le n$ folgt für jedes $k \in \mathbb{N}$

$$\lim_{n \to \infty} \mathbb{E}\binom{F_n}{k} = \frac{1}{k!} \lim_{n \to \infty} \mathbb{E}\big[F_n(F_n - 1)\ldots(F_n - k + 1)\big] = \lim_{n \to \infty} \binom{n}{k} \cdot \frac{(n-k)!}{n!} = \frac{1}{k!},$$

was nach (3.13) zu zeigen war.

Lösung 3.9 Es sei $S_n := \sum_{i=1}^n \mathbf{1}\{A_{n,i}\}$. Nach Aufgabe 3.7 gilt wegen der Austauschbarkeit der Ereignisse $A_{n,1}, \ldots, A_{n,n}$ für $n \ge k$

$$\mathbb{E}\binom{S_n}{k} = \frac{1}{k!} \mathbb{E}\big[S_n(S_n - 1) \cdot \ldots \cdot (S_n - k + 1)\big] = \binom{n}{k} \mathbb{P}\big(A_{n,1} \cap \ldots \cap A_{n,k}\big).$$

Die Konvergenz $n^k \mathbb{P}\big(A_{n,1} \cap \ldots \cap A_{n,k}\big) \to \lambda^k$ liefert $\mathbb{E}\big[S_n(S_n - 1) \cdot \ldots \cdot (S_n - k + 1)\big] \to \lambda^k$, $k \ge 1$, und somit ist die hinreichende Bedingung (3.13) für Verteilungskonvergenz gegen die Poisson-Verteilung $\mathrm{Po}(\lambda)$ erfüllt.

Lösung 4.1 Nach Definition sind $Y_1, Y_2, \ldots$ (stochastisch) unabhängig, wenn für jedes $k \ge 2$ die Zufallsvariablen $Y_1, \ldots, Y_k$ unabhängig sind. Die Unabhängigkeit von $Y_1, \ldots, Y_k$ ist wiederum gleichbedeutend damit, dass die gemeinsame Verteilung von $Y_1, \ldots, Y_k$ gleich dem Produkt der einzelnen Marginalverteilungen ist, also die Gleichung

$$\mathbb{P}^{(Y_1, \ldots, Y_k)} = \mathbb{P}^{Y_1} \otimes \ldots \otimes \mathbb{P}^{Y_k} \tag{$*$}$$

erfüllt ist. Nach Definition liegt 0-Abhängigkeit vor, wenn für jedes $s \ge 1$ die Sigma-Algebren $\sigma(Y_1, \ldots, Y_s)$ und $\sigma(Y_{s+1}, Y_{s+2}, \ldots)$ unabhängig sind. Da die Unabhängigkeit beim Verkleinern von Mengensystemen erhalten bleibt, sind dann (setze $s = 1$) $\sigma(Y_1)$ und $\sigma(Y_2)$ unabhängig, und somit gilt $(*)$ für $k = 2$ (Induktionsanfang). Für den Induktionsschluss $k \mapsto k + 1$ nutzen wir aus, dass $\sigma(Y_1, \ldots, Y_k)$ und $\sigma(Y_{k+1}, Y_{k+2}, \ldots)$

und folglich auch $\sigma(Y_1, \ldots, Y_k)$ und $\sigma(Y_{k+1})$ unabhängig sind, was gleichbedeutend mit $\mathbb{P}^{(Y_1,\ldots,Y_k,Y_{k+1})} = \mathbb{P}^{(Y_1,\ldots,Y_k)} \otimes \mathbb{P}^{Y_{k+1}}$ ist. Zusammen mit der in (∗) stehenden Induktionsvoraussetzung folgt dann die Behauptung.

Lösung 4.2 Mit dem Hinweis sei $Y_j := X_j - X_{j+1}$, $j \geq 1$. Dann gelten $\sigma_{0,0} = \mathbb{V}(Y_1) = 2\mathbb{V}(X_1) = \frac{1}{2}$ sowie $\sigma_{0,1} = \text{Cov}(Y_1, Y_2) = \text{Cov}(X_1 - X_2, X_2 - X_3) = -\mathbb{V}(X_2) = -\frac{1}{4}$ und damit $\sigma^2 = \sigma_{0,0} + 2\sigma_{0,1} = 0$. Und in der Tat ist $\sum_{j=1}^{n} Y_j = X_1 - X_{n+1}$ nicht asymptotisch normalverteilt.

Lösung 4.3 Die Folge (Y_j) ist 2-abhängig und stationär. Da F stetig ist, gilt $\mathbb{P}\left(\cap_{i \neq j}\{X_i \neq X_j\}\right) = 1$. Aus Symmetriegründen folgt dann $\mathbb{E}(Y_1) = \mathbb{P}(X_0 > X_1 < X_2) = \mathbb{P}(X_1 = \min(X_0, X_1, X_2)) = \frac{1}{3}$. Wegen $Y_1 \sim \text{Bin}(1, \frac{1}{3})$ gilt $\sigma_{0,0} = \mathbb{V}(Y_1) = \frac{1}{3} \cdot \frac{2}{3} = \frac{2}{9}$. Weiter gilt $\mathbb{E}(Y_1 Y_2) = \mathbb{P}(X_0 > X_1 < X_2, X_1 > X_2 < X_3) = 0$ und damit $\text{Cov}(Y_1, Y_2) = \mathbb{E}(Y_1 Y_2) - \mathbb{E}(Y_1)\mathbb{E}(Y_2) = -\frac{1}{9}$. Schließlich gilt $\mathbb{E}(Y_1 Y_3) = \mathbb{P}(X_0 > X_1 < X_2, X_2 > X_3 < X_4) = \frac{16}{120} = \frac{2}{15}$, denn bei genau 16 von 120 (= 5!) gleichwahrscheinlichen Permutationen von fünf verschiedenen Zahlen ist die zweite Zahl kleiner als die erste und die dritte und die vierte Zahl kleiner als die dritte und die fünfte. Es folgt $\sigma_{0,2} = \text{Cov}(Y_1, Y_3) = \mathbb{E}[Y_1 Y_3] - \mathbb{E}[Y_1]\mathbb{E}[Y_3] = \frac{2}{15} - \frac{1}{9} = \frac{1}{45}$ und damit $\sigma^2 = \sigma_{0,0} + 2\sum_{j=1}^{2} \sigma_{0,j} = \mathbb{V}(Y_1) + 2\text{Cov}(Y_1, Y_2) + 2\text{Cov}(Y_1, Y_3) = \frac{2}{9} - \frac{2}{9} + \frac{2}{45} = \frac{2}{45}$. Mit Satz 4.6 folgt die Behauptung.

Lösung 4.4 Die durch $Y_j := X_{j-1} X_j$ definierte Folge $(Y_j)_{j \geq 1}$ ist stationär und 1-abhängig. Wegen $Y_1 \sim \text{Bin}(1, p^2)$ gelten $\mathbb{E}(Y_1) = p^2$ und $\mathbb{V}(Y_1) = p^2(1 - p^2)$. Weiter gilt $\mathbb{E}(Y_1 Y_2) = p^3$ und damit $\text{Cov}(Y_1, Y_2) = p^3 - p^4$. Für σ^2 in (4.2) gilt $\sigma^2 = \mathbb{V}(Y_1) + 2\text{Cov}(Y_1, Y_2) = p^2(1 + 2p - 3p^2)$. Die Behauptung folgt aus Satz 4.6.

Lösung 4.5 Es gilt $\mathbb{E}Y_1 = q^2 p^r = \mathbb{E}Y_1^2$ und damit $\mathbb{V}(Y_1) = q^2 p^r - q^4 p^{2r} = \sigma_{00}$. Weiter gilt $\mathbb{E}(Y_1 Y_{1+r+1}) = q^3 p^{2r}$ sowie (unter Beachtung von $X_j(1 - X_j) = 0$) $\mathbb{E}(Y_j Y_{j+k}) = 0$, falls $k \in \{1, \ldots, r\}$. Damit folgt $\sigma_{0k} = \text{Cov}(Y_j, Y_{j+k}) = -q^4 p^{2r}$, falls $k \in \{1, \ldots, r\}$. Schließlich erhält man $\sigma_{0,r+1} = \text{Cov}(Y_1, Y_{1+r+1}) = q^3 p^{2r} - q^4 p^{2r}$. Da alle anderen Kovarianzen verschwinden, ergibt sich mit direkter Rechnung $\sigma^2 = \sigma_{00} + 2\sum_{j=1}^{r+1} \sigma_{0j} = q^2 p^r + 2q^3 p^{2r} - (2r + 3)q^4 p^{2r}$. Die Behauptung folgt jetzt aus Satz 4.6.

Lösung 4.6 Es liegt ein Spezialfall von 4.3 mit einer stationären und q-abhängigen Folge vor. Es gelten $\mathbb{E}(X_1) = 0$, $\mathbb{V}(X_1) = \tau^2 \sum_{\ell=0}^{q} \vartheta_\ell^2$ sowie unter Verwendung der Bilinearität der Kovarianzbildung und $\text{Cov}(\varepsilon_i, \varepsilon_j) = 0$ für $i \neq j$ die Gleichung $\text{Cov}(X_1, X_{1+k}) = \tau^2 \sum_{\ell=0}^{q-k} \vartheta_\ell \vartheta_{\ell+k}$. Damit erhalten wir $\sigma^2 := \mathbb{V}(X_1) + 2\sum_{k=1}^{q} \text{Cov}(X_1, X_{1+k})$ und folglich

$$\sigma^2 = \tau^2 \left(\sum_{\ell=0}^{q} \vartheta_\ell^2 + 2\sum_{k=1}^{q} \sum_{\ell=0}^{q-k} \vartheta_\ell \vartheta_{\ell+k} \right) = \tau^2 \left(\sum_{\ell=0}^{q} \vartheta_\ell \right)^2.$$

Die Behauptung folgt dann mit Satz 4.6.

Lösung 5.1 Es seien $(X_1, Y_1)^\top$ mit Dichte f_ϱ, $(X_2, Y_2)^\top$ mit Dichte $f_{-\varrho}$ und $Z \sim$ Bin$(1, \alpha)$. Weiter seien $(X_1, Y_1)^\top$, $(X_2, Y_2)^\top$ und Z stochastisch unabhängig. Dann gilt

$$\binom{U}{V} \overset{\mathcal{D}}{=} Z \binom{X_1}{X_2} + (1 - Z) \binom{X_2}{Y_2}.$$

Da die bedingten Verteilungen von X_i, Y_j sowohl unter der Bedingung $Z = 1$ als auch unter der Bedingung $Z = 0$ Standardnormalverteilungen sind, folgt $U \sim ZX_1 + (1 - Z)X_2 \sim$ N(0, 1) und $V \sim ZY_1 + (1 - Z)Y_2 \sim$ N(0, 1). Wegen der vorausgesetzten stochastischen Unabhängigkeit folgt weiter $\mathbb{E}(UV) = \mathbb{E}\big[(ZX_1 + (1-Z)X_2)(ZY_1 + (1-Z)Y_2)\big] = 0$. Also sind U und V je standardnormalverteilt und unkorreliert. Der Vektor $(U, V)^\top$ ist jedoch nicht zweidimensional normalverteilt(!).

Lösung 5.2 Sei $c \in \mathbb{R}^d$ beliebig. Es gilt $c^\top(X + Y) = c^\top X + c^\top Y$, wobei die Summanden auf der rechten Seite stochastisch unabhängig sind und die Normalverteilungen N$(c^\top \mu, c^\top \Sigma c)$ bzw. N$(c^\top \nu, c^\top T c)$ besitzen. Nach dem Additionsgesetz für die eindimensionale Normalverteilung besitzt die rechte Seite die Normalverteilung N$(c^\top(\mu + \nu), c^\top(\Sigma + T)c)$, und die Behauptung folgt aus der Definition der Normalverteilung N$_d(\mu + \nu, \Sigma + T)$. Ein alternativer Beweis kann mithilfe der in Aufgabe 5.4 angegebenen charakteristischen Funktion erfolgen.

Lösung 5.3 Wegen $\|X + Y\|^2 \leq 2\|X\|^2 + 2\|Y\|^2$ existiert die mit S bezeichnete Kovarianzmatrix von $X + Y$. Es gilt $S = \mathbb{E}\big[(X + Y - \mathbb{E}(X + Y))(X + Y - \mathbb{E}(X + Y))^\top\big]$. Mit $\widetilde{X} := X - \mathbb{E}(X)$ und $\widetilde{Y} := Y - \mathbb{E}(Y)$ folgt also $S = \mathbb{E}[(\widetilde{X} + \widetilde{Y})(\widetilde{X} + \widetilde{Y})^\top] = \mathbb{E}[\widetilde{X}\widetilde{X}^\top] + \mathbb{E}[\widetilde{Y}\widetilde{Y}^\top] + 2\mathbb{E}[\widetilde{X}\widetilde{Y}^\top] = \Sigma + T$, da die Matrix $\mathbb{E}[\widetilde{X}\widetilde{Y}^\top]$ die $(d \times d)$-Nullmatrix ist.

Lösung 5.4 Aufgrund des Beweises von Satz 5.9 sei o. B. d. A. $X = AY + \mu$ mit $\Sigma = AA^\top$ und $Y \sim$ N$_d(0_d, I_d)$. Wegen $t^\top Y \sim$ N$(0, \|t\|^2) \sim \|t\|$N(0, 1) gilt $\varphi_Y(t) = \exp(-\frac{1}{2}\|t\|^2)$. Damit folgt

$$\varphi_X(t) = \mathbb{E}\big[e^{it^\top(AY+\mu)}\big] = e^{it^\top \mu} \varphi_Y(A^\top t) = e^{it^\top \mu} \exp\left(-\tfrac{1}{2}t^\top AA^\top t\right) = e^{it^\top \mu} \exp\left(-\tfrac{1}{2}t^\top \Sigma t\right).$$

Lösung 5.5 Es sei zunächst $X \sim$ N$_d(0_d, I_d)$, und es sei $Q := X^\top AX \sim \chi_d^2$, also $\mathbb{E}(Q) = d$ und $\mathbb{E}(Q^2) = d^2 + 2d$. Mit $A =: (a_{i,j})_{i,j=1,\ldots,d}$ folgt $d = \mathbb{E}(Q) = \sum_{i=1}^d a_{i,i}$ und

$$d^2 + 2d = \mathbb{E}(Q^2) = \sum_{i,j,k,\ell=1}^{d} a_{i,j} a_{k,\ell} \mathbb{E}[X_i X_j X_k X_\ell] = 3 \sum_{i=1}^{d} a_{i,i}^2 + \sum_{i \neq k} a_{i,i} a_{k,k} + 2 \sum_{i \neq j} a_{i,j}^2$$

$$= \Big(\sum_{i=1}^{d} a_{i,i} \Big)^2 + 2 \sum_{i,j=1}^{d} a_{i,j}^2,$$

also $\sum_{i,j=1}^{d} a_{i,j}^2 = d$. Wegen $d^2 = \big(\sum_{i=1}^{d} a_{i,i} \big)^2 \leq d \sum_{i=1}^{d} a_{i,i}^2$ tritt in der Cauchy-Schwarz-Ungleichung das Gleichheitszeichen ein, was $a_{i,i} = 1$ für jedes $i = 1, \ldots, d$ bedeutet. Außerdem folgt $a_{i,j} = 0$, falls $i \neq j$. Es gilt somit $A = \mathrm{I}_d^{-1} = \mathrm{I}_d$. Im allgemeinen Fall $X \sim \mathrm{N}_d(0_d, \Sigma)$ gibt es eine reguläre Matrix B mit $\Sigma = BB^\top$. Dann gilt $Y := B^{-1}X \sim \mathrm{N}_d(0_d, \mathrm{I}_d)$ und weiter $X^\top A X = Y^\top B^\top A B Y \sim \chi_d^2$. Nach dem bisher Gezeigten erhalten wir $B^\top A B = \mathrm{I}_d$ und damit $A = (B^\top)^{-1} B^{-1} = (BB^\top)^{-1} = \Sigma^{-1}$.

Lösung 5.6 a) Es sei H eine orthogonale $(d \times d)$-Matrix mit $Ha = \|a\| e_1$, wobei $e_1 = (1, 0, \ldots, 0)^\top \in \mathbb{R}^d$, und es sei $Z =: (Z_1, \ldots, Z_d)^\top = HX$. Dann gelten $Z \sim \mathrm{N}_d(0_d, \mathrm{I}_d)$ sowie sowie mit $\delta := \|a\|$

$$Y = \|H(X + a)\|^2 = \big\| HX + \delta e_1 \big\|^2 = \|Z + \delta e_1\|^2 = (Z_1 + \delta)^2 + \sum_{j=2}^{d} Z_j^2.$$

Hieraus folgt b). Es sei $S(\delta e_1, \sqrt{t}) := \{x \in \mathbb{R}^d : \|x - \delta e_1\| \leq \sqrt{t}\}$ die d-dimensionale Kugel um δe_1 mit Radius $\sqrt{t}$. Es gilt

$$G_{d,\delta^2}(t) = \int_{S(\delta e_1, \sqrt{t})} \frac{1}{(2\pi)^{d/2}} \exp\left(-\frac{\|x\|^2}{2} \right) dx,$$

und der Integrand fällt streng monoton in $\|x\|$. Hieraus folgt c).

Lösung 5.7 Es gilt $(X, Y)^\top \overset{\mathcal{D}}{=} (\sigma U, \tau(\rho U + \sqrt{1 - \rho^2} V))^\top$, wobei U und V unabhängig und je $\mathrm{N}(0, 1)$-verteilt sind. Es folgt $\mathbb{E}(XY) = \mathbb{E}[\sigma U \tau(\rho U + \sqrt{1 - \rho^2} V)] = \sigma \tau \rho$, da $\mathbb{E}(UV) = 0$. Wegen $\mathbb{E}(U^4) = 3$ und $\mathbb{E}(U^3 V) = 0$ gilt weiter

$$\mathbb{E}(X^2 Y^2) = \sigma^2 \tau^2 \mathbb{E}\big[U^2 (\rho U + \sqrt{1 - \rho^2} V)^2 \big] = \sigma^2 \tau^2 (3\rho^2 + 1 - \rho^2) = \sigma^2 \tau^2 (1 + 2\rho^2).$$

Mit dem Additionstheorem für die Kosinusfunktion und $\mathbb{E}[\sin(t V)] = 0$ für $t \in \mathbb{R}$ folgt

$$\mathbb{E}(X^2 \cos Y) = \sigma^2 \mathbb{E}\big[U^2 \cos(\tau \rho U) \big] \cdot \mathbb{E}\big[\cos(\tau \sqrt{1 - \rho^2} V) \big].$$

Es gilt $\mathbb{E}[\cos(t U)] = \exp(-t^2/2)$, $t \in \mathbb{R}$ (charakteristische Funktion von $\mathrm{N}(0, 1)$!), und zweimaliges Ableiten liefert $\mathbb{E}[U^2 \cos(t U)] = (1 - t^2) \exp(-\frac{1}{2} t^2)$. Die Behauptung folgt jetzt durch direkte Rechnung.

Lösung 5.8

a) Es gelten $\mathbb{P}(X/\|X\| = 1) = 1$ sowie $\|HX\| = \|X\|$ für jede orthogonale Matrix H. Mit Korollar 5.7 folgt die Behauptung.

b) Nach a) sei o. B. d. A. $Y = \frac{X}{\|X\|}$ mit $X \sim N_d(0_d, I_d)$. Wegen $-X/\|X\| = -X/\|-X\| \overset{\mathcal{D}}{=}$ $X/\|X\|$ folgt $\mathbb{E}(Y) = 0_d$. Setzen wir $X =: (X_1, \dots, X_d)^\top$ sowie $Y := (Y_1, \dots, Y_d)^\top$, so gilt wegen $X_1^2 + \dots + X_d^2 = \|X\|^2$ aus Symmetriegründen $\mathbb{E}(Y_j^2) = \frac{1}{d}, j = 1, \dots, d$. Wegen

$$\frac{(-X_1, X_2, \dots, X_d)^\top}{\|(-X_1, X_2, \dots, X_d)\|^\top} \overset{\mathcal{D}}{=} \frac{X}{\|X\|}$$

folgt $\mathbb{E}(Y_1 Y_2) = 0$ und analog $\mathbb{E}(Y_i Y_j) = 0$ für alle $i \neq j$.

Lösung 5.9 Seien $X := (X_1, \dots, X_n)^\top$, $Y := (Y_1, \dots, Y_n)^\top$ sowie $Y := HX$, wobei H die im Hinweis gegebene Eigenschaft besitzt. Es gilt $Y \sim N_n(H\mu, H\sigma^2 I_n H^\top) = N_n(H\mu, \sigma^2 I_n)$, und folglich sind $Y_1, \dots, Y_n$ stochastisch unabhängig. Wegen $\sum_{j=1}^n X_j^2 = \|X\|^2 = \|HX\|^2 = \|Y\|^2 = \sum_{j=1}^n Y_j^2$ und $\sum_{j=1}^n (X_j - \overline{X}_n)^2 = \sum_{j=1}^n X_j^2 - n\overline{X}_n^2$ sowie $Y_n = \sqrt{n}\overline{X}_n$ folgt $(n-1)S_n^2 = \sum_{j=1}^{n-1} Y_j^2$. Als Funktion (nur) von Y_n ist $\overline{X}_n$ stochastisch unabhängig von $(n-1)S_n^2$. Für Teil b) kann o. B. d. A. $\mu = 0$ angenommen werden. Setzen wir $N_j := Y_j/\sigma \sim N(0, 1), j = 1, \dots, n$, so gilt $\frac{n-1}{\sigma^2}S_n^2 \sim \sum_{j=1}^{n-1} N_j^2$, was zu zeigen war.

Lösung 6.1

a) Mit dem Hinweis gilt $0 \leq \mathbb{P}(X \in (x, y]) = F(y) - \mathbb{P}(\bigcup_{j=1}^d A_j)$, und die Formel des Ein- und Ausschließens liefert $\mathbb{P}(\bigcup_{j=1}^d A_j) = \sum_{r=1}^d (-1)^{r-1} \sum_{1 \leq i_1 < \dots < i_r \leq d} \mathbb{P}(A_{i_1} \cap \dots \cap A_{i_r})$. Dabei ist $A_{i_1} \cap \dots \cap A_{i_r} = \{X_1 \leq y_1^{\varepsilon_1} x_1^{1-\varepsilon_1}, \dots, X_d \leq y_d^{\varepsilon_d} x_d^{1-\varepsilon_d}\}$ mit $\varepsilon := (\varepsilon_1, \dots, \varepsilon_d) \in \{0, 1\}^d$ und $\varepsilon_v := 0$ für $v \in \{i_1, \dots, i_r\}$ sowie $\varepsilon_v := 1$, sonst. Mit der Definition der Verteilungsfunktion folgt $\mathbb{P}(A_{i_1} \cap \dots \cap A_{i_r}) = F(y_1^{\varepsilon_1} x_1^{1-\varepsilon_1}, \dots, y_d^{\varepsilon_d} x_d^{1-\varepsilon_d})$, und mit $s(\varepsilon) := \varepsilon_1 + \dots + \varepsilon_d$ ergibt sich $\sum_{1 \leq i_1 < \dots < i_r \leq d} \mathbb{P}(A_{i_1} \cap \dots \cap A_{i_r}) = \sum_{\varepsilon \in \{0,1\}^d, s(\varepsilon) = d-r} F(y_1^{\varepsilon_1} x_1^{1-\varepsilon_1}, \dots, y_d^{\varepsilon_d} x_d^{1-\varepsilon_d})$. Einsetzen liefert dann

$$\mathbb{P}(X \in (x, y]) = F(y_1, \dots, y_d) - \sum_{r=1}^d (-1)^{r-1} \sum_{\varepsilon \in \{0,1\}^d, s(\varepsilon) = d-r} F(y_1^{\varepsilon_1} x_1^{1-\varepsilon_1}, \dots, y_d^{\varepsilon_d} x_d^{1-\varepsilon_d})$$

$$= \sum_{\varepsilon \in \{0,1\}^d} (-1)^{d-s(\varepsilon)} F(y_1^{\varepsilon_1} x_1^{1-\varepsilon_1}, \dots, y_d^{\varepsilon_d} x_d^{1-\varepsilon_d}) = \Delta_x^y F.$$

b) Die Behauptung folgt, da $(-\infty, x^{(n)}]$ eine fallende Mengenfolge mit Grenzwert $(-\infty, x]$ ist und $\mathbb{P}^X$ stetig von oben ist.

c) Im ersten Fall gilt $(-\infty, x^{(n)}] \downarrow \emptyset$, im zweiten $(-\infty, x^{(n)}] \uparrow \mathbb{R}^d$. Aufgrund der Stetigkeit von oben bzw. von unten des Wahrscheinlichkeitsmaßes $\mathbb{P}^X$ folgt die Behauptung.

Lösung 6.2 Im Fall $d = 2$ sei $X := (X_1, 0)$, wobei X_1 die Normalverteilung $N(0, 1)$ besitze. Dann ist jeder Punkt $(x_1, 0)$ mit $x_1 \in \mathbb{R}$ Unstetigkeitsstelle der Verteilungsfunktion von X.

Lösung 6.3 Es sei $U \sim N(0, 1)$, und es sei $U = U_1 = U_2 = \ldots$. Dann gilt trivialerweise $U_n \xrightarrow{\mathcal{D}} U$. Setzen wir $V_n := U$, $n \geq 1$ und $V := -U$, so gilt $V_n \xrightarrow{\mathcal{D}} V$. Es ist aber $U_n + V_n = 2U \sim N(0, 4)$, $n \geq 1$, und $U + V = 0$. Also konvergiert $U_n + V_n$ nicht in Verteilung gegen $U + V$.

Lösung 6.4 Es seien G_n und H_n die Verteilungsfunktionen (VFen) von Y_n bzw. Z_n und G bzw. H die VFen von Y bzw. Z. Weiter seien $d := k + \ell$ und $X_n := (Y_n, Z_n)$ sowie F_n die VF von X_n. Mit $x = (x_1, \ldots, x_d) =: (y_1, \ldots, y_k, z_1, \ldots, z_\ell)$ und $y = (y_1, \ldots, y_k)$ sowie $z = (z_1, \ldots, z_\ell)$ gilt dann wegen der Unabhängigkeit von Y_n und Z_n die Gleichung $F_n(x) = G_n(y)H_n(z)$. Besitzt x die Eigenschaft, dass sämtliche Komponenten Stetigkeitsstellen der jeweils korrespondierenden marginalen VFen sind, so haben $Y_n \xrightarrow{\mathcal{D}} Y$ und $Z_n \xrightarrow{\mathcal{D}} Z$ die Konvergenzen $G_n(y) \to G(y)$ und $H_n(z) \to H(z)$ zur Folge. Es ergibt sich $F_n(x) \to G(y)H(z)$. Nach Bemerkung 6.4 gilt $X_n \xrightarrow{\mathcal{D}} (Y, Z)$, wobei Y und Z wegen der Produktgestalt $G(y)H(z)$ der Verteilungsfunktion von (Y, Z) stochastisch unabhängig sind.

Lösung 6.5 „$\Longrightarrow$": Zu beliebigem $\varepsilon > 0$ gibt es eine kompakte Menge K der Gestalt $K = \times_{j=1}^{d}[a_j, b_j]$ mit $-\infty < a_j < b_j < \infty$, $j = 1, \ldots, d$, und $\mathbb{P}(X_n \in K) \geq 1 - \varepsilon$ für jedes $n \geq 1$. Dann gilt $\mathbb{P}(a_j \leq X_n^{(j)} \leq b_j) \geq 1 - \varepsilon$, $n \geq 1$, für jedes $j \in \{1, \ldots, d\}$.

„$\Longleftarrow$": Falls $\mathbb{P}(a_j \leq X_n^{(j)} \leq b_j) \geq 1 - \frac{\varepsilon}{d}$, $n \geq 1$, $j \in \{1, \ldots, d\}$, so folgt mit K wie im Beweisteil „$\Longrightarrow$" $\mathbb{P}(X \in K) \geq 1 - \varepsilon$, $n \geq 1$.

Lösung 6.6 Es gilt $\|X_n - \mu_n\|^2 \sim \chi_d^2$. Es sei $\varepsilon \in (0, 1)$ beliebig, und es sei a das $(1 - \varepsilon)$-Quantil der χ_d^2-Verteilung. Dann gilt $\mathbb{P}(\|X_n - \mu_n\| \leq a) = 1 - \varepsilon$, $n \geq 1$. Ist die Folge (μ_n) beschränkt, so gibt es ein $K > 0$ mit $\{\mu_n : n \geq 1\} \subset \{x : \|x\| \leq K\}$. Es folgt $\mathbb{P}(\|X_n\| \leq K + a) \geq 1 - \varepsilon$, $n \geq 1$. Somit ist (X_n) straff. Ist umgekehrt (X_n) straff, so gibt es zu jedem $\varepsilon \in (0, 1)$ ein $K > 0$ mit $\mathbb{P}(\|X_n\| \leq K) > 1 - \varepsilon$, $n \geq 1$. Wäre die Folge $(\mu_n)_{n \geq 1}$ unbeschränkt, so wäre für unendlich viele n die Ungleichung $\|\mu_n\| > K + a$ erfüllt. Da für solche n nach dem ersten Beweisteil $\mathbb{P}(\|X_n - \mu_n\| \leq a) = 1 - \varepsilon)$ gilt, erhalten wir einen Widerspruch zu $\mathbb{P}(\|X_n\| \leq K) > 1 - \varepsilon$.

Lösung 6.7 b) folgt aus der Ungleichung $\mathbb{P}(\|X_n + Y_n\| > \varepsilon) \leq \mathbb{P}(\|X_n\| > \frac{\varepsilon}{2}) + \mathbb{P}(\|Y_n\| > \frac{\varepsilon}{2})$.

c): Nach Voraussetzung gibt es $K, L > 0$ mit $\mathbb{P}(\|X_n\| \leq K) \geq 1 - \frac{\varepsilon}{2})$ und $\mathbb{P}(|Z_n| \leq L) \geq 1 - \frac{\varepsilon}{2})$ für jedes $n \geq 1$. Wegen $\|Z_n X_n\| \leq |Z_n| \|X_n\|$ folgt $\mathbb{P}(\|Z_n X_n\| \leq KL) \geq 1 - \varepsilon$ für jedes $n \geq 1$.

d): Zu beliebigem $\eta > 0$ gibt es ein $K > 0$ mit $\mathbb{P}(\|X_n\| \leq K) \geq 1 - \eta$ für jedes $n \geq 1$. Sei $\varepsilon > 0$ beliebig. Es gilt $\mathbb{P}(\|Z_n X_n\| > \varepsilon) = \mathbb{P}(\|Z_n X_n\| > \varepsilon, \|X_n\| > K) + \mathbb{P}(\|Z_n X_n\| > \varepsilon, \|X_n\| > K) \leq \mathbb{P}(\|X_n\| > K) + \mathbb{P}(|Z_n| > \frac{\varepsilon}{K})$ und somit $\limsup_{n\to\infty} \mathbb{P}(\|Z_n X_n\| > \varepsilon) \leq \eta$. Da η beliebig war, folgt die Behauptung. e) ergibt sich aus der Tatsache, dass das Bild einer kompakten Menge unter einer stetigen Abbildung eine kompakte Menge ist.

Lösung 6.8 Es gilt $A_n X_n = A X_n + (A_n - A) X_n$. Nach dem Abbildungssatz gilt $A X_n \xrightarrow{\mathcal{D}} AX$. Wegen $X_n = O_\mathbb{P}(1)$ gibt es zu beliebigem $\delta > 0$ ein $K > 0$ mit $\mathbb{P}(\|X_n\| > K) \leq \delta$ für jedes $n \geq 1$. Damit folgt für jedes $\varepsilon > 0$: $\mathbb{P}(\|(A_n - A) X_n\| > \varepsilon) \leq \delta + \mathbb{P}(\|(A_n - A) X_n\| > \varepsilon, \|X_n\| \leq K)$. Die letzte Wahrscheinlichkeit ist wegen $\|(A_n - A) X_n\| \leq \|A_n - A\|_{\mathrm{sp}} \|X_n\| \leq \|A_n - A\|_{\mathrm{sp}} K$ und $\|A_n - A\|_{\mathrm{sp}} \to 0$ für hinreichend großes n gleich null. Da δ und ε beliebig waren, folgt $(A_n - A) X_n \xrightarrow{\mathbb{P}} 0_s$ und damit nach dem Lemma von Slutzky die Behauptung.

Lösung 6.9 Sei O.B.d.A. $\mathbb{E}(X_{nj}) = 0_d$ ($n \geq 1, 1 \leq j \leq n$). Weiter seien $c \in \mathbb{R}^d$ mit $c \neq 0_d$ beliebig sowie $Z_{nj} := c^\top X_{nj}$. Nach der Cramér-Wold-Technik ist $n^{-1/2} \sum_{j=1}^n Z_{nj} \xrightarrow{\mathcal{D}}$ N$(0, c^\top Rc)$ zu zeigen. Wegen der positiven Definitheit von R_{nj} gilt $\mathbb{V}(Z_{nj}) = c^\top R_{nj} c > 0$. Sei $\sigma_n^2 := \sum_{j=1}^n \mathbb{V}(Z_{nj})$. Mit $\overline{R}_n := \frac{1}{n} \sum_{j=1}^n R_{nj}$ gilt $\sigma_n^2 = n c^\top \overline{R}_n c$. Wegen $\overline{R}_n \to R$ folgt somit für hinreichend großes n die Ungleichung $\sigma_n^2 \geq \frac{n}{2} c^\top Rc$. Nach Satz 1.17 ist für jedes $\varepsilon > 0$ die Grenzwertsaussage $\lim_{n\to\infty} L_n(\varepsilon) = 0$ zu zeigen. Dabei ist

$$L_n(\varepsilon) = \frac{1}{\sigma_n^2} \sum_{j=1}^n \mathbb{E}\left(Z_{nj}^2 \mathbf{1}\{|Z_{nj}| > \varepsilon \sigma_n\}\right).$$

Nach der Cauchy-Schwarz-Ungleichung gilt $|c^\top Z_{nj}| \leq \|c\| \|Z_{nj}\|$. Für hinreichend großes n folgt somit

$$L_n(\varepsilon) \leq \frac{2\|c\|^2}{c^\top Rc} \cdot \frac{1}{n} \sum_{j=1}^n \mathbb{E}\left(\|X_{nj}\|^2 \mathbf{1}\left\{\|X_{nj}\| > \sqrt{n} \cdot \frac{\varepsilon\sqrt{c^\top Rc}}{\sqrt{2}\|c\|}\right\}\right),$$

sodass (6.17) die Behauptung liefert.

Lösung 6.10 Besitzt $(X_1 = (X_{11}, \ldots, X_{1s})^\top$ eine Gleichverteilung auf allen $\binom{s}{r}$ s-Tupeln aus Einsen und Nullen, die genau r Einsen aufweisen, so gilt $\mathbb{P}(X_{1j} = 1) = \binom{s-1}{r-1}/\binom{s}{r} = \frac{r}{s}$. Hiermit folgt die Darstellung für $\mathbb{E}(X_1)$. Wegen $X_{1j} \sim \mathrm{Bin}(1, \frac{r}{s})$ gilt $\mathbb{V}(X_{1j}) = \sigma_{jj} = \frac{r}{s}(1 - \frac{r}{s})$. Für $i \neq j$ gilt $\mathbb{P}(X_{1i} = 1, X_{1j} = 1) = \binom{s-2}{r-2}/\binom{s}{r} = \frac{r(r-1)}{s(s-1)}$ und somit $\mathrm{Cov}(X_{1i}, X_{1j}) = \frac{r(r-1)}{s(s-1)} - \frac{r}{s} \cdot \frac{r}{s}$. Hieraus folgt die Darstellung für $\mathbb{C}\mathrm{ov}(X_1)$.

Lösung 6.11

a) Wegen $X_{1,1} + \ldots + X_{1,s} = r$ ist $\mathrm{Cov}(X_1)$ nach Satz 5.3 b) singulär. Damit ist auch die in (6.8) stehende Matrix Σ als Vielfaches von $\mathrm{Cov}(X_1)$ singulär.

b) folgt durch direktes Rechnen (Matrizenmultiplikation).

c) Von (6.11) ausgehend läuft alles genauso ab wie nach (6.7). Der Unterschied zu (6.7) liegt nur in dem in (6.11) auftretenden Korrekturfaktor $s/\sqrt{r(s-r)}$. Dieser ist der Tatsache geschuldet, dass bei einer Lottoausspielung r verschiedene Zahlen gezogen werden und damit kein multinomiales Versuchsschema vorliegt.

d) Die Testgröße T_n liefert den Wert 60,9. Da das 0,95-Quantil der χ^2_{48}-Verteilung 65,17 beträgt, ist die beobachtete Fluktuation der Gewinnhäufigkeiten durchaus noch verträglich mit den gemachten Modellannahmen.

Lösung 6.12 Der Zufallsvektor $X_n/\sqrt{n}$ besitzt eine Gleichverteilung auf der Oberfläche der Einheitskugel im $\mathbb{R}^n$. Nach Aufgabe 5.8 gilt $X_n/\sqrt{n} \overset{\mathcal{D}}{=} Y_n/\|Y_n\|$, wobei $Y_n =:$ $(Y_{n,1}, \ldots, Y_{n,n})^\top \sim \mathrm{N}_n(0_n, I_n)$. Damit gilt $(X_{n,1}, \ldots, X_{n,d})^\top \overset{\mathcal{D}}{=} (Y_{n,1}, \ldots, Y_{n,d})^\top/U_n$, wobei $U_n = +\sqrt{U_n^2}$ und $U_n^2 = (Y_{n,1}^2 + \ldots + Y_{n,n}^2)/n$. Wegen $U_n^2 \overset{\mathbb{P}}{\longrightarrow} 1$ folgt die Behauptung, da $(Y_{n,1}, \ldots, Y_{n,d})^\top \sim \mathrm{N}_d(0_d, I_d)$.

Lösung 6.13 Nach (6.16) muss g die Gleichung $p(1-p)g'(p)^2 = 1$ erfüllen, was für die durch $g(p) := 2\arcsin\sqrt{p}$ definierte Funktion zutrifft.

Lösung 7.1 Es gelte $x \geq x_{m,m-1}$. Mit (7.7) folgt

$$F_n^\omega(x) \geq F_n^\omega(x_{m,m-1}) \geq F(x_{m,m-1}) - D_{m,n}^\omega \geq 1 - \frac{1}{m} - D_{m,n}^\omega \geq F(x) - \frac{1}{m} - D_{m,n}^\omega,$$

$$F(x) \geq F(x_{m,m-1}) \geq 1 - \frac{1}{m} \geq F_n^\omega(x) - \frac{1}{m} - D_{m,n}^\omega$$

und damit die Behauptung.

Lösung 7.2 Es seien $U_1, \ldots, U_n$ stochastisch unabhängig und je in $[0, 1]$ gleichverteilt, und es sei $\widehat{G}_n(t) := \frac{1}{n} \sum_{j=1}^n \mathbf{1}\{U_j \leq t\}$, $0 \leq t \leq 1$, die empirische Verteilungsfunktion von $U_1, \ldots, U_n$. Nehmen wir an, es gälte $\mathbb{P}(\sup_{0 \leq u \leq 1} |\widehat{G}_n(u) - u| > t) \leq 2\exp(-2nt^2)$. Setzen wir $X_j := F^{-1}(U_j)$, $j = 1, \ldots, n$, so sind $X_1, \ldots, X_n$ stochastisch unabhängig mit gleicher Verteilungsfunktion F. Wegen $X_j \leq x \Longleftrightarrow U_j \leq F(x)$ gilt $\widehat{F}_n(x) = \widehat{G}_n(F(x))$, $x \in \mathbb{R}$, und die Behauptung folgt aus $\sup_{x \in \mathbb{R}} |\widehat{F}_n(x) - F(x)| \leq \sup_{0 \leq u \leq 1} |\widehat{G}_n(u) - u|$.

Lösung 7.3 Sei $D_n := \sup_{x \in \mathbb{R}} |\widehat{F}_n(x) - F(x)|$. Aus (7.11) folgt für jedes $\varepsilon > 0$:

$$\sum_{n=1}^\infty \mathbb{P}(D_n > \varepsilon) \leq 2 \sum_{n=1}^\infty \exp(-2n\varepsilon^2) < \infty.$$

Mit dem Lemma von Borel-Cantelli ergibt sich $\mathbb{P}\left(\limsup_{n\to\infty}\{D_n > \varepsilon\}\right) = 0$ für jedes $\varepsilon > 0$ und damit der Satz von Gliwenko-Cantelli.

Lösung 7.4 Es sei $Z_\ell := (Z_{\ell,1}, \ldots, Z_{\ell,k})^\top$, wobei $Z_{\ell,i} = \mathbf{1}\{X_\ell \leq x_i\} - F(x_i)$ $(1 \leq \ell \leq n,$ $1 \leq i \leq k)$. $Z_1, \ldots, Z_n$ sind unabhängige und identisch verteilte Zufallsvektoren mit $\mathbb{E}(Z_1) = 0_k$ und $\mathbb{E}(Z_{1,i}^2) = F(x_i)(1 - F(x_i))$. Für $i \neq j$ gilt mit $\mathbf{1}\{X_1 \leq x_i\}\mathbf{1}\{X_1 \leq x_j\} = \mathbf{1}\{X_1 \leq \min(x_i, x_j)\}$

$$\mathbb{E}(Z_{1,i}Z_{1,j}) = \mathbb{E}[\mathbf{1}\{X_1 \leq \min(x_i, x_j)\}] - F(x_i)F(x_j) = F\big(\min(x_i, x_j)\big) - F(X_i)F(x_j).$$

Wegen $B_n(x_\ell) = n^{-1/2}\sum_{j=1}^n Z_{j,\ell}$, $\ell = 1, \ldots, k$, folgt die Behauptung aus dem multivariaten zentralen Grenzwertsatz.

Lösung 8.1 Für eine k-elementige Teilmenge $A = \{i_1, \ldots, i_k\}$ von $\{1, \ldots, n\}$ setzen wir kurz $h_A := h(X_{i_1}, \ldots, X_{i_k})$. Damit folgt $\mathbb{V}(U_n) = \text{Cov}(U_n, U_n) = \binom{n}{k}^{-2}\sum_A\sum_B$ $\text{Cov}(h_A, h_B)$. Dabei laufen die Summen jeweils über alle k-elementigen Teilmengen A und B von $\{1, \ldots, n\}$. Es gelten $\text{Cov}(h_A, h_B) = 0$, falls $A \cap B = \emptyset$ sowie $\text{Cov}(h_A, h_B) = \sigma_c^2$, falls $|A \cap B| = c$, wobei $c \in \{1, \ldots, k\}$. Spalten wir die Doppelsumme über A und B nach der Anzahl $c = |A \cap B|$ auf, und beachten wir, dass es nach der Wahl von A (die auf $\binom{n}{k}$ Weisen erfolgen kann) $\binom{k}{c}\binom{n-k}{k-c}$ Teilmengen B mit $|A \cap B| = c$ gibt, so folgt die Behauptung.

Lösung 8.2 Es gelten $\vartheta = \mathbb{E}(X_1 X_2) = \mu^2$, $h_1(x_1) = \mathbb{E}[h(x_1, X_2)] = x_1\mu$ und $\sigma_1^2 = \mathbb{V}(h_1(X_1)) = \mu^2\sigma^2$. Im Fall $\mu \neq 0$ gilt $\sigma_1^2 > 0$, und Satz 8.8 liefert die Behauptung. Im Fall $\mu = 0$ liegt die Situation von Beispiel 8.11 mit $s = 1$, $\lambda_1 = \sigma^2$ und $\varphi_1(x) = x/\sigma$ vor. Es folgt $nU_n \xrightarrow{\mathcal{D}} \sigma^2(N^2 - 1)$, wobei N eine standardnormalverteilte Zufallsvariable ist.

Lösung 8.3 Nach Satz 8.3 gilt $\mathbb{V}(\tau_n) = \binom{n}{2}^{-1}\left(2(n-2)\sigma_1^2 + \sigma_2^2\right)$, wobei $\sigma_1^2 = \mathbb{V}(h_1((X_1, Y_1)))$ und $\sigma_2^2 = 1 - \tau^2$, da $\text{sgn}^2(t) = 1$ für $t \neq 0$. Wegen der angenommenen Unabhängigkeit gilt mit $(X, Y) := (X_1, Y_1)$ durch Fallunterscheidungen:

$$\begin{aligned}
h_1(x, y) &= \mathbb{E}[h((x, y), (X, Y))] = \mathbb{P}((x - X)(y - Y) > 0) - \mathbb{P}((x - X)(y - Y) < 0) \\
&= \mathbb{P}(X > x)\mathbb{P}(Y > y) + \mathbb{P}(X < x)\mathbb{P}(Y < y) - \mathbb{P}(X > x)\mathbb{P}(Y < y) - \mathbb{P}(X < x)\mathbb{P}(Y > y) \\
&= (1 - G(x))(1 - H(y)) + G(x)H(y) - (1 - G(x))H(y) - G(x)(1 - H(y)) \\
&= (1 - 2G(x))(1 - 2H(y)).
\end{aligned}$$

Die Zufallsvariablen $U := 1 - 2G(X)$ und $V := 1 - 2H(Y)$ sind unabhängig und je gleichverteilt in $[-1, 1]$. Es folgt $\sigma_1^2 = \mathbb{V}(UV) = \mathbb{E}(U^2)\mathbb{E}(V^2) = \frac{1}{9}$. Wegen $\tau = 0$ folgt die Behauptung in a). Teil b) ist eine direkte Folge von Satz 8.8.

Lösung 8.4 Die Gleichung $\mathbb{E}(S) = \mathbb{E}(\widehat{S})$ folgt durch iterierte Erwartungswertbildung. Wir nehmen daraufhin $\mathbb{E}(S) = 0$ an und setzen kurz $f(X_i) := \mathbb{E}[S|X_i] - \ell_i(X_i)$, $i = 1, \ldots, n$.

Wegen der Unabhängigkeit von $X_1, \ldots, X_n$ ist $\mathbb{E}\big[\mathbb{E}[S|X_j]\big|X_i\big]$ gleich $\mathbb{E}(S)$ und damit gleich null, falls $j \neq i$ und gleich $\mathbb{E}[S|X_i]$, falls $j = i$. Damit folgt $\mathbb{E}[S - \widehat{S}|X_i] = 0$ für jedes i und somit

$$\mathbb{E}\big[(S - \widehat{S})(\widehat{S} - L)\big] = \sum_{i=1}^{n} \mathbb{E}\big[(S - \widehat{S})f(X_i)\big] = \sum_{i=1}^{n} \mathbb{E}\big[f(X_i)\mathbb{E}[S - \widehat{S}|X_i]\big] = 0.$$

Dabei sind Gleichungen mit bedingten Erwartungen stets $\mathbb{P}$-fast sicher zu verstehen.

Lösung 8.5 Wir nehmen an, dass U_n und V_n nicht-ausgeartet sind und bilden die Hájek-Projektionen $\widetilde{U}_n = \frac{k}{n} \sum_{j=1}^{n}(f_1(X_j) - \vartheta) + \vartheta$ und $\widetilde{V}_n = \frac{\ell}{n} \sum_{j=1}^{n}(g_1(X_j) - \eta) + \eta$ von U_n bzw. von V_n. Es gelten $\sigma_1^2 := \mathbb{V}(f_1(X_1)) > 0$ und $\tau_1^2 := \mathbb{V}(g_1(X_1)) > 0$ sowie

$$\sqrt{n}\begin{pmatrix} U_n - \vartheta \\ V_n - \eta \end{pmatrix} = \sqrt{n}\begin{pmatrix} \widetilde{U}_n - \vartheta \\ \widetilde{V}_n - \eta \end{pmatrix} + \sqrt{n}\begin{pmatrix} U_n - \widetilde{U}_n \\ V_n - \widetilde{V}_n \end{pmatrix} = \frac{1}{\sqrt{n}} \sum_{j=1}^{n}\begin{pmatrix} k\big(f_1(X_j) - \vartheta\big) \\ \ell\big(g_1(X_j) - \eta\big) \end{pmatrix} + R_n,$$

wobei $R_n \xrightarrow{\mathbb{P}} 0_2$. Nach Satz 6.19 und dem Lemma von Slutsky folgt

$$\sqrt{n}\begin{pmatrix} U_n - \vartheta \\ V_n - \eta \end{pmatrix} \xrightarrow{\mathcal{D}} \mathrm{N}_2\left(\begin{pmatrix} 0 \\ 0 \end{pmatrix}, \begin{pmatrix} k^2\sigma_1^2 & \sigma_{1,2} \\ \sigma_{1,2} & \ell^2\tau_1^2 \end{pmatrix}\right),$$

wobei $\sigma_{1,2} = \mathrm{Cov}\big(k(f_1(X_1) - \vartheta), \ell(g_1(X_1) - \eta)\big) = k\ell\big(\mathbb{E}[f_1(X_1)g_1(X_1)] - \vartheta\eta\big)$.

Lösung 8.6 Der Kern besitzt die Gestalt (8.15) aus Beispiel 8.11. Wir müssen nur die Bedingungen (8.16) und (8.17) erfüllen. Setzen wir

$$\varphi_1(x) := \frac{x}{\sigma}, \quad \varphi_2(x) := \frac{x^2 - \sigma^2}{\sqrt{m_4 - \sigma^4}},$$

so gilt wegen $X_1 \overset{\mathcal{D}}{=} -X_1$ die Gleichung $\mathbb{E}[\varphi_1(X_1)] = 0$. Damit folgt $\sigma^2 = \mathbb{E}(X_1^2)$, und somit ergibt sich $\mathbb{E}[\varphi_2(X_1)] = 0$. Weiter gilt $\mathbb{E}[\varphi_1^2(X_1)] = 1$, und $\mathbb{E}[(X_1 - \sigma^2)^2] = m_4 - \sigma^4$ hat $\mathbb{E}[\varphi_2^2(X_1)] = 1$ zur Folge. Außerdem erhalten wir $\mathbb{E}[\varphi_1(X_1)\varphi_2(X_1)] = 0$, denn wegen $X_1 \overset{\mathcal{D}}{=} -X_1$ gilt $\mathbb{E}(X_1^3) = 0$. Es folgt $h(x_1, x_2) = \sigma^2\varphi_1(x_1)\varphi_1(x_2) + (m_4 - \sigma^4)\varphi_2(x_1)\varphi_2(x_2)$, und die Behauptung ergibt sich aus (8.18).

Lösung 8.7 Es ist $U_n = \binom{n}{3}^{-1} \sum_{1 \leq i < j < k \leq n} X_i X_j X_k = \binom{n}{3}^{-1} \frac{1}{6} \sum_{1 \neq j \neq k \neq i} X_i X_j X_k$. Die letzte Dreifachsumme ist mit $S_n := \sum_{j=1}^{n} X_j$ gleich

$$\sum_{i,j,k=1}^{n} X_i X_j X_k - \sum_{i=1}^{n} X_i^3 - 3 \sum_{i=1}^{n} X_i^2\bigg(\sum_{j:j\neq i}^{n} X_j\bigg) = S_n^3 - \sum_{i=1}^{n} X_i^3 - 3 \sum_{i=1}^{n} X_i^2(S_n - X_i).$$

Setzen wir $Z_n := \frac{1}{\sqrt{n}} S_n$, $\overline{X_n^r} := \frac{1}{n} \sum_{j=1}^n X_j^r$, $r \in \{2, 3, 4\}$, sowie $a_n := \frac{n^2}{(n-1)(n-2)}$, $b_n := \frac{a_n}{\sqrt{n}}$, so liefert eine direkte Rechnung $n^{3/2} U_n = a_n Z_n^3 - b_n \overline{X_n^3} - 3 a_n Z_n \overline{X_n^2} + 3 b_n \overline{X_n^3}$. Nach dem Gesetz großer Zahlen gelten $\overline{X_n^3} = O_{\mathbb{P}}(1)$ und $\overline{X_n^2} = 1 + o_{\mathbb{P}}(1)$. Wegen $a_n \to 1$ und $b_n \to 0$ sowie $Z_n \overset{\mathcal{D}}{\longrightarrow} Z$ folgt die Behauptung aus dem Abbildungssatz und dem Lemma von Slutzky.

Lösung 8.8 Es ist $U_n = \binom{n}{4}^{-1} \sum_{1 \le i < j < k < \ell \le n} X_i X_j X_k X_\ell = \binom{n}{4}^{-1} \frac{1}{24} \sum_{\ne} X_i X_j X_k X_\ell$. Dabei läuft die letzte Summe über alle Quadrupel (i, j, k, ℓ) mit paarweise verschiedenen Komponenten. Zerlegt man diese Summe nach der Anzahl der verschiedenen auftretenden Indizes, so nimmt sie mit Symmetrieüberlegungen und Verwendung der Notation von Lösung 8.7 die Gestalt

$$S_n^4 - \sum_{i=1}^n X_i^4 - 3 \sum_{i=1}^n X_i^2 \left(n \overline{X_n^2} - X_i^2 \right) - 4 \sum_{i=1}^n X_i^3 \left(S_n - X_i \right) - 6 \sum_{i=1}^n X_i^2 \left(\sum_{i \ne k \ne \ell \ne i} X_k X_\ell \right)$$

an. Dabei wird bei der letzten Summe nur über k und ℓ summiert. Wegen

$$\sum_{i=1}^n X_i^2 \left(\sum_{i \ne k \ne \ell \ne i} X_k X_\ell \right) = \sum_{i=1}^n X_i^2 \sum_{k: k \ne i} X_k (S_n - X_k - X_i) = \sum_{i=1}^n X_i^2 \left(S_n^2 - 2 S_n X_i + 2 X_i^2 - n \overline{X_n^2} \right)$$

liefert eine geduldige Rechnung mit $a_n := \frac{n^3}{(n-1)(n-2)(n-3)}$ und $b_n := \frac{a_n}{n}$ die Darstellung

$$n^2 U_n = a_n Z_n^4 - 6 a_n Z_n^2 \overline{X_n^2} + 3 a_n \left(\overline{X_n^2} \right)^2 - 4 a_n \overline{X_n} \, \overline{X_n^3} - 6 b_n \overline{X_n^4} + 12 \frac{b_n}{\sqrt{n}} Z_n \overline{X_n^3}.$$

Wie in Aufgabe 8.7 folgt die Behauptung jetzt mit dem Abbildungssatz und dem Lemma von Slutsky, denn es gelten $a_n \to 1$, $b_n \to 0$, $Z_n \overset{\mathcal{D}}{\longrightarrow} Z$, $\overline{X_n^2} = 1 + o_{\mathbb{P}}(1)$ sowie $\overline{X_n} = o_{\mathbb{P}}(1)$, $\overline{X_n^3} = O_{\mathbb{P}}(1)$ und $\overline{X_n^4} = O_{\mathbb{P}}(1)$.

Lösung 8.9 Für $s < m$ gilt $(Y_m - Y_s)^2 = \sum_{i,j=s+1}^m \lambda_i \lambda_j (N_i^2 - 1)(N_j^2 - 1)$. Wegen $\mathbb{E}(N_i^2 - 1) = 0$ folgt $\mathbb{E}[(N_i^2 - 1)(N_j^2 - 1)] = 0$ für $i \ne j$, und mit $\mathbb{E}[(N_1^2 - 1)^2] = \mathbb{E}(N_1^4) - 1 = 2$ ergibt sich $\mathbb{E}[(Y_m - Y_s)^2] = 2 \sum_{i=s+1}^m \lambda_i^2 \le 2 \sum_{i=s+1}^\infty \lambda_i^2$. Hieraus folgt die Behauptung.

Lösung 8.10 Nach Definition der empirischen Verteilungsfunktion gilt

$$\omega_n^2 = \frac{1}{n} \sum_{i=1}^n \sum_{j=1}^n \int_0^1 \left(\mathbf{1}\{X_i \le t\} - t \right)\left(\mathbf{1}\{X_j \le t\} - t \right) dt$$

$$= \frac{1}{n} \sum_{i=1}^n \sum_{j=1}^n \int_0^1 \left(\mathbf{1}\{\max(X_i, X_j) \le t\} - t \mathbf{1}\{X_i \le t\} - t \mathbf{1}\{X_j \le t\} + t^2 \right) dt$$

$$= \frac{1}{n}\sum_{i=1}^{n}\sum_{j=1}^{n}\left(1 - \max(X_i, X_j) - \frac{1}{2}(1 - X_i^2) - \frac{1}{2}(1 - X_j^2) + \frac{1}{3}\right)$$

$$= \frac{1}{n}\sum_{i=1}^{n}\sum_{j=1}^{n} h(X_i, X_j) = (n-1)U_n + \frac{1}{n}\sum_{j=1}^{n} h(X_j, X_j) = (n-1)U_n + \frac{1}{6} + o_\mathbb{P}(1).$$

Lösung 8.11 a) $U_{m,n} := \binom{m}{2}^{-1}\frac{1}{n}\sum_{1\le i<j\le m}\sum_{\ell=1}^{n}\mathbf{1}\{X_i < Y_\ell, X_j < Y_\ell\}$ schätzt ϑ erwartungstreu. b) Mit $h(x_1, x_2, y) := \mathbf{1}\{x_1 < y, x_2 < y\}$ gilt $h_{1,0}(x_1) = \mathbb{P}(x_1 < Y_1, X_2 < Y_1) = \int_{x_1}^1\int_0^y \frac{1}{2}\mathrm{d}x\mathrm{d}y = \frac{1}{4}(1 - x_1^2)$, $0 \le x_1 \le 1$. Damit folgt $\sigma_{1,0}^2 = \mathbb{V}(h_{1,0}(X_1)) = \frac{1}{16}\mathbb{V}(X_1^2) = \frac{1}{180}$. Weiter gilt $h_{0,1}(y_1) = \mathbb{P}(X_1 < y_1, X_2 < y_1) = \mathbb{P}(X_1 < y_1)^2 = y_1^2$ für $0 \le y_1 \le 1$ und $h_{0,1}(y_1) = 0$, falls $y_1 < 0$. Hiermit gilt $\sigma_{0,1}^2 = \mathbb{V}(h_{0,1}(Y_1)) = \mathbb{V}(Y_1^2\mathbf{1}\{Y_1 \ge 0\}) = \mathbb{E}[Y_1^4\mathbf{1}\{Y_1 \ge 0\}] - (\mathbb{E}[Y_1^2\mathbf{1}\{Y_1 \ge 0\}])^2 = \frac{1}{10} - \frac{1}{36} = \frac{13}{180}$. Da unter der speziellen Verteilungsannahme $\vartheta = \frac{1}{6}$ gilt, liefert Satz 8.8

$$\sqrt{m+n}\left(U_{m,n} - \frac{1}{6}\right) \xrightarrow{\mathcal{D}} \mathrm{N}\left(0, \frac{1}{45\tau} + \frac{13}{(1-\tau)180}\right).$$

Lösung 8.12 Nach (8.47) gilt $\sqrt{n}(V_n - \vartheta) = \sqrt{n}(U_n^{(2)} - \vartheta) + \sqrt{n}(V_n - U_n^{(2)})$. Im Fall $\sigma_1^2 > 0$ liefert Satz 8.8 die Verteilungskonvergenz $\sqrt{n}(U_n^{(2)} - \vartheta) \xrightarrow{\mathcal{D}} \mathrm{N}(0, 4\sigma_1^2)$. Weiter gilt $\sqrt{n}(V_n - U_n^{(2)}) = n^{-1/2}(U_n^{(1)} - U_n^{(2)}) = o_\mathbb{P}(1)$, sodass (8.48) aus dem Lemma von Slutsky folgt. Im Fall $0 = \sigma_1^2 < \sigma_2^2$ verwenden wir die aus (8.47) folgende Darstellung $n(V_n - \vartheta) = n(U_n^{(2)} - \vartheta) + U_n^{(1)} - U_n^{(2)}$. Nach Satz 8.16 gilt $n(U_n^{(2)} - \vartheta) \xrightarrow{\mathcal{D}} \sum_{j=1}^{\infty}\lambda_j(N_j^2 - 1)$, was $U_n^{(2)} = \vartheta + o_\mathbb{P}(1)$ zur Folge hat. Nach dem Gesetz großer Zahlen gilt $U_n^{(1)} = \mu + o_\mathbb{P}(1)$. Hieraus ergibt sich (8.49).

Lösung 9.1 Sei $T : \{0, 1, \ldots, \ell\} \to \mathbb{R}$ eine beliebige Funktion. Es soll

$$\mathbb{E}_\vartheta(T(X)) = \sum_{k=0}^{\ell} T(k)\binom{\ell}{k}\vartheta^k(1 - \vartheta)^{\ell-k} = \gamma(\vartheta) = \frac{1}{\vartheta}$$

für jedes $\vartheta \in (0, 1)$ gelten. Das ist nicht möglich, denn die Summe konvergiert für $\vartheta \to 0$ gegen $T(0)$, wohingegen $\frac{1}{\vartheta}$ gegen Unendlich strebt.

Lösung 9.2 Sei $\gamma(\vartheta) =: (\gamma_1(\vartheta), \ldots, \gamma_k(\vartheta))$. Wir müssen die komponentenweise stochastische Konvergenz $T_{n,j} \xrightarrow{\mathbb{P}_\vartheta} \gamma_j(\vartheta)$ für jedes $j \in \{1, \ldots, k\}$ und jedes $\vartheta \in \Theta$ zeigen. Seien hierzu $\varepsilon > 0$, $j \in \{1, \ldots, k\}$ und $\vartheta \in \Theta$ beliebig. Wegen $\mathbb{E}_\vartheta(T_{n,j}) \to \gamma_j(\vartheta)$ gilt für genügend großes n die Ungleichung $|\mathbb{E}(T_{n,j}) - \gamma_j(\vartheta)| \le \frac{\varepsilon}{2}$. Für jedes solche n folgt dann mit der Dreiecksungleichung und der Tschebyschow-Ungleichung

$$\mathbb{P}_\vartheta\left(|T_{n,j} - \gamma_j(\vartheta)| > \varepsilon\right) \le \mathbb{P}_\vartheta\left(|T_{n,j} - \mathbb{E}(T_{n,j})| > \frac{\varepsilon}{2}\right) \le \frac{4\mathbb{V}_\vartheta(T_{n,j})}{\varepsilon^2}$$

und damit die Behauptung.

Lösung 9.3 Nein. Würde – die Existenz aller Erwartungswerte vorausgesetzt – $\mathbb{E}_\vartheta(T_n^2) = \vartheta^2$, $\vartheta \in \Theta$, gelten, so wäre $\mathbb{V}_\vartheta(T_n) = \mathbb{E}_\vartheta(T_n^2) - (\mathbb{E}_\vartheta(T_n))^2 = 0$, und somit gäbe es ein $c \in \mathbb{R}$ mit $\mathbb{P}_\vartheta(T_n = c) = 1$ für jedes $\vartheta \in \Theta$. Das ist ein Widerspruch zur Erwartungstreue, wenn Θ mindestens zweielementig ist. Ist in Verallgemeinerung der Quadratfunktion $g : \mathbb{R} \to \mathbb{R}$ eine strikt konvexe Funktion, so gilt nach der Jensen'schen Ungleichung (siehe z. B. [HE1, S. 146]) $\mathbb{E}_\vartheta(g(T_n)) > g(\mathbb{E}_\vartheta(T_n)) = g(\vartheta)$.

Lösung 9.4 a), b): Sei $M_n := \max(X_1, \ldots, X_n)$. Es gilt $M_n \sim \vartheta \widetilde{M}_n$ mit $\widetilde{M}_n := \max(U_1, \ldots, U_n)$ und $U_1, \ldots, U_n$ u. i. v. sowie $U_1 \sim \mathrm{U}(0, 1)$. Es folgt $\mathbb{E}_\vartheta(S_n^k) = ((n+1)/n)^k \vartheta^k \mathbb{E}(\widetilde{M}_n^k)$. Die Verteilungsfunktion von $\widetilde{M}_n$ ist $F_n(t) = t^n$, $0 \le t \le 1$. Damit ist die zugehörige Dichte f_n durch $f_n(t) = nt^{n-1}$, $0 \le t \le 1$, gegeben. Es folgt $\mathbb{E}(\widetilde{M}_n^k) = \int_0^1 nt^{k+n-1}\,\mathrm{d}t = \frac{n}{n+k}$ und damit a) sowie b) durch direkte Rechnung.

   c): Sei $t \in \mathbb{R}$. Es gilt $\mathbb{P}_\vartheta(n(S_n - \vartheta) \le t) = \mathbb{P}_\vartheta\left(M_n \le \frac{n}{n+1}\left(\vartheta + \frac{t}{n}\right)\right) = \mathbb{P}\left(\widetilde{M}_n \le \frac{n}{n+1}\left(1 + \frac{t}{n\vartheta}\right)\right)$. Die letzte Wahrscheinlichkeit ist unabhängig von n gleich eins, falls $t \ge \vartheta$. Andernfalls gilt

$$\lim_{n\to\infty} \mathbb{P}\left(\widetilde{M}_n \le \frac{n}{n+1}\left(1 + \frac{t}{n\vartheta}\right)\right) = \lim_{n\to\infty}\left(\left(1 - \frac{1}{n+1}\right)\left(1 + \frac{t}{\vartheta n}\right)\right)^n = \mathrm{e}^{-1}\mathrm{e}^{t/\vartheta}.$$

Lösung 9.5 Da trivialerweise $\mathbb{P}_\vartheta(M_n \le \vartheta) = 1$ gilt, ist nur $\mathbb{P}_\vartheta(\vartheta \le M_n\alpha^{-1/n}) = 1 - \alpha$ zu zeigen. Wegen $\mathbb{P}_\vartheta(M_n \le t) = \mathbb{P}_\vartheta(X_1 \le t)^n = \left(\frac{t}{\vartheta}\right)^n$ folgt $\mathbb{P}_\vartheta(\vartheta \le M_n\alpha^{-1/n}) = 1 - \mathbb{P}_\vartheta(M_n \le \vartheta\alpha^{1/n}) = 1 - (\alpha^{1/n})^n = 1 - \alpha$.

Lösung 9.6 Nach Aufgabe 6.13 gilt $\sqrt{n}(g(\overline{X}_n) - g(\vartheta)) \xrightarrow{\mathcal{D}_\vartheta} \mathrm{N}(0, 1)$, wobei $g(x) = 2\arcsin\sqrt{x}$ und damit $\lim_{n\to\infty} \mathbb{P}_\vartheta(\sqrt{n}|g(\overline{X}_n) - g(\vartheta)| \le z_\alpha) = 1 - \alpha$. Die hier auftretende Betragsungleichung ist gleichbedeutend mit

$$\sin^2\left(\arcsin\sqrt{\overline{X}_n} - \frac{z_\alpha}{2\sqrt{n}}\right) \le \vartheta \le \sin^2\left(\arcsin\sqrt{\overline{X}_n} + \frac{z_\alpha}{2\sqrt{n}}\right),$$

woraus die Behauptung folgt.

Lösung 10.1 Wegen $v \ll \widetilde{v}$ gibt es nach dem Satz von Radon-Nikodým (Satz 1.30) eine nichtnegative messbare Funktion $g : \mathcal{X}_0 \to \mathbb{R}$ mit $\mu(B) = \int_B g(x)\,\widetilde{v}(\mathrm{d}x)$ für jedes $B \in \mathcal{B}_0$. Damit folgt

$$Q_\vartheta(B) = \int_B f(x, \vartheta)\,v(\mathrm{d}x) = \int_B f(x, \vartheta)g(x)\,\widetilde{v}(\mathrm{d}x).$$

Weiter gilt $Q_\vartheta(B) = \int_B \widetilde{f}(x, \vartheta) \widetilde{\nu}(dx)$, $B \in \mathcal{B}_0$. Nach einem Resultat der Integrationstheorie gilt dann $f(x, \vartheta)g(x) = \widetilde{f}(x, \vartheta)$ $\widetilde{\nu}$-f.ü. und somit wegen $\nu \ll \widetilde{\nu}$ auch ν-f.ü. Damit folgt

$$\prod_{j=1}^{n} f(x_j, \vartheta) \prod_{j=1}^{n} g(x_j) = \prod_{j=1}^{n} \widetilde{f}(x_j, \vartheta) \quad \text{für } \nu \otimes \ldots \otimes \nu\text{-fast alle } (x_1, \ldots, x_n) \in \mathcal{X}_0^n.$$

Da das Produkt $g(x_1) \ldots g(x_n)$ nicht von ϑ abhängt, folgt die Behauptung.

Lösung 10.2 Die Likelihood-Funktion lautet

$$L_{x_1, \ldots, x_n}(\vartheta) = \frac{\vartheta^{n\alpha}}{\Gamma(\alpha)^n} \left(\prod_{j=1}^{n} x_j \right)^{\alpha-1} \exp\left(-\vartheta \sum_{j=1}^{n} x_j \right)$$

für $x_1, \ldots, x_n \in (0, \infty)$. Somit hat die Likelihood-Gleichung die Gestalt

$$0 = \frac{\partial}{\partial \vartheta} \log L_{x_1, \ldots, x_n}(\vartheta) = \frac{n\alpha}{\vartheta} - \sum_{j=1}^{n} x_j.$$

Hieraus folgt $\widehat{\vartheta}_n(x_1, \ldots, x_n) = n\alpha / \left(\sum_{j=1}^{n} x_j \right)$. Da die Ableitung der Log-Likelihood-Funktion an der Stelle $\widehat{\vartheta}_n(x_1, \ldots, x_n)$ vom Positiven ins Negative wechselt, liegt an dieser Stelle ein Maximum der Likelihood-Funktion vor.

Lösung 10.3 Die Log-Likelihood-Funktion zu $x_1 > 0, \ldots, x_n > 0$ besitzt die Gestalt

$$\log\left(\prod_{j=1}^{n} f(x_j, \vartheta) \right) = n\alpha \log \lambda - n \log \Gamma(\alpha) + (\alpha - 1) \sum_{j=1}^{n} \log x_j - \lambda \sum_{j=1}^{n} x_j.$$

Nullsetzen der partiellen Ableitungen nach α bzw. nach λ liefert die Behauptung.

Lösung 10.4 Aufgabe 9.4 gibt die Limesverteilung von $n(S_n - \vartheta)$ an, wobei $S_n = \frac{n+1}{n}\widehat{\vartheta}_n$. Wegen $n(\widehat{\vartheta}_n - \vartheta) = n(S_n - \vartheta) - \frac{n}{n+1}S_n$ und $\frac{n}{n+1}S_n \xrightarrow{\mathbb{P}_\vartheta} \vartheta$ besitzt $n(\widehat{\vartheta}_n - \vartheta)$ eine gegenüber der Limesverteilung in obiger Aufgabe um ϑ nach links verschobene Grenzverteilung.

Lösung 10.5

a) Da die Dichte auf dem Intervall $[\vartheta_1, \vartheta_2]$ gleich $1/(\vartheta_2 - \vartheta_1)$ ist, gilt

$$L_{n,\mathbf{x}}(\vartheta) = \prod_{j=1}^{n} \left(\frac{\mathbf{1}_{[\vartheta_1, \vartheta_2]}(x_j)}{\vartheta_2 - \vartheta_1} \right) = \left(\frac{1}{\vartheta_2 - \vartheta_1} \right)^n \mathbf{1}\{\vartheta_1 \leq u_n, v_n \leq \vartheta_2\},$$

wobei $u_n := \min(x_1, \ldots, x_n)$, $v_n := \max(x_1, \ldots, x_n)$. Hieraus folgt die Gestalt für $\widehat{\vartheta}_n$.

b) Seien $s, t > 0$ beliebig und n so groß, dass $\vartheta_1 + \frac{s}{n} < \vartheta_2 - \frac{t}{n}$ gilt. Mit $A_{n,j} := \{X_j \le \vartheta_1 + \frac{s}{n}\}$ und $B_{n,j} := \{X_j \ge \vartheta_2 - \frac{t}{n}\}$ sowie $A_n := \cup_{j=1}^n A_{n,j}$ und $B_n := \cup_{j=1}^n B_{n,j}$ ergibt sich dann

$$\mathbb{P}_\vartheta\left(n(U_n - \vartheta_1) \le s, n(\vartheta_2 - V_n) \le t\right) = \mathbb{P}_\vartheta(A_n \cap B_n) = \mathbb{P}_\vartheta(A_n) + \mathbb{P}_\vartheta(B_n) - \mathbb{P}_\vartheta(A_n \cup B_n).$$

Da $X_1, \ldots, X_n$ unabhängig und je auf $[\vartheta_1, \vartheta_2]$ gleichverteilt sind, gilt

$$\mathbb{P}_\vartheta(A_n) = 1 - \left(\mathbb{P}_\vartheta\left(X_1 > \vartheta_1 + \frac{s}{n}\right)\right)^n = 1 - \left(\frac{\Delta - \frac{s}{n}}{\Delta}\right)^n = 1 - \left(1 - \frac{s}{\Delta n}\right)^n \to 1 - e^{-s/\Delta}.$$

Ebenso gelten $\mathbb{P}_\vartheta(B_n) \to e^{-t/\Delta}$ und $\mathbb{P}_\vartheta(A_n \cup B_n) \to e^{-(s+t)/\Delta}$. Hieraus folgt die Behauptung.

Lösung 10.6 Wegen $\int_0^\infty e^{-u}\, du = 1 = \int_0^\infty u e^{-u}\, du$ gilt

$$I_{KL}(\vartheta : \vartheta') = \int_0^\infty \log\left(\frac{\vartheta e^{-\vartheta x}}{\vartheta' e^{-\vartheta' x}}\right) \vartheta e^{-\vartheta x}\, dx = \log\frac{\vartheta}{\vartheta'} - (\vartheta - \vartheta')\frac{1}{\vartheta}.$$

Lösung 10.7 Mit dem Hinweis gilt

$$I_{KL}(\vartheta + \varepsilon : \vartheta) = \int_{\mathcal{X}_0} \frac{f(x, \vartheta + \varepsilon)}{f(x, \vartheta)} \log\frac{f(x, \vartheta + \varepsilon)}{f(x, \vartheta)} f(x, \vartheta)\, \nu(dx)$$

$$= \int_{\mathcal{X}_0} \left(\frac{f(x, \vartheta + \varepsilon)}{f(x, \vartheta)} - 1 + \frac{1}{2}\left(\frac{f(x, \vartheta + \varepsilon)}{f(x, \vartheta)} - 1\right)^2\right) f(x, \vartheta)\, \nu(dx) + o(\varepsilon^2)$$

$$= \frac{1}{2}\int_{\mathcal{X}_0} \frac{(f(x, \vartheta + \varepsilon) - f(x, \vartheta))^2}{f(x, \vartheta)}\, \nu(dx) + o(\varepsilon^2).$$

Wegen $f(x, \vartheta + \varepsilon) - f(x, \vartheta) = \varepsilon\frac{d}{d\vartheta}f(x, \vartheta) + o(\varepsilon)$ und $\left(\frac{d}{d\vartheta}f(x, \vartheta)\right)^2/f(x, \vartheta) = \left(\frac{d}{d\vartheta}\log f(x, \vartheta)\right)^2 f(x, \vartheta)$ folgt die Behauptung.

Lösung 10.8 Es sei $\varepsilon := \min\{I_{KL}(\vartheta_0 : \vartheta) : \vartheta \in \Theta, \vartheta \ne \vartheta_0\} > 0$. Weiter sei $\mathbf{x} = (x_1, x_2, \ldots) \in M$ beliebig. Nach Definition der Menge M als Durchschnitt von endlich vielen Mengen M_ϑ gibt es nach Definition von M_ϑ ein von ε abhängendes n_0, sodass für jedes $n \ge n_0$ gilt:

$$\frac{1}{n}\sum_{j=1}^n \log\frac{f(x_j, \vartheta)}{f(x_j, \vartheta_0)} \le -\frac{\varepsilon}{2} \quad \text{für jedes } \vartheta \in \Theta \text{ mit } \vartheta \ne \vartheta_0.$$

Diese Aussage ist gleichbedeutend mit

$$\prod_{j=1}^{n} \frac{f(x_j, \vartheta_0)}{f(x_j, \vartheta)} \geq \exp\left(\frac{n\varepsilon}{2}\right) > 1 \quad \text{für jedes } \vartheta \in \Theta \text{ mit } \vartheta \neq \vartheta_0.$$

für jedes $n \geq n_0$, und hieraus folgt $\widehat{\vartheta}_n(\mathbf{x}) = \vartheta_0$ für jedes $n \geq n_0$.

Lösung 10.9 Wegen $f_n(X_1, \ldots, X_n, \vartheta) = \prod_{j=1}^{n} f(X_j, \vartheta)$ und der Additivität der Erwartungswertes sowie $\mathbb{E}_\vartheta[\frac{d}{d\vartheta} \log f(X_j, \vartheta)] = 0_k$ gilt $\mathbb{E}_\vartheta[U_n(\vartheta)] = 0_k$. Da $U_n(\vartheta) = \sum_{j=1}^{n} \frac{d}{d\vartheta} \log f(X_j, \vartheta)$ eine Summe von stochastisch unabhängigen Zufallsvektoren ist, ist die Kovarianzmatrix von $U_n(\vartheta)$ nach Aufgabe 5.3 gleich $n I_1(\vartheta)$.

Lösung 10.10 In der Situation von Beispiel 10.3 ist $\mathcal{X}_0 = \{0, 1\}$, $\nu = \delta_0 + \delta_1$, $f(x, \vartheta) = \vartheta^x(1 - \vartheta)^{1-x}$ sowie $\Theta^\circ = (0, 1)$. Es gilt $\log f(x, \vartheta) = x \log \vartheta + (1 - x) \log(1 - \vartheta)$ und $\frac{d}{d\vartheta} \log f(x, \vartheta) = \frac{x}{\vartheta} - \frac{1-x}{1-\vartheta}$. Falls $X \sim \text{Bin}(1, \vartheta)$, so gelten $X^2 = X$, $(1 - X)^2 = 1 - X$ sowie $X(1 - X) = 0$, und es folgt

$$I_1(\vartheta) = \mathbb{E}_\vartheta\left(\frac{X}{\vartheta} - \frac{1 - X}{1 - \vartheta}\right)^2 = \frac{\mathbb{E}_\vartheta(X)}{\vartheta^2} + \frac{1 - \mathbb{E}_\vartheta(X)}{(1 - \vartheta)^2} = \frac{1}{\vartheta} + \frac{1}{1 - \vartheta} = \frac{1}{\vartheta(1 - \vartheta)}.$$

Lösung 10.11

a) Es gelten

$$\frac{\partial \log f(X, \vartheta)}{\partial \vartheta_1} = -\frac{1}{\vartheta_1 + \vartheta_2} + \frac{X \mathbf{1}_{[0,\infty)}(X)}{\vartheta_1^2}, \quad \frac{\partial \log f(X, \vartheta)}{\partial \vartheta_2} = -\frac{1}{\vartheta_1 + \vartheta_2} - \frac{X \mathbf{1}_{(-\infty,0)}(X)}{\vartheta_2^2}.$$

Mit $\mathbb{E}_\vartheta\left(X^2 \mathbf{1}_{[0,\infty)}(X)\right) = (\vartheta_1 + \vartheta_2)^{-1} \int_0^\infty x^2 \exp(-x/\vartheta_1)\, dx = 2\vartheta_1^3/(\vartheta_1 + \vartheta_2)$ sowie $\vartheta_1^2/(\vartheta_1 + \vartheta_2) = \mathbb{E}_\vartheta\left(X \mathbf{1}_{[0,\infty)}(X)\right)$ folgt $\mathbb{E}_\vartheta\left[\left(\frac{\partial}{\partial \vartheta_1} \log f(X, \vartheta)\right)^2\right] = (\vartheta_1 + 2\vartheta_2)/(\vartheta_1(\vartheta_1 + \vartheta_2)^2)$. In gleicher Weise ergibt sich $\mathbb{E}_\vartheta\left[\left(\frac{\partial}{\partial \vartheta_2} \log f(X, \vartheta)\right)^2\right] = (2\vartheta_1 + \vartheta_2)/(\vartheta_2(\vartheta_1 + \vartheta_2)^2)$. Wegen $\mathbf{1}_{[0,\infty)}(X)\mathbf{1}_{(-\infty,0)}(X) = 0$ erhält man $\mathbb{E}_\vartheta\left[\frac{\partial}{\partial \vartheta_1} \log f(X, \vartheta) \cdot \frac{\partial}{\partial \vartheta_2} \log f(X, \vartheta)\right] = -1/(\vartheta_1 + \vartheta_2)^2$.

b) Die Likelihoodgleichungen lauten

$$-\frac{n}{\vartheta_1 + \vartheta_2} + \frac{s_n}{\vartheta_1^2} = 0, \quad -\frac{n}{\vartheta_1 + \vartheta_2} + \frac{t_n}{\vartheta_2^2} = 0.$$

Damit gilt $s_n/\vartheta_1^2 = t_n/\vartheta_2^2$ und somit $\vartheta_2 = \sqrt{t_n/s_n}\vartheta_1$. Einsetzen dieses Ausdrucks für ϑ_2 in die erste Gleichung liefert nach Hochmultiplizieren der Nenner die behauptete Gleichung für $\widehat{\vartheta}_{n,1}(\mathbf{x})$. Die zweite Gleichung folgt dann aus $\widehat{\vartheta}_{n,2}(\mathbf{x}) = \sqrt{t_n(\mathbf{x})/s_n(\mathbf{x})}\widehat{\vartheta}_{n,1}(\mathbf{x})$.

c) Es seien $a(\vartheta) := \mathbb{E}_\vartheta[X \mathbf{1}_{[0,\infty)}(X)] = \vartheta_1^2/(\vartheta_1 + \vartheta_2)$, $b(\vartheta) := \mathbb{E}_\vartheta[-X \mathbf{1}_{(-\infty,0)}(X)] = \vartheta_2^2/(\vartheta_1 + \vartheta_2)$. Nach dem starken Gesetz großer Zahlen gilt

$$\widehat{\vartheta}_{n,1} = \sqrt{\frac{S_n}{n}}\left(\sqrt{\frac{S_n}{n}} + \sqrt{\frac{T_n}{n}}\right) \rightarrow \sqrt{a(\vartheta)}\left(\sqrt{a(\vartheta)} + \sqrt{b(\vartheta)}\right) = \vartheta_1$$

$\mathbb{P}_\vartheta$-f.s. In gleicher Weise folgt $\widehat{\vartheta}_{n,2} \to \vartheta_2$ $\mathbb{P}_\vartheta$-f.s., was die behauptete Konsistenz zeigt.

Lösung 10.12 Nach dem Hauptsatz gilt $\sqrt{n}(\widehat{\vartheta}_n - \vartheta) \xrightarrow{\mathcal{D}_\vartheta} N(0, 1/I_1(\vartheta))$ und somit $\sqrt{I_1(\vartheta)}\sqrt{n}(\widehat{\vartheta}_n - \vartheta) \xrightarrow{\mathcal{D}_\vartheta} N(0, 1)$, $\vartheta \in \Theta$. Wegen der Stetigkeit von $I_1(\cdot)$ sowie $\widehat{\vartheta}_n \xrightarrow{\mathbb{P}_\vartheta} \vartheta$ folgt $\sqrt{I_1(\widehat{\vartheta}_n)} \xrightarrow{\mathbb{P}_\vartheta} \sqrt{I_1(\vartheta)}$, und somit ergibt das Lemma von Slutsky $\sqrt{I_1(\widehat{\vartheta}_n)}\sqrt{n}(\widehat{\vartheta}_n - \vartheta) \xrightarrow{\mathcal{D}_\vartheta} N(0, 1)$, $\vartheta \in \Theta$. Hieraus folgt die Behauptung.

Falls $X_1 \sim \text{Bin}(1, \vartheta)$, $\vartheta \in \Theta := (0, 1)$, so ist die Dichte von X_1 bzgl. des Zählmaßes auf $\{0, 1\}$ durch $f(x, \vartheta) = \vartheta^x(1 - \vartheta^{1-x}$ für $x \in \{0, 1\}$ und $f(x, \vartheta) := 0$, sonst, gegeben. Für $x \in \{0, 1\}$ ergibt sich

$$\frac{\partial}{\partial \vartheta} \log f(x, \vartheta) = \frac{x - \vartheta}{\vartheta(1 - \vartheta)}$$

und somit $I_1(\vartheta) = \mathbb{V}_\vartheta\left(\frac{X_1 - \vartheta}{\vartheta(1-\vartheta)}\right) = \frac{1}{\vartheta(1-\vartheta)}$. Es folgt $\left(\widehat{\vartheta}_n(1 - \widehat{\vartheta}_n)\right)^{-1/2}\sqrt{n}(\widehat{\vartheta}_n - \vartheta) \xrightarrow{\mathcal{D}_\vartheta} N(0, 1)$, $\vartheta \in \Theta$, und wir erhalten

$$\lim_{n \to \infty} \mathbb{P}_\vartheta\left(\widehat{\vartheta}_n - \frac{\Phi^{-1}(1-\alpha/2)}{\sqrt{n}}\sqrt{\widehat{\vartheta}_n(1-\widehat{\vartheta}_n)} \le \vartheta \le \widehat{\vartheta}_n + \frac{\Phi^{-1}(1-\alpha/2)}{\sqrt{n}}\sqrt{\widehat{\vartheta}_n(1-\widehat{\vartheta}_n)}\right) = 1 - \alpha,$$

$\vartheta \in \Theta$. Hierbei ist $\widehat{\vartheta}_n = \frac{1}{n}\sum_{j=1}^n X_j$ die relative Trefferhäufigkeit.

Lösung 11.1 Es gilt $f(x, \vartheta) = e^{-\vartheta}\vartheta^x/x!$ für $x \in \mathbb{N}_0$. Damit folgt $\left(\frac{\partial}{\partial \vartheta} \log f(x, \vartheta)\right)^2 = \left(\frac{x}{\vartheta} - 1\right)^2$ und somit $I_1(\vartheta) = \vartheta^{-2}\mathbb{E}_\vartheta[(X-\vartheta)^2] = \vartheta^{-2}\mathbb{V}_\vartheta(X) = \frac{1}{\vartheta}$. Dabei gilt $X \sim \text{Po}(\vartheta)$. Der Schätzer T_n ist erwartungstreu für ϑ, und es gilt $\mathbb{V}_\vartheta(T_n) = \frac{\vartheta}{n} = \frac{1}{nI_1(\vartheta)}$, $\vartheta \in \Theta$. Da jeder andere erwartungstreue Schätzer die Informationsungleichung (11.3) erfüllt, folgt die Behauptung.

Lösung 11.2

a) Es gilt $f(x, \vartheta) = (2\pi\vartheta)^{-1/2}\exp\left(-\frac{(x-\mu)^2}{2\vartheta}\right)$. Hiermit ergibt sich $\frac{\partial}{\partial \vartheta} \log f(x, \vartheta) = \left((x - \mu)^2 - \vartheta\right)/(2\vartheta^2)$. Mit $X \sim N(\mu, \vartheta)$ folgt $I_1(\vartheta) = \mathbb{E}_\vartheta[((X - \mu)^2 - \vartheta)^2]/(4\vartheta^4)$, und wegen $\mathbb{E}_\vartheta[(X - \mu)^4] = 3\vartheta^2$ sowie $\mathbb{E}_\vartheta[(X - \mu)^2] = \vartheta$ folgt $I_1(\vartheta) = 1/(2\vartheta^2)$.

b) Wegen $\mathbb{E}_\vartheta[(X - \mu)^2] = \vartheta$ ist T_n erwartungstreu für ϑ, und mit $\mathbb{E}_\vartheta[(X - \mu)^4] = 3\vartheta^2$ ergibt sich $\mathbb{V}_\vartheta(T_n) = \frac{1}{n}\mathbb{V}_\vartheta(X - \mu)^2 = \frac{1}{n}\left(3\vartheta^2 - \vartheta^2\right) = (2\vartheta^2)/n = 1/(nI_1(\vartheta))$.

c) Wegen $S_n = \frac{n}{n+2}T_n$ folgt $\mathbb{E}_\vartheta[(S_n - \vartheta)^2] = \mathbb{E}\left[\left(\frac{n}{n+2}(T_n - \vartheta) - \frac{2}{n+2}\vartheta\right)^2\right] = \left(\frac{n}{n+2}\right)^2\frac{2\vartheta^2}{n} + \frac{4}{(n+2)^2}\vartheta^2$, und somit gilt $\mathbb{E}_\vartheta[(S_n - \vartheta)^2] = \frac{2\vartheta^2}{n+2}$, $\vartheta \in \Theta$.

Lösung 11.3

a) Für jedes $c \in \mathbb{R}^k$ gilt $0 \le \mathbb{E}\left[(c^\top Y)^2\right] = \mathbb{E}(c^\top YY^\top c) = c^\top\mathbb{E}[YY^\top]c$.

b) Sei $Y =: (Y_1, \ldots, Y_k)^\top$. Aus $\mathbb{E}(YY^\top) = 0_{k \times k}$ folgt $\mathbb{E}(Y_j^2) = 0$ und damit $\mathbb{P}(Y_j = 0) = 1$ für jedes $j \in \{1, \ldots, k\}$, also $Y = 0_k$ $\mathbb{P}$-fast sicher. Die umgekehrte Implikation ist trivial.

Lösung 11.4

a) Aus $f(x, \vartheta) = (2\pi)^{-1/2} \exp\left(-\frac{1}{2}(x - \vartheta)^2\right)$ folgt $\left(\frac{\partial}{\partial \vartheta} \log f(x, \vartheta)\right)^2 = (x - \vartheta)^2$ und somit $I_1(\vartheta) = \mathbb{E}_\vartheta(X_1 - \vartheta)^2 = \mathbb{V}_\vartheta(X_1) = 1$.

b) Sei $Y_n := \mathbf{1}\{|\overline{X}_n| > n^{-1/4}\} + \frac{1}{2}\mathbf{1}\{|\overline{X}_n| \le n^{-1/4}\}$. Im Fall $\vartheta = 0$ gilt $\sqrt{n}\overline{X}_n \xrightarrow{\mathcal{D}_0} N(0, 1)$ und somit $Y_n \xrightarrow{\mathbb{P}_\vartheta} \frac{1}{2}$. Mit dem Lemma von Slutsky folgt $\sqrt{n}(T_n - \vartheta) \xrightarrow{\mathcal{D}_\vartheta} N(0, \frac{1}{4})$. Im Fall $\vartheta \ne 0$ gilt $\sqrt{n}(T_n - \vartheta) = \sqrt{n}(\overline{X}_n - \vartheta)Y_n - \frac{\vartheta}{2}\sqrt{n}\mathbf{1}\{|\overline{X}_n| \le n^{-1/4}\}$. Wegen $\overline{X}_n \xrightarrow{\mathbb{P}_\vartheta} \vartheta \ne 0$ folgt $Y_n \xrightarrow{\mathbb{P}_\vartheta} 1$ und $\frac{\vartheta}{2}\sqrt{n}\mathbf{1}\{|\overline{X}_n| \le n^{-1/4}\} \xrightarrow{\mathbb{P}_\vartheta} 0$. Mit dem Lemma von Slutsky ergibt sich $\sqrt{n}(T_n - \vartheta) \xrightarrow{\mathcal{D}_\vartheta} N(0, 1)$.

Lösung 11.5 Mit $f(x, \vartheta) = e^{-\vartheta}\vartheta^x / x!$ ($x \in \mathbb{N}_0$) folgt $\frac{\partial}{\partial \vartheta}\left(\log \prod_{j=1}^n f(x_j, \vartheta)\right) = -n + \frac{1}{\vartheta}\sum_{j=1}^n x_j$. Die Likelihood-Gleichung besitzt somit die Lösung $\widehat{\vartheta}_n(x_1, \ldots, x_n) = \frac{1}{n}\sum_{j=1}^n x_j$. Mit $\widehat{\vartheta}_n := \widehat{\vartheta}_n(X_1, \ldots, X_n)$ gilt $\widehat{\vartheta}_n \xrightarrow{\mathbb{P}_\vartheta} \vartheta$, $\vartheta \in \Theta := (0, \infty)$, und der zentrale Grenzwertsatz liefert $\sqrt{n}(\widehat{\vartheta}_n - \vartheta) \xrightarrow{\mathcal{D}_\vartheta} N(0, \vartheta)$. Wegen $\left(\frac{\partial}{\partial \vartheta}\log f(X_1, \vartheta)\right)^2 = (X_1 - \vartheta)^2 / \vartheta^2$ folgt $I_1(\vartheta) = \frac{1}{\vartheta}$, und somit ist die Folge $(\widehat{\vartheta}_n)$ asymptotisch effizient.

Lösung 11.6 Der Herleitung von (11.17) liegt die Delta-Methode und damit die Taylorentwicklung (6.14) zugrunde. Hiermit folgt $\sqrt{n}(\widetilde{\vartheta}_n - \vartheta) = n^{-1/2}\sum_{j=1}^n \ell(X_j, \vartheta) + o_{\mathbb{P}_\vartheta}(1)$ bei $n \to \infty$, wobei $\ell(X_j, \vartheta) = g'\left(g^{-1}(\vartheta)\right)\left((X_j, X_j^2, \ldots, X_j^k)^\top - (m_1, m_2, \ldots, m_k)^\top\right)$.

Lösung 11.7

a) Für $k \in \mathbb{N}$ gilt mit der Substitution $u := \lambda x$

$$\mathbb{E}(X_1^k) = \frac{\lambda^\alpha}{\Gamma(\alpha)}\int_0^\infty x^{k+\alpha-1}e^{-\lambda x}\,\mathrm{d}x = \frac{\lambda^\alpha}{\Gamma(\alpha)}\frac{1}{\lambda^{k+\alpha}}\int_0^\infty u^{k+\alpha-1}e^{-u}\,\mathrm{d}u = \frac{\Gamma(k+\alpha)}{\Gamma(\alpha)\lambda^k}.$$

Wegen $\Gamma(x+1) = x\Gamma(x)$, $x > 0$, folgt die Behauptung.

b) Auflösung der Gleichungen in a) nach α und λ liefert mit $m_j := \mathbb{E}(X_1^j)$, $j \ge 1$,

$$\alpha = \frac{m_1^2}{m_2 - m_1^2}, \qquad \lambda = \frac{m_1}{m_2 - m_1^2}.$$

Hieraus folgt die Behauptung nach Definition des Momentenschätzers.

c) Es gilt $(\alpha, \lambda) = g(m_1, m_2) = \big(g_1(m_1, m_2), g_2(m_1, m_2)\big)$ mit

$$g_1(u, v) = \frac{u^2}{v - u^2}, \quad g_2(u, v) = \frac{u}{v - u^2}, \quad u, v > 0, \; u > v^2.$$

Die Jacobi-Matrix von g an der Stelle $a = (m_1, m_2)$ und die Matrix T in (11.16) lauten

$$g'(a) = \frac{1}{(m_2 - m_1^2)^2} \begin{pmatrix} 2m_1 m_2 & -m_1^2 \\ m_2 + m_1^2 & -m_1 \end{pmatrix}, \quad T = \begin{pmatrix} m_2 - m_1^2 & m_3 - m_1 m_2 \\ m_3 - m_1 m_2 & m_4 - m_2^2 \end{pmatrix}.$$

Lösung 11.8

a) Sei $t \in \mathbb{R}$ beliebig. Mit $p_n(t) := F\big(F^{-1}(p) + t/\sqrt{n}\big)$ und $Z_n \sim \mathrm{Bin}(n, p_n(t))$ folgt aus (11.25): $\mathbb{P}\big(\sqrt{n}\big(X_{n:r_n} - F^{-1}(p)\big) \le t\big) = \mathbb{P}\big(X_{n:r_n} \le F^{-1}(p) + t/\sqrt{n}\big) = \mathbb{P}(Z_n \ge r_n)$. Weiter gilt $\mathbb{P}(Z_n \ge r_n) = \mathbb{P}(Z_n^* \ge t_n)$, wobei

$$Z_n^* = \frac{Z_n - np_n(t)}{\sqrt{np_n(t)(1 - p_n(t))}}, \quad t_n := \frac{r_n - np_n(t)}{\sqrt{np_n(1)(1 - p_n(t))}}.$$

Nach Aufgabe 1.6 gilt $Z_n^* \xrightarrow{\mathcal{D}} \mathrm{N}(0, 1)$. Wegen $F\big(F^{-1}(p) + t/\sqrt{n}\big) = p + f\big(F^{-1}(p)\big)t/\sqrt{n} + \mathrm{o}(1/\sqrt{n})$ sowie $r_n = np + \mathrm{o}(\sqrt{n})$ ergibt sich

$$\lim_{n \to \infty} t_n = t^* := -\frac{f\big(F^{-1}(p)\big)t}{\sqrt{p(1 - p)}}.$$

Nach Aufgabe 1.5 folgt $\mathbb{P}(Z_n^* \ge t_n) \to \mathbb{P}(Z \ge t^*)$, wobei $Z \sim \mathrm{N}(0, 1)$, und damit die Behauptung.

b) ergibt sich aus a) und dem Hinweis, da die Folgen $r_n := \frac{n}{2}$ und $r_n := \frac{n}{2} + 1$ für gerades n beide unter das Schema (11.28) mit $p = \frac{1}{2}$ fallen.

Lösung 11.9 Die Ableitung der durch $F(x) = \frac{1}{2}\mathrm{e}^{(x-a)/\sigma}$, falls $x \le a$, und $F(x) = 1 - \frac{1}{2}\mathrm{e}^{-(x-a)/\sigma}$, falls $x > a$, gegebenen Verteilungsfunktion von X_1 an der Stelle $x = a$ ist $\frac{1}{2\sigma}$. Die Varianz $\sigma^2(F)$ von X_1 hängt nicht von a ab und beträgt

$$\sigma^2(F) = \frac{1}{2\sigma} \int_{-\infty}^{\infty} x^2 \mathrm{e}^{-|x|/\sigma} \, \mathrm{d}x = \frac{1}{\sigma} \int_0^{\infty} x^2 \mathrm{e}^{-x/\sigma} \, \mathrm{d}x = 2\sigma^2.$$

Bezeichnen wie in Beispiel 11.6 S_n das arithmetische Mittel und T_n den empirischen Median, so gilt nach (11.27) $\mathrm{ARE}_F\big((T_n) : (S_n)\big) = 4\big(\frac{1}{2\sigma}\big)^2 2\sigma^2 = 2$. Der empirische Median ist also in diesem Fall asymptotisch gesehen doppelt so effizient wie das arithmetische Mittel, was vielleicht aufgrund der Gestalt der Dichte, die eine Spitze an der Stelle a besitzt, nicht verwunderlich ist.

Lösung 12.1 Mit der Abkürzung $\sum_j^* := \sum_{j=1,\dots,s: N_{n,j} > 0}$ sowie $0 \cdot \log 0 := 0$ gilt

$$\log\left(\prod_{j=1}^{n} f(X_j, \vartheta)\right) = \sum_{j}^{*} N_{n,j} \log p_j = \sum_{j}^{*} N_{n,j} \log\left(\frac{N_{n,j}}{n} \cdot \frac{np_j}{N_{n,j}}\right)$$

$$= \sum_{j=1}^{n} N_{n,j} \log\frac{N_{n,j}}{n} + \sum_{j}^{*} N_{n,j} \log\left(\frac{np_j}{N_{n,j}}\right)$$

$$\leq \sum_{j=1}^{n} N_{n,j} \log\frac{N_{n,j}}{n} + \sum_{j}^{*} N_{n,j} \left(\frac{np_j}{N_{n,j}} - 1\right).$$

Da die letzte Summe kleiner gleich $n \sum_{j}^{*} p_j - (N_{n,1} + \ldots + N_{n,s}) = 0$ und somit wegen $\sum_{j=1}^{s} N_{n,j} = n$ kleiner gleich null ist, folgt die Behauptung.

Lösung 12.2 Eine Taylor-Entwicklung 3. Ordnung der Funktion $g(t) := t \log t$ um $t = 1$ ergibt $t \log t = g(t) = t - 1 + \frac{1}{2}(t-1)^2 - \frac{1}{6}(t-1)^3/\rho^2$, wobei $|\rho - 1| \leq |t - 1|$. Setzt man $t = \frac{N_{n,j}}{nq_j}$ in diese Entwicklung ein, so folgt

$$\frac{N_{n,j}}{nq_j} \log\left(\frac{N_{n,j}}{nq_j}\right) = \frac{N_{n,j} - nq_j}{nq_j} + \frac{1}{2}\left(\frac{N_{n,j} - nq_j}{nq_j}\right)^2 - \frac{1}{6}\left(\frac{N_{n,j} - nq_j}{nq_j}\right)^3 \frac{1}{R_{n,j}^2},$$

wobei

$$|R_{n,j} - 1| \leq \left|\frac{N_{n,j}}{nq_j} - 1\right|. \tag{$*$}$$

Eine direkte Rechnung liefert nun

$$T_n - M_n = -\frac{1}{3} \sum_{j=1}^{s} \frac{(N_{n,j} - nq_j)^3}{R_{n,j}^2 n^2 q_j^2}.$$

Es genügt zu zeigen, dass jeder Summand für $n \to \infty$ stochastisch gegen null konvergiert. Aus $(*)$ folgt $R_{n,j}^{-2} \leq \max(1, (nq_j/N_{n,j})^2)$ und damit

$$\frac{|N_{n,j} - nq_j|^3}{R_{n,j}^2 n^2} \leq \max\left(1, \left(\frac{nq_j}{N_{n,j}}\right)^2\right) \cdot \left|\frac{N_{n,j} - nq_j}{\sqrt{n}}\right|^3 \cdot \frac{1}{\sqrt{n}}. \tag{$**$}$$

Nach dem starken Gesetz großer Zahlen gilt $\frac{N_{n,j}}{nq_j} \xrightarrow{\text{f.s.}} 1$, und der zweite Faktor auf der rechten Seite von $(**)$ bildet nach dem zentralen Grenzwertsatz von Lindeberg-Lévy und dem Abbildungssatz eine straffe Folge, woraus die Behauptung folgt.

Lösung 12.3 Es sei zunächst $\Sigma = I_k$. Dann ist A idempotent mit Rang r, und es gibt eine orthogonale $(k \times k)$-Matrix P mit $A = P^\top C P$, wobei

$$C := \begin{pmatrix} I_r & 0_{r \times (k-r)} \\ 0_{(k-r) \times r} & 0_{(k-r) \times (k-r)} \end{pmatrix}.$$

Es sei $Z := PX$. Wegen $P^\top P = I_k$ folgt mit Satz 5.7 $Z \sim N_k(0_k, I_k)$ und weiter

$$X^\top AX = X^\top P^\top CPX = Z^\top CZ = \sum_{j=1}^r Z_j^2 \sim \chi_r^2,$$

wobei $Z =: (Z_1, \ldots, Z_k)^\top$. Im allgemeinen Fall gilt $X \sim BY$, wobei $Y \sim N_k(0_k, I_k)$ und $\Sigma = BB^\top$, und es folgt $X^\top AX \sim Y^\top \widetilde{A}Y$, wobei $\widetilde{A} := B^\top AB$. Mit $\Sigma = BB^\top$ und der Idempotenz von $A\Sigma$ folgt $\widetilde{A}^2 = B^\top ABB^\top AB = B^\top A\Sigma AB = B^\top A\Sigma A\Sigma\Sigma^{-1}B = B^\top A\Sigma\Sigma^{-1}B = B^\top AB = \widetilde{A}$. Die Matrix $\widetilde{A}$ ist somit idempotent. Nach Voraussetzung gilt $r = \text{Rg}(A\Sigma)$, wobei Rg für *Rang* steht. Schreiben wir Sp(D) für die *Spur* einer quadratischen Matrix D, so folgt die Behauptung aus $\text{Rg}(\widetilde{A}) = \text{Sp}(\widetilde{A}) = \text{Sp}(B^\top AB) = \text{Sp}(ABB^\top) = \text{Sp}(A\Sigma) = \text{Rg}(A\Sigma) = r$.

Lösung 12.4

a) Da $I_1(\vartheta)$ und $\widetilde{I}_1(u)^{-1}$ symmetrisch sind, gilt mit der Regel $(CD)^\top = D^\top C^\top$

$$A^\top = \left(I_k - I_1(\vartheta)h'(u)\widetilde{I}_1(u)^{-1}h'(u)^\top\right)I_1(\vartheta) = A.$$

b) Mit $B := h'(u)\widetilde{I}_1(u)^{-1}h'(u)^\top$ folgt wegen $I_1(\vartheta)^{-1}I_1(\vartheta) = I_k$:

$$(A\Sigma)^2 = I_1(\vartheta)\{I_k - BI_1(\vartheta)\}\{I_k - BI_1(\vartheta)\}I_1(\vartheta)^{-1}.$$

Wegen (12.12) ist das Produkt der geschweiften Klammern gleich $I_k - BI_1(\vartheta)$, woraus die Behauptung folgt.

c) Da $I_1(\vartheta)$ und $I_1(\vartheta)^{-1}$ jeweils den vollen Rang k besitzen, ist der Rang von $A\Sigma$ derjenige von $I_k - BI_1(\vartheta)$ mit B wie in Teil b). Aufgrund der Voraussetzungen an die Funktion h besitzt die Matrix $h'(u)$ den Rang ℓ. Da $\widetilde{I}_1(u)$ und $I_1(\vartheta)$ invertierbar sind, hat auch $BI_1(\vartheta)$ den Rang ℓ, und damit besitzt $I_k - BI_1(\vartheta)$ den Rang $k - \ell$.

Lösung 12.5 Nach (12.22) und $M_n = -2\log \Lambda_n$ gilt zunächst

$$M_n = 2\left\{\sum_{i,j} N_{ij}\log\frac{N_{ij}}{n} - \sum_i N_{i+}\log\frac{N_{i+}}{n} - \sum_j N_{+j}\log\frac{N_{+j}}{n}\right\}.$$

Wegen $1 = \frac{1}{n}\sum_i N_{i+} = \frac{1}{n}\sum_j N_{+j}$ und $\log(ab) = \log a + \log b$ folgt

$$M_n = 2n\sum_{i,j}\left\{\frac{N_{ij}}{n}\log\frac{N_{ij}}{n} - \frac{N_{i+}}{n}\cdot\frac{N_{+j}}{n}\log\left(\frac{N_{i+}}{n}\cdot\frac{N_{+j}}{n}\right)\right\}.$$

Lösung 12.6 Es sei $\vartheta \in \Theta_0$. Mithilfe von (12.25) liefert eine direkte Rechnung

$$M_n - T_n = -\frac{1}{3}\sum_{i=1}^{r}\sum_{j=1}^{s}\frac{N_{i+}N_{+j}}{n}\left(\frac{N_{ij}}{n}\cdot\frac{n^2}{N_{i+}N_{+j}} - 1\right)^3\cdot\frac{1}{R_{n,i,j}^2}, \qquad (*)$$

wobei

$$\left|R_{n,i,j} - 1\right| \le \left|\frac{N_{ij}}{n}\cdot\frac{n^2}{N_{i+}N_{+j}} - 1\right|. \qquad (**)$$

Dabei kann o. B. d. A. angenommen werden, dass $N_{ij} \ge 1$ für jedes Paar (i, j) gilt, da die Wahrscheinlichkeit dafür beim Grenzübergang $n \to \infty$ gegen eins strebt. Es ist zu zeigen, dass jeder Summand auf der rechten Seite von $(*)$ unter $\mathbb{P}_\vartheta$ stochastisch gegen null konvergiert. Wegen $(**)$ gilt zunächst

$$\frac{1}{R_{n,i,j}^2} \le \max\left(1, \left(\frac{N_{i+}N_{+j}}{n\cdot n}\cdot\frac{n}{N_{ij}}\right)\right),$$

und es folgt $R_{n,i,j}^{-2} = O_{\mathbb{P}_\vartheta}(1)$, denn sowohl $\frac{1}{n^2}N_{i+}N_{+j}$ als auch $\frac{1}{n}N_{ij}$ konvergieren stochastisch (sogar gegen denselben Wert). Es bleibt zu zeigen, dass

$$\frac{N_{i+}N_{+j}}{n^2}\cdot\left\{n\left(\frac{N_{ij}}{n}\cdot\frac{n^2}{N_{i+}N_{+j}} - 1\right)^2\right\}\cdot\left(\frac{N_{ij}}{n}\cdot\frac{n^2}{N_{i+}N_{+j}} - 1\right)$$

unter $\mathbb{P}_\vartheta$ stochastisch gegen null konvergiert. Der Faktor vor der geschweiften Klammer ist stochastisch beschränkt, und der in eine runde Klammer gesetzte Faktor konvergiert unter $\mathbb{P}_\vartheta$ stochastisch gegen null. Es bleibt zu zeigen, dass der Faktor innerhalb der geschweiften Klammer stochastisch beschränkt ist. Nach dem multivariaten zentralen Grenzwertsatz besitzt der rs-dimensionale Zufallsvektor

$$\frac{1}{\sqrt{n}}\left(N_{11} - np_{11}, \ldots, N_{1s} - np_{1s}, \ldots, N_{r1} - np_{r1}, \ldots, N_{rs} - np_{rs}\right)$$

beim Grenzübergang $n \to \infty$ eine zentrierte rs-dimensionale Normalverteilung. Mit $p_i := \sum_j p_{ij}$ und $q_j := \sum_i p_{ij}$ folgt hieraus $\frac{1}{n}(N_{i+} - np_i)(N_{+j} - nq_j) = O_{\mathbb{P}_\vartheta}(1)$. Weiter gelten $\frac{1}{n}N_{i+} = p_i + O_{\mathbb{P}_\vartheta}(n^{-1/2})$ sowie $\frac{1}{n}N_{+j} = q_j + O_{\mathbb{P}_\vartheta}(n^{-1/2})$, und deshalb folgt $n^{-2}N_{i+}N_{+j} = p_iq_j + O_{\mathbb{P}_\vartheta}(n^{-1/2})$. Zusammen mit $\frac{1}{n}N_{ij} = p_{ij} + O_{\mathbb{P}_\vartheta}(n^{-1/2})$ und $p_{ij} = p_iq_j$ folgt, dass die geschweifte Klammer von der Ordnung $O_{\mathbb{P}_\vartheta}(1)$ und damit stochastisch beschränkt ist. Hieraus ergibt sich die Behauptung.

Lösung 12.7 Es seien $p_{ij} := \mathbb{P}(X = x_i, Y = y_j)$ sowie $p_i := \mathbb{P}(X = x_i)$ und $q_j := \mathbb{P}(Y = y_j)$.

a) Wegen $\frac{1}{n}N_{ij} \xrightarrow{\mathbb{P}} p_{ij}$, $\frac{1}{n}N_{i+} \xrightarrow{\mathbb{P}} p_i$ und $\frac{1}{n}N_{+j} \xrightarrow{\mathbb{P}} q_j$ ergibt sich

$$\frac{M_n}{n} \xrightarrow{\mathbb{P}} 2 \sum_{i=1}^{r} \sum_{j=1}^{s} \left\{ p_{ij} \log p_{ij} - p_i q_j \log (p_i q_j) \right\}.$$

Die angegebene Darstellung folgt wegen $\sum_{i,j} (p_{ij} - p_i q_j) \log(p_i q_j) = 0$, da $\log(ab) = \log a + \log b$.

b) Es seien $Q := \mathbb{P}^{(X,Y)}$ die gemeinsame Verteilung von X und Y sowie $Q' := \mathbb{P}^X \otimes \mathbb{P}^Y$ das Produkt der Marginalverteilungen von (X, Y). Nach (10.9) ist der stochastische Grenzwert in a) gleich $2 I_{KL}(Q : Q')$.

c) Falls X und Y nicht stochastisch unabhängig sind, gilt mit den Bezeichnungen aus b) $Q \neq Q'$, und somit ist der stochastische Grenzwert in a) (strikt) positiv. Dann folgt $M_n \xrightarrow{\mathbb{P}} \infty$ (siehe Selbstfrage 2) und damit die behauptete Konsistenz.

Lösung 12.8 Es sei $\Delta := N_{1+}N_{+1}N_{2+}N_{+2}$. Bringt man die (im Fall $r = s = 2$) vier Summanden in (12.24) auf einen Hauptnenner, so folgt

$$T_n = \frac{n}{\Delta} \Bigg[N_{2+}N_{+2} \Big(N_{11} - \frac{N_{1+}N_{+1}}{n} \Big)^2 + N_{+1}N_{2+} \Big(N_{12} - \frac{N_{1+}N_{+2}}{n} \Big)^2$$
$$+ N_{1+}N_{+2} \Big(N_{21} - \frac{N_{2+}N_{+1}}{n} \Big)^2 + N_{1+}N_{+1} \Big(N_{22} - \frac{N_{2+}N_{+2}}{n} \Big)^2 \Bigg].$$

Rechnet man die vier Klammern mithilfe der binomischen Formel aus und verwendet man die Beziehungen $n = N_{+1} + N_{+2} = N_{11} + N_{12} + N_{21} + N_{22}$, so folgt, dass der Ausdruck innerhalb der obigen eckigen Klammer gleich

$$N_{11}^2 (N_{21}N_{12} + N_{22}N_{12} + N_{21}N_{22} + N_{22}^2) + N_{12}^2 (N_{11}N_{21} + N_{21}^2 + N_{11}N_{22} + N_{21}N_{22})$$
$$+ N_{21}^2 (N_{11}N_{22} + N_{12}^2 + N_{11}N_{22} + N_{12}N_{22}) + N_{22}^2 (N_{11}^2 + N_{12}N_{11} + N_{11}N_{21} + N_{12}N_{21}) - \Delta$$

ist. Wegen $\Delta = (N_{11} + N_{12})(N_{11} + N_{21})(N_{21} + N_{22})(N_{12} + N_{22})$ liefert Ausmultiplizieren, dass sich der Term innerhalb der eckigen Klammer zu

$$N_{11}^2 N_{22}^2 + N_{12}^2 N_{21}^2 - 2 N_{11}N_{12}N_{21}N_{22} = \left(N_{11}N_{22} - N_{12}N_{21} \right)^2$$

vereinfacht, was zu zeigen war.

Lösung 12.9 Die Dichte von (X_1, Y_1) ist $f(x, y, \vartheta) = (2\pi)^{-1} \exp(-\frac{1}{2}((x - \vartheta_1)^2 + (y - \vartheta_2)^2))$. Im Zähler und im Nenner von (12.4) kürzen sich jeweils $(2\pi)^{-n}$ weg, und wegen

$$\inf_{\vartheta_1 \geq 0} \sum_{j=1}^{n} \left(X_j - \vartheta_1 \right)^2 = \sum_{j=1}^{n} \left(X_j - \overline{X}_n \right)^2 + n \overline{X}_n^2 \mathbf{1}\{\overline{X}_n < 0\}$$

mit $\overline{X}_n = n^{-1} \sum_{j=1}^{n} X_j$ folgt mit $\overline{Y}_n := n^{-1} \sum_{j=1}^{n} Y_j$

$$\Lambda_n = \frac{\exp\left(-\frac{1}{2}\sum_{j=1}^{n}\left(X_j^2 + Y_j^2\right)\right)}{\exp\left(-\frac{1}{2}\sum_{j=1}^{n}\left(Y_j - \overline{Y}_n\right)^2\right)\exp\left(-\frac{1}{2}\left(\sum_{j=1}^{n}\left(X_j - \overline{X}_n\right)^2 + n\overline{X}_n^2\mathbf{1}\{\overline{X}_n < 0\}\right)\right)}$$

und somit unter Verwendung von $\sum_{j=1}^{n}\left(X_j - \overline{X}_n\right)^2 = \sum_{j=1}^{n} X_j^2 - n\overline{X}_n^2$, $\sum_{j=1}^{n}\left(Y_j - \overline{Y}_n\right)^2 = \sum_{j=1}^{n} Y_j^2 - n\overline{Y}_n^2$ nach direkter Rechnung

$$M_n = -2\log\Lambda_n = n\overline{Y}_n^2 + n\overline{X}_n^2\mathbf{1}\{\overline{X}_n \geq 0\}.$$

Unter H_0 gelten $U_n := \sqrt{n}\,\overline{Y}_n \sim \mathrm{N}(0,1)$ sowie $V_n := \sqrt{n}\,\overline{X}_n \sim \mathrm{N}(0,1)$, und U_n sowie V_n sind stochastisch unabhängig. Weiter gilt $\mathbb{P}(\overline{X}_n \geq 0) = \mathbb{P}(V_n \geq 0) = \frac{1}{2}$, und die Bedingung $V_n \geq 0$ hat keinen Einfluss auf die Verteilung von V_n^2. Wegen

$$M_n = U_n^2 + V_n^2\mathbf{1}\{V_n \geq 0\}$$

und $U_n^2 \sim \chi_1^2$ sowie $V_n^2 \sim \chi_1^2$ folgt die Behauptung aufgrund des Additionsgesetzes für die Chi-Quadrat-Verteilung.

Lösung 13.1 Gilt $y \in \partial S(x,r)$, so gibt es eine Folge (x_n) aus $S(x,r)$ und eine Folge (z_n) aus $S(x,r)^c$ mit $\rho(x_n, y) \to 0$ und $\rho(z_n, y) \to 0$. Wegen $\rho(x_n, x) < r$ und $\rho(z_n, x) \geq r$ liefert die Dreiecksungleichung $\rho(x, y) \leq \rho(x, x_n) + \rho(x_n, y)$ und $r \leq \rho(x, z_n) \leq \rho(x, y) + \rho(y, z_n)$. Beim Grenzübergang $n \to \infty$ folgt $\rho(x, y) \leq r$ sowie $r \leq \rho(x, y)$ und damit $\rho(x, y) = r$. Wie das folgende Beispiel zeigt, kann strikte Inklusion gelten. Ist (S, ρ) ein diskreter metrischer Raum, so gilt $\{y \in S : \rho(x, y) = 1\} = S \setminus \{x\}$. Da jede Teilmenge von S offen und zugleich abgeschlossen ist, gilt $S(x, 1) = \overline{S(x, 1)}$ und damit $\partial S(x, 1) = \emptyset$.

Lösung 13.2 Wir nehmen o.B.d.A. an, dass $M \neq \emptyset$ gilt und zeigen zunächst, dass M beschränkt ist. Es gilt $M \subset \bigcup_{x \in M} B(x, 1)$. Wegen der Kompaktheit von M besitzt diese offene Überdeckung eine endliche Teilüberdeckung. Es gibt also ein $n \geq 1$ und $x_1, \ldots, x_n \in S$ mit $M \subset \bigcup_{j=1}^{n} B(x_j, 1)$. Mit $r := \max_{1 \leq i,j \leq n} \rho(x_i, x_j)$ folgt dann mithilfe der Dreiecksungleichung $M \subset B(x_1, r + 1)$.

Um zu zeigen, dass M abgeschlossen ist, können wir $M \neq S$ annehmen, denn die Menge S ist abgeschlossen. Wir zeigen, dass $S \setminus M$ offen ist. Seien $x \in S \setminus M$ beliebig und $U_k := \{y \in S : \rho(y, x) > \frac{1}{k}\}$, $k \geq 1$. Die Menge U_k ist offen, und es gilt $M \subset S \setminus \{x\} = \bigcup_{k=1}^{\infty} U_k$. Wegen der Kompaktheit von M gibt es also unter Beachtung von $U_1 \subset U_2 \subset U_3 \ldots$ ein $n \in \mathbb{N}$ mit $M \subset U_n$. Nach Definition von U_n folgt $B(x, \frac{1}{n}) \subset S \setminus M$, und somit ist $S \setminus M$ offen, also M abgeschlossen.

Lösung 13.3 Es seien $N \subset S$ eine abzählbare dichte Teilmenge von S und $\mathcal{M}_0 := \{B(x, \varepsilon) : x \in N, \varepsilon \in \mathbb{Q}, \varepsilon > 0\}$. Ist $O \subset S$ eine beliebige nichtleere offene Menge, so gibt es zu jedem $x \in O$ ein $y(x) \in N$ und eine positive rationale Zahl $\varepsilon(x)$ mit $x \in B(y(x), \varepsilon(x)) \subset O$. Damit gilt $O = \bigcup_{x \in O} B(y(x), \varepsilon(x))$. Die Vereinigung erstreckt sich über abzählbar viele Kugeln aus $\mathcal{M}_0$. Somit gilt $\mathcal{O} \subset \sigma(\mathcal{M}_0) \subset \sigma(\mathcal{M})$. Hieraus folgt $\mathcal{B}(S) \subset \sigma(\mathcal{M})$ und damit die Behauptung.

Lösung 13.4 Wäre M nicht totalbeschränkt, so gäbe es ein $\varepsilon > 0$ und eine Folge (x_n) aus M mit $\rho(x_m, x_n) \geq \varepsilon$ für alle m, n mit $m \neq n$. Dann kann aber (x_n) keine konvergente Teilfolge besitzen, was der vorausgesetzten Folgenkompaktheit widerspricht. Um die Vollständigkeit von $\overline{M}$ zu beweisen, sei (x_j) eine Cauchy-Folge aus $\overline{M}$. Zu jedem j gibt es ein $y_j \in M$ mit $\rho(x_j, y_j) < 2^{-j}$. Dann ist (y_j) eine Cauchy-Folge aus M. Wegen der Folgenkompaktheit von M existiert eine Teilfolge, die gegen ein $y \in M$ konvergiert. Da (y_j) eine Cauchy-Folge ist, folgt $y_n \to y$, und wegen $\rho(x_j, y) \leq \rho(x_j, y_j) + \rho(y_j, y)$ gilt dann auch $x_j \to y$. Somit ist $\overline{M}$ vollständig.

Lösung 13.5 a) Offenbar ist $\widetilde{\rho}$ eine symmetrische Funktion, und es gelten $\widetilde{\rho}(x, y) \geq 0$ sowie $\widetilde{\rho}(x, y) = 0 \iff x = y$. Die Dreiecksungleichung folgt aus $\min(1, \rho(x, y)) \leq \min(1, \rho(x, z) + \rho(z, y)) \leq \min(1, \rho(x, z)) + \min(1, \rho(z, y))$.

b) Da Kugeln mit gleichem Mittelpunkt und gleichem Radius ε für $\varepsilon \leq 1$ übereinstimmen, sind auch die Systeme der offenen Mengen bezüglich ρ und bezüglich $\widetilde{\rho}$ identisch.

c), d): Wegen $\widetilde{\rho}(x, y) = \rho(x, y)$, falls $\rho(x, y) \leq 1$, ist eine abzählbare Teilmenge von S, die bezüglich ρ dicht in S ist, auch bezüglich $\widetilde{\rho}$ dicht in S. Das gleiche Argument greift für die Vollständigkeit, denn jede Cauchy-Folge bezüglich ρ ist auch eine Cauchy-Folge bezüglich $\widetilde{\rho}$.

Lösung 13.6

a) ρ ist eine Metrik, denn es gilt $\rho(x, y) = 0$ genau dann wenn für jedes $j = 1, 2, \ldots$ die Gleichung $\rho_j(x_j, y_j) = 0$ gilt. Da ρ_j für jedes j eine Metrik ist folgt nicht nur $x_j = y_j$ und damit $x = y$, sondern auch die Symmetrieeigenschaft $\rho(x, y) = \rho(y, x)$. Die Dreiecksungleichung $\rho(x, z) \leq \rho(x, y) + \rho(y, z)$ ergibt sich aus der Konvergenz der Reihe $\sum_{j=1}^{\infty} 2^{-j}$ sowie aus Teil a) von Lösung 13.5. Es muss noch die Äquivalenz gezeigt werden. Dabei ist „$\Longrightarrow$" offensichtlich. Um „$\Longleftarrow$" zu zeigen, seien $\varepsilon > 0$ beliebig und k so gewählt, dass $\sum_{j=k+1}^{\infty} 2^{-j} < \varepsilon$. Es folgt

$$\rho(x^{(n)}, x) \leq \sum_{j=1}^{k} \frac{\rho_j(x_j^{(n)}, x_j)}{2^j} + \varepsilon.$$

Da jeder Summand $\rho_j(x_j^{(n)}, x_j)/2^j$ gegen null konvergiert, folgt $\limsup_{n \to \infty} \rho(x^{(n)}, x) \leq \varepsilon$ und damit die Behauptung.

b) Sei $D_j \subset S_j$ abzählbar und dicht in S_j, $j \geq 1$. Weiter sei $y = (y_j)_{j \geq 1} \in S$ beliebig sowie $D \subset S$ die abzählbare Menge $D := \{(x_1, \ldots, x_k, y_{k+1}, y_{k+2}, \ldots) \in S : k \geq 1, x_1 \in D_1, \ldots, x_k \in D_k\}$. Zu beliebigem $\varepsilon > 0$ sei k so gewählt, dass $\sum_{j=k+1}^{\infty} 2^{-j} < \frac{\varepsilon}{2}$

sowie $\rho_j(x_j, y_j) < \frac{\varepsilon}{2}$ für $j \in \{1, \ldots, k\}$. Mit der schon öfter verwendeten Abkürzung $a \wedge b = \min(a, b)$ folgt

$$\rho(x, y) = \sum_{j=1}^{k} \frac{1 \wedge \rho_j(x_j, y_j)}{2^j} + \sum_{j=k+1}^{\infty} \frac{1 \wedge \rho_j(x_j, y_j)}{2^j} \leq \sum_{j=1}^{k} \frac{\rho_j(x_j, y_j)}{2^j}$$

$$+ \sum_{j=k+1}^{\infty} \frac{1}{2^j} < \sum_{j=1}^{k} \frac{\varepsilon}{2^{j+1}} + \frac{\varepsilon}{2} < \varepsilon.$$

Daher liegt D dicht in S, und S ist somit separabel. Alternativ lässt sich auch durch $\times_{j=1}^{\infty} D_j$ eine abzählbare und dichte Menge konstruieren.

c) Es sei $x^{(n)} = (x_1^{(n)}, x_2^{(n)}, \ldots)$ eine Cauchy-Folge in S. Dann ist für jedes $i \geq 1$ die Folge $(x_i^{(n)})_{n \geq 1}$ eine Cauchy-Folge in S_i. Wegen der Vollständigkeit von S_i gibt es ein $x_i \in S_i$ mit $\rho_i(x_i^{(n)}, x_i) \to 0$ für $n \to \infty$. Setzen wir $x := (x_i)_{i \geq 1}$, so ergibt sich analog zum Nachweis der Dreiecksungleichung in Teil a) die Konvergenz $\rho(x^{(n)}, x) \to 0$. Somit ist der metrische Raum (S, ρ) vollständig.

d) Ist $x^{(n)} = (x_1^{(n)}, x_2^{(n)}, \ldots)$ eine Folge in A, so ist für jedes $i \geq 1$ $(x_i^{(n)})_{n \geq 1}$ eine Folge in A_i. Da A_1 kompakt ist, existieren eine Teilfolge $(x_1^{(n(1,k))})_{k \geq 1}$ von $(x_1^{(n)})$ und ein $x_1 \in A_1$ mit $\rho_1(x_1^{(n(1,k))}, x_1) \to 0$ für $k \to \infty$. Wegen der Kompaktheit von A_2 gibt es eine Teilfolge $(n(2, k))_{k \geq 1}$ von $(n(1, k))_{k \geq 1}$ und ein $x_2 \in A_2$ mit $\rho_2(x_1^{(n(2,k))}, x_2) \to 0$ für $k \to \infty$. Mithilfe des Cantor'schen Diagonalverfahrens gibt es schließlich eine Folge $(n(k, k))_{k \geq 1}$, sodass $\rho_i(x_i^{(n(k,k))}, x_i) \to 0$ für $k \to \infty$ für jedes $i \geq 1$. Mit $x^{(n(k,k))} := (x_i^{(n(k,k))})_{i \geq 1}$ und $x := (x_i)_{i \geq 1}$ gilt $\rho(x^{(n(k,k))}, x) \to 0$ für $k \to \infty$. Nach Satz 13.6 ist A kompakt.

Lösung 13.7

a) Die Funktion ρ ist nichtnegativ und symmetrisch, und aus $\rho((x', x''), (y', y'')) = 0$ folgen $\rho'(x', y') = 0$ und $\rho''(x'', y'') = 0$ und damit $(x', x'') = (y', y'')$. Die Dreiecksungleichung ergibt sich mithilfe der für reelle Zahlen a, b, c, d geltenden Ungleichung $\max(a + b, c + d) \leq \max(a, c) + \max(b, d)$.

b1) Sind (S', ρ') und (S'', ρ'') separabel, so gibt es abzählbare, dichte Teilmengen $A' \subset S'$ und $A'' \subset S''$. Die Menge $A := A' \times A''$ ist abzählbar und dicht in S, denn für $x = (x', x'') \in A$ und festes $r > 0$ gilt für $y = (y', y'')$ mit $\rho'(x', y') < r$ und $\rho''(x'', y'') < r$ die Ungleichung $\rho(x, y) < r$. Damit ist (S, ρ) separabel. Ist umgekehrt (S, ρ) separabel, so existiert eine abzählbare dichte Menge $A = A' \times A''$ in S. Da die durch $\pi' : S \to S'$, $x = (x', x'') \mapsto \pi'(x) = x'$, und $\pi'' : S \to S''$, $x = (x', x'') \mapsto \pi''(x) = x''$, definierten Projektionen stetig sind, sind die Mengen $\pi'(A)$ und $\pi''(A)$ abzählbar und dicht in S' bzw. in S''. Also sind (S', ρ') und (S'', ρ'') separabel.

b2) Die Projektionen π' und π'' aus Teil b1) sind stetig und damit $(\mathcal{B}, \mathcal{B}')$- bzw. $(\mathcal{B}, \mathcal{B}'')$-messbar. Nach Definition der Produkt-σ-Algebra gilt $\mathcal{B}' \otimes \mathcal{B}'' = \sigma(\{A' \times A'' : A' \in \mathcal{B}', A'' \in \mathcal{B}''\})$. Wegen $(\pi')^{-1}(A') \in \mathcal{B}$ und $(\pi'')^{-1}(A'') \in \mathcal{B}$ gilt $A' \times A'' = (\pi')^{-1}(A') \cap (\pi'')^{-1}(A'') \in \mathcal{B}$ und damit $\mathcal{B}' \otimes \mathcal{B}'' \subset \mathcal{B}$. Da (S, ρ) separabel ist, lässt sich jede offene Menge $O \in \mathcal{O}$ als abzählbare Vereinigung offener Kugeln $B_\rho(x, \varepsilon) = B_{\rho'}(x', \varepsilon) \times B_{\rho''}(x'', \varepsilon) \in \mathcal{B}' \otimes \mathcal{B}''$ darstellen, Demnach gilt $O = \bigcup_{x \in O} B_\rho(x, \varepsilon) \in \mathcal{B}' \otimes \mathcal{B}''$ und somit $\mathcal{O} \subset \mathcal{B}' \otimes \mathcal{B}''$, also auch $\mathcal{B} = \sigma(\mathcal{O}) \subset \mathcal{B}' \otimes \mathcal{B}''$.

Lösung 13.8 Da jede Teilmenge von S offen ist, ist die Borelsche σ-Algebra gleich der Potenzmenge von S. Die offenen Kugeln besitzen die Gestalt $B(x, \varepsilon) = \{x\}$, falls $0 < \varepsilon \leq 1$ und $B(x, \varepsilon) = S$, falls $\varepsilon > 1$. Die kleinste σ-Algebra, die alle offenen Kugeln enthält, besteht somit aus allen Teilmengen A von S, für die entweder A oder das Komplement A^c abzählbar ist.

Lösung 13.9 Es seien $\delta \in (0, 1]$ und $x, y \in C$. Falls $s, t \in [0, 1]$ und $|s - t| \leq \delta$, so folgt

$$|x(s) - x(t)| \leq |x(s) - y(s)| + |y(s) - y(t)| + |y(t) - x(t)|$$
$$\leq \rho(x, y) + w_y(\delta) + \rho(x, y)$$
$$\leq w_y(\delta) + 2\rho(x, y)$$

und somit $w_x(\delta) \leq w_y(\delta) + 2\rho(x, y)$. Die Behauptung ergibt sich jetzt aus Symmetriegründen.

Lösung 13.10 Es gilt $\mathbb{R}^\infty = \pi_1^{-1}(\mathbb{R}) \in \mathcal{R}_f^\infty$, und ist $A = \pi_k^{-1}(H) \in \mathcal{R}_f^\infty$, so folgt $A^c = \pi_k^{-1}(\mathbb{R}^k \setminus H) \in \mathcal{R}_f^\infty$. Um die $\cap$-Stabilität von $\mathcal{R}_f^\infty$ zu zeigen, seien $A = \pi_k^{-1}(H) \in \mathcal{R}_f^\infty$ und $B = \pi_\ell^{-1}(K) \in \mathcal{R}_f^\infty$, wobei $H \in \mathcal{B}^k$ und $K \in \mathcal{B}^\ell$. Im Fall $k = \ell$ gilt $A \cap B = \pi_k^{-1}(H \cap K)$, und im Fall $k < \ell$ (der Fall $k > \ell$ folgt aus Symmetriegründen) gilt $A \cap B = \pi_\ell^{-1}((H \times \mathbb{R}^{\ell-k}) \cap K)$.

Lösung 13.11 „$\Longrightarrow$": Da die Projektion $\pi_k : \mathbb{R}^\infty \to \mathbb{R}^k$ stetig ist, ist mit A auch $\pi_k(A) \subset \mathbb{R}^k$ kompakt und damit beschränkt. Hieraus folgt, dass die Menge $\{x_k : x = (x_j)_{j \geq 1} \in A\}$ beschränkt ist.

„$\Longleftarrow$": Sei $(x^{(n)})_{n \geq 1}$ mit $x^{(n)} = (x_j^{(n)})_{j \geq 1}$ eine beliebige Folge aus A. Nach Voraussetzung ist die Menge $\{x_1^n : n \geq 1\}$ beschränkt. Deshalb gibt es eine Teilfolge $(n(1, k))_{k \geq 1}$ der natürlichen Zahlen und ein $x_1 \in \mathbb{R}$ mit $x_1^{(n(1,k))} \to x_1$ für $k \to \infty$. Da die Menge $\{x_2^{(n(1,k))} : k \geq 1\}$ beschränkt ist, gibt es ein $x_2 \in \mathbb{R}$ sowie eine Teilfolge $(n(2, k))_{k \geq 1}$ von $(n(1, k))_{k \geq 1}$ mit $x_2^{(n(2,k))} \to x_2$ für $k \to \infty$. Fährt man so unbegrenzt fort, so gibt es eine Folge $x = (x_j)_{j \geq 1} \in \mathbb{R}^\infty$ mit der Eigenschaft, dass für jedes $j \geq 1$ die Folge $x_j^{(n(k,k))}$ beim Grenzübergang $k \to \infty$ gegen x_j konvergiert. Nach (13.10) bedeutet dies $\rho(x^{(n(k,k))}, x) \to 0$ für $k \to \infty$. Nach Satz 13.6 ist A kompakt.

Lösung 13.12 Es sind nur die im Hinweis angegebenen Eigenschaften von $\mathcal{G}$ zu zeigen, denn damit würde $\mathcal{B}(S) = \sigma(\mathfrak{A}) \subset \sigma(\mathcal{G})$ gelten. Es gilt $\mathfrak{A} \subset \mathcal{G}$, denn für jedes $\delta > 0$ ist A^δ eine offene Menge, und es gilt $A^\delta \downarrow A$ bei $\delta \downarrow 0$. Da P stetig von oben ist, folgt $P(A^\delta \setminus A) < \varepsilon$ für hinreichend kleines δ. Da S offen und abgeschlossen ist, gilt $S \in \mathcal{G}$, und mit $A \in \mathfrak{A}$, $B \in \mathcal{B}(S)$ und $O \in \mathcal{O}$ mit $A \subset B \subset O$ sowie $P(O \setminus A) < \varepsilon$ gelten $O^c \subset B^c \subset A^c$ und $P(A^c \setminus O^c) = P(O \setminus A) < \varepsilon$. Somit enthält $\mathcal{G}$ mit jeder Menge auch deren Komplement. Sind $B_1, B_2, \ldots \in \mathcal{G}$, so gibt es $A_1, A_2, \ldots \in \mathfrak{A}$ und $O_1, O_2, \ldots \in \mathcal{O}$ mit $A_j \subset B_j \subset O_j$ und $P(O_j \setminus A_j) < \varepsilon/2^j$, $j \geq 1$. Mit $\widetilde{A} := \cup_{j=1}^\infty A_j$, $B := \cup_{j=1}^\infty$ und $O := \cup_{j=1}^\infty$ gilt dann $P(O \setminus \widetilde{A}) \leq \sum_{j=1}^\infty P(O_j \setminus A_j) < \varepsilon$. Die Menge O ist offen. Wählen wir k so groß, dass $P(A \setminus (\cup_{j=1}^k A_j)) < \varepsilon$ gilt, so ist $A := \cup_{j=1}^k A_j$ eine abgeschlossene Menge, für die $A \subset B \subset O$ sowie $P(O \setminus A) < 2\varepsilon$ gelten. Somit ist $\mathcal{G}$ eine σ-Algebra.

Lösung 14.1 Das System $\mathcal{C}(P) := \{B \in \mathcal{B}(S) : P(\partial B) = 0\}$ ist eine Algebra, denn wegen $\overline{S} = S^\circ = S$ gilt $\partial S = \emptyset$ und somit $S \in \mathcal{C}(P)$. Da eine Teilmenge A von S und deren Komplement den gleichen Rand besitzen, enthält jede Menge in $\mathcal{C}(P)$ auch deren Komplement. Sind schließlich $A, B \in \mathcal{C}(P)$, so gilt wegen $\partial(A \cup B) \subset \partial A \cup \partial B$ auch $A \cup B \in \mathcal{C}(P)$.

Lösung 14.2 Wir nehmen zunächst an, es gebe ein $x \in S$ und eine Teilfolge (x_{n_k}) mit $x_{n_k} \to x$ für $k \to \infty$. Nach Beispiel 14.2 gilt dann $\delta_{x_{n_k}} \xrightarrow{\mathcal{D}} \delta_x$. Aufgrund der Annahme $\delta_{x_n} \xrightarrow{\mathcal{D}} P$ und der Eindeutigkeit des Grenzwertes unter schwacher Konvergenz (Selbstfrage 1) folgt $P = \delta_x$.

Wir zeigen jetzt, dass die Folge (x_n) notwendigerweise eine konvergente Teilfolge enthalten muss, damit $\delta_{x_n} \xrightarrow{\mathcal{D}} P$ für ein $P \in \mathcal{P}$ gelten kann und nehmen (Beweis durch Kontraposition) an, (x_n) enthielte *keine* konvergente Teilfolge. Insbesondere gibt es dann zu jedem $k \geq 1$ *keine* konvergente Teilfolge von (x_n), die gegen x_k konvergiert. Folglich existiert ein $\varepsilon_k > 0$ mit $x_n \notin B(x_k, \varepsilon_k)$ für unendlich viele n. Mit Teil d) des Portmanteau-Theorems 14.3 folgt

$$P\big(B(x_k, \varepsilon_k)\big) \leq \liminf_{n \to \infty} \delta_{x_n}\big(B(x_k, \varepsilon_k)\big) = 0.$$

Da die Menge $A := \{x_n : n \geq 1\}$ keine konvergente Teilfolge enthält, ist sie abgeschlossen und somit $O := A^c$ offen. Wiederum mit Teil d) von Satz 14.3 folgt $P(O) \leq \liminf_{n \to \infty} \delta_{x_n}(O) = 0$. Wegen $S = O \cup \cup_{k=1}^\infty B(x_k, \varepsilon_k)$ würde dann aus der σ-Subadditivität von P die Gleichung $P(S) = 0$ folgen, was ein Widerspruch ist.

Lösung 14.3

a) Nach Konstruktion gelten $\varrho(P, Q) \geq 0$ sowie $\varrho(Q, P) = \varrho(P, Q)$. Aus $\varrho(P, Q) = 0$ folgt insbesondere $P(A) \leq Q(A^\varepsilon) + \varepsilon$ für jedes $A \in \mathfrak{A}$ und jedes $\varepsilon > 0$. Für $\varepsilon \to 0$

ergibt sich $P(A) \leq Q(A)$ und aus Symmetriegründen auch $Q(A) \leq P(A)$. Hieraus folgt $P = Q$ (s. die Diskussion nach 13.7). Falls $P(B) \leq Q(B^\varepsilon) + \varepsilon$ und $Q(B) \leq P(B^\varepsilon) + \varepsilon$ sowie $Q(B) \leq R(B^\eta) + \eta$ und $R(B) \leq Q(B^\eta) + \eta$ $(B \in \mathcal{B}(S))$ für $\varepsilon > 0$ und $\eta > 0$, so folgt

$$P(B) \leq Q(B^\varepsilon) + \varepsilon \leq R\big((B^\varepsilon)^\eta\big) + \varepsilon + \eta \leq R(B^{\varepsilon+\eta}) + \varepsilon + \eta$$

sowie analog $R(B) \leq P(B^{\varepsilon+\eta}) + \varepsilon + \eta$ $(B \in \mathcal{B}(S))$. Hieraus ergibt sich die noch fehlende Dreiecksungleichung $\varrho(P, R) \leq \varrho(P, Q) + \varrho(Q, R)$.

b) Für jedes $B \in \mathcal{B}(S)$ gelte $P(B) \leq Q(B^\varepsilon) + \varepsilon$. Wegen $\big((B^\varepsilon)^c\big)^\varepsilon \subset B^c$ folgt

$$1 - P(B^\varepsilon) = P\big(B^\varepsilon\big)^c \leq Q\big(\big((B^\varepsilon)^c\big)^\varepsilon\big) + \varepsilon \leq Q(B^c) + \varepsilon = 1 - Q(B) + \varepsilon$$

und damit $Q(B) \leq P(B^\varepsilon) + \varepsilon$.

c) Es seien B eine beliebige P-Stetigkeitsmenge sowie $\varepsilon > 0$ beliebig. Wegen $B \in \mathcal{C}(P)$ gibt es ein δ mit $0 < \delta < \varepsilon$ und $P(B^\delta \setminus B) < \varepsilon$ sowie $P\big((B^c)^\delta \setminus B^c\big) < \varepsilon$. Wegen $\varrho(P_n, P) \to 0$ gelten für genügend großes n sowohl $P_n(B) \leq P(B^\delta) + \delta \leq P(B) + 2\varepsilon$ als auch $P_n(B^c) \leq P\big((B^c)^\delta\big) + \delta \leq P(B^c) + 2\varepsilon$, Für jedes solche n gilt also $|P_n(B) - P(B)| \leq 2\varepsilon$, und somit folgt $P_n(B) \to P(B)$. Nach dem Portmanteau-Theorem erhalten wir $P_n \xrightarrow{\mathcal{D}} P$.

Lösung 14.4 Ist X $(\mathcal{A}, \mathcal{B}(C))$-messbar, so ist $X(t) = \pi_t \circ X$ als Komposition von X mit der stetigen (und damit $(\mathcal{B}(C), \mathcal{B}^1)$-messbaren) Projektion $\pi_t : C \to \mathbb{R}$ $(\mathcal{A}, \mathcal{B}^1)$-messbar.

Wir nehmen jetzt an, dass $X(t) = \pi_t \circ X$ für jedes $t \in [0, 1]$ eine $(\mathcal{A}, \mathcal{B}^1)$-messbare Abbildung ist. Seien $k \geq 1$ und $t_1, \ldots, t_k \in [0, 1]$ mit $0 \leq t_1 < \ldots < t_k \leq 1$ sowie $B_1, \ldots, B_k \in \mathcal{B}^1$ beliebig. Wegen $\cap_{j=1}^k X(t_j)^{-1}(B_j) = \big(\pi_{t_1,\ldots,t_k} \circ X\big)^{-1}\big(\times_{j=1}^k B_j\big)$ sowie $\mathcal{B}^k = \sigma\big(\{B_1 \times \ldots \times B_k : B_1, B_2, \ldots, B_k \in \mathcal{B}^1\}\big)$ folgt, dass $(X(t_1), \ldots, X(t_k)) = \pi_{t_1,\ldots,t_k} \circ X$ eine $(\mathcal{A}, \mathcal{B}^k)$-messbare Abbildung ist. Wegen $\mathcal{C}_f = \{\pi_{t_1,\ldots,t_k}^{-1}(H) : k \geq 1, 0 \leq t_1 < \ldots < t_k \leq 1, H \in \mathcal{B}^k\}$ gilt also $X^{-1}(B) \in \mathcal{A}$ für jedes $B \in \mathcal{C}_f$. Da $\mathcal{C}_f$ ein Erzeugendensystem für $\mathcal{B}(C)$ ist (vgl. das Ende von Abschn. 13.12), folgt die $(\mathcal{A}, \mathcal{B})$-Messbarkeit von X.

Lösung 14.5 Es sei $\varepsilon > 0$ beliebig. Mithilfe der Dreiecksungleichung folgt $\mathbb{P}(\rho(X, Y) \geq 2\varepsilon) \leq \mathbb{P}(\rho(X_n, X) \geq \varepsilon) + \mathbb{P}(\rho(X_n, Y) \geq \varepsilon)$ und damit (Grenzübergang $n \to \infty$) $\mathbb{P}(\rho(X, Y) \geq 2\varepsilon) = 0$ für jedes $\varepsilon > 0$. Es ergibt sich $\mathbb{P}(\rho(X, Y) = 0) = 1$ und deshalb $\mathbb{P}(X = Y) = 1$.

Lösung 14.6 Nach Satz 6.3 ist $P_n \xrightarrow{\mathcal{D}} P$ für Wahrscheinlichkeitsmaße $P, P_1, P_2, \ldots$ auf $\mathcal{B}^d$ gleichbedeutend mit $Q_n((-\infty, x]) \to Q((-\infty, x])$ für jede Stelle $x \in \mathbb{R}^d$, an der die durch $\mathbb{R}^d \ni y \mapsto P((-\infty, y])$ definierte Funktion (die Verteilungsfunktion von P) stetig ist. Diese Stetigkeit ist äquivalent zu $P(\partial(-\infty, x]) = 0$. Nach Bemerkung 6.4 kann man das Mengensystem $\mathcal{M}$ sogar verkleinern.

Lösung 14.7

a) Es sei $\alpha := \inf\{\varepsilon \geq 0 : \mathbb{P}(\rho(X, Y) > \varepsilon) \leq \varepsilon\}$. Nach Definition des Infimums gibt es eine monoton fallende Folge (ε_n) mit $\varepsilon_n \downarrow \alpha$ und $\mathbb{P}(\rho(X, Y) > \varepsilon_n) \leq \varepsilon_n \leq \varepsilon_k$ für jedes $n \geq k$. Für $n \to \infty$ gilt $\mathbf{1}\{\rho(X, Y) > \varepsilon_n\} \uparrow \mathbf{1}\{\rho(X, Y) > \alpha\}$ Nach dem Satz von der monotonen Konvergenz folgt $\mathbb{P}(\rho(X, Y) > \alpha) \leq \varepsilon_k$ für jedes k und somit $\mathbb{P}(\rho(X, Y) > \alpha) \leq \alpha$.

b) Die Richtung „$\Longleftarrow$" ist trivial. Nach a) folgt aus $d_K(X, Y) = 0$ die Gleichung $\mathbb{P}(\rho(X, Y) > 0) = 0$ und somit $\mathbb{P}(\rho(X, Y) = 0) = 1$, also $\mathbb{P}(X = Y) = 1$.

c) Es seien $\alpha := d_K(X, Y)$, $\beta := d_K(Y, Z)$. Nach a) gelten $\mathbb{P}(\rho(X, Y) > \alpha) \leq \alpha)$ und $\mathbb{P}(\rho(Y, Z) > \beta) \leq \beta)$. Wegen $\rho(X, Z) \leq \rho(X, Y) + \rho(Y, Z)$ folgt $\mathbb{P}(\rho(X, Z) > \alpha + \beta) \leq \alpha + \beta$ und damit die Behauptung.

d) Es gelte $X_n \overset{\mathbb{P}}{\longrightarrow} X$, und es sei $m \in \mathbb{N}$ fest. Für genügend großes n folgt dann $\mathbb{P}(\rho(X_n, X) > \frac{1}{m}) \leq \frac{1}{m}$ und somit $d_K(X_n, X) \leq \frac{1}{m}$. Also gilt $\limsup_{n\to\infty} d_K(X_n, X) \leq \frac{1}{m}$ für jedes $m \geq 1$ und somit $d_K(X_n, X) \to 0$. Gilt umgekehrt $d_K(X_n, X) \to 0$, und ist $\delta > 0$ beliebig, so folgt für genügend großes n die Ungleichung $d_K(X_n, X) < \delta$. Für solche n erhalten wir demnach $\mathbb{P}(\rho(X_n, X) > \delta) < \delta$ und somit $X_n \overset{\mathbb{P}}{\longrightarrow} X$.

Lösung 14.8 Nach Aufgabe 7.4 (in der X_j durch Z_j zu ersetzen ist und für x nur Werte aus $\mathbb{N}_0$ betrachtet werden) gilt für jedes $k \in \mathbb{N}_0$

$$(X_0^{(n)}, X_1^{(n)}, \ldots, X_k^{(n)}) \overset{\mathcal{D}}{\longrightarrow} N_{k+1}(0_{k+1}, \Sigma_k).$$

Dabei ist die $(k + 1)$-reihige Matrix Σ_k durch die Einträge $\sigma(i, j) := F(i \wedge j) - F(i)F(j)$ für $i, j \in \{0, \ldots, k\}$ gegeben. Nach (14.8) gilt $X_n \overset{\mathcal{D}}{\longrightarrow} X$, wobei $X = (X_j)_{j\geq 0}$ ein Zufallselement in $\mathbb{R}^{\mathbb{N}_0}$ ist, dessen Verteilung durch die endlichdimensionalen Verteilungen $(X_0, \ldots, X_k) \sim N_{k+1}(0_{k+1}, \Sigma_k)$, $k \geq 0$, charakterisiert ist.

Lösung 14.9 Nach Definition ist eine Folge $(X_n)_{n\geq 1}$ gleichgradig integrierbar, falls gilt:

$$\lim_{a\to\infty} \sup_{n\geq 1} \mathbb{E}\big[|X_n|\mathbf{1}\{|X_n| \geq a\}\big] = 0.$$

Damit gibt es zu jedem $\varepsilon > 0$ ein $a \geq 1$ mit $\sup_{n\geq 1} \mathbb{E}\big[|X_n|\mathbf{1}\{|X_n| \geq a\}\big] < \varepsilon$. Es folgt

$$\sup_{n\geq 1} \mathbb{P}(|X_n| > a) = \sup_{n\geq 1} \mathbb{E}\big[\mathbf{1}\{|X_n| > a\}\big] \leq \sup_{n\geq 1} \mathbb{E}\left[\frac{|X_n|}{a}\mathbf{1}\{|X_n| \geq a\}\right] \leq \frac{\varepsilon}{a} \leq \varepsilon$$

und somit $\mathbb{P}^{X_n}(K) \geq 1 - \varepsilon$ für jedes $n \geq 1$, wobei die Menge $K := [-a, a]$ kompakt ist.

Lösung 14.10 Die Behauptung folgt aus der Äquivalenz $\delta_{x_n} \overset{\mathcal{D}}{\longrightarrow} \delta_x \Longleftrightarrow x_n \to x$ für jede Folge (x_n) aus A und jedes $x \in S$ (vgl. Beispiel 14.2).

Lösung 14.11

a) folgt aus dem Abbildungssatz, da die Projektionen $\pi' : S \to S'$, $\pi'((x', x'')) = x'$, und
$\pi'' : S \to S''$, $\pi''((x', x'')) = x''$, stetige Abbildungen sind.

b) Es seien $S' = S'' = \mathbb{R}$ und P die Gleichverteilung auf dem Quadrat $[0, 1]^2$ sowie Q die
Gleichverteilung auf der Diagonalen $\{(x, x) : 0 \leq x \leq 1\}$. Die Marginalverteilungen
von P und die von Q sind die Gleichverteilungen auf $[0, 1]$. Die Umkehrung in a) kann
also nicht gelten.

c) Wir wenden Satz 14.13 an. Nach Aufgabe 13.7 ist der Raum (S, ρ) separabel. Aufgrund
der speziellen Wahl der Metrik ρ gilt für $x = (x', x'')$ und $y = (y', y'')$ sowie $\varepsilon > 0$

$$B(x, \varepsilon) = \{y \in S : \rho(x, y) < \varepsilon\} = \{y' \in S' : \rho'(x', y') < \varepsilon\} \cap \{y'' \in S'' : \rho''(x'', y'') < \varepsilon\}.$$

Somit ist $\mathcal{M}$ ist ein $\cap$-stabiles System, und es gilt $B(x, \varepsilon) \in \mathcal{M}$ für jedes $x \in S$ und
jedes $\varepsilon > 0$. Seien $\mathcal{M}_{x,\varepsilon} := \{B \in \mathcal{M} : x \in \mathring{B} \subset B \subset B_\rho(x, \varepsilon)\}$ und $\partial \mathcal{M}_{x,\varepsilon} :=$
$\{\partial B : B \in \mathcal{M}_{x,\varepsilon}\}, x \in S$, $\varepsilon > 0$. Da die Mengen $\partial B(x, \varepsilon)$ für verschiedene Werte von
ε paarweise disjunkt sind, ist Satz 14.13 anwendbar, und somit ist $\mathcal{M}$ ein KBS.

d) „$\Longrightarrow$" folgt aus Teil e) von Satz 14.3 (Portmanteau-Theorem), da für $B' \in \mathcal{B}'$ und
$B'' \in \mathcal{B}''$

$$\partial(B' \times B'') \subset (\partial B' \times S'') \cup (S' \times \partial B'') \tag{$*$}$$

und somit $P(\partial(B' \times B'')) \leq P'(\partial B') + P''(\partial B'')$ gelten.
„$\Longleftarrow$": Sei $\mathcal{M}_P := \{A' \times A'' \in \mathcal{M} : P'(\partial A') = 0 = P''(\partial A'')\}$. Wegen $\partial(A' \cap B') \subset$
$\partial A' \cup \partial B'$ (und ebenso für A'' und B'') ist das System $\mathcal{M}_P$ $\cap$-stabil. Aufgrund von $(*)$ ist
zudem jede Menge in $\mathcal{M}_P$ eine P-Stetigkeitsmenge. Seien $x \in S$ und $\varepsilon > 0$ beliebig. Da
die in der Darstellung für $S(x, \varepsilon)$ in Teil c) auf der rechten Seite des Gleichheitszeichens
stehenden Mengen für verschiedene Werte von ε disjunkte Ränder besitzen, gibt es ein r
mit $0 < r < \varepsilon$ und $B(x, r) \in \mathcal{M}_P$. Also erfüllt $\mathcal{M}_P$ die Voraussetzungen von Satz 14.12,
und die Behauptung folgt.

Lösung 14.12

a) Es seien $x \in A_{\varepsilon,\delta}$ und $y, z \in S$ mit $\rho(x, y) < \delta$, $\rho(x, z) < \delta$ und $\rho'(h(y), h(z)) \geq \varepsilon$.
Weiter sei $\eta := \min(\delta - \rho(x, y), \delta - \rho(x, z))$. Für jedes $\tilde{x}$ mit $\rho(\tilde{x}, x) < \eta$ gilt dann
mithilfe der Dreiecksungleichung $\rho(\tilde{x}, y) < \delta$ und $\rho(\tilde{x}, z) < \delta$. Somit ist die Menge
$A_{\varepsilon,\delta}$ offen.

b) Bezeichnet $\mathbb{Q}_+$ die Menge der positiven rationalen Zahlen, so gilt

$$C_h = S \setminus \left(\bigcup_{\varepsilon \in \mathbb{Q}_+} \bigcap_{\delta \in \mathbb{Q}_+} A_{\varepsilon,\delta} \right).$$

Hieraus folgt die Behauptung.

Lösung 15.1 Mit $\Delta_1 := t_1$ und $\Delta_j := t_j - t_{j-1}$ für $j \in \{2, \ldots, k\}$ ergibt sich AD zu

$$
\begin{pmatrix}
1 & 0 & 0 & 0 & \cdots & 0 \\
1 & 1 & 0 & 0 & \cdots & 0 \\
1 & 1 & 1 & 0 & \cdots & 0 \\
\vdots & \vdots & \vdots & 1 & \cdots & 0 \\
\vdots & \vdots & \vdots & \vdots & \ddots & 0 \\
1 & 1 & 1 & 1 & \cdots & 1
\end{pmatrix}
\cdot
\begin{pmatrix}
\Delta_1 & 0 & 0 & 0 & \cdots & 0 \\
0 & \Delta_2 & 0 & 0 & \cdots & 0 \\
0 & 0 & \Delta_3 & 0 & \cdots & 0 \\
\vdots & \vdots & \vdots & \ddots & \cdots & 0 \\
\vdots & \vdots & \vdots & \vdots & \ddots & 0 \\
0 & 0 & 0 & 0 & \cdots & \Delta_k
\end{pmatrix}
=
\begin{pmatrix}
\Delta_1 & 0 & 0 & 0 & \cdots & 0 \\
\Delta_1 & \Delta_2 & 0 & 0 & \cdots & 0 \\
\Delta_1 & \Delta_2 & \Delta_3 & 0 & \cdots & 0 \\
\vdots & \vdots & \vdots & \ddots & \cdots & 0 \\
\vdots & \vdots & \vdots & \vdots & \ddots & 0 \\
\Delta_1 & \Delta_2 & \Delta_3 & \Delta_4 & \cdots & \Delta_k
\end{pmatrix}
$$

und damit $ADA^\top$ zu

$$
\begin{pmatrix}
\Delta_1 & 0 & 0 & 0 & \cdots & 0 \\
\Delta_1 & \Delta_2 & 0 & 0 & \cdots & 0 \\
\Delta_1 & \Delta_2 & \Delta_3 & 0 & \cdots & 0 \\
\vdots & \vdots & \vdots & \ddots & \cdots & 0 \\
\vdots & \vdots & \vdots & \vdots & \ddots & 0 \\
\Delta_1 & \Delta_2 & \Delta_3 & \Delta_4 & \cdots & \Delta_k
\end{pmatrix}
\cdot
\begin{pmatrix}
1 & 1 & 1 & \cdots & \cdots & 1 \\
0 & 1 & 1 & \cdots & \cdots & 1 \\
0 & 0 & 1 & \cdots & \cdots & 1 \\
0 & 0 & 0 & 1 & \cdots & 1 \\
\vdots & \vdots & \vdots & \vdots & \ddots & \vdots \\
0 & 0 & 0 & 0 & \cdots & 1
\end{pmatrix}
=
\begin{pmatrix}
t_1 & t_1 & t_1 & \cdots & \cdots & t_1 \\
t_1 & t_2 & t_2 & \cdots & \cdots & t_2 \\
t_1 & t_2 & t_3 & \cdots & \cdots & t_3 \\
\vdots & \vdots & \vdots & t_4 & \cdots & t_4 \\
\vdots & \vdots & \vdots & \vdots & \ddots & \vdots \\
t_1 & t_2 & t_3 & t_4 & \cdots & t_k
\end{pmatrix},
$$

was zu zeigen war.

Lösung 15.2 Für $\ell \in \{2, \ldots, k\}$ gilt

$$
\frac{S_{\lfloor nt_\ell \rfloor} - S_{\lfloor nt_{\ell-1} \rfloor}}{\sigma \sqrt{\lfloor nt_\ell \rfloor - \lfloor nt_{\ell-1} \rfloor}} = \frac{1}{\sigma \sqrt{\lfloor nt_\ell \rfloor - \lfloor nt_{\ell-1} \rfloor}} \sum_{j=\lfloor nt_{\ell-1} \rfloor + 1}^{\lfloor nt_\ell \rfloor} Z_j \xrightarrow{\mathcal{D}} N(0, 1).
$$

Dabei folgt die Verteilungskonvergenz aus dem zentralen Grenzwertsatz von Lindeberg-Lévy. Da der Vorfaktor vor der letzten Summe asymptotisch gleich $1/\left(\sqrt{n}\sqrt{t_\ell - t_{\ell-1}}\right)$ ist, liefern das Lemma von Slutsky und der Abbildungssatz

$$
\frac{1}{\sigma\sqrt{n}} \left(S_{\lfloor nt_\ell \rfloor} - S_{\lfloor nt_{\ell-1} \rfloor}\right) \xrightarrow{\mathcal{D}} N(0, t_\ell - t_{\ell-1}).
$$

Dieses Resultat gilt auch für $\ell = 1$, wenn $t_0 := 0$ gesetzt wird. Somit konvergiert der in (15.28) stehende Zufallsvektor nach Satz 14.26 in Verteilung gegen einen Zufallsvektor $N =: (N_1, \ldots, N_k)$ mit stochastisch unabhängigen Komponenten, wobei $N_1 \sim N(0, t_1)$ und $N_j \sim N(0, t_j - t_{j-1})$ für $j = 2, \ldots, k$. Hieraus folgt $N \sim N_k(0_k, D)$.

Lösung 15.3 Es seien $M := \max_{1 \le j \le k} \sup_{t_{j-1} \le s \le t_j} |x(s) - x(t_{j-1})|$ sowie $I_j := [t_{j-1}, t_j]$, $j \in \{1, \ldots, k\}$. Sind $s, t \in [0, 1]$ mit $|s - t| \le \delta$, so sind wegen (15.29) nur die beiden Fälle möglich, dass s und t beide in einem der Intervalle $I_1, \ldots, I_k$ oder in zwei benachbarten dieser Intervalle liegen. Im ersten Fall gibt es ein j mit $s, t \in I_j$, und es folgt $|x(s) - x(t)| \le$

$|x(s) - x(t_{j-1})| + |x(t) - x(t_{j-1})| \leq 2M$. Im zweiten Fall setzen wir o. B. d. A. $s < t$ und $s \in I_j$ sowie $t \in I_{j+1}$ mit $j \in \{0, \ldots, k-1\}$ voraus. Dann gilt

$$|x(s) - x(t)| \leq |x(s) - x(t_{j-1})| + |x(t_j) - x(t_{j-1})| + |x(t) - x(t_j)| \leq 3M.$$

Um aus der Ungleichung (15.30) die Aussage von Lemma 15.4 herzuleiten, beachte man, dass aus der Voraussetzung $w(x, \delta) \geq 3\varepsilon$ zusammen mit (15.30) folgt, dass für mindestens in $j \in \{1, \ldots, k\}$ die Ungleichung $\sup_{t_{j-1} \leq s \leq t_j} |x(s) - x(t_{j-1})| \geq \varepsilon$ erfüllt ist. Somit gilt auf dem zugrundeliegenden Wahrscheinlichkeitsraum die Teilmengenbeziehung

$$\{w(X, \delta) \geq 3\varepsilon\} \subset \bigcup_{j=1}^{k} \left\{ \sup_{t_{j-1} \leq s \leq t_j} |X(s) - X(t_{j-1})| \geq \varepsilon \right\},$$

und hieraus folgt die Aussage von Lemma 15.4.

Lösung 15.4

a) Wir verwenden die Teilmengenbeziehungen $\{S_n = k\} \subset \{M_n \geq k\}$ sowie $\{S_n > k\} \subset \{M_n \geq k\}$. Deutet man die durch Interpolation verbundenen Punkte $(0, S_0), \ldots, (n, S_n)$ als Polygonzug in einem (x, y)-Koordinatensystem und spiegelt jeden solchen Polygonzug mit der Eigenschaft $S_n > k$ ab dem erstmaligen Erreichen der Höhe k an der Horizontalen $y = k$, so folgt $\mathbb{P}(M_n \geq k, S_n > k) = \mathbb{P}(M_n \geq k, S_n < k)$. Hiermit ergibt sich

$$\mathbb{P}(M_n \geq k) = \mathbb{P}(M_n \geq k, S_n > k) + \mathbb{P}(M_n \geq k, S_n < k) + \mathbb{P}(M_n \geq k, S_n = k)$$
$$= 2\mathbb{P}(M_n \geq k, S_n > k) + \mathbb{P}(S_n = k)$$
$$= 2\mathbb{P}(S_n > k) + \mathbb{P}(S_n = k).$$

b) Mit dem zentralen Grenzwertsatz von Lindeberg-Lévy gilt $S_n/\sqrt{n} \xrightarrow{\mathcal{D}} N(0, 1)$. Für festes $t > 0$ setzen wir $k = k_n = \lceil t\sqrt{n} \rceil$ und erhalten daraus wegen der Ganzzahligkeit von M_n

$$\mathbb{P}\left(\frac{M_n}{\sqrt{n}} \geq t\right) = \mathbb{P}(M_n \geq t\sqrt{n}) = \mathbb{P}(M_n \geq k_n) = 2\mathbb{P}(S_n > k_n) + \mathbb{P}(S_n = k_n)$$
$$= 2\mathbb{P}\left(\frac{S_n}{\sqrt{n}} > \frac{k_n}{\sqrt{n}}\right) + o(1) \to 2(1 - \Phi(t)) = \mathbb{P}(|N| \geq t),$$

wobei $N \sim N(0, 1)$. Hieraus folgt die Behauptung.

Lösung 15.5 Wegen der Stetigkeit der Pfade von W ist der formal überabzählbare Durchschnitt ein abzählbarer Durchschnitt über alle Paare (s, t) mit rationalen s und t. Für festes $n \geq 2$ sei $u_{n,j} := a + j(b-a)/2^n$, $j \in \{0, \ldots, 2^n - 1\}$, gesetzt. Dann gilt

$$\bigcap_{\{(s,t):a\leq s<t\leq b\}} \{W(s) \leq W(t)\} \subset \bigcap_{j=0}^{2^n-1} \{W(u_{n,j+1}) - W(u_{n,j}) \geq 0\}.$$

Die rechts stehenden Zuwächse von W sind stochastisch unabhängig, und sie besitzen wegen der Stationarität dieser Zuwächse die Normalverteilung $N(0, (b-a)/2^n)$. Somit ist die Wahrscheinlichkeit des links stehenden Ereignisses höchstens gleich $1/2^n$. Da n beliebig ist, folgt die Behauptung.

Lösung 15.6

a) Es seien $k \geq 1$ und $t_1, \ldots, t_k$ mit $0 \leq t_1 < \ldots < t_k$. Es gilt $\mathbb{P}(U \notin \{t_1, \ldots, t_k\}) = 1$, und somit stimmen $(W(t_1), \ldots, W(t_k))$ und $(Y(t_1), \ldots, Y(t_k))$ $\mathbb{P}$-fast sicher und somit auch in Verteilung überein.

b) Bedingen wir nach den Werten t der Zufallsvariablen U, so ist die Wahrscheinlichkeit, dass Y unstetige Pfade besitzt, durch

$$\int_0^1 \mathbb{P}\big(W(U) \neq 0 | U = t\big)\, dt = \int_0^1 \mathbb{P}\big(W(t) \neq 0\big)\, dt = 1$$

gegeben. Dabei gilt das erste Gleichheitszeichen wegen der stochastischen Unabhängigkeit von W und U.

Lösung 15.7 Es sei $\widetilde{W}(t) := -W(t)$, $0 \leq t \leq 1$. Dann ist $(\widetilde{W}(t))_{0\leq t\leq 1}$ ebenfalls ein Wiener-Prozess. Nach Satz 15.11 gilt

$$\max_{0\leq t\leq 1} \widetilde{W}(t) \sim |N|.$$

Wegen $\max_{0\leq t\leq 1} \widetilde{W}(t) = -\min_{0\leq t\leq 1} W(t)$ folgt die Behauptung.

Lösung 15.8 Sind $B_1, \ldots, B_n$ stochastisch unabhängige Brown'sche Brücken und $a_1, \ldots, a_n$ reelle Zahlen mit $a_1^2 + \ldots + a_n^2 = 1$, so ist auch $B := a_1 B_1 + \ldots + a_n B_n$ eine Brown'sche Brücke.

Der Beweis verläuft völlig analog zum Beweis von Satz 15.21. Zunächst gilt $\mathbb{P}(B(0) = 0) = 1 = \mathbb{P}(B(1) = 0)$. Für $k \geq 1$ und $t_1, \ldots, t_k$ mit $1 \leq t_1 < \ldots < t_k \leq 1$ folgt mit dem Additionsgesetz für die multivariate Normalverteilung, dass $(B(t_1), \ldots, B(t_k))$ eine k-dimensionale Normalverteilung besitzt. Weiter gelten $\mathbb{E}(B(t)) = 0$, $0 \leq t \leq 1$, sowie für $s, t \in [0, 1]$

$$\mathbb{E}\big[B(s)B(t)\big] = \mathbb{E}\Bigg[\bigg(\sum_{i=1}^{n} a_i B_i(s)\bigg)\bigg(\sum_{j=1}^{n} a_j B_j(t)\bigg)\Bigg] = \sum_{i=1}^{n}\sum_{j=1}^{n} a_i a_j \mathbb{E}\big[B_i(s)B_j(t)\big]$$

$$= \sum_{i=1}^{n} a_i^2 \mathbb{E}\big[B_1(s)B_1(t)\big] = \min(s,t) - st. \qquad\blacksquare$$

Lösung 15.9 Mit der Dreiecksungleichung für Integrale und dem Satz von Fubini gilt

$$\mathbb{E}\left|\int_0^1 \big(\widetilde{W}^2(t) - \widetilde{W}_n^2(t)\big)\,\mathrm{d}t\right| \le \mathbb{E}\int_0^1 \left|\big(\widetilde{W}^2(t) - \widetilde{W}_n^2(t)\big)\right|\,\mathrm{d}t = \int_0^1 \mathbb{E}\left|\big(\widetilde{W}^2(t) - \widetilde{W}_n^2(t)\big)\right|\,\mathrm{d}t.$$

Wegen $a^2 - b^2 = (a - b)(a + b)$ ist das letzte Integral gleich

$$\int_0^1 \mathbb{E}\left|\big(\widetilde{W}(t) - \widetilde{W}_n(t)\big)\big(\widetilde{W}(t) + \widetilde{W}_n(t)\big)\right|\,\mathrm{d}t,$$

und es besitzt aufgrund der Hölder-Ungleichung $\mathbb{E}|UV| \le \big(\mathbb{E}(U^2)\big)^{1/2}\big(\mathbb{E}(V^2)\big)^{1/2}$ die behauptete obere Schranke

$$\int_0^1 \sqrt{\mathbb{E}\big[\big(\widetilde{W}(t) - \widetilde{W}_n(t)\big)^2\big]}\sqrt{\mathbb{E}\big[\big(\widetilde{W}(t) + \widetilde{W}_n(t)\big)^2\big]}\,\mathrm{d}t.$$

Lösung 15.10

a) Aus

$$Af(s) = \int_0^1 K(s,t)f(t)\,\mathrm{d}t = \int_0^s t f(t)\,\mathrm{d}t + s\int_s^1 f(t)\,\mathrm{d}t \overset{!}{=} \lambda f(s), \quad \lambda \neq 0,$$

folgt $f(0) = 0$. Zweimaliges Differenzieren ergibt

$$\lambda f'(s) = sf(s) + \int_s^1 f(t)\,\mathrm{d}t - sf(s) = \int_s^1 f(t)\,\mathrm{d}t, \qquad \lambda f''(s) = -f(s).$$

Wir raten $\varphi(s) = \sin(as)$ für ein $a \neq 0$, was zu $\varphi''(s) = -a^2\varphi(s)$ und $\frac{1}{a^2}\varphi''(s) = -\varphi(s)$, d. h. $\lambda = \frac{1}{a^2}$ führt. Eine direkte Rechnung mithilfe partieller Integration liefert

$$\lambda\varphi(s) = \frac{1}{a^2}\sin(as) \overset{!}{=} \int_0^1 \min(s,t)\cdot\sin(at)\,\mathrm{d}t = \frac{1}{a^2}\sin(as) - \frac{s}{a}\cos(a).$$

Somit muss $\cos(a) = 0$ gelten, was auf $a \in \big\{\big(\ell - \tfrac{1}{2}\big)\pi : \ell \in \mathbb{N}\big\} =: L$ führt. Die Eigenfunktionen sind somit durch $\{c\sin(as) : c \neq 0,\ a \in L\}$ gegeben, und die Normierungsbedingung $1 = c^2\int_0^1 \sin^2(at)\,\mathrm{d}t$ führt auf $c = \sqrt{2}$.

b) Der Nachweis ist erbracht, wenn wir $\sum_{j=1}^{\infty} \lambda_j^2 = \int_0^1 \int_0^1 K(s,t)^2 \, ds \, dt$ zeigen können (vgl. die Vorgehensweise nach (8.41)). Eine direkte Rechnung ergibt, dass das Doppelintegral gleich $\frac{1}{6}$ ist. Wegen $\sum_{j=1}^{\infty} j^{-4} = \pi^4/90$ folgt

$$\sum_{j=1}^{\infty} \lambda_j^2 = \frac{1}{\pi^4} \sum_{j=1}^{\infty} \frac{2^4}{(2j-1)^4} = \frac{16}{\pi^4} \left(\sum_{j=1}^{\infty} \frac{1}{j^4} - \sum_{j=1}^{\infty} \frac{1}{(2j)^4} \right) = \frac{16}{\pi^4} \left(\frac{\pi^4}{90} - \frac{\pi^4}{16 \cdot 90} \right) = \frac{1}{6}.$$

Lösung 15.11 Es gilt $\mathbb{P}(W^*(0) = 0) = 1$. Die endlichdimensionalen Verteilungen von W^* sind zentrierte Normalverteilungen mit der gleichen Kovarianzfunktion wie die von W, denn es gilt $\mathrm{Cov}\big(W^*(s), W^*(t)\big) = \frac{1}{a} \mathrm{Cov}\big(W(as), W(at)\big) = \min(s,t)$. Hieraus folgt die Behauptung, da $\tilde{W}$ stetige Pfade besitzt. Man beachte die Gleichung $W^* = h \circ W$, wobei $h : C[0, \infty) \to C[0, \infty)$ durch $h(x)(t) := a^{-1/2} x(at), t \geq 0$, definiert ist.

Lösung 15.12 Es gilt $\mathbb{P}(\widetilde{W}(0) = 0) = 1$. Alle fidis von $\widetilde{W}$ sind zentrierte Normalverteilungen. Wegen der Bilinearität der Kovarianzbildung gilt für s, t mit $s \leq t$

$$\begin{aligned}
\mathrm{Cov}\big(\widetilde{W}(s), \widetilde{W}(t)\big) &= \mathrm{Cov}\big(W(s+r) - W(r), W(t+r) - W(r)\big) \\
&= \mathrm{Cov}\big(W(s+r), W(t+r)\big) - \mathrm{Cov}\big(W(s+r), W(r)\big) \\
&\quad - \mathrm{Cov}\big(W(r), W(t+r)\big) + \mathrm{Cov}\big(W(r), W(r)\big) \\
&= s + r - r - r + r = s = \min(s,t).
\end{aligned}$$

Somit stimmen die endlichdimensionalen Verteilungen von W und $\widetilde{W}$ überein. Da $\widetilde{W}$ mit Wahrscheinlichkeit eins stetige Pfade besitzt, folgt die Behauptung.

Lösung 15.13 Es sei W auf dem Wahrscheinlichkeitsraum $(\Omega, \mathcal{A}, \mathbb{P})$ definiert. Für beliebiges $k \geq 1$ und $t_1, \ldots, t_k$ mit $0 < t_1 < \ldots < t_k$ ist die Verteilung von $\big(\widetilde{W}(t_1), \ldots, \widetilde{W}(t_k)\big)$ eine zentrierte k-dimensionale Normalverteilung, wobei allgemein

$$\mathrm{Cov}\big(\widetilde{W}(s), \widetilde{W}(t)\big) = st \min\left(\frac{1}{s}, \frac{1}{t}\right) = st \min\left(\frac{t}{st}, \frac{s}{st}\right) = \min(s,t), \quad s, t > 0,$$

gilt. Die Pfade $\Omega \ni \omega \mapsto \widetilde{W}(\omega)$ sind auf $(0, \infty)$ stetig. Nach Satz 15.23 gilt

$$\lim_{s \to \infty} \frac{W(s)}{s} = 0 \ \mathbb{P}\text{-fast sicher, also} \ \lim_{t \to 0} t W\left(\frac{1}{t}\right) = 0 \ \mathbb{P}\text{-fast sicher.}$$

Auf der Einsmenge $\Omega_0 := \big\{ \omega \in \Omega : \lim_{t \to 0} t W(1/t, \omega) = 0 \big\}$ sind die Pfade $\Omega_0 \ni \omega \mapsto \widetilde{W}(\omega)$ auf $[0, \infty)$ stetig, und somit ist $\widetilde{W}$ ein Wiener-Prozess auf der mit der Spur-σ-Algebra $\Omega_0 \cap \mathcal{A}$ versehenen Menge Ω_0, wobei das Wahrscheinlichkeitsmaß $\mathbb{P}$ auf $\Omega_0 \cap \mathcal{A}$ eingeschränkt wird.

Lösung 15.14 Es sei W auf dem Wahrscheinlichkeitsraum $(\Omega, \mathcal{A}, \mathbb{P})$ definiert. Auf dem halboffenen Intervall $[0, 1)$ sind alle fidis von B zentrierte Normalverteilungen mit Kovarianzen

$$\text{Cov}\big(B(s), B(t)\big) = (1 - s)(1 - t)\text{Cov}\left(W\left(\frac{s(1 - t)}{(1 - s)(1 - t)}\right), W\left(\frac{t(1 - s)}{(1 - s)(1 - t)}\right)\right)$$
$$= \min(s, t) - st,$$

$0 \le s, t < 1$. Die Pfade $\Omega \ni \omega \mapsto B(\omega)$ sind auf $[0, 1)$ stetig. Nach Satz 15.23 gilt

$$\lim_{t \to 1}(1 - t)W\left(\frac{t}{1 - t}\right) = \lim_{s \to \infty}\frac{1}{s + 1}W(s) = 0 \ \mathbb{P}\text{-fast sicher.}$$

Auf der Einsmenge $\Omega_0 := \left\{\omega \in \Omega : \lim_{t \to 1}(1 - t)W\left(\frac{t}{1-t}, \omega\right) = 0\right\}$ sind die Pfade $\Omega_0 \ni \omega \mapsto B(\omega)$ auf $[0, 1]$ stetig, und somit ist B eine Brown'sche Brücke auf der mit der Spur-σ-Algebra $\Omega_0 \cap \mathcal{A}$ versehenen Menge Ω_0, wobei das Wahrscheinlichkeitsmaß $\mathbb{P}$ auf $\Omega_0 \cap \mathcal{A}$ eingeschränkt wird.

Lösung 15.15 Es bezeichne $I : [0, 1] \to [0, 1]$, $t \mapsto t$, die Identität auf $[0, 1]$. Sind B und Z auf dem Wahrscheinlichkeitsraum $(\Omega, \mathcal{A}, \mathbb{P})$ definiert, so ist $W := B + IZ : \Omega \to C$ ein C-wertiges Zufallselement auf Ω. Es gilt $\mathbb{P}(W(0) = 0) = 1$, und wegen der Unabhängigkeit von B und Z sind alle endlichdimensionalen Verteilungen von W zentrierte Normalverteilungen. Die Unabhängigkeit von B und Z und die Bilinearität der Kovarianzbildung ergeben

$$\text{Cov}\big(W(s), W(t)\big) = \text{Cov}\big(B(s) + sZ, B(t) + tZ\big) = \min(s, t) - st + st = \min(s, t),$$

$0 \le s, t \le 1$, was noch zu zeigen war.

Lösung 15.16 Es seien $\mathcal{Z}_n := [t_{n,0}, t_{n,1}, \ldots, t_{n,k_n}]$ mit $0 =: t_{n,0} < t_{n,1} < \ldots < t_{n,k_n} := a$, $n \ge 1$, $1 \le k_n \le n$, Zerlegungen des Intervalls $[0, a]$ mit $\Delta_n := \max_{0 \le j < k_n}\big(t_{n,j+1} - t_{n,j}\big) \to 0$ für $n \to \infty$. Da W ein Gauß-Prozess ist, besitzt die Riemann'sche Summe

$$R_n := \sum_{j=0}^{k_n - 1} W\big(t_{n,j}\big)\big(t_{n,j+1} - t_{n,j}\big)$$

zur Zerlegung $\mathcal{Z}_n$ die Normalverteilung $N(0, \sigma_n^2)$, wobei

$$\sigma_n^2 = \text{Cov}\left(\sum_{i=0}^{k_n - 1} W\big(t_{n,i}\big)\big(t_{n,i+1} - t_{n,i}\big), \sum_{j=0}^{k_n - 1} W\big(t_{n,j}\big)\big(t_{n,j+1} - t_{n,j}\big)\right)$$
$$= \sum_{i=0}^{k_n - 1}\sum_{j=0}^{k_n - 1} \big(t_{n,i+1} - t_{n,i}\big)\big(t_{n,j+1} - t_{n,j}\big)\min\big(t_{n,i}, t_{n,j}\big).$$

Wegen $\Delta_n \to 0$ ist in dieser Doppelsumme der Fall $i = j$ asymptotisch vernachlässigbar, sodass sich aus Symmetriegründen

$$\sigma_n^2 = 2 \sum_{i=0}^{k_n-2} t_{n,i} \big(t_{n,i+1} - t_{n,i}\big) \bigg(\sum_{j=i+1}^{k_n-1} \big(t_{n,j+1} - t_{n,j}\big) \bigg) + o(1)$$

ergibt. Die Summe über j ist gleich $a - t_{n,i+1}$, und somit erhalten wir

$$\sigma_n^2 = 2a \int_0^a t \, \mathrm{d}t - 2 \int_0^a t^2 \, \mathrm{d}t + o(1),$$

also $\sigma_n^2 \to a^3/3$ und damit $R_n \overset{\mathcal{D}}{\longrightarrow} \mathrm{N}(0, a^3/3)$.

Lösung 16.1 Es seien $x \in D$ beliebig und $A_n := \{t \in (0,1] : |x(t) - x(t-)| > \frac{1}{n}\}$, $n \geq 1$. Nach Lemma 16.2 ist die Menge A_n endlich. Da jede Unstetigkeitsstelle zur Menge $\cup_{n=1}^{\infty} A_n$ gehört, folgt die Behauptung.

Lösung 16.2 Wir führen den Beweis durch Kontraposition und nehmen an, es gälte $x \notin D$. Dann gibt es entweder ein $t \in [0,1)$ mit $x(t) \neq x(t+)$ oder ein $t \in (0,1]$ mit $\limsup_{s<t,s\to t} x(t) > \liminf_{s<t,s\to t} x(t)$. In jedem dieser Fälle ist die Bedingung $\lim_{n\to\infty} w'_x(\delta) = 0$ verletzt.

Lösung 16.3

a) Ist $\delta < \frac{1}{2}$, so gibt es eine δ-dünne Zerlegung von $[0,1]$ mit $t_j - t_{j-1} \leq 2\delta$ für jedes $j \in \{1, \ldots, k\}$. Es folgt

$$w'_x(\delta) \leq \max_{1 \leq j \leq k} w_x([t_j, t_{j-1})) \leq \sup_{|s-t| \leq 2\delta} |x(s) - x(t)| \leq w_x(2\delta).$$

b) Zu jedem $\varepsilon > 0$ gibt es eine δ-dünne Zerlegung $0 = t_0 < \ldots < t_k = 1$ von $[0,1]$ mit $w([t_j, t_{j-1})) < w'_x(\delta) + \varepsilon$, $j \in \{1, \ldots, k\}$. Falls $s, t \in [0,1]$ mit $|s - t| \leq \delta$, so liegen s und t entweder beide in einem der Intervalle $[t_j, t_{j-1})$ oder in zwei direkt benachbarten Intervallen. Im ersten Fall gilt $w_x(\delta) \leq w'_x(\delta) + \varepsilon$, und im zweiten Fall erhalten wir die Abschätzung $w_x(\delta) \leq 2w_x(\delta) + \varepsilon + H(x)$. Da $\varepsilon > 0$ beliebig war, folgt die Behauptung.

Lösung 16.4 Da jede Funktion aus $D[0,1]$ beschränkt ist, folgt $d_S(x, y) < \infty$ (wähle für g die Identität auf $[0,1]$). Nach Definition gilt $d_S(x, y) \geq 0$. Ist $d_S(x, y) = 0$, so erhalten wir mit $g(t) = t$ die Gleichung $\sup_{s\in[0,1]} |x(s) - y(g(s))| = 0$. Hieraus ergibt sich $x(t) = y(t)$ oder $x(t) = \lim_{t_n \uparrow t} y(t_n)$ für jedes $t \in [0,1]$ und damit $x = y$. Um die Symmetrie von d_S zu zeigen, beachte man, dass für $g \in \mathcal{G}$ auch $g^{-1} \in \mathcal{G}$ gilt. Also erhalten wir für $x, y \in D[0,1]$

$$\sup_{t\in[0,1]} |g^{-1}(t)-t| = \sup_{t\in[0,1]} |g(t)-t| \quad \text{und} \quad \sup_{t\in[0,1]} \left|x\left(g^{-1}(t)\right)-y(t)\right| = \sup_{t\in[0,1]} |x(t)-y(g(t))|$$

und damit $d_S(x,y) = d_S(y,x)$. Für den Nachweis der Dreiecksungleichung verwenden wir, dass mit g_1 und g_2 auch die Verknüpfung $g_2 \circ g_1$ zu $\mathcal{G}$ gehört. Es folgt

$$\sup_{t\in[0,1]} |g_2 \circ g_1(t)-t| \le \sup_{t\in[0,1]} |g_2(t)-t| + \sup_{t\in[0,1]} |g_1(t)-t|,$$

und für $x, y, z \in D[0,1]$ ergibt sich

$$\sup_{t\in[0,1]} |x(t)-z(g_2\circ g_1(t))| \le \sup_{t\in[0,1]} |x(t)-y(g_1(t))| + \sup_{t\in[0,1]} |y(t)-z(g_2(t))|.$$

Lösung 16.5

a) Mit dem Hinweis erhält man die Behauptung aus

$$\|g - \mathrm{I}\| = \sup_{0<t\le 1} t \left| \frac{g(t)-g(0)}{t-0} - 1 \right| \le \sup_{0\le s<t\le 1} \left| \frac{g(t)-g(s)}{t-s} - 1 \right|.$$

b) Mit dem Hinweis gilt $\|x \circ g - y\| \le \exp(\|x \circ g - y\|) - 1$. Hieraus folgt die Behauptung.

Lösung 16.6

a) Mit $v = g^{-1}(t)$ und $u = g^{-1}(s)$ ergibt sich

$$\|g^{-1}\|^\circ = \sup_{s<t} \left| \log \frac{g^{-1}(t)-g^{-1}(s)}{t-s} \right| = \sup_{u<v} \left| \log \frac{v-u}{g(v)-g(u)} \right|$$

$$= \sup_{u<v} \left| -\log \frac{g(v)-g(u)}{v-u} \right| = \|g\|^\circ.$$

b) Mit $v = g_2(t)$ und $u = g_2(s)$ erhalten wir

$$\|g_1 \circ g_2\|^\circ = \sup_{s<t} \left| \log \frac{g_1 \circ g_2(t)-g_1 \circ g_2(s)}{t-s} \right|$$

$$= \sup_{u<v} \left| \log \left(\frac{g_1(v)-g_1(u)}{v-u} \cdot \frac{v-u}{g_2^{-1}(v)-g_2^{-1}(u)} \right) \right|.$$

Die Behauptung folgt jetzt aus $\log(ab) = \log a + \log b$, $a, b > 0$, sowie aus Teil a).

Lösung 16.7 Wir beziehen uns auf den Hinweis. Im Fall $t_2 - t_1 \le \delta$ gibt es nur die beiden Möglichkeiten, dass t_1 und t_2 entweder beide in einem der Intervalle $I_j := [s_j, s_{j+1})$, $j \in \{0, \ldots, k-1\}$, oder in benachbarten Intervallen I_j und I_{j+1}, wobei $j \in \{0, \ldots, k-1\}$, liegen. Falls $t_1 \le t \le t_2$, so liegt im ersten Fall t im gleichen Intervall wie t_1, und im zweiten Fall sind entweder t_1 und t oder t_2 und t im gleichen Intervall. In jedem der Fälle gilt mindestens eine der Ungleichungen $|x(t) - x(t_1)| < \eta$ oder $|x(t) - x(t_2)| < \eta$. Lässt man η von oben gegen $w_x'(\delta)$ konvergieren, so folgt die Behauptung.

Lösung 16.8 Es sei $\varepsilon > 0$ beliebig. Für jedes $n \geq n_0(\varepsilon)$ gilt $d_S(x_n, x) \leq \varepsilon$, und somit gibt es nach Definition von d_S zu jedem solchen n ein $g_n \in \mathcal{G}$ mit $\|x_n - x \circ g_n\| \leq \varepsilon$ sowie $\|g_n - I\| \leq \varepsilon$. Mithilfe der Dreiecksungleichung folgt

$$\int_0^1 |x_n(t) - x(t)| \, dt \leq \int_0^1 |x_n(t) - x(g_n(t))| \, dt + \int_0^1 |x(g_n(t)) - x(t)| \, dt.$$

Wegen $\|x_n - x \circ g_n\| \leq \varepsilon$ ist das erste Integral auf der rechten Seite höchstens gleich ε. Beim zweiten Integral konvergiert der Integrand für $n \to \infty$ fast überall gegen null, und er besitzt die integrierbare Majorante $2\|x\|$. Nach dem Satz von der dominierten Konvergenz folgt also $\lim \sup_{n \to \infty} \int_0^1 |x_n(t) - x(t)| \, dt \leq \varepsilon$ und damit die Behauptung, da ε beliebig war.

Lösung 16.9

a) Es sei $H(x) = |x(t_0) - x(t_0-)|$, wobei $0 < t_0 \leq 1$. Die Dreiecksungleichung liefert

$$H(x) \leq |x(t_0) - y(t_0)| + |y(t_0) - y(t_0-)| + |y(t_0-) - x(t_0-)|.$$

Wegen $\|x - y\| < \varepsilon$ folgt $H(x) < 2\varepsilon + H(y)$. Die Ungleichung $H(y) < 2\varepsilon + H(x)$ ergibt sich aus Symmetriegründen.

b) Falls $d_S(x, y) < \varepsilon$, so gibt es ein $g \in \mathcal{G}$ mit $\|x - y \circ g\| < \varepsilon$. Wegen $H(y) = H(y \circ g)$ für jedes $g \in \mathcal{G}$ folgt mit Teil a) $|H(x) - H(y)| = |H(x) - H(y \circ g)| < 2\varepsilon$.

Lösung 16.10 Es seien (x_n) eine beliebige Folge aus C und $x \in D$ mit $d_S(x_n, x) \to 0$. Nach Aufgabe 16.9 b) gilt $\lim_{n \to \infty} H(x_n) = H(x)$. Wegen $H(x_n) = 0$ für jedes n gilt $H(x) = 0$ und folglich $x \in C$. Die Menge C ist also abgeschlossen bezüglich der Skorochod-Topologie. Sind $x \in C$ und $\varepsilon > 0$ beliebig, so gilt für die durch $y(t) := x(t)$, falls $t < 0.5$ und $y(t) := x(t) + 0.9\varepsilon$ für $0.5 \leq t \leq 1$ definierte Funktion $y \in D \setminus C$ die Gleichung $\|x - y\| = 0.9\varepsilon$ und somit $d_S(x, y) < \varepsilon$. Folglich enthält C keine inneren Punkte und ist somit nirgends dicht in D.

Lösung 16.11 a) Wegen $\mathbb{E}[1_A] = \mathbb{P}(A)$ und $1_A^2 = 1_A$ für jede Indikatorfunktion 1_A mit $A \in \mathcal{A}$ gilt $\mathbb{E}[\alpha_1^2] = s - r - 2(s - r)^2 + (s - r)^2 = (s - r)(1 - (s - r)) \leq t - r$ und analog $\mathbb{E}[\beta_2^2] = (t - s)(1 - (t - s)) \leq t - r$.   b) Wegen $1_A 1_B = 0$ falls $A \cap B = \emptyset$ gilt $\mathbb{E}[\alpha_1 \beta_1] = \mathbb{E}[\alpha_2 \beta_2] = -(s - r)(t - s)$.

Lösung 16.12 Wegen $Y = \psi(B) = B \circ F$ gilt unter Verwendung von $\mathrm{Cov}(B(s), B(t)) = s \wedge t - st$ für die Brown'sche Brücke B für jedes $k \geq 1$ und jede Wahl von $t_1, \ldots, t_k$ mit $0 \leq t_1 < \ldots < t_k \leq 1$:

$$\big(Y(t_1), \ldots, Y(t_k)\big) = \big(B(F(t_1)), \ldots, B(F(t_k))\big) \sim N_k\Big(0_k, \big(\sigma_{i,j}\big)_{1 \leq i, j, \leq k}\Big).$$

Dabei ist $\sigma_{i,j} = \mathrm{Cov}\big(B(F(t_i)), B(F(t_j))\big) = F(t_i) \wedge F(t_j) - F(t_i)F(t_j)$. Der Prozess Y besitzt also die angegebenen Eigenschaften.

Lösung 16.13

a) Wegen der rechtsseitigen Stetigkeit von x gilt die Gleichung $\{x \in D : \|x\| < a\} = \bigcap_{t \in [0,1] \cap \mathbb{Q}} \{x \in D : |x(t)| < a\}$. Als abzählbarer Durchschnitt von Borel'schen Mengen in D gehört $\{x \in D : \|x\| < a\}$ zu $\mathcal{B}(D)$.

b) Aus $d_S(x_n, x) \to 0$ und $x \in C$ folgt $\|x_n - x\| \to 0$ und damit $\|x_n\| \to \|x\|$.

Lösung 16.14

a) Mit x gehört auch die durch $x^2(t) := (x(t))^2$, $t \in [0, 1]$, definierte Funktion zu D. Da x^2 beschränkt und fast überall stetig ist, ist $h(x) = \int_0^1 x^2(t)\,dt$ ein Riemann-Integral und somit $D \ni x \mapsto h(x)$ als Limes von $(\mathcal{B}(D), \mathcal{B}^1)$-messbaren Riemann'schen Näherungssummen ebenfalls $(\mathcal{B}(D), \mathcal{B}^1)$-messbar. Jede solche Näherungssumme ist $(\mathcal{B}(D), \mathcal{B}^1)$-messbar, weil dies für die Abbildungen $D \ni x \mapsto (\pi_t \circ x)^2 = x^2(t)$, $0 \leq t \leq 1$, gilt.

b) Falls $d_S(x_n, x) \to 0$ und $x \in C$, so gelten $\|x_n - x\| \to 0$ und $\|x_n\| \to \|x\|$ (vgl. Aufgabe 16.13 b)). Wegen

$$\int_0^1 \big|x_n^2(t) - x^2(t)\big|\,dt = \int_0^1 \big|x_n(t) - x(t)\big| \cdot \big|x_n(t) + x(t)\big|\,dt$$

sowie $\big|x_n(t) + x(t)\big| \leq K\|x\|$ für ein $K > 0$ und Aufgabe 16.8 folgt $\int_0^1 x_n^2(t)\,dt \to \int_0^1 x^2(t)\,dt$ und damit die Behauptung.

Lösung 16.15 Es sei kurz $V_j := F_0(X_{(j)})$, $j \in \{1, \ldots, n\}$, und $V_0 := 0$ sowie $V_{n+1} := 1$ gesetzt. Weiter sei $G_n(t) := \widehat{F}_n(F_0^{-1}(t))$. Wegen $G_n(V_j) = \frac{j}{n}$, $j \in \{0, \ldots, n\}$, und der Tatsache, dass G_n auf jedem der Intervalle $[V_j, V_{j+1})$, $j \in \{0, \ldots, n\}$, konstant ist, folgt

$$\omega_n^2 = n \int_0^1 \Big(\widehat{F}_n\big(F_0^{-1}(t)\big) - t\Big)^2\,dt = n \sum_{j=0}^n \int_{V_j}^{V_{j+1}} \Big(\frac{j}{n} - t\Big)^2\,dt.$$

Ausrechnen ergibt $\omega_n^2 = \frac{1}{n} \sum_{j=0}^n j^2(V_{j+1} - V_j) - \sum_{j=0}^n j(V_{j+1}^2 - V_j^2) + \frac{n}{3} \sum_{j=0}^n (V_{j+1}^3 - V_j^3)$. Die letzte Summe ist (Teleskopeffekt!) gleich 1, und für die beiden anderen Summen kann man auch Teleskopeffekte ausnutzen, indem man $j^2 = (j+1)^2 - (2j+1)$ bzw. $j = (j+1) - 1$ setzt. Nach direkter Rechnung ergibt sich $\omega_n^2 = \frac{n}{3} - \frac{2}{n} \sum_{j=1}^n j V_j + \frac{1}{n} \sum_{j=1}^n V_j + \sum_{j=1}^n V_j^2$. Das gleiche Ergebnis erhält man, wenn man die rechte Seite von (16.34) ausrechnet.

Lösung 16.16 Ist $F \neq F_0$, so gibt es ein $t \in \mathbb{R}$ mit $F(t) \neq F_0(t)$. Wegen $\sup_{x \in \mathbb{R}} |\widehat{F}_n(x) - F_0(x)| \geq |\widehat{F}_n(t) - F_0(t)|$ sowie $|\widehat{F}_n(t) - F_0(t)| \to |F(t) - F_0(t)|$ $\mathbb{P}$-fast sicher gilt $\sqrt{n} K_n \to \infty$ $\mathbb{P}$-f.s. Wir können o. B. d. A. annehmen, dass für obiges t die Ungleichung $F_0(t) > F(t)$ erfüllt ist. Da F und F_0 stetig sind, gibt dann ein $\varepsilon > 0$ und ein Intervall $[a, b]$ mit $a < b$, sodass $F_0(x) - F(x) \geq \varepsilon$ für jedes $x \in [a, b]$ gilt. Dabei können wir $F_0(a) < F_0(b)$ annehmen. Wegen $\omega_n^2 \geq n \int_a^b (\widehat{F}_n(x) - F_0(x))^2 \mathrm{d}F_0(x)$ und $\sup_{x \in [a,b]} |\widehat{F}_n(x) - F_1(x)| \to 0$ $\mathbb{P}$-f.s. (Gliwenko-Cantelli!) existiert eine Einsmenge $\Omega_0 \subset \Omega$, sodass es zu jedem $\omega \in \Omega_0$ ein n_0 mit der Eigenschaft $\sup_{x \in [a,b]} |\widehat{F}_n(\omega, x) - F_1(x)| < \frac{\varepsilon}{2}$ für jedes $n \geq n_0$ gibt. Für solche n gilt

$$\int_a^b (\widehat{F}_n(\omega, x) - F_0(x))^2 \mathrm{d}F_0(x) \geq \left(F_0(b) - F_0(a)\right) \frac{\varepsilon^2}{4} > 0.$$

Da das Integral mit n multipliziert wird, folgt $\omega_n^2 \to \infty$ $\mathbb{P}$-f.s.

Lösung 17.1 Der Hinweis besagt, dass für festes $y \in \mathbb{H}$ die Abbildung $\mathbb{H} \ni x \mapsto \langle x, y \rangle$ stetig ist. Mit $x_n := \sum_{j=1}^n \langle x, e_j \rangle e_j$ gilt $x_n \to x$ und somit

$$\langle x, y \rangle = \lim_{n \to \infty} \left\langle \sum_{j=1}^n \langle x, e_j \rangle e_j, y \right\rangle = \lim_{n \to \infty} \sum_{j=1}^n \langle x, e_j \rangle \langle e_j, y \rangle = \sum_{j=1}^\infty \langle x, e_j \rangle \langle e_j, y \rangle.$$

Lösung 17.2 Für ein VONS $\{e_1, e_2, \ldots\}$ von $\mathbb{H}$ gilt $\|e_i - e_j\| = \sqrt{2}$ ($i \neq j$). Somit sind die Mengen $B(e_i, \frac{1}{2})$, $i \in \mathbb{N}$, paarweise disjunkt, und die Dreiecksungleichung liefert $\uplus_{i=1}^\infty B(e_i, \frac{1}{2}) \subset B(e_1, 2)$. Wegen $\mu(B(e_1, 2)) < \infty$ und der Translationsinvarianz sowie der σ-Additivität von μ folgt $\mu(B(e_i, \frac{1}{2})) = 0$ für jedes $i \geq 1$. Dann würde wiederum wegen der Translationsinvarianz von μ die Gleichung $\mu(B(x, \frac{1}{2})) = 0$ für jedes $x \in \mathbb{H}$ gelten. Diese Eigenschaft wäre aber ein Widerspruch dazu, dass μ nicht das Null-Maß ist, denn für eine abzählbare dichte Teilmenge $\{x_1, x_2, \ldots\}$ von $\mathbb{H}$ gilt ja $\mathbb{H} = \cup_{j=1}^\infty B(x_j, \frac{1}{2})$ und somit $\mu(\mathbb{H}) \leq \sum_{j=1}^\infty \mu(B(x_j, \frac{1}{2}))$.

Lösung 17.3 Wir schreiben kurz $\|\cdot\| := \|\cdot\|_\mathbb{B}$ und $\int := \int_\Omega$. Es sei (f_n) eine Folge einfacher $\mathbb{B}$-integrierbarer Funktionen mit $\int \|f_n - f\| \mathrm{d}\mu \to 0$. Weil die zu zeigende Ungleichung für jedes f_n gilt, folgt

$$\left\|\int f \, \mathrm{d}\mu\right\| \leq \left\|\int f \, \mathrm{d}\mu - \int f_n \, \mathrm{d}\mu\right\| + \left\|\int f_n \, \mathrm{d}\mu\right\| \leq \left\|\int f \, \mathrm{d}\mu - \int f_n \, \mathrm{d}\mu\right\| + \int \|f_n\| \, \mathrm{d}\mu$$

$$\leq \left\|\int f \, \mathrm{d}\mu - \int f_n \, \mathrm{d}\mu\right\| + \int \|f_n - f\| \, \mathrm{d}\mu + \int \|f\| \, \mathrm{d}\mu.$$

Wegen $\|\int f \, d\mu - \int f_n \, d\mu\| \to 0$ folgt die Behauptung.

Lösung 17.4 Für $y \in \mathbb{H}$ bezeichne $s_y : \mathbb{H} \to \mathbb{R}$ die durch $s_y(x) := \langle x, y \rangle, x \in \mathbb{H}$, definierte Abbildung. Ist $X : \Omega \to \mathbb{H}$ $(\mathcal{A}, \mathcal{B})$-messbar, so ist wegen der Stetigkeit und damit $(\mathcal{B}, \mathcal{B}^1)$-Messbarkeit von s_y die Komposition $s_y \circ X = \langle X, y \rangle$ $(\mathcal{A}, \mathcal{B}^1)$-messbar. Für die Umkehrung „$\Longleftarrow$" ist nur die Inklusion $X^{-1}(\mathcal{M}) \subset \mathcal{A}$ zu zeigen, da $\mathcal{B} = \sigma(\mathcal{M})$ gilt. Nach Definition von $\mathcal{M}$ ist jede Menge aus $\mathcal{M}$ von der Gestalt $B = s_y^{-1}(O) = \{x \in \mathbb{H} : \langle x, y \rangle \in O\}$ für ein $y \in \mathbb{H}$ und eine offene Menge $O \subset \mathbb{R}$. Es folgt $X^{-1}(B) = X^{-1}(s_y^{-1}(O)) = (s_y \circ X)^{-1}(O) \in \mathcal{A}$, da $s_y \circ X$ $(\mathcal{A}, \mathcal{B}^1)$-messbar ist.

Lösung 17.5

a) Mit der Definition der Norm in $\mathbb{H} = \ell_2$ gilt

$$\mathbb{E}\|X\| = \sum_{k=1}^{\infty} \|X(\omega_k)\| \, \mathbb{P}(\{\omega_k\}) = \sum_{k=1}^{\infty} \ln(k+1) \frac{C}{k(\ln(k+1))^2} = \infty.$$

b) Für $y := (y_k)_{k \geq 1} \in \mathbb{H}$ ergibt sich nach Definition des inneren Produktes in ℓ_2:

$$\mathbb{E}|\langle X, y \rangle| = \sum_{k=1}^{\infty} |\langle X(\omega_k), y \rangle| \, \mathbb{P}(\{\omega_k\}) = \sum_{k=1}^{\infty} \ln(k+1)|y_k| \frac{C}{k(\ln(k+1))^2}$$

$$= C \sum_{k=1}^{\infty} \frac{1}{k \ln(k)} |y_k| \leq C \sqrt{\sum_{k=1}^{\infty} \frac{1}{k^2(\ln(k+1))^2}} \sqrt{\sum_{k=1}^{\infty} y_k^2} < \infty.$$

Lösung 17.6 Setzt man in die Gleichung $\langle \mathbb{E}X, y \rangle = \mathbb{E}\langle X, y \rangle$ speziell $y := \mathbb{E}X$ ein, so ergibt sich

$$\|\mathbb{E}X\|^2 = \langle \mathbb{E}X, \mathbb{E}X \rangle = \mathbb{E}\langle X, \mathbb{E}X \rangle \leq \mathbb{E}|\langle X, \mathbb{E}X \rangle| \leq \mathbb{E}\|X\| \, \|\mathbb{E}X\|$$

und damit die Behauptung.

Lösung 17.7 Wegen $\|\alpha X + \beta Y\| \leq |\alpha| \|X\| + |\beta| \|Y\|$ ist L^1 ein Vektorraum über $\mathbb{R}$. Für jedes $y \in \mathbb{H}$ gilt mit (17.7), der Linearität des Skalarproduktes und der Linearität der Erwartungswertbildung für reelle Zufallsvariablen

$$\langle \mathbb{E}(\alpha X + \beta Y), y \rangle = \mathbb{E}\langle \alpha X + \beta Y, y \rangle = \alpha \mathbb{E}\langle X, y \rangle + \beta \mathbb{E}\langle Y, y \rangle = \mathbb{E}\langle \alpha X + \beta Y, y \rangle.$$

Hieraus folgt die Behauptung.

Lösung 17.8 Es seien $y \in \mathbb{H}$ sowie $A \in \mathcal{A}$ mit $\mu(A) < \infty$ und $x \in \mathbb{H}$ beliebig. Für die B-integrierbare einfache Funktion $f := \mathbf{1}\{A\}x$ gilt $\int_{\Omega} f \, d\mu = \mu(A)x$, und somit folgt

$$\left\langle \int_\Omega f \, d\mu, y \right\rangle = \mu(A)\langle x, y \rangle = \int_\Omega \langle f, y \rangle \, d\mu.$$

Wegen (17.11) sowie der Additivität des Integrals und des Skalarproduktes gilt diese Gleichung für jede B-integrierbare *einfache* Funktion f. Ist f eine allgemeine B-integrierbare Funktion, so gibt es eine Folge (f_n) B-integrierbarer einfacher Funktionen mit $\int_\Omega \|f_n - f\| \, d\mu \to 0$ für $n \to \infty$. Die Definition des B-Integrals und die Stetigkeit des Skalarproduktes ergeben dann

$$\left\langle \int_\Omega f \, d\mu, y \right\rangle = \left\langle \lim_{n \to \infty} \int_\Omega f_n \, d\mu, y \right\rangle = \lim_{n \to \infty} \left\langle \int_\Omega f_n \, d\mu, y \right\rangle = \lim_{n \to \infty} \int_\Omega \langle f_n, y \rangle \, d\mu.$$

Wegen $\left| \int_\Omega \langle f_n, y \rangle d\mu - \int_\Omega \langle f, y \rangle d\mu \right| \le \int_\Omega |\langle f_n - f, y \rangle| d\mu \le \|y\| \int \|f_n - f\| d\mu \to 0$ folgt die Behauptung.

Lösung 17.9 Es gilt $|\langle X, Y \rangle| \le \|X\| \|Y\|$, und wegen der Unabhängigkeit von $\|X\|$ und $\|Y\|$ existiert der Erwartungswert von $\langle X, Y \rangle$. Aufgrund der Unabhängigkeit von X und Y ist die gemeinsame Verteilung von X und Y (also das Bildmaß von $\mathbb{P}$ unter (X, Y)) gleich dem Produktmaß $\mathbb{P}^X \otimes \mathbb{P}^Y$. Mit dem Hinweis und dem Satz von Fubini ergibt sich

$$\mathbb{E}\langle X, Y \rangle = \int_{\mathbb{H}} \left[\int_{\mathbb{H}} \langle x, y \rangle \mathbb{P}^Y(dy) \right] \mathbb{P}^X(dx) = \int_{\mathbb{H}} \mathbb{E}\langle x, Y \rangle \mathbb{P}^X(dx) = \int_{\mathbb{H}} \langle x, \mathbb{E}Y \rangle \mathbb{P}^X(dx)$$
$$= \langle \mathbb{E}X, \mathbb{E}Y \rangle.$$

Lösung 17.10 Es sei $m := \mathbb{E}X$ gesetzt. Für jedes $h \in \mathbb{H}$ gilt

$$\mathbb{E}\|X - h\|^2 = \mathbb{E}\|X - m + m - h\|^2 = \mathbb{E}\|X - m\|^2 + \|m - h\|^2 + 2\mathbb{E}\langle X - m, m - h \rangle.$$

Wegen $\mathbb{E}\langle X - m, m - h \rangle = \langle \mathbb{E}(X - m), m - h \rangle = \langle \mathbf{0}, m - h \rangle = 0$ folgt die Behauptung. Dabei ist $\mathbf{0}$ das Nullelement von $\mathbb{H}$.

Lösung 17.11 Aufgrund der Gleichungskette $\|S_n\|^2 = \langle \sum_{i=1}^n X_i, \sum_{j=1}^n X_j \rangle = \sum_{i,j=1}^n \langle X_i, X_j \rangle = \sum_{i=1}^n \|X_i\|^2 + 2 \sum_{i<j} \langle X_i, X_j \rangle$ folgt die Behauptung aus der Linearität der Erwartungswertbildung und $\mathbb{E}\langle X_i, X_j \rangle = \langle \mathbb{E}X_i, \mathbb{E}X_j \rangle = \langle \mathbf{0}, \mathbf{0} \rangle = 0$ (vgl. Satz 17.14).

Lösung 17.12 Wir nehmen o. B. d. A. $\mathbb{E}(X_1) = \mathbf{0}$ an. Mit $\overline{X}_n := n^{-1} \sum_{j=1}^n X_j$ gilt $\|\overline{X}_n\|^4 = \langle \overline{X}_n, \overline{X}_n \rangle \langle \overline{X}_n, \overline{X}_n \rangle = n^{-4} \sum_{i,j,k,\ell=1}^n \langle X_i, X_j \rangle \langle X_k, X_\ell \rangle$. Wir unterscheiden bei der Erwartungswertbildung die Vierfachsumme danach, wie viele verschiedene Indizes i, j, k und ℓ auftreten. Wegen $\mathbb{E}(\langle X_1, X_2 \rangle \langle X_3, X_4 \rangle) = 0$ (vgl. Satz 17.14) liefern Summanden mit vier verschiedenen Indizes keinen Beitrag zu $\mathbb{E}\|\overline{X}_n\|^4$, und wegen $\mathbb{E}(\langle X_1, X_1 \rangle \langle X_2, X_3 \rangle) = \mathbb{E}\|X_1\|^2 \mathbb{E}\langle X_2, X_3 \rangle = \mathbb{E}\|X_1\|^2 \langle \mathbb{E}X_2, \mathbb{E}X_3 \rangle = 0$ sowie

$$\mathbb{E}(\langle X_1, X_2 \rangle \langle X_1, X_3 \rangle) = \mathbb{E}[\mathbb{E}\langle X_1, X_2 \rangle \langle X_1, X_3 \rangle | X_1] = \mathbb{E}[\mathbb{E}[\langle X_1, X_2 \rangle | X_1] \cdot \mathbb{E}[\langle X_1, X_3 \rangle | X_1]]$$
$$= \mathbb{E}[\langle X_1, \mathbb{E}X_2 \rangle \cdot \langle X_1, \mathbb{E}X_3 \rangle] = 0$$

gibt es auch keinen Beitrag zu $\mathbb{E}\|\overline{X}_n\|^4$ von Summanden mit drei verschiedenen Indizes. Da jeder Summand der Vierfachsumme, bei dem nur zwei verschiedene der Indizes i, j, k und ℓ auftreten, durch $(\mathbb{E}\|X_1\|^2)^2$ beschränkt ist und $\mathbb{E}\|X_1\|^4 < \infty$ gilt, gibt es eine positive Konstante C mit $\mathbb{E}\|\overline{X}_n\|^4 \leq C/n^2$. Der Satz von der monotonen Konvergenz liefert jetzt $\mathbb{E}(\sum_{n=1}^{\infty} \|\overline{X}_n\|^4) < \infty$, und somit ist $\sum_{n=1}^{\infty} \|\overline{X}_n\|^4$ $\mathbb{P}$-fast sicher endlich. Hieraus folgt $\|\overline{X}_n\| \to 0$ $\mathbb{P}$-fast sicher.

Lösung 17.13 Wegen der Linearität von T und der Linearität des Skalarproduktes ist Σ linear. Darstellung (17.18) zeigt, dass Σ selbstadjungiert und wegen $\langle \Sigma x, x \rangle = \mathbb{E}(\langle X, x \rangle^2) - \langle \mathbb{E}X, x \rangle^2 = \mathbb{V}\langle X, x \rangle \geq 0$ positiv ist. Um zu zeigen, dass Σ ein Spurklasse-Operator ist, sei $\{e_1, e_2, \ldots\}$ ein beliebiges VONS von $\mathbb{H}$. Mit Darstellung (17.18) und der Parseval'schen Gleichung folgt

$$\sum_{k=1}^{\infty} |\langle \Sigma e_k, e_k \rangle| \leq \sum_{k=1}^{\infty} |\langle T e_k, e_k \rangle| + \sum_{k=1}^{\infty} \langle \mathbb{E}X, e_k \rangle^2 = \sum_{k=1}^{\infty} |\langle T e_k, e_k \rangle| + \|\mathbb{E}X\|^2 < \infty,$$

da T ein Spurklasse-Operator ist.

Lösung 17.14 Wegen $\mathbb{E}(aX + h) = a\mathbb{E}(X) + h$ folgt für beliebige $x, y \in \mathbb{H}$

$$\langle \Sigma(aX + h)x, y \rangle = \mathbb{E}\big[\langle (aX + h) - \mathbb{E}(aX + h), x \rangle \langle (aX + h) - \mathbb{E}(aX + h), y \rangle \big]$$
$$= \mathbb{E}\big[a\langle X - \mathbb{E}X, x \rangle a\langle X - \mathbb{E}X, y \rangle\big] = \langle a^2 \Sigma(X)x, y \rangle.$$

Lösung 17.15 b) $\Longrightarrow$ a): Es gilt $\mathbb{E}\big[(X(s) - X(t))^2\big] = K(s, s) + K(t, t) - 2K(s, t) + (m(s) - m(t))^2$. a) $\Longrightarrow$ b): Wegen $|m(s) - m(t)| \leq (\mathbb{E}(X(s) - X(t))^2)^{1/2}$ ist $m(\cdot)$ stetig. Um die Stetigkeit von $K(\cdot, \cdot)$ zu zeigen, sei o. B. d. A. $m(t) = 0, t \in E$, angenommen. Aufgrund der Cauchy-Schwarz-Ungleichung gilt $|K(s, t) - K(s, v)| = |\mathbb{E}[X(s)(X(t) - X(v))]| \leq K(s, s)^{1/2}(\mathbb{E}(X(t) - X(v))^2)^{1/2}$ und analog $|K(s, v) - K(u, v)| \leq K(v, v)^{1/2}(\mathbb{E}(X(s) - X(u))^2)^{1/2}$. Hieraus folgt die Stetigkeit der Kovarianzfunktion.

Lösung 17.16 Zu zeigen ist $X \stackrel{\mathcal{D}}{=} -X \Longleftrightarrow \varphi_X(h) = \overline{\varphi_X(h)}$ für jedes $h \in \mathbb{H}$. Aus $X \stackrel{\mathcal{D}}{=} -X$ folgt $\varphi_X = \varphi_{-X}$ und somit wegen $\varphi_{-X}(h) = \mathbb{E}[e^{i\langle X, -h \rangle}] = \varphi_X(-h) = \overline{\varphi_X(h)}$, $h \in \mathbb{H}$, die Reellwertigkeit von φ_X. Umgekehrt liefert $\varphi_X(h) = \overline{\varphi_X(h)}$, $h \in \mathbb{H}$, die Gleichheit $\varphi_X = \varphi_{-X}$ und folglich $X \stackrel{\mathcal{D}}{=} -X$.

Lösung 17.17 Nach (1.4) hat die charakteristische Funktion einer Zufallsvariablen Y mit der Normalverteilung $N(a, \sigma^2)$ die Gestalt

$$\varphi_Y(t) = e^{iat} \cdot \exp\left(-\frac{\sigma^2 t^2}{2}\right), \quad t \in \mathbb{R}.$$

Wegen $\varphi_X(h) = \varphi_{\langle X,h \rangle}(1)$ sowie $\langle X, h \rangle \sim \mathrm{N}(\langle m, h \rangle, \langle \Sigma h, h \rangle)$ folgt die Behauptung.

Lösung 17.18 Würde X_n nicht in Verteilung gegen X konvergieren, so gäbe es eine stetige beschränkte Funktion $f : \mathbb{H} \to \mathbb{R}$ sowie ein $\varepsilon > 0$, sodass für eine Teilfolge $(n_k)_{k \geq 1}$

$$\left| \mathbb{E} f(X_{n_k}) - \mathbb{E} f(X) \right| \geq \varepsilon, \qquad k \geq 1, \tag{$*$}$$

gelten würde. Weil $(X_{n_k})_{k \geq 1}$ relativ kompakt ist, gibt es eine Teilfolge $(X_{n_k'})_{k \geq 1}$ und ein $\mathbb{H}$-wertiges Zufallselement Y mit $X_{n_k'} \xrightarrow{\mathcal{D}} Y$ für $k \to \infty$. Es sei $\psi(h) := \mathbb{E} \exp(\mathrm{i}\langle Y, h \rangle)$, $h \in \mathbb{H}$, das charakteristische Funktional von Y. Da für festes $h \in \mathbb{H}$ die Funktionen $\mathbb{H} \ni x \mapsto \cos\langle x, h \rangle$ und $\mathbb{H} \ni x \mapsto \sin\langle x, h \rangle$ stetig und beschränkt sind, folgt $\lim_{k \to \infty} \varphi_{n_k'}(h) = \psi(h)$, $h \in \mathbb{H}$. Nach Voraussetzung gilt $\lim_{n \to \infty} \varphi_n(h) = \varphi(h)$, $h \in \mathbb{H}$, und somit folgt $\psi = \varphi$. Mit Satz 17.23 f) ergibt sich $X \sim Y$. Diese Verteilungsgleichheit ist ein Widerspruch dazu, dass die Ungleichung $(*)$ für unendlich viele k gilt.

Lösung 17.19 Da für jedes $h \in \mathbb{H}$ die Zufallsvariablen $\langle X, h \rangle$ und $\langle Y, h \rangle$ stochastisch unabhängig sind, folgt nach dem Additionsgesetz für die Normalverteilung, dass mit $\langle X, h \rangle$ und $\langle Y, h \rangle$ auch die Summe $\langle X + Y, h \rangle$ normalverteilt ist. Nach Satz 17.18 existiert der Kovarianzoperator von $X + Y$, und er ist gleich $\Sigma + T$. Wegen $\mathbb{E}(X + Y) = \mathbb{E}(X) + \mathbb{E}(Y)$ folgt die Behauptung. Alternativ kann man auch mithilfe der charakteristischen Funktionale argumentieren, denn es gilt $\varphi_{X+Y} = \varphi_X \varphi_Y$.

Lösung 17.20 Für jedes $\ell \in \mathbb{L}$ gilt $\langle Y, \ell \rangle_{\mathbb{L}} = \langle TX, \ell \rangle_{\mathbb{L}} = \langle X, T^*\ell \rangle_{\mathbb{H}}$. Da X eine Normalverteilung besitzt, ist mit $h := T^*\ell$ das Skalarprodukt $\langle X, h \rangle_{\mathbb{H}}$ eindimensional normalverteilt. Dies zeigt, dass Y ein Gauß'sches Zufallselement in $\mathbb{L}$ ist (man beachte die Messbarkeit der Abbildung $T \circ X$ auf dem zugrundeliegenden Wahrscheinlichkeitsraum). Wegen $\langle X, h \rangle_{\mathbb{H}} \sim \mathrm{N}(\langle m, h \rangle_{\mathbb{H}}, \langle \Sigma h, h \rangle_{\mathbb{H}})$ (vgl. 17.31) und $\langle m, h \rangle_{\mathbb{H}} = \langle m, T^*\ell \rangle_{\mathbb{H}} = \langle Tm, \ell \rangle_{\mathbb{L}}$ sowie $\langle \Sigma h, h \rangle_{\mathbb{H}} = \langle \Sigma T^*\ell, T^*\ell \rangle_{\mathbb{L}} = \langle T\Sigma T^*\ell, \ell \rangle_{\mathbb{L}}$ gilt $\mathbb{E}(Y) = Tm$, und Y besitzt den Kovarianzoperator $\Sigma(Y) = T\Sigma T^*$.

Lösung 17.21 Nach Satz 17.26 hat $\|X - m\|^2$ die gleiche Verteilung wie $\sum_{j=1}^{\infty} \lambda_j N_j^2$ mit einer u.i.v.-Folge $N_1, N_2, \ldots$ standardnormalverteilter Zufallsvariablen. Schreiben wir das Quadrat obiger Reihe als Doppel-Reihe, so ergibt sich mit dem Satz von der monotonen Konvergenz und der stochastischen Unabhängigkeit der N_j^2 sowie $\mathbb{E}(N_1^4) = 3$ und $\mathbb{E}(N_1^2) = 1$

$$\mathbb{E}\left(\|X - m\|^4 \right) = \mathbb{E}\left(\sum_{j=1}^{\infty} \sum_{k=1}^{\infty} \lambda_j \lambda_k N_j^2 N_k^2 \right) = \sum_{j=1}^{\infty} \sum_{k=1}^{\infty} \lambda_j \lambda_k \mathbb{E}\left(N_j^2 N_k^2 \right)$$

$$= 3 \sum_{j=1}^{\infty} \lambda_j^2 + \sum_{j \neq k} \lambda_j \lambda_k = 2 \sum_{j=1}^{\infty} \lambda_j^2 + \left(\sum_{j=1}^{\infty} \lambda_j \right)^2.$$

Lösung 17.22 Aufgrund von Darstellung (17.50) hängt T_n von $X_1, \ldots, X_n$ nur über

$$\|X_{n,j}\|_2^2 = (X_j - \overline{X}_n)^\top S_n^{-1}(X_j - \overline{X}_n), \quad \|X_{n,j} - X_{n,k}\|_2^2 = (X_j - X_k)^\top S_n^{-1}(X_j - X_k),$$

wobei $j, k \in \{1, \ldots, n\}$, ab. Dabei existiert S_n^{-1} $\mathbb{P}$-fast sicher. Geht man für jedes $j \in \{1, \ldots, n\}$ von X_j zu $X'_j := AX_j + b$ über, so ergeben sich das arithmetische Mittel und die empirische Kovarianzmatrix von $X'_1, \ldots, X'_n$ zu $\overline{X}'_n = A\overline{X}_n + b$ bzw. zu $S'_n = AS_nA^\top$. Es folgt

$$
\begin{aligned}
(X'_j - \overline{X}'_n)^\top S_n'^{-1}(X'_j - \overline{X}'_n) &= \big(A(X_j - \overline{X}_n)\big)^\top \big(AS_nA^\top\big)^{-1}A(X_j - \overline{X}_n) \\
&= (X_j - \overline{X}_n)^\top A^\top (A^\top)^{-1} S_n^{-1} A^{-1} A(X_j - \overline{X}_n) \\
&= (X_j - \overline{X}_n)^\top S_n^{-1}(X_j - \overline{X}_n)^\top.
\end{aligned}
$$

In gleicher Weise sieht man ein, dass $\|X_{n,j} - X_{n,k}\|_2^2 = (X_j - X_k)^\top S_n^{-1}(X_j - X_k)$ unter der Transformation $X_j \mapsto AX_j + b$ invariant bleibt.

Literatur

[ALA] Alexandrov AD (1943) Additive set-functions in abstract spaces. Matematicheskii Sbornik 13:169–238

[ALB] Aliprantis C, Border K (2006) Infinite dimensional analysis. A Hitchhiker's guide, 3. Aufl. Springer, Berlin

[ALT] Alt H-W (2012) Lineare Funktionalanalysis, 6. Aufl. Springer, Berlin

[ABH] Arens T, Busam R, Hettlich F, Karpfinger C, Stachel H (2022) Grundwissen Mathematik-studium. Analysis und Lineare Algebra mit Querverbindungen, 2. Aufl. Springer Spektrum, Heidelberg

[BAH] Bahadur RR (1964) On Fisher's bound for asymptotic variances. Ann Math Stat 35(4):1545–1552

[BHJ] Barbour AD, Holst L, Janson S (1992) Poisson approximation. Clarendon, Oxford

[BHE] Baringhaus L, Henze N (1988) A consistent test for multivariate normality based on the empirical characteristic function. Metrika 35:339–348

[BEH] Baringhaus L, Ebner B, Henze N (2017) The limit distribution of weighted L^2-goodness-of-fit statistics under fixed alternatives, with applications. Ann Inst Stat Math 69:969–995

[BGO] Bentkus V, Götze F (1999) Optimal bounds in non-Gaussian limit theorems for U-statistics. Ann Probab 27:454–521

[BJZ] Bentkus V, Jing B-J, Zhou W (2009) On normal approximations to U-statistics. Ann Probab 37:2174–2199

[BER] Berry A (1941) The accuracy of the Gaussian approximation to the sum of independent variates. Trans Am Math Soc 49:122–136

[BRR] Bhattacharya RN, Ranga Rao R (2010) Normal approximation and asymptotic expansions. Updated Republication of the 1986 Reprint Published by Robert E. Krieger Publ. Co. Classics in Applied Mathematics, 64. Society for Industrial and Applied Mathematics (SIAM), Philadelphia, PA

[BD1] Bickel PJ, Doksum KA (2015) Mathematical statistics. Basic ideas and related topics, Bd 1, 2. Aufl. Boca Raton, London

[BD2] Bickel PJ, Doksum KA (2016) Mathematical statistics. Basic ideas and related topics, Bd 2. Boca Raton, London

[BI1] Billingsley P (1968) Convergence of probability measures, 1. Aufl. Wiley, New York

[BI2] Billingsley P (1999) Convergence of probability measures, 2. Aufl. Wiley, New York

[BI3] Billingsley P (1995) Probability and measure, 3. Aufl. Wiley, New York

[BIK] Bingham NH, Kiesel R (2004) Risk-neutral valuation. Pricing and hedging of financial derivatives, 2. Aufl. Springer, London

[BOG] Bogachev VI (1998) Gaussian measures. Mathematical surveys and monographs, 62. American Mathematical Society, Providence, RI

[CAN] Cantelli F (1933) Sulla Determinazione Empirica delle Leggi di Probabilità. Giornale dell' Istituto Italiano degli Attuari 4:421–424

[CLH] Chen LHY (1975) Poisson approximation for dependent trials. Ann Probab 3:534–545

[CGS] Chen LHY, Goldstein L, Shao Q-M (2011) Normal approximations by Stein's method. Springer, Berlin

[CRA] Cramér H (1945) Mathematical methods of statistics. Almquist & Wiksells Boktryckeri AB, Uppsala

[CSO] Csörgő S (1989) Consistency of some tests for multivariate normality. Metrika 36:107–116

[DEV] Devroye L (1987) A course in density estimation. Progress in probability and statistics 14. Birkhäuser, Boston

[DJS] Döring H, Jansen S, Schubert K (2022) The method of cumulants for the normal approximation. Probab Surv 19:185–270

[DE1] Dörr P, Ebner B, Henze N (2021a) Testing multivariate normality by zeros of the harmonic oscillator in characteristic function spaces. Scand J Stat 48:456–501

[DE2] Dörr P, Ebner B, Henze N (2021b) A new test of multivariate normality by a double estimation in a characterizing PDE. Metrika 84:401–427

[DUD] Dudley RM (2002) Real analysis and probability. Cambridge Studies in Advanced Mathematics. 74. Cambridge University Press, Cambridge

[DSE] Durante F, Sempi C (2015) Principles of copula theory. Taylor & Francis, London

[DUR] Durrett R (2010) Probability. Theory and examples, 4. Aufl. Cambridge Series in Statistical and Probabilistic Mathematics, 49. Cambridge University Press, Cambridge

[DKW] Dvoretsky A, Kiefer J, Wolfowitz J (1956) Asymptotic minimax character of the sample distribution function and of the classical multinomial estimator. Ann Math Stat 27:642–669

[EAP] Eaton ML, Perlman MD (1973) The non-singularity of generalized sample covariance matrices. Ann Stat 1:710–717

[EH1] Ebner B, Henze N (2020) Tests for multivariate normality – a critical review with emphasis on weighted L^2-statistics. TEST 29:845–892

[EH] Ebner B, Henze N (2021) On the eigenvalues associated with the limit null distribution of the Epps–Pulley test for normality. Stat Papers (2022) https://doi.org/10.007/s00362-022-01336-6

[EDW] Edwards AWF (1974) The history of likelihood. Int Stat Rev 42(1):9–15

[ELS] Elstrodt J (2011) Maß- und Integrationstheorie, 7. Aufl. Springer, Heidelberg

[EKM] Embrechts P, Klüppelberg C, Mikosch T (1997) Modelling extremal events. Springer, Berlin

[EPY] Epps T, Pulley L (1983) A test for normality based on the empirical characteristic function. Biometrika 70:723–726

[ESS] Esseen C (1942) On the Liapounoff limit of error in the theory of probability. Arkiv för Matematik, Astronomi och Fysik 28A:19

[EUB] Eubank R (1999) Nonparametric regression and spline smoothing, 2. Aufl. Statistics: Textbooks and Monographs, 157. Marcel Dekker, New York

[FEL1] Feller W (1970a) An introduction to probability theory and its applications, Bd 1, 3. Aufl. Wiley, New York

[FEL2] Feller W (1970b) An introduction to probability theory and its applications, Bd 2, 2. Aufl. Wiley, New York

[FER] Ferguson TS (1996) A course in large sample theory. Chapmann & Hall, London

[FRE] Fréchet M (1943) Sur l'extension de certaines évaluations statistiques de petits échantillons. Revue de l'Institut International de Statistique 11:182–205

[GST] Gänssler P, Stute W (1977) Wahrscheinlichkeitstheorie. Springer, Berlin

[GLI] Gliwenko WI (1933) Sulla Determinazione empirica della Legge di Probabilità. Giornale dell' Istituto Italiano degli Attuari 4:92–99

[GKP] Graham RL, Knuth DE, Patashnik O (1994) Concrete Mathematics, 2. Aufl. Addison-Wesley, Reading

[GRS] Green PJ, Silverman BW (1994) Nonparametric regression and generalized linear models. A roughness penalty approach. Monographs on statistics and applied probability. Chapman & Hall, London

[GRG] Gregory GG (1977) Large sample theory for U-statistics and test of fit. Ann Stat 5:110–123

[GST] Grimmett GR, Stirzaker DR (2020) Probability and random processes, 4. Aufl. Oxford University Press, Oxford

[GUE] Gürtler N (2000) Asymptotische Untersuchungen zur Klasse der BHEP-Tests auf multivariate Normalverteilung mit festem und variablem Glättungsparameter. Dissertation, Universität Karlsruhe (TH)

[GUT] Guttman L (1948) A distribution-free confidence interval for the mean. Ann Math Stat 19:410–413

[HAJ] Hájek J (1968) Asymptotic normality of simple linear rank statistics. Ann Math Stat 39:325–346

[HAL] Hald A (1998) A history of mathematical statistics from 1750 to 1930. Wiley, New York

[HHE] Hall P, Heyde CC (1980) Martingale limit theory and its application. Academic, New York

[HAE] Härdle W (1990) Applied nonparametric regression. Econometric society monographs, 19. Cambridge University Press, Cambridge

[H90] Henze N (1990) An approximation to the limit distribution of the Epps-Pulley test statistic for normality. Metrika 37:7–18

[H02] Henze N (2002) Invariant tests for multivariate normality: a critical review. Stat Pap 43:467–506

[HE0] Henze N (2018) Irrfahrten – Faszination der Random Walks, 2. Aufl. Springer Spektrum, Heidelberg

[HE1] Henze N (2019) Stochastik: Eine Einführung mit Grundzügen der Maß- und Integrationstheorie. Springer Spektrum, Heidelberg

[HE2] Henze N (2021) Stochastik für Einsteiger, 13. Aufl. Springer Spektrum, Heidelberg

[HJI] Henze N, Jiménez-Gamero MD (2021) A test for Gaussianity in Hilbert spaces via the empirical characteristic functional. Scand J Stat 48:406–428

[HEK] Henze N, Koch S (2020) On a test of normality based on the empirical moment generating function. Stat Pap 61:17–29

[HMA] Henze N, Mayer C (2021) More good news on the HKM test for multivariate reflected symmetry about an unknown centre. Ann Inst Stat Math 72:741–770

[HWA] Henze N, Wagner T (1997) A new approach to the BHEP-tests for multivariate normality. J Multivar Anal 62:1–23

[HEZ] Henze N, Zirkler B (1990) A class of invariant and consistent tests for multivariate normality. Communications in Statistics A – Theory Methods 19:3595–3617

[HEU] Heuser H (2004) Lehrbuch der Analysis Teil 2, 13. Aufl. Teubner, Stuttgart

[HID] Hida T (1980) Brownian motion. Springer, Berlin

[HOE] Hoeffding W (1948) A class of statistics with asymptotically normal distributions. Ann Math Stat 19:293–325

[HOP] Höpfner R (2014) Asymptotic statistics. With a view towards stochastic processes. De Gruyter Graduate. W. De Gruyter & Co., Berlin

[HOK] Horváth L, Kokoszka P (2012) Inference for functional data analysis. Springer, New York

[HSE] Hsing T, Eubank R (2015) Theoretical foundations of functional data analysis, with an introduction to linear operators. Wiley, New York

[KAB] Kaballo W (2018) Grundkurs Funktionalanalysis. Springer Spektrum, Heidelberg

[KAL] Kallenberg O (2021) Foundations of modern probability. Probability and stochastic models Bd 99. Springer, New York

[KLE] Klenke A (2020) Wahrscheinlichkeitstheorie, 4. Aufl. Springer Spektrum, Heidelberg

[KOL] Kolmogorov AN (1933) Grundbegriffe der Wahrscheinlichkeitsrechnung. Springer, Berlin (Reprint 1973)

[KOE] König H (1986) Eigenvalue distributions of compact operators. Birkhäuser, Basel

[KOB] Korolyuk VS, Borovskich YV (1994) Theory of U-statistics. Springer, New York

[KUK] Kukush A (2019) Gaussian measures in Hilbert space. Construction and properties. Wiley, New York

[KUM] Kumar P (2019) Copula functions and applications in engineering. In: Deep K, Jain M, Salhi S (Hrsg) Logistics, supply chain and financial predictive analysis. Theory and practices. Springer Nature, Singapur

[KMM] Kundu S, Majumdar S, Mukherjee K (2000) Central limit theorems revisited. Stat Probab Lett 47:265–275

[LAP] Last G, Penrose M (2018) Lectures on the Poisson process. Institute of Mathematical Statistics. Textbooks 7. Cambridge University Press, Cambridge

[LET] Ledoux M, Talagrand M (2011) Probability in Banach spaces. Isoperimetry and processes. Reprint of the (1991) Edition. Classics in Mathematics, Springer, Berlin

[LEE] Lee AJ (1991) U-statistics. Theory and practice. Marcel Dekker, Inc., New York

[LEG] Le Gall J-F (2013) Brownian motion, martingales, and stochastic calculus. Graduate Texts in Mathematics 274. Springer, Berlin

[LEC] Lehmann EL, Casella G (2003) Theory of point estimation. Zweite, Springer, New York

[LIM] Liese F, Miescke K-J (2008) Statistical decision theory. Estimation, testing, and selection. Springer Series in Statistics. Springer, New York

[MAS] Massart P (1990) The tight constant in the Dvoretsky-Kiefer-Wolfowitz-Inequality. Ann Probab 18:1269–1283

[MES] Mees A (2015) Zur Robustheit von Konfidenzbereichen und Tests für Erwartungswerte. Mit einem Geleitwort von Prof. Dr. Lutz Mattner. Best Masters. Heidelberg: Springer Spektrum; Trier: Universität Trier (Masters Thesis)

[MOP] Mörters P, Peres Y (2010) Brownian motion. With an appendix by Oded Schramm and Wendelin Werner. Cambridge Series in Statistical and Probabilistic Mathematics, 30. Cambridge University Press, Cambridge

[NIK] Nikitin Ya, Yu. (1995) Asymptotic efficiency of nonparametric tests. Cambridge University Press, Cambridge

[NOV] Novak SY (2019) Poisson approximation. Probab Surv 16:228–276

[PAR] Parthasarathy KR (1967) Probability measures on metric spaces. Wiley, New York

[PET] Petrov VV (1995) Limit theorems of probability theory. Sequences of independent random variables. Oxford Studies in Probability, 4. Oxford Science Publications. Clarendon Press, Oxford University Press, New York

[PFW] Pfanzagl J (1985) Asymptotic expansions for general statistical models. With the assistance of W. Wefelmeyer. Lecture Notes in Statistics, 31. Springer, Berlin

[PF1] Pfanzagl J (1994) Parametric statistical theory. In: Zusammenarbeit mit Ralf Hamböker. De Gruyter Textbook. W. De Gruyter & Co., Berlin

[PF2] Pfanzagl J (2017) Mathematical statistics. Essays on history and methodology. Springer Series in Statistics. Perspectives in Statistics. Springer, Berlin

[PSH] Pfanzagl J, Sheynin O (1996) Studies in the history of probability and statistics XLIV. A forerunner of the t-distribution. Biometrika 83(4):891–898

[PIN] Pinelis I (2017) Optimal-order uniform and nonunform bounds on the rate of convergence to normality for maximum likelihood estimators. Electron J Stat 11:1160–1179

[PIM] Pinelis I, Molzon R (2016) Optimal-order bounds on the rate of convergence to normality in the multivariate delta method. Electron J Stat 10:1001–1063

[POL] Pollard D (1984) Convergence of stochastic processes. Springer, New York

[RAI] Raic M (2019) A multivariate Berry-Essen theorem with explicit constants. Bernoulli 25:2824–2853

[CRT] R Core Team (2015) R: a language and environment for statistical computing. R Foundation for Statistical Computing, Wien. https://www.R-project.org/

[REI] Reiss R-D (1989) Approximate distributions of order statistics. With applications to nonparametric statistics. Springer Series in Statistics, Springer, New York

[ROS] Rosenblatt M (1956) A central limit theorem under a strong mixing condition. Proceedings of the National Academy of Sciences U.S.A 42, 43–47

[RUE] Rüschendorf L (2014) Mathematische Statistik. Springer Spektrum, Heidelberg

[SCH] Schilling RL (2012) Brownian motion. An introduction to Stochastic processes. With a Chapter on Simulation by Björn Böttcher. De Gruyter, Berlin

[SHE] Schilling J, Henze N (2021) Two Poisson limit theorems for the coupon collector's problem with group drawings. J Appl Probab 58:966–977

[SCO] Scott DW (2015) Multivariate density estimation. Theory, practice, and visualization. Wiley, Hoboken

[SER] Serfling R (1980) Approximation theorems of mathematical statistics. Wiley, New York

[SHA] Shao J (2003) Mathematical statistics, 2. Aufl. Springer, New York

[SHE] Shevtsova I (2013) On the absolute constants in the Berry-Esseen inequality and its structural and nonuniform improvements. Informatika i ejö Primenenija 7:124–125

[SHW] Shorack GR, Wellner JA (2009) Empirical processes with applications to statistics. Society for Industrial and Applied Mathematics (SIAM), Philadelphia. Nachdruck der 1986 bei J. Wiley & Sons erschienenen Erstausgabe

[SIL] Silverman BW (1986) Density estimation for statistics and data analysis. Monographs on statistics and applied probability. Chapman & Hall, London

[SPD] Spokoiny V, Dickhaus T (2015) Basics of modern mathematical statistics. Springer, Berlin

[STE] Stein C (1972) A bound for the error in the normal approximation to the distribution of a sum of dependent random variables. In: Proceedings of the Sixth Berkeley Symposium on Mathematical Statistics and Probability (Bd 2, S 586–602). University of California Press, Berkeley

[STO] Stones C (1975) Adaptive maximum likelihood estimators of a location parameter. Ann Stat 3:267–284

[TE1] Tenreiro C (2009) On the choice of the smoothing parameter for the BHEP goodness-of-fit test. Comput Stat Data Anal 53:1038–1053

[TE2] Tenreiro C (2019) On the automatic selection of the tuning parameter appearing in certain families of goodness-of-fit tests. J Stat Comput Simul 89:1780–1797

[VBE] van Beek P (1972) An application of Fourier methods to the problem of sharpening the Berry-Esseen inequality. Zeitschrift für Wahrscheinlichkeitstheorie und Verwandte Gebiete 23:187–196

[VW] van der Vaart, A. (1998) Asymptotic statistics. Cambridge Series in Statistical and Probabilistic Mathematics, 3. Cambridge: Cambridge University Press

[VW1] van der Vaart A, Wellner J (1996) Weak convergence and empirical processes: with applications to statistics. Springer Series in Statistics, Springer, New York

[VW2] van der Vaart A, Wellner J (2021) Stein 1956: efficient nonparametric testing and estimation. Ann Stat 49:1836–1849

[VOL] Volkert K (1987) Die Geschichte der pathologischen Funktionen – Ein Betrag zur Entstehung der mathematischen Methodologie. Arch Hist Exact Sci 37:193–232

[WAL] Wald A (1949) A note on the consistency of the maximum likelihood estimate. Ann Math Stat 20:595–601

[WEI] Weidmann J (2000) Lineare Operatoren in Hilberträumen. Teil 1: Grundlagen. B.G. Teubner, Stuttgart

[WER] Werner D (2007) Funktionalanalysis, 6. Aufl. Springer, Berlin

[WIM] Witting H, Müller-Funk U (1995) Mathematische Statistik II. B.G. Teubner, Stuttgart

[ZO1] Zolotarev VM (1967a) An absolute estimate of the remainder term in the central limit theorem. Theory Probab Appl 11:95–105

[ZO2] Zolotarev VM (1967b) A sharpening of the inequality of Berry-Esseen. Zeitschrift für Wahrscheinlichkeitstheorie und Verwandte gebiete 8:332–342

Stichwortverzeichnis

© Der/die Herausgeber bzw. der/die Autor(en), exklusiv lizenziert an Springer-Verlag GmbH, DE, ein Teil von Springer Nature 2022
N. Henze, *Asymptotische Stochastik: Eine Einführung mit Blick auf die Statistik*,
https://doi.org/10.1007/978-3-662-65611-2

Printed in the United States
by Baker & Taylor Publisher Services